中国国家标准汇编

368

GB 21331～21366

（2008 年制定）

中国标准出版社 编

中国标准出版社

北京

图书在版编目（CIP）数据

中国国家标准汇编：2008年制定.368：GB 21331～21366/中国标准出版社编.—北京：中国标准出版社，2009

ISBN 978-7-5066-5263-6

Ⅰ.中…　Ⅱ.中…　Ⅲ.国家标准-汇编-中国-2008　Ⅳ.T-652.1

中国版本图书馆CIP数据核字（2009）第079185号

中国标准出版社出版发行
北京复兴门外三里河北街16号
邮政编码：100045
网址 www.spc.net.cn
电话：68523946　68517548
中国标准出版社秦皇岛印刷厂印刷
各地新华书店经销
*
开本 880×1230　1/16　印张 38.5　字数 1 146 千字
2009年6月第一版　2009年6月第一次印刷
*
定价 200.00 元

ISBN 978-7-5066-5263-6

出　版　说　明

1.《中国国家标准汇编》是一部大型综合性国家标准全集。自1983年起，按国家标准顺序号以精装本、平装本两种装帧形式陆续分册汇编出版。它在一定程度上反映了我国建国以来标准化事业发展的基本情况和主要成就，是各级标准化管理机构，工矿企事业单位，农林牧副渔系统，科研、设计、教学等部门必不可少的工具书。

2.《中国国家标准汇编》收入我国每年正式发布的全部国家标准，分为“制定”卷和“修订”卷两种编辑版本。

“制定”卷收入上一年度我国发布的、新制定的国家标准，顺延前年度标准编号分成若干分册，封面和书脊上注明“20××年制定”字样及分册号，分册号一直连续。各分册中的标准是按照标准编号顺序连续排列的，如有标准顺序号缺号的，除特殊情况注明外，暂为空号。

“修订”卷收入上一年度我国发布的、被修订的国家标准，视篇幅分设若干分册，但与“制定”卷分册号无关联，仅在封面和书脊上注明“20××年修订-1,-2,-3,……”字样。“修订”卷各分册中的标准，仍按标准编号顺序排列（但不连续）；如有遗漏的，均在当年最后一分册中补齐。需提请读者注意的是，个别非顺延前年度标准编号的新制定的国家标准没有收入在“制定”卷中，而是收入在“修订”卷中。

读者配套购买《中国国家标准汇编》“制定”卷和“修订”卷则可收齐上一年度我国制定和修订的全部国家标准。

3. 由于读者需求的变化，自1996年起，《中国国家标准汇编》仅出版精装本。

4. 2008年我国制修订国家标准共5946项。本分册为“2008年制定”卷第368分册，收入国家标准GB 21331～21366的最新版本。

中国标准出版社

2009年5月

目　　录

ICS 85.040
Y 31

中华人民共和国国家标准

GB/T 21331—2008

绒 毛 浆

Fluff pulp

2008-01-04 发布 2008-09-01 实施

中华人民共和国国家质量监督检验检疫总局
中国国家标准化管理委员会 发布

前 言

本标准的附录A、附录B为规范性附录。

本标准由中国轻工业联合会提出。

本标准由全国造纸工业标准化技术委员会归口。

本标准负责起草单位：中华人民共和国天津出入境检验检疫局、中国制浆造纸研究院；参加起草单位：云南云景林纸股份有限公司、广西南宁凤凰纸业有限公司。

本标准主要起草人：栗建永、赵黎华、陈曦。

本标准由全国造纸工业标准化技术委员会负责解释。

本标准首次发布。

绒　毛　浆

1　范围

本标准规定了绒毛浆的产品分类、技术要求、试验方法、检验规则及标志、包装、运输、贮存。

本标准适用于生产一次性卫生用品的原料绒毛浆。

2　规范性引用文件

下列文件中的条款通过本标准的引用而成为本标准的条款。凡是注日期的引用文件，其随后所有的修改单(不包括勘误的内容)或修订版均不适用于本标准，然而，鼓励根据本标准达成协议的各方研究是否可使用这些文件的最新版本。凡是不注日期的引用文件，其最新版本适用于本标准。

GB/T 451.2　纸和纸板定量的测定(GB/T 451.2—2002,eqv ISO 536:1995)

GB/T 451.3　纸和纸板厚度的测定(GB/T 451.3—2002,idt ISO 534:1988)

GB/T 462　纸和纸板　水分的测定(GB/T 462—2003,ISO 287:1985,MOD)

GB/T 740　纸浆　试样的采取(GB/T 740—2003,ISO 7213:1991,IDT)

GB/T 1539　纸板耐破度的测定(GB/T 1539—2007,ISO 2759:1983,EQV)

GB/T 2828.1　计数抽样检验程序　第1部分:按接收质量限(AQL)检索的逐批检验抽样计划(GB/T 2828.1—2003,ISO 2859-1:1999,IDT)

GB/T 7974　纸、纸板和纸浆亮度(白度)的测定　漫射/垂直法(GB/T 7974—2002,neq ISO 2470:1999)

GB/T 7979　纸浆　二氯甲烷抽出物的测定

GB/T 10739　纸、纸板和纸浆试样处理和试验的标准大气条件(GB/T 10739—2002,eqv ISO 187:1990)

GB/T 10740—2002　纸浆尘埃和纤维束的测定(GB/T 10740—2002,eqv ISO 5350:1998)

GB 15979　一次性使用卫生用品卫生标准

3　术语和定义

下列术语和定义适用于本标准。

3.1

全处理浆

经过较强物理或化学处理使浆板的蓬松性显著改善的绒毛浆。

3.2

半处理浆

经过弱的物理或化学处理使浆板的蓬松性有一定改善的绒毛浆。

3.3

未处理浆

未经过改善浆板蓬松性处理的绒毛浆。

4　产品分类和分等

4.1　绒毛浆一般为卷筒浆板。

4.2　绒毛浆产品分为全处理浆、半处理浆和未处理浆。

4.3　绒毛浆按质量分为优等品和合格品。

5　技术要求

5.1　绒毛浆的技术指标应符合表1的要求，或按订货合同的规定。

表 1

指标名称		单位	规定					
			全处理浆		半处理浆		未处理浆	
			优等品	合格品	优等品	合格品	优等品	合格品
定量偏差		%	±5		±5		±5	
紧度	≤	g/cm^3	0.60		0.60		0.60	
耐破指数	≤	$kPa \cdot m^2/g$	0.85		1.10		1.50	
亮度	≥	%	83.0	80.0	83.0	80.0	83.0	80.0
二氯甲烷抽出物	≤	%	0.20	0.30	0.12	0.18	0.02	0.08
干蓬松度	≥	cm^3/g	19.0	17.0	20.0	18.0	22.0	20.0
吸水时间	≤	s	6.0	9.5	5.0	7.5	3.0	4.0
吸水量	≥	g/g	9.0	6.0	10.0	7.0	11.0	8.0
尘埃度 0.3 mm^2～1.0 mm^2 尘埃 1.0 mm^2～5.0 mm^2 尘埃 大于 5.0 mm^2 尘埃	 ≤ ≤ 	mm^2/500 g	 25 10 不应有					
交货水分		%	6～10					

5.2　绒毛浆的卫生要求执行 GB 15979。

5.3　绒毛浆板不应有肉眼可见的金属杂质、沙粒等异物，无明显的纤维束和尘埃。

6　试验方法

6.1　试样的采取：按 GB/T 740 取样，试样处理和试验的标准大气按 GB/T 10739 进行。

6.2　定量偏差按 GB/T 451.2 测定。

6.3　紧度按 GB/T 451.3 测定，应测得厚度后再换算成紧度。

6.4　耐破指数按 GB/T 1539 测定。

6.5　亮度按 GB/T 7974 测定。

6.6　二氯甲烷抽出物按 GB/T 7979 测定。

6.7　尘埃度按 GB/T 10740—2002 测定，其中有一种方法测定结果合格则判为合格。

6.8　干蓬松度按附录 B 测定。

6.9　吸水时间和吸水量按附录 B 测定。

6.10　交货水分按 GB/T 462 测定。

6.11　卫生指标按 GB 15979 测定。

6.12　外观质量采用目测检验。

7　检验规则

7.1　生产厂应保证所生产的绒毛浆符合本标准或定货合同的规定，每卷绒毛浆交货时应附有一份产品合格证。

7.2 以一次交货数量为一批，产品交收检验抽样应按 GB/T 2828.1 的规定进行，样本单位为卷筒（件）。接收质量限（AQL）：干蓬松度、吸水时间、吸水量为 4.0；定量偏差、紧度、二氯甲烷抽出物、尘埃度、耐破指数、交货水分、亮度、外观质量为 6.5。采用方案、检验水平为特殊检验水平 S-2 的正常检验二次抽样，其抽样方案见表 2。

表 2

批量/卷筒(件)	检查水平 S-2 的正常检查二次抽样方案				
	样本大小	B 类不合格品 AQL=4.0		C 类不合格品 AQL=6.5	
		Ac	Re	Ac	Re
≤50	3	0	1	0	1
51～150	3	0	1	—	—
	5	—	—	0	2
	5(10)	—	—	1	2
151～3 200	8	0	2	0	3
	8(16)	1	2	3	4

7.3 在抽样时，应先检查样本外部包装情况，然后从中采取试样进行检验。

7.4 可接收性的确定：第一次检验的样品数量应等于该方案给出的第一样本量。如果第一样本中发现的不合格品数量小于或等于第一接收数，应认为该批是可接收的；如果第一样本中发现的不合格品数大于或等于第一拒收数，应认为该批是不可接收的。如果第一样本中发现的不合格品数介于第一接收数与第一拒收数之间，应检验由方案给出的样本量的第二样本并累计在第一样本和第二样本中发现的不合格品数。如果不合格品数累计数小于或等于第二接收数，则判定该批是可接收的；如果不合格品累计数大于或等于第二拒收数，则判定该批是不可接收的。

7.5 卫生指标按 GB 15979 进行测定，经检测若卫生指标有一项不符合规定，则判为批不合格。

7.6 需方若对产品质量有异议，应将该批产品封存并在到货后三个月内（或按合同规定）通知供方，由供需双方共同对该批产品进行抽样检验。如不符合本标准规定，则判批不合格，由供方负责处理；如符合本标准规定，则判为批合格，由需方负责处理。

8 标志、包装、运输、贮存

8.1 每卷绒毛浆应标明产品名称、产品标准编号、商标、生产企业名称、地址、规格、批号或卷号、定量、风干重、等级、生产日期，并贴上产品合格证。

8.2 每卷产品应用塑料膜包紧。

8.3 产品运输时，应使用具有防护措施的洁净的运输工具，不应和有污染性的物质共同运输。

8.4 产品在搬运过程中，应注意轻放，防雨、防潮，不应抛扔。

8.5 产品应妥善贮存于干燥、清洁、无毒、无异味、无污染的仓库内。

附 录 A
（规范性附录）
绒毛浆浆板的分散方法

A.1 仪器

a) 切纸刀；

b) 实验室绒毛浆板钉型分散器。

设备结构示意图如图 A.1 所示，钉型分散器的中心是一个直径为 150 mm 外表镶有约 500 只钉子的金属鼓，由 6 000 r/min～8 000 r/min 的电动马达驱动。鼓的外部由机壳保护，机壳上有纸浆喂料器（速度可在 1 cm/s～10 cm/s 范围内恒速）和绒毛浆收集装置。

A.2 取样方法

除去绒毛浆表层的 2 层浆板后进行取样，用切纸刀裁成 30 mm 宽的纸浆试样。

A.3 分散方法

启动分散器和喂料辊电源，待电机达到额定转数后，将 30 mm 宽的纸浆条从两个喂料辊之间进料，分散后的绒毛浆用负压从收集口收集。

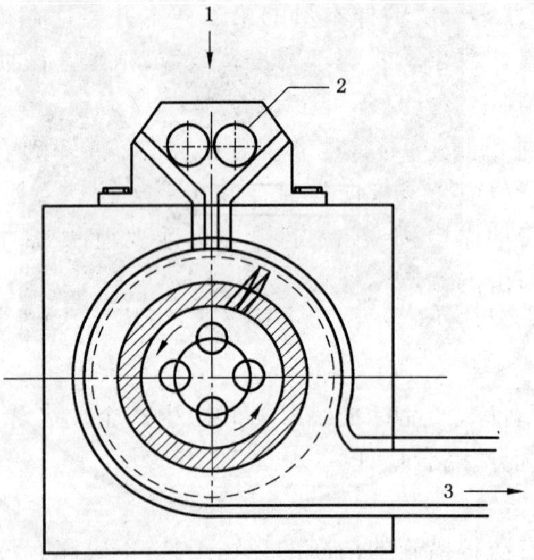

1——绒毛浆板；
2——喂料辊；
3——绒毛浆。

图 A.1 绒毛浆分散器原理图

附 录 B
（规范性附录）
绒毛浆干蓬松度、吸水时间和吸水量的测定

B.1 仪器

B.1.1 试样成型器

试样成型器是将分散的绒毛制备成 3 g 直径为 50 mm 的圆柱状试样，以供测定吸水性能和蓬松度之用，试样中的纤维应分布均匀一致，其结构示意图如图 B.1 所示。分散后的绒毛浆从入口被吸入，在锥型分散管以内螺旋形分散下降，纸浆可通过试样成型器被收集在一个直径为 50 mm 的塑料管中，制成用于测定的试样。在成型管内形成一个浆垫试样用于试验。

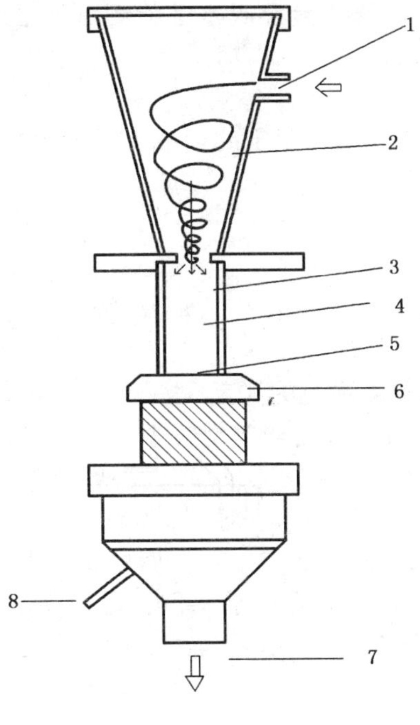

1——绒毛进口；
2——锥型分散管道；
3——成型管；
4——试样；
5——金属网；
6——成型管件；
7——接真空系统；
8——压力计出口。

图 B.1 试样成型器原理示意图

B.1.2 干蓬松度及吸水性能测定仪

本仪器主要测定绒毛试样的干蓬松高度、蓬松度、吸水速度和吸水量，其结构示意图如图 B.2 所示。

由试样成型管制成的试样被放置于底部带孔的盘上，加上 500 g 的负荷，可测出其蓬松高度，从而计算出干蓬松性。水从底部带孔的盘被试样吸收，用计时器记录试样的吸水时间，当试样完全吸水后，测出吸水量。

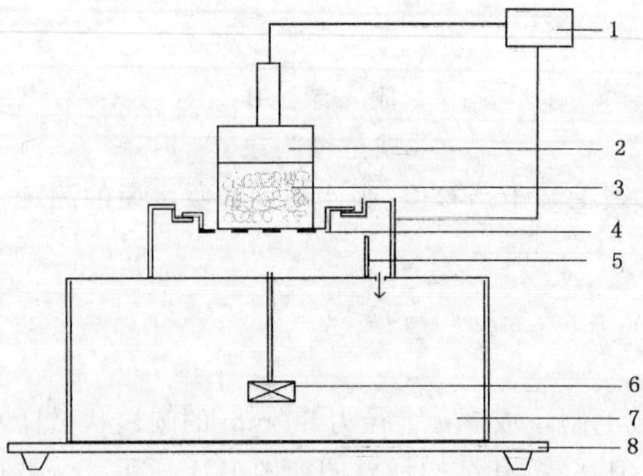

1——自动计时器；
2——负荷；
3——试样；
4——带孔试样盘；
5——溢流板；
6——水泵；
7——储水箱；
8——底座。

图 B.2　干蓬松度及吸水性能测定仪结构示意图

B.2　试验样品的处理

试验用绒毛浆样品应当在 GB/T 10739 规定的标准大气中处理平衡。

B.3　试验步骤

B.3.1　分散样品至绒毛状

用切纸刀将绒毛浆板裁成约 30 mm 宽的样品条，启动绒毛浆分散器，从喂料辊加入样品条，分散为绒毛状样品。

B.3.2　绒毛浆干蓬松度、吸水时间和吸水量的测定

取 3 g 分散后的绒毛浆，在放入绒毛浆试样成型管中成型。试样保留在成型管中，每种样品至少准备 5 块试样。将试样成型管放置未注水的绒毛浆蓬松度吸水性能测定仪上，轻轻地在绒毛浆上加 500 g 负荷。去掉试样成型管，30 s 后记录试样高度，即为绒毛浆的蓬松高度，单位为毫米。开动水泵，将 23℃ 的水注入绒毛浆蓬松度吸水性能测定仪中，启动计时器，当水浸透试样后，记录吸水时间，取两位有效数字。试样吸水应至少 30 s 以上，然后降低水位。湿样排水 30 s 后，移开负荷，称量湿试样。

至少做三次平行试验，检查每件样品所得结果，舍去极大值，分别计算出干蓬松度、吸水时间及吸水量的平均值。

B.4　结果计算

B.4.1　绒毛浆干蓬松度 $X(cm^3/g)$ 按式(B.1)进行计算，精确至 $0.5\ cm^3/g$。

$$X = S \cdot h/10m_1 = 0.655h \qquad \cdots\cdots(B.1)$$

式中：

S——试样的底面积，单位为平方厘米(cm^2)(底面直径 50 mm 的 S 为 $19.64\ cm^2$)；

h——压缩后试样高度，单位为毫米(mm)；

m_1——标准大气条件下试样的质量，单位为克(g)(此处为 3.0 g)。

B.4.2　绒毛浆吸水量 $Y(g/g)$ 按式(B.2)进行计算，取小数点后第一位。

$$Y = (m_2 - m_1)/m_1 \qquad \cdots\cdots(B.2)$$

式中：

m_2——吸水后试样的质量，单位为克(g)。

m_1——标准大气条件下试样的质量，单位为克(g)(此处为 3.0 g)。

ICS 83.100
G 32

中华人民共和国国家标准

GB/T 21332—2008/ISO 1663:1999

硬质泡沫塑料 水蒸气透过性能的测定

Rigid cellular plastics—Determination of water vapour transmission properties

(ISO 1663:1999,IDT)

2008-01-04 发布　　2008-09-01 实施

中华人民共和国国家质量监督检验检疫总局
中国国家标准化管理委员会　发布

前　言

本标准等同采用国际标准 ISO 1663:1999《硬质泡沫塑料　水蒸气透过性能的测定》，技术内容上完全等同 ISO 1663:1999，仅有少量编辑性修改。

本标准的附录 A 为规范性附录，附录 B 为资料性附录。

本标准由中国轻工业联合会提出。

本标准由全国塑料制品标准化技术委员会归口。

本标准起草单位：北京工商大学、山东省塑料工业检测中心、山东省产品质量监督检验研究院、国家轻工业塑料产品质量监督检测武汉站。

本标准主要起草人：李莉、王立、萧扬眉、刘路兴、陈倩、周彩芬、赵冬。

硬质泡沫塑料
水蒸气透过性能的测定

1 范围

本标准规定了硬质泡沫塑料的水蒸气透过量、水蒸气透过率、水蒸气透过系数和水蒸气扩散阻力指数的测定方法。

本标准适用于厚度为10 mm以上的硬质泡沫塑料。可以是完整材料，也可以是自结层或粘附表层材料的泡沫材料。

本标准规定三种不同的温度和湿度条件：

a) 38℃，湿度梯度为0%～88%；

b) 23℃，湿度梯度为0%～85%；

c) 23℃，湿度梯度为0%～50%。

通过此方法获取的结果可用于产品设计、生产控制以及产品规范。

本方法适用于水蒸气透过量在3 mg/(m^2·s)～200 mg/(m^2·s)范围内的材料。

2 规范性引用文件

下列文件中的条款通过本标准的引用而成为本标准的条款。凡是注日期的引用文件，其随后所有的修改单（不包括勘误的内容）或修订版均不适用于本标准，然而，鼓励根据本标准达成协议的各方研究是否可使用这些文件的最新版本。凡是不注日期的引用文件，其最新版本适用于本标准。

GB/T 2918—1998 塑料试样状态调节和试验的标准环境(idt ISO 291:1997)

GB/T 6342—1996 泡沫塑料与橡胶 线性尺寸的测定(idt ISO 1923:1981)

ISO 483:2005 塑料 水溶液水密封容器中恒定相对湿度值方法

3 术语与定义

下列术语和定义适用于本标准。

3.1

水蒸气透过量 water vapour transmission rate

在规定的温度、湿度和厚度条件下，单位时间内通过单位面积试样的水蒸气的质量。用微克每平方米秒[μg/(m^2·s)]表示。

注：所测得的水蒸气透过量结果是该厚度下的试样所特有的。

3.2

水蒸气透过率 water vapour permeance

在试验过程中，试样水蒸气传播速度与在试验过程中试样上下表面间蒸气压差的比值。用纳克每平方米秒帕斯卡[ng/(m^2·s·Pa)]表示。

注：所测得的水蒸气透过率结果是该厚度下的试样所特有的。

3.3

水蒸气阻力 water vapour resistance

水蒸气透过率的倒数。

3.4

水蒸气透过系数 water vapour permeability

水蒸气透过率和厚度的乘积。

它表明在单位时间、单位蒸气压差、单位厚度下，水蒸气透过一定面积试样的质量。用纳克每米秒帕斯卡[ng/(m·s·Pa)]表示。

注：对于均一材料，水蒸气透过系数的值可以反映出材料的特性。

3.5

水蒸气扩散阻力指数　water vapour diffusion resistance index

空气中的水蒸气透过系数与材料的水蒸气透过系数的比值。

它表明在同一温度下，材料的水蒸气透过与相同厚度下静态空气的水蒸气透过的对比情况。无单位。

注：对于均一材料来讲，水蒸气扩散阻力指数的值可以反映出材料的特性。

4　原理

将试样密封在装有干燥剂，上端开口的试验器皿上，然后将整个试验装置放入温度、湿度可控制的环境中，定期进行称量，以此测定水蒸气透过试样进入干燥剂中的量。

5　器具和材料

5.1　薄壁圆形开口容器

该容器由不透水气的材料制成，如玻璃或金属，内径至少为 65 mm，顶部能用密封蜡轻轻封住。见附录 A 中的典型透湿杯和 5.3 中透湿杯中所需要的限位器。

5.2　量具

线性尺寸的测定应符合 GB/T 6342—1996 的规定。

5.3　圆形限位器(边缘呈圆锥状，便于使用后移走)

该限位器应使试样暴露面积的偏差不超过 0.1 cm^2，并使试样表面至少 90%暴露在外，从而减少因非线性密封而引起的边缘影响。

5.4　罐或器皿

用来熔融密封蜡(见 5.8)。

5.5　分析天平

用来称量透湿杯，可精确到 0.1 mg。

5.6　恒温恒湿箱

应满足相对湿度保持在±2%，温度保持在±1℃的范围要求，且能保证在整个试验期间对温湿度进行连续控制(见图 1)。也可以在满足上述温度、湿度要求的恒温恒湿室进行调节控制。精确称量时，应关闭空气循环。

5.7　下列溶液可用于制作非喷射型湿度箱

5.7.1　用于 38℃，相对湿度梯度为 0%～88%的试验：含有大量未溶解的硝酸钾过饱和溶液。

5.7.2　用于 23℃，相对湿度梯度为 0%～85%的试验：含有大量未溶解的氯化物过饱和溶液。

注 1：用于 23℃，相对湿度梯度为 0%～50%的试验，没有合适的盐溶液能满足 8.1 所需要的允差。

注 2：对于尚没有合适湿度箱的实验室，下面的溶液可任选其一，虽然使用者知道这并不符合国际标准的要求。

a)　在 23℃，含有大量未溶解的硝酸镁溶液；

b)　在 23℃，含有大量未溶解的重铬酸钠溶液。

更多的恒湿溶液详见 ISO 483:2005。

5.8　密封蜡

下面是适宜的密封蜡，它们不受试验条件的影响。

5.8.1　90%的微晶蜡和 10%的增塑剂(如低分子量聚异丁烯)。

5.8.2　60%的微晶蜡和 40%的精炼透明石蜡。

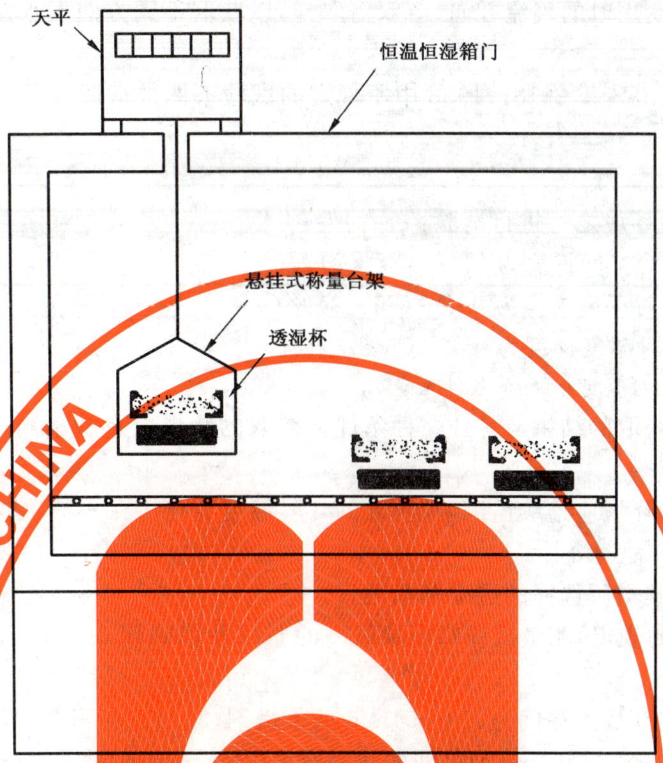

图 1　一种恒温恒湿装置示意图

5.9　干燥剂

无水氯化钙粒径约 5 mm,不含有小于 600 μm 的粉料。

5.10　限位环

用于薄的试样(见图 A.1)。

6　样品

样品应是具有代表性的材料。可带自结皮或带有构成材料一部分粘附层的材料。

一些有表皮的泡沫材料,其表皮密度和芯层密度有着较大的不同。如测量材料的水蒸气透过系数,应将样品的自结皮或粘附层去除。

7　试样

7.1　尺寸

7.1.1　形状和密封

试样应为圆形,将试样按照图 A.1 所示的透湿杯的大小切成合适的尺寸。

7.1.2　厚度

试样厚度应至少为 10 mm,如果试样厚度小于 10 mm,应采用原厚度进行试验。

优先采用的试样厚度为 25 mm。

7.1.3　表面积

试样的直径应小于其厚度的 4 倍,最小表面积为 50 cm^2。

7.2　数量

至少 5 个试样。

当样品可能具有各向异性时,切完后试样的平行面应与实际使用时水蒸气通过制品的方向相垂直。当试样表面带有自然表皮或两侧粘附不同材料皮层时,试样的试验方向应与实际使用时水蒸气的流向相同。如果不知道实际使用时的气流方向，应双倍取样，以获取不同方向上水蒸气透过的结果。

7.3 状态调节

试验前，试样应按照 GB/T 2918—1998 中所规定的试验条件进行调节。

8 步骤

8.1 选择下列三种试验环境之一进行试验：

a) (38±1)℃，相对湿度梯度为 0%～(88±2)%；

b) (23±1)℃，相对湿度梯度为 0%～(85±2)%；

c) (23±1)℃，相对湿度梯度为 0%～(50±2)%。

注：由于使用干燥剂，相对湿度为 0%的条件无偏差。

从一种试验条件下获取的结果与另外一种条件下获取的结果会有所不同，应选择最接近实际使用时的条件进行试验。

8.2 恒温恒湿装置内的环境应连续监测，其所处的环境温度变化应在±2℃之间。

8.3 从图 A.1 中选择一种透湿杯。

8.4 准备圆形试样，使其与所选择的透湿杯相适宜。

8.5 按照 GB/T 6342 的规定，测量试样每个象限内的厚度并精确到 0.1 mm 或 5%，计算每个试样厚度的平均值。

8.6 在每个透湿杯的底部放置深度为(20±5)mm 的干燥剂(5.9)。在器皿中加热密封蜡直至熔化，然后按照附录 A 进行操作。试样和干燥剂之间的间距应为(15±5)mm，暴露的试验面积应至少为试样面积的 90%。见图 2 给出的一种透湿杯。

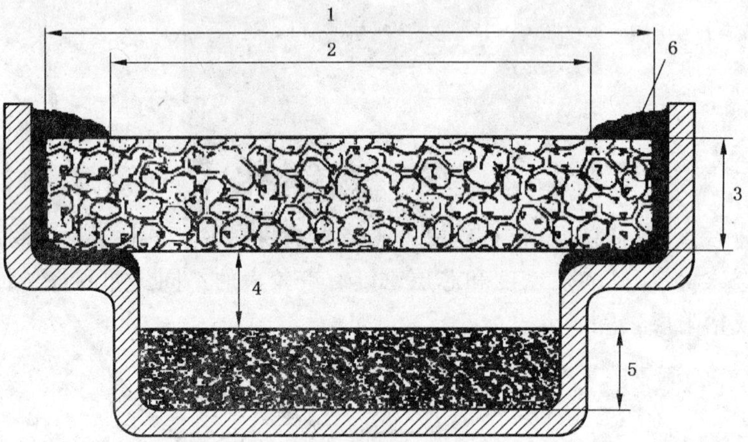

1——试样直径 d；

2——暴露面积的直径应大于 $0.9d$；

3——试样厚度应大于 10 mm；

4——空气间距为(15±5)mm；

5——干燥剂深(20±5)mm；

6——密封蜡。

图 2 典型的透湿杯

8.7 测定水蒸气扩散阻力指数时，应每天测量大气压力并记录。

8.8 将透湿杯置于所选择的环境中经 24 h 小时状态调节后称量，精确到 100 μg。

8.9 每隔 24 h，称量每个透湿杯，如果将透湿杯从试验环境中取出，应在较短的时间内将其放回原处。

8.10 连续称量，直到单位时间内所获取的 5 个有效质量变化值恒定，且在平均值的±2%范围以内为止(见 9.1)。可以绘出质量与时间的曲线图，以显示变化率达到恒定的位置。

9 结果表示

9.1 质量变化恒定速率的计算

m_1-m_2 是透湿杯任意两次有效称量的质量差，单位为微克（μg），t_1-t_2 是透湿杯两次有效称量的时间差，单位为小时（h）。

$$G_{12}=\frac{m_1-m_2}{t_1-t_2} \qquad (1)$$

式中：

G_{12}——单位时间内两次有效称量质量的变化，单位为微克每小时（μg/h）。

5 个 G_{12} 的平均值为 G，用微克每小时（μg/h）表示。当得到的 G_{12} 值均在 0.980G～1.020G 范围内时，试验终止。

9.2 水蒸气透过量的计算

水蒸气透过量 g 用式（2）计算，单位为微克每平方米秒[μg/（m^2·s）]。

$$g=\frac{G}{A}\times\frac{100}{36} \qquad (2)$$

式中：

A——试样暴露在湿度侧的面积，单位为平方厘米（cm^2）。

9.3 水蒸气透过率的计算

水蒸气透过率 W_p 用式（3）计算，单位为纳克每平方米秒帕斯卡[ng/（m^2·s·Pa）]。

$$W_p=\frac{G}{AP}\times\frac{10^5}{36} \qquad (3)$$

式中：

P——不同的水蒸气压力，单位为帕斯卡（Pa），可以选择下列相应的值：

a) 5 860 Pa，在 38℃，相对湿度 0%～88%；

b) 2 390 Pa，在 23℃，相对湿度 0%～85%；

c) 1 400 Pa，在 23℃，相对湿度 0%～50%。

9.4 水蒸气透过系数的计算

水蒸气透过系数 δ 用式（4）计算，单位为纳克每米秒帕斯卡[ng/（m·s·Pa）]。

$$\delta=\frac{W_p\times s}{10^3} \qquad (4)$$

式中：

s——试样厚度，单位为毫米（mm）。

9.5 水蒸气扩散阻力指数的计算

在两次称量时间间隔内计算每天的平均大气压，并用这些值在表 1 中查找所对应的 $\overline{H}$ 值。

表 1 用于计算水蒸气扩散阻力指数的 $\overline{H}$ 值的确定

试验条件		大气压/kPa	$\overline{H}$
温度/℃	相对湿度/%		
23	0～50	90	26.7
		95	25.3
		100	24.0
		105	22.9
		110	21.8

表 1(续)

试验条件		大气压/kPa	$\overline{H}$
温度/℃	相对湿度/%		
23	0～85	90 95 100 105 110	45.3 43.0 40.8 38.9 37.1
38	0～90	90 95 100 105 110	115.8 109.7 104.3 99.3 94.8

用式(5)计算水蒸气扩散阻力指数 μ:

$$\mu = 115.74 \times \frac{\overline{H}}{g \times s} \qquad \cdots\cdots(5)$$

式中:

s——试样厚度,单位为毫米(mm);

g——水蒸气透过量(见 9.2);

$\overline{H}$——在特定的试验条件和大气压力下,$\overline{H}$ 值表示为[$24\ 000 \times \delta_L \times (p_1 - p_2)$](见附录 B),这个值可以从表 1 中查到。

10 精度

因未得到试验室间的数据,所以此方法的精度不详。

11 试验报告

试验报告应包括下列内容:

a) 本标准编号;

b) 试验材料的说明,包括厚度以及有无表皮;

c) 用于测试的温度和相对湿度梯度;

d) 使用的试验装置;

e) 使用的试验条件以及如何达到该条件;

f) 水蒸气传播性能的计算(透过量、透过率、透过系数和/或水蒸气扩散阻力指数)(如果适宜的话,应报告所有的性能),若试样的两表面不同,还应包括水蒸气相对试样表面的流向;

g) 每个试验结果的单值;

h) 试验结果的算术平均值;

i) 任何与本标准的差异,以及任何可能影响结果的因素;

j) 试验日期。

附　录　A
（规范性附录）
透湿杯的准备

A.1　方法 A

这种方法描述了图 A.1 中 A 型透湿杯的准备。

在容器上端的底部倒一层薄薄的液体密封蜡，并在这个位置密封试样。将试样置于容器的中部，再将限位器放在试样的中心位置，等试样放好后，用液体密封蜡填充在限位器和容器壁之间的空隙中，容器的边缘应填充密实，不应有气泡，密封蜡应均匀地与样品的边缘接触，当密封蜡冷却至室温时，小心地将限位器移开。

在移走限位器之前的透湿杯如图 A.1 中的 A 所示。

A.2　方法 B

这种方法描述了图 A.1 中 B 型透湿杯的准备。

将试样边缘切成锥形，让试样面积大的一面与容器相配合。给容器放置试样处的外壁加热，以达到密封蜡变软的温度，用热蜡均匀地将试样的边缘充分包裹，容器内放试样的地方亦可以用一层薄薄的液体密封蜡覆盖，迅速将试样放到容器的上端，试样中间放限位器，等试样支撑好后，快速轻轻地将试样推至合适的水平位置，在容器和限位器之间的空隙中填充液体密封蜡，让密封蜡均匀地接触样品和容器的边缘，等密封蜡冷却至室温时，小心地移走限位器。

在移走限位器之前的透湿杯如图 A.1 中的 B 所示。

A.3　方法 C

这种方法描述了图 A.1 中 C 型透湿杯的准备。

在容器放置试样的边缘处加热使其达到密封蜡软化的温度，并在此位置均匀地涂上一层液体密封蜡用来放置试样。当密封蜡还热的时候，在连接口的周围用粘合剂完全粘合好，再用密封蜡均匀地粘附在上面，不应有空气通过。在连接试样和容器的密封条以及连接点上要用足够的密封蜡包裹，以确保样品的边缘、连接条与试样和容器的两个连接点处密封。

让密封蜡冷却至室温。

A.4　方法 D

这种方法描述了图 A.1 中的 D 型透湿杯的准备，它适合薄的试样。

将薄薄的一层液体密封蜡涂抹在容器上端圆形口的内底部，并在此位置密封试样，当密封蜡还软的时候，将试样放在容器的中央位置，再将限位环放在试样的中间，将试样固定好。限位环的内径应和容器的内径一致，在限位环和容器之间的空隙中填充液体密封蜡，以便阻隔空气，将容器的边缘清理好，等密封蜡冷却至室温后，移走限位环开始试验。

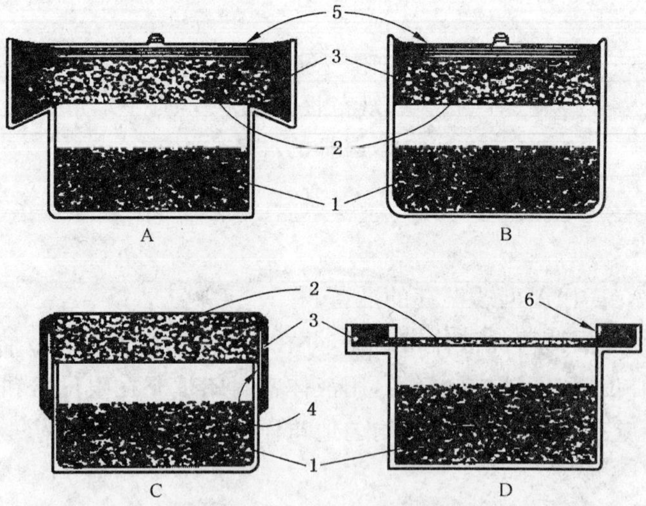

1——干燥剂；

2——试样；

3——密封层；

4——密封条；

5——限位器；

6——限位环。

图 A.1 允许使用的透湿杯

附 录 B
（资料性附录）
水蒸气扩散阻力指数公式的推导

B.1 原理

等效大气层厚度 S_d 表示水蒸气透过多厚的静止大气层和透过厚度为 s 的试样所遇到的扩散阻力是相同的。单位为毫米(mm)，并用式(B.1)计算：

$$S_d = \mu \times s \quad \cdots\cdots (B.1)$$

式中：

μ——水蒸气扩散阻力指数。

用式(B.2)计算等效大气层厚度 S_d：

$$S_d = \delta_L \times A \times \frac{p_1 - p_2}{I} - S_L \quad \cdots\cdots (B.2)$$

式中：

δ_L——空气中的水蒸气透过系数，单位为千克每米小时帕斯卡[kg/(m·h·Pa)]；

A——试样的试验面积，单位为平方米(m^2)；

p_1，p_2——试样两表面的水蒸气压力，单位为帕斯卡(Pa)；

I——水蒸气扩散速度，单位为千克每小时(kg/h)；

S_L——试验容器内试样下方空气层的平均厚度，单位为米(m)。

对于均一物质，用式(B.3)计算水蒸气扩散阻力指数：

$$\mu = \frac{1}{s}\left(\delta_L \times A \times \frac{p_1 - p_2}{I} - S_L\right) \quad \cdots\cdots (B.3)$$

对于试样，如等效大气层厚度大于 1.0 m 时，S_L 可以忽略不计。

在测试过程中，空气中的水蒸气透过系数 δ_L 取决于大气压力和温度，根据图 B.1，可用式(B.4)计算：

$$\delta_L = \frac{D}{R_D \times T} = \frac{0.083}{R_D \times T} \times \frac{p_0}{p} \times \left(\frac{T}{273}\right)^{1.81} \quad \cdots\cdots (B.4)$$

式中：

D——水蒸气扩散系数，单位为平方米每小时(m^2/h)；

R_D——水蒸气气体常数[462 J/(kg·K)]；

T——箱内环境温度，单位为开尔文(K)；

p——箱内平均大气压力，单位为千帕斯卡(kPa)；

p_0——标准条件下的大气压力(101.325 kPa)。

如果得出的 S_d 大于 1 500 m，那么在厚度试验中这种材料可被描述为“真正不透水材料”。

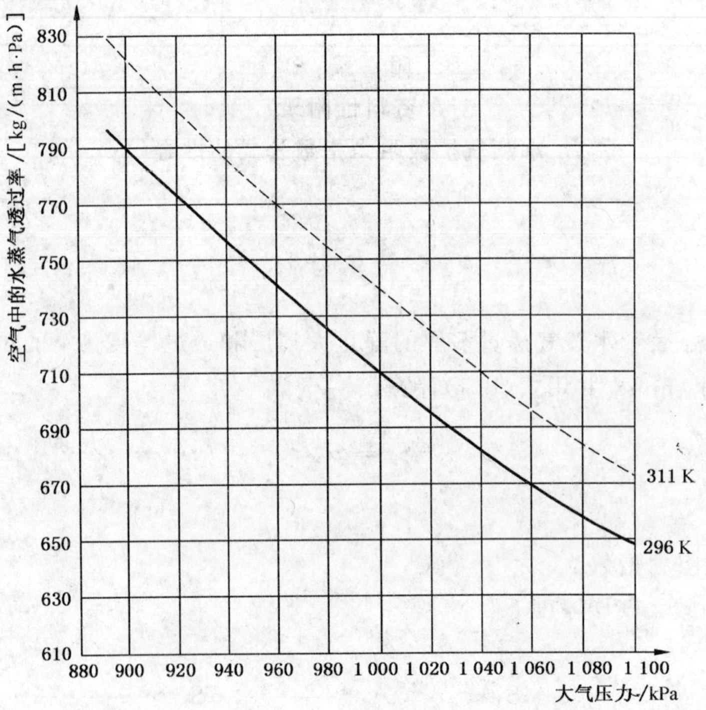

图 B.1 空气中的水蒸气透过系数和大气压力的函数关系图

B.2 简化计算方法

可以用式(B.5)～式(B.7)测定水蒸气透过系数 δ 和水蒸气透过量 g：

$$g=\frac{24}{t_2-t_1}\times\frac{m_2-m_1}{A} \qquad \text{(B.5)}$$

式中：

m_2-m_1——两次称量的质量差，单位为克(g)；

t_2-t_1——两次称量的时间间隔，单位为小时(h)；

A——试样的试验面积，单位为平方米(m^2)。

因为 $\frac{m_2-m_1}{t_2-t_1}=1\ 000\times I$，式(B.3)和式(B.5)合并后可得出：

$$\mu=\frac{1}{S}\times\left[\delta_L\times\frac{24\ 000(p_1-p_2)}{g}-S_L\right] \qquad \text{(B.6)}$$

如果 S_L 可以忽略不计，可以得出下列简化式子：

$$\mu=\delta_L\times\frac{24\ 000(p_1-p_2)}{g\times S} \qquad \text{(B.7)}$$

通过式(B.7)可方便地计算出水蒸气扩散阻力指数，分子上的数值[$24\ 000\times\delta_L\times(p_1-p_2)$]可用符号 $\overline{H}$ 表示，在表 1 中给出了每种情况下 5 种不同空气压力所对应的全部试验条件。

本标准的 9.2 给出了水蒸气透过量 g，单位为微克每平方米秒[$\mu g/(m^2\cdot s)$]，而式(B.5)也给出了 g 的单位 $g/(m^2\cdot d)$，它们之间的差别用式(B.7)分子上的符号 $\overline{H}$ 来校正。

$$\mu=\frac{10^5}{24\times 36}\times\frac{\overline{H}}{g\times S}=115.74\frac{\overline{H}}{g\times S} \qquad \text{(B.8)}$$

ICS 83.100
G 31

中华人民共和国国家标准

GB/T 21333—2008/ISO 9054:1990

硬质泡沫塑料 自结皮高密度材料试验方法

Rigid cellular plastics—Test methods for self-skinned, high-density materials

(ISO 9054:1990,IDT)

2008-01-04 发布 2008-09-01 实施

中华人民共和国国家质量监督检验检疫总局
中国国家标准化管理委员会 发布

前　言

本标准等同采用 ISO 9054:1990《硬质泡沫塑料　自结皮高密度材料试验方法》,在技术内容与 ISO 9054:1990 一致,仅作了下列编辑性修改:

——取消 ISO 前言;

——A.5 中增加"试样固定夹具和加荷夹具见图 A.1。"

本标准的附录 A 为规范性附录。

本标准由中国轻工业联合会提出。

本标准由全国塑料制品标准化技术委员会归口。

本标准起草单位:北京工商大学、国家塑料制品质量监督检验中心(北京)、江苏省化工研究所有限公司、山东省塑料工业检测中心。

本标准主要起草人:陈倩、王向东、吴昊、李莉、袁立群。

本标准为首次发布。

硬质泡沫塑料 自结皮高密度材料试验方法

1 范围

本标准规定了测定自结皮高密度硬质泡沫塑料(表观总密度大于 100 kg/m^3)性能的试验方法。

本标准适用于自结皮高密度硬质泡沫塑料、连皮泡沫、结构性泡沫的性能测定。

2 规范性引用文件

下列文件中的条款通过本标准的引用而成为本标准的条款。凡是注日期的引用文件,其随后所有的修改单(不包括勘误的内容)或修订版均不适用于本标准,然而,鼓励根据本标准达成协议的各方研究是否可使用这些文件的最新版本。凡是不注日期的引用文件,其最新版本适用于本标准。

GB/T 1408.1—2006 绝缘材料电气强度试验方法 第1部分:工频下试验(IEC 60243-1:1998,IDT)

GB/T 1634.1—2004 塑料 负荷变形温度的测定 第1部分:通用试验方法(ISO 75-1:2003 IDT)

GB/T 1634.2—2004 塑料 负荷变形温度的测定 第2部分:塑料、硬橡胶和长纤维增强复合材料(ISO 75-2:2003,IDT)

GB/T 2411—1980 塑料邵氏硬度试验方法(eqv ISO 868:1978)

GB/T 2918—1998 塑料试样状态调节和试验的标准环境 (idt ISO 291:1997)

GB/T 6342—1996 泡沫塑料与橡胶 线性尺寸的测定(idt ISO 1923:1981)

GB/T 6343—1995 泡沫塑料和橡胶 表观(体积)密度的测定。(neq ISO 845:1988)

GB/T 9341—2000 塑料弯曲性能试验方法(idt ISO 178:1993)

GB/T 9641—1988 硬质泡沫塑料拉伸性能试验方法(eqv ISO 1926:1979)

GB/T 10007—1988 硬质泡沫塑料剪切强度试验方法(idt ISO 1922:1981)

GB/T 10294—1988 绝热材料稳态热阻及有关特性的测定 防护热板法(idt ISO/DIS 8302:1986)

GB/T 10295—1988 绝热材料稳态热阻及有关特性的测定 热流计法(idt ISO/DIS 8301:1987)

GB/T 20673—2006 硬质泡沫塑料 低于环境温度的线膨胀系数的测定(ISO 4897:1985 IDT)

ISO 6603-1:2000 塑料 硬质塑料冲击性能的测定 第1部分:非仪器冲击试验

ISO 6603-2:2000 塑料 硬质塑料冲击性能的测定 第2部分:仪器冲击试验

3 术语和定义

下列术语和定义适用于本标准。

3.1

自结皮高密度材料 self-skinned high-density material

制备时形成完整皮层的高密度硬质结构泡沫塑料,它们具有:

a) 一个或多个表面的密度远高于芯层;或者

b) 相对均匀一致的密度。

4 试样

当产品的形状规则、厚度一致时,试样的厚度应与产品的厚度保持一致。当产品的形状不规则或者产品的厚度存在变化时,试样厚度由供需双方约定。如果试样特为测试制备,则制备时应采用与生产产品相同的条件。

当试样从产品上切取或者从专为试验制备的产品上切取时，应在距离边缘 20 mm 内的区域切取。

试样可从厚度至少为 10 mm 的产品上切取。所有试样的切边均应修理平整。

试样均应在产品生产 72 h 后切取。

5 状态调节和试验条件

5.1 状态调节

试样制取后应按 GB/T 2918—1998 规定的方法，在温度(23±2)℃、相对湿度(50±5)%条件下进行状态调节 16 h。热带地区可在温度(27±2)℃、相对湿度(65±5)%条件下进行状态调节 16 h。其他气候环境可由供需双方商定。

5.2 试验条件

试验环境条件应与试样状态调节的条件相同。

6 试验方法

材料性能的试验均应按供需双方的约定进行，由于用途不同，不同的材料需要测试的性能可能不同。材料的性能会受到厚度方向上密度变化的影响。

6.1 表观密度

按 GB/T 6343—1995 的规定进行。

线性尺寸的测量按 GB/T 6342—1996 精确到 0.01 mm，质量精确到 0.1 g。

6.2 弯曲强度

按 GB/T 9341—2000 的规定进行，测定断裂时的弯曲应力及挠度，或者挠度为 10 mm 和 20 mm 时的弯曲应力。

如果试样在 10 mm～20 mm 的挠度值区间内断裂，则报告挠度为 10 mm 时的弯曲应力和断裂挠度。

如果试样在达到 20 mm 挠度时不发生断裂(折断)，则停止试验。计算挠度为 10 mm 和 20 mm 时的弯曲应力。

6.3 冲击强度

冲击强度按 ISO 6603-1:2000 的规定进行。

使用 ISO 6603-2:2000 所规定的落镖试验仪进行。

6.4 拉伸试验

按 GB/T 9641—1988 的规定进行。

试样表皮应完好无损。

6.5 剪切试验

按 GB/T 10007—1988 的规定进行。试样长度应不小于厚度的 12 倍，宽度不小于厚度的 2 倍，试样表皮应完好无损。

6.6 握螺钉力

见附录 A。

6.7 表面硬度

按 GB/T 2411—1980 的规定进行。

6.8 导热系数

按 GB/T 10295—1988 或 GB/T 10294—1988 的规定进行。

6.9 燃烧性能

按照国家相关法规和标准进行。

6.10 介电强度

按 GB/T 1408.1—2006 的规定进行。

6.11 线性热膨胀系数

按 GB/T 20673—2006 的规定进行。

6.12 负荷变形温度

按 GB/T 1634.1—2004 和 GB/T 1634.2—2004 的规定进行。

7 试验报告

试验报告应包括以下内容：

a) 本标准编号。

b) 试验样品的必要详情：

——材料供应商；

——材料名称；

——样品来源；

——批号；

——产品型号；

——生产日期。

c) 制备试样时所用的成型方法和工艺条件，如挤塑、注塑、反应注塑、浇注等。

d) 试样的尺寸(长、宽、高)。

e) 状态调节的条件和时间。

f) 支座间距(对于按 GB/T 9341—2000 所进行的弯曲试验)。

g) 每次试验结果的平均值和标准偏差。

h) 与正常试验参数的偏离。

i) 试验中观察到的任何特殊情况。

j) 试验日期。

附 录 A
（规范性附录）
握螺钉力试验

A.1 原理

将螺钉拧入一块试样，测量垂直于板面方向上的螺钉拔出阻力；很多情况下也需要测量试样的侧面的螺钉拔出阻力（平行于板面）。对比两块试样或者不同材料试样的拔出阻力时，使用 25 mm 的 10 号木螺钉。有特殊要求时，可采用其他尺寸和型号的螺钉，例如，25 mm 的 10 号 A 型自攻螺钉。

A.2 试样

A.2.1 板面握螺钉力试验

试样长 152 mm，宽 76 mm，厚度不小于 25 mm 或为产品原厚，因为螺钉拔出时由于样板的局部弯曲可能影响试验结果，如有必要，可以将两块或多块样板粘结起来以达到所需的最小厚度。用 25 mm 的 10 号木螺钉在试样中部拧入 17 mm，木螺钉拧入前，应用直径为 2.8 mm 的钻头预先钻出一个引导孔。

A.2.2 板边握螺钉力试验

试样长 114 mm，宽 63 mm，厚度为产品原厚。也可将几块薄板粘合在一起，在这种情况下，板材的层合数应为奇数，螺钉应拧入层合中心板的中部。

为了评价定向性能，制备试样时，一半试样的长边应和板材的长边平行，而另一半的试样长边则与板材的长边垂直。25 mm 的 10 号木螺钉应拧入板材侧面的中部 17 mm。木螺钉拧入前，需采用直径为 2.8 mm 的钻头预先钻一个引导孔。对于某些密度和型号的板材，其他直径的引导孔可能会导致拔出阻力值偏大，这种引导孔所引起的偏差是允许的，但应报告其直径。

A.3 试样在干燥状态下的试验

当进行干燥状态下的试验时，螺钉拧入后应立即进行拔出试验。

A.4 试样在试验前已经浸湿的试验

当进行试样在浸湿状态下试验时，螺钉应在试样浸湿前拧入。

A.5 试验方法

将试样夹具（见图 A.1）同试验机底板相连，将试样置于夹具中，使螺钉头朝上。用加载夹具夹住螺钉头，应配备一个狭槽以使螺钉头的夹持更加方便。将加荷夹具连接在试验机的顶板上。通过试验机横梁的移动底板和顶板的分离施加载荷。读取试验机的最大力值为握螺钉力。

试样固定夹具和加荷夹具见图 A.1。

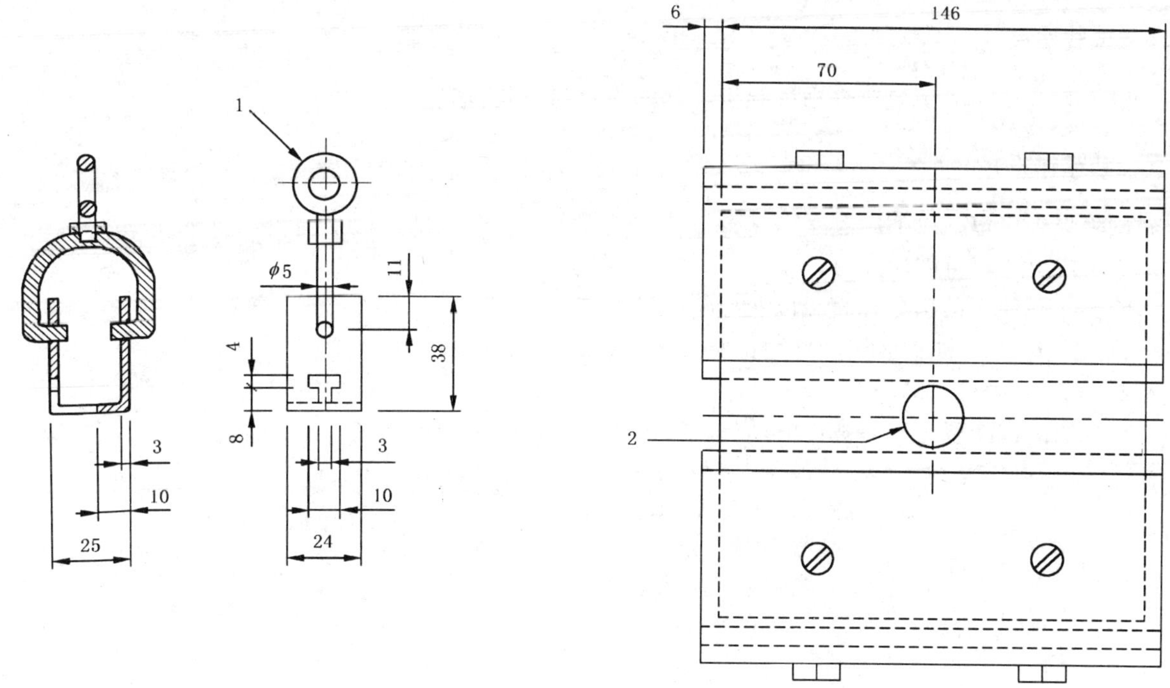

a） 加荷装置

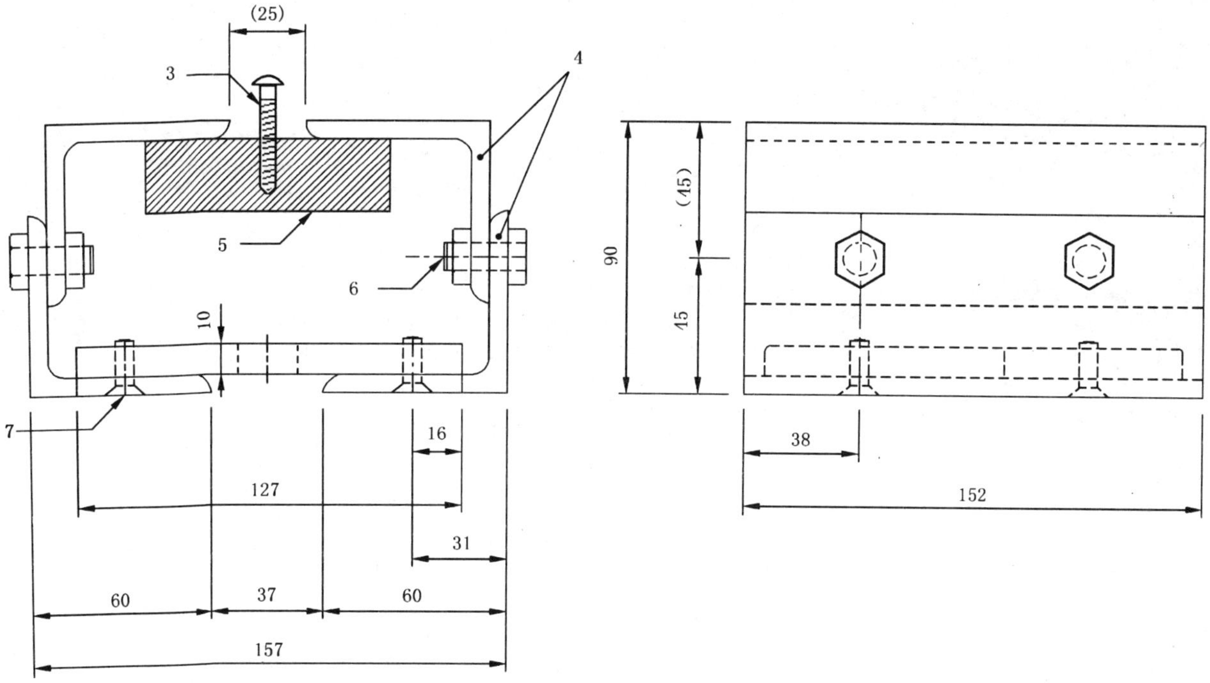

1——连在试验机横梁的提环；
2——孔径 φ20 mm；
3——木螺钉；
4——60 mm×60 mm×60 mm 角钢；
5——试样；
6——M10 螺栓；
7——M60 埋头螺钉。

b） 固定试样夹具(连在试验机的下板)

图 A.1　螺钉拔出试验的试样固定夹具和加荷夹具

A.6　试验速度

以 1.5 mm/min 的匀速移动试验机上部的夹具对试样加荷。

A.7　试验报告

试验报告应包括以下内容：

a)　拔出螺钉所需最大力；

b)　实际使用的引导孔直径以及螺钉的型号和尺寸；

c)　拔出方向，如板面握螺钉力试验或板边握螺钉力试验；

d)　试验板材的厚度；

e)　如螺钉断裂而不是被拔出，应记录，该值不应报告为拔出力值。

ICS 91.010.01
P 00

中华人民共和国国家标准

GB/T 21334—2008

物流园区分类与基本要求

Classification and fundamental requirements of logistics park

2008-01-09 发布　　　　2008-08-01 实施

中华人民共和国国家质量监督检验检疫总局
中国国家标准化管理委员会　发布

前　言

本标准的附录A为资料性附录。

本标准由全国物流标准化技术委员会提出并归口。

本标准起草单位：上海市标准化研究院、同济大学、上海西北综合物流园区、浙江传华物流基地、华中科技大学、上海市物流学会、深圳市宝鼎威物流有限公司、云南浩宏物流集团。

本标准主要起草人：晏绍庆、孙有望、王二卫、王晓燕、凌湖吉、林晓帆、马娜、王大明、米安全。

物流园区分类与基本要求

1 范围

本标准规定了我国物流园区的分类类型与基本要求。

本标准适用于政府主管部门对物流园区的界定，也可作为物流园区进行规划与建设的依据。

2 规范性引用文件

下列文件中的条款通过本标准的引用而成为本标准的条款。凡是注日期的引用文件，其随后所有的修改单(不包括勘误的内容)或修订版均不适用于本标准，然而，鼓励根据本标准达成协议的各方研究是否可使用这些文件的最新版本。凡是不注日期的引用文件，其最新版本适用于本标准。

GB 3095—1996 环境空气质量标准

GB 12348—1990 工业企业厂界噪声标准

GB/T 18354—2006 物流术语

GB/T 24001 环境管理体系 要求及使用指南

GB 50016 建筑设计防火规范

GB 50028 城镇燃气设计规范

GB 50052 供配电系统设计规范

GB 50282 城市给水工程规划规范

GB 50289 城市工程管线综合规划规范

GB 50293 城市电力规划规范

GB 50318 城市排水工程规划规范

CJJ 34 城市热力网设计规范

JTJ 231 港口工程环境保护设计规范

3 术语和定义

GB/T 18354—2006 确立的以及下列术语和定义适用于本标准。

3.1

物流园区 logistics park

为了实现物流设施集约化和物流运作共同化，或者出于城市物流设施空间布局合理化的目的而在城市周边等区域，集中建设的物流设施群与众多物流业者在地域上的物理集结地。

[GB/T 18354—2006，定义 2.15]

3.2

物流公共信息平台 logistics information platforms

基于计算机通信网络技术，提供物流信息、技术、设备等资源共享服务的信息平台。

[GB/T 18354—2006，定义 5.37]

3.3

物流服务 logistics service

为满足客户需求所实施的一系列物流活动过程及其产生的结果。

[GB/T 18354—2006，定义 2.7]

3.4

物流企业　logistics enterprise

从事物流基本功能范围内的物流业务设计及系统运作，具有与自身业务相适应的信息管理系统，实行独立核算、独立承担民事责任的经济组织。

[GB/T 18354—2006，定义 2.16]

3.5

物流设施　logistics facilities

具备物流相关功能和提供物流服务的场所。

[GB/T 18354—2006，定义 2.10]

3.6

一体化物流服务　integrated logistics service

根据客户需求所提供的多功能、全过程的物流服务。

[GB/T 18354—2006，定义 2.8]

4　物流园区分类

4.1　分类原则

分类原则如下：

a)　符合 3.1 的园区；

b)　按依托的物流资源和市场需求特征为主导性原则；

c)　以某一服务对象为主要特征，将延伸服务合并为同一类型。

4.2　物流园区类型

4.2.1　货运服务型

货运服务型物流园区应符合以下要求：

a)　依托空运、水运或陆运枢纽而规划；

b)　提供大批量货物转运的配套设施，实现不同运输方式的有效衔接；

c)　主要服务于国际性或区域性物流运输及运输方式的转换。

注 1：空港物流园区依托机场，以空运、快运为主，衔接航空与公路转运。

注 2：港口物流园区依托海港或河港，衔接水运、铁路、公路转运。

注 3：陆港物流园区依托公路或铁路枢纽，衔接公路与铁路转运。

4.2.2　生产服务型

生产服务型物流园区应符合以下要求：

a)　依托经济开发区、高新技术园区、工业园区等制造产业集聚园区而规划；

b)　提供生产型企业一体化物流服务；

c)　主要服务于生产企业物料供应与产品销售。

4.2.3　商贸服务型

商贸服务型物流园区应符合以下要求：

a)　依托各类大型商贸市场、商品交易市场而规划；

b)　提供商贸企业一体化服务；

c)　主要服务于商贸流通业商品集散。

4.2.4　综合服务型

综合服务型物流园区应符合以下要求：

a)　依托货运枢纽、产业园区、商贸市场等多元对象而规划；

b)　位于城市交通运输主要节点，提供综合物流功能服务；

c) 主要服务于物料供应、商品集散。

5 物流园区建设基本要求

5.1 规划与评审

5.1.1 物流园区的规划应结合国家物流产业规划要求、所属地的物流产业导向，根据所属地的城市总体规划、用地规划和交通设施规划等进行选址，编制符合所属地城市总体规划和土地利用规划的物流园区详细规划，并通过规划评审。

5.1.2 物流园区建设应做好各功能区的规划，建设适合物流企业集聚的基础及配套设施，引导区域内物流企业向物流园区聚集。

5.1.3 物流园区建设应加强土地集约使用和发挥规模效益。单个物流园区总用地面积宜不小于 1 km^2；物流园区所配套的行政办公、生活服务设施用地面积，占园区总用地面积的比例，货运服务型和生产服务型应不大于10%，贸易服务型和综合服务型应不大于15%。

5.2 交通规划要求

5.2.1 物流园区建设应开展项目对区域内各类交通设施的供应与需求的影响分析，评价其对周围交通环境的影响，包括建设项目产生的交通对各相关交通系统设施的影响，分析交通需求与路网容纳能力是否匹配，并对交通规划方案进行评价和检验。

5.2.2 物流园区建设应按交通影响评价的要求，采取有效措施，提出减小建设项目对周围道路交通影响的改进方案和措施，处理好建设项目内部交通与外部交通的衔接，提出相应的交通管理措施。

5.2.3 物流园区应建有能满足入驻企业活动所需的由主要道路、次要道路和辅助道路构成的道路系统，其主要道路应纳入城市道路系统统一规划建设。

5.2.4 物流园区应建立并与国家现有的建筑标识系统、设施标识系统、机动车路标系统以及步行道标识系统的设计相衔接的园区标识系统。

5.3 环境保护要求

5.3.1 物流园区规划与建设应进行环境影响评价，并按环境影响评价的要求，采取有效措施，减少环境污染，保护环境。

5.3.2 物流园区应建立与其规模相适应的环境保护和监管系统，并定期开展环境质量监测活动。

5.3.3 物流园区的环境空气应达到 GB 3095—1996 中的二级标准。

5.3.4 物流园区装卸作业区环境噪音应达到 JTJ 231 中装卸作业库场标准，非装卸作业区环境噪音应符合 GB 12348—1990 中规定的Ⅳ类标准。

5.3.5 物流园区应规划环卫设施，组织收集入驻企业产生的废弃物，并委托有资质的经营单位来收购和处理这些废弃物。

5.3.6 鼓励物流园区的入驻企业通过 GB/T 24001 环境管理体系认证。

5.4 基础设施建设

5.4.1 物流园区基础设施的建设，应遵循资源优化、合理配置、节能减排的原则，防止重复建设，以降低基础设施的配套成本；物流园区内各种设施的建设应符合国家及所属地相关法规的规定。

5.4.2 物流园区应配套建设与园区产业发展相适应的电力、供排水、通讯、道路、消防和防汛等基础设施，并纳入城市基础设施建设的总体规划，应与城市基础设施相衔接。

5.4.3 物流园区应提供满足入驻企业正常生产经营活动需要的电力设施，应根据所属地电网规划的要求，建设符合 GB 50293 和 GB 50052 要求的电力设施和内部应急供电系统。

5.4.4 物流园区应遵守节约用水的原则，提供满足入驻企业的供水设施，并编制符合 GB 50282 规定要求的用水规划；应建设完善的排水设施，编制符合 GB 50318 规定要求的排水规划，并与所属城市总体规划相适宜。

5.4.5 物流园区如需建设供热设施，应符合 CJJ 34 的规定要求；如需建设燃气设施，应符合 GB 50028

的规定要求。

5.4.6 物流园区应统一建设消防设施和防汛除涝设施，其消防设施工程应由具有消防工程施工资质单位建设，各类建筑的建设应符合 GB 50016 的要求。

5.4.7 物流园区各种基础设施的地下管线敷设，应符合 GB 50289 的要求。

5.4.8 物流园区应为相关政府、商务、生活服务机构的进驻提供条件。

5.5 信息化设施建设

5.5.1 物流园区应建设具有基础通讯设施和信息交换、电子服务等基础信息化设施。

5.5.2 物流园区应根据需要逐步建设具有对外宣传、电子政务、电子商务等增值服务功能的信息化设施。

6 物流园区规划的推荐性要求

物流园区规划的推荐性要求参见附录 A。

附 录 A
（资料性附录）
物流园区规划的推荐性要求

A.1 货运服务型

货运服务型的推荐性要求见表 A.1。

表 A.1 货运服务型的推荐性要求

项 目	指 标 值		
	空港型	海港型	陆港型
园区物流强度/[万吨/(km^2·年)]	≥50	≥1 000	≥500
交通连接方式	有两种以上运输方式存在，可以实现多式联运		
物流信息平台	能为入驻物流企业提供符合海关、检验检疫等监管要求的计算机管理系统		

注：园区物流强度＝园区年度吞吐量÷园区总用地面积。

A.2 生产服务型

生产服务型的推荐性要求见表 A.2。

表 A.2 生产服务型的推荐性要求

项 目	指 标 值
园区物流强度/[万吨/(km^2·年)]	≥150
交通连接方式	有两种以上运输方式存在或毗邻两条及以上高速公路，可以实现多式联运
物流信息平台	能为入驻物流企业和工业园区提供公共信息平台和实时信息交换系统

A.3 商贸服务型

商贸服务型的推荐性要求见表 A.3。

表 A.3 商贸服务型的推荐性要求

项 目	指 标 值
园区物流强度/[万吨/(km^2·年)]	≥100
交通连接方式	有两种以上运输方式存在或毗邻两条及以上高速公路，可以实现多式联运
物流信息平台	能为园区内企业提供物流公共信息和在线交易服务

A.4 综合服务型

综合服务型的推荐性要求见表 A.4。

表 A.4 综合服务型的推荐性要求

项 目	指 标 值
园区物流强度/[万吨/(km^2·年)]	≥250
交通连接方式	有两种以上运输方式存在或毗邻两条及以上高速公路，可以实现多式联运
物流信息平台	能为园区内企业提供物流公共信息和在线交易服务

ICS 35.040
A 24

GB

中华人民共和国国家标准

GB/T 21335—2008

RSS 条码

Reduced Space Symbology (RSS) bar code

2008-01-09 发布　　　　2008-08-01 实施

中华人民共和国国家质量监督检验检疫总局
中国国家标准化管理委员会　发布

前　言

本标准与国际标准 ISO/IEC 24724《信息技术　自动识别与数据采集技术　缩小空间条码(RSS)码制规范》在技术内容上保持一致。

本标准的附录 A、附录 B、附录 C、附录 D 为规范性附录,附录 E、附录 F、附录 G、附录 H、附录 I、附录 J 为资料性附录。

本标准由全国物流信息管理标准化技术委员会提出并归口。

本标准由中国物品编码中心负责起草,北京网路畅想科技发展有限公司参加起草。

本标准主要起草人:张成海、赵辰、吴宏、熊立勇、吴娟、孔洪亮、刘伟、张铎。

RSS条码

1 范围

本标准规定了RSS条码符号的结构、数据符编码、尺寸、印制质量要求、校验方法和译码算法。

本标准适用于采用RSS条码符号的贸易项目及贸易项目附加信息的标识。

2 规范性引用文件

下列文件中的条款通过本标准的引用而成为本标准的条款。凡是注日期的引用文件，其随后所有的修改单(不包括勘误的内容)或修订版均不适用于本标准，然而，鼓励根据本标准达成协议的各方研究是否可使用这些文件的最新版本。凡是不注日期的引用文件，其最新版本适用于本标准。

GB/T 1988　信息技术　信息交换用七位编码字符集(GB 1988—1989，eqv ISO/IEC 646:1991)

GB 12904　商品条码(GB 12904—2003，ISO/IEC 15420:2000，NEQ)

GB/T 12905　条码术语

GB/T 14258　信息技术　自动识别与数据采集技术 条码符号印制质量的检验(GB/T 14258—2003，ISO/IEC 15416:2000，MOD)

GB/T 15425　EAN·UCC系统128条码(GB/T 15425—2002，EAN·UCC，NEQ)

GB/T 16986　EAN·UCC系统应用标识符(GB/T 16986—2003，ISO/IEC 15418:1999，NEQ)

ISO/IEC 15424　信息技术　自动识别与数据采集技术　数据载体标识符(包括码制标识符)

ISO/IEC 24723　信息技术　自动识别与数据采集技术　EAN·UCC复合码规范

GS1通用规范

3 术语、定义和数学运算符

3.1 术语和定义

GB/T 12905确立的以及下列术语和定义适用于本标准。

3.1.1

复合码　composite bar code

由一维条码和二维条码组合成的条码符号。

3.1.2

一维部分　linear component

EAN·UCC复合码中用于对贸易项目标识的一维条码部分。

3.1.3

二维部分　2D component

EAN·UCC复合码中用于对贸易项目的附加信息(如批号、有效期等)标识的二维条码部分。

3.1.4

全球贸易项目代码　global trade item number (GTIN)

用于全世界范围内贸易项目的唯一标志关键字，包括14位、13位、12位和8位数字的代码(GTIN-14、GTIN-13、GTIN-12和GTIN-8)。GTIN-14以EAN/UCC-14标准结构编码形成；GTIN-13、GTIN-12和GTIN-8分别以商品标志代码(见GB 12904)EAN/UCC-13、EAN/UCC-12和EAN/UCC-8结构编码形成。在计算机字段中全球贸易项目代码必须表示为14位数字的标准字段(关键字)，GTIN-13、GTIN-12和GTIN-8需在前面适当补0形成14位数字的标准字段。

3.1.5

指示符　indicator digit

14 位全球贸易项目代码的第一位数字，用于区分相同贸易项目不同组合的包装或指明变量贸易项目。

3.1.6

连接标志　linkage flag

在作为一维部分的 RSS 或 UCC/EAN-128 条码(见 GB/T 15425)中，表示是否连接二维部分的指示符。

3.1.7

段　segment

条码符号的最小可译码单元。在 RSS 条码符号中，一个段由一个符号字符和与它相邻的定位符组成。

3.1.8

表决　voting

一种译码技术，被译码段的值连同被译码的次数的计数一起存储，最终选出被译码次数最多的被译码段的值。表决是用于以段为单位进行译码的译码技术，在全向扫描中，表决用于通过段对 RSS 进行译码。

3.2　数学运算符

本标准使用下列数学运算符：

div　取整数商运算符　整数除法舍弃余数的运算

mod　模运算符　整数除法只取余数的运算

4　RSS 条码描述

4.1　RSS 条码的类型

RSS 系列条码符号有 RSS-14、限定式 RSS 和扩展式 RSS 三种类型。

其中：RSS-14 包括标准 RSS-14(简称 RSS-14)、截短式 RSS-14、层排式 RSS-14、全向层排式 RSS-14；扩展式 RSS 包括单行扩展式 RSS(简称扩展式 RSS)和层排扩展式 RSS。

标准 RSS-14、全向层排式 RSS-14、扩展式 RSS、层排扩展式 RSS 可用于全向扫描器按段进行识读。

RSS 系列条码符号的特点总汇参见附录 J。

4.2　RSS 条码的特点

RSS 系列条码符号的特点包括：

a)　可编码字符集

1)　RSS-14 和限定式 RSS：数字 0～9。

2)　扩展式 RSS：信息交换用 7 位编码字符集(见 GB/T 1988)的一个子集，其中包括全部英文大、小写字母，数字和选出的 21 个标点符号(含空格符号)。另外还有一个特殊功能字符 FNC1。

b)　符号字符结构

每种类型的符号采用不同的(n,k)结构，每个符号字符是 n 个模块宽，由 k 个条和 k 个空组成。

c)　符号类型

连续型一维条码符号。

d)　最大数据容量

1)　RSS-14 和限定式 RSS：应用标识符(见 GB/T 16986)“01”加 14 位数字的项目标识代码。

2)　扩展式 RSS：74 个数字或 41 个字母字符。

注：最大数据容量包括适合的隐含的应用标识符，但不包括 FNC1 字符。扩展式 RSS 的数据容量取决于编码方法，对于 AI(01)＋其他 AI 数据串，最大数据容量为 74 个数字；对于所有其他 AI 数据串，最大数据容量为 70 个数字；对于 AI(01)＋(392_X)＋所有其他 AI 数据串，最大数据容量为 77 个数字。

e) 错误校验

1) RSS-14:模 79 校验值。

2) 限定式 RSS:模 89 校验值。

3) 扩展式 RSS:模 211 校验值。

f) 具有字符自校验功能。

g) 可双向译码。

4.3 附加特征

RSS 条码符号系列有以下附加特征:

a) 数据压缩:RSS 系列条码符号的每种符号都具有对数据串进行优化的数据压缩方法。扩展式 RSS 选用常用应用标志符 AI 优化的特定组合。

b) 各部分的连接:所有的 RSS 符号都包含连接标志。如果连接标志是“0”,表示 RSS 符号是独立的。如果连接标志是“1”,表示 RSS 符号连接有一个二维部分及相应的分隔符。

c) UCC/EAN-128 条码模拟:识读器设定在 UCC/EAN-128 模拟方式时,传输 RSS 系列符号的编码数据如同传输一个或多个 UCC/EAN-128 符号的编码数据。

4.4 符号结构

每个 RSS 符号包括外侧保护符、数据符和定位符。每个符号具有一种错误校验方法。

符号两端的保护符各由一个条/空对或一个空/条对的两个单模块单元组成。层排式 RSS-14 和层排扩展式 RSS 符号在符号每行的两端都有保护符。附录 I.1 给出了外侧保护符单元的印刷注意事项。

每个符号都有两个或多个数据符,每个数据符都采用(n,k)结构。数据符值通过数学运算形成确切的编码数据。

定位符是选择出来的一组条空组合,供识读器识别和确认符号,确定单元的相对位置。每个符号包含一个或多个定位符,定位符还具有校验符和段标识符的作用。

所有 RSS 符号都包含一个连接标志。如果连接标志是“1”,则作为一维部分的 RSS 及与其相邻的复合码分隔符应该按照 ISO/IEC 24723 的要求与二维部分对齐。

5 RSS-14 条码符号的要求

5.1 RSS-14 的基本特点

RSS-14 条码符号能够对 20000000000000(2×10^{13})个数值进行编码。每个数值由 14 位数字组成,第一位是连接标志,当数值大于或等于 10000000000000 时,则连接标志为“1”。后 13 位数字加上一个隐含的校验码就构成了包含包装指示符的 14 位全球贸易项目代码。例如,数值 10001234567890 对应的贸易项目代码为 00012345678905。

RSS-14 符号可分 4 个段被扫描和译码,然后进行重组,这适于全向扫描。图 1 为一个独立的标准 RSS-14 符号。

图 1 表示数据(01)20012345678909 的 RSS-14 符号

注:图 1 的数据中,开头的(01)是隐含的应用标志符,不在符号中编码;最后一位数字 9 是一个按模 10 计算的校验码,不在符号中编码。校验码的计算见附录 A。附录 F.1 为一个 RSS-14 符号编码的完整例子。

5.2 RSS-14 的符号结构

RSS-14 符号分为 8 个区域,共 96 个模块。8 个区域从左到右依次为:左侧保护符、数据符 1、左侧定位符、数据符 2、数据符 4、右侧定位符、数据符 3 和右侧保护符。结构如图 2 所示。8 个区域的条、空及模块组成如下：

a) 左侧保护符：由 1 个模块宽的空和 1 个模块宽的条组成；

b) 数据符 1：由 4 个空和 4 个条共 16 个模块组成，$(n,k)=(16,4)$；

c) 左侧定位符：由 3 个空和 2 个条共 15 个模块组成；

d) 数据符 2：由 4 个条和 4 个空共 15 个模块组成，$(n,k)=(15,4)$；

e) 数据符 4：由 4 个条和 4 个空共 15 个模块组成，$(n,k)=(15,4)$；

f) 右侧定位符：由 3 个条和 2 个空共 15 个模块组成；

g) 数据符 3：由 4 个空和 4 个条共 16 个模块组成，$(n,k)=(16,4)$；

h) 右侧保护符：由 1 个模块宽的空和 1 个模块宽的条组成。

数据符 1 与数据符 2 为左侧数据符对；数据符 3 与数据符 4 为右侧数据符对。

注：图中箭头表示每个字符单元排序的方向。

图 2　表示数据(01)04412345678909 的 RSS-14 条码符号

整个符号包括 46 个单元，共 96 个模块，参见附录 E.1。在全向扫描识读环境中，RSS-14 条码符号的符号高度应大于或等于 33 个模块宽度（X 尺寸）。

注：对于(n,k)条码，模块宽度即 X 尺寸(X)。

RSS-14 条码符号不需要空白区。如果最左边的空或最右边的条的颜色与相邻的背景区域颜色相同，那么第 1 个或最后 1 个单元可能会出现宽于 1 个模块的情况，但不会影响符号的识读。

5.2.1　数据符结构

每个数据符的模块组配为(n,k)结构，其中 n 为模块数，k 是组成数据符的条空对的数目。数据符 1 和数据符 3（又称外侧数据符）的 n 值是 16，k 值是 4；数据符 2 和数据符 4（又称内侧数据符）的 n 值是 15，k 值是 4。

在图 2 中，箭头表明每个字符的单元排序的方向。数据符 1 和数据符 4 的单元从左到右排序，数据符 2 和数据符 3 的单元从右到左排序。因此，数据符的单元是朝着相邻的定位符排序的。

每个数据符的单元集合包含奇和偶两个子集，这里的奇和偶指的是每个子集中单元序号的奇、偶。例如，奇子集由第 1、第 3、第 5 和第 7 单元组成，在数据符 1 和数据符 2 中，奇数单元是空，偶数单元是条。在数据符 3 和数据符 4 中，奇数单元是条，偶数单元是空。

5.2.2　数据符值

对每个数据符值，由一个算法给出奇子集和偶子集中各单元宽度的值（以模块为单位）组成的序列，需要为这个算法提供单元数量、模块数量、单元最大宽度以及子集中所有的单元是否都比 1 个模块宽等信息。附录 B 给出了用 C 语言程序实现的生成 RSS-14 数据符单元的算法。

5.2.2.1　外侧数据符值

外侧数据符的有效的偶子集应至少有 1 个单个模块宽的单元，有效的奇子集则不必要具有 1 个单个模块宽的单元。对偶数单元的上述限制保证了数据符的各个边缘到相似边缘距离（条加空与空加条）有唯一的模块和。

表 1 描述了(16,4)子集的特征,列出了 5 组奇子集和偶子集对。2 个子集都具有偶数个模块。最宽的单元的宽度被规定下来,保证在 1 对相邻单元中的模块数之和不会超过 9。在有限制要求的情况下,构成 1 个(16,4)字符的条空组合的模式共有 2841 种,能表示 2841 个值。

表 1 外侧数据符(16,4)的特征

数据符值的范围	组	前面各组所能表示的数据符值总数(G_{SUM})	奇/偶子集模块数	奇数/偶数最宽单元	奇子集值的总数(T_{ODD})	偶子集值的总数(T_{EVEN})
0～160	1	0	12/4	8/1	161	1
161～960	2	161	10/6	6/3	80	10
961～2014	3	961	8/8	4/5	31	34
2015～2714	4	2015	6/10	3/6	10	70
2715～2840	5	2715	4/12	1/8	1	126

(16,4)数据符值 V_D 与奇子集的值及偶子集的值的关系见下式:

$$V_D=(V_{ODD}\times T_{EVEN})+V_{EVEN}+G_{SUM}$$

式中:

T_{EVEN}——偶子集值的总数;

V_{ODD}——奇子集的值;

V_{EVEN}——偶子集的值;

G_{SUM}——前面各组所能表示的字符值的总数。

通过下面两式把外侧数据符的值 V_D 编码为 V_{ODD} 和 V_{EVEN}:

$$V_{ODD}=(V_D-G_{SUM})\text{div }T_{EVEN}$$

$$V_{EVEN}=(V_D-G_{SUM})\text{mod }T_{EVEN}$$

例如:对一个值为 2315 的(16,4)数据符进行编码。从表 1 可知,数据符的值在第 4 组内,因此 $G_{SUM}=2015$,$T_{EVEN}=70$。应用上面的公式:

$$V_{ODD}=(2315-2015)\text{div }70=300\text{ div }70=4$$

$$V_{EVEN}=(2315-2015)\text{mod }70=300\text{ mod }70=20$$

数据符值 2315 在第 4 组中(见表 1),该数据符有:一个 6 个模块的奇子集,子集值 4 是 10 个连续值(0～9)中的一个;一个 10 个模块的偶子集,子集值 20 是 70 个连续值(0～69)中的一个。使用附录 B 中的程序可以得到:该数据符各奇数单元的宽度是{1 2 2 1},各偶数单元的宽度是{1 5 1 3},整个字符各单元的宽度为{1 1 2 5 2 1 1 3},单元宽度序列朝向相邻定位符排序。

5.2.2.2 内侧数据符值

内侧数据符有效的奇子集应至少有一个单个模块宽的单元,有效的偶子集则不必具有一个单个模块宽的单元。对奇数单元的上述限制保证数据符的各个边缘到相似边缘距离有唯一的模块和。

表 2 描述了(15,4)子集的特征,列出了 4 组奇子集和偶子集对。奇子集具有奇数个模块,偶子集具有偶数个模块。最宽的单元的宽度被规定下来,保证在一对相邻单元中的模块数之和不会超过 9。在有限制要求的情况下,构成一个(15,4)字符的条空组合的模式共有 1597 种,能表示 1597 个值。奇子集允许值的范围被限定下来,保证奇数单元序号为 1 的单元宽度不超过 4 个模块。

表 2　内侧数据符(15,4)的特征

数据符值的范围	组	前面各组所能表示的数据符值总数(G_{SUM})	奇/偶子集模块数	奇数/偶数最宽单元	奇子集值的总数(T_{ODD})	偶子集值的总数(T_{EVEN})
0～335	1	0	5/10	2/7	4	84
336～1035	2	336	7/8	4/5	20	35
1036～1515	3	1036	9/6	6/3	48	10
1516～1596	4	1516	11/4	8/1	81	1

(15,4)数据符值 V_D 与奇子集的值及偶子集的值的关系见下式：

$$V_D=(V_{EVEN}\times T_{ODD})+V_{ODD}+G_{SUM}$$

式中：

T_{ODD}——奇子集值的总数；

V_{EVEN}——偶子集的值；

V_{ODD}——奇子集的值；

G_{SUM}——前面各组所能表示的字符值的总数。

通过下面两式把内侧数据符的值 V_D 编码为 V_{EVEN} 和 V_{ODD}：

$$V_{EVEN}=(V_D-G_{SUM})\ \mathrm{div}\ T_{ODD}$$

$$V_{ODD}=(V_D-G_{SUM})\ \mathrm{mod}\ T_{ODD}$$

注：与(16,4)外侧数据符相比，这些计算式中偶子集和奇子集的位置是相反的。

5.2.3　符号的值

符号的值由左侧数据符对的值和右侧数据符对的值组合构成。各数据符对的值由相应外侧数据符的值和内侧数据符的值组合构成。数据符对的值的范围列在表 3 中。

表 3　数据符对的值

外侧数据符			内侧数据符			数据符对	
(n,k)	值的总数($V_{OUTSIDE}$)	值的范围	(n,k)	值的总数(V_{INSIDE})	值的范围	值的数目	值的范围
(16,4)	2841	0～2840	(15,4)	1597	0～1596	4537077	0～4537076

数据符对的值 V_{PAIR} 与内、外侧数据符值的关系见下式：

$$V_{PAIR}=(1597\times C_{OUTSIDE})+C_{INSIDE}$$

式中：

C_{INSIDE} 与 $C_{OUTSIDE}$——内、外侧数据符值。

通过下面两式把数据符对的值 V_{PAIR} 编码为 $C_{OUTSIDE}$ 与 C_{INSIDE}：

$$C_{OUTSIDE}=V_{PAIR}\ \mathrm{div}\ V_{INSIDE}$$

$$C_{INSIDE}=V_{PAIR}\ \mathrm{mod}\ V_{INSIDE}$$

例如：如果数据符对的值 V_{PAIR} 为 1971265，那么 $C_{OUTSIDE}$ 与 C_{INSIDE} 是：

$$C_{OUTSIDE}=1971265\ \mathrm{div}\ 1597=1234$$

$$C_{INSIDE}=1971265\ \mathrm{mod}\ 1597=567$$

符号的值与左侧和右侧数据符对的值的关系见下式：

$$V_{SYMBOL}=(4537077\times V_{LPAIR})+V_{RPAIR}$$

式中：

V_{SYMBOL}——符号的值；

V_{LPAIR} 和 V_{RPAIR}——左侧和右侧数据符对的值。

通过下面两式把符号的值 V_{SYMBOL} 编码为 V_{LPAIR} 与 V_{RPAIR}：

$V_{LPAIR} = V_{SYMBOL}$ div 4537077

$V_{RPAIR} = V_{SYMBOL}$ mod 4537077

例如，如果符号的值 V_{SYMBOL} 是 1234567890，那么左侧数据符对的值 V_{LPAIR} 和右侧数据符对的值 V_{RPAIR} 是：

$V_{LPAIR} = 1234567890$ div $4537077 = 272$

$V_{RPAIR} = 1234567890$ mod $4537077 = 482946$

数据符值组合产生 20585067703929 个值。其中，只有前面的 20000000000000 个值（0～19999999999999）被使用。最高位数字是二维部分连接标志：0 用于独立的 RSS-14，1 用于二维部分与主符号 RSS-14 相结合的情况中。将其余 13 位数字与标志位分离，形成项目标志。隐含的模 10 校验码被计算出来（见附录 A），加到 13 位数字的末端，形成 14 位的全球贸易项目代码。应用标志符 01 被添加到传输数据中，位于必须传输的码制标志符（见 ISO/IEC 15424）]e0 或]C1 之后。

5.2.4 定位符

RSS 条码符号中有 2 个定位符，定位符还可以对符号的校验和的值进行编码。每个定位符可以对 9 个值进行编码。左侧定位符位于数据符 1 和数据符 2 之间，右侧定位符位于数据符 4 和数据符 3 之间。由于定位符与 4 个数据符相邻，符号可以分为 4 个段进行扫描，每个段包括 1 个数据符和 1 个定位符。

5.2.4.1 定位符的结构

每一个定位符都由 5 个单元、共 15 个模块组成。左侧定位符的起始和结束都是空单元，右侧定位符的起始和结束都是条单元。定位符的单元如图 2 所示由符号外侧到内侧的方向进行排序。

定位符的单元 2 和单元 3 的模块之和是 10～12，而单元 4 和单元 5 中的模块之和为 2。宽单元对（单元 2 和单元 3）的宽度与相连的 4 个单元（单元 2～单元 5）宽度和的比值在 10：12～12：14 范围内。这个比值用于对定位符的识别。表 4 列出了 9 个编码值的定位符单元宽度。

表 4　定位符的值和单元宽度

定位符的值	单元宽度（模块数）				
	单元 1	单元 2	单元 3	单元 4	单元 5
0	3	8	2	1	1
1	3	5	5	1	1
2	3	3	7	1	1
3	3	1	9	1	1
4	2	7	4	1	1
5	2	5	6	1	1
6	2	3	8	1	1
7	1	5	7	1	1
8	1	3	9	1	1

注：单元从符号外侧向内侧排序。

左、右侧定位符的配对中“8，0”和“0，8”两种是不使用的。因为在出现一个模块宽的边缘错误的情况下，值为 0 和 8 的定位符中的一个会被错误译码，得出另一个的反转形式的值。其余 79 个可能的组合将对模 79 校验和的值进行编码。

5.2.4.2 校验和的计算

左、右侧定位符的值 C_{LEFT} 和 C_{RIGHT} 每个都有 9 种可能的值。定位符值的配对 0，8 和 8，0 是不可用的，则共有 9×9－2 即 79 个组合。校验和的值等于数据符单元宽度加权的和模 79 运算的结果，按下式计算：

$$(W_{1,1}E_{1,1}+W_{1,2}E_{1,2}+\cdots+W_{1,8}E_{1,8}+W_{2,1}E_{2,1}+\cdots+W_{4,8}E_{4,8})\bmod 79$$

式中：

$W_{N,M}$——数据符 N 中序号为 M 的单元的权(见表 5)；

$E_{N,M}$——数据符 N 中单元 M 的宽度模块数；

$W_{N,M}E_{N,M}$——两者的乘积。

表 5 中权的值是 3 的连续次幂模 79 运算的结果，用公式 $W_{N,M}=3^{M+8N-9}\bmod 79$ 计算。

表 5　校验和计算的数据符单元的权

数据符序号(N)	数据符单元序号(M)							
	1	2	3	4	5	6	7	8
1	1	3	9	27	2	6	18	54
2	4	12	36	29	8	24	72	58
3	16	48	65	37	32	17	51	74
4	64	34	23	69	49	68	46	59

采用下面的方法对两个定位符进行编码：

令 temp＝校验和的值。

如果 temp 大于或等于 8，则将 temp＋1 作为本步得出的 temp；否则将 temp 作为本步得出的 temp。

如果上一步得出的 temp 大于或等于 72，则将 temp＋1 作为本步得出的 temp；否则将 temp 作为本步得出的 temp。

上一步得出的 temp 用于下面的运算。

$C_{\mathrm{LEFT}}=\mathrm{temp\ div}\ 9$

$C_{\mathrm{RIGHT}}=\mathrm{temp\ mod}\ 9$

校验和的计算与校验符选择的完整示例见附录 F.1。

5.2.4.3　定位符的译码

通过将 4 个相连单元的宽度的总和与这 4 个单元左侧单元对或右侧单元对的宽度进行比较来识别定位符。定位符上述宽度的比在 12∶9.5～14∶12.5 范围之内。左侧定位符和右侧定位符可通过它们各自的条/空交替模式来区别。

定位符及对有效数据符与定位符间距比的检查，将确认有效的 RSS-14 符号的四分之一的 1 个段已经被扫描。

5.2.5　参考译码算法

条码识读系统设计成可在现行译码算法允许的范围内识读有缺陷的条码符号。本部分叙述了 GB/T 14258 中描述的用于检测符号质量的可译码度值计算中使用的参考译码算法。

算法包括下列译码步骤：

a)　通过从左到右和从右到左寻找一段 4 个单元的序列并计算其中相应单元宽度的比，找到符号：

　1)　从左到右：

　　9.5∶12 ≤(单元 1＋单元 2)∶(单元 1＋单元 2＋单元 3＋单元 4)≤ 12.5∶14

　2)　从右到左：

　　9.5∶12 ≤(单元 3＋单元 4)∶(单元 1＋单元 2＋单元 3＋单元 4)≤ 12.5∶14

注：上面的单元 1、单元 2、单元 3、单元 4 的序号是一段 4 个单元的序列中的单元序号，顺着扫描方向排序，它们与定位符中单元的序号是不同的。

通过上述比率的确定识别出左侧定位符的第 2 个单元～第 5 个单元。采用同样的方法可识别出右侧定位符的第 2 个单元～第 5 个单元，但要将上面 1)中的“从左到右”改为“从右到左”；将上面 2)中的“从右到左”改为“从左到右”。

使用步骤 c)中 1)～3)的方法对定位符进行译码，利用定位符前 4 个单元的宽度和(p)，找到标称的相似边之间距离的数值 E_1 和 E_2，因为定位符前 4 个单元的宽度和(p)的模块总数为 14，此时需将步骤 c) 2)中与 p 相除的数由 16 改为 14。验证数值 E_1 和 E_2 是否符合有效的 RSS-14 定位符。

b) 确定定位符的方向和条—空交替模式。利用定位符及方向，确定某种起始单元颜色(条或空)的相邻数据符是哪种(n,k)结构，即是(16,4)还是(15,4)。

c) 具有(16,4)结构的数据符，译码如下：

1) 获得 7 个宽度的测量值 p、e_1、e_2、e_3、e_4、e_5 和 e_6(图 3)。

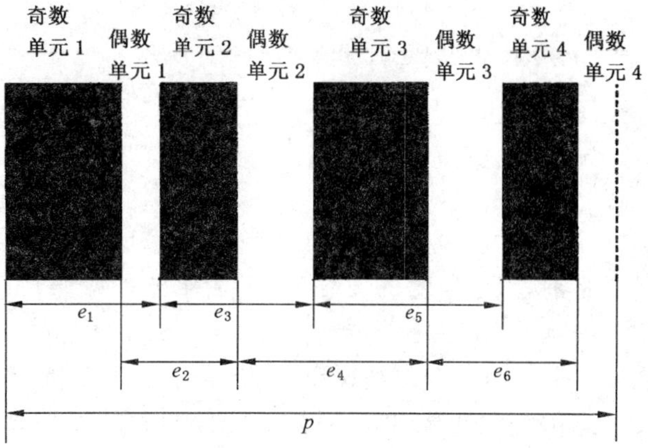

图 3 译码测量

注：上图表示左起条单元为第一个单元，但数据符也可以是上图从左到右镜像或条空转换的形式。

2) 将测量值 e_1、e_2、e_3、e_4、e_5 和 e_6 转换为表示整数模块宽度(E_i)的标称值 E_1、E_2、E_3、E_4、E_5 和 E_6。下面的方法用于 $E_i(i=1,2,\cdots,5,6)$的确定：

如果 $1.5p/16 \leqslant e_i < 2.5p/16$，那么 $E_i=2$；

如果 $2.5p/16 \leqslant e_i < 3.5p/16$，那么 $E_i=3$；

如果 $3.5p/16 \leqslant e_i < 4.5p/16$，那么 $E_i=4$；

如果 $4.5p/16 \leqslant e_i < 5.5p/16$，那么 $E_i=5$；

如果 $5.5p/16 \leqslant e_i < 6.5p/16$，那么 $E_i=6$；

如果 $6.5p/16 \leqslant e_i < 7.5p/16$，那么 $E_i=7$；

如果 $7.5p/16 \leqslant e_i < 8.5p/16$，那么 $E_i=8$；

如果 $8.5p/16 \leqslant e_i < 9.5p/16$，那么 $E_i=9$。

否则字符出错。

3) 从 E 值确定字符各单元的标称宽度。$n(n=16)$个模块中剩余的模块分配给最后 1 个单元，得出该单元的宽度，而不是从 E 值中计算出来。有效的单元宽度集合是没有单元宽度小于 1 个模块、并且至少有 1 个偶数单元是 1 个模块宽。例如：图 3 中 $E_1 \sim E_6$ 的值是{4 3 4 5 5 4}，可能的单元宽度的集合是{4 0 3 1 4 1 3 0}(注意不应有 0 宽度单元)、{3 1 2 2 3 2 2 1}或{2 2 1 3 2 3 1 2}(注意没有单个模块的偶数序号单元)，其中只有 8 个单元宽度为{3 1 2 2 3 2 2 1}的集合满足要求，因此被选作字符各单元的宽度。如果导出的单元宽度的集合都是无效的，那么字符出错。附录 G 给出了这种单元宽度译码算法的 C 语言程序。

4) 采用附录 B 中的程序确定奇子集和偶子集的值。

5） 从奇子集和偶子集的值计算数据符的值。

6） 计算并存储单元宽度加权和，用于校验和的计算。

d） 具有(15,4)结构的数据符，译码如下：

1） 获得 7 个宽度的测量值 p、e_1、e_2、e_3、e_4、e_5 和 e_6(图 3)。

2） 将测量值 e_1,e_2,e_3,e_4,e_5 和 e_6 转换为表示整数模块宽度(E_i)的标称值 E_1、E_2、E_3、E_4、E_5 和 E_6。下面的方法用于 $E_i(i=1,2,\cdots,5,6)$的确定：

如果 $1.5p/15 \leqslant e_i < 2.5p/15$，那么 $E_i=2$；

如果 $2.5p/15 \leqslant e_i < 3.5p/15$，那么 $E_i=3$；

如果 $3.5p/15 \leqslant e_i < 4.5p/15$，那么 $E_i=4$；

如果 $4.5p/15 \leqslant e_i < 5.5p/15$，那么 $E_i=5$；

如果 $5.5p/15 \leqslant e_i < 6.5p/15$，那么 $E_i=6$；

如果 $6.5p/15 \leqslant e_i < 7.5p/15$，那么 $E_i=7$；

如果 $7.5p/15 \leqslant e_i < 8.5p/15$，那么 $E_i=8$；

如果 $8.5p/15 \leqslant e_i < 9.5p/15$，那么 $E_i=9$。

否则，字符出错。

3） 使用上面的步骤 c)中 3)～6)的方法计算(15,4)数据符的值。

e） 使用上面的确定标称单元宽度的方法对定位符进行译码，在表 4 中查找图形，得出定位符的值。

f） 当 4 个数据符和 2 个定位符全部被译码之后，验证 2 个定位符的值是否属于 79 个有效对的集合。验证从 2 个定位符中计算出来的模 79 的校验和的值与数据符单元宽度加权和的模 79 运算的结果是否一致。

g） 从 4 个数据符计算连接标志和项目标识代码。

h） 此外，为稳妥起见，考虑到具体的识读设备和设想中的应用环境，需对扫描加速度、绝对计时以及尺寸等进行其他的附加检查。

在设计实际的识读 RSS-14 的扫描器时，可参见附录 H 中为使误读最小化而附加的符号译码考虑。

5.3 特定应用中的 RSS-14 形式

5.3.1 截短式 RSS-14

截短式 RSS-14(见图 4)的结构和编码与标准 RSS-14 一样，唯一不同的是它的高度可减小到最小值 $13X$。当需要包装指示符数字大于 1 时，小项目可以用截短式 RSS-14，而不用限定式 RSS。当需要 4 列二维部分且要求复合码的高度最小时，也可以使用截短式 RSS-14。

截短式 RSS-14 可以采用光笔、手持激光扫描器、线性和二维图像式扫描器识读。它不能被全向式扫描器有效识读。

截短式 RSS-14 的整体尺寸是 $96X$ 宽、$13X$ 高(最小)。

图 4 表示数据(01)00012345678905 的截短式 RSS-14 符号

5.3.2 RSS-14 的两行形式

RSS-14 的两行形式是从标准 RSS-14 符号的中央即数据符 2 与数据符 4 的接合处把符号分成两半，再把左、右两半部分排成上、下两行的 RSS-14 符号。上面行由符号左半部分和右侧附加 $1X$ 条和 $1X$ 空组成的保护符构成；下面行由符号右半部分和左侧附加 $1X$ 条和 $1X$ 空组成的保护符构成。

两行形式的 RSS-14 条码包括层排式 RSS-14 和全向层排式 RSS-14。

5.3.2.1　层排式 RSS-14

层排式 RSS-14(图 5)是截短式 RSS-14 的两行形式。图 5 中的条码符号对图 4 中符号表示的数据进行编码,以便于比较。

图 5　表示数据(01)00012345678905 的层排式 RSS-14 符号

上面行是 5X 高,下面行是 7X 高,在两行之间是 1X(最小)高的层分隔符。层排式 RSS-14 符号的整体尺寸是 50X 宽、13X 高。

层分隔符的前 4 个和最后 4 个模块总是空。若位于层分隔符的上面行和下面行的垂直相对的模块具有相同的颜色,则此处层分隔符的模块颜色与上、下行中的模块颜色相反,即在上面行、下面行两个垂直相对的条的部分之间形成一个层分隔符的空,两个垂直相对的空的部分之间形成一个层分隔符的条。

若位于层分隔符的上面行和下面行的垂直相对的模块颜色不同,则此处层分隔符的每一个模块的颜色与其左侧的模块颜色相反。这样,层分隔符可在上面行和下面行模块颜色互补的一段区域出现单模块宽的条和空交替出现的图形(见图 5)。

在可用空间对限定式 RSS 太窄的情况下,对小项目可以使用层排式 RSS-14,而不使用限定式 RSS。而且,层排式 RSS 比较窄允许使用较大的 X 尺寸,印刷质量容易保证。但是,在空间允许而不必减少 X 尺寸的情况下,限定式 RSS 或截短式 RSS-14 应当优先于层排式 RSS 符号使用,因为它们容易被光笔或线性扫描器扫描。

层排式 RSS-14 可以采用光笔、手持激光扫描器、线性和二维图像式扫描器识读。它不能被全向式扫描器有效识读。

5.3.2.2　全向层排式 RSS-14

全向层排式 RSS-14(图 6)是完整高度的 RSS-14 符号的两行排列形式。一个由 3 个 1X(最小)高的行组成 3X(最小)高的层分隔符用来分隔符号的两行。

图 6　表示数据(01)00034567890125 的全向层排式 RSS-14 符号

层分隔符各行的前 4 个和最后 4 个模块总是空。

除了定位符第 1、2、3 单元之下的 13 个模块之外,层分隔符第 1 行的单元是由符号上面行条/空颜色的互补色形成的。上述 13 个模块,在相邻定位符的条之下的是浅色,在相邻定位符的空之下的是深浅交替的形式。

除了层分隔符行的两端的各 4 个模块之外,层分隔符的第 2 行由交替的条空模块组成。

除了定位符第 1、2、3 单元(从右到左)之上的 13 个模块之外,层分隔符第 3 行的单元是符号下面行条/空颜色的互补色形成的。上述 13 个模块,在相邻的定位符的条之上的是浅色,在相邻定位符的空之上的是以深色开始的深浅交替的形式。出现在数值为 3 的定位符上面的 13 个模块中的单个深色模块被转换成右侧的一个模块，以便使得这个深色模块能够位于3个模块宽的定位符条的起始部分的上方。

符号的每行最小高度为33X，在两行之间有一个3X高的层分隔符。这种形式的RSS符号的整体尺寸是50X宽、69X高(最小)。

对全向扫描的应用场合，在需要不同的符号宽、符号高比时可使用全向层排式RSS-14来替代标准RSS-14符号。

6 限定式RSS条码符号的要求

6.1 限定式RSS的基本特点

限定式RSS是线性符号，能够对4000000000000(4×10^{12})个数值编码(见6.2.3)。包装指示符为0和1的贸易项目代码可以被编码，此外，还提供了连接标志。

限定式RSS可以采用光笔、手持激光扫描器、一维和二维图像式扫描器识读。它不能被全向通道式扫描器有效识读。图7是一个限定式RSS符号的示例。

图7 表示数据(01)15012345678907的限定式RSS符号

6.2 限定式RSS的符号结构

限定式RSS符号是由左侧保护符、左侧数据符、定位符(又是校验符)、右侧数据符和右侧保护符共5个区域(从左到右)，74个模块组成，结构如图8所示。5个区域的条、空及模块组成如下：

a) 左侧保护符：由1个模块的空和1个模块的条组成；
b) 左侧数据符：由7个空和7个条共26个模块组成，$(n,k)=(26,7)$；
c) 定位符：由7个空和7个条共18个模块组成，$(n,k)=(18,7)$；
d) 右侧数据符：由7个空和7个条共26个模块组成，$(n,k)=(26,7)$；
e) 右侧保护符：由1个模块的空和1个模块的条组成。

图8 限定式RSS符号结构示意图

限定式RSS符号包括46个单元，见附录E.2。符号最小高度为10X。

限定式RSS不需要空白区。如果相邻的背景区域颜色(左边是浅色或右边是深色)与保护符外侧单元的颜色相同，那么第一个或最后一个单元会出现宽于1个模块的情况，但不会影响符号的识读。

6.2.1 数据符结构

每个数据符的模块组配为(n,k)结构。n的值是26，k的值是7。

两个数据符的单元从左到右排序，如图8所示。

每个数据符的单元集合包含奇和偶两个子集，这里的奇和偶指的是每个子集中单元序号的奇、偶。奇数单元是空，偶数单元是条。例如：每个数据符奇子集由第1、第3、第5、第7、第9、第11和第13单元组成，排序从最左侧的单元开始。这种7个单元的子集的模块数目从最小7个到最大19个。在数据符中，奇子集和偶子集中模块数目的总和等于26。

6.2.2 数据符的值

对每个数据符值，由一个算法给出奇子集和偶子集中各单元宽度的值(以模块为单位)组成的序列。

需要给该算法提供单元数量、模块数量、最大单元宽度以及子集中所有的单元是否都比1个模块宽等信息。附录B给出了用C语言程序实现的生成限定式RSS条码符号数据符单元的算法。

有效的偶子集至少有一个单模块单元，而奇子集可以所有单元都大于1个模块。对偶数单元的上述限制保证了数据符的各个边缘到相似边缘距离(条加空与空加条)有唯一的模块和。

表6描述了(26,7)子集的特征，列出了7组奇和偶子集对。2个子集的模块数都为奇数。最宽的单元的宽度被规定下来，以使在一对相邻单元中的模块数之和不会超过9。在有限制要求的情况下，构成一个(26,7)数据符的条空组合的模式共有2013571种，能表示2013571个值。

表6 数据符(26,7)的特征

数据符值的范围	组	前面各组所能表示的数据符值的总数(G_{SUM})	奇/偶子集模块数	奇数/偶数最宽单元	奇子集值的总数(T_{ODD})	偶子集值的总数(T_{EVEN})
0～183063	1	0	17/9	6/3	6538	28
183064～820063	2	183064	13/13	5/4	875	728
820064～1000775	3	820064	9/17	3/6	28	6454
1000776～1491020	4	1000776	15/11	5/4	2415	203
1491021～1979844	5	1491021	11/15	4/5	203	2408
1979845～1996938	6	1979845	19/7	8/1	17094	1
1996939～2013570	7	1996939	7/19	1/8	1	16632

数据符值V_D与奇子集值、偶子集值的关系见下式：

$$V_D=(V_{ODD}\times T_{EVEN})+V_{EVEN}+G_{SUM}$$

式中：

T_{EVEN}——偶子集值的总数；

V_{ODD}——奇子集的值；

V_{EVEN}——偶子集的值；

G_{SUM}——前面各组所能表示数据符值的总数。

通过以下两式把数据符值V_D编码为V_{ODD}与V_{EVEN}：

$$V_{ODD}=(V_D-G_{SUM})\ \mathrm{div}\ T_{EVEN}$$

$$V_{EVEN}=(V_D-G_{SUM})\ \mathrm{mod}\ T_{EVEN}$$

例如：对数据符值917879进行编码，从表6可知，数据符的值在第3组范围内，因此$G_{SUM}=820064$，$T_{EVEN}=6454$，采用上面的公式：

$$V_{ODD}=(917879-820064)\mathrm{div}\ 6454=97815\ \mathrm{div}\ 6454=15$$

$$V_{EVEN}=(917879-820064)\mathrm{mod}\ 6454=97815\ \mathrm{mod}\ 6454=1005$$

使用附录B中的算法，第3组中的数据符(见表6)的奇子集有9个模块，子集值15是28个连续值(0～27)中的一个；偶子集有17个模块，子集值1005是6454个连续值(0～6453)中的一个。各奇数单元的宽度是{1 2 1 1 1 1 2}，各偶数单元的宽度是{1 2 3 5 1 2 3}，从左到右给出数据符各单元的宽度为{1 1 2 2 1 3 1 5 1 1 1 2 2 3}。

6.2.3 符号的值

符号的值与左、右侧数据符值的关系见下式：

$$V_{SYMBOL}=(2013571\times V_{DLEFT})+V_{DRIGHT}$$

式中：

V_{SYMBOL}——符号的值；

V_{DLEFT}和V_{DRIGHT}——左侧和右侧数据符值。

通过以下两式将符号的值 V_{SYMBOL} 编码为 V_{DLEFT} 和 V_{DRIGHT}：

$V_{DLEFT}=V_{SYMBOL}$ div 2013571

$V_{DRIGHT}=V_{SYMBOL}$ mod 2013571

左、右侧数据符的值结合在一起可以产生 4054468172041 个值，但只有 4000000000000 个值被使用，分成值为 0～1999999999999 和值为 2015133531096～4015133531095 的两组。这样分组是为了能由左侧数据符奇、偶子集的模块数目（反映左侧数据符值的范围）来确定是否存在二维部分，而不需要对右侧数据符译码的结果。独立的限定式 RSS-14 左侧数据符值的范围为 0～993260，而在 EAN·UCC 复合码中，限定式 RSS-14 左侧数据符值的范围为 1000776～1994036。

符号的值的第二组（值的范围为 2015133531096～4015133531095），表明连接标志为“1”，即表示伴随限定式 RSS 有 1 个二维部分。原数据值则是从限定式 RSS 符号的值中减去 2015133531096 的结果，在 0～1999999999999 之间，与第一个数值组一致，构成了贸易项目代码的前 13 位。

数值 0～1999999999999 表示 14 位的全球贸易项目代码的前 13 位数字，在这里包装指示符只有 0 和 1 两个可能的数值。隐含的模 10 校验码被计算出来，并加到传输数据的末端形成 14 位的全球贸易项目代码。应用标识符 01 被添加到传输数据中，跟在必须传输的码制标识符]e0 或]C1 之后。

6.2.4 校验符

限定式 RSS 符号有一个校验符，它也是符号的定位符，位于左、右侧数据符之间。

6.2.4.1 校验符的结构

校验符的模块组配结构为(18,7)，对 89(0～88)个数值进行编码。每个校验符包含 9 个模块组成的 7 个空和 9 个模块组成的 7 个条。在选择校验符图形时，去掉了这样的一些图形，这些 14 个单元组成的图形如果条空颜色互换和/或从左到右镜像反转会与其他图形相同。附录 C 列出了 89 个编码数值的校验符单元宽度。

6.2.4.2 校验符值的计算

校验符的值等于数据符单元宽度加权的和模 89 运算的结果。计算公式如下：

$$(W_{1,1}E_{1,1}+W_{1,2}E_{1,2}+\cdots+W_{2,1}E_{2,1}+\cdots+W_{2,14}E_{2,14})\bmod 89$$

式中：

$W_{N,M}$——数据符 N 中序号为 M 的单元的权（见表 7）；

$E_{N,M}$——数据符 N 中单元 M 的宽度模块数；

$W_{N,M}E_{N,M}$——两者的乘积。

表 7 中权的值是 3 的连续次幂模 89 运算的结果，按公式 $W_{N,M}=3^{M+14N-15}$ mod 89 计算。

表 7 校验符值计算的单元的权

数据符序号(N)	数据符单元序号(M)													
	1	2	3	4	5	6	7	8	9	10	11	12	13	14
1	1	3	9	27	81	65	17	51	64	14	42	37	22	66
2	20	60	2	6	18	54	73	41	34	13	39	28	84	74
注：单元由左向右排序。														

附录 F.2 给出了一个限定式 RSS 符号的编码示例。

6.2.5 定位符

定位符是通过 14 个单元的数据符宽度与 14 个单元的校验符（即定位符）宽度之比 26：18：26 被识别的。此外，还可用校验符特有的有效空/条图形对条码符号进行识别。可能出现在条码符号中的镜像反转和条空置换的校验符图形已经被删除。

6.2.6 参考译码算法

条码识读系统设计成可在现行算法允许的范围内识读有缺陷的条码符号。本部分叙述了

GB/T 14258 中描述的用于检测符号质量的可译码度值计算中使用的参考译码算法。

算法包括下列译码步骤：

a) 通过查找宽度比为(26±1.5)：18：(26±1.5)的 3 个 14 个单元的序列找到符号(±1.5 的允许偏差是考虑到可能出现的扫描加速度的影响)。

b) 检查中间的序列是否为一个有效的定位符。利用下面步骤 c)中的 1)和 2)来确定定位符的单元宽度，这时需把步骤 c)的 2)中与 p 相除的数由 26 改为 18。单元宽度的查找见附录 C 的表。

c) 数据符译码如下：

1) 获得 13 个宽度的测量值：p、e_1、e_2、e_3、e_4、e_5、e_6、e_7、e_8、e_9、e_{10}、e_{11} 及 e_{12}(见图 9)。

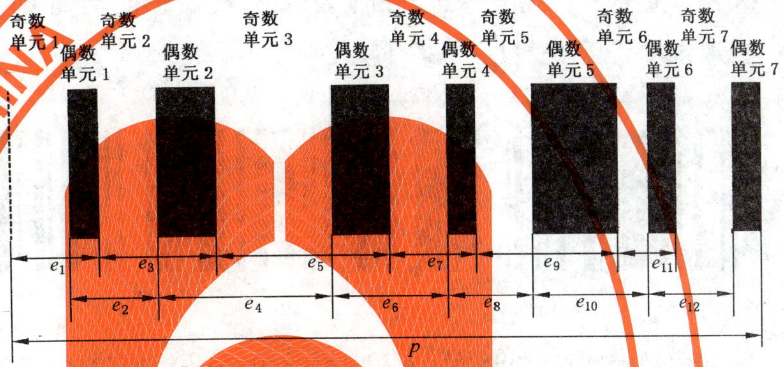

图 9 译码测量

2) 将测量值 e_1、e_2、e_3、e_4、e_5、e_6、e_7、e_8、e_9、e_{10}、e_{11} 及 e_{12} 转换为表示整数模块宽度(E_i)的标称值 E_1、E_2、E_3、E_4、E_5、E_6、E_7、E_8、E_9、E_{10}、E_{11} 及 E_{12}。下面的方法用于 $E_i(i=1,2,\cdots,11,12)$ 的确定：

如果 $1.5p/26 \leqslant e_i < 2.5p/26$，则 $E_i=2$；

如果 $2.5p/26 \leqslant e_i < 3.5p/26$，则 $E_i=3$；

如果 $3.5p/26 \leqslant e_i < 4.5p/26$，则 $E_i=4$；

如果 $4.5p/26 \leqslant e_i < 5.5p/26$，则 $E_i=5$；

如果 $5.5p/26 \leqslant e_i < 6.5p/26$，则 $E_i=6$；

如果 $6.5p/26 \leqslant e_i < 7.5p/26$，则 $E_i=7$；

如果 $7.5p/26 \leqslant e_i < 8.5p/26$，则 $E_i=8$；

如果 $8.5p/26 \leqslant e_i < 9.5p/26$，则 $E_i=9$。

否则字符出错。

3) 从 E 值确定字符各单元的标称宽度。$n(n=26)$个模块中剩余的模块分配给最后一个单元，得出该单元的宽度，而不是从 E 值中计算出来。有效的单元宽度集合是没有单元宽度小于 1 个模块、并且至少有一个偶数单元是 1 个模块宽。例如，图 9 中值 $E_1 \sim E_{12}$ 的值为{3 3 4 6 6 4 3 3 5 4 2 3}，可能的单元宽度的集合是{1 2 1 3 3 3 1 2 1 4 0 2 1 2}、{2 1 2 2 4 2 2 1 2 3 1 1 2 1}或{3 0 3 1 5 1 3 0 3 2 2 0 3 0}，其中只有 14 个单元宽度为{2 1 2 2 4 2 2 1 2 3 1 1 2 1}的集合满足要求，因此被选作字符各单元的宽度。如果导出的单元宽度的集合都是无效的，那么字符出错。附录 G 给出了这种单元宽度译码算法的 C 语言程序。

4) 采用附录 B 中的程序确定奇子集和偶子集的值。

d) 当两个数据符和定位符全部被译码之后，验证从定位符得到的模 89 的校验符值与数据符的单元宽度加权和模 89 运算的结果是否一致。

e) 从两个数据符计算连接标志和贸易项目标识代码。

f) 考虑到具体的识读设备和设想中的应用环境，需对扫描加速度、绝对计时以及尺寸等进行其他的附加检查。

7 扩展式 RSS 条码符号的要求

7.1 扩展式 RSS 的基本特点

扩展式 RSS 是一种可变长度的线性条码符号，它能将应用标识符（AI）单元数据串的多达 74 个的数字或 41 个的字母符号编码，内在地表现为 1 串二进制数字。在扫描器及应用软件附加了该码制的相应程序的前提下，扩展式 RSS 可用来对零售点及其他应用中使用的主要数据和补充数据进行编码。

可以对多达 22 个段的扩展式 RSS 进行扫描及译码，然后重组，因此可以采用全向式扫描器进行扫描。图 10 为一个扩展式 RSS 条码符号的示例。

图 10 表示数据(01)98898765432106(3202)012345(15)991231 的扩展式 RSS 符号

7.2 扩展式 RSS 的符号结构

7.2.1 整体符号结构

符号中的第 1 个符号字符是校验符，用来对校验和及符号长度（符号字符总数）进行编码，图 11 所给出的条码符号包含 1 个校验符和 5 个数据符。符号字符包括校验符和数据符。

扩展式 RSS 符号被构建成为 1 种三元序列，每一序列都包含 2 个符号字符以及它们中间的定位符。如果存在奇数个符号字符，则最后 1 个符号字符后面接有 1 个定位符。编号为奇数的符号字符的单元排序从左至右，编号为偶数的符号字符的单元排序则从右至左。编号为 1、2、5、6、9、10 等的符号字符，第 1 个单元（即距离相邻定位符最远的那个单元）为空；编号为 3、4、7、8、11、12 等的符号字符，第 1 个单元为条。左右两边的保护符总是位于条码的起始及终止位置，或者位于层排式符号每一行的起始及终止位置。图 11 所示的有 6 个符号字符的扩展式 RSS 符号由 11 个区域组成（从左至右）：

a) 左侧保护符：由 1 个模块空及 1 个模块条组成；

b) 校验符：由 4 个空及 4 个条共 17 模块组成，$(n,k)=(17,4)$；

c) 定位符 A1：由 3 个空及 2 个条共 15 个模块组成；

d) 数据符 1：由 4 个条及 4 个空共 17 个模块组成，$(n,k)=(17,4)$；

e) 数据符 2：由 4 个条及 4 个空共 17 个模块组成，$(n,k)=(17,4)$；

f) 定位符 B2：由 3 个条及 2 个空共 15 个模块组成；

g) 数据符 3：由 4 个空及 4 个条共 17 个模块组成，$(n,k)=(17,4)$；

h) 数据符 4：由 4 个空及 4 个条共 17 个模块组成，$(n,k)=(17,4)$；

i) 定位符 B1：由 3 个空及 2 个条共 15 个模块组成；

j) 数据符 5：由 4 个条及 4 个空共 17 个模块组成，$(n,k)=(17,4)$；

k) 右侧保护符：由 1 个模块的条及 1 个模块的空组成。

图 11 所示的条码符号有 67 个单元，共 151 个模块。附录 E.3 列出了图 11 中所示扩展式 RSS 符号的全部 67 个单元。符号的最小高度为 $34X$。

注：图中箭头表示每个字符单元排序的方向。

图 11　扩展式 RSS 符号结构示意图

扩展式 RSS 不需要空白区。如果保护符外侧单元颜色与相邻的背景区域的颜色相同，那么第 1 个或最后 1 个单元会出现宽于 1 个模块的情况。

注：扩展式 RSS 条码符号右侧保护符的形式不是固定的，根据位于最后的符号字符或定位符的条空组合模式，右侧保护符可能是 1 个模块的条加 1 个模块的空的形式，也可能是 1 个模块的空加 1 个模块的条的形式。

7.2.2　符号字符结构

每个符号字符的模块组配为(n,k)结构。n 值为 17，k 值为 4。

编号为奇数的符号字符(校验符及偶数数据符)的单元从左至右排序，编号为偶数的符号字符(奇数数据符)的单元从右至左排序。因此符号字符单元朝着相邻的定位符排序，如图 11 中的箭头所示。

每 1 个符号字符单元的集合均包含 1 个奇子集和 1 个偶子集。这里的奇和偶指的是每个子集中单元序号的奇、偶。每 1 个符号字符的奇子集由第 1、第 3、第 5 及第 7 单元组成，且以离定位符最远的单元开始排序。偶子集同样是从离相邻定位符最远的单元开始，第 8 单元(序号为偶数，位于内侧)与定位符相邻。

7.2.3　符号字符值

对每个符号字符值，由 1 个算法给出奇子集和偶子集中各单元宽度的值(以模块为单位)组成的序列，需要为这个算法提供单元数量、模块数量、单元最大宽度以及子集中所有的单元是否都比 1 个模块宽等信息。附录 B 给出了用 C 语言程序实现的生成扩展式 RSS 符号字符单元的算法。

有效的奇子集至少有 1 个单模块单元，而有效的偶子集则无须有 1 个单模块单元的限制。对奇数单元的上述限制保证了符号字符的各个边缘到相似边缘(条加空与空加条)有唯一的模块和。

除上述限制外，第 1 个(离定位符最远的)奇数单元的宽度总是小于 5 个模块宽度。这种限制可避免在相邻的符号字符之间出现错误的定位符。

表 8 描述了(17,4)子集的特征，列出了 5 组奇、偶子集对。奇子集含有偶数个模块，偶子集则含有奇数个模块。最宽的单元的宽度被规定下来，保证在一对相邻单元中的模块数之和不会超过 9。在有限制要求的情况下，构成一个(17,4)符号字符的条空组合的模式共有 4192 种，能表示 4192 个值。

表 8　符号字符(17,4)的特征

符号字符值的范围	组	前面各组所能表示的符号字符值总数(G_{SUM})	奇/偶子集模块数	奇数/偶数最宽单元	奇子集值的总数(T_{ODD})	偶子集值的总数(T_{EVEN})
0～347	1	0	12/5	7/2	87	4
348～1387	2	348	10/7	5/4	52	20
1388～2947	3	1388	8/9	4/5	30	52
2948～3987	4	2948	6/11	3/6	10	104
3988～4191	5	3988	4/13	1/8	1	204

符号字符值 V_S 与奇子集值和偶子集值的关系见下式：

$V_S=(V_{ODD}\times T_{EVEN})+V_{EVEN}+G_{SUM}$

式中：

T_{EVEN}——偶子集值的总数；

V_{ODD}——奇子集的值；

V_{EVEN}——偶子集的值；

G_{SUM}——前面各组所能表示的符号字符值的总数。

通过下面的两式把符号字符值 V_S 编码为 V_{ODD} 和 V_{EVEN}：

$V_{ODD}=(V_S-G_{SUM})\ \mathrm{div}\ T_{EVEN}$

$V_{EVEN}=(V_S-G_{SUM})\ \mathrm{mod}\ T_{EVEN}$

例如：对一个值为 3544 的(17,4)符号字符进行编码，从表 8 可知，符号字符的值位于第 4 组内，因此 $G_{SUM}=2948$，而 $T_{EVEN}=104$，应用上面的公式：

$V_{ODD}=(3544-2948)\ \mathrm{div}\ 104=596\ \mathrm{div}\ 104=5$

$V_{EVEN}=(3544-2948)\ \mathrm{mod}\ 104=596\ \mathrm{mod}\ 104\ =76$

使用附录 B 中的算法，第 4 组中的数据符(见表 8)的奇子集有 6 个模块，值 5 是 10 个连续值(0～9)中的一个；偶子集单元有 11 个模块，值 76 是 104 个连续值(0～103)中的一个。各奇数单元宽度是{1 3 1 1}，各偶数单元宽度是{4 1 4 2}，给出数据符各单元宽度为{1 4 3 1 1 4 1 2}。

7.2.4 符号的二进制值

数据符值的范围从 0～4095，每 1 个值都代表 1 个对符号值编码的 12 位二进制数。代表各个数据符值的二进制数链接成为编码的二进制数字串。第 1 个数据符(即第 2 个符号字符)包含最高阶二进制位。

条码符号大小及相应二进制数字串的长度列于表 9 中。

表 9 条码符号大小对应的二进制容量

符号字符数	数据符数	编码的二进制位数
4	3	36
5	4	48
6	5	60
7	6	72
8	7	84
9	8	96
10	9	108
11	10	120
12	11	132
13	12	144
14	13	156
15	14	168
16	15	180
17	16	192

表 9(续)

符号字符数	数据符数	编码的二进制位数
18	17	204
19	18	216
20	19	228
21	20	240
22	21	252

7.2.5 数据编码

被编码成 RSS 符号的用户数据，总是由遵循 GS1 通用规范数据标准的应用标识符及数据字段组成，并被准确地格式化，与被编码成 UCC/EAN-128 条码符号时相同。对 RSS 符号进行编码时，应遵循 GB/T 15425 标准中 AI 单元数据串的链接规则——如：利用 FNC1 把可变长度单元数据串与其后的单元数据串分隔开。

扩展式 RSS 的二进制数字串可被分成多达 5 个的二进制字段，所有扩展式 RSS 条码符号均要求具有前面的两个字段，以及其他 3 个字段中的 1 个或多个字段。这些字段分别是：

a) 二维部分连接标志字段(见 7.2.5.1)；

b) 编码方法字段(见 7.2.5.2)；

c) 可变长度符号位字段(见 7.2.5.3)；

d) 压缩数据字段(见 7.2.5.4)；

e) 通用数据压缩字段(见 7.2.5.5)。

这些二进制字段按顺序链接起来，并被编码成条码符号的二进制数字串，编码方法字段总是编码的第 1 个字段。固定长度的编码方法以压缩数据准确地充满条码符号特定的二进制数字串。可变长度的编码方法以可选的通用数据压缩字段跟接二进制填充位作为结束，填充位填满适当长度符号的二进制数字串中未被使用的二进制位。

在本章中，用加双引号的相应二进制数来表示各个二进制字段。

7.2.5.1 二维部分连接标志字段

这是 1 个用来指示扩展式 RSS 符号是否作为 EAN·UCC 复合码的一部分打印出来的标志位，标志字段值为“0”时表示扩展式 RSS 是单独的条码符号，为“1”时则表示扩展式 RSS 是 EAN·UCC 复合码的一维部分。

7.2.5.2 编码方法字段

编码方法字段由 1 个或多个二进制位组成，位于二维部分连接标志字段之后。它定义条码符号是 1 种通用符号还是 1 种以面向应用的压缩数据字段(比如用来有效代表 1 个项目标识的 AI 单元数据串的字段)开始的符号。编码方法字段定义于表 10 中。

编码方法字段“1”用于对 AI(01)主标识与附加信息的 AI 单元数据串进行编码。

编码方法字段“00”用于对不使用 AI(01)主标识的项目进行编码，它对 4 个或多个符号字符的可变长度符号进行定义。此时符号包含通用数据压缩字段，不包含压缩数据字段。

编码方法字段“0100”及“0101”用于对可变质量项目的主标识及质量进行编码。而编码方法字段“0111000”～“0111111”则用于对主标识、质量及 4 个 AI 单元数据串即 AI(11)、AI(13)、AI(15)、AI(17)中的任何一个进行编码。

编码方法字段“01100”及“01101”用于对主标识及价格进行编码。

注：主标识指的是 14 位的全球贸易项目代码(GTIN)。

表 10　编码方法字段及其特点

编码方法字段	符号字符的数目(个)	压缩数据字段长度(二进制位)	是否跟接通用数据压缩字段	AI 单元数据串
1	5～22	44	是	(01)＋其他 AI 数据串
00	4～22	无	是	任何 AI 数据串
0100	固定长度 6	55	否	(01)与(3103)
0101	固定长度 6	55	否	(01)＋(3202)或(01)＋(3203)
01100	6～22	42	是	(01)＋(392x)
01101	7～22	52	是	(01)＋(393x)
0111000	固定长度 8	76	否	(01)＋(310x)＋(11)
0111001	固定长度 8	76	否	(01)＋(320x)＋(11)
0111010	固定长度 8	76	否	(01)＋(310x)＋(13)
0111011	固定长度 8	76	否	(01)＋(320x)＋(13)
0111100	固定长度 8	76	否	(01)＋(310x)＋(15)
0111101	固定长度 8	76	否	(01)＋(320x)＋(15)
0111110	固定长度 8	76	否	(01)＋(310x)＋(17)
0111111	固定长度 8	76	否	(01)＋(320x)＋(17)

7.2.5.3　可变长度符号位字段

这种字段只出现在可变长度符号中，并出现在编码方法字段“1”、“00”、“01100”及“01101”之后。此字段包含两个二进制位，第 1 位指示条码符号中含有的符号字符个数的奇偶，符号字符的个数为偶数时为“0”，为奇数时为“1”。第 2 位指示条码符号的大小，条码符号中的符号字符数小于或等于 14 时为“0”，大于 14 时为“1”。这两个位连同定位符集，为在校验符中所定义的符号字符数提供了一种双重校验(参见 7.2.6)。

7.2.5.4　压缩数据字段

可根据具体的编码方法字段来对这一字段中的二进制数据进行解释。除编码方法字段“00”外的所有符号均包含有一个压缩数据字段。

7.2.5.4.1　编码方法字段“1”——通用项目标识数据

如果 AI(01)单元数据串出现在被编码数据信息的起始位置，则可采用此编码方法字段。从项目标识 AI(01)单元数据串中去掉前两个十进制数字 01 和末尾的校验码，余下的 13 个十进制数字分成 5 个组，编码成一个 44 个二进制位的压缩数据字段。这 5 个组分别由 1、3、3、3、3 个十进制数字组成，并被编码为 4、10、10、10、10 个二进制位。采用直接把十进制转换为二进制的方法对 5 组数据进行编码，其他的附加 AI 数据作为通用数据压缩字段被编码在 44 位压缩数据字段之后。

译码器通过将这 44 个二进制位分为 4、10、10、10、10 个二进制位的 5 个组，并将其分别转换，形成 13 个十进制数字，对压缩数据字段的数据进行重构，并在重构的十进制数字前面增加两位数字 01 作为 AI 前缀，同时在这个 AI 单元数据串末尾增加计算出的模 10 校验码，然后对二进制数字串中剩余的通用数据压缩字段部分进行译码。

举例说明编码方法字段“1”：对(01)00012345678905(10)ABC123 进行编码，实际上只需要将粗体数字部分编码成压缩数据字段，而将 AI(10)及批号 ABC123 编码成通用数据压缩字段，并直接附在 44 个二进制位的压缩数据字段后面。译码器将传输]e0010001234567890510ABC123。

编码方法字段“1”对含有通用数据压缩字段的 5 个或多个符号字符的可变长度符号进行了定义。

7.2.5.4.2 **编码方法字段“0100”——可变质量项目(增量为0.001 kg)**

当被编码的数据信息只含有两个AI单元数据串——AI(01)后接AI(3103)时,可采用此编码方法字段。AI(01)项目标识单元数据串必须具有包装指示符数字9。AI(3103)可变质量单元数据串指定的质量不能超过32.767 kg。这两个AI单元数据串分别被压缩成40位二进制数和15位二进制数,总的压缩数据字段长度则为55个二进制位。编码方法字段“0100”用于不含有通用数据压缩字段的、具有6个符号字符的固定长度条码符号的编码。

在对这两个AI单元数据串进行编码时,先从AI(01)单元数据串中去掉前3个数字019及末尾的校验码,其余的12个数字在40个二进制位中编码成压缩数据,分为4组,每组3个数字被编码为10位二进制数;再从AI(3103)单元数据串中去掉前4个数字3103,然后将余下的介于000000~032767之间的6位数字编码成15位二进制数的压缩数据,这样形成总长度为55个二进制位的压缩数据字段。

译码时,译码器将前40位二进制数分4个组(每组10位二进制数)译码成12个十进制数字(每组三个数),在这12个数字前面增加前缀019;后面增加计算出的模10校验码,成为第一个AI单元数据串。再将余下的15位二进制数转换为十进制数,并在得出的数字前填充0以形成6位数字,最后将AI前缀“3103”添加到译码得出的6位数字前,形成数据信息的第二个AI单元数据串。

举例说明编码方法字段“0100”,对(01)90012345678908(3103)001750进行编码,实际上只将粗体数字编码成压缩数据字段。译码器将传输]e0019001234567890831O3001750。

7.2.5.4.3 **编码方法字段“0101”——可变质量项目(增量为0.004536 kg(0.01 lb)或0.0004536 kg(0.001 lb))**

当被编码的数据信息只含有两个AI单元数据串——AI(01)后跟AI(3202)或AI(3203)时,可使用此编码方法字段。AI(01)项目标识单元数据串必须具有包装指示符数字9,AI(3202)可变质量单元数据串指定的质量不能超过45.36 kg(99.99 lb),而AI(3203)可变质量单元数据串指定的质量不能超过10.327 kg(22.767 lb)。两个AI单元数据串分别被压缩成40位二进制数和15位二进制数,总的压缩数据字段长度则为55个二进制位。编码方法字段“0101”用于不含有通用数据压缩字段的、具有6个符号字符的固定长度条码符号的编码。

在对两个AI单元数据串进行编码时,先从AI(01)单元数据串中去掉前3个数字019及末尾的校验码。其余的12个数字在40个二进制位的压缩数据字段中进行编码,分为4组,每组3个数字被编码为10个二进制位。从质量单元数据串中去掉前4位AI数字。对于AI(3202),将余下的介于0~009999之间的6个数字编码成15位二进制数,添加到压缩数据字段中;对于AI(3203),将余下的介于0~022767之间的6个数加上10000后编码成15位二进制数,添加到压缩数据字段中。

译码时,译码器将前40位二进制数分4个组(每组10位二进制数)译码成12个十进制数(每组3个数),在这12个数字前面增加前缀019;后面增加计算出的模10校验码,成为第一个AI单元数据串。再将余下的15位二进制数转换为十进制数值。如果该数值小于10000,则将其转换成6位数字,并在其前面加上3202作为AI前缀,形成数据报文的AI单元数据串;否则,从该数值中减去10000,再在得出的数字前填充0以形成6位数字,AI前缀3203添加到6位数字前,形成数据报文的第2个AI单元数据串。

举例说明编码方法字段“0101”,对(01)90012345678908(3202)000156进行编码,实际上只将粗体数字部分编码成压缩数据字段。译码器将传输]e0019001234567890832O2000156。

7.2.5.4.4 **编码方法字段“0111000”~“0111111”——可变质量贸易项目加日期**

这些编码方法字段可在被编码的数据信息包含2个或3个AI单元数据串,即AI(01)、AI(310x)或AI(320x)(x从0~9)、以及AI(11)或AI(13)或AI(15)或AI(17)中的任何一个的情况下使用。AI(01)项目标识单元数据串必须具有包装指示符数字“9”,可变质量AI单元数据串可以是0~099999之间的任意值。编码方法字段“0111000”~“0111111”用于不含有通用数据压缩字段的、具有8个符号字符的固定长度条码符号的编码。

对可变质量产品及日期进行编码的八种方法：

1. 用编码方法字段“0111000”定义 AI(01)＋AI(310x)＋AI(11)，附加信息为公制质量及生产日期；

2. 用编码方法字段“0111001”定义 AI(01)＋AI(320x)＋AI(11)，附加信息为英制质量及生产日期；

3. 用编码方法字段“0111010”定义 AI(01)＋AI(310x)＋AI(13)，附加信息为公制质量及包装日期；

4. 用编码方法字段“0111011”定义 AI(01)＋AI(320x)＋AI(13)，附加信息为英制质量及包装日期；

5. 用编码方法字段“0111100”定义 AI(01)＋AI(310x)＋AI(15)，附加信息为公制质量及保质期；

6. 用编码方法字段“0111101”定义 AI(01)＋AI(320x)＋AI(15)，附加信息为英制质量及保质期；

7. 用编码方法字段“0111110”定义 AI(01)＋AI(310x)＋AI(17)，附加信息为公制质量及有效期；

8. 用编码方法字段“0111111”定义 AI(01)＋AI(320x)＋AI(17)，附加信息为英制质量及有效期。

3 个 AI 单元数据串被压缩成 76 个二进制位的压缩数据字段，其中，项目标识为 40 个二进制位，质量标识为 20 个二进制位，日期为 16 个二进制位。

在对这 3 个 AI 单元数据串进行编码时，先从 AI(01)单元数据串中去掉前 3 个数字 019 及末尾的校验码，其余的 12 个数字在 40 个二进制位的压缩数据字段中进行编码，分为 4 组，每组 3 个数字被编码为 10 个二进制位。再从质量单元数据串中去掉前 3 个数字 310 或 320，然后从余下的 7 个数字的 AI 单元数据串数据中将第 2 个数字(一个 0)去掉，形成 6 个数字。这 6 个数字由最后 1 位 AI 数字及后 5 位质量数字组成，将其编码成 20 个二进制位并添加到压缩数据字段中。16 个二进制位的日期压缩数据是去掉 AI(11、13、15 或 17)两位 AI 标识符，剩下的 6 位“YYMMDD(年月日)”数字按下式转换成值在 0～38399 之间的 16 位二进制压缩数据，再添加到压缩数据字段中。

(YY×384)＋((MM－1)×32)＋(DD)

在 16 个二进制位子字段中的值 38400，用来指示没有日期字段被编码。当需要对编码方法字段“0100”或“0101”不支持的质量值编码时，可选择这种方式来对贸易项目标识与质量值编码。

译码时，译码器将前 40 位二进制数分 4 个组(每组 10 位二进制数)译码成 12 个十进制数(每组 3 个数)，在这 12 个数的前面增加前缀“019”，后面增加计算出的模 10 校验码，成为第 1 个 AI 单元数据串。再将其余的 20 位二进制数转换成 6 位十进制数字，并在第 1 个数字后面插入一个 0 以形成 7 位数字，再在这 7 位数字前面加上 310 或 320 作为 AI 前缀，形成数据报文的第 2 个 AI 单元数据串；最后将剩下的 16 位二进制数转换成十进制数值，如果这最后 16 位的值为 38400，则不再对其他数据进行译码。

如果对日期进行了编码，译码器将根据上述公式提取 6 位日期数字，并由译码器根据编码方法字段的定义添加一个相应的应用标识符 AI(11、13、15 或 17)前缀，再将这 8 位数字作为第 3 个 AI 单元数据串添加到译码报文中。

举例说明编码方法字段“0111000”，对(01)9**001234567890**8(310**3**)0**12233**(15)**991231** 进行编码，实际上只将粗体数字编码成压缩数据字段。译码器将传输]e0019001234567890831030122331599123l。

7.2.5.4.5 编码方法字段“01100”——变量贸易项目及应付款金额

此编码方法字段可在被编码的数据信息以两个 AI 单元数据串——AI(01)跟接 AI(392x)开始的情况下使用。AI(01)项目标识单元数据串必须具有包装指示符数字 9，AI(392x)中表示小数点位置的数字 x，其值只能为 0、1、2 或 3。AI(01)单元数据串被压缩成 40 位二进制数，而 AI(392x)中表示小数点位置的数字 x 被编码成两位二进制数。然后用数字编码模式将价格数字编码，放在通用数据压缩字段中。利用通用数据压缩字段编码方法可对任何附加的 AI 单元数据串进行编码。

在对上述两个 AI 单元数据串进行编码时，先从 AI(01)单元数据串中去掉前 3 个数字 019 及末尾的校验码。其余的 12 个数字在 40 个二进制位中编码成压缩数据，分为 4 组，每组 3 个数字被编码为 10 个二进制位；再从 AI(392x)单元数据串中去掉前 3 个 AI 数字 392，对表示小数点位置的数字(允许值为 0～3)直接编码成后 2 个二进制位，这样形成总长度为 42 个二进制位的压缩数据字段。位于表示小数点位置的数字后面的数据用数字编码模式编码成通用数据压缩字段。

译码时，译码器将前 40 位二进制数分 4 个组(每组 10 位二进制数)译码成 12 个十进制数(每组 3 个数)，在这 12 个数的前面增加前缀 019；后面增加计算出的模 10 校验码，成为第一个 AI 单元数据串。添加 3 位 AI 数字 392，其后跟被编码成 2 个二进制位的表示小数点位置的十进制数字，最后将剩余的通用数据压缩字段部分译码。

举例说明编码方法字段“01100”，对(01)9**001234567890**8(392**2**)795 进行编码，实际上只将粗体数字编码成压缩数据字段，译码器将传输]e001900123456789083922795。

7.2.5.4.6 **编码方法字段“01101”——变量贸易项目及带有 ISO 货币代码的应付款金额**

此编码方法字段可在被编码的数据信息以两个 AI 单元数据串——AI(01)跟接 AI(393x)开始的情况下使用。AI(01)项目标识单元数据串必须具有包装指示符数字 9，AI(393x)中表示小数点位置的数字 x，其值只能为 0、1、2 或 3。AI(01)单元数据串被压缩成 40 位二进制数，而 AI(393x)中表示小数点位置的数字 x 被编码成 2 位二进制数。3 位数字的 ISO 货币码被编码成 10 位二进制数。然后再用数字编码模式将价格数字编码，放在通用数据压缩字段中。

在对上述两个 AI 单元数据串进行编码时，先从 AI(01)单元数据串中去掉前 3 个数字“019”及末尾的校验码，其余的 12 个数字在 40 个二进制位中编码成压缩数据，分为 4 组，每组 3 个数字 10 个二进制位；再从 AI(393x)单元数据串中去掉前 3 个 AI 数字 393，接下来的表示小数点位置的数 x(允许值为 0～3)直接编码成后面的 2 位二进制数；再将后 3 位 ISO 货币代码直接编成为后 10 位二进制数，这样形成总长度为 52 个二进制位的压缩数据字段。然后再用数字编码模式将 3 位 ISO 货币代码后面的数据编码，放在通用数据压缩字段中。

译码时，译码器将前 40 位二进制数分成 4 个组(每组 10 位二进制数)译码成 12 个十进制数(每组 3 个数)，在这 12 个数的前面增加前缀“019”；后面增加计算出的模 10 校验码，成为第一个 AI 单元数据串。添加 3 位 AI 数字 393，其后跟被编码成两个二进制位的表示小数点位置的数字，并将其后的 10 位二进制数直接译码成 3 位数字的 ISO 货币码，最后将剩余的通用数据压缩字段部分译码。

举例说明编码方法字段“01101”，对(01)9**001234567890**8(393**2**)**040**1234 进行编码，实际上只将黑体数字编码成压缩数据字段。译码器将传输]e0019001234567890839320401234。

7.2.5.5 **通用数据压缩字段**

通用数据压缩字段采用 3 种不同编码模式的组合将 AI 单元数据串编码成二进制数字串：

a) 数字编码模式用来对数字及 FNC1 字符进行编码，每 2 个字符要求用 7 位二进制位编码；
b) 字母数字编码模式用来对数字及大写字母混合的字符进行编码，每一数字或 FNC1 字符要求用 5 位二进制位编码，每一字母要求用 6 位二进制位编码；
c) “GB/T 1988”编码模式用来对英文大小写字母、数字及大多数标点符号进行编码，每一数字、字母及标点符号分别要求用 5、7、8 位二进制位编码。

除那些需用特定压缩数据编码方法来进行编码的 AI 单元数据串外，通用数据压缩字段可对各种 AI 单元数据串进行编码。通用数据压缩字段是可变长度条码符号的最后字段。一旦利用通用数据压缩字段编码方法对全部数据进行了处理，通用数据的编码过程将以 7.2.5.5.4 中所描述的填充步骤结束。

7.2.5.5.1 **数字编码模式**

数字编码模式是一种默认的编码模式，在通用数据压缩字段编码的开始就有效。它将两位数字或一位数字与一个 FNC1 字符的组合按各自的顺序编码在 7 位二进制数中，这 7 位二进制数的值的计算公式如下：

value=(11×D_1)+D_2+8

其中 D_1、D_2 为数字值或 FNC1 字符的值(FNC1 被赋值为 10)。这些 7 位二进制数"0001000"~"1111111"相应的数值范围为 8~127(两个 FNC1 字符不能被编码成 7 位二进制数)。位于通用数据压缩字段的开头或者位于前一个 7 位二进制位的数字编码之后的由 4 个"0"组成的二进制序列"0000"(即字母数字锁定码),发出一个锁定或转变到字母数字编码模式的信号(见表 11)。

表 11　数字编码模式

字符	编码的二进制数字
数字-数字、数字-FNC1 以及 FNC1-数字对	0001000~1111111
字母数字锁定码	0000

数字编码模式持续地对数据的字符对进行编码,直到满足下列条件之一为止:

a) 如果剩下两个或多个字符,且不能用数字编码,则将 1 个字母数字锁定码编入数据压缩字段中。

b) 如果还剩下 1 个非数字的字符,则将 1 个字母数字锁定码编进数据压缩字段中。

c) 如果还剩下 1 个数字的字符,则首先计算当前二进制数字串编码所需的条码符号大小,然后再加大未使用位数,使得总位数为 12 的偶数倍。

   1) 如果未使用位数大于或等于 7 位,则将数字及 1 个 FNC1 填充字编码进下 1 个 7 位中。该 FNC1 字将作为填充字,识读器不对其进行译码;

   2) 如果未使用位数为 4~6 位,则将数字值加上 1 后再将其编码进下一个 4 位中;

   3) 否则,使用更大的符号,将数字及 FNC1 填充字编码到下一个 7 位中,该 FNC1 字将作为填充字,识读器不对其进行译码;

   采用 7.2.5.5.4 中所描述的填充步骤对未使用位进行编码。

d) 已不剩任何字符,根据 7.2.5.5.4 中所描述的填充步骤对任何剩下的位进行编码。

只要字母数字锁定码被编码,编码模式即行转变以响应该锁定码。如果数据的下 1 个字符需要"GB/T 1988"编码模式,则在字母数字锁定码之后编入 1 个"GB/T 1988"锁定码。

在译码时,当数字压缩在条码符号的末端有效时,必须进行以下特殊检查:

a) 如果紧靠填充序列前面的最后 7 位二进制位数字编码是 1 个后接 FNC1 字符的数字时,则忽略该 FNC1 字符。

b) 如果在条码符号中仅剩的二进制位为 4~6 位时,数字编码仍有效,则将剩下位数中的前 4 位的二进制数字串转换为十进制值。

   1) 如果此值为 0,则数据信息结束;

   2) 否则,它将被译码,将该十进制值减去 1 的结果作为数据信息的最后 1 位数据。

7.2.5.5.2　字母数字编码模式

字母数字编码模式对数字、FNC1/数字锁定码、大写字母、5 个标点符号和两个锁定码字符进行编码。字符的编码二进制位数字串不具有固定的位长,根据每一被编码字符的位长分配位数,字符被编码成 3~6 个二进制位不等,如表 12 所示。

表 12 字母数字编码模式

字符	ASCII 值	编码的值	编码的二进制数字
0～9	48～57	ASCII 值减去 43(5 位二进制数)	00101～01110
FNC1/数字锁定码		15(5 位二进制数)	01111
A～Z	65～90	ASCII 值减去 33(6 位二进制数)	100000～111001
*(星号)	42	58(6 位二进制数)	111010
,(逗号)	44	59(6 位二进制数)	111011
—(减号或连字符)	45	60(6 位二进制数)	111100
.(句号)	46	61(6 位二进制数)	111101
/(斜线或斜杠)	47	62(6 位二进制数)	111110
数字锁定码		0(3 位二进制数)	000
“GB/T 1988”锁定码		4(5 位二进制数)	00100

通过把每一个字符的编码二进制数字添加到通用数据压缩字段中来对数据编码。下列情况除外：

a) 如果数据的下一个字符是 FNC1，则用字母数字编码模式将其编码；

b) 如果数据的下一个字符只能用“GB/T 1988”编码模式来进行编码，则将一个“GB/T 1988”锁定码编码到通用数据压缩字段中；

c) 如果数据后续的 6 个字符可以用数字编码模式来进行编码，则将一个数字锁定码编码到通用数据压缩字段中；

d) 如果数据后续的 4 个或 5 个字符可以用数字编码模式来进行编码，并且位于数据字符串的末端，则将一个数字锁定码编码到通用数据压缩字段中。

只要锁定码被编码，编码模式即行转变以响应该锁定码。

译码时，通过首先检查紧随前面已经译码字符后字段中的前 1 位或前 3 位即字段的开头，对已编码的二进制位字段进行译码。

a) 如果第 1 位为“1”，则将下一个字符作为一个 6 二进制位的字符进行译码；

b) 如果前 3 位为“000”，则它是一个数字锁定码；

c) 否则，将下一个字符作为一个 5 二进制位的字符进行译码。

7.2.5.5.3 “GB/T 1988”编码模式

此模式用于对扩展式 RSS 条码表示的 GB/T 1988 规定的信息交换用七位编码字符集中的数字、大小写字母、21 个标点符号，以及 FNC1 字符和两个锁定码字符进行编码。字符的编码二进制数字串不具有固定的位长，根据每一个被编码字符的位长来分配位数。字符被编码成 3～8 位，如表 13 所示。

表 13 “GB/T 1988”编码模式

字符	ASCII 值	编码的值	编码的二进制数字
0～9	48～57	ASCII 值减去 43(5 位二进制数)	00101～01110
FNC1/数字锁定码		15(5 位二进制数)	01111
A～Z	65～90	ASCII 值减去 1(7 位二进制数)	1000000～1011001
a～z	97～122	ASCII 值减去 7(7 位二进制数)	1011010～1110011
!(惊叹号)	33	232(8 位二进制数)	11101000
”(双引号)	34	233(8 位二进制数)	11101001
%(百分比号)	37	234(8 位二进制数)	11101010

表 13(续)

字符	ASCII 值	编码的值	编码的二进制数字
&(与号)	38	235(8 位二进制数)	11101011
'(单引号)	39	236(8 位二进制数)	11101100
((左圆括号)	40	237(8 位二进制数)	11101101
)(右圆括号)	41	238(8 位二进制数)	11101110
*(星号)	42	239(8 位二进制数)	11101111
+(加号)	43	240(8 位二进制数)	11110000
,(逗号)	44	241(8 位二进制数)	11110001
-(减号或连字符)	45	242(8 位二进制数)	11110010
.(句号)	46	243(8 位二进制数)	11110011
/(斜线或斜杠)	47	244(8 位二进制数)	11110100
:(冒号)	58	245(8 位二进制数)	11110101
;(分号)	59	246(8 位二进制数)	11110110
<(小于号)	60	247(8 位二进制数)	11110111
=(等号)	61	248(8 位二进制数)	11111000
>(大于号)	62	249(8 位二进制数)	11111001
?(问号)	63	250(8 位二进制数)	11111010
_(下划线或低线)	95	251(8 位二进制数)	11111011
空格	32	252(8 位二进制数)	11111100
数字锁定码		0(3 位二进制数)	000
字母数字锁定码		4(5 位二进制数)	00100

通过把每 1 个字符的编码二进制数字添加到通用数据压缩字段中来对数据编码。下列情况除外：

a) 如果数据的下一个字符是 FNC1,则采用“GB/T 1988”编码模式对其编码；

b) 如果数据接下来的 4 个字符可以用数字编码模式进行编码,且后续的 10 个字符可以不采用“GB/T 1988”编码模式进行编码,则将一个数字锁定码编码进通用数据压缩字段中；

c) 如果接下来的 5 个数据符可以用字母数字编码模式进行编码,且后续的 10 个字符可以不采用“GB/T 1988”编码模式进行编码,则将一个字母数字锁定码编码进通用数据压缩字段中。

作为上述各个情况的例外,如果数据以少于 10 个字符结束,则先在数据末端完成 10 个字符的测试。如果锁定码被编码,编码模式即行转变以响应该锁定码。

译码时,通过首先检查紧随前面已经译码字符后字段中的前 3 位或前 5 位即字段的开头,对已编码的二进制位字段进行译码。

a) 如果前 3 位为“000”,则它是一个数字锁定码；

b) 否则,得出前 5 位二进制数的十进制值,如果该值：

1) 小于或等于 15,则将下一个字符作为 1 个 5 位二进制位的字符译码；

2) 在 16～28 之间,则将下一个字符作为 1 个 7 位二进制位的字符译码；

3) 大于或等于 29,则将下一个字符作为 1 个 8 位二进制位的字符译码。

7.2.5.5.4 用于通用数据压缩字段的填充位

条码符号中的符号字符数,应为对该符号表示的数据进行编码所需的最小值。但是,在数据被编码到通用数据压缩字段中后，可能会存在一些未使用的二进制位，这些位将用填充序列来填充直到符号的数据容量被填满为止。

填充位串通过重复5位的填充序列“00100”而产生，此序列既是字母数字编码模式中的“GB/T 1988”锁定码，又是“GB/T 1988”编码模式中的字母数字锁定码，因此对于编码模式及锁定码的转换，无需编码更多的数据。如果没有足够的未使用位留在符号中，则可将最后一个填充序列舍去。

如果数据编码以数字编码结束，则在交替更换的“00100”锁定码/填充序列之前要求有一个4位的字母数字锁定码“0000”。例如，如果编码以数字编码结束，同时还留有7个未使用位，则它们将被编码成“0000001”，也就是在字母数字锁定码“0000”之后接上GB/T 1988模式锁定码“00100”的前3位“001”。如果要填充的位少于4个未使用位，则第一个4位的锁定码本身将被缩短。

7.2.6 校验符

扩展式RSS符号中的第一个符号字符为校验符，它对符号长度(符号字符总数)及数据符单元宽度加权的“校验和”进行编码。只有前面的4009个校验符值(0～4008)被用到。

符号中的符号字符数S(4～22)及校验和的值被编码到校验符中，即：

校验符值＝211×(S－4)＋校验和的值，其中，S为符号字符数。

校验和的值等于条码符号中所有的数据符单元宽度加权和的模211运算的结果。

加权的模211校验和的值由下式计算：

$$(W_{1,1}E_{1,1}+W_{1,2}E_{1,2}+\cdots+W_{1,8}E_{1,8}+\cdots+W_{x,8}E_{x,8}) \bmod 211$$

式中：

$W_{N,M}$——在表14中的标号为N的数据符中序号为M的单元的权；

$E_{N,M}$——标号为N的数据符中M单元的宽度模块数；

$W_{N,M}E_{N,M}$——两者的乘积；

下标x——条码符号中标号最大的数据符的标号。

表14中的权是3的连续次幂模211运算的结果，用公式$W_{N,M}=3^{M+8N-9} \bmod 211$计算。

注：数据符的标号与数据符的序号是不同的。校验和值的计算中出现的数据符标号是实际的条码符号中所有数据符的标号，它们的出现不一定是连续的，而是根据条码符号中符号字符的个数，由表16中的序列决定的。

附录F.3给出了一个扩展式RSS符号的编码示例。

表14 模211校验和计算的数据符单元的权

数据符		数据符单元序号(M)							
与定位符位置关系	标号(N)	1	2	3	4	5	6	7	8
A1右	1	1	3	9	27	81	32	96	77
A2左	2	20	60	180	118	143	7	21	63
A2右	3	189	145	13	39	117	140	209	205
B1左	4	193	157	49	147	19	57	171	91
B1右	5	62	186	136	197	169	85	44	132
B2左	6	185	133	188	142	4	12	36	108
B2右	7	113	128	173	97	80	29	87	50
C1左	8	150	28	84	41	123	158	52	156
C1右	9	46	138	203	187	139	206	196	166
C2左	10	76	17	51	153	37	111	122	155
C2右	11	43	129	176	106	107	110	119	146

表 14(续)

数据符与定位符位置关系	标号(N)	数据符单元序号(M) 1	2	3	4	5	6	7	8
D1 左	12	16	48	144	10	30	90	59	177
D1 右	13	109	116	137	200	178	112	125	164
D2 左	14	70	210	208	202	184	130	179	115
D2 右	15	134	191	151	31	93	68	204	190
E1 左	16	148	22	66	198	172	94	71	2
E1 右	17	6	18	54	162	64	192	154	40
E2 左	18	120	149	25	75	14	42	126	167
E2 右	19	79	26	78	23	69	207	199	175
F1 左	20	103	98	83	38	114	131	182	124
F1 右	21	161	61	183	127	170	88	53	159
F2 左	22	55	165	73	8	24	72	5	15
F2 右	23	45	135	194	160	58	174	100	89

注 1：N 为数据符的标号，例如“C1 右”是指定位符 C1 右边的数据符，标号为 9。

注 2：定位符 A1 左边的符号字符是校验符而不是数据符，校验符不进行单元加权。

7.2.7 定位符

扩展式 RSS 条码符号有 12 个唯一的定位符，这些定位符位于符号字符对之间。由于定位符与符号字符相邻，可以对条码符号的由符号字符与相邻定位符组成的段分段进行扫描和译码。

如果条码符号中含有奇数个符号字符，则符号以最后一个定位符及右侧保护符结束。在这种情况下，最后一个定位符位于最后一个数据符的右边，并与其相邻。

这 12 个定位符是基于六个从 A 至 F 的基本图形，每一基本图形都具有两种形式(形式 1 和形式 2)。形式 1 图形的单元 1 是最左侧的空，而在形式 2 图形中相对应的单元是最右侧的条。这种条—空的倒转可用来区分两种形式的图形。12 个定位符分别为 A1、A2、B1、B2、C1、C2、D1、D2、E1、E2、F1 及 F2。采用形式 1 图形的定位符最左侧的空作为单元 1，而采用形式 2 图形的定位符则是将形式 1 图形从左至右镜像并且条空转换得到的图形。表 15 列出了这 6 个基本图形各单元的宽度。

每一个定位符都由 5 个单元组成，共 15 个模块。“形式 1”的定位符中的单元 2 及单元 3 中的模块之和为 10～12，而单元 4 及单元 5 中的模块之和均为 2。宽单元对(单元 2 和单元 3)与从第 2 至第 5 这 4 个单元的总宽度之比介于 10：12～12：14 之间，这也是定位符逻辑识别的第 1 步的基础。同样，“形式 2”的定位符则是将第 1～第 4 这 4 个单元的总宽度与宽单元对(单元 3 和单元 4)的宽度进行比较。

表 15 定位符的单元宽度

基本图形(形式 1)	单元宽度(单元 1 为空) 单元 1	单元 2	单元 3	单元 4	单元 5	基本图形(形式 2)	单元宽度(单元 1 为条) 单元 1	单元 2	单元 3	单元 4	单元 5
A1	1	8	4	1	1	A2	1	1	4	8	1
B1	3	6	4	1	1	B2	1	1	4	6	3
C1	3	4	6	1	1	C2	1	1	6	4	3
D1	3	2	8	1	1	D2	1	1	8	2	3
E1	2	6	5	1	1	E2	1	1	5	6	2
F1	2	2	9	1	1	F2	1	1	9	2	2

定位符以 10 种依据符号长度分配的唯一的集合方式来在符号中使用(见表 16)。这些集合被分成两个组，在每一组中，每一集合至少有一个唯一的定位符子集，以将其与组中的其他集合区分开。这种集合的选择可避免由错误译码的校验符引起的误读而得出错误的符号长度。

表 16　定位符序列

条码符号中段的数目	定位符顺序										
	1	2	3	4	5	6	7	8	9	10	11
组 1											
4	A1	A2									
5 或 6	A1	B2	B1								
7 或 8	A1	C2	B1	D2							
9 或 10	A1	E2	B1	D2	C1						
11 或 12	A1	E2	B1	D2	D1	F2					
13 或 14	A1	E2	B1	D2	E1	F2	F1				
组 2											
15 或 16	A1	A2	B1	B2	C1	C2	D1	D2			
17 或 18	A1	A2	B1	B2	C1	C2	D1	E2	E1		
19 或 20	A1	A2	B1	B2	C1	C2	D1	E2	F1	F2	
21 或 22	A1	A2	B1	B2	C1	C2	D1	E2	E1	F2	F1

7.2.8　层排扩展式 RSS

层排扩展式 RSS 可以排列为 2 行～11 行，每一行为 34X 高，行与行之间有一个 3X 高的层分隔符。图 12 给出了一个两行符号的示例，图 12 中符号表示的数据与图 10 中符号表示的数据相同，以便于进行比较。当符号可用区域或印制装置的宽度不足以容纳整个单行的符号时，使用层排扩展式 RSS。

图 12　表示数据(01)98898765432106(3202)012345(15)991231 的层排扩展式 RSS 符号

层排扩展式 RSS 符号的行应按从上到下的顺序进行排序。除最后一行外，符号每行中的符号字符数均应为偶数。最后一行最少应含有两个带额外填充(如果需要)的符号字符。当层排扩展式 RSS 符号是 EAN・UCC 复合码的一个线性部分时，符号中的第一行最少应具有 4 个符号字符，二维部分应打印在符号第一行的上面。

在每行中，符号字符对之间都有一个定位符，且每行都具有各 2 个单元的左、右保护符。最后一行可以含有奇数个符号字符，此时最后一个定位符紧靠最右边的保护符。

除最底行以外，第一行及其后的奇数行将以空开始，而第二行及其以后的偶数行则将以条开始，参见图 13。如果每行含有偶数个段对(如 2、4 个对,也就是 4、8 个段等),则将以倒转的单元次序来打印偶数行,也就是作为一个镜像来打印,保证偶数行以条开始的。如果每行含有奇数个段对(如 1、3、5 个对,也就是 2、6、10 个段等),则偶数行将自动以条开始。表 17 列出了这些倒转行。

表 17　层排扩展式 RSS 中的倒转行

行序号	行中包含的段的数目									
	2	4	6	8	10	12	14	16	18	20
1	F	F	F	F	F	F	F	F	F	F
2	F	R	F	R	F	R	F	R	F	R
3	F	F	F	F	F	—	—	—	—	—
4	F	R	F	—	—	—	—	—	—	—
5	F	F	—	—	—	—	—	—	—	—
6	F	R	—	—	—	—	—	—	—	—
7	F	—	—	—	—	—	—	—	—	—
8	F	—	—	—	—	—	—	—	—	—
9	F	—	—	—	—	—	—	—	—	—
10	F	—	—	—	—	—	—	—	—	—
11	F	—	—	—	—	—	—	—	—	—
注:“F”为正常顺序的行,“R”为倒转行,“—”表示不可能出现的情况。										

使用一种由 3 个 $1X$ 高的行组成的 $3X$ 高的层分隔符来分隔层排扩展式 RSS 条码符号的行。

层分隔符各行的前 4 个和最后 4 个模块总是空。

除了“形式 1”的定位符的第 1、第 2、第 3 单元和“形式 2”的定位符的第 3、第 4、第 5 单元之下的各 13 个模块之外,层分隔符第一行的单元是由相邻的符号上面行条/空颜色的互补色形成的。上述各 13 个模块,在相邻定位符的条之下的是浅色,在相邻定位符的空之下的是以深色开始的深浅交替的形式。

除了层分隔符行的两端的各 4 个模块之外,层分隔符的第二行由交替的条空模块组成。

除了“形式 1”的定位符的第 1、第 2、第 3 单元和“形式 2”的定位符的第 3、第 4、第 5 单元之上的各 13 个模块之外,层分隔符第三行的单元是由相邻的符号下面行条/空颜色的互补色形成的。上述各 13 个模块,在相邻定位符的条之上的是浅色,在相邻定位符的空之上的是以深色开始的深浅交替的形式。

图 12 所示的层排扩展式 RSS 符号有 8 个符号字符,层排为两行,每一行有 4 个符号字符。第一行由前 4 个符号字符组成,并在右边增加有一个 $1X$ 的空及 $1X$ 的条的保护符。而第二行则打印为一个镜像图案,它从左边开始,打印的是后 4 个符号字符的镜像图案,并附加一个 $1X$ 的条及 $1X$ 的空的保护符。图 12 中示例的符号的整体尺寸为 $102X$ 宽、$71X$ 高。

对于行倒转的要求有一个例外,如果最后一行应从左至右进行镜像,但它又是一个含有奇数个定位符的不完全宽度行,则将其向右偏移一个模块并在行的左边增加一个“浅”模块。这是一个必要的措施,因为含有奇数个定位符的某些行拥有对称的保护条,而它在倒转后的图形将与倒转前一样,图 13 给出了一个要求将最后一行进行偏移的层排扩展式 RSS 的例子。

图 13 表示数据(01)95012345678903(3103)000123 的层排扩展式 RSS 条码符号

7.2.9 参考译码算法

条码识读系统设计成在现行算法允许的范围内识读有缺陷的条码符号。这部分叙述了 GB/T 14258 中描述的用于检测符号质量的可译码度值计算中使用的参考译码算法。算法包括下列译码步骤：

a) 通过从左到右和从右到左寻找一段 4 个单元的序列并计算其中相应单元宽度的比，找到符号：

1) 从左到右：

9.5：12≤(单元 1＋单元 2)：(单元 1＋单元 2＋单元 3＋单元 4)≤12.5：14

2) 从右到左：

9.5：12≤(单元 3＋单元 4)：(单元 1＋单元 2＋单元 3＋单元 4)≤12.5：14

注：上面的单元 1、单元 2、单元 3、单元 4 的序号是一段 4 个单元的序列中的单元序号，顺着扫描方向排序，它们与定位符中单元的序号是不同的。

通过上述 1)或 2)比率的确定可识别出“形式 1”的定位符的第 2 个～第 5 个单元。采用同样的方法可识别出“形式 2”的定位符的第 1 个～第 4 个单元，但要将上面 1)中的“从左到右”改为“从右到左”；将上面 2)中的“从右到左”改为“从左到右”。

使用步骤 b)中的方法对定位符进行译码，利用“形式 1”定位符前 4 个单元或“形式 2”定位符后 4 个单元的宽度和(p)，以找到标称的相似边缘间距数值 E_1 和 E_2，因为定位符前或定位符后 4 个单元的宽度和(p)的模块总数为 14，此时需将步骤 b)2)中与 p 相除的数由 17 改为 14。验证数值 E_1 和 E_2 是否符合有效的扩展式 RSS 的定位符。

b) 检查每一相邻的符号字符与定位符间距之间有效比值是否为(17±1.5)：15，然后每一符号字符按下列步骤译码：

1) 获得 7 个宽度的测量值 p、e_1、e_2、e_3、e_4、e_5 和 e_6(图 14)。

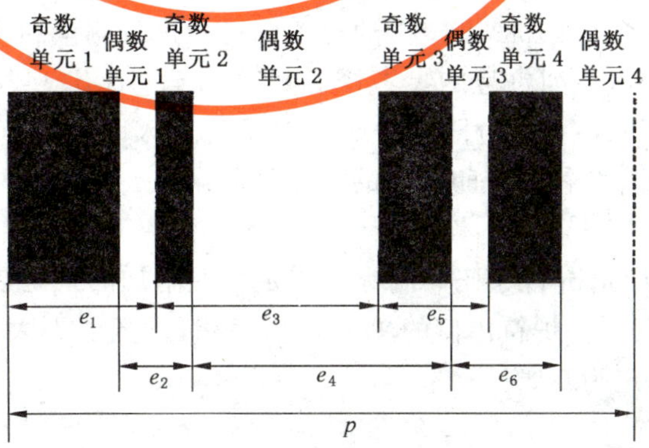

图 14 译码测量

注：上图表示左起条单元为第一个单元，但数据符也可以是上图从左到右镜像或条空反转的形式。

2) 将测量值 e_1、e_2、e_3、e_4、e_5 和 e_6 转换为表示整数模块宽度(E_i)的标称值 E_1、E_2、E_3、E_4、E_5

和 E_6。下面的方法用于 $E_i(i=1,2,\cdots,5,6)$ 的确定：

如果 $1.5p/17 \leqslant e_i < 2.5p/17$，那么 $E_i=2$；

如果 $2.5p/17 \leqslant e_i < 3.5p/17$，那么 $E_i=3$；

如果 $3.5p/17 \leqslant e_i < 4.5p/17$，那么 $E_i=4$；

如果 $4.5p/17 \leqslant e_i < 5.5p/17$，那么 $E_i=5$；

如果 $5.5p/17 \leqslant e_i < 6.5p/17$，那么 $E_i=6$；

如果 $6.5p/17 \leqslant e_i < 7.5p/17$，那么 $E_i=7$；

如果 $7.5p/17 \leqslant e_i < 8.5p/17$，那么 $E_i=8$；

如果 $8.5p/17 \leqslant e_i < 9.5p/17$，那么 $E_i=9$。

否则字符出错。

3）从 E 值确定符号字符各单元的标称宽度。$n(n=17)$ 个模块中剩余的模块分配给最后一个单元，得出该单元的宽度，而不是从 E 值中计算出来。有效的单元宽度集合是没有单元宽度小于一个模块、并且至少有一个偶数单元是一个模块宽。例如：图 14 中 $E_1 \sim E_6$ 的值是{4 2 6 7 3 3}。可能的单元宽度的集合是{2 2 0 6 1 2 1 3}（注意不应有 0 宽度单元）、{3 1 1 5 2 1 2 2}或{4 0 2 4 3 0 3 1}，其中只有 8 个单元宽度为{3 1 1 5 2 1 2 2}的集合满足要求，因此被选作字符各单元的宽度。如果导出的单元宽度的集合都是无效的，那么字符出错。附录 G 给出了单元宽度译码算法的 C 语言程序。

4）采用附录 B 中的程序确定奇子集和偶子集的值。

5）从奇子集和偶子集数值计算数据符的值。

6）查看表 15 表示的图形，用上述从 E 值确定标称单元宽度的方法对定位符译码。

7）计算并存储单元宽度加权的和用于校验和的计算。

c）当校验符中标明的全部数据符和定位符被译码之后，验证从校验符得到的模 211 的校验和值与数据符单元宽度加权的和模 211 的校验和值相符合。

d）将数据符值转换为二进制数字串，再转换为 AI 单元数据串。

e）此外，为稳妥起见，考虑到具体的识读设备和设想中的应用环境，需对扫描加速度、绝对计时以及尺寸等进行其他的附加检查。

设计实际的识读扩展式 RSS 的扫描器时，可参见附录 H 中为使误读最小化而附加的符号译码考虑。

8 符号质量

8.1 一维条码符号质量参数

RSS 系列符号采用 GB/T 14258 定义的对条码符号进行测量和评级的标准方法进行质量评价。应该把本标准中定义的 RSS 系列符号的参考译码算法用于 GB/T 14258 标准中对“译码”及“可译码度”等参数的评价。层排式 RSS 的层分隔符的所有单元应是人眼可辨识的，在对符号质量进行评价时，不对层分隔符进行评级。有关符号打印方面的指导见附录 J。

8.2 附加的判定规则

国家标准 GB/T 14258 允许条码码制标准规定一些附加的判定规则。对于 RSS 条码，附加的规则是在每次尝试扫描时，两个保护符内侧的单元必须存在，且宽度不大于 3Z。对不满足此项要求的任何单独的扫描曲线应该判定为 0 级。

8.3 层排式符号的质量

依据 GB/T 14258，层排式 RSS 符号的每一行应作为一个单独的符号来进行评价。为将相邻行的窜行的影响降到最低，如 GB/T 14258 所规定的，扫描线应该通过符号每行的高度的 80% 的检测带。符号每行扫描线数取 10 或行高除以测量孔径得到的值中的较小者。符号所有行的符号等级中的最小值作为符号的总符号等级。

9 传输的数据

RSS系列符号在设计和设想上要与ISO/IEC 15424规定的码制标识符一起使用。在使用RSS系列符号的应用中，需开启识读器的码制标识符处理功能。EAN·UCC系统要求使用码制标识符。未使用码制标识符的应用系统将不能识别RSS符号中的应用标识符数据，或把其他码制条码符号的数据误认为是应用标识符数据。

可以使用一个码制标识符前缀“]e0”对RSS系列符号进行传输。如果RSS系列线性符号与一个二维部分相结合，AI单元数据串的数据紧跟在线性部分数据后面。

例如，某个RSS-14或限定式RSS符号会被传输为]e001**1001234567890**2，其中粗体部分**1001234567890**在符号中进行编码。而码制标识符前缀、作为项目标识的应用标识符“01”和EAN/UCC模10计算得到的校验码“2”被加在传输的数据串中。

扩展式RSS对应用标识符进行编码，因此只将码制标识符前缀作为编码数据的前缀附加在传输数据中。扩展式RSS可对非数据字符FNC1进行编码，在作为符号的最后一个字符时FNC1不被传输；其他情况下FNC1作为＜GS＞(ASCII值29)被传输。

对于EAN·UCC复合码，二维部分中的AI单元数据串，应在线性部分数据后直接被传输。通常情况下，如果线性部分设置了连接标志，则识读器必须对两部分进行译码。然而，识读器可能支持另外一个模式，即：只有一维部分被译码，并在传输过程中忽略连接标志。这种模式支持那些只要求有贸易项目主标识的应用场合。

识读器还支持选择UCC/EAN-128模拟模式。这种模式在进行数据传输时模拟UCC/EAN-128符号，其码制标识符为]C1。超出48个数据的字符的扩展式RSS符号将被以两条信息传输，每条信息都将拥有一个符号前缀]C1，并且不会超过48个数据的字符，信息将在两个单元数据串之间被分割，见附录D。

10 供人识读字符

打印时，供人识读字符应以清晰的字体出现在条码符号之下。GB/T 15425对供人识读字符提出了附加要求。

11 最小模块宽度(*X*尺寸)

应通过考虑应用系统中条码生成设备和识读设备的技术性能来决定所能使用的*X*尺寸的最小值。对一般的应用场合，*X*尺寸的推荐值为0.25 mm。

在一个给定的符号中，*X*尺寸应保持一致。当连接二维部分时，RSS符号应具有与二维部分一样的*X*尺寸。

12 应用参数

GS1通用规范中规定了RSS的数据容量、*X*尺寸、最小符号高度、最低符号质量等级、符号类型、符号位置等参数，以及应用所要求的其他参数。

附 录 A
（规范性附录）
EAN·UCC 校验码的计算

RSS-14、层排式 RSS-14 以及限定式 RSS 可以对 EAN/UCC-14 编码结构进行编码，即可以对 14 位数字的全球贸易项目代码进行编码。采用应用标识"01"的扩展式 RSS 也可用来对 EAN/UCC-14 编码结构进行编码。通过使用应用标识符"00"，扩展式 RSS 还可用来对 SSCC-18 编码结构（系列货运包装箱代码）进行编码。

EAN/UCC-14、SSCC-18 编码结构和其中校验码的计算见表 A.1。

表 A.1 EAN·UCC 编码结构中校验码的计算

编码结构	数字及其位置																	
EAN/UCC-14					N_1	N_2	N_3	N_4	N_5	N_6	N_7	N_8	N_9	N_{10}	N_{11}	N_{12}	N_{13}	N_{14}
SSCC-18	N_1	N_2	N_3	N_4	N_5	N_6	N_7	N_8	N_9	N_{10}	N_{11}	N_{12}	N_{13}	N_{14}	N_{15}	N_{16}	N_{17}	N_{18}
计算步骤一	每个位置的数乘以下面相应的数值																	
	×3	×1	×3	×1	×3	×1	×3	×1	×3	×1	×3	×1	×3	×1	×3	×1	×3	
计算步骤二	乘积累加求和，结果＝SUM																	
计算步骤三	以大于或等于 SUM 的且与 SUM 最接近的 10 的整数倍的数减去 SUM，结果＝校验码（N_{14} 或 N_{18}）																	

EAN·UCC 校验码不在 RSS-14、限定式 RSS 及扩展式 RSS 符号中被编码，而是隐含在被编码的 EAN/UCC-14 结构的其他数字中。EAN·UCC 校验码能在供人识读字符中被显示。在译码时，译码器根据被译出的 EAN/UCC-14 结构的其他数字计算出 EAN·UCC 校验码并进行传输。

附　录　B
（规范性附录）
单元宽度编码和译码的 C 语言程序

符号的值通过计算被编码，得到每一个（n，k）字符的子集值，然后得出子集中各单元的宽度及单元排列的模式即单元宽度的序列。采用 C 语言的编码程序（getRSSwidths）根据子集值计算得到子集的单元宽度序列；采用 C 语言的译码程序（getRSSvalue）根据子集的单元宽度序列计算得到子集值。

为子集赋值即把连续值分配给各子集的单元宽度序列。赋值的规则是，排序靠前的宽度值越小的单元宽度序列，赋予的值越小。赋值从排序靠前的宽度值都是一个模块宽的子集，即前几个单元的宽度最窄且从有效的子集开始（被赋予 0 值的第一个子集是除最后一个单元外的单元都是一个模块宽，且最后一个单元的宽度不超出最大单元宽度限制的那个子集）。接下来的值将被赋予余下的子集中那个靠前序号单元的宽度最窄的有效子集。例如，6 模块的子集包含有以下 0～9 的数值，对应的以模块为单位的单元宽度序列为：

子集值	单元宽度序列
0	1 1 1 3
1	1 1 2 2
2	1 1 3 1
3	1 2 1 2
4	1 2 2 1
5	1 3 1 1
6	2 1 1 2
7	2 1 2 1
8	2 2 1 1
9	3 1 1 1

单元宽度超出最大宽度（max Width）的单元宽度序列被跳过。如果单元宽度序列中所有的单元都超过一个模块宽（noNarrow＝0），则该序列被排除，并跳过。

```
/**************************************************************************
* getRSSwidths(获得 RSS 单元宽度)
* 本程序对一个给定的值，生成 RSS 各单元的宽度
*
* 调用变量(或参数)：
* val＝要求的值
* n＝模块的数量
* elements＝子集中的单元的数量(RSS-14 和扩展式 RSS＝4，限定式 RSS＝7)
* maxWidth＝一个单元的最大宽度(单位为模块)
* noNarrow＝0 将跳过那些没有一个模块宽的单元的单元宽度序列
*
* Return(返回)；
* static int widths [ ]＝各单元的宽度
**************************************************************************/
void getRSSwidths (int val, int n, int elements, int maxWidth, int noNarrow)
```

```
{
int bar;
int elmWidth;
int i;
int mxwElement;
int subVal, lessVal;
int narrowMask=0;
  for (bar=0; bar<elements-1; bar++)
  {
  for (elmWidth=1, narrowMask|=(1<<bar);
      ;
      elmWidth++, narrowMask &=~ (1<<bar))
    {
      /*取得所有组合*/
      subVal=combins (n-elmWidth-1, elements-bar-2);
      /*去掉没有单个模块单元的组合*/
      if ((! noNarrow) && (narrowMask==0) &&
        (n-elmWidth-(elements-bar-1) >=elements-bar-1))
      {
      subVal-=combins (n-elmWidth-(elements-bar), elements-bar-2);
      }
      /*去掉单元宽度超过最大要求值的组合*/
      if (elements-bar-1>1)
      {
        lessVal =0;
        for (mxwElement=n-elmWidth-(elements-bar-2);
              mxwElement > maxWidth;
              mxwElement--)
        {
          lessVal+=combins (n-elmWidth-mxwElement-1, elements-bar-3);
        }
        subVal-=lessVal*(elements-1-bar);
      }
      else if (n-elmWidth>maxWidth)
      {
        subVal--;
    }
    val-=subVal;
    if (val<0) break;
  }
  val+=subVal;
  n-=elmWidth;
  widths [bar]=elmWidth;
```

```
  }
  Widths [bar]=n;
  return;
}
/*************************************************
* getRSSvalue(获得 RSS 值)
* 对给定的各单元宽度,计算子集值的程序
*
* 调用变量(或参数):
* widths[ ]=给定的各单元宽度
* elements(单元数量)=在(RSS-14& 扩展式=4;限定式 RSS=7)子集中的单元数量
* maxWidth=一个单元的最大宽度(以模块为单位)
* noNarrow=0  将跳过那些没有一个模块宽的单元的单元宽度序列
*
* Return(返回);
* 子集值
*************************************************/
int getRSSvalue (int widths [ ] , int elements, int maxWidth, int noNarrow)
{
int val=0;
int n;
int bar;
int elmWidth
int i;
int mxwElement;
int subVal, lessval;
int narrowMask=0;
  for (n=i=0; i <elements; i++)
  {
     n+=widths[i];
  }
  for (bar=0; bar<elements-1; bar++)
  {
   for (elmWidth=1, narrowMask |=(1<<bar);
          elmWidth < widths[bar];
          elmWidth++, narrowMask &=~(1<<bar)) {
     /* 取得所有(n,k)组合 */
      subVal=combins (n-elmWidth-1, elements-bar-2);
     /* 去掉没有单个模块单元的组合 */
      if ((! noNarrow) && (narrowMask==0) &&
              (n-elmWidth-(elements-bar-1) >=elements-bar-1))
     {
       subVal-=combins (n-elmWidth-(elements-bar),
```

```
                    elements－bar－2)；
  }
  /＊去掉单元宽度超过最大要求值的组合＊/
  if (elements－bar－1＞1)
  {
   lessVal＝0；
   for (mxwElement＝n－elmWidth－(elements－bar－2)；
          mxwElement ＞ maxWidth；mxwElement－ －)
      {
            lessVal＋＝combins (n－elmWidth－mxwElement－1，
                                  elements－bar－3)；
      }
      subVal－＝lessVal ＊ (elements－1－bar)；
   }
   else if (n－elmWitdth＞maxWidth)
   {
      subVal－－；
   }
   val＋＝subval；
  }
  n－＝elmWidth；
 }
 return (val)；
}

/＊＊＊＊＊＊＊＊＊＊＊＊＊＊＊＊＊＊＊＊＊＊＊＊＊＊＊＊＊＊＊＊＊＊＊＊＊＊＊＊＊＊
＊ combins (n,r):返回从 n 选择的 r 的组合数；
＊ Combinations(组合)＝n! / ((n－r)! ＊r!)
＊＊＊＊＊＊＊＊＊＊＊＊＊＊＊＊＊＊＊＊＊＊＊＊＊＊＊＊＊＊＊＊＊＊＊＊＊＊＊＊＊＊/
int combins (int n, int r) {
int i, j；
int maxDenom, minDenom；
int val；
  if (n－r ＞ r) {
    minDenom＝r；
    maxDenom＝n－r
  }
  else {
    minDenom＝n－r；
    maxDenom＝r；
  }
  val＝1；
  j＝1；
```

```
    for (i=n; i > maxDenom; i--) {
        val *=i;
        if (j <=minDenom) {
            val /=j;
            j++;
        }
    }
    for ( ; j <=minDenom; j++) {
        val /=j
    }
    return (val);
}
```

附 录 C
（规范性附录）
限定式 RSS 校验符的单元宽度

限定式 RSS 条码符号校验符的各单元宽度及相应的单元宽度序列见表 C.1。

表 C.1 限定式 RSS 校验符的单元宽度

校验符的值	单元宽度序列号	单元宽度（从最左边的“空”到最右边的“条”）													
		S1	B1	S2	B2	S3	B3	S4	B4	S5	B5	S6	B6	S7	B7
0	0	1	1	1	1	1	1	1	1	1	1	3	3	1	1
1	1	1	1	1	1	1	1	1	1	1	2	3	2	1	1
2	2	1	1	1	1	1	1	1	2	1	3	3	1	1	1
3	3	1	1	1	1	1	1	1	2	1	1	3	2	1	1
4	4	1	1	1	1	1	1	1	3	1	2	3	1	1	1
5	5	1	1	1	1	1	1	1	1	1	1	3	1	1	1
6	6	1	1	1	1	1	2	1	1	1	1	3	2	1	1
7	7	1	1	1	1	1	2	1	2	1	2	3	1	1	1
8	8	1	1	1	1	1	2	1	1	1	1	3	1	1	1
9	9	1	1	1	1	1	3	1	1	1	1	3	1	1	1
10	10	1	1	1	2	1	1	1	1	1	1	3	2	1	1
11	11	1	1	1	2	1	1	1	2	1	2	3	1	1	1
12	12	1	1	1	2	1	1	1	1	1	1	3	1	1	1
13	13	1	1	1	2	1	2	1	1	1	1	3	1	1	1
14	14	1	1	1	3	1	1	1	1	1	1	3	1	1	1
15	15	1	2	1	1	1	1	1	1	1	1	3	2	1	1
16	16	1	2	1	1	1	1	1	2	1	2	3	1	1	1
17	17	1	2	1	1	1	1	1	1	1	1	3	1	1	1
18	18	1	2	1	1	1	2	1	1	1	1	3	1	1	1
19	19	1	2	1	2	1	1	1	1	1	1	3	1	1	1
20	20	1	3	1	1	1	1	1	1	1	1	3	1	1	1
21	21	1	1	1	1	1	1	1	1	2	1	2	3	1	1
22	22	1	1	1	1	1	1	1	1	2	2	2	2	1	1
23	23	1	1	1	1	1	1	1	1	2	3	2	1	1	1
24	24	1	1	1	1	1	1	1	2	2	1	2	2	1	1
25	25	1	1	1	1	1	1	1	2	2	2	2	1	1	1
26	26	1	1	1	1	1	1	1	3	2	1	2	1	1	1
27	27	1	1	1	1	1	2	1	1	2	1	2	2	1	1
28	28	1	1	1	1	1	2	1	1	2	2	2	1	1	1

表 C.1(续)

校验符的值	单元宽度序列号	单元宽度(从最左边的“空”到最右边的“条”)													
		S1	B1	S2	B2	S3	B3	S4	B4	S5	B5	S6	B6	S7	B7
29	29	1	1	1	1	1	2	1	2	2	1	2	1	1	1
30	30	1	1	1	1	1	3	1	1	2	1	2	1	1	1
31	31	1	1	1	2	1	1	1	1	2	1	2	2	1	1
32	32	1	1	1	2	1	1	1	1	2	2	2	1	1	1
33	33	1	1	1	2	1	1	1	2	2	1	2	1	1	1
34	34	1	1	1	2	1	2	1	1	2	1	2	1	1	1
35	35	1	1	1	3	1	1	1	1	2	1	2	1	1	1
36	36	1	2	1	1	1	1	1	1	2	1	2	2	1	1
37	37	1	2	1	1	1	1	1	1	2	2	2	1	1	1
38	38	1	2	1	1	1	1	1	2	2	1	2	1	1	1
39	39	1	2	1	1	1	2	1	1	2	1	2	1	1	1
40	40	1	2	1	2	1	1	1	1	2	1	2	1	1	1
41	41	1	3	1	1	1	1	1	1	2	1	2	1	1	1
42	42	1	1	1	1	1	1	1	1	3	1	1	3	1	1
43	43	1	1	1	1	1	1	1	1	3	2	1	2	1	1
44	45	1	1	1	1	1	1	1	2	3	1	1	2	1	1
45	52	1	1	1	2	1	1	1	1	3	1	1	2	1	1
46	57	1	2	1	1	1	1	1	1	3	1	1	2	1	1
47	63	1	1	1	1	1	1	2	1	1	1	2	3	1	1
48	64	1	1	1	1	1	1	2	1	1	2	2	2	1	1
49	65	1	1	1	1	1	1	2	1	1	3	2	1	1	1
50	66	1	1	1	1	1	1	2	2	1	1	2	2	1	1
51	73	1	1	1	2	1	1	2	1	1	1	2	2	1	1
52	74	1	1	1	2	1	1	2	1	1	2	2	1	1	1
53	75	1	1	1	2	1	1	2	2	1	1	2	1	1	1
54	76	1	1	1	2	1	2	2	1	1	1	2	1	1	1
55	77	1	1	1	3	1	1	2	1	1	1	2	1	1	1
56	78	1	2	1	1	1	1	2	1	1	1	2	2	1	1
57	79	1	2	1	1	1	1	2	1	1	2	2	1	1	1
58	82	1	2	1	1	1	1	2	1	1	1	2	1	1	1
59	126	1	1	1	1	2	1	1	1	1	1	2	3	1	1
60	127	1	1	1	1	2	1	1	1	1	2	2	2	1	1
61	128	1	1	1	1	2	1	1	1	1	3	2	1	1	1
62	129	1	1	1	1	2	1	1	2	1	1	2	2	1	1

表 C.1(续)

校验符的值	单元宽度序列号	单元宽度(从最左边的"空"到最右边的"条")													
		S1	B1	S2	B2	S3	B3	S4	B4	S5	B5	S6	B6	S7	B7
63	130	1	1	1	1	2	1	1	2	1	2	2	1	1	1
64	132	1	1	1	1	2	2	1	1	1	1	2	2	1	1
65	141	1	2	1	1	2	1	1	1	1	1	2	2	1	1
66	142	1	2	1	1	2	1	1	1	1	2	2	1	1	1
67	143	1	2	1	1	2	1	1	2	1	1	2	1	1	1
68	144	1	2	1	1	2	2	1	1	1	1	2	1	1	1
69	145	1	2	1	2	2	1	1	1	1	1	2	1	1	1
70	146	1	3	1	1	2	1	1	1	1	1	2	1	1	1
71	210	1	1	2	1	1	1	1	1	1	1	2	3	1	1
72	211	1	1	2	1	1	1	1	1	1	2	2	2	1	1
73	212	1	1	2	1	1	1	1	1	1	3	2	1	1	1
74	213	1	1	2	1	1	1	1	2	1	1	2	2	1	1
75	214	1	1	2	1	1	1	1	2	1	2	2	1	1	1
76	215	1	1	2	1	1	1	1	3	1	1	2	1	1	1
77	216	1	1	2	1	1	2	1	1	1	1	2	2	1	1
78	217	1	1	2	1	1	2	1	1	1	2	2	1	1	1
79	220	1	1	2	2	1	1	1	1	1	1	2	2	1	1
80	316	2	1	1	1	1	1	1	1	1	2	2	2	1	1
81	317	2	1	1	1	1	1	1	1	1	3	2	1	1	1
82	318	2	1	1	1	1	1	1	2	1	1	2	2	1	1
83	319	2	1	1	1	1	1	1	2	1	2	2	1	1	1
84	320	2	1	1	1	1	1	1	3	1	1	2	1	1	1
85	322	2	1	1	1	1	2	1	1	1	2	2	1	1	1
86	323	2	1	1	1	1	2	1	2	1	1	2	1	1	1
87	326	2	1	1	2	1	1	1	1	1	2	2	1	1	1
88	337	2	1	1	1	1	1	1	1	2	2	1	2	1	1

注：S1、S2…S7 分别表示第 1 个空、第 2 个空…第 7 个空；B1、B2…B7 分别表示第 1 个条、第 2 个条…第 7 个条。

注：表 C.1 中的"单元宽度序列号"是用附录 B 中的程序"getRSSwidths(获得 RSS 宽度)"生成的以所有 8 个模块的组合中的前 6 个"空"与前 6 个"条"组配而形成的 21×21＝441 种单元宽度序列的序列编号(编号为 0～440)，该序列编号的计算为：("空单元序列的值"×21)＋"条单元序列的值"。在定义校验符集时可以使用序列号来代替条/空宽度序列。

生成条和空单元的"getRSSwidths(获得 RSS 宽度)"程序所调用的变量为：

val(值)＝"空单元序列的值"(对于空)或"条单元序列的值"(对于条)(为 0～20)

n(模块数量)＝8

elements(单元数量)＝6

maxWidth(单元最大宽度)＝3

noNarrow＝1

附 录 D
（规范性附录）
分割较长的扩展式 RSS 符号进行 UCC/EAN-128 模拟传输

对于超过 48 个数据的字符的扩展式 RSS 符号，在进行传输前，必须将其分割成两个 UCC/EAN-128 模拟的部分。分割应在超出 48 个字符限制的单元数据串的开头进行。单元数据串由 FNC1 分隔符确定，或者由表 D.1 中给出的固定长度的 AI 单元数据串的末端确定。识读器采用下面的步骤查找可能超出 48 个数据字符的单元数据串：

a) 如果扩展式 RSS 符号表示的数据超过 48 个字符，则从符号的起始位置开始检查；
b) 检查一维部分数据接下来的两个数字（AI 的前两个数字）；
c) 如果这两个数字包含在表 D.1 中，则跳过表 D.1 中该 AI 标识的字符数；
d) 如果表中不存在该 AI，则表明该 AI 字符串为非预定义长度，继续搜索数据直到第一次出现 FNC1 或者直到符号的末端（取二者中首先出现的）；
e) 如果发现字符数超出 48 个的限制，则在被处理的最后一个单元数据串的开始处将数据分割，否则转到步骤 b）。

如果第一条信息以 FNC1 结束，则不传输 FNC1。

表 D.1 预定义长度单元数据串的应用标识符及字符总数

应用标识符的前两个数字	字符数（包括应用标识符及数据字段）	应用标识符的前两个数字	字符数（包括应用标识符及数据字段）
00	20	18	8
01	16	19	8
02	16	20	4
03	16	23	$2n+4$[a]
04	18	31	10
11	8	32	10
12	8	33	10
13	8	34	10
14	8	35	10
15	8	36	10
16	8	41	16
17	8		

[a] 这里 n 为应用标识符的第 3 个数字（直接跟在 23 后面）。

只有那些头两个数字与表 D.1 中的数字相匹配的应用标识符单元数据串，才被认为是"固定长度"的。其他一些应用标识符的单元数据串可以自然形成只有一种长度，但是因为这些应用标识符不在预定义长度的表格中，这些单元数据串仍被认为是"可变长度"数据串。表 D.1 不会再增加其他预定义长度的 AI 数据串。

附 录 E
（资料性附录）
RSS条码符号的单元

表E.1、表E.2、表E.3分别描述了各种类型RSS符号按顺序排列的各个单元。

表 E.1 RSS-14的单元

单　元	类　型	描　　述
1	空	左侧保护符的外侧单元(1个模块宽)
2	条	左侧保护符的内侧单元(1个模块宽)
3	空	数据符1的第1个奇数单元
4	条	数据符1的第1个偶数单元
5	空	数据符1的第2个奇数单元
6	条	数据符1的第2个偶数单元
7	空	数据符1的第3个奇数单元
8	条	数据符1的第3个偶数单元
9	空	数据符1的第4个奇数单元
10	条	数据符1的第4个偶数单元
11	空	左侧校验符(定位符)的第1个单元
12	条	左侧校验符(定位符)的第2个单元
13	空	左侧校验符(定位符)的第3个单元
14	条	左侧校验符(定位符)的第4个单元(1个模块宽)
15	空	左侧校验符(定位符)的第5个单元(1个模块宽)
16	条	数据符2的第4个偶数单元
17	空	数据符2的第4个奇数单元
18	条	数据符2的第3个偶数单元
19	空	数据符2的第3个奇数单元
20	条	数据符2的第2个偶数单元
21	空	数据符2的第2个奇数单元
22	条	数据符2的第1个偶数单元
23	空	数据符2的第1个奇数单元
24	条	数据符4的第1个奇数单元
25	空	数据符4的第1个偶数单元
26	条	数据符4的第2个奇数单元
27	空	数据符4的第2个偶数单元
28	条	数据符4的第3个奇数单元
29	空	数据符4的第3个偶数单元
30	条	数据符4的第4个奇数单元

表 E.1(续)

单　元	类　型	描　述
31	空	数据符 4 的第 4 个偶数单元
32	条	右侧校验符(定位符)的第 5 个单元(1 个模块宽)
33	空	右侧校验符(定位符)的第 4 个单元(1 个模块宽)
34	条	右侧校验符(定位符)的第 3 个单元
35	空	右侧校验符(定位符)的第 2 个单元
36	条	右侧校验符(定位符)的第 1 个单元
37	空	数据符 3 的第 4 个偶数单元
38	条	数据符 3 的第 4 个奇数单元
39	空	数据符 3 的第 3 个偶数单元
40	条	数据符 3 的第 3 个奇数单元
41	空	数据符 3 的第 2 个偶数单元
42	条	数据符 3 的第 2 个奇数单元
43	空	数据符 3 的第 1 个偶数单元
44	条	数据符 3 的第 1 个奇数单元
45	空	右侧保护符的内侧单元(1 个模块宽)
46	条	右侧保护符的外侧单元(1 个模块宽)

表 E.2　限定式 RSS 的单元

单　元	类　型	描　述
1	空	左侧保护符的外侧单元(1 个模块宽)
2	条	左侧保护符的内侧单元(1 个模块宽)
3	空	左侧数据符的第 1 个单元及第 1 个奇数单元
4	条	左侧数据符的第 2 个单元及第 1 个偶数单元
5	空	左侧数据符的第 3 个单元及第 2 个奇数单元
6	条	左侧数据符的第 4 个单元及第 2 个偶数单元
7	空	左侧数据符的第 5 个单元及第 3 个奇数单元
8	条	左侧数据符的第 6 个单元及第 3 个偶数单元
9	空	左侧数据符的第 7 个单元及第 4 个奇数单元
10	条	左侧数据符的第 8 个单元及第 4 个偶数单元
11	空	左侧数据符的第 9 个单元及第 5 个奇数单元
12	条	左侧数据符的第 10 个单元及第 5 个偶数单元
13	空	左侧数据符的第 11 个单元及第 6 个奇数单元
14	条	左侧数据符的第 12 个单元及第 6 个偶数单元
15	空	左侧数据符的第 13 个单元及第 7 个奇数单元
16	条	左侧数据符的第 14 个单元及第 7 个偶数单元
17	空	校验符(定位符)的第 1 个单元

表 E.2(续)

单元	类型	描述
18	条	校验符(定位符)的第 2 个单元
19	空	校验符(定位符)的第 3 个单元
20	条	校验符(定位符)的第 4 个单元
21	空	校验符(定位符)的第 5 个单元
22	条	校验符(定位符)的第 6 个单元
23	空	校验符(定位符)的第 7 个单元
24	条	校验符(定位符)的第 8 个单元
25	空	校验符(定位符)的第 9 个单元
26	条	校验符(定位符)的第 10 个单元
27	空	校验符(定位符)的第 11 个单元
28	条	校验符(定位符)的第 12 个单元
29	空	校验符(定位符)的第 13 个单元(1 个模块宽)
30	条	校验符(定位符)的第 14 个单元(1 个模块宽)
31	空	右侧数据符的第 1 个单元及第 1 个奇数单元
32	条	右侧数据符的第 2 个单元及第 1 个偶数单元
33	空	右侧数据符的第 3 个单元及第 2 个奇数单元
34	条	右侧数据符的第 4 个单元及第 2 个偶数单元
35	空	右侧数据符的第 5 个单元及第 3 个奇数单元
36	条	右侧数据符的第 6 个单元及第 3 个偶数单元
37	空	右侧数据符的第 7 个单元及第 4 个奇数单元
38	条	右侧数据符的第 8 个单元及第 4 个偶数单元
39	空	右侧数据符的第 9 个单元及第 5 个奇数单元
40	条	右侧数据符的第 10 个单元及第 5 个偶数单元
41	空	右侧数据符的第 11 个单元及第 6 个奇数单元
42	条	右侧数据符的第 12 个单元及第 6 个偶数单元
43	空	右侧数据符的第 13 个单元及第 7 个奇数单元
44	条	右侧数据符的第 14 个单元及第 7 个偶数单元
45	空	右侧保护符的内侧单元(1 个模块宽)
46	条	右侧保护符的外侧单元(1 个模块宽)

表 E.3 扩展式 RSS(6 段格式)的单元

单元	类型	描述
1	空	左侧保护符的外侧单元(1 个模块宽)
2	条	左侧保护符的内侧单元(1 个模块宽)
3	空	符号字符 1 的第 1 个奇数单元(限制在 4 个模块宽或更少)
4	条	符号字符 1 的第 1 个偶数单元

表 E.3(续)

单元	类型	描述
5	空	符号字符 1 的第 2 个奇数单元
6	条	符号字符 1 的第 2 个偶数单元
7	空	符号字符 1 的第 3 个奇数单元
8	条	符号字符 1 的第 3 个偶数单元
9	空	符号字符 1 的第 4 个奇数单元
10	条	符号字符 1 的第 4 个偶数单元
11	空	定位符 A1 的第 1 个单元
12	条	定位符 A1 的第 2 个单元
13	空	定位符 A1 的第 3 个单元
14	条	定位符 A1 的第 4 个单元(1 个模块宽)
15	空	定位符 A1 的第 5 个单元(1 个模块宽)
16	条	符号字符 2 的第 4 个偶数单元
17	空	符号字符 2 的第 4 个奇数单元
18	条	符号字符 2 的第 3 个偶数单元
19	空	符号字符 2 的第 3 个奇数单元
20	条	符号字符 2 的第 2 个偶数单元
21	空	符号字符 2 的第 2 个奇数单元
22	条	符号字符 2 的第 1 个偶数单元
23	空	符号字符 2 的第 1 个奇数单元(限制在 4 个模块宽或更少)
24	条	符号字符 3 的第 1 个奇数单元(限制在 4 个模块宽或更少)
25	空	符号字符 3 的第 1 个偶数单元
26	条	符号字符 3 的第 2 个奇数单元
27	空	符号字符 3 的第 2 个偶数单元
28	条	符号字符 3 的第 3 个奇数单元
29	空	符号字符 3 的第 3 个偶数单元
30	条	符号字符 3 的第 4 个奇数单元
31	空	符号字符 3 的第 4 个偶数单元
32	条	定位符 B2 的第 5 个单元(1 个模块宽)
33	空	定位符 B2 的第 4 个单元(1 个模块宽)
34	条	定位符 B2 的第 3 个单元
35	空	定位符 B2 的第 2 个单元
36	条	定位符 B2 的第 1 个单元
37	空	符号字符 4 的第 4 个偶数单元
38	条	符号字符 4 的第 4 个奇数单元
39	空	符号字符 4 的第 3 个偶数单元

表 E.3(续)

单　元	类　型	描　　述
40	条	符号字符 4 的第 3 个奇数单元
41	空	符号字符 4 的第 2 个偶数单元
42	条	符号字符 4 的第 2 个奇数单元
43	空	符号字符 4 的第 1 个偶数单元
44	条	符号字符 4 的第 1 个奇数单元(限制在 4 个模块宽或更少)
45	空	符号字符 5 的第 1 个奇数单元(限制在 4 个模块宽或更少)
46	条	符号字符 5 的第 1 个偶数单元
47	空	符号字符 5 的第 2 个奇数单元
48	条	符号字符 5 的第 2 个偶数单元
49	空	符号字符 5 的第 3 个奇数单元
50	条	符号字符 5 的第 3 个偶数单元
51	空	符号字符 5 的第 4 个奇数单元
52	条	符号字符 5 的第 4 个偶数单元
53	空	定位符 B1 的第 1 个单元
54	条	定位符 B1 的第 2 个单元
55	空	定位符 B1 的第 3 个单元
56	条	定位符 B1 的第 4 个单元(1 个模块宽)
57	空	定位符 B1 的第 5 个单元(1 个模块宽)
58	条	符号字符 6 的第 4 个偶数单元
59	空	符号字符 6 的第 4 个奇数单元
60	条	符号字符 6 的第 3 个偶数单元
61	空	符号字符 6 的第 3 个奇数单元
62	条	符号字符 6 的第 2 个偶数单元
63	空	符号字符 6 的第 2 个奇数单元
64	条	符号字符 6 的第 1 个偶数单元
65	空	符号字符 6 的第 1 个奇数单元(限制在 4 个模块宽或更少)
66	条	右侧保护符的内侧单元(1 个模块宽)
67	空	右侧保护符的外侧单元(1 个模块宽)

附 录 F
（资料性附录）
编 码 示 例

F.1 RSS-14

在图 F.1 所示的复合码中，一维部分 RSS-14 中的连接标志为 1(代表连接二维部分)，对贸易项目代码 24012345678905 编码。

图 F.1 RSS-14 复合码示例

一维部分 RSS-14 的单元宽度按以下步骤计算：

a) 符号值 V_{SYMBOL} 为：

V_{SYMBOL} ＝10000000000000(连接标志)＋24012345678905(贸易项目代码)去掉校验码

＝12401234567890

b) 左、右侧数据符对值 V_{LPAIR}、V_{RPAIR} 分别为：

V_{LPAIR} ＝12401234567890 div 4537077＝2733309

V_{RPAIR} ＝12401234567890 mod 4537077＝1170097

c) 4 个数据符的值为：

数据符 1 的值 V_{D1} ＝V_{LPAIR} div 1597＝2733309 div 1597＝1711

数据符 2 的值 V_{D2} ＝V_{LPAIR} mod 1597＝2733309 mod 1597＝842

数据符 3 的值 V_{D3} ＝V_{RPAIR} div 1597＝1170097 div 1597＝732

数据符 4 的值 V_{D4} ＝V_{RPAIR} mod 1597＝1170097 mod 1597 ＝1093

d) 这 4 个数据符的奇子集值(V_{ODD})及偶子集值(V_{EVEN})为：

数据符 1 结构为(16,4)，而值(V_{D1})1711 位于第 3 组中，奇/偶子集模块数为 8/8。利用下式从 V_{D1} 求出 V_{ODD} 及 V_{EVEN}：

V_{ODD1} ＝(V_{D1} －961) div 34＝(1711－961) div 34＝750 div 34＝22

V_{EVEN1} ＝(V_{D1} －961) mod 34＝(1711－961) mod 34＝750 mod 34＝2

数据符 2 结构为(15,4)，而值(V_{D2})842 位于第 2 组中，奇/偶子集模块数为 7/8。利用下式从 V_{D2} 求出 V_{EVEN} 及 V_{ODD}：

V_{EVEN2} ＝(V_{D2} －336) div 20＝(842－336) div 20＝506 div 20＝25

V_{ODD2} ＝(V_{D2} －336) mod 20＝(842－336) mod 20＝506 mod 20＝6

数据符 3 结构为(16,4)，而值(V_{D3})732 位于第 2 组中，奇/偶子集模块数为 10/6。利用下式从 V_{D3} 求出 V_{ODD} 及 V_{EVEN}：

V_{ODD3} ＝(V_{D3} －161) div 10＝(732－161) div 10＝571 div 10＝57

V_{EVEN3} ＝(V_{D3} －161) mod 10－(732－161) mod 10＝571 mod 10＝1

数据符 4 结构为(15,4)，而值(V_{D4})1093 位于第 3 组中，奇/偶子集模块数为 9/6。利用下式从 V_{D4} 求出 V_{EVEN} 及 V_{ODD}：

$V_{EVEN4}=(V_{D4}-1036)$ div 20＝(1093－1036) div 48＝57 div 48＝1

$V_{ODD4}=(V_{D4}-1036)$ mod 20＝(1093－1036) mod 48＝57 mod 48＝9

e) 用附录 B 中的 RSS 子集宽度算法由子集值求得以下单元宽度序列：

奇子集 1(值 22)＝3 1 1 3

偶子集 1(值 2)＝1 1 3 3

因此，数据符 1 的单元宽度序列＝3 1 1 1 1 3 3 3；

奇子集 2(值 6)＝1 2 3 1

偶子集 2(值 25)＝3 1 1 3

因此，数据符 2 的单元宽度序列＝1 3 2 1 3 1 1 3(从左至右镜像反转)；

奇子集 3(值 57)＝3 3 3 1

偶子集 3(值 1)＝1 1 2 2

因此，数据符 3 的单元宽度序列＝3 1 3 1 3 2 1 2(从左至右镜像反转)；

奇子集 4(值 9)＝1 2 4 2

偶子集 4(值 1)＝1 1 2 2

因此，数据符 4 的单元宽度序列＝1 1 2 1 4 2 2 2。

注：按照书写习惯，单元宽度序列都是从左至右排列，但对于有些符号字符，如上面的数据符 2 和数据符 3，字符单元的排序实际上是从右至左的。

f) 计算校验和的值：

数据符 1：3×1＋1×3＋1×9＋1×27＋1×2＋3×6＋3×18＋3×54 ＝278

数据符 2：1×4＋3×12＋2×36＋1×29＋3×8＋1×24＋1×72＋3×58 ＝435

数据符 3：3×16＋1×48＋3×65＋1×37＋3×32＋2×17＋1×51＋2×74 ＝657

数据符 4：1×64＋1×34＋2×23＋1×69＋4×49＋2×68＋2×46＋2×59 ＝755

2125

因此，校验和的值＝2125 mod 79＝71。

g) 从校验和的值计算两个校验符(定位符)：

71 大于或等于 8，因此 temp 的值为 71＋1＝72

72 大于或等于 72，因此 temp 的值为 72＋1＝73

左校验符的值为 73div 9＝8

右校验符的值为 73 mod 9＝1

左校验符(值 8)的单元序列＝1 3 9 1 1

右校验符(值 1)的单元序列＝3 5 5 1 1(从左至右镜像反转)。

h) 包括左侧保护符、数据符 1、左侧校验符/定位符、数据符 2(反转)、数据符 4、右侧校验符/定位符(反转)、数据符 3(反转)及右侧保护符在内的条码符号单元宽度为：

1 1,3 1 1 1 1 3 3 3,1 3 9 1 1,3 1 1 3 1 2 3 1,1 1 2 1 4 2 2 2,1 1 5 5 3,2 1 2 3 1 3 1 3,1 1

F.2 限定式 RSS

图 F.2 中的限定式 RSS 符号对贸易项目代码 00098765432105 进行编码。

图 F.2 限定式 RSS 符号示例

限定式 RSS 的单元宽度按下列步骤计算：

a) 求出符号值 V_{SYMBOL}：

符号值等于贸易项目代码(去掉校验码)：V_{SYMBOL}=00098765432105 去掉校验码=9876543210

b) 计算左、右侧数据符的值 V_{DLEFT}、V_{DRIGHT}：

V_{DLEFT}=9876543210 div 2013571=4904

V_{DRIGHT}=9876543210 mod 2013571=1991026

c) 计算两个数据符的奇、偶子集值 V_{ODD}、V_{EVEN}：

左侧数据符值(V_{DLEFT})为 4904，位于第 1 组中，奇/偶子集模块数为 17/9，因此左侧数据符的奇子集值(V_{ODDL})和偶子集值(V_{EVENL})分别为：

V_{ODDL}=(V_{DLEFT}−0) div 28=4904 div 28=175

V_{EVENL}=(V_{DLEFT}−0) mod 28=4904 mod 28=4

右侧数据符值(V_{DRIGHT})为 1991026，位于第 6 组中，奇/偶子集模块数为 19/7，因此右侧数据符的奇子集值(V_{ODDR})和偶子集值(V_{EVENR})分别为：

V_{ODDR}=(V_{DRIGHT}−1979845) div 1=11181 div 1=11181

V_{EVENR}=(V_{DRIGHT}−1979845) mod 1=11181 mod 1=0

d) 利用附录 B 中的 RSS 子集宽度算法由子集值得出以下单元宽度序列：

左侧数据符奇子集 (值 175)=1 1 2 2 2 4 5

左侧数据符偶子集 (值 4)=1 1 1 1 2 2 1

因此，左侧数据符单元宽度序列=1 1 1 1 2 1 2 1 2 2 4 2 5 1；

右侧数据符奇子集 (值 11181)=3 3 1 3 5 2 2

右侧数据符偶子集 (值 0)=1 1 1 1 1 1 1

因此，右侧数据符单元宽度序列=3 1 3 1 1 1 3 1 5 1 2 1 2 1。

e) 计算校验符的值：

左侧数据符单元宽度加权和=

1×1+1×3+1×9+1×27+2×81+1×65+2×17+1×51+2×64+2×14+4×42+2×37+5×22+1×66=926

右侧数据符单元宽度加权和=3×20+1×60+3×2+1×6+1×18+1×54+3×73+1×41+5×34+1×13+2×39+1×28+2×84+1×74=995

因此校验符的值=(926+995)mod 89=52

f) 用附录 B 给出的算法得到，值为 52 的校验符单元宽度序列=1 1 1 2 1 1 2 1 1 2 2 1 1 1。

g) 包括左侧保护符、左侧数据符、校验符、右侧数据符及右侧保护符在内的条码符号单元宽度为：

1 1,1 1 1 1 2 1 2 1 2 2 4 2 5 1,1 1 1 2 1 1 2 1 1 2 2 1 1 1,3 1 3 1 1 1 3 1 5 1 2 1 2 1,1 1。

F.3 扩展式 RSS

图 F.3 中的扩展式 RSS 符号对 AI 单元数据串(10)12A 编码，本示例的数据没有包含主要项目标识，只用于示范指导。

图 F.3 扩展式 RSS 符号示例

扩展式 RSS 的单元宽度按下列步骤计算：

a) 符号对 1012A 编码。

b) 二进制字段为：

连接标记＝0(无二维部分)

编码方法＝00(无应用标识符 01)

可变长度位＝00(偶数个段，组 1)

数据位：10＝0010011(数字编码)

12＝0010101(数字编码)

0000(字母数字锁定码)

A＝100000(字母数字编码)

填充＝0010000

因此按顺序链接成二进制数字串为：000000010011001010100001000000010000。

注：两位数字(如 10、12)的编码方法见 7.2.5.5.1 中的公式，大写字母(如 A)的字母数字编码方法见表 12。

c) 把二进制数字串以 12 位分成一组，本示例分为三组，值分别为：000000010011、001010100001 及 000000010000。相应的 3 个数据符值为：

数据符 1 的值(V_{D1})＝000000010011＝19

数据符 2 的值(V_{D2})＝001010100001＝673

数据符 3 的值(V_{D3})＝000000010000＝16

d) 计算这 3 个数据符的奇、偶子集值 V_{ODD}、V_{EVEN}：

数据符 1 的值(V_{D1})为 19，位于第 1 组，奇/偶子集模块数为 12/5，因此数据符 1 的奇子集值(V_{ODD1})和偶子集值(V_{EVEN1})分别为：

$V_{ODD1}=(V_{D1}-0)$ div 4＝19 div 4＝4

$V_{EVEN1}=(V_{D1}-0)$ mod 4＝19 mod 4＝3

数据符 2 的值(V_{D2})为 673，位于第 2 组，奇/偶子集模块数为 10/7，因此数据符 2 的奇子集值(V_{ODD2})和偶子集值(V_{EVEN2})分别为：

$V_{ODD2}=(V_{D2}-348)$ div 20＝325 div 20＝16

$V_{EVEN2}=(V_{D2}-348)$ mod 20＝325 mod 20＝5

数据符 3 的值(V_{D3})为 16，位于第 1 组，奇/偶子集模块数为 12/5，因此数据符 3 的奇子集值(V_{ODD3})和偶子集值(V_{EVEN3})分别为：

$V_{ODD3}=(V_{D3}-0)$ div 4＝16 div 4＝4

$V_{EVEN3}=(V_{D3}-0)$ mod 4＝16 mod 4＝0

e) 用附录 B 中给出的扩展式 RSS 子集单元宽度算法由子集值求出以下单元宽度序列：

数据符 1 的奇子集(值 4)＝1 1 7 3

数据符 1 的偶子集(值 3)＝2 1 1 1

因此，数据符 1 的单元宽度序列＝1 2 1 1 7 1 3 1(从左至右镜像反转)

数据符 2 的奇子集(值 16)＝1 5 1 3

数据符 2 的偶子集(值 5)＝1 2 2 2

因此，数据符 2 的单元宽度序列＝1 1 5 2 1 2 3 2

数据符 3 的奇子集(值 4)＝1 1 7 3

数据符 2 的偶子集(值 0) ＝1 1 1 2

因此，数据符 3 的单元宽度序列 ＝1 1 1 1 7 1 3 2(从左至右镜像反转)

注：按照书写习惯，单元宽度序列都是从左至右排列，但对于偶数序号的符号字符(奇数的数据符)，如上面的数据符 1 和数据符 3，字符单元的排序实际上是从右至左的。

f) 计算校验和：

数据符 1 的单元宽度加权和＝1×1＋2×3＋1×9＋1×27＋7×81＋1×32＋3×96＋1×77＝1007

数据符 2 的单元宽度加权和＝1×20＋1×60＋5×180＋1×118＋1×143＋2×7＋3×21＋2×63＝1562

数据符 3 的单元宽度加权和＝1×189＋1×145＋1×13＋1×39＋7×117＋1×140＋3×209＋2×205＝2382

因此，校验和＝(1007＋1562＋2382)mod 211－98

g) 计算校验符：

校验符的值(V_C)＝211(符号字符数－4)＋校验和＝211(4－4)＋98＝98

校验符值(V_C)为 98，位于第 1 组中，奇/偶子集模块数为 12/5，因此校验符的奇子集值(V_{ODDC})和偶子集值(V_{EVENC})分别为：

V_{ODDC}＝(V_C－0) div 4＝98div 4＝24

V_{EVENC}＝(V_C－0)mod 4＝98 mod 4＝2

用附录 B 给出的扩展式 RSS 子集单元宽度算法，由子集值求出以下单元宽度序列：

校验符奇子集(值 24)＝1 5 1 5

校验符偶子集(值 2)＝1 2 1 1

因此，校验符单元宽度序列＝1 1 5 2 1 1 5 1。

h) 包括左侧保护符、校验符、定位符 A1、数据符 1(反转)、数据符 2、定位符 A2、数据符 3(反转)及右侧保护符在内的条码符号单元宽度为：

1 1,1 1 5 2 1 1 5 1,1 8 4 1 1,1 3 1 7 1 1 2 1,1 1 5 2 1 2 3 2,1 1 4 8 1,2 3 1 7 1 1 1 1,1 1。

附 录 G
（资料性附录）
单元宽度译码的C语言程序

```
# include <stdio. h>
/ * * * * * * * * * * * * * * * * * * * * * * * * * * * * * * * * * * * * * * * * * * *
* "elements ( )"和"elementsExp ( )"这两个程序
*  需输入以下值：
*      eDist [ ]=前(2 * k-2 )个边缘到相似边缘距离的标称值(E_i)
*         (字符图形总是从距相邻定位符最远的单元开始!!),以及
*      确定字符结构的 n 和 k(注意在程序中 n 和 k 分别被表示为 N 和 K)。
*  这两个程序输出以下值：
*      widths [ ]=2 * k 个推算出的单元宽度。
*
*  对于 RSS-14,调用程序：
*    对于内侧数据符,调用 elements ( * eDist, * widths,15,4)；
*    对于外侧数据符,调用 elements ( * eDist, * widths,16,4)。
*
*  对于限定式 RSS 的数据符,调用 elements ( * eDist, * widths,26,7)。
*
*  对于扩展式 RSS 的数据符,调用 elementsExp ( * eDist, * widths,17,4)。
*
* * * * * * * * * * * * * * * * * * * * * * * * * * * * * * * * * * * * * * * * * * */

/ * * * * * * * * * * * * * * * * * * * * * * * * * * * * * * * * * * * * * * * * * *
*   elements ( ) 程序确定(n,k)符号字符的各单元宽度,这种(n,k)符号字符至少有一个
*   偶数单元是一模块宽。
* (注意：偶数单元——第 2、第 4、第 6 等,具有奇数个模块。)
* * * * * * * * * * * * * * * * * * * * * * * * * * * * * * * * * * * * * * * * * * */
void elements (int * eDist, int * widths,int N, int K) {

int i;
int minEven;
int barSum;

/ * 从标称的边缘到相似边缘距离尺寸推算出各单元宽度 */
    minEven=10 ; / * 以一个相当大的最小值开始 */
    barSum=widths [0]=1; / * 首先假设第一个条为 1 模块宽 */
    for (i=1; i < K * 2-2; i+=2) {
        widths [i]=eDist [i-1]-widths [i-1];
        widths [i+1]=eDist [i]-widths [i];
        barSum+=Widths [i]+ widths [i+1];
```

```
        if (widths [i]< minEven) minEven=widths [i];
}
Widths [K * 2-1]=N-barSum; / * n 个模块中剩余的模块分配给最后的偶数单元 * /
if (widths [K * 2-1] < minEven) minEven=widths [K * 2-1];
if (minEven > 1) {

/ * 如果最窄偶数单元的宽度太大,重新调整,使最窄偶数单元为 1 模块宽 * /
    for ( i=0; i< K * 2; i+=2) {
        widths [i]+=minEven-1;
        widths [i+1]-=minEven-1;
    }
  }
  return;
}

/* * * * * * * * * * * * * * * * * * * * * * * * * * * * * * * * * * * * * * * *
*   elementsExp ( ) 程序确定(n,k)符号字符的各单元宽度,这种(n,k)符号字符至少有一个
*   奇数单元是一模块宽。
* (注意:奇数单元——第 1、第 3、第 5 等,具有偶数个模块。)
* * * * * * * * * * * * * * * * * * * * * * * * * * * * * * * * * * * * * * * */
Void elementsExp (int * eDist, int * widths,int N, int K) {

int i;
int minOdd;
int barSum;

/ * 从标称的边缘到相似边缘距离尺寸推算出各单元宽度 * /
    minOdd=8;  / * 以最小值开始——假设的第一个单元宽度 * /
    barSum=widths [0]=8; / * 首先假设第一个条最宽,为 8 模块宽 * /
    for (i=1; i < K * 2-2; i+=2) {
        widths [i]=eDist [i-1]-widths [i-1];
        widths [i+1]=eDist [i]-widths [i];
        barSum+=Widths [i]+ widths [i+1];
        if (widths [i+1]< minOdd) minOdd=widths [i+1];
    }
    Widths [K * 2-1]=N-barSum; / * n 个模块中剩余的模块分配给最后的偶数单元 * /
    if (minOdd > 1) {

    / * 如果最窄奇数单元的宽度太大,重新调整,使最窄奇数单元为 1 模块宽 * /
        for ( i=0; i< K * 2; i+=2) {
            widths [i]-=minOdd-1;
            widths [i+1]+=minOdd-1;
        }
```

```
    }
    return;
}

/*************************************
* "main ( )"示范对于 RSS-14、限定式 RSS 和扩展式 RSS 的"elements"子程序
*************************************/
void main (void) {

int eDist14 [6]={ 5,3,3,3,4,5 };
int eDistLim [12]={ 2,3,4,3,4,4,6,6,2,2,3,4 };
int eDistExp [6]={ 2,3,3,3,3,3};
int widths [14];
int i;

/ * 对于 RSS-14 外侧数据符 * /
    elements (eDist14, widths,16,4);
    printf( "\nRSS 14 (16,4) elements: ");
    for ( i=0; i < 8; i++) printf ("%d", widths'[i] );

/ * 对于 RSS-14 内侧数据符 * /
    elements (eDist14, widths,15,4);
    printf ( "\nRSS 14 (15,4) elements: ");
    for ( i=0; i < 8; i++) printf ("%d", widths'[i] );

/ * 对于限定式 RSS * /
    elements (eDistLim, widths,26,7);
    printf ( "\nRSS Limited elements: ");
    for ( i=0; i < 14; i++) printf ("%d", widths'[i] );

/ * 对于扩展式 RSS * /
    elementsExp (eDistExp, widths,17,4);
    printf ( "\nRSS Expanded elements: ");
    for ( i=0; i < 8; i++) printf ("%d", widths'[i] );

    printf ("\n");
    return;
}
```

附　录　H
（资料性附录）
为使误读最小化的译码考虑

所有 RSS-14 及扩展式 RSS 的版本均被设计成能分段扫描，每一段均含有一个定位符及相邻的符号字符。为了使由可能的错误段而导致的误读率最小，还需要有其他的译码步骤。

H.1　按行译码

如果扫描线可以定向地通过一个符号或符号的行，那么译码器只从相邻的两段或多个段上接收数据，即按定位符—字符—字符—定位符，或者字符—定位符—字符的顺序进行接收，因此单独的定位符和相邻符号字符会被拒绝。

H.2　按段译码

一些扫描器可能要求对单个段进行译码，以提供有效的全向扫描，这些扫描器要对被译码的段进行下列有效性检查：

a）间距检查：检查定位符 4 个被选单元的总宽度与相邻符号字符宽度之比是否超出标称值的 7%（定位符的 4 个被选单元不包括窄单元对的外侧单元。例如，具有图形{1,5,7,1,1}的定位符间距应为前 4 个单元的总宽度）；

b）油墨扩散检查：检查定位符的条宽平均偏差（所有条的宽度与各自标称宽度之差的平均值）与相邻符号字符的条宽平均偏差之差的值是否超过 $0.3X$；

c）表决：提供一个表决方案来选择被译码次数最多的段候选对象，对每一种段位置（RSS-14 有 4 种段位置，扩展式 RSS 有 24 种段位置），需保存一个所有段候选对象的清单；

d）阈值：要求一个段位置上的最佳段候选对象的被译码次数至少比第二位的段候选对象的被译码次数多两次。

附　录　I
（资料性附录）
印刷注意事项

I.1　保护符注意事项

所有的 RSS 条码符号的起始位置和终止位置都有一个包含一个模块宽的条和一个模块宽的空组成的保护符。因为没有空白区，所以保护符外侧单元的颜色可能与背景相同，一个空单元可能与亮的背景颜色融合在一起，一个条单元可能与暗的背景颜色融合在一起。符号保护符的外侧单元是必要的。如图 2、图 8 和图 11 所示，左侧保护符的白色的外侧单元与白色背景无法区分开，但它还是必须存在的。

I.2　基于像素的印制

基于像素印制的打印机上使用的图形软件应能精确调整每一个条及空的宽度与打印机的像素密度相匹配。对于包括所有 RSS 系列条码在内的采用相似边之间距离进行译码的符号体系，组成每一个符号字符的像素数必须是符号或符号字符中模块数的一个固定不变的整数倍。因此，一种打印机只能打印一组特定 X 尺寸的符号。

在统一对印制过程中出现的条宽的增加（或减少）进行补偿时，必须对符号中所有的条/空采用相同的调整量，可以通过对符号中的每个条/空对及符号的最后一个条以同一方式由黑到白或由白到黑地来改变整数个像素得以实现。例如，可将沿符号中每一个条同侧边的所有像素由黑变成白，或者沿每一个条两边的像素由黑变成白，只要打印机有足够高的解析度支持完成这种符号要求的操作即可。任何一组黑至白或白至黑的像素改变都是可以接受的，只要在整个符号范围内进行一致的调整，且不改变相似边之间的距离或整个符号字符的宽度即可。不遵循这些原则将导致符号质量下降，而且经常会产生不可识读的符号。

设计用来支持各种打印机的通用打印软件，应能为用户提供调整 X 尺寸及增加或减少条宽的能力。

编程示例：

在进行数字条码设计时，可以遵循下列原则：

a）将所需的放大倍数或 X 尺寸转换为以像素为单位的一个模块宽度，并将其四舍五入修约为最接近的整数，如果这样得到的 X 尺寸小于应用所允许的最小值，则向上修约；

b）把统一补偿印制过程条宽增加或减少所需的补偿量换为以像素为单位的条宽调整量，并将其向上修约为整数；

c）应用上述结果来确定符号中每一条和空的像素数。

示例：

采用解析度为 24 点（像素）/mm 的打印设备及相应的数字条码设计文件，制作一个 X 尺寸为 0.27 mm、条宽减少量为 0.06 mm 的符号。计算如下：

——设置的模块宽度（X_S）为：24 像素/mm×0.27 mm/模块＝6.5 个像素/模块，向下修约为每模块 6 像素，即 $X_S=6$（像素）；

——设置的条宽减少量（BWR_S）为：24 像素/mm×0.06 mm＝1.4 个像素，向上修约为 2 个像素，即 $BWR_S=2$（像素）；

——条单元的设置宽度＝X_S×组成条单元的模块数－BWR_S；

——空单元的设置宽度＝X_S×组成空单元的模块数＋BWR_S。

注：条宽的调整和空宽的调整总是采用相同的调整量值，而调整的方向相反。

设组成条、空单元的模块数均为 2，则条单元设置宽度＝6×2－2＝10（像素）；空单元的设置宽度＝6×2＋2＝14（像素）。组成条、空单元的模块数为 1～4 的设置单元宽度像素数示例见表 I.1。

表 I.1 考虑打印机图像解析度和条宽减少量进行校正所设置的单元宽度像素数示例

组成条、空单元的模块数	单元宽度像素数	
	条	空
1	4	8
2	10	14
3	16	20
4	22	26

I.3 基于像素印刷的软件用户指南

当第一次使用一个由条码打印软件及打印设备所组成的打印系统来打印条码符号时，用户应根据 GB/T 14258 来检验打印的条码符号是否满足印制质量等级及 *X* 尺寸的要求。如果打印出的符号没有达到所要求的符号质量等级，则用户可能需要增加 *X* 尺寸或改变条宽的增加量或减少量。如果需要，重复这一过程直到达到所要求的符号质量等级。注意，并不是所有的打印系统都能打印出具有小 *X* 尺寸的可接受的条码符号。

I.4 过程控制注意事项

为了进行过程控制，应对平均条宽增加或减少、以及为减小这种影响而采取的校正措施是否合适等进行评估。根据 GB/T 14258 所测得的“可译码度”参数，会受到系统的条宽增加或减少以及相似边之间的距离变化的双重影响。

I.5 多个符号的分开

对于多个 RSS 符号，应把它们充分地分开，以避免它们同时出现在一个扫描器的视野内。

I.6 打印分隔符

印制一个连接标志为 1 的作为一维部分的 RSS 条码符号时应同时印制所要求的分隔符。直到连接的二维部分被印制出来，整个复合码才是有效的。

有时可能很难打印一个模块高的分隔符。比如，分隔符的一些单元可能会由于打印墨水的扩散或浸润而消失。

为对打印过程中的垂直失真进行预先补偿，可以对分隔符中的单元进行适当的条高缩减，打印后就能显示图案中的所有单元。

如果在视觉上不能辨识出分隔符，则应将图案中每一行的高度最大增加为两个模块高。这样，符号高度将相应增加，而符号字符的高度不应低于规定的最小值。

如果在视觉上仍不能辨识出分隔符，则需要增加符号的 *X* 尺寸。这样，符号的高度和宽度会相应增加。

附 录 J
（资料性附录）
RSS系列符号特点总汇

RSS系列条码符号的特点总汇见表J.1。

表 J.1 RSS系列条码符号的特点

符号类型	RSS-14	截短式 RSS-14	层排式 RSS-14	全向层排式 RSS-14	限定式 RSS	扩展式 RSS	层排扩展式 RSS
全向扫描	是	否	否	是	否	是	是
左侧/右侧保护符[a]	s:b/s:b	s:b/s:b	s:b/b:s b:s/s:b	s:b/b:s b:s/s:b	s:b/s:b	s:b/不固定	不固定
传输数据	AI(01)加14位GTIN	AI(01)加14位GTIN	AI(01)加14位GTIN	AI(01)加14位GTIN	AI(01)加14位GTIN	主标识和其他AI单元数据串	主标识和其他AI单元数据串
最大数据容量[b]	16位数	16位数	16位数	16位数	16位数	74个数字或41个字母符号	74个数字或41个字母符号
可编码字符集[c]	0～9	0～9	0～9	0～9	0～9	GB/T 1988字符集的子集[h]	GB/T 1988字符集的子集[h]
支持的包装指示符[d]	0～9	0～9	0～9	0～9	0和1	0～9	0～9
符号字符/定位符的数目	4/2	4/2	4/2	4/2	2/1	4/2～22/11	4/2～22/11
行数	1	1	2	2	1	1	2～11
符号结构（区域）[e]	d1/lf/d2/d4/rf/d3	d1/lf/d2/d4/rf/d3	d1/lf/d2/d4/rf/d3	d1/lf/d2/d4/rf/d3	ld/ck/rd	三元序列（符号字符/定位符/符号字符）	三元序列（符号字符/定位符/符号字符）
单元数目[f]	46	46	上面行25，下面行25	上面行25，下面行25	46	可变	可变
模块[g]数	96	96	上面行50，下面行50	上面行50，下面行50	74	可变	可变
符号最小高度	33X	13X	13X (5X+1X+7X)	69X (33X+3X+33X)	10X	34X	71X(2行) 404X(11行)
符号最大高度	不限	33X	13X	不限	不限	不限	不限

注：主标识指的是AI(01)加14位GTIN。

表 J.1(续)

符号类型	RSS-14	截短式 RSS-14	层排式 RSS-14	全向层排式 RSS-14	限定式 RSS	扩展式 RSS	层排扩展式 RSS

a s:b/s:b 表示左侧保护符为空/条;右侧保护符为空/条。因此,符号的第一个单元为一个空。

b 大多数 RSS 符号只能对 AI(01)贸易项目标识进行编码。扩展式 RSS 可以支持 AI 单元数据串,如 AI(01)和 AI(8004)等。

c 除了扩展式 RSS,RSS 只能对 10 个数字进行编码。扩展式 RSS 可以对以下字符进行编码:0～9,A～Z,a～z,21 个特定字符/标点符号和 FCN1。

d 限定式 RSS 限制为 0 和 1。其他的 RSS 符号中,9 作为变量项目的包装指示。

e 一个区域是特定功能单元的图形,如:保护符,数据符或定位符。示例:d1 是指数据符 1;lf 是指左侧定位符;d2 是指数据符 2;d4 是指数据符 4;rf 是指右侧定位符;d3 是指数据符 3;ld 是指左侧数据符;ck 是指校验符;rd 是指右侧数据符。所有的符号都是以保护符开始和结束。

f 单元是条和空,每个都是特定数目的模块组合。

g 模块是指最窄的条或最窄的空的宽度,又称为 X 尺寸。

h 如表 13 定义。

ICS 35.240.70;07.040
L 67

中华人民共和国国家标准

GB/T 21336—2008

地理信息　质量评价过程

Geographic information—Quality evaluation procedures

(ISO 19114:2003,MOD)

2008-01-09 发布　　　　2008-08-01 实施

中华人民共和国国家质量监督检验检疫总局
中国国家标准化管理委员会　发布

前　言

本标准修改(MOD)采用国际标准化组织地理信息技术委员会(ISO/TC 211)制定的国际标准 ISO 19114:2003 Geographic Information—Quality evaluation procedures(地理信息　质量评价过程),并做了如下改动:

a) 标准的编写方法执行了国家标准 GB/T 1.1—2000《标准化工作导则　第1部分:标准的结构和编写规则》的要求。

b) 将"本国际标准"和"ISO 19114"改为"本标准"。

c) 删除了原国际标准的前言。

d) 将规范性引用文件和标准文本中的"ISO 19113:2002 Geographic Information—Quality principles"改为"GB/T 21337—2008　地理信息　质量原则",将"ISO 19113"改为"GB/T 21337—2008";将规范性引用文件和标准文本中的"ISO 19115:2003 Geographic Information—Metadata"改为"GB/T 19710—2005　地理信息　元数据"。将"ISO 19115"改为"GB/T 19710—2005";增加了规范性引用文件"GB/T 19000—2000　质量管理体系　基础和术语"、"GB/T 2828.1—2003　计数抽样检验程序　第1部分:按接收质量限(AQL)检索的逐批检验抽样计划"和"GB/T 18316—2001　数字测绘产品检查验收规定和质量评定"。将"ISO 2859"改为"GB/T 2828",并相应将"ISO 2859-1"改为"GB/T 2828.1—2003";将"ISO 8601"改为"GB/T 7408";将"ISO 11404"改为"GB/T 18221"。

e) 将"data quality element"译为"数据质量量化元素","data quality subelement"译为"数据质量量化子元素","data quality overview element"译为"数据质量非量化元素"。

f) 按照 GB/T 19000—2000 增加了术语"质量管理"和"质量控制"及其定义。按照 GB/T 18316—2001 增加了术语"简单随机抽样"和"分级随机抽样"及其定义。参照 GB/T 18316—2001 增加了术语"检验批"及其定义。参照 GB/T 2828.1—2003 增加了术语"接收质量限"及其定义。参照"ISO 19138:2006 Geographic information—Data quality measures"增加了术语"数据质量基本度量"和"被测变量"及其定义。按照全国科学技术名词审定委员会 2002 年公布的《测绘学名称》(第二版)定义术语"准确度 accuracy"。

g) 增加了 6.3"数据质量检验基本要求"。

h) 修改了附录 D 的表 D.2～表 D.6 中有关示例的"DQ_范围"(经纬度或地名),使示例的"范围"在我国国土之内,并将表 D.3 中所有通名"州(state)"改为"省",将表 D.6 中"名称拼写错误"改为"名称错误";将附录 E 的 E.4.3.2 中的"UTM"改为"高斯-克吕格投影",将附录 E 的 E.5.2 中的"现行的 ISO 标准"改为"现行的国家标准和 ISO 标准",将附录 E 的 E.5.3.5 中的"相关 ISO 标准"改为"相关国家标准和 ISO 标准";删除了附录 F 的 F.1 中第一自然段内容,将原第二自然段中的"国家地形数据集"改为"国家地形数据库(TDB)",并将图 F.4 中的英文"realibility"改为"reliability";将附录 G 中的"住户姓名(family name)"和"居住的人数(number of occupants)"两个属性名分别改为"建筑物名称"和"建筑物层数",修改了附录 G 和附录 H 的图 G.2～图 G.5、图 H.3 和图 H.4 上的建筑物、道路等名称,并相应修改文本内容,使其更切合我国命名习惯;删除了附录 H 的 H.1 中第一自然段的第一句内容;将表 I.1 第一行的约束/条件"C/子条款 9.2"改为"C/子条款 8.2",将第 9、10 行的名称(英文)中的"realibility"改为"reliability",并将第 43 行的域"ISO 19108"改为"GB/T 7408"。

i) 参照地理信息国际标准 ISO 19138:2006 Geographic information—Data quality measures 的内

容，增加了资料性附录K“数据质量度量组成部分”。

j) 将参考文献“ISO 9001:2000 Quality management systems—Requirements”改为“GB/T 19001—2000 质量管理体系 要求”、“ISO 11404:1996 Information technology—Programming languages, their environments and system software interfaces—Language-independent datatypes”改为“GB/T 18221—2000 信息技术 程序设计语言、环境与系统软件接口 独立于语言的数据类型”、“ISO 8601:2000 Data elements and interchange formats—Information interchange—Representation of dates and times”改为“GB/T 7408—2005 数据元和交换格式 信息交换 日期和时间表示法”；增加了参考文献“ISO/TS 19103:2005 地理信息 概念模式语言”和“ISO/TS 19138:2006 地理信息 数据质量度量”；删除了参考文献“ISO 19108:2002 地理信息 时间模式”。

本标准附录A、附录I为规范性附录，附录B、附录C、附录D、附录E、附录F、附录G、附录H、附录J和附录K为资料性附录。

本标准由全国地理信息标准化技术委员会提出并归口。

本标准起草单位：国家基础地理信息中心。

本标准主要起草人：蒋景瞳、刘若梅、贾云鹏、周旭。

引　言

为评价数据集质量,必须按一致的方式采用明确定义的评价过程。这使得数据生产者能够说明他们的产品满足其产品规范规定的程度,也使得数据用户能够确定数据集与他们需求的符合程度。数据集质量由两部分描述,即量化部分与非量化部分。本标准的目的是按照 GB/T 21337—2008《地理信息 质量原则》说明的质量基本元素,对地理数据量化质量信息的评价程序提供指南。本标准也提供公布质量信息的指南。

本标准认为,数据生产者与数据用户可能持不同的观点看待数据质量。一致性的质量水平可以按数据生产者的产品规范或数据用户的数据质量要求确定。如果数据用户要求的数据质量信息比数据生产者提供的多,数据用户可以沿用数据生产者的数据质量评价流程获得补充信息。在这种情况下,数据用户的要求被视为产品规范,以达到使用数据生产者流程的目的。

当与 GB/T 21337—2008 一同实施时,本标准阐述的质量评价过程规定了确定和记录数据集质量信息的一致的和标准的方法。

地理信息　质量评价过程

1　范围

本标准规定了确定和评价数字地理数据集质量的主要程序，与GB/T 21337—2008定义的数据质量基本元素一致。本标准确立了评价和记录数据集质量结果的内容框架，以作为数据质量元数据的一部分，或作为质量评价报告的内容。

本标准可用于数据生产者提供数据集符合相应产品规范程度的质量信息，也可用于数据用户确定数据集是否具有足够好的质量，以满足他们特定的应用要求。

本标准适用于所有类型的数字地理数据，其原理也可扩展用于许多其他形式的地理资料，如地图、图表和文档。

2　一致性

本标准定义三类一致性：一类用于质量评价过程，一类用于评价数据质量，另一类用于记录质量信息。这三类一致性的抽象测试套件见附录A。

3　规范性引用文件

下列文件中的条款通过本标准的引用而成为本标准的条款。凡是注日期的引用文件，其随后所有的修改单(不包括勘误的内容)或修订版均不适用于本标准，然而，鼓励根据本标准达成协议的各方研究是否可使用这些文件的最新版本。凡是不注日期的引用文件，其最新版本适用于本标准。

GB/T 2828.1—2003　计数抽样检验程序　第1部分：按接收质量限(AQL)检索的逐批检验抽样计划(ISO 2859-1:1999,IDT)

GB/T 18316—2001　数字测绘产品检查验收规定和质量评定

GB/T 19000—2000　质量管理体系　基础和术语(idt ISO 9000:2000)

GB/T 19710—2005　地理信息　元数据(ISO 19115:2003,MOD)

GB/T 21337—2008　地理信息　质量原则(ISO 19113:2002,IDT)

4　术语和定义

GB/T 21337—2008和GB/T 19710—2005确立的以及下列术语和定义适用于本标准。

4.1

质量管理　quality management

在质量方面指挥和控制组织的协调的活动。

[GB/T 19000—2000]

注：在质量方面的指挥和控制活动，通常包括制定质量方针和质量目标以及质量策划、质量控制、质量保证和质量改进。

4.2

质量控制　quality control

质量管理的一部分，致力于满足质量要求。

[GB/T 19000—2000]

4.3

一致性质量级别 conformance quality level

数据质量结果的一个或一组阈值，用于确定数据集符合产品规范规定或用户要求的程度。

4.4

数据集 dataset

可以识别的数据集合。

[GB/T 19710—2005]

注：通过限定空间覆盖范围或要素类型，数据集在物理上可以是更大数据集的一部分。为便于数据质量评价，数据集可以仅仅是更大数据集内的单个要素或要素属性。

4.5

数据集系列 dataset series

符合相同产品规范的数据集集合。

[GB/T 19710—2005]

4.6

直接评价法 direct evaluation method

以数据集内部检验单元检验为基础的数据集质量评价方法。

4.7

间接评价法 indirect evaluation method

基于外部知识的数据集质量评价方法。

注：例如数据志是一种外部知识，它包括数据生产方法或数据源等。

4.8

全检 full inspection

检验数据集内的每个检验单元。

注：全检也就是100%检验。

4.9

检验单元 item

可单独描述和考察的事物。

[GB/T 2828.1—2003]

注：检验单元可以是数据集的任何部分，如要素、要素关系、要素属性或它们的组合。

4.10

检验批 inspection lot

为进行抽样检验而汇集起来的，具有同一性质的检验单元，简称批。

4.11

总体 population

检验的全部检验单元。

[ISO 3534-2]

例1：数据集中所有的点。

例2：确定的地理范围内所有道路的名称。

4.12

参照数据 reference data

认可的代表论域的数据，用于作为直接外部质量评价方法的参照。

4.13

简单随机抽样　simple random sampling

从检验批中抽取样本。抽样时,使每一个检验单元都能以相同的概率构成样本。

[GB/T 18316—2001]

4.14

分级随机抽样　multistage random sampling

从检验批中抽取样本。抽样时,先根据检验单元的困难类别(复杂程度)、区域特征、作业方法以及作业组(室)或者生产单位评定的优、良、可等级等诸项因素进行分级,再在每一级进行随机抽样,使每一级中的检验单元都能以相同的概率构成样本。

[GB/T 18316—2001]

4.15

接收质量限　acceptance quality limit;AQL

当一个检验批被提交抽样检验时,可允许的最差质量水平,以不合格品百分数或每百检验单元不合格数表示。

4.16

数据质量基本度量　data quality basic measure

一般的数据质量度量,用作生成特定数据质量度量的基础。

注:数据质量基本度量是抽象的数据类型。记录数据质量时不能直接使用。

4.17

被测变量　measurand

度量量化的物理参数。

5　缩略语

ADQR　综合数据质量结果(aggregated data quality results)

AQL　接收质量限(acceptable quality level)[GB/T 2828.1—2003]

RMSE　中误差(root mean square error)

6　数据质量评价过程

6.1　概要

质量评价过程可以用于产品生命周期的不同阶段,每个阶段有不同的目标。这里所说的生命周期阶段包括制定规范、生产、分发、使用和更新。附录B说明了一些具体的与数据集有关的、可用于质量评价过程的操作。

数据质量评价过程是从获取到记录数据质量结果的有序步骤。质量评价过程包括数据集生产者或用户对数据集进行质量评价的一系列操作。

数据质量评价过程可用于静态数据集和动态数据集。动态数据集是频繁更新的数据集,对所有实际用途而言,数据是持续变化的。附录C说明了动态数据集质量评价过程的应用。

6.2　数据质量评价过程的组成部分

6.2.1　评价流程

质量评价过程是产生质量评价结果的顺序步骤。图1所示为评价和记录数据质量结果的流程。

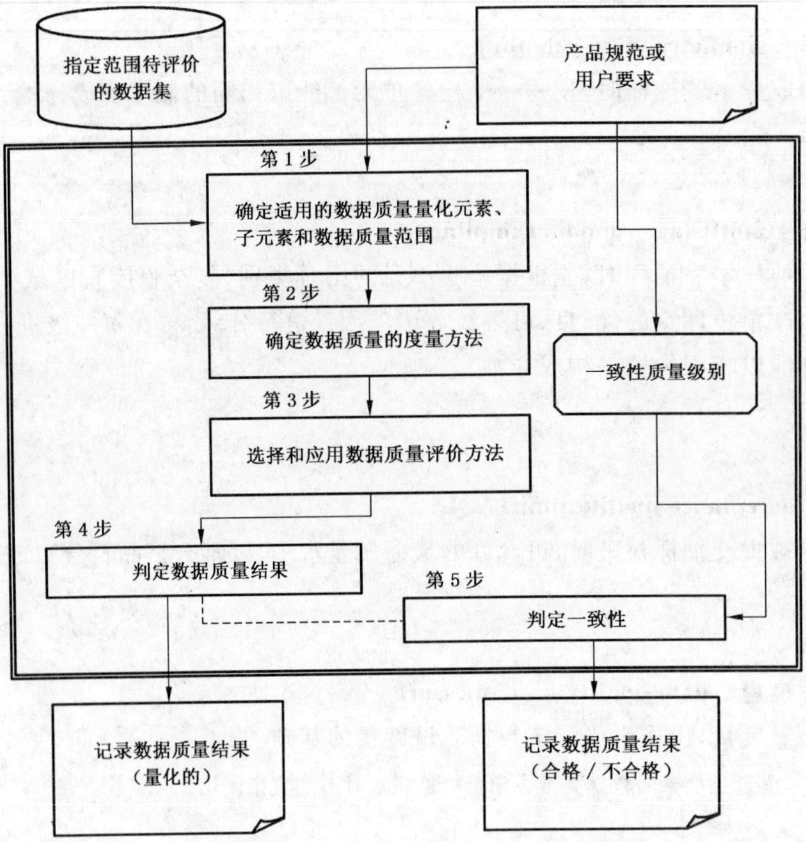

图1 评价与记录数据质量结果的流程

6.2.2 评价步骤

表1详细说明了评价的步骤。

表1 评价步骤

步骤	操作	说明
1	确定适用的数据质量量化元素、数据质量量化子元素和数据质量范围	根据GB/T 21337—2008的要求确定要检验的数据质量量化元素、数据质量量化子元素和数据质量范围。这一步按照产品规范或用户需求所要求的不同检验予以重复。
2	确定数据质量度量方法	确定检验每一检验单元数据质量的检测（量度）方法、数据质量值类型，以及必要的数据质量值的单位。附录D提供了GB/T 21337—2008规定的数据质量量化元素和子元素的数据质量度量方法示例，附录K给出了数据质量度量的组成部分，通过这些示例和附录为用户选择度量方法提供帮助。
3	选择和应用数据质量评价方法	针对确定的每种数据质量度量方法，选择数据质量评价方法。 注：数据质量结果的空间描述（可通过结果的空间内插、绘图表达等完成）是有用的，不是与结果相对应，而是与不同的、但相关的数据集相对应。
4	判定数据质量结果	应用评价方法进行评价输出的结果，包括量化数据质量结果、一个或一组数据质量值、数据质量值单位和日期。
5	判定一致性	只要在产品规范或用户要求中详细说明了一致性质量级别，就要将数据质量结果与其对比来确定一致性。一致性数据质量结果（合格/不合格）是量化数据质量结果与一致性质量级别的对比。

6.3 数据质量检验基本要求

数据质量检验一般包括过程检查和最终检查。

过程检查应为100%的数据全面检查,最终检查宜为100%的检查。过程检查和最终检查评定数据质量的结果,分别编写质量检验报告。

7 数据质量评价方法

7.1 数据质量评价方法分类

数据质量评价过程是通过应用一个或多个数据质量评价方法来完成的。数据质量评价方法分为两个主要类别:直接评价法和间接评价法。直接评价法通过将数据与内部和/或外部的参照信息对比确定数据质量。间接评价法利用数据信息,如数据志推断或评估数据质量。直接评价法根据执行评价所需要的信息源进一步细分为子类。图2说明该分类结构。

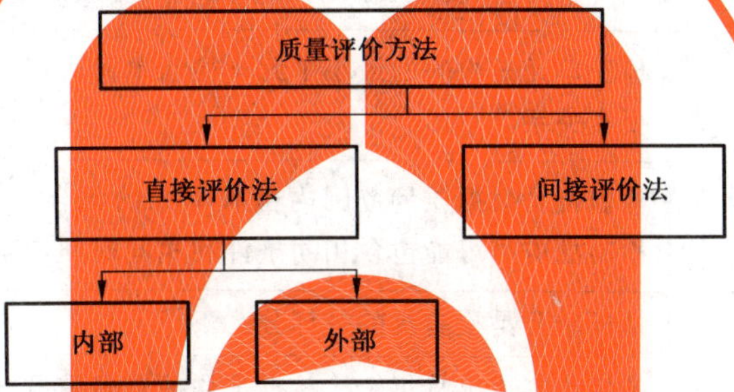

图2 数据质量评价方法分类(资料性)

7.2 直接评价法

7.2.1 直接评价法类型

直接评价法细分为内部与外部两种方法。内部直接数据质量评价方法需要的所有数据都是被评价数据集内部的。

例1:为检验边界闭合的拓扑一致性,而需要进行逻辑一致性测试的所有数据,位于建立了拓扑关系的数据集内部。

外部直接数据质量评价法需要参照被测数据集外部的数据。

例2:对数据集中道路名称进行完整性测试,需要另外的道路名称资料。

例3:位置准确度测试需要一个参照的数据集或重新测量。

7.2.2 直接评价法的实施

对于外部和内部评价方法,都有两种考虑,即自动或非自动、全检或抽样检验。

数据质量量化元素和数据质量量化子元素易于用自动方法检验,包括:

a) 逻辑一致性:格式一致性,如:检验有效条目的数据字段。
拓扑一致性,如:多边形闭合。
域一致性,如:边界错误,标定的域值错误。

b) 完整性:遗漏,如:对比其他文件检验街道名称。
多余,如:对比其他文件检验街道名称。

c) 时间准确度:时间一致性,如:检验某日期范围的所有记录。

7.2.3 全检

全检要求对数据质量范围确定的总体中每一个检验单元进行检验。表2说明全检应使用的程序。

表 2　全检程序

评价步骤	说　　明
确定检验单元	检验单元是要检验的最小单元。一个检验单元可以是一个要素、一个要素属性或一种要素关系。
检验数据质量范围内的检验单元	检验数据质量范围内的每个检验单元。

注：全检最适合于总体的量不大，或可以用自动方法完成的检验。

7.2.4　抽样

抽样要求检验总体中足够数量的检验单元，以获得数据质量结果。表3说明应采用的抽样过程。

表 3　抽样过程

步　　骤	说　　明
确定抽样方法	附录E给出了抽样方法的示例。这些方法包括简单随机抽样、分层抽样（如按照要素类型、要素关系或某个区域）、分级随机抽样和非随机抽样。
确定检验单元	检验单元是检验的最小单元。检验单元可以是一个要素、一个要素属性或一种要素关系。
将数据质量范围（总体）划分为检验批	检验批是数据质量范围内检验单元的集合，从中抽出样本，并进行检验。每个检验批应尽可能包含相同条件和相同时间产生的检验单元。
将检验批划分为抽样单元	抽样单元是检验批的一部分。
确定抽样比例或样本量	抽样比例给出从每个检验批平均抽取多少检验单元进行检验的信息。
选择抽样单元	确定抽样单元数量，以满足检验单元的抽样比例或样本量。
检验抽样单元中的检验单元	检验抽样单元中的每个检验单元。

抽样过程应按照本标准第8章规定予以记录。

GB/T 2828 系列和 ISO 3951-1 适用于评价与产品规范一致性的抽样。这些标准最初是为非空间数据应用制定的。本标准附录E给出了如何应用 GB/T 2828 系列和 ISO 3951-1 的示例，同时为如何定义样本，以及如何设计考虑数据地理特性的抽样方法提供指南。

在抽样时，特别是当样本量小和采用不同于简单随机抽样的方法时，要对数据质量结果的可靠性进行分析。

7.3　间接评价法

间接评价法是一种基于外部知识的数据集质量评价方法。外部知识可包括但不限于数据质量非量化元素和其他用于生产数据集的数据集质量报告或数据质量报告。

注1：仅在直接评价法不能使用时推荐采用该方法。

注2：数据质量非量化元素中应用信息记录数据集的各种实际应用，这有助于搜寻已经为特定目的生产或使用的数据集。

注3：数据质量非量化元素中数据志信息记录有关数据集生产和历史的信息，包括诸如生产数据的原始资料或采用的生产处理过程等，这在确定数据集是否适合特定的用途是有用的。一个例子是与数字地形模型数据有关的数据志元数据，该数字地形模型数据是用立体相关方法从按一定条件获取的影像生产的。经验告诉评价者，此类影像的水平位置中误差为10 m。另一个例子是1∶25 000比例尺地形图数字化的数据志元数据说明了与城市规划人员对基本图要求的一致性。

注4：数据质量非量化元素中目的信息说明生产数据集的目的。一种目的可以是支持特定的需求，或者是适合多种用途的通用数据集。当确定数据集可能的价值时这是有用的。

7.4　数据质量评价示例

附录F、附录G和附录H给出示例，说明使用的典型方法，以及如何应用这些方法。

8 数据质量评价信息的记录

8.1 元数据

按照 GB/T 19710—2005 的相关模型和数据字典规定，在元数据中记录量化的质量检验结果。

8.2 质量评价报告

在下列两种情况下编写质量评价报告：

a) 当数据质量结果在元数据中只记录合格/不合格时；

b) 当产生综合的质量检验结果时。

在后一种情况下，要求质量报告解释如何进行综合和如何理解这种综合的质量检验结果的含义。当然，在其他情况下也可编写质量评价报告，如要求提供比元数据记录更详细的内容时，但不能用它替代元数据中的质量记录。

质量评价报告应按照附录 I 规定编写，该附录包含相关模型和数据字典。

8.3 综合数据质量结果报告

当将几个质量检验结果综合为单一的质量检验结果，作为数据集质量记录时，综合数据质量结果应在元数据中记录，并包含在数据质量报告中。数据质量结果应作为“综合”类记录。附录 J 说明如何综合数据质量结果，附录 H 给出示例。

附　录　A
（规范性附录）
抽象测试套件

A.1　概述

本附录定义了3类一致性
——质量评价过程(A.2)，
——评价数据质量(A.3)，
——记录数据质量(A.4)。

任何声明与本标准一致的质量评价过程都应通过A.2规定的所有要求。任何声明与本标准一致的数据质量评价都应通过A.3规定的所有要求。任何声明与本标准一致的数据质量报告都应通过A.4规定的所有要求。

注：所有测试案例的测试类型都是“基本”。

A.2　质量评价过程

第一类抽象测试套件应为：

a)　测试目的：保证质量评价过程按照本标准规定进行。

b)　测试方法：通过A.3和A.4说明的全部要求。

c)　引用：A.3和A.4。

A.3　数据质量评价

第二类抽象测试套件应为：

a)　测试目的：保证质量评价过程按照第6章质量评价过程进行。

b)　测试方法：将数据质量评价过程与适当的质量评价进行比较。

c)　引用：本标准第6章。

A.4　数据质量记录

第三类抽象测试套件应为：

a)　测试目的：保证数据质量按照第8章的规定记录。

b)　测试方法：比较记录的质量评价，确保数据质量结果记录与第8章的规定和适用的附录一致。

c)　引用：本标准第8章。

附 录 B
（资料性附录）
质量评价过程的应用

B.1 概述

质量评价过程可以在生产周期的不同阶段使用。本附录给出在产品生命周期各阶段应用质量评价过程的示例。

B.2 产品规范或用户需求的制定

在制定生产规范或确定用户需求时，可以应用质量评价过程帮助建立最终产品应当达到的一致性质量级别。产品规范或用户需求应包括数据集的一致性质量级别，以及生产和更新时采用的质量评价过程。

B.3 数据集生产阶段的质量控制

在生产阶段，生产者可以应用明确建立的，或者生产规范中没有包含的质量评价过程，作为质量控制过程的一部分。在为生产质量控制应用质量评价过程时，应当将质量评价过程的应用说明作为数据志元数据记录，包括采用的质量评价过程、建立的一致性质量级别和质量检验结果等。

B.4 数据集符合产品规范的一致性检验

当完成生产时，采用质量评价过程产生和记录数据质量结果。这些结果可以用于决定数据集是否符合产品规范要求。通过检验（由一组质量评价过程组成的）的数据集即可使用。检验操作的结果应当按照第 8 章的规定记录。

数据集质量检验的结果应当是通过或不通过。如果数据集未通过检验，在经过修改之后，需要先通过新的检验，才能认为数据集与产品规范一致。

B.5 数据集符合用户需求的一致性评价

采用质量评价过程建立数据集满足用户需求的一致性质量级别。可以用间接法或直接法分析数据集对用户需求的一致性。对用户需求一致的质量评价结果可以作为该数据集的应用元数据进行记录。

B.6 数据集更新阶段的质量控制

用于数据集更新操作的质量评价过程，既包括检验更新的检验单元，也包括检测更新后的数据集质量。附录 C 是为实施 GB/T 21337—2008 和本标准对动态数据集进行质量评价的指南。

附 录 C
（资料性附录）
动态数据集中质量评价过程的应用

C.1 概述

本附录说明对动态数据集如何使用质量评价过程。这里将动态数据集定义为数据集频繁地进行更新，以至对于所有的实际目的而言，它们均持续地进行更新。例如，在线地籍数据集可能每几分钟就更新一次。一般有两种确定和记录动态数据集质量的方法：分时段检验和持续检验。

C.2 确定和记录动态数据集质量

C.2.1 分时段质量检验程序

分时段质量检验程序基于选择适当的记录频率，例如每周或每3个月，并在记录日生成数据集的拷贝。然后，将该拷贝作为静态数据集进行检验。这种类型的检验和记录给出该数据集在拷贝当日/时间的质量。

C.2.2 持续质量检验程序

持续质量检验程序基于检验更新的数据和评价更新数据产生的影响。这等同于将本标准确定的质量评价过程嵌入GB/T 19000系列的面向过程的程序。由于该程序仅能提供经过更新的检验单元当前的质量状况，因此，需要将分时段质量检验与C.3说明的持续质量检验相结合，以便评价更新数据集的质量。

C.3 建立持续质量评价过程

C.3.1 确定质量评价各部分内容

按照本标准6.2说明的步骤，确定适用的数据质量量化元素及其相关的数据质量量化子元素、数据质量范围、数据质量度量和一致性质量级别，以便用于评价和记录质量检验结果。

C.3.2 选择应用的方法

选择采用的数据质量评价方法，然后，对更新的要素，以及这些要素与数据质量范围内其他要素的关系进行质量评价。在持续质量评价过程中，仅可以采用间接评价或内部直接评价方法。

例如：

a） 是否依据可靠的数据源进行更新？

b） 更新是否保持了拓扑一致性？

c） 更新要素的位置是否保持了逻辑一致性？

C.3.3 确定数据集质量参照

在持续质量检验期间，采用分时段质量检验程序确定的质量检验范围内要素和要素属性的数据集质量参照值。

C.3.4 将持续测试集成为更新过程

将持续的质量检验集成到更新流程中，以便每项建议的更新在导入数据集之前都经过检验和认可。

C.3.5 动态地更新数据质量结果

通过将持续的质量检验集成到更新流程中，每项认可的更新引起对现有质量评价结果进行调整。这将允许数据集质量评价结果一旦产生即进行记录。

C.4 周期地重建数据集质量参照

并非数据集质量的所有方面均通过持续的面向过程操作的检验，例如，如果仅仅检验经过更新的检验单元，可能不会发现多余的要素。数据集的质量检验应定期进行。

附 录 D
（资料性附录）
数据质量度量示例

D.1 概述

本附录提供几个按照GB/T 21337—2008定义的每个数据质量量化元素及其相关的子元素，进行数据质量度量的简单示例，以示范在进行质量评价时，数据质量组成部分之间如何相关。更详细的示例见本标准其他附录。

对于每组数据质量量化元素和其子元素，给出示例的数据质量范围及其数据集参数，用3类数据质量度量示范不同的质量评价方法，并给出数据质量日期和一致性质量级别，以使示例尽可能地完整。最后，给出数据质量结果，说明质量结果的含义。

虽然本附录给出的示例比较简单，但值得专用标准或其他文档参考。本附录的数据质量度量标识码，与数据质量量化元素及数据质量量化子元素相关联。

D.2 数据质量组成部分间的关系

表D.1给出数据质量组成部分之间的关系。为节省空间，每个数据质量组成部分均给予一个缩写名，在本附录中使用。

表D.1 数据质量组成部分间的关系

数据质量组成部分	缩写名[a]	组成部分的域	示例
数据质量范围	DQ_Scope	自由文本	所有检验单元的类型为房屋
数据质量量化元素	DQ_Element	枚举的域： 1——完整性 2——逻辑一致性 3——位置准确度 4——时间准确度 5——专题准确度	1——完整性 描述要素及其属性、关系存在或缺失的数据质量量化元素
数据质量量化子元素	DQ_Subelement	枚举的域： （取决于数据质量量化元素） EXAMPLE	1——多余性错误 数据集中多余的数据
数据质量度量	DQ_Measure		
数据质量度量说明	DQ_MeasureDesc	自由文本	存在多余的检验单元
数据质量度量标识码	DQ_MeasureID	枚举的域	10101
数据质量评价方法	DQ_EvalMethod		
数据质量评价方法类型	DQ_EvalMethodType	枚举的域： 1——内部(直接) 2——外部(直接) 3——间接	2——外部

表 D.1(续)

数据质量组成部分	缩写名[a]	组成部分的域	示　例
数据质量评价方法说明	DQ_EvalMethodDesc	自由文本或引用(取决于数据质量评价方法类型)	将数据集中的检验单元数与论域中的检验单元数进行比较
数据质量结果	DQ_QualityResult		
数据质量值类型	DQ_ValueType	枚举的域: 1——布尔变量 2——数字 3——比率 4——百分数 5——样本 6——表 7——二位图像 8——矩阵 9——引用(GB/T 19710) 10——自由文本 11——其他	1——布尔变量
数据质量值	DQ_Value	记录(GB/T 18221) (取决于数据质量值类型)	真
数据质量值单位	DQ_ValueUnit	(取决于数据质量值)	不使用
数据质量日期	DQ_Date	GB/T 7408—2005	2000-03-05
一致性质量级别	DQ_ConformanceLevel	一个值或一组值	数据集中的检验单元数与论域中的检验单元数差额为 0

[a] 缩写名在本附录中使用。

D.3 数据质量完整性度量示例

完整性是指要素及其属性、关系的存在或缺失，其子元素如下：

- 多余性错误——数据集中有多余的数据；
- 遗漏性错误——数据集中有缺失的数据。

表 D.2 提供这些子元素的若干示例。

表 D.2 数据质量完整性度量示例

数据质量组成部分	示例 1	示例 2	示例 3
DQ_Scope	所有检验单元在数据集中的类型为房屋	所有检验单元类型为房屋，且限定范围为: 东经:119.2°～119.4°和 北纬:27.9°～28.2°	所有检验单元类型为房屋，且限定范围为浙江省云和县
DQ_Element	1——完整性	1——完整性	1——完整性
DQ_Subelement	1——多余性错误	1——多余性错误	1——多余性错误
DQ_Measure			

表 D.2(续)

数据质量组成部分	示例 1	示例 2	示例 3
DQ_MeasureDesc	合格/不合格	多余检验单元的数目	多余检验单元所占百分数
DQ_MeasureID	10101	10102	10103
DQ_EvalMethod			
DQ_EvalMethodType	2——外部	2——外部	2——外部
DQ_EvalMethodDesc	将数据集中的检验单元数与论域中的检验单元数进行对比	将数据集中的检验单元数与论域中的检验单元数进行对比	用论域中的检验单元数除数据集中多余的检验单元数，再乘以 100
DQ_QualityResult			
DQ_ValueType	1——布尔变量	2——数字	4——百分数
DQ_Value	False	10	10.0
DQ_ValueUnit	不使用	房屋	百分数
DQ_Date	2000-03-05	2000-03-06	2000-03-04
DQ_ConformanceLevel	数据集中多余的检验单元数为 0	数据集中多余的检验单元数小于 9	数据集中多余的检验单元数所占的百分数小于 9%
示例数据集参数	数据质量范围内数据集的检验单元数为 110;范围内论域的检验单元数为 100	数据质量范围内数据集的检验单元数为 110;范围内论域的检验单元数为 100	数据质量范围内数据集的检验单元数为 110;范围内论域的检验单元数为 100
示例的数据质量结果含义	数据集不合格。有多余的检验单元。数据集中类型为房屋的检验单元比论域中的多	数据集不合格。数据集中多余检验单元的数目超过数据质量一致性质量级别的规定	数据集不合格。数据集中多余的检验单元数所占的百分数超过了数据质量一致性质量级别的规定

数据质量组成部分	示例 4	示例 5	示例 6
DQ_Scope	所有的检验单元在数据集中的类型为房屋	所有的检验单元的类型为房屋，且限定范围为：东经:119.2°～119.4°和北纬:27.9°～28.2°	所有的检验单元的类型为房屋，且在湖北省恩施市
DQ_Element	1——完整性	1——完整性	1——完整性
DQ_Subelement	2——遗漏性错误	2——遗漏性错误	2——遗漏性错误
DQ_Measure			
DQ_MeasureDesc	合格/不合格	遗漏检验单元的数目	遗漏检验单元所占百分数
DQ_MeasureID	10201	10202	10203
DQ_EvalMethod			
DQ_EvalMethodType	2——外部	2——外部	2——外部
DQ_EvalMethodDesc	将数据集中的检验单元数与论域中的检验单元数进行对比	将数据集中的检验单元数与论域中的检验单元数进行对比	用论域中的检验单元数除数据集中遗漏(原文为 excess)的检验单元数，再乘以 100

表 D.2(续)

数据质量组成部分	示例 4	示例 5	示例 6
DQ_QualityResult			
DQ_ValueType	1——布尔变量	2——数字	4——百分数
DQ_Value	False	10	10.0
DQ_ValueUnit	不使用	房屋	百分数
DQ_Date	2000-03-06	2000-03-03	2000-03-04
DQ_ConformanceLevel	数据集中遗漏的检验单元数为 0	数据集中遗漏的检验单元数小于 9	数据集中遗漏的检验单元数所占百分数小于 9%
示例数据集参数	数据质量范围内数据集的检验单元数为 90;范围内论域的检验单元数为 100	数据质量范围内数据集的检验单元数为 90;范围内论域的检验单元数为 100	数据质量范围内数据集的检验单元数为 90;范围内论域的检验单元数为 100
示例的数据质量结果含义	数据集不合格。有遗漏的检验单元。数据集中类型为房屋的检验单元比论域中的少	数据集不合格。数据集中遗漏检验单元的数目超过数据质量一致性质量级别的规定	数据集不合格。数据集中遗漏的检验单元数所占的百分数超过了数据质量一致性质量级别的规定

D.4 数据质量逻辑一致性度量示例

逻辑一致性是指数据结构(数据结构可以是概念的、逻辑的或物理的)、属性和关系符合逻辑规则的程度。逻辑一致性有以下子元素:

- 概念一致性——符合概念模式规则;
- 域一致性——值符合值域规定;
- 格式一致性——数据存储符合数据集物理结构的程度;
- 拓扑一致性——数据集显式编码的拓扑特征的正确性。

表 D.3 提供这些子元素的若干示例。

表 D.3 数据质量逻辑一致性度量示例

数据质量组成部分	示例 1	示例 2	示例 3
DQ_Scope	所有检验单元在数据集中的类型为房屋	所有检验单元的类型为房屋,且限定范围为: 东经:119.2°~119.3°和 北纬:27.9°~28.2°	所有检验单元的类型为房屋,且在云南省昆明市
DQ_Element	2——逻辑一致性	2——逻辑一致性	2——逻辑一致性
DQ_Subelement	1——概念一致性	1——概念一致性	1——概念一致性
DQ_Measure			
DQ_MeasureDesc	合格/不合格	不符合概念一致性要求的检验单元的数目	不符合概念一致性要求的检验单元所占百分数
DQ_MeasureID	20101	20102	20103
DQ_EvalMethod			

表 D.3（续）

数据质量组成部分	示例 1	示例 2	示例 3
DQ_EvalMethodType	1——内部	1——内部	1——内部
DQ_EvalMethodDesc	统计不符合数据集概念模式的要素和要素关系的数目	统计不符合数据集概念模式的要素和要素关系的数目	用数据集中要素和要素关系的数目除不符合概念模式的要素和要素关系的数目，再乘以 100（原文缺）
DQ_QualityResult			
DQ_ValueType	1——布尔变量	2——数字	4——百分数
DQ_Value	False	1	1.0
DQ_ValueUnit	不使用	计数	百分数
DQ_Date	2000-03-06	2000-03-06	2000-03-06
DQ_ConformanceLevel	数据集中不符合概念模式的检验单元的数目为 0	数据集中不符合概念模式的检验单元的数目为 0	数据集中不符合概念模式的检验单元数所占的百分数为 0%
示例数据集参数	80 个要素和 20 个要素关系在数据质量范围内，有一个要素关系在概念模式中未予定义	80 个要素和 20 个要素关系在数据质量范围内，有一个要素关系在概念模式中未予定义	80 个要素和 20 个要素关系在数据质量范围内，有一个要素关系在概念模式中未予定义
示例的数据质量结果含义	数据集不合格。有不符合概念模式的检验单元	数据集不合格。不符合概念模式的检验单元的数目超过了数据质量一致性质量级别的规定	数据集不合格。不符合概念模式的检验单元数所占的百分数超过了数据质量一致性质量级别的规定

数据质量组成部分	示例 4	示例 5	示例 6
DQ_Scope	所有检验单元的类型为住宅	所有检验单元的类型为住宅，且限定范围为： 东经：103.3°～103.5°和 北纬：24.0°～24.2°	所有检验单元的类型为住宅，且在云南省玉溪市
DQ_Element	2——逻辑一致性	2——逻辑一致性	2——逻辑一致性
DQ_Subelement	2——域一致性	2——域一致性	2——域一致性
DQ_Measure			
DQ_MeasureDesc	合格/不合格	不一致的域的数目	不一致的域的数目所占的百分数
DQ_MeasureID	20201	20202	20203
DQ_EvalMethod			
DQ_EvalMethodType	1——内部	1——内部	1——内部
DQ_EvalMethodDesc	用可以接受的属性域（可以接受的属性）比较范围内的检验单元的属性，检查是否有超出域的属性	用可以接受的属性域（可以接受的属性）比较范围内的检验单元的属性，计算超出域的检验单元的数目	用范围内的检验单元总数除含有不符合域一致性的属性的检验单元数，再乘以 100

表 D.3(续)

数据质量组成部分	示例 4	示例 5	示例 6
DQ_QualityResult			
DQ_ValueType	1——布尔变量	2——数字	4——百分数
DQ_Value	False	8	8.0
DQ_ValueUnit	不使用	不符合域一致性的属性	百分数
DQ_Date	2000-03-06	2000-03-06	2000-03-06
DQ_ConformanceLevel	含有不符合域一致性的属性的检验单元数为 0	含有不符合域一致性的属性的检验单元数为小于或等于 10	含有不符合域一致性的属性的检验单元数所占的百分数为 5.0%
示例数据集参数	数据集中范围内的检验单元的数目为 100,其中有 8 个检验单元的属性不符合域一致性要求	数据集中范围内的检验单元的数目为 100,其中有 8 个检验单元的属性不符合域一致性要求	数据集中范围内的检验单元的数目为 100,其中有 8 个检验单元的属性不符合域一致性要求
示例的质量结果含义	数据集不合格。至少一个检验单元的属性不符合属性域规定	数据集合格。含不符合属性域规定的检验单元数目小于 10	数据集不合格。含不符合属性域规定的检验单元数所占的百分数大于 5.0

数据质量组成部分	示例 7	示例 8	示例 9
DQ_Scope	数据集中类型为住宅的检验单元的所有记录	数据集中类型为住宅的检验单元的所有记录,且限定范围为: 东经:108.0°～109.0°和 北纬:36.0°～37.0°	数据集中类型为住宅的检验单元的所有记录,且在江西省吉安市
DQ_Element	2——逻辑一致性	2——逻辑一致性	2——逻辑一致性
DQ_Subelement	3——格式一致性	3——格式一致性	3——格式一致性
DQ_Measure			
DQ_MeasureDesc	合格/不合格	格式不一致的记录数目	格式不一致的记录数目所占的百分数
DQ_MeasureID	20301	20302	20303
DQ_EvalMethod			
DQ_EvalMethodType	1——内部	1——内部	1——内部
DQ_EvalMethodDesc	将范围内所有检验单元的记录结构与规定的字段定义和结构比较,统计不一致的记录的数目。特别注意住宅类型代码的字段为 5 字长的字符码	将范围内所有检验单元的记录结构与规定的字段定义和结构比较,统计不一致的记录的数目。特别注意住宅类型代码的字段为 5 字长的字符码	将范围内所有检验单元的记录结构与规定的字段定义和结构比较,统计不一致的记录的数目。特别注意住宅类型代码的字段为 5 字长的字符码。用检验的记录总数除不一致记录的数目,再乘以 100

表 D.3(续)

数据质量组成部分	示例 7	示例 8	示例 9
DQ_QualityResult			
DQ_ValueType	1——布尔变量	2——数字	4——百分数
DQ_Value	False	8	8.0
DQ_ValueUnit	不使用	不符合格式一致性要求的检验单元数目	百分数
DQ_Date	2000-03-06	2000-03-06	2000-03-06
DQ_ConformanceLevel	不符合格式一致性要求的检验单元数目为 0	不符合格式一致性要求的检验单元数目为 0	不符合格式一致性要求的检验单元数所占的百分数为 0%
示例数据集参数	数据集中范围内的检验单元数目为 100。有 8 个检验单元不符合规定的格式	数据集中范围内的检验单元数目为 100。有 8 个检验单元不符合规定的格式	数据集中范围内的检验单元数目为 100。有 8 个检验单元不符合规定的格式
示例的数据质量结果含义	数据集不合格。有不符合格式规定的检验单元	数据集不合格。有不符合格式规定的检验单元	数据集不合格。有不符合格式规定的检验单元

数据质量组成部分	示例 10	示例 11	示例 12
DQ_Scope	数据集中所有的省界	我国的全部省界	我国的全部省界
DQ_Element	2——逻辑一致性	2——逻辑一致性	2——逻辑一致性
DQ_Subelement	4——拓扑一致性	4——拓扑一致性	4——拓扑一致性
DQ_Measure			
DQ_MeasureDesc	合格/不合格	不符合拓扑一致性要求的检验单元数目	不符合拓扑一致性要求的检验单元数所占的百分数
DQ_MeasureID	20401	20402	20403
DQ_EvalMethod			
DQ_EvalMethodType	1——内部	1——内部	1——内部
DQ_EvalMethodDesc	检查每个省的省界是否闭合。统计省界不闭合的省的数目	检查每个省的省界是否闭合。统计省界不闭合的省的数目	检查每个省的省界是否闭合。统计省界不闭合的省的数目,用检验记录的总数除不闭合的省的数目,再乘以 100
DQ_QualityResult			
DQ_ValueType	1——布尔变量	2——数字	4——百分数
DQ_Value	False	2	2.0
DQ_ValueUnit	不使用	不符合拓扑一致性要求的检验单元数目	百分数
DQ_Date	2000-03-06	2000-03-06	2000-03-06

表 D.3(续)

数据质量组成部分	示例 10	示例 11	示例 12
DQ_ConformanceLevel	不符合拓扑一致性要求的检验单元数目为 0	不符合拓扑一致性要求的检验单元数目为 0	不符合拓扑一致性要求的检验单元数所占的百分数为 0%
示例数据集参数	数据集中范围内检验单元数为 100,有两个检验单元不符合拓扑一致性要求	数据集中范围内检验单元数为 100,有两个检验单元不符合拓扑一致性要求	数据集中范围内检验单元数为 100,有两个检验单元不符合拓扑一致性要求
示例的数据质量结果含义	数据集不合格。有不符合拓扑一致性要求的检验单元	数据集不合格。不符合拓扑一致性要求的检验单元数目超过了一致性质量级别的规定	数据集不合格。不符合拓扑一致性要求的检验单元数所占的百分数超过了一致性质量级别的规定

D.5 数据质量位置准确度度量示例

位置准确度是指要素位置的准确度。它有如下子元素:

- 绝对或外部准确度——记录的坐标值与可以接受的值或真值的偏离程度;
- 相对或内部准确度——数据集中要素的相对位置与各自可以接受的相对位置或真值的偏离程度;
- 格网数据位置准确度——格网数据位置值与可以接受的值或真值的偏离程度。

表 D.4 提供这些子元素的示例。

表 D.4 数据质量位置准确度度量示例

数据质量组成部分	示例 1	示例 2
DQ_Scope	数据集中构成道路边界的所有节点	下列区域范围内构成道路边界的所有节点: 东经:108.0°～109.0°和 北纬:36.0°～37.0°
DQ_Element	3——位置准确度	3——位置准确度
DQ_Subelement	1——绝对或外部准确度	1——绝对或外部准确度
DQ_Measure		
DQ_MeasureDesc	中误差(RMSE)	坐标误差大于规定限差的检验单元数所占的百分数
DQ_MeasureID	30101	30102
DQ_EvalMethod		
DQ_EvalMethodType	2——外部	2——外部
DQ_EvalMethodDesc	量测每个节点在数据集中的绝对坐标值和论域中相应坐标值的差值,计算这些差值的中误差(RMSE)	量测每个节点在数据集中的绝对坐标值和论域中相应坐标值的差值,统计差值超过规定限差(如 1 m)的节点数目。用数据质量范围内节点的总数除不合格的节点数,再乘以 100

表 D.4(续)

数据质量组成部分	示例 1	示例 2
DQ_QualityResult		
DQ_ValueType	2——数字	4——百分数
DQ_Value	1.70	25
DQ_ValueUnit	米(m)	百分数
DQ_Date	2000-03-06	2000-03-06
DQ_ConformanceLevel	未规定	未规定
示例数据集参数	略	略
示例的数据质量结果含义	坐标差值的 RMSE 是 1.70 m。由于未规定一致性质量级别，故仅记录 RMSE	数据质量范围内 25%节点的坐标差值超过 1 m。由于未规定一致性质量级别，故仅记录百分数

数据质量组成部分	示例 3	示例 4
DQ_Scope		
DQ_Element	3——位置准确度	3——位置准确度
DQ_Subelement	2——相对或内部准确度	2——相对或内部准确度
DQ_Measure		
DQ_MeasureDesc	中误差(RMSE)	坐标误差大于规定限差的检验单元数所占的百分数
DQ_MeasureID	30201	30202
DQ_EvalMethod		
DQ_EvalMethodType	2——外部	2——外部
DQ_EvalMethodDesc	量测数据集中每个节点的相对坐标值和论域中相应坐标值的差值，计算这些差值的中误差(RMSE)	量测数据集中每个节点的相对坐标值和论域中相应坐标值的差值，统计差值超过规定限差(如 1 m)的节点数目。用数据质量范围内节点的总数除不合格的节点数，再乘以 100
DQ_QualityResult		
DQ_ValueType	2——数字	4——百分数
DQ_Value	1.50	20
DQ_ValueUnit	米(m)	百分数
DQ_Date	2000-03-06	2000-03-06
DQ_ConformanceLevel	未规定	未规定
示例数据集参数	略	略
示例的数据质量结果含义	坐标差值的 RMSE 是 1.50 m。由于未规定一致性质量级别，故仅记录 RMSE	数据质量范围内有 20%的节点的坐标差值超过 1 m。由于未规定一致性质量级别，故仅记录百分数

表 D.4(续)

数据质量组成部分	示例 5	示例 6	示例 7
DQ_Scope	数据集中 DEM 的所有格网高程点数据	下列区域范围内 DEM 的所有格网高程点数据： 东经：108.0°～109.0°和 北纬：36.0°～37.0°	安徽省安庆市 DEM 的所有格网高程点数据
DQ_Element	3——位置准确度	3——位置准确度	3——位置准确度
DQ_Subelement	3——格网数据位置准确度	3——格网数据位置准确度	3——格网数据位置准确度
DQ_Measure			
DQ_MeasureDesc	中误差(RMSE)	坐标差值大于规定限差的检验单元数所占的百分数	合格/不合格
DQ_MeasureID	30301	30302	30303
DQ_EvalMethod			
DQ_EvalMethodType	2——外部	2——外部	2——外部
DQ_EvalMethodDesc	量测数据集中每个格网点的绝对高程值和论域中相应高程值的高程差值，计算这些高程差值的中误差(RMSE)	量测数据集中每个格网点的绝对高程值和论域中相应高程值的高程差值，统计高程差值超过规定限差(如 1 m)的格网点数目。用数据质量范围内格网点的总数除不合格的格网点数，再乘以 100	量测数据集中每个格网点的绝对高程值和论域中相应高程值的高程差值，统计高程差值超过规定限差(如 1 m)的格网点数目。用数据质量范围内格网点的总数除不合格的格网点数，再乘以 100。用一致性质量级别比较该不合格格网点数所占的百分数
DQ_QualityResult			
DQ_ValueType	2——数字	4——百分数	1——布尔变量
DQ_Value	0.8	8	False
DQ_ValueUnit	米(m)	高程误差超过规定限差的格网点数所占的百分数	不使用
DQ_Date	2000-03-06	2000-03-06	2000-03-06
DQ_ConformanceLevel	未规定	未规定	高程误差超过规定限差的格网点数所占的百分数小于 5%
示例数据集参数	略	略	略
示例的数据质量结果含义	高程中误差为 0.8 m。由于未规定一致性质量级别，故仅记录 RMSE	数据质量范围内 8% 格网点的高程误差超过 1 m。由于未规定一致性质量级别，故仅记录百分数	数据集不合格。不合格的格网点数所占的百分数超过一致性质量级别规定

D.6 数据质量时间准确度度量示例

时间准确度指时间属性和时间关系的准确度。时间准确度包括以下子元素：

- 时间度量准确度——时间的时间参照的正确性(记录时间度量的误差)；
- 时间一致性——有序事件或顺序的正确性；
- 时间有效性——与时间有关数据的有效性。

表 D.5 提供时间度量准确度、时间一致性和时间有效性等子元素时间准确度示例。

表 D.5 数据质量时间准确度度量示例

数据质量组成部分	示例 1	示例 2	示例 3
DQ_Scope	数据集中所有交通事故数据	下列区域范围内所有交通事故数据： 东经：108.0°～109.0°和北纬：36.0°～37.0°	辽宁省锦西市的所有交通事故数据
DQ_Element	4——时间准确度	4——时间准确度	4——时间准确度
DQ_Subelement	1——时间度量准确度	1——时间度量准确度	1——时间度量准确度
DQ_Measure			
DQ_MeasureDesc	中误差(RMSE)	时间属性误差大于规定限差的检验单元数所占的百分数	合格/不合格
DQ_MeasureID	40101	40102	40103
DQ_EvalMethod			
DQ_EvalMethodType	2——外部	2——外部	2——外部
DQ_EvalMethodDesc	量测数据集中每个交通事故数据的事故发生时间与论域中相应时间的差值，计算事故发生时间差值的中误差	量测数据集中每个交通事故数据的事故发生时间与论域中相应时间的差值，统计发生时间差值超过规定限差(如 2 h)的交通事故的数目，用数据质量范围内交通事故数据总数除不合格交通事故数据的数目，再乘以 100	量测数据集中每个交通事故数据的事故发生时间与论域中相应时间的误差，统计发生时间误差超过规定限差(如 2 h)的交通事故的数目，用数据质量范围内交通事故数据总数除不合格交通事故数据的数目，再乘以 100。将不合格交通事故数据数所占的百分数与一致性质量级别对比
DQ_QualityResult			
DQ_ValueType	2——数字	4——百分数	1——布尔变量
DQ_Value	1.5	18	False
DQ_ValueUnit	小时(h)	百分数	不使用
DQ_Date	2000-03-06	2000-03-06	2000-03-06
DQ_ConformanceLevel	未规定	未规定	10%

表 D.5(续)

数据质量组成部分	示例 1	示例 2	示例 3
示例数据集参数	略	略	略
示例的数据质量结果含义	交通事故发生时间数据差值的 RMSE 为 1.5 h。由于未规定一致性质量级别，故仅记录 RMSE	数据质量范围内交通事故发生时间差值超过 2 h 的交通事故数据所占的百分数为 18%。由于未规定一致性质量级别，故仅记录百分数	数据集不合格。不合格交通事故数据所占的百分数超过一致性质量级别规定

数据质量组成部分	示例 4	示例 5	示例 6
DQ_Scope	数据集中所有历史事件数据	下列区域范围内所有历史事件数据： 东经：108.0°～109.0°和 北纬：36.0°～37.0°	中国的所有历史事件数据
DQ_Element	4——时间准确度	4——时间准确度	4——时间准确度
DQ_Subelement	2——时间一致性	2——时间一致性	2——时间一致性
DQ_Measure			
DQ_MeasureDesc	合格/不合格	时间关系不一致的检验单元数目	时间关系不一致的检验单元数所占的百分数
DQ_MeasureID	40201	40202	40203
DQ_EvalMethod			
DQ_EvalMethodType	1——外部	1——外部	1——外部
DQ_EvalMethodDesc	检验每个历史事件与其他事件数据排序的正确性	检验每个历史事件与其他事件数据排序的正确性，统计排序不正确的历史事件数目	检验每个历史事件与其他事件数据排序的正确性，统计排序不正确的历史事件数目。用范围内检验单元的总数除该统计数，再乘以 100
DQ_QualityResult			
DQ_ValueType	1——布尔变量	2——数字	4——百分数
DQ_Value	False	3	60
DQ_ValueUnit	不使用	时间不一致的历史事件数	时间不一致的历史事件数所占的百分数
DQ_Date	2000-03-06	2000-03-06	2000-03-06
DQ_ConformanceLevel	时间不一致的事件数为 0	时间不一致的事件数为 0	时间不一致的事件数为 0%
示例数据集参数	数据质量范围内有 5 项历史事件，其正确顺序是 A、B、C、D、E，而这 5 个事件在数据集中的顺序为 A、B、D、E、C。每个事件均被定义为一个检验单元。时间顺序不一致的检验单元是 C、D、E	数据质量范围内有 5 项历史事件，其正确顺序是 A、B、C、D、E，而这 5 个事件在数据集中的顺序为 A、B、D、E、C。每个事件均被定义为一个检验单元。时间顺序不一致的检验单元是 C、D、E	数据质量范围内有 5 项历史事件，其正确顺序是 A、B、C、D、E，而这 5 个事件在数据集中的顺序为 A、B、D、E、C。每个事件均被定义为一个检验单元。时间顺序不一致的检验单元是 C、D、E

表 D.5(续)

数据质量组成部分	示例 4	示例 5	示例 6
示例的数据质量结果含义	数据集不合格,有时间不一致的事件数据	数据集不合格,时间不一致的历史事件数据数目超过一致性质量级别的规定	数据集不合格,时间不一致的历史事件数据数目所占的百分数超过一致性质量级别的规定

数据质量组成部分	示例 7	示例 8	示例 9
DQ_Scope	数据集中所有地块数据	下列区域范围内所有地块数据: 东经:108.0°～109.0°和 北纬:36.0°～37.0°	河北省衡水市的所有地块数据
DQ_Element	4——时间准确度	4——时间准确度	4——时间准确度
DQ_Subelement	3——时间有效性	3——时间有效性	3——时间有效性
DQ_Measure			
DQ_MeasureDesc	合格/不合格	时间无效的检验单元数目	时间无效的检验单元数目所占的百分数
DQ_MeasureID	40301	40302	40303
DQ_EvalMethod			
DQ_EvalMethodType	1——内部	1——内部	1——内部
DQ_EvalMethodDesc	检验 1995 年测量的地块数据	检验 1995 年测量的地块数据,统计非 1995 年测量的地块数目	检验 1995 年测量的地块数据,统计非 1995 年测量的地块数目,用数据质量范围内地块的总数除该统计数,再乘以 100
DQ_QualityResult			
DQ_ValueType	1——布尔变量	2——数字	4——百分数
DQ_Value	False	5	5
DQ_ValueUnit	不使用	时间无效的地块	百分数
DQ_Date	2000-03-06	2000-03-06	2000-03-06
DQ_ConformanceLevel	时间无效的地块数为 0	时间无效的地块数小于或等于 10	时间无效的地块数所占的百分数小于 10%
示例数据集参数	数据集中 100 个地块数据的采集日期为 1995 年,实际上,95 个是 1995 年采集,5 个是 1985 年采集	数据质量范围内 100 个地块数据的采集日期为 1995 年,实际上,95 个是 1995 年采集,5 个是 1985 年采集	数据质量范围内 100 个地块数据的采集日期为 1995 年,实际上,95 个是 1995 年采集,5 个是 1985 年采集
示例的数据质量结果含义	数据集不合格,至少有一个地块的时间无效	数据集合格,时间无效的地块数小于 10	数据集合格,时间无效的地块数所占的百分数小于 10%

D.7 数据质量专题准确度度量示例

专题准确度是指量化属性的准确度和非量化属性、要素分类及其关系的正确性。专题准确度的子元素如下：

- 分类正确性——将赋给要素或其属性的类型与论域(实地真实或参考数据集)进行对比；
- 非量化属性正确性——非量化属性的正确性；
- 量化属性正确性——量化属性的准确度。

表 D.6 给出了专题准确度子元素的示例。

表 D.6 数据质量专题准确度度量示例

<table>
<tr><th>数据质量组成部分</th><th>示例 1</th><th>示例 2</th><th>示例 3</th></tr>
<tr><td>DQ_Scope</td><td>数据集中所有类型为 A、B 和 C 的检验单元</td><td>下列区域范围内所有类型为 A、B 和 C 的检验单元：
东经：108.0°～109.0°和
北纬：36.0°～37.0°</td><td>吉林省通化市所有类型为 A、B 和 C 的检验单元</td></tr>
<tr><td>DQ_Element</td><td>5——专题准确度</td><td>5——专题准确度</td><td>5——专题准确度</td></tr>
<tr><td>DQ_Subelement</td><td>1——分类正确性</td><td>1——分类正确性</td><td>1——分类正确性</td></tr>
<tr><td>DQ_Measure</td><td></td><td></td><td></td></tr>
<tr><td>DQ_MeasureDesc</td><td>合格/不合格</td><td>分类正确的检验单元数所占的百分数(PCC)</td><td>分类错误的检验单元数所占的百分数矩阵</td></tr>
<tr><td>DQ_MeasureID</td><td>50101</td><td>50102</td><td>50103</td></tr>
<tr><td>DQ_EvalMethod</td><td></td><td></td><td></td></tr>
<tr><td>DQ_EvalMethodType</td><td>2——外部</td><td>2——外部</td><td>2——外部</td></tr>
<tr><td>DQ_EvalMethodDesc</td><td>将赋给数据集中每个检验单元的类型与论域中的真实类型进行比较</td><td>将赋给数据质量范围中每个检验单元的类型与论域中的真实类型进行比较，统计分类正确的检验单元数目，用数据质量范围内检验单元总数除该统计数，再乘以 100</td><td>将赋给数据质量范围中每个检验单元的类型与论域中的真实类型进行比较，生成一个 $N(i,j)$ 矩阵，其中 $N(i,j)$ 表示类型为 i 的检验单元在数据集中的类型为 j 的检验单元数目。用类型为 i 的检验单元总数除 $N(i,j)$，再乘以 100</td></tr>
<tr><td>DQ_QualityResult</td><td></td><td></td><td></td></tr>
<tr><td>DQ_ValueType</td><td>1——布尔变量</td><td>4——百分数</td><td>8——矩阵</td></tr>
<tr><td>DQ_Value</td><td>False</td><td>60</td><td>
<table>
<tr><td></td><td colspan="5">数据集中的类型</td></tr>
<tr><td rowspan="5">真实类型 i</td><td></td><td>A</td><td>B</td><td>C</td><td>%</td></tr>
<tr><td>A</td><td>70</td><td>20</td><td>10</td><td>100</td></tr>
<tr><td>B</td><td>20</td><td>40</td><td>40</td><td>100</td></tr>
<tr><td>C</td><td>20</td><td>20</td><td>60</td><td>100</td></tr>
<tr><td>%</td><td>100</td><td>100</td><td>100</td><td></td></tr>
</table>
</td></tr>
<tr><td>DQ_ValueUnit</td><td>不使用</td><td>百分数</td><td>百分数</td></tr>
</table>

表 D.6(续)

<table>
<tr><th>数据质量组成部分</th><th>示例 1</th><th>示例 2</th><th>示例 3</th></tr>
<tr><td>DQ_Date</td><td>2000-03-06</td><td>2000-03-06</td><td>2000-03-06</td></tr>
<tr><td>DQ_ConformanceLevel</td><td>分类错误的检验单元数目为 0</td><td>分类正确的检验单元数目所占的百分数应超过 80%</td><td>未规定</td></tr>
<tr><td>示例数据集参数</td>
<td><table>
<tr><th>真实类型</th><th colspan="4">数据集中的类型</th></tr>
<tr><th></th><th>A</th><th>B</th><th>C</th><th>合计</th></tr>
<tr><td>A</td><td>7</td><td>2</td><td>1</td><td>10</td></tr>
<tr><td>B</td><td>1</td><td>2</td><td>2</td><td>5</td></tr>
<tr><td>C</td><td>1</td><td>1</td><td>3</td><td>5</td></tr>
<tr><td>合计</td><td>9</td><td>5</td><td>6</td><td>20</td></tr>
</table></td>
<td><table>
<tr><th>真实类型</th><th colspan="4">数据集中的类型</th></tr>
<tr><th></th><th>A</th><th>B</th><th>C</th><th>合计</th></tr>
<tr><td>A</td><td>7</td><td>2</td><td>1</td><td>10</td></tr>
<tr><td>B</td><td>1</td><td>2</td><td>2</td><td>5</td></tr>
<tr><td>C</td><td>1</td><td>1</td><td>3</td><td>5</td></tr>
<tr><td>合计</td><td>9</td><td>5</td><td>6</td><td>20</td></tr>
</table></td>
<td><table>
<tr><th>真实类型</th><th colspan="4">数据集中的类型</th></tr>
<tr><th></th><th>A</th><th>B</th><th>C</th><th>合计</th></tr>
<tr><td>A</td><td>7</td><td>2</td><td>1</td><td>10</td></tr>
<tr><td>B</td><td>1</td><td>2</td><td>2</td><td>5</td></tr>
<tr><td>C</td><td>1</td><td>1</td><td>3</td><td>5</td></tr>
<tr><td>合计</td><td>9</td><td>5</td><td>6</td><td>20</td></tr>
</table></td></tr>
<tr><td>示例的质量结果含义</td><td>数据集不合格，有 8 个检验单元分类错误</td><td>数据集不合格，有 40% 的检验单元分类错误</td><td>由于未规定一致性质量级别，故直接记录分类错误矩阵</td></tr>
<tr><th>数据质量组成部分</th><th>示例 4</th><th>示例 5</th><th>示例 6</th></tr>
<tr><td>DQ_Scope</td><td>数据集中所有带地名的检验单元</td><td>下列区域范围内所有带地名的检验单元：
东经：108.0°～109.0°和
北纬：36.0°～37.0°</td><td>四川省自贡市所有带地名的检验单元</td></tr>
<tr><td>DQ_Element</td><td>5——专题准确度</td><td>5——专题准确度</td><td>5——专题准确度</td></tr>
<tr><td>DQ_Subelement</td><td>2——非量化属性正确性</td><td>2——非量化属性正确性</td><td>2——非量化属性正确性</td></tr>
<tr><td>DQ_Measure</td><td></td><td></td><td></td></tr>
<tr><td>DQ_MeasureDesc</td><td>合格/不合格</td><td>地名错误的检验单元数目</td><td>地名错误的检验单元数所占的百分数</td></tr>
<tr><td>DQ_MeasureID</td><td>50201</td><td>50202</td><td>50203</td></tr>
<tr><td>DQ_EvalMethod</td><td></td><td></td><td></td></tr>
<tr><td>DQ_EvalMethodType</td><td>2——外部</td><td>2——外部</td><td>2——外部</td></tr>
<tr><td>DQ_EvalMethodDesc</td><td>将数据集中的地名与论域中的地名进行比较</td><td>将数据质量范围内的地名与论域中的地名进行比较，统计地名错误的检验单元数目</td><td>将数据质量范围内的地名与论域中的地名进行比较，统计地名错误的检验单元数目，用数据质量范围内检验单元的总数除该统计数，再乘以 100</td></tr>
<tr><td>DQ_QualityResult</td><td></td><td></td><td></td></tr>
<tr><td>DQ_ValueType</td><td>1——布尔变量</td><td>2——数字</td><td>4——百分数</td></tr>
</table>

表 D.6(续)

数据质量组成部分	示例 4	示例 5	示例 6
DQ_Value	False	5	5
DQ_ValueUnit	不使用	地名错误的检验单元数	百分数
DQ_Date	2000-03-06	2000-03-06	2000-03-06
DQ_ConformanceLevel	无地名错误的检验单元	地名错误的检验单元数小于 3	地名错误的检验单元数所占的百分数小于 3%
示例数据集参数	数据集中有 100 个带地名的检验单元,其中 5 个名称错误	数据质量范围内有 100 个带地名的检验单元,其中 5 个名称错误	数据质量范围内有 100 个带地名的检验单元,其中 5 个名称错误
示例的数据质量结果含义	数据集不合格,至少有一个检验单元的地名错误	数据集不合格,超过 3 个检验单元的地名错误	数据集不合格,地名错误的检验单元数所占的百分数超过 3%

数据质量组成部分	示例 7	示例 8	示例 9
DQ_Scope	数据集中所有带温度属性的检验单元	下列区域范围内所有带温度属性的检验单元: 东经:108.0°～109.0°和 北纬:36.0°～37.0°	甘肃省天水市所有带温度属性的检验单元
DQ_Element	5——专题准确度	5——专题准确度	5——专题准确度
DQ_Subelement	3——量化属性准确度	3——量化属性准确度	3——量化属性准确度
DQ_Measure			
DQ_MeasureDesc	中误差(RMSE)	温度误差超过规定限差的检验单元数所占的百分数	合格/不合格
DQ_MeasureID	50301	50302	50303
DQ_EvalMethod			
DQ_EvalMethodType	2——外部	2——外部	2——外部
DQ_EvalMethodDesc	量测数据集中每个检验单元的温度值与论域中相应温度值的差值,计算这些差值的中误差	量测数据集中每个检验单元的温度值与论域中相应温度值的差值,统计温度差值超过规定限差(如 1℃)的检验单元数目,用数据质量范围内检验单元总数除统计的不合格检验单元数目,再乘以 100	量测数据集中每个检验单元的温度值与论域中相应温度值的差值,统计温度差值超过规定限差(如 1℃)的检验单元数目,用数据质量范围内检验单元的总数除统计的不合格检验单元的数目,再乘以 100。将不合格检验单元的百分数与一致性质量级别进行比较
DQ_QualityResult			
DQ_ValueType	2——数字	4——百分数	1——布尔变量

表 D.6(续)

数据质量组成部分	示例 7	示例 8	示例 9
DQ_Value	0.5	5	False
DQ_ValueUnit	摄氏度(℃)	温度误差超过规定限差的检验单元数所占的百分数	不使用
DQ_Date	2000-03-06	2000-03-06	2000-03-06
DQ_ConformanceLevel	未规定	未规定	温度误差大于规定限差的检验单元数所占的百分数小于1%
示例数据集参数	略	略	略
示例的数据质量结果含义	温度的中误差为0.5℃。由于未规定一致性质量级别,故仅记录中误差	数据质量范围内有5%的检验单元温度误差超过1℃。由于未规定一致性质量级别,故仅记录该百分数	数据集不合格。不合格检验单元数所占的百分数超过了一致性质量级别的规定

附 录 E
（资料性附录）
应用于地理数据集的抽样方法指南

E.1 概述

本附录是确定样本和设计抽样方法的指南。为了评价对产品规范一致性而进行抽样，可以执行 GB/T 2828 和 ISO 3951-1。这两项标准原本是为非空间应用制定的。本附录说明如何将 GB/T 2828 和 ISO 3951-1 和其他空间抽样技术应用于地理信息。

E.2 检验批和检验单元

GB/T 2828 和 ISO 3951-1 定义了抽样检验方法的两个重要概念，即检验批和检验单元。检验批是质量评价的最小单元。检验单元是检验的最小单元，应由数据生产者根据产品规范定义。

E.3 样本量

总体量以及样本量的大小可根据检验单元的不同基数确定。样本量的确定要直接标示检验单元。表 E.1 为不同基础的示例。

表 E.1 定义总体的不同基础

基 础	数据集大小	样本量
要素	给定类型要素的数目	以要素总数百分数表示的给定类型要素的数目
区域范围	数据集覆盖的范围	以数据集整个覆盖区域范围百分数表示的样本区域范围
曲线	数据集中曲线总长度	以曲线总长度百分数表示的抽样曲线长度
顶点	数据集中描述曲线或多边形的顶点总数	以顶点总数百分数表示的样本的顶点数

图 E.1 说明总体和样本两者之间的区别。整个图表示数据质量范围内的数据。该图显示出可能的样本区域范围约占整个数据质量范围的 15%，但该样本区域范围内仅包含约 10%的曲线长度，而且无节点。

为解决如图 E.1 所示的采样问题，可使用不同指标组合的方法确定样本的量和位置，以提高样本的代表性。

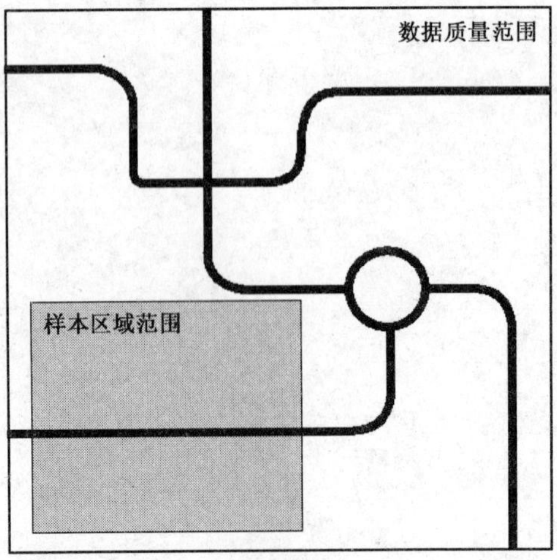

图 E.1 样本位置对样本中检验单元代表性的影响

如：样本应包含数据集覆盖区域范围的10%，且包含不少于数据集中描述目标的曲线总长度的5%。

E.4 抽样策略

E.4.1 概述

本条提供顾及地理数据特殊情况的样本定义和抽样方法指南。图E.2示出本附录阐述的抽样策略。抽样策略有两个方面：抽样的检验单元（区域或要素）和选择检验单元的方法（概率或判定）。

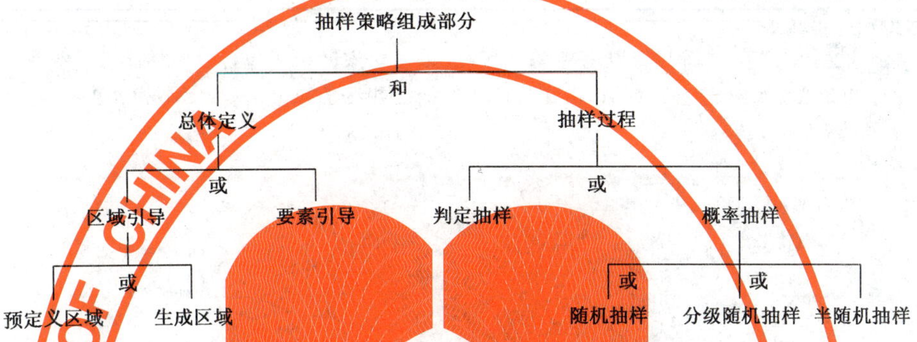

图E.2 抽样策略关系

E.4.2 概率抽样与判定抽样

E.4.2.1 区别

概率抽样应用抽样理论，并包含样本检验单元的随机选取。概率抽样的基本特征是选择样本的总体的每个部分都有已知的选取概率。当采用概率抽样时，可以进行有关抽样总体的统计推论。判定样本设计包括基于专家知识或专业判别的样本选择。

E.4.2.2 简单随机抽样

简单随机抽样基于概率，包括样本的随机选取。特殊的样本（如要素、位置、时间）采用随机编号选取，以标识检验单元和所有可能的选择是同概率的。当关注的总体在抽样特性上比较均匀，即没有明显的不规则图斑和呈集群分布时，可以采用简单随机抽样。但本方法不太适合基于区域范围的抽样，因为样本可能仅仅从一部分区域范围进行选择。

E.4.2.3 分级随机抽样

分级抽样需要将总体分为不相重叠的级或子总体，使同级的样本检验单元间比不同级样本检验单元间更加一致。该抽样策略比同一总体不分级抽样策略在平均值和差异的评价上具有更高的精度。

E.4.2.4 半随机抽样

半随机抽样或系统抽样对初始样本检验单元（即位置、时间、要素）采用随机选取，对其余所有检验单元则采用规则选取。半随机抽样或系统抽样的一个例子是格网抽样，这里格网的起始位置是随机决定的，样本则按空间上规则的空间间隔（格网单元）选取。系统格网抽样用于搜索样本群和推断出均值、百分位数，或其他参数，还用于评估空间趋势或图斑。该方法提供实用且容易实现的途径，以保证覆盖区域范围。

E.4.3 按要素与按区域抽样

E.4.3.1 按要素抽样（非空间抽样）

按要素抽样策略是基于要素的非空间属性，而不是基于它们的空间位置选择检验单元样本。如果整个数据质量范围的产品特征相同，该数据质量范围内的样本可以随机选取。在某些情况下，简单随机抽样的结果可能不理想，因为可能仅仅数据质量范围的局部区域特征相同，且可能需要样本的均匀分布，即被抽样的特征中存在明显的不规则图斑或呈集群分布。在这种情况下，分级或半随机抽样可获得更好的结果。

例 1：如果抽样方法由要素的随机选择确定，则样本有集中在一个较小区域(可能是不可接受的)的风险。

半随机抽样可用于保证样本量和(或)位置的不同指标的确定，以满足对样本的附加限制或降低检验过程的费用。

例 2：电力公司需要评估不同类型要素属性调查的正确性，考虑两种方法：随机选取和半随机选取(随机选取一种类型要素，然后搜集与第一种类型相邻的不同类型目标，直到抽取了每种类型要素的样本)，以降低野外检验费用。

E.4.3.2　按区域抽样(空间抽样)

按区域抽样时，抽样单元的选取基于空间因素。抽样单元可以是现有的地理区域(如行政区域或统计区域)，或实施检验的论域的某些其他分区。这种类型的抽样可作为抽样的第一步，然后在每个分区内按要素进行抽样。

例 1：随机选取 1 km×1 km 高斯-克吕格投影格网区域，以便对该区域所包含目标的属性进行评价。

例 2：图 E.3 示出定义的用于检验的区域，由随机产生的面积相等的正方形(限定不相互重叠)中心点坐标获得。

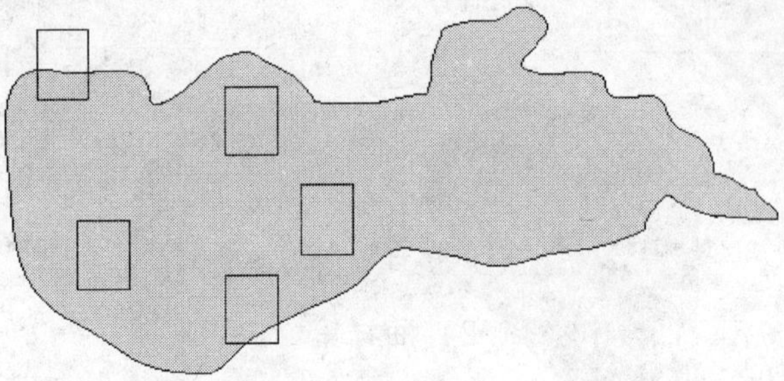

图 E.3　按区域随机抽样示例

如果要求覆盖整个区域范围，则样本位置应根据规则的或不完全规则的图斑决定。图 E.4 是对按规则图斑分布的抽样要素进行半随机(系统)抽样的示例，用于评估数据集位置准确度。

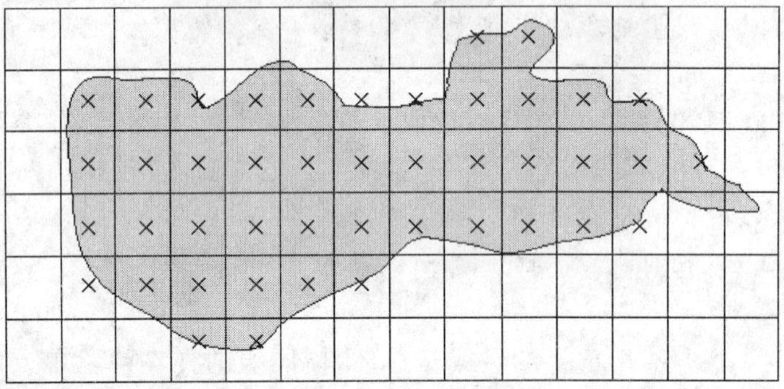

图 E.4　按区域的规则和非随机抽样示例(×表示按照样本包含规则选取的格网单元)

如果要素分布不均匀，半随机抽样可能需要对数据集的不同区域，进行不同尺寸的空间分区。当采用格网单元尺寸固定的格网时，需要相应的规则，说明包含，还是不包含那些不完全位于关注区域内的格网单元。

E.5　基于概率抽样

E.5.1　一般考虑

抽样时需要考虑以下问题：

a)　地理数据集覆盖的区域可构成连续的空间。当将数据集划分为检验批时，应特别注意跨越检验批边界的检验单元的遗漏或多余问题。

b)　多种因素，包括原始资料的质量和操作人员的技术水平会影响地理数据质量，数据生产者应小心地定义检验批，以达到检验质量的检验单元的一致。

E.5.2　抽样检验的现行标准

应基于产品的特性和依据产品规范，从现行的国家标准和 ISO 标准中选择适合抽样检验的标准。

GB/T 2828.1—2003 主要针对连续检验批系列的检验，ISO 2859-2 用于单个或离散的检验批，而 ISO 2859-3 用于跳批抽样程序。ISO 3951-1 用于通过不合格品百分数的变化进行检验。

GB/T 2828.1—2003、ISO 2859-3 和 ISO 3951-1 将数据集的一致性质量级别定义为接收质量限(可接收的质量水平，缩写为 AQL)，ISO 2859-2 则定义为基于产品规范的极限质量(缩写为 LQ)。

当应用基于产品规范的 GB/T 2828 系列标准时，应说明每个合格检验单元的规范限定。当应用 ISO 3951-1 时，应说明基于产品规范的质量统计(Q，quality statistics)。

E.5.3 抽样过程

E.5.3.1 定义检验单元

应按照产品规范或需求定义检验单元。如果不合格检验单元在统计上高度相关，将它们作为单一的检验单元进行处理。

E.5.3.2 定义检验的数据集数据质量范围

如果数据质量范围内部不均匀，应将其划分为均匀的子集。这些均匀的子集应看作不同的数据质量范围。

注：当下列情况出现时，可以推断为均匀的：

——产品的原始资料具有几乎相同的质量；

——生产系统(硬件、软件、操作人员的技术水平)基本上相同；

——可能导致不一致的其他因素(如要素的复杂程度和密度)基本相同。

E.5.3.3 将数据质量范围划分为检验批

检验批由划分数据质量范围产生。当不一致现象有很强的自动空间正相关时，宜采用较小的检验批量。

E.5.3.4 将检验批划分为抽样单元

抽样单元可以是现有的地理区域，或进行检验的论域的其他分区。当抽样单元是地理区域时，应提出部分包含在抽样单元中的检验单元的划分规则。

E.5.3.5 采用简单随机抽样选择检验用抽样单元

选取的抽样单元中包含的检验单元总数应符合相关国家标准和 ISO 标准的规定。

注：如果检验批在统计上是不同类的，不应采用相同抽样等级的简单随机抽样。GB/T 2828 允许分级抽样。

E.5.3.6 检验选取的抽样单元

检验选取的抽样单元中所有的检验单元。按照选择的质量检测(量度)，将数据集中的检验单元与论域对比。

附 录 F
（资料性附录）
专题准确度和完整性检测示例

F.1 概述

本示例的目的是说明度量国家地形数据库(TDB)专题准确度和完整性所采用的质量评价过程。未讨论位置准确度,因为它不是这类报告的主题。然而,位置准确度一般也采用非随机抽样通过实地测量进行检验。

F.2 说明了数据生产者质量评价步骤,F.6 说明了质量信息的记录。

F.2 质量评价过程

表 F.1 说明本示例质量评价的操作过程。

表 F.1 质量评价过程

评价步骤	例 1	例 2
确定适用的数据质量量化元素	完整性	专题准确度
确定适用的数据质量量化子元素	多余性错误和遗漏性错误	分类的正确性
确定数据质量范围	地形数据库/选取的数据集(1：10 000 地形图图幅)	
确定数据质量度量	一致性/错误的数目	一致性/错误的数目
选择和应用数据质量评价方法	外部直接质量评价	外部直接质量评价
说明抽样方法	分级抽样	分级抽样
规定的一致性质量级别	接收质量限(AQL)＝4	接收质量限(AQL)＝4
确定量化数据质量结果	见 F.4 和图 F.1	
判定对产品规范的一致性	见 F.5 和图 F.2	
记录质量评价结果	见 F.6	

F.3 数据质量评价方法

F.3.1 抽样步骤

完整性和专题准确度检验执行 GB/T 2828.1—2003 的规定。表 F.2 列出该国家标准规定的抽样步骤。

表 F.2 抽样步骤

处理步骤	示　例
确定抽样方法	分级抽样。选取足够的抽样单元,以满足样本比例。基于要素加权的抽样
确定检验单元	所有要素
将数据质量范围(总体)划分为检验批	数据集的数目
将检验批划分为抽样单元	1 km×1 km 正方形的数目 N
确定抽样比例或样本量	样本量取决于该检验批的 AQL 值
选取抽样单元	选取足够数量的抽样单元,以满足检验单元的抽样比例或样本量
检验抽样单元中的检验单元	检验抽样单元中的每个检验单元

F.3.2 抽样方法

如果要素的质量要求是每百单位允许 1 个不合格(AQL=1),采集的所有要素均依据数据源进行检验。当 AQL=4 或 15 时,则通过抽样进行检验。检验等级为常规检验等级Ⅰ,即正常检验的简单抽样程序。GB/T 2828.1—2003 规定了 3 个常规检验等级(Ⅰ、Ⅱ、Ⅲ)和 4 个特殊检验等级(S-1、S-2、S-3 和 S-4)。一般而言,检验等级确定检验批量的样本量。

用于检验的批必须由尽可能在相同时间、用相同方法生产的数据集组成。从该检验批选择 N 个 1 km×1 km 矩形抽样单元,使样本中的要素数目足以满足 AQL=4。

采用预设的要素默认权重进行抽样。加权时,将默认权重值 1 赋给检验批中数量多的要素,或尚未确定完整性 AQL 的要素。将权重值 2 或 3 赋给完整性 AQL=4 或 15 的要素。将权重值 3 赋给检验批中数量稀少的要素。其余的权重值为 2。当需要的样本量达不到时,一般可尝试采用特殊检验等级 S-1～S-4 的程序。

抽样矩形内的全部要素都进行野外检验。如果遗漏了某个要素(遗漏性错误),或数据集中的某个要素实地不存在(多余性错误),则该要素是不合格的。

F.3.3 全检

对质量要求 AQL=1 的要素进行全检。

F.4 质量检验

下列类型的记录是在野外对每个样本区进行检验获得的,图 F.1 示出对结果进行归纳后产生的记录。例如,在样本检验区内有 28 个 1～2 层的其他建筑物,按照产品规范数据集中遗漏了 1 个(遗漏性错误),有 11 个要素不应采集。

数据集名称:L213101C
抽样单元:坐标(北(m)、东(m)):6 741 000　2 509 000,
　　　　长度(m)、宽度(m):1 000　1 000

要素	检验单元数目	完整性		专题准确度分类正确性错误数目
		遗漏性错误数目	多余性错误数目	
公路类型Ⅱa	4			
公路类型Ⅲa	6			
建筑物,住宅,(1～2 层)	10			
建筑物,其他建筑物,(1～2 层)	28	1	11	

图 F.1　一个检验区域局部野外质量检验调查示例

F.5 确定数据质量结果和一致性

计算机生成每项质量检验的记录。质量检验的完整记录包括要素超过 65 个,一些要素含有 1 个或多个属性。图 F.2 是地形数据集完整性和专题准确度评价记录的示例。

图 F.2 中选作样本的数据库(1∶10 000 图幅)有 16 个。使用计算机算法从这些数据库中选择 1 km×1 km 正方形区域。图 F.2 示出一个抽样单元。该抽样单元的打印输出表在野外与图 F.1 一起使用,检验每个检验单元的完整性和专题准确度,其结果记录在图 F.2 中。

例如,"公路"要素每 100 个单元允许有 4 个完整性错误和 4 个分类错误。数据库中有 4 712 个路段(一个路段是两个节点间的线段)。样本中有 184 个检验单元。GB/T 2828 规定该检验批量和检验等级需要 80 个检验单元,所以满足了最低要求。该样本量的可接受的值为 10,因此允许有 10 个完整性错误或分类错误。该样本的完整性和分类错误仅有两个,故检验通过。作为参照,对于 AQL=1(1 个错误/100 个单元)时的可接受值而言,这同样满足了要求。

检验名称:213101_04 日期:1996年9月9日 15:15:56 区域范围:L213101A、L213101B、L213101C、L213101D、L213102A、L213102B、L213102C、L213102D、L213103A、L213103B、L213103C、L213103D、L213104A、L213104B、L213104C、L213104D (区域范围由地形图图幅确定)									
要素类型	属性数据类型	检验批量	样本量	检验等级为1的样本量	检验等级	接收质量限(AQL)	可接受值	AQL 1的可接受值	完整性(多余或遗漏)错误数目	专题准确度分类正确性错误数目
公路		4 712	184	80	I	4	10	7	2	—
	类型(Ⅰa～Ⅲa)					4	10	7	2	
	公路编号					1	0	0		
	路段号					1	0	0		
	垂向状况					1	0	0		
	单行路					0	184	80		
	收费类型					0	184	80		
	路况					0	184	60		
	限高					0	184	0		
建筑物		6 447	222	80	I	4	14	7	4	4
	使用					0	222	80	2	
	楼层数					0	222	80		

注：为清晰起见，有些要素未在本例示出。

图 F.2 地形数据库完整性和专题准确度

F.6 记录质量检验结果

图 F.3 和图 F.4 是如何记录质量结果的示例。图 F.3 按 GB/T 19710—2005 规定的元数据记录质量结果，而质量评价报告用于详细记录质量信息(图 F.4)。圆括号内的说明是对 GB/T 19710—2005 使用的代码的解释，但它们不是质量评价报告的组成部分。

数据质量(中文)	DataQuality(英文)		
DQ_数据质量范围	dqScope		
数据层次	scpLvl	012(要素类型)	003(要素属性等级)
覆盖范围	scpExt	Extent	
覆盖范围描述	exDesc	检验批区域(范围)	
角色名称: 地理覆盖范围	geoEle		
覆盖范围类型代码	exTypeCode	1(含)	
边界多边形	BoundPoly		
多边形	polygon	6 740 000、2 500 000、6 770 000、2 500 000、6 770 000、2 510 000、6 760 000、2 510 000、6 750 000、2 510 000、6 750 000、2 520 000、6 740 000、2 520 000、6 740 000、2 500 000	

图 F.3 按照 GB/T 19710—2005 用元数据记录质量信息

数据质量(中文)	DataQuality(英文)		
角色名称： 数据质量报告	dqReport		
元素类型代码	eleTypCode	001(完整性)	005(专题准确度)
子元素代码	subEleCode	001(附加)多余和遗漏	002(分类正确性)
扩展子元素	addSubEle		
扩展名称	addName	多余和遗漏	
扩展说明	addDesc	数据集的多余和遗漏	
数据质量结果	dqResult		
度量名称	measName	多余或遗漏检验单元的数目	错误数目
评价日期时间	dateTime	1996-09-09	1996-09-09
评价结果	measResult		
评价结果 一致性评价结果 规范	Result ConResult conSpec		
名称	resTitle	地形数据库(TDB)的质量模型	
日期	resRefDate	1996	
解释	conExpl	对产品规范的一致性	
通过	Pass	1(通过)	1(通过)
量化评价结果	QuanResult		
量化值域	quanValDom	数字	数字
量化评价结果	quanRes	2	2

图 F.3(续)

报告标识	reportidentification	地形数据库质量评价报告	
报告的数据集范围	Reportscope	元数据说明的范围(见 dqScope)	
补充量化描述	**compQuantDesc**		
数据质量度量	**dataQualityMeasure**		
准确描述	mathDesc	多余或遗漏检验单元的数目	错误数目
度量值	compMeasValue	2	2
度量值类型	valType	数字	数字
可靠性值	reliability Value	99	99
可靠性值单位	reliabilityValueUnit	百分数	百分数
一致性置信度	**Conform Reliability**		
一致性置信度值	conformRelValues	AQL=4	AQL=4
一致性置信度值域	conformRelDom	数字	数字
参考文献	ReferenceDoc	地形数据质量手册、地形数据质量模型、地形数据编辑说明、要素编目和定义	
数据质量评价方法类型信息	**dqeMethodTypeInfo**		
数据质量评价方法类型	dqeMethodType	1(直接外部)	
采用的数据质量抽样检验方法	dqeSamplingApplied	1(抽样)	

图 F.4　符合本标准附录 I 规定的质量评价报告

数据质量评价方法信息	**dqeMethodInfo**		
数据质量评价理论	dqeTheory	见 GB/T 2828 和地形数据质量模型	
数据质量评价处理算法	dqeProcAlgorithm	以下程序在检验时使用：MLAATU. EXE 命令程序：LAADUNTARKISTUS. COM 和文件中定义的参数：P99. p99、P97. p97、P98. p98	
数据质量评价参数信息	**dqeParamInfo**		
数据质量评价参数定义	dqeParamDefinition	接收质量限(AQL)(见 GB/T 2828)	接收质量限(AQL)(见 GB/T 2828)
数据质量评价参数值	dqeParamValues	4	0(未定义)
数据质量评价参数的域	dqeParamDomain	AQL 数	AQL 数
数据质量评价参数信息	**dqeParamInfo**		
数据质量评价参数定义	dqeParamDefinition	检验批量	检验批量
数据质量评价参数值	dqeParamValues	4 712	6 447
数据质量评价参数的域	dqeParamDomain	数字	数字
数据质量评价参数信息	**dqeParamInfo**		
数据质量评价参数定义	dqeParamDefinition	样本量	样本量
数据质量评价参数值	dqeParamValues	184	222
数据质量评价参数的域	dqeParamDomain	数字	数字
数据质量评价参数信息	**dqeParamInfo**		
数据质量评价参数定义	dqeParamDefinition	检验等级 1 要求的样本量	
数据质量评价参数值	dqeParamValues	80	
数据质量评价参数的域	dqeParamDomain	数字	
数据质量评价参数信息	**dqeParamInfo**		
数据质量评价参数定义	dqeParamDefinition	检验等级	
数据质量评价参数值	dqeParamValues	I	
数据质量评价参数的域	dqeParamDomain	级(class)	
数据质量评价参数信息	**dqeParamInfo**		
数据质量评价参数定义	dqeParamDefinition	可接受值	可接受值
数据质量评价参数值	dqeParamValues	10	222
数据质量评价参数的域	dqeParamDomain	数字	数字
数据质量抽样检验方法	**dqeSampleMethod**		
数据质量抽样检验模式	dqeSamplingScheme	从检验批抽取足够多的 1 km×1 km 正方形区域，使样本内的路段数目至少与 AQL=4 要求的相同	
数据质量检验的检验单元说明	dqeItemDescription	检验单元是两个节点间的路段	检验单元是建筑物
数据质量检验批说明	dqeLotDescription	检验批是一组要检验的数据库(1∶10 000 地形图图幅)。检验批量是该批中要素的数量	
数据质量抽样检验比例	dqeSamplingRatio	建议一个区域平均包含 4 幅图(16 个数据库)范围，包含 6～10 个 1 km×1 km 正方形，作为一个实用的检验批量	

图 F. 4(续)

附 录 G
（资料性附录）
完整性与专题准确度度量和记录示例

G.1 概述

本附录给出度量和记录专题准确度及完整性的示例。该示例的目的如下：

——示范如何应用质量评价过程度量和记录量化数据质量结果；

——给出专题准确度及完整性度量和记录示例；

——示范用分类错误矩阵(misclassification matrices)作为工具评价数据质量。

本示例包括如何在元数据中和在质量评价报告中记录数据质量结果的详细内容。

G.2 数据集说明

图 G.2 表示"真实世界"。图 G.1 给出产品规范说明的论域。产品规范定义了认为重要的、应包含在数据集中的要素、属性和关系。

为示范如何建立数据集，图 G.3 用图形表示出论域，即满足产品规范要求的理想的数据集。在整个图中：

——树符号下的数字或表示数字域的字符是树高，单位为米(m)；

——房屋符号内的数字是该建筑物层数；

——房屋符号旁的注记为建筑物名称。

这 3 幅图之间的关系是：

——图 G.2 表示"真实世界"，它通常比数据集包含的要素多。

——图 G.3 表示产品规范规定的"论域"。如果数据集是完整的和正确的，它是"真实世界"的一部分，应当包含在数据集中。

——图 G.4 表示建立的数据集。

名称下划线的项为要素类型，每个要素类型下没有、或者有几个属性名。每个属性名后为属性值类型"字符串"或"整型"，用冒号与属性名隔开。每个属性值类型后的括号中列出可选的值域。

要素类型

<u>工业建筑物</u>

<u>房屋</u>

建筑物层数：字符串

建筑物名称：<u>整型</u>

<u>树</u>

高度等级：字符串｛A：1～3 m、B：3～5m、C：5～10 m、D：10 m 以上｝

<u>小路</u>

<u>公路</u>

条件：字符串｛铺装、未铺装｝

产品规范规定

——高度低于 1 m 的树不应采集

——公路的属性"条件"可以无值("未确定值")

——房屋的属性"名称"和"建筑物层数"可以无值("未确定值")

图 G.1 产品规范

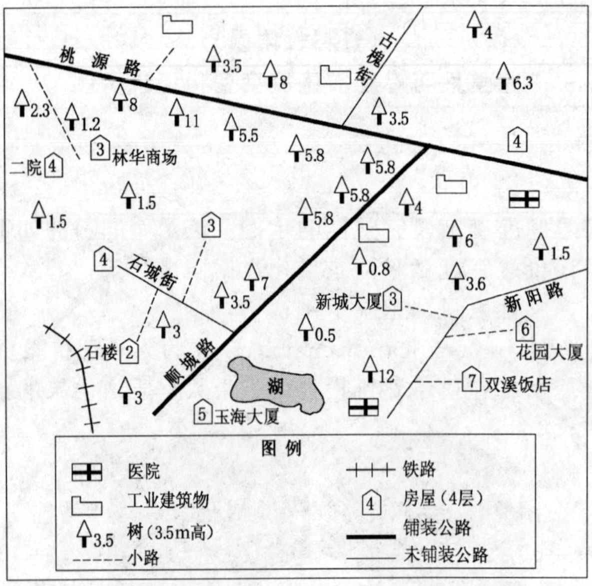

图 G.2 “真实世界”的图形表示

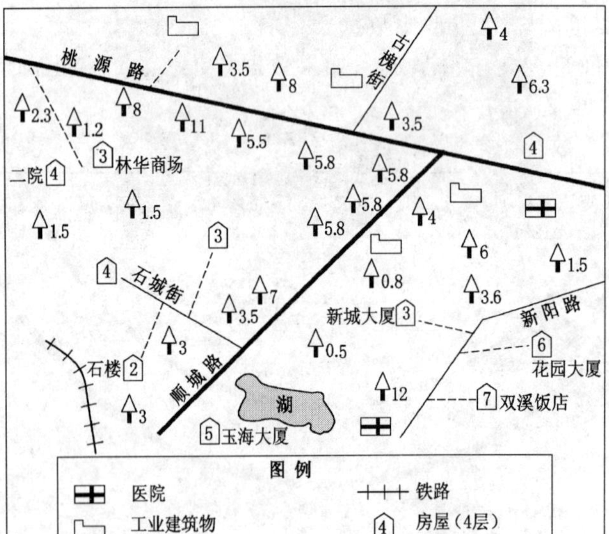

图 G.3 论域的图形表示

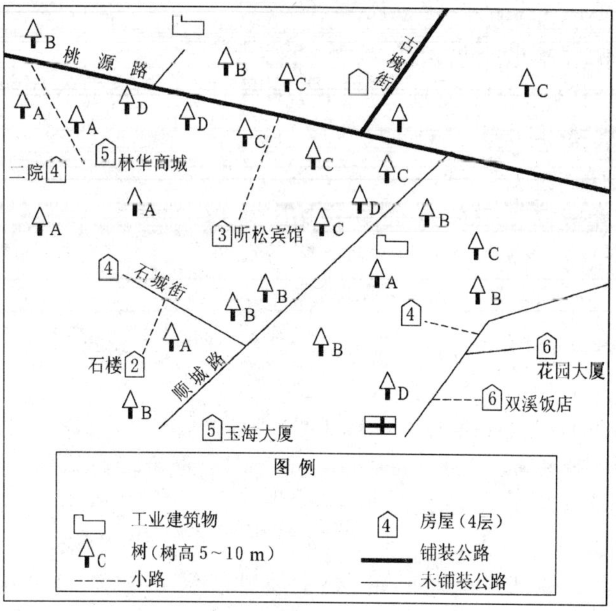

图 G.4 数据集的图形表示

G.3 数据质量评价

G.3.1 错误的标识

通过将图 G.4 表示的数据集内容与图 G.3 表示的论域内容进行对比，可以发现示例数据集的错误(见图 G.5)，以下是错误及供参照的错误编号：

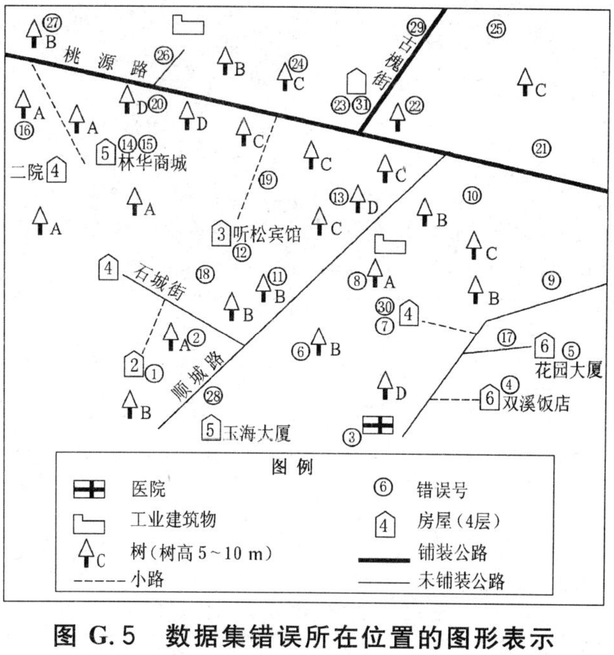

图 G.5 数据集错误所在位置的图形表示

a) 树的遗漏和多余性错误：有3棵多余的树(#6、#8、#27)，遗漏了两棵树(#9、#25)。

b) 小路的遗漏和多余性错误：遗漏了一条小路(#18)，有一条多余的小路(#19)。

c) 一间房屋取代了工业建筑物(#23)。

d) 两条小路错误地标为公路(#17、#26)。

e) 遗漏了一间房屋(#21)。

f) 公路的属性错误：两条公路的“条件”错误(#29、#28)。

g) 数据集中表示了不应采集的医院一所(＃3)。

h) 数据集中表示了两棵高度不足 1 m 的树(＃6、＃8)。

i) 遗漏树高属性等级代码:一棵树的等级代码遗漏,它在论域中的代码为"B"(＃22)。

j) 树的高度属性分级错误:6 棵树的高度等级错误(＃2、＃11、＃13、＃16、＃20、＃24)。

k) 房屋名称属性"建筑物名称"错误:论域中名为"新城大厦"(＃7)和"石楼"(＃1)的房屋在数据集中无名称。而在数据集中名为"厅松宾馆"(＃12)的房屋在论域中并无名称。

l) 房屋名称属性"建筑物名称"错误:论域中名为"花园大厦"(＃5)和"林华商场"(＃15)的房屋,在数据集中分别为"花园大夏"和"林华商城"。

m) 房屋"建筑物层数"属性值错误:一间房屋(＃31)遗漏了该属性值,3 间房屋(＃4、＃14、＃30)的属性值错误。

n) 工业建筑物的遗漏性错误:遗漏了一栋工业建筑物(＃10)。

注:遗漏/多余、完整性或专题准确度等错误的分类具有主观性。例如,一间错误地划为工业建筑物的房屋,可以认为是遗漏了其中一种要素,或是多余的另一种要素。

G.3.2 完整性

GB/T 21337—2008 将完整性定义为要素、要素属性和要素关系的存在和缺失。本例的完整性按要素类型进行分类。度量检验的类型为多余性错误和遗漏性错误。表 G.1 示出完整性分类的一种方法。

表 G.1 要素类型的完整性

要素类型	论域中实例数目	多余性错误计数	多余性错误所占百分数[a]	遗漏性错误计数	遗漏性错误所占百分数[b]
小路	7	0	0	2	29
公路	5	2	40	0	0
树	25	3	12	2	7
工业建筑物	4	0	0	2	50
房屋	10	1	10	1	10
医院	0	1	100	0	0

a 多余性错误所占百分数=(多余的检验单元数目/论域中检验单元数目)×100

b 遗漏性错误所占百分数=(遗漏的检验单元数目/论域中检验单元数目)×100

G.3.3 专题准确度

G.3.3.1 GB/T 21337—2008 将专题准确度定义为量化属性的准确度和非量化属性的正确性,以及要素分类及其关系的正确性。表示专题准确度错误的一种方法是使用"分类错误矩阵"。

注 1:分类错误矩阵是一个矩形矩阵,其中,表示数量分级的元素 i,j 实际应为 i 的要素,被划分为 j。

表 G.2 是一个表示要素分类错误的矩阵。它解释了数据集中的实例分类的正确程度。不同的百分数应始终与数据集的总体相关。

注 2:矩阵中要素名称后的数字表示要素出现的数目,矩阵单元中的值是错误分类所占的百分数。

表 G.2 要素分类错误矩阵

论域	数据集					
	小路 5	公路 7	树 26	工业建筑物 2	房屋 10	无(遗漏的要素)
小路 7	4/5=80%	2/7=29%	0%	0%	0%	1/5=20%
公路 5	0%	5/7=71%	0%	0%	0%	0%

表 G.2(续)

论域	数据集					
	小路 5	公路 7	树 26	工业建筑物 2	房屋 10	无 (遗漏的要素)
树 25	0%	0%	23/26=88%	0%	0%	2/5=40%
工业建筑物 4	0%	0%	0%	2/2=100%	1/10=10%	1/5=20%
房屋 10	0%	0%	0%	0%	9/10=90%	1/5=20%
无 3 (多余的要素)	0%	0%	3/26=11%	0%	0%	
数据集总体合计	5/5=100%	7/7=100%	26/26=100%	2/2=100%	10/10=100%	

表 G.3 和表 G.4 仅仅计算了相同要素类型中具有一致性的要素。

G.3.3.2 表 G.3 列出树的"高度"属性。

表 G.3 要素高度属性分类错误矩阵——树高

论域	数据集				
	等级 A 1 m～3 m 5	等级 B 3 m～5 m 10	等级 C 5 m～10 m 5	等级 D >10 m 4	不确定 (遗漏数) 4
等级 A5	3/5=60%	1/10=10%	0%	0%	1/4=25%
等级 B8	1/5=20%	5/10=50%	0%	0%	2/4=50%
等级 C10	0%	2/10=20%	5/5=100%	2/4=50%	1/4=25%
等级 D2	0%	0%	0%	2/4=50%	0%
不确定 3(多余)	1/5=20%	2/10=20%	0%	0%	0%
数据集总体合计	5/5=100%	10/10=100%	5/5=100%	4/4=100%	4/4=100%

G.3.3.3 表 G.4 列出公路"条件"属性。

表 G.4 要素属性分类错误矩阵——公路条件

论域	数据集	
	铺装 2	未铺装 3
铺装 2	1/2=50%	1/3=33%
未铺装 3	1/2=50%	2/3=67%

G.3.3.4 房屋的属性"建筑物层数"是用值确定量化要素属性准确度的示例。以下示范度量数据质量元素专题准确度和完整性的方法，以及如何用文本、多余/遗漏比率和错误统计表示度量结果的方法：

——1/9 房屋建筑物层数无值；

——偏差：−2/8=−0.25 建筑物层数；

——中误差：0.87 建筑物层数；

——样本量：8。

G.4 质量结果的记录

G.4.1 多余性错误示例

G.4.2 和 G.4.3 示例说明如何记录一种错误类型，即"小路"要素的多余性错误的质量结果。首先，将质量结果作为元数据记录。然后，采用质量评价报告记录质量的详细信息。

G.4.2 元数据

图 G.6 是按照 GB/T 19710—2005 规定的元数据内容记录质量结果的示例。圆括号中是 GB/T 19710—2005 使用代码的解释，但它不是该记录的组成部分。

数据质量	DataQuality	
DQ_范围	DQ_Scope	
数据层次	scpLvl	012(要素类型)
覆盖范围	Extent	
描述	exDesc	数据集覆盖范围
地理覆盖范围	geoEle	
覆盖范围类型代码	exTypeCode	1(含)
地理边界矩形	GeoBndBox	
西边界	WestBL	+005.013 4
东边界	eastBL	+005.022 8
南边界	southBL	+22.956
北边界	northBL	+23.003
DQ_完整性	DQ_Completeness	
DQ_遗漏性错误	DQ_Omission	
DQ_度量	DQ_Measure	
度量名称	nameOfMeasure	计数
度量的域	domainOfMeasure	数字
说明	description	树遗漏的数目
评价过程	evaluationProcedure	对比论域中树的数目
评价日期时间	dateTime	2000-09-14
DQ_质量结果	DQ_Rsult	
DQ_量化质量结果	DQ_QuantitativeResult	
值域	valueDomain	{0...n}
质量结果	result	2

图 G.6 按照 GB/T 19710—2005 用元数据记录

G.4.3 质量评价报告

图 G.7 为如何在数据质量评价报告中记录质量结果的示例。

addQualityReport	
reportIdentification	本附录示例的质量报告
reportScope	数据集
compQuantDesc	
dataQualMeasure	
mathDesc	用论域中检验的检验单元数目除以数据集的检验单元数目，再乘以 100
compMeasValue	比率
valType	真

图 G.7 按照本标准附录 I 规定的质量评价报告

	realibilityValue	100
	realibilityValueUnits	
	conformConfidence	
	conformConfValue	
	conformConfValDesc	
	referenceDoc	
	dqeMethodTypeInfo	
	dqeMethodType	2(直接内部)
	dqeSamplingApplies	3(不使用)
	dqeMethodInfo	
	dqeAssumptions	
	dqeProcAlgorithm	用数据集中可见的树的数目与数据源对比
	dqeParamInfo	
	dqeParamDefinition	
	dqeParamValues	
	dqeParamDomain	
	dqeFullInspectMetho	
	dqeFullInspecType	树的数目
	dqeItemDesc	按照产品规范规定的树
	referenceDoc	
	dqeSampleMethod	
	dqeSamplingScheme	
	dqeItemDescription	
	dqeLotDescription	
	dqeSamplingRation	
	dqeDeductiveSource	
	dqeDeductRefDocs	
	referenceDoc	
	aggSourceValues	
	aggResult	
	aggValueDomain	
	aggMeasureValue	
	aggErrorStat	
	aggQEPreport	
	qepOtherDesc	

图 G.7(续)

附　录　H
（资料性附录）
综合数据质量结果的示例

H.1　概述

本示例描述的主题是说明公路数据集的专题准确度、完整性和位置准确度度量与综合技术。

本示例仅考虑记录综合的数据质量结果。不与一致性质量级别进行对比。

H.2　数据集说明

H.2.1　表示真实世界

图 H.1 表示真实世界，它也显示出从基于公路数据的完整数据集中提取的一个检验批。格网单元 B-2 的灰色矩形区域表示随机选取的抽样检验单元。

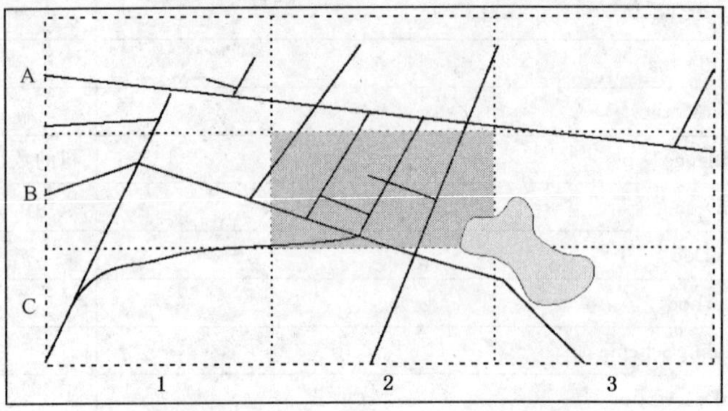

图 H.1　从完整数据库随机选取的检验批
和随机选取的抽样检验单元（灰色矩形区域）

H.2.2　产品规范

虽然按照本示例的目的进行了简化，图 H.2 还是给出了定义论域的产品规范。该规范说明了那些被认为对产品而言是重要的规则。

产品规范的规则

应包含所有的公路；

所有公路均应有名称；

应指明所有单行路的方向；

应包含所有水系要素。

图 H.2　产品规范示例

H.3　论域

图 H.3 表示论域。就本示例的目的而言，它提供了现实世界的图形，数据集的内容可以与其进行比较。

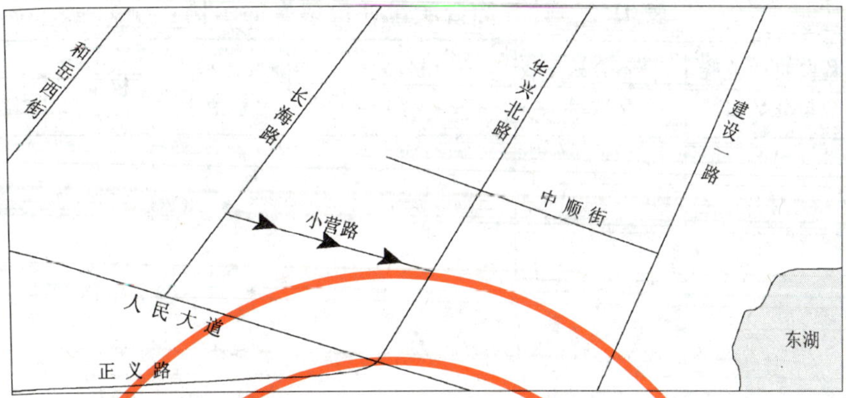

注：箭头表示单行路方向，无箭头表示双向通车。

图 H.3 论域的图形表示

H.4 数据集

图 H.4 表示数据集的内容。虚线标出发现错误，即数据集与现实不符的地方。其中注明了若干种错误类型。表 H.1 列出了这些错误及其类型。

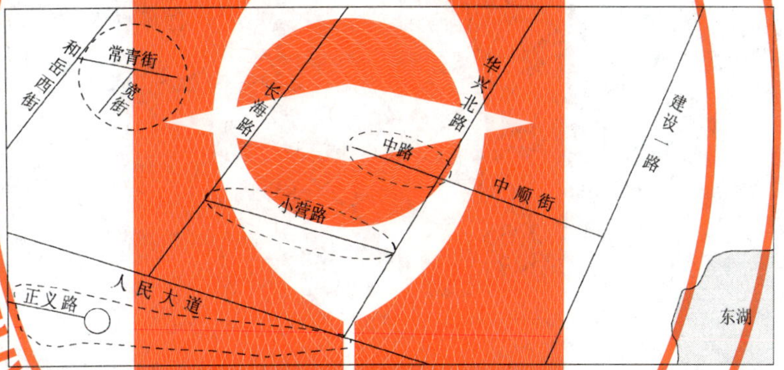

图 H.4 数据集内容的图形表示

表 H.1 发现的错误类型和可以记录质量结果的典型的数据质量子元素

发现的错误类型	元　　素	记录错误的子元素
不存在的公路，如 常青街、宽街	完整性	多余性错误
公路名称不正确，如中路	专题准确度	非量化属性正确性
遗漏部分公路，如正义路	逻辑一致性	拓扑一致性
遗漏属性数据，如小营路的行车方向箭头	专题准确度	非量化属性正确性[a]

[a] 如果产品规范规定的数据库规则要求车流方向字段总是有记录，如单行道车流或双向车流，其错误按遗漏进行度量。而如果只要求一种记录，则按专题正确性进行度量。

H.5 综合和记录评价结果

错误表显示出发现的错误数目和如何按照公路数据库行业使用的典型程序将它们分类。特殊的程序示例给每种错误类型加权。权的总和为 100%。结果权值代表数据集的质量。表 H.2 为计算综合数据质量结果的示例。将检验单元定义为公路路段，它由与其他公路的交点，或与样本单元边界的交点予以界定。

表 H.2　计算综合质量评价结果的示例

要　素	检验批中检验单元数目	不合格品数目	不合格品的比率	准确度比率（定义比率为1）	权重	权重值（准确度比率 X 权重）
路段	19					
不正确		1				
遗漏		0	4/19	0.79	50%	0.39
多余		3				
街道名称						
基本名称	19	5	5/19	0.74	15%	0.11
通行方向	19	1	1/19	0.95	25%	0.23
水系	1	0	0/1	1.00	10%	0.10
综合数据质量结果（定义为准确度比率权重值之和×100）						84%

附 录 I
（规范性附录）
质量评价报告记录质量信息

I.1 概述

本附录说明量化质量评价报告的详细内容。质量评价报告提供比元数据记录更详细的质量评价结果和计算它们的过程。表 I.1 提供质量评价报告内容的嵌套关系图。

I.2 质量评价报告组成部分

表 I.1 中的表头与代码为：

行号 提供表中每一项的参照，用于在“域”这一栏中表示该项的组成部分在表中的范围。

名称 记录元素的名称。

定义/内容 定义项或说明项的内容。

约束/条件 给出对项进行记录的要求，或给出要求记录该项的条件。有 3 种约束条件代码：

——**必选(M)**：表示必选的项。

——**条件必选(C)**：当满足说明的条件时要求选的项。

——**可选(O)**：表示可选的项。

最大出现次数 在上级项的域内，该项可以出现的最大次数。用一个整型数表示项出现的次数，*N* 表示根据需要出现多次。

数据类型 报告的章节、文本、实体，当不可使用时用“—”表示。

域 对报告的每个元素而言，域说明允许的值或使用自由文本。“自由文本”表示该项的内容没有限制。基于整型数的代码用于表示在有限（闭合）域内的值。

表 I.1 质量评价报告组成部分

行号	名称(中文)	名称(英文)	定义/内容	约束/条件	最大出现次数	数据类型	域
1	质量报告	addQualityReport	质量评价报告	C/子条款 8.2	1	节	第 2～40 行
2	报告标识	reportIdentification	报告标识信息	M	1	字符串	自由文本
3	报告的数据集范围	reportScope	本报告评价的数据集范围(GB/T 21337—2008 地理信息 质量原则)	O	1	字符串	MD_元数据范围《代码表》
4	补充量化描述	compQuantDesc	诸如数据质量度量值及其可靠性界限等量化评估的补充说明	M	1	节	第 5～14 行
5	数据质量度量	dataQualMeasure	目标数据质量范围的数据质量度量定义和值的信息	M	1	节	第 6～10 行
6	准确描述	mathDesc	数据质量度量的准确描述	M	1	字符串	自由文本
7	度量值	compMeasValue	应用的数据质量度量值	M	1	字符串	自由文本
8	度量值类型	valType	记录数据质量度量值的单位	M	1	字符串	自由文本

表 I.1(续)

行号	名称(中文)	名称(英文)	定义/内容	约束/条件	最大出现次数	数据类型	域
9	可靠性值	reliabilityValue	计算或评估出的数据质量量值的可靠性或置信度的界限	O	1	字符串	自由文本
10	可靠性值单位	reliabilityValue-Units	记录可靠性值的单位	O	1	字符串	自由文本
11	一致性置信度	conformConfidence	一致性的置信度	O	1	节	第12～14行
12	一致性置信度值	conformConfValue	一致性置信度的评价结果 注：一致性置信度可以为高、低、无，或95%，等等	M	1	字符串	自由文本
13	一致性置信度值说明	conformConfVal-Desc	记录的一致性置信度值的单位或类型	M	1	字符串	值单位或值类型
14	参考文献	referenceDoc	在制定与应用数据质量评价方法时参考的文献资料信息	O	N	类	CI_引用
15	数据质量评价方法类型信息	dqeMethodTypeInfo	应用的数据质量评价方法的详细信息	M	1	节	第16～37行
16	数据质量评价方法类型	dqeMethodType	数据质量评价方法类型	M	1	字符串	1. 直接——外部 2. 直接——内部 3. 间接
17	采用的数据质量抽样检验方法	dqeSamplingApplied	使用的检验策略信息	M	1	字符串	1. 采用抽样法 2. 全检 3. 不使用
18	数据质量评价方法信息	dqeMethodInfo	数据质量评价方法信息	M	1	节	第19～37行
19	数据质量评价设定	dqeAssumptions	在制定和应用数据质量评价方法时设定的信息	O	1	字符串	自由文本
21	数据质量评价处理算法	dqeProcAlgorithm	如何处理数据以便确定数据质量结果的信息	M	1	字符串	自由文本(如果使用特定的计算机算法或命令，则应说明其名称)
22	数据质量评价参数信息	dqeParamInfo	数据质量评价方法所使用的参数信息	O	N	节	第23～37行
23	数据质量评价参数定义	dqeParamDefini-tion	数据质量评价方法所使用参数的定义信息	M	1	字符串	自由文本，如每种综合数据质量度量的权值
24	数据质量评价参数值	dqeParamValues	质量评价方法所使用的参数值	M	1	字符串	自由文本
25	数据质量评价参数的域	dqeParamDomain	记录数据质量评价参数值所使用的单位	M	1	字符串	自由文本

表 I.1(续)

行号	名称(中文)	名称(英文)	定义/内容	约束/条件	最大出现次数	数据类型	域
26	数据质量全检法	dqeFullInspec-Method	全检法的有关信息	C/采用全检法	1	节	第27~29行
27	数据质量全检类型	dqeFullInspecType	全检类型及检验程序说明信息	M	1	字符串	自由文本
28	数据质量检验的检验单元说明	dqeItemDescription	如何定义检验单元的信息	M	1	字符串	自由文本
29	参考文献	referenceDoc	制定、应用数据质量评价方法所参考的文献资料信息	O	N	类	CI_引用
30	数据质量抽样检验方法	dqeSampleMethod	抽样方法信息	C/使用抽样法	1	节	第31~37行
31	数据质量抽样检验模式	dqeSampling-Scheme	抽样模式类型和抽样程序描述信息	M	1	字符串	自由文本,如简单随机抽样:检验单元从每个检验批中抽样
32	数据质量检验的检验单元说明	dqeItemDescription	如何定义检验单元的信息	M	1	字符串	自由文本
33	数据质量检验批说明	dqeLotDescription	如何定义检验批的信息	C/使用检验批	1	字符串	自由文本
34	数据质量抽样检验比例	dqeSamplingRatio	从每个检验批或总体中平均抽取多少检验样本的信息	M	1	字符串	自由文本
35	数据质量评价数据源	dqeDeductive-Source	推断评价方法中用什么数据作为原始资料信息	C/采用推断评价方法	1	字符串	自由文本,如数据质量范围的数据志或用途
36	数据质量推断评价参考文献	dqeDeductRefDocs	用作推断基础的原始资料文献标识	M	N	字符串	自由文本
37	参考文献	referenceDoc	在制定与应用数据质量评价方法时参考的文件资料信息	O	N	类	CI_引用
38	综合数据源的值	aggSourceValues	为确定数据质量度量值和一致性,使用了哪些组成的数据集和综合了哪些数据质量度量的信息	C/综合计算结果	N	节	第39~44行
39	综合结果	aggResult	作为量化数据质量结果的值的说明	M	1	节	第40~44行
40	综合值域	aggValueDomain	记录的量化值的单位	M	1	字符串	自由文本,如米、千米

表 I.1(续)

行号	名称(中文)	名称(英文)	定义/内容	约束/条件	最大出现次数	数据类型	域
41	综合度量值	aggMeasureValue	度量所用的值	M	1	字符串	自由文本
42	综合错误统计	aggErrorStat	统计的类型	M	1	字符串	自由文本,如均方差
43	日期时间	dateTime	计算该值的日期和时间	O	1	日期时间	GB/T 7408
44	综合质量评价过程报告	aggQEPreport	质量评价报告的指针	O	1	类	CI_引用
45	质量评价过程其他说明	qepOtherDesc	包括中间结果等附加信息,这在评估数据质量度量值和确定一致性时是重要的	O	N	字符串	自由文本

附 录 J
（资料性附录）
综合数据质量结果

J.1 概述

数据集的质量可以用一种或多种综合数据质量结果（ADQR，aggregated data quality results）表达。ADQR将基于不同数据质量量化元素、数据质量量化子元素和/或数据质量范围进行质量评价的各种质量结果进行综合。

本附录以下的子条款中的示例说明可用来产生ADQR的各种方法。虽然这些示例用布尔值显示计算结果，但并不一定非要用布尔值表示。数据质量结果可以是量化的，或是非量化的，可以用数字或布尔值表示。尽管一个或几个单项的数据质量结果不可接受，但数据集的综合质量仍然可以认为是可以接受的。在任何情况下，综合结果的含义必须清楚。

鉴于可能难于完全理解ADQR，在基于综合数据质量结果对数据集的质量下结论之前，应当弄明白综合数据质量结果的含义。

本标准第8章说明了记录综合数据质量结果的要求。

J.2 100%合格/不合格

包含在综合计算中的每项数据质量结果均给予一个布尔值 v，1表示合格，0表示不合格。综合质量由下式决定：

$$ADQR = v_1 \times v_2 \times v_3 \times \cdots \times v_n \qquad \cdots\cdots (J.1)$$

式中：

n——数据质量度量项目数。

如果ADQR＝1，则认为数据集总体质量完全符合要求，因此是合格的。

如果ADQR＝0，则认为数据集总体质量不符合要求，因此不合格。该技术方法不提供说明不符合要求的地方或数量的结果。

J.3 加权合格/不合格

包含在综合计算中的每项数据质量结果均给予一个布尔值 v，1表示合格，0表示不合格。基于对产品目的的重要性，将权值 $0.0 \leqslant w \leqslant 1.0$ 赋给每项数据质量结果。所有权值的总和应等于1.0。权值的选择由数据生产者或用户决定。数据生产者决定的理由应作为数据质量结果的一部分记录。综合质量由下式决定：

$$ADQR = v_1 \times w_1 + v_2 \times w_2 + v_3 \times w_3 + \cdots + v_n \times w_n \qquad \cdots\cdots (J.2)$$

式中：

n——数据质量度量项目数。

该技术方法提供数值，说明度量的数据集对完全符合要求的接近程度。但它不提供量化的值，以说明哪里一致，哪里不一致。

J.4 对产品目的符合程度的数据质量结果子集

本条介绍的技术方法改进了前述100%合格/不合格与加权合格/不合格方法。从全面数据质量评价产生的数据质量结果中，选择综合计算所包含的数据质量结果子集。该子集表示对产品目的具有重要意义的数据质量结果。当度量的数据质量量化元素比满足产品规范和/或目的所需要的更多时，可采用该技术方法。

将100%合格/不合格、加权合格/不合格，或其他综合评价方法用于数据质量度量项目结果子集，以决定综合质量。

当应用该方法时，应提供文件说明选作子集组成部分的数据质量度量项目的标识。

J.5 最大/最小值

基于数据质量结果对产品目的的重要程度，每个数据质量结果均赋给一个值 v。数据生产者决定的理由应作为数据集质量结果的一部分予以记录。综合质量由以下任一公式决定：

$ADQR = \max.(v_i, i = 1 \cdots n)$

或

$ADQR = \min.(v_i, i = 1 \cdots n)$

式中：

n——实施度量的数据质量度量项目数。

该方法提供一个数值，说明度量的数据集接近完全符合要求的程度，但仅涉及用最大或最小值表示的数据质量度量项目。当选择的数据质量度量项目连同 ADQR 一起记录时，该方法提供量化值，说明哪里一致或哪里出现不一致。然而这类 ADQR 很少记录其他数据质量结果的大小。

附 录 K
（资料性附录）
数据质量度量组成部分

本附录定义一组数据质量度量。适用于按照GB/T 21337—2008规定的数据质量量化子元素记录数据质量。对每个数据质量量化子元素定义了多种度量，依据数据类型和它的目的进行选择。

本附录仅说明一组通用的，而不是每一种可能的数据质量度量。

GB/T 21337—2008规定了数据质量量化子元素的一组描述符，用于记录数据质量。其中之一是数据质量度量。数据质量度量用K.1列出的数据质量度量组成部分说明。

K.1 数据质量度量组成部分

每一种数据质量度量均用下列技术组成部分进行描述：

- 名称（K.2.1）；
- 别名（K.2.2）；
- 数据质量量化元素（K.2.3）；
- 数据质量量化子元素（K.2.4）；
- 数据质量基本度量（K.2.5）；
- 定义（K.2.6）；
- 说明（K.2.7）；
- 参数（K.2.8）；
- 数据质量值类型（K.2.9）；
- 数据质量值结构（K.2.10）；
- 参考资料（K.2.11）；
- 示例（K.2.12）；
- 标识符（K.2.13）。

K.2 数据质量度量组成部分详细说明

K.2.1 名称

数据质量度量的名称。

如果数据质量度量已经有通用的名称，应采用该名称。如果还没有，则应选用能反映该度量特性的名称。

K.2.2 别名

认可的同一数据质量度量的其他名称。既可以是另外的通用名称，也可以是缩写名或简称。

可以有一个以上的别名。

K.2.3 数据质量量化元素

进行该数据质量度量的数据质量量化元素的名称。

K.2.4 数据质量量化子元素

进行该数据质量度量的数据质量量化子元素的名称。

K.2.5 数据质量基本度量

每个数据质量基本度量由它的名称、定义和值类型描述。数据质量基本度量用它们的名称标识。

各种数据质量度量基于对出错检验单元数目的计算。也有一些数据质量度量与数值的不确定性有关。为避免重复，将能够构建与计数有关的所有数据质量度量方法，以及1维和2维随机变量通用统计度量方法定义为数据质量基本度量。

如果数据质量度量基于其中某一种数据质量基本度量，该数据质量基本度量的名称应填入该数据质量基本度量字段。如果数据质量度量不基于任何一种数据质量基本度量，则在该字段中说明不采用数据质量基本度量。数据质量基本度量还适用于产生新的数据质量度量，例如，记录不闭合的多边形，或其他由应用决定的数据质量度量。

K.2.6 定义

数据质量度量基本概念的说明。

如果数据质量度量由一种数据质量基本度量导出，则其定义基于该数据质量基本度量的定义，并专门为这一数据质量度量进行定义。

K.2.7 说明

数据质量度量的说明，包括用各种公式进行计算的方法和/或使用该度量产生的结果所需的图示说明。

如果数据质量度量使用误差概念，应说明如何将一个检验单元判别为错误的。

K.2.8 参数

数据质量度量，包括名称、定义和说明使用的辅助变量。

可以给出一个以上的参数。

K.2.9 数据质量值类型

记录数据质量结果的值的类型。

对一个数据质量结果应提出一种数据质量值类型。在适当的时候应采用 ISO/TS 19103 定义的数据类型。数据质量值类型示例见表 K.1。

表 K.1 数据质量值类型示例

布尔
实型
整型
比例(数型的分子:整型的分母)
百分数
度量(值+计量单位)

K.2.10 数据质量值结构

记录复杂的数据质量结果所采用的结构。

数据质量结果可能包含多个值。在这种情况下，数据质量结果应按表 K.2 给出的数据质量值结构进行组织。该结构可以包含同类或异类的数据质量值类型。可能的数据质量值类型见 K.2.9。

表 K.2 数据质量值结构

包
组
序列
表
矩阵
Coverage

注：一种结构内的值可以是多种的，例如，作为度量矩阵记录的协方差矩阵中，矩阵的元素可以有不同的度量单位，可以包含不同的数据质量值类型。

K.2.11　参考资料

数据质量度量引用的参考资料。

当外部资料中提供了补充信息的数据质量度量加入标准的数据质量度量表中时，该参考资料可在这里说明。

K.2.12　示例

应用数据质量度量，或该数据质量度量获得结果的示例。

可以提供一个以上的示例。

K.2.13　标识符

整型数，数据质量度量的唯一标识。

K.2.14　上述组成部分的约束条件

一些组成部分是必选的(M)，其他为条件必选(C)或可选的(O)。表K.3列出每个技术组成部分约束条件的更多信息。

表 K.3　数据质量度量组成部分的约束条件

序号	组成部分	约束/条件
1	名称	M
2	别名[a]	O
3	数据质量量化元素	M
4	数据质量量化子元素	M
5	数据质量基本度量	C/从基本度量导出?
6	定义	M
7	说明	C/定义不足以理解数据质量度量概念?
8	参数[a]	C/当需要时
9	数据质量值类型 a	M
10	数据质量值结构	O
11	参考资料[a]	C/有外部资料?
12	示例[a]	O
13	标识符	C/数据质量度量在注册簿中管理?

[a] 允许有多个。当可选元素或条件必选元素为无值时，应当将字符“—”赋给相应组成部分，以示说明。

参考文献

[1] ISO 2859(所有部分) 计数抽样检验程序

[2] ISO 3534-2:—[1] Statistics—Vocabulary and symbols—Part 2:Applied statistics

[3] ISO 3951-1:—[2] Sampling procedures for inspection by variables—Part 1:Specification for single sampling plans indexed by acceptance quality limit (AQL) for loy-by-lot inspection for a single quality characteristic and a single AQL

[4] GB/T 7408—2005 数据元和交换格式 信息交换 日期和时间表示法

[5] GB/T 19001—2000 质量管理体系 要求

[6] GB/T 18221—2000 信息技术 程序设计语言、环境与系统软件接口 独立于语言的数据类型

[7] ISO/TS 19103:2005 地理信息 概念模式语言

[8] ISO/TS 19138:2006 地理信息 数据质量度量

1) 待发布(ISO 3534-2:1993 的修订版)。

2) 待发布(代替 ISO 3951:1989 的修订版)。

ICS 35.240.70;07.040
L 67

中华人民共和国国家标准

GB/T 21337—2008/ISO 19113:2002

地理信息 质量原则

Geographic information—Quality principles

(ISO 19113:2002,IDT)

2008-01-09 发布 2008-08-01 实施

中华人民共和国国家质量监督检验检疫总局
中国国家标准化管理委员会 发布

前　言

本标准等同(IDT)采用国际标准化组织地理信息技术委员会(ISO/TC 211)制定的国际标准 ISO 19113:2002 Geographic Information—Quality principles,并做了如下改动:

a) 标准的编写方法执行了国家标准 GB/T 1.1—2000《标准化工作导则 第1部分:标准的结构和编写规则》的要求。

b) 将"本国际标准"和"ISO 19113"改为"本标准"。

c) 删除了原国际标准的前言。

d) 增加了规范性引用文件:GB/T 19000—2000 质量管理体系　基础和术语。

e) 将"ISO 19114:2003 Geographic Information —Quality evaluation procedures"改为"GB/T 21336—2008 地理信息　质量评价过程",将"ISO 19114"改为"GB/T 21336—2008";将"ISO 19115:2003 Geographic Information —Metadata"改为"GB/T 19710—2005 地理信息元数据";将"ISO 19115"改为"GB/T 19710—2005";将"ISO 19105"改为"GB/T 19333.5—2003";将"ISO 19108:2002 Geographic Information—Temporal schema(地理信息　时间模式)"改为"GB/T 7408—2005 数据元和交换格式　信息交换　日期和时间表示法",将"ISO 19108"改为"GB/T 7408"。

f) 按照全国科学技术名词审定委员会2002年公布的《测绘学名词》(第二版)确定术语"准确度 accuracy"及其定义。按照 GB/T 19000—2000 确定术语"质量 quality"的定义。

g) 将"data quality element"译为"数据质量量化元素","data quality subelement"译为"数据质量量化子元素","data quality overview element"译为"数据质量非量化元素"。

h) 删除了资料性附录C原有的示例内容,用我国《国家基础地理信息系统全国1:250 000地形数据库数据质量控制暂行规定》有关内容作为示例替代。

i) 增加了参考文献部分及相关内容。

本标准附录A为规范性附录,附录B和附录C为资料性附录。

本标准由全国地理信息标准化技术委员会提出并归口。

本标准起草单位:国家基础地理信息中心

本标准主要起草人:刘若梅、蒋景瞳、贾云鹏、周旭。

引　言

地理数据集的共享、交换和超出生产者预期目的的应用均在不断增加。数据集中数据的值与其质量直接相关，地理数据集的质量信息对选择数据集的过程至关重要。数据用户对数据质量的要求不完全相同。一些数据用户要求数据的准确度非常高，以满足特定的需求，而另一些用户对数据准确度的要求则相对较低。由于技术进步，允许收集和使用其质量超出数据用户需求的地理数据集，地理数据质量信息正成为数据应用的决定性因素。

描述地理数据质量是为了便于选择最适合应用需求的地理数据集。对数据集质量的完备描述能促进相应地理数据集的共享、交换和使用。地理数据集可看作是商品或产品。地理数据质量信息使数据生产者或供应方能够证实其数据集对产品规范规定的符合程度，并帮助数据用户确定产品满足其特定应用要求的能力。

本标准的目标是提供描述地理数据质量的基本元素和处理地理数据质量信息的概念。

地理信息　质量原则

1　范围

本标准确定了描述地理数据质量的基本元素，规定了质量信息报告的组成部分及组织数据质量信息的方法。

本标准适用于数据生产者提供质量信息，正式地或隐含地描述和评估其数据集按产品规范规定对论域映射的符合程度，并适用于数据用户确定特定的地理数据质量是否能满足他们的特定应用要求。获取和购买数据的有关单位应参照本标准，衡量产品是否满足规范的要求。它还可以用于定义应用模式和说明质量要求。

本标准的质量基本元素适用于数字地理数据，可以扩展用于识别、采集和报告地理数据集的质量信息，其基本元素还可扩展用于识别、采集和报告数据集系列，或作为数据集子集的较小数据组的质量信息。

虽然本标准适用于数字地理数据，但其基本元素可扩展用于许多其他形式的地理资料，如地图、图表以及文档。

本标准不对地理数据规定可接受的最低质量要求。

2　一致性

任何声明与本标准一致的产品，都要符合附录A提出的抽象测试套件中描述的所有要求。

3　规范性引用文件

下列文件中的条款通过本标准的引用而成为本标准的条款。凡是注日期的引用文件，其随后所有的修改单（不包括勘误的内容）或修订版均不适用于本标准，然而，鼓励根据本标准达成协议的各方研究是否可使用这些文件的最新版本。凡是不注日期的引用文件，其最新版本适用于本标准。

GB/T 7408—2005　数据元和交换格式　信息交换　日期和时间表示法(ISO 8601:2000,IDT)

GB/T 19000—2000　质量管理体系　基础和术语(ISO 9000:2000,IDT)

GB/T 19710—2005　地理信息　元数据(ISO 19115:2003,MOD)

GB/T 21336—2008　地理信息　质量评价过程(ISO 19114:2003,MOD)

ISO 19109:2005　地理信息　应用模式规则

4　术语和定义

本标准采用下列术语和定义。

4.1

准确度　accuracy

在一定观测条件下，观测值及其函数的估值与其真值的偏离程度。

4.2

一致性　conformance

满足规定的要求 。

[GB/T 19333.5—2003]

4.3

一致性质量级别　conformance quality level

数据质量结果的一个或一组阈值，用于确定数据集符合产品规范规定或用户要求的程度。

[GB/T 19336—2008]

4.4

数据质量日期　data quality date

度量数据质量的日期或日期范围。

4.5

数据质量量化元素　data quality element

说明数据集质量的量化组成部分。

[ISO 19101]

注：数据集数据质量量化元素的适用性既取决于数据集的内容也取决于其产品规范，因此并非所有数据质量量化元素都适用于所有数据集。

4.6

数据质量评价过程　data quality evaluation procedure

应用和记录质量评价方法及评价结果的操作。

4.7

数据质量度量　data quality measure

数据质量量化子元素的取值。

示例：正确的属性值所占的百分比。

4.8

数据质量非量化元素　data quality overview element

说明数据集质量的非量化组成部分。

[ISO 19101]

注：有关数据集目的、使用情况和数据志等信息是非量化质量信息。

4.9

数据质量结果　data quality result

数据质量度量得到的一个值或一组值，或者将获取的一个值或一组值同规定的一致性质量级别相比较得到的评价结果。

示例：数据质量量化元素及其数据质量量化子元素“完整性——多余”的数据质量结果为“90”、数据质量值类型为“百分比”，是对数据质量范围指定的数据进行数据质量度量而得到的值的例子。而数据质量结果为“真”、数据质量值类型为“布尔型变量”是将值(90)同规定的、可接受的一致性质量级别(85)相比较的例子，记录的评价结果为良好、合格或不合格。

4.10

数据质量范围　data quality scope

记录其质量信息的数据的覆盖范围或特征。

注：一个数据集的数据质量范围可以由该数据集所属的数据集系列组成，也可由该数据集本身，或是物理上位于数据集中、具有相同特征的较小的数据组组成。相同特征可以是相同的要素类型、要素属性或要素关系；可以是相同的数据采集标准；可以是相同的数据源；或是一个指定的地理或时间覆盖范围。

4.11

数据质量量化子元素　data quality subelement

数据质量量化元素的组成部分，描述该数据质量量化元素的一个特定方面。

4.12

数据质量值类型　data quality value type

记录数据质量结果的值的类型。

示例："布尔型变量"、"百分比"、"比率"。

注：每个数据质量结果都要给出数据质量值类型。

4.13

数据质量值单位　data quality value unit

记录数据质量结果的值的单位。

示例："米"。

注：只在应用数据质量结果时，才给出数据质量值单位。

4.14

数据集　dataset

可以识别的数据集合。

[GB/T 19710—2005]

注：通过诸如空间覆盖范围或要素类型的控制，数据集在物理上可以是更大数据集较小的部分。从理论上讲，数据集可以小到更大数据集内的单个要素或要素属性。一张硬拷贝地图或图表均可以被认为是一个数据集。

4.15

数据集系列　dataset series

符合相同产品规范的数据集集合。

[GB/T 19710—2005]

4.16

要素　feature

现实世界现象的抽象。

[ISO 19101]

注：要素可以作为类型或实例出现，当只能用一个含义时，应使用要素类型或要素实例。

4.17

要素属性　feature attribute

要素的特征。

[ISO 19101]

注：一个要素属性包括名称、数据类型和与之关联的值域等。一个要素实例的要素属性同样具有来自该值域的属性值。

4.18

要素操作　feature operation

一个要素类型的每个实例都可执行的操作。

[ISO 19110]

例1：对要素类型"水坝"执行的操作是提升坝面高程。该操作的结果是提高水库的蓄水位。

例2：要素类型"水坝"的操作可能阻断船沿河道航行。

注：要素操作提供要素类型定义的基础。

4.19

元数据　metadata

关于数据的数据。即数据的标识、覆盖范围、质量、空间和时间模式、空间参照系和分发等信息。

[GB/T 19710—2005]

4.20

产品规范　product specification

论域的描述和将论域映射到数据集的技术要求说明。

4.21

质量　quality

一组固有特性满足要求的程度。

[GB/T 19000—2000]

注1：术语“质量”可使用形容词如差、好或优秀修饰。

注2：“固有的”(其反义是“赋予的”)是指在某事或某物中本来就有的，尤其是永久的特性。

4.22

论域　universe of discourse

包含所关心的所有事物的现实或假设世界的视图。

[ISO 19101]

5　描述地理信息质量的原则

5.1　数据质量说明的组成部分

本标准可用于：

——确定和记录质量信息；

——评价数据集质量；

——制定产品规范和用户需求说明；

——确定应用模式。

GB/T 19710—2005 和 GB/T 21336—2008 说明记录质量信息的模式。

GB/T 21336—2008 提供数据集质量评价的框架。

ISO 19109:2005 说明采用的应用模式。

质量说明可应用于数据集系列、数据集，或物理上位于具有相同特征的数据集内的较小数据组，从而可以对其质量进行评价。

数据集质量应使用两个组成部分说明：

——数据质量量化元素；

——数据质量非量化元素。

数据质量量化元素、数据质量量化子元素以及数据质量量化子元素描述符说明数据集对产品规范规定的符合程度，并提供量化的质量信息。

数据质量非量化元素提供概括的非量化描述信息。

注：对不同于预期用途的特定应用，数据质量非量化元素是评价数据集质量的关键。

本标准认为量化和非量化质量信息可以是相关的。

质量信息的质量可包括质量信息可信度或可靠性的度量。此类信息记录在 GB/T 21336—2008 质量评价报告中。

图1给出数据质量信息的总貌。

附录B讨论数据质量概念，用于建立描述地理数据质量的组成部分。

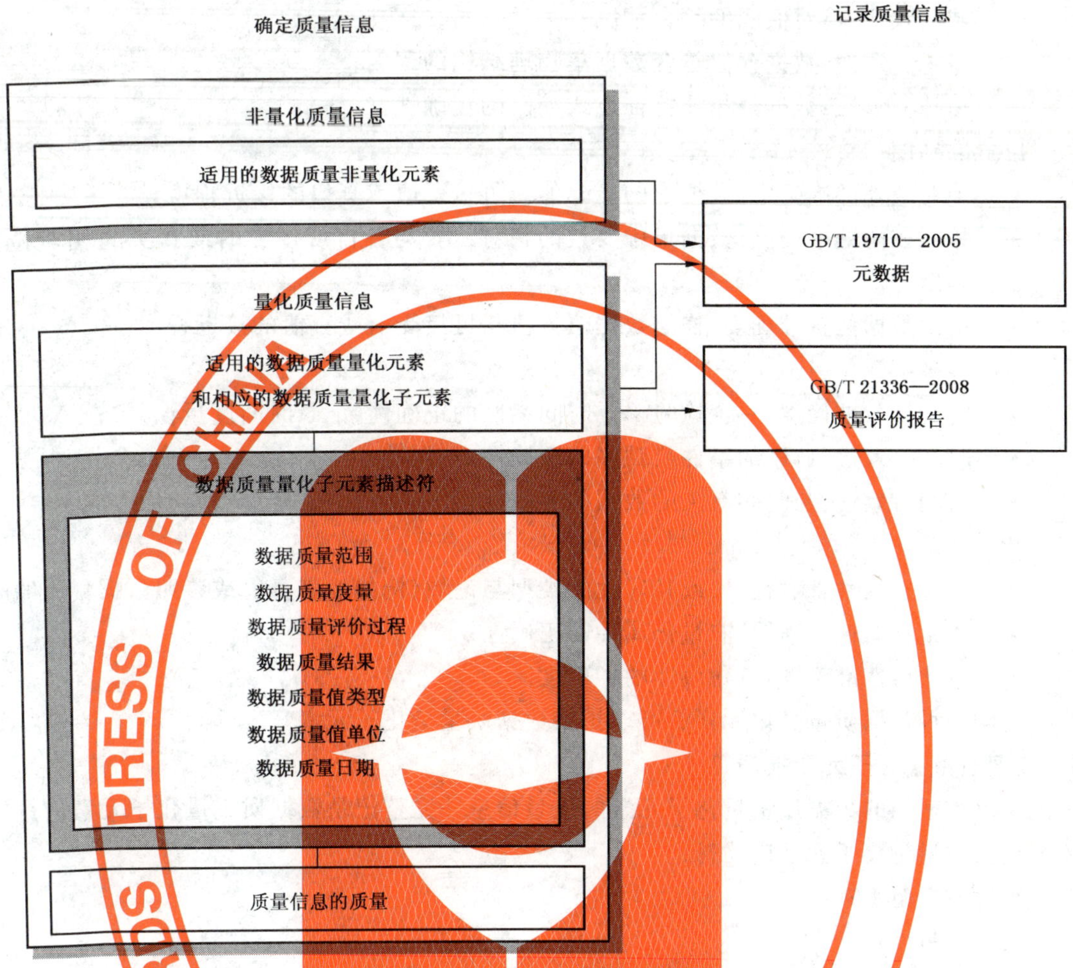

图 1 数据质量信息总貌

5.2 数据质量量化元素和数据质量量化子元素

5.2.1 数据质量量化元素

在必要时，应当用以下的数据质量量化元素描述数据集符合产品规范规定的程度：

——完整性：要素、要素属性和要素关系的存在和缺失；

——逻辑一致性：对数据结构（数据结构可以是概念的、逻辑的或物理的）、属性及关系的逻辑规则的符合程度；

——位置准确度：要素位置的准确度；

——时间准确度：要素时间属性和时间关系的准确度；

——专题准确度：量化属性的准确度、非量化属性的正确性、要素分类及其关系的正确性。

允许扩充新的数据质量量化元素，描述本标准未列出的数据集量化质量部分。

5.2.2 数据质量量化子元素

对于 5.2.1 中确定的数据质量量化元素，应使用下列适用的数据质量量化子元素描述数据集的量化质量情况：

——完整性

- 多余：数据集中含有多余的数据；
- 遗漏：数据集中缺少应该包含的数据。

——逻辑一致性

- 概念一致性:对概念模式规则的遵循程度;
- 域一致性:值对值阈的符合情况;
- 格式一致性:数据存储符合数据集物理结构的程度;
- 拓扑一致性:数据集拓扑特征显式编码的正确性。

——位置准确度

- 绝对或外部准确度:数据中的坐标值与可接受值或真值的接近程度;
- 相对或内部准确度:数据集中要素的相对位置与各自可接受的或真实的相对位置的接近程度;
- 格网数据位置准确度:格网数据位置值与可接受值或真值的接近程度。

——时间准确度

- 时间度量准确度:一个检验单元时间参照的正确性(记录时间度量误差);
- 时间一致性:有序的事件或顺序的正确性;
- 时间有效性:与时间有关的数据的有效性。

——专题准确度

- 分类正确性:赋给要素或其属性的类型与论域(例如地表真值或参照数据集)的比较;
- 非量化属性正确性:非量化属性的正确性;
- 量化属性准确度:量化属性的准确度。

以上任何一种数据质量量化元素都可以扩展数据质量量化子元素。

5.2.3 数据质量量化子元素描述符

应记录每个适用的数据质量量化子元素的质量信息。完整记录数据质量量化子元素信息的方法是采用7个数据质量量化子元素描述符:

——数据质量范围;

——数据质量度量;

——数据质量评价过程;

——数据质量结果;

——数据质量值类型;

——数据质量值单位;

——数据质量日期。

注:上述每个数据质量量化子元素描述符在第4章中定义。

5.3 数据质量非量化元素

应使用下列适用的数据质量非量化元素描述数据集的非量化质量:

——目的;

——使用情况;

——数据志。

目的应说明建立数据集的原因和数据集预期用途。

注:数据集的预期用途不一定与实际应用相同。数据质量非量化元素使用情况描述实际应用。

使用情况应说明数据集已经实现的实际应用,说明数据生产者或其他各种不同的数据用户对数据集的应用。

数据志应尽可能详细地描述数据集的历史,叙述数据集从采集和获取、编辑和派生,直到其当前状况的生命周期。

数据志可以包含两个独立的组成部分：

——说明数据集出处的数据源信息；

——处理步骤或历史信息，说明数据集建立过程中发生的事件或转换记录，包括是否持续地或周期性地对数据集进行维护处理，以及起止时间。

本标准未规定的数据集某一方面非量化质量，可另行扩展数据质量非量化元素予以描述。

6 地理信息质量的确定

6.1 量化质量信息的确定

6.1.1 概述

6.1说明确定量化质量信息的一般过程。某些条款不一定适合所有的情况。

6.1.2 适用的数据质量量化元素的确定

应确定适用于数据集的所有数据质量量化元素。某些数据质量量化元素可能不适用于特定类型的数据集。

注1：应参照数据集产品规范确定数据质量量化元素的适用性。

示例：仅以邮政编码作为空间参照的数据集不包含数据质量量化元素“位置准确度”。

注2：附录C为确定适用的数据质量量化元素的示例。

6.1.3 数据质量量化元素扩展

如果本标准中列出的数据质量量化元素不能充分表达质量的组成部分，可以命名和定义新的数据质量量化元素。扩展数据质量量化元素的名称和定义应作为数据集质量信息的一部分。

6.1.4 适用的数据质量量化子元素的确定

应确定每个适用的数据质量量化元素的所有适用的数据质量量化子元素（每个适用的数据质量量化元素，至少应确定一个适用的数据质量量化子元素）。一个适用的数据质量量化元素的某些数据质量量化子元素不一定适用于特定类型的数据集。

注1：应参照数据集的产品规范确定数据质量量化子元素的适用性。

注2：附录C为确定适用的数据质量量化元素的示例。

6.1.5 数据质量量化子元素扩展

如果本标准中列出的数据质量量化子元素不能充分表达质量的某一方面，可以命名和定义新的数据质量量化子元素。扩展的数据质量量化子元素的名称和定义应作为数据集质量信息的一部分。

6.1.6 数据质量量化子元素描述符的使用

6.1.6.1 数据质量范围

每个适用的数据质量量化子元素至少应确定一个数据质量范围。数据质量范围可以是数据集所属的数据集系列，也可以是数据集，或者是物理上位于具有相同特征的数据集中的比较小的数据组。如果不能确定数据质量范围，则数据质量范围应为数据集。

注：应参照数据集的产品规范和数据质量非量化元素提供的非量化质量信息确定数据质量范围。

质量在数据集内可能是变化的。可以为一个适用的数据质量量化子元素确定多重数据质量范围，以便比较完整地描述量化质量信息。应充分地说明数据质量范围，下列各项可以用于描述数据质量范围：

——层级（数据集所属数据集系列、数据集，或物理上位于具有相同特征的数据集中的比较小的数据组）；

——项（要素类型、要素属性和要素关系表）或特定项（要素实例、属性值和要素关系实例表）的类型；

——地理覆盖范围；

——时间覆盖范围(参照的时间框架和时间框架的准确度)。

6.1.6.2 数据质量度量

每个数据质量范围都应有一个数据质量度量,用于简要说明对数据质量范围指定的数据进行检测的类型,当有名称时应给出类型的名称,并应包括范围或限制参数。

注：范围或限制参数例子如可靠区间和误差率。

本标准认可使用多种检测来度量数据集的质量。单一的数据质量度量可能不足以对数据质量范围确定的数据进行全面的评价,也不足以为数据集所有可能的应用提供质量检测。数据质量度量的组合可以产生有用的信息。可以为数据质量范围确定的数据进行多重数据质量度量。

注：GB/T 21336—2008 包含数据质量度量类型名称和说明的示例。

6.1.6.3 数据质量评价过程

每个数据质量度量都应有数据质量评价过程。数据质量评价过程应说明,或引用文献说明对数据质量范围确定的数据如何进行数据质量度量的方法,并应包括所使用方法的记录。

注1：文献的例子如发表的文章或认可的行业标准。

注2：GB/T 21336—2008 包括适用于数据集的数据质量评价过程框架,并进一步阐明了数据质量评价过程中记录的信息类型。

6.1.6.4 数据质量结果

每个数据质量度量都应有数据质量结果,该数据质量结果应是下面两种情况之一：

——对数据质量范围确定的数据进行数据质量度量得到的一个值或一组值,或

——按照指定的可以接受的一致性质量级别,对数据质量范围确定的数据进行数据质量度量得到的一个值或一组值的评价结果。本标准中规定的这一类型数据质量结果为合格或不合格。

本标准中规定的这两种数据质量结果都可以采用。

注：GB/T 21336—2008 说明如何决定一致性质量级别。

6.1.6.5 数据质量值类型

每个数据质量结果都应有数据质量值类型。

注：数据质量值“合格或不合格”的类型是“布尔变量”。

6.1.6.6 数据质量值单位

必要时,每个数据质量结果应有适用的数据质量值单位。

6.1.6.7 数据质量日期

每个数据质量度量都应有符合 GB/T 7408—2005 规定的数据质量日期。

6.2 非量化质量信息的确定

6.2.1 确定适用的数据质量非量化元素

任何情况下数据集的目的都是适用的。

数据生产者已知的数据集的所有使用情况都是适用的。

数据集的数据志应当总是适用的。在极特殊的情况下,可能不知道有关数据志的信息。因此,应当记录数据志,或解释缺少数据志信息的原因。

数据质量范围确定的数据集中较小数据组的数据志,可以采集并不同于该数据集其余部分的数据志。可以为数据质量范围确定的数据集中较小数据组提供不同的数据志,作为数据集非量化质量信息的一部分,以使非量化质量信息更完整。

6.2.2 数据质量非量化元素扩展

如果本标准规定的数据质量非量化元素不能说明非量化质量的某一方面,可以命名和定义新的数据质量非量化元素。扩展的数据质量非量化元素的名称和定义应作为数据质量信息的一部分。

7 质量信息的记录

7.1 量化质量信息的记录

应按照 GB/T 19710—2005 的规定，作为元数据记录量化质量信息。

另外，可按照 GB/T 21336—2008 的规定，采用质量评价报告形式记录量化质量信息。

7.2 非量化质量信息的记录

应按照 GB/T 19710—2005 的规定，作为元数据记录非量化质量信息。

注：在 GB/T 21336—2008 定义的质量评价报告中，不记录非量化质量信息。

附 录 A
(规范性附录)
抽象测试套件

A.1 抽象测试套件

A.1.1 概要

本附录中的所有测试用例的测试类型都是基本测试。

A.1.2 测试用例标识符:组成部分测试

a) 测试目的:保证质量组成部分都在质量说明中使用,以确定一致性。

b) 测试方法:检查质量说明并检验用于提供量化质量信息的数据质量量化元素(以及数据质量量化子元素和数据质量量化子元素描述符)。

检查质量说明并检验用于提供非量化质量信息的数据质量非量化元素。

c) 引用:本标准,5.1。

A.1.3 测试用例标识符:有效性测试

a) 测试目的:保证数据质量的有效性,以确定一致性。

b) 测试方法:检查数据质量说明,并检验本标准列出的或扩展的数据质量量化元素和数据质量量化子元素,并说明本标准没有明确规定的量化质量组成部分或某一方面。

检查质量说明并检验为说明量化质量而使用的、本标准规定的数据质量量化子元素描述符。

检查质量说明并检验本标准列出的数据质量非量化元素,或扩展和说明的、本标准未明确规定的非量化质量的范围。

c) 引用:本标准,5.2 和 5.3。

A.1.4 测试用例标识符:量化质量适用性测试

a) 测试目的:保证量化质量说明的适用性,以确定一致性。

b) 测试方法:标识产品规范中与量化质量有关的陈述,并用它们确定适用的数据质量量化元素及其适用的数据质量量化子元素。将适用的数据质量量化子元素与质量说明中使用的数据质量量化子元素进行比较,确保适用于数据集的所有数据质量量化子元素已经在质量说明中确定和使用。

注:如果额外使用了非适用的数据质量量化子元素来描述量化质量,则一致性是有效的。然而,非适用的数据质量量化子元素不能进行进一步的一致性测试。

c) 引用:本标准,6.1。

A.1.5 测试用例标识符:非量化质量适用性测试

a) 测试目的:保证非量化质量说明的适用性,以确定一致性。

b) 测试方法:检查用于描述非量化质量的适用的数据质量非量化元素。

c) 引用:本标准,6.2。

A.1.6 测试用例标识符:唯一性测试

a) 测试目的:保证质量说明中扩展条目的唯一性,且提供有关扩展条目的足够信息,以确定一致性。

b) 测试方法:检查所有扩展的数据质量量化元素,确保每一个元素说明的量化质量的组成部分,在本标准中没有明确列出或描述。

检查所有扩展的数据质量量化子元素,确保每一个子元素说明的量化质量的某一方面,在本标准没有明确列出或描述。

检查所有扩展的数据质量非量化元素，确保每一个元素说明的非量化质量的某一方面，在本标准中没有明确列出或描述。

c） 引用：本标准，6.1.3，6.1.5 和 6.2.2。

A.1.7 测试用例标识符：数据质量量化子元素描述符的正确使用

a） 测试目的：检验质量说明中数据质量量化子元素描述符使用的正确性，以确定一致性。

b） 测试方法：将本标准和每个适用的数据质量量化子元素（包括扩展的数据质量量化子元素）的质量信息进行比较，确保遵从了使用数据质量量化子元素描述符的出现规则。

c） 引用：本标准，6.1.6。

A.1.8 测试用例标识符：用元数据记录质量信息

a） 测试目的：检验用元数据记录的质量说明，以确定一致性。

b） 测试方法：按照 GB/T 19710—2005 检查元数据中记录的量化质量信息。
按照 GB/T 19710—2005 检查作为元数据记录的非量化质量信息。

c） 引用：本标准，第 7 章。

A.1.9 测试用例标识符：用质量评价报告记录量化质量信息

a） 测试目的：检验用质量评价报告记录的质量说明的量化质量信息，以确定一致性。

b） 测试方法：按照 GB/T 21336—2008 的要求，检查质量评价报告中的量化质量信息。

c） 引用：本标准，7.1。

附　录　B
（资料性附录）
数据质量概念及其应用

B.1　背景

数据集定义为可识别的数据集合。这些数据表示现实世界的实体，它们具有空间、专题和时间方面的特征。从现实世界到论域的抽象过程包括将现实世界实体潜在的许多特征模型化为用位置、专题和时间定义的理想形式，以使这些实体可以理解和表示。产品规范说明论域，依据它检测数据集内容（或部分内容）的质量。

B.2　数据质量概念的意义

由于数据集一般不是为某一专门应用生产，而是为多种应用生产的，因此只能通过了解数据质量量化元素和数据质量非量化元素对数据集质量进行评价。数据质量量化元素评价生产的数据集与论域（即完全符合产品规范的数据集）之间的差异。数据质量非量化元素提供一般的、非量化的信息。其中：目的是提供生产数据集动机和预期的数据集应用信息，使用情况提供数据集已经实际使用的各种应用信息，数据志说明数据集的历史。

数据质量概念为数据生产者和数据用户提供重要的框架。数据生产者可以用其说明生产数据集所用的方法反映其论域的好坏程度。数据生产者能够用其证实数据集满足产品规范规定的程度。数据用户可以用其评价从论域导出的数据集与用户应用需求的一致性。数据用户可以评价质量，确定数据集是否能满足其应用需求（见图 B.1）。

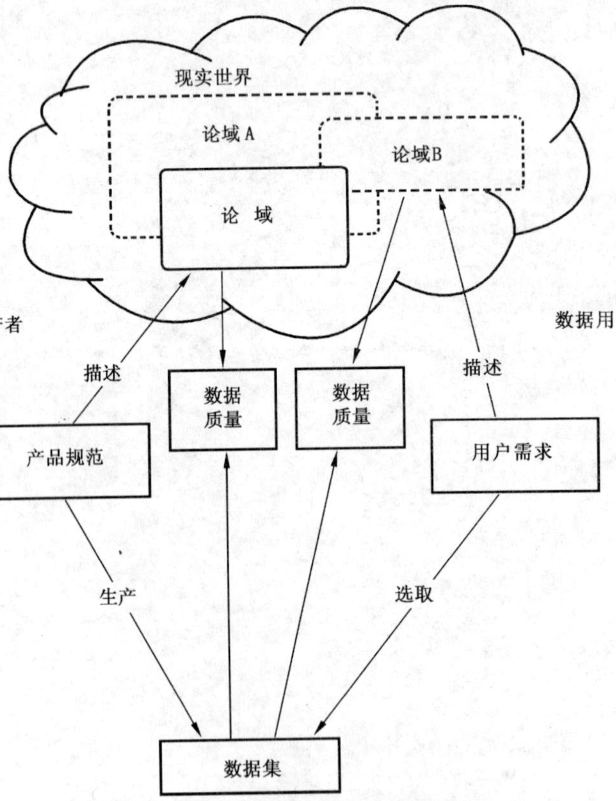

图 B.1　数据质量概念提供的框架

B.3 数据集结构和质量说明组成部分

数据集可以隶属于数据集系列。一个数据集系列所属的所有数据集的质量通常是相同的。数据质量概念认可数据集系列，并顾及用数据集系列的质量替代和记录数据集的质量。

数据集可以看作由大量，但数量有限的较小数据组构成。可以认为共享相同特征，如属于同一要素类型、要素属性或要素关系，或采用相同的数据采集规定或相同覆盖范围的较小数据组具有相同的质量。较小数据组可以小到一个要素实例、属性值或一种要素关系，在理论上数据质量概念允许数据集的每个要素实例、属性值和要素关系具有其自身的质量。不可以假定较小数据组的质量与数据集所属其他数据具有相同的质量。数据质量概念考虑了记录数据集质量，同时通过将这些数据组确定为数据质量范围指定的数据，补充记录较小数据组质量的不同。记录的多重数据质量范围的质量信息提供更加完整的质量描述。

注：对数据生产者而言，产品规范描述论域并包含建立数据集的参数。对数据用户而言，用户需求描述论域，它可能与数据集的论域一致或不一致。数据集的真实质量说明它表示论域的好坏程度。

为描述数据集的质量，采用两种唯一的数据质量信息组成部分：量化质量组成部分和非量化质量组成部分。数据质量量化元素是质量信息的量化组成部分；数据质量非量化元素是数据质量的非量化组成部分。

数据质量量化元素能够衡量数据集符合其产品规范规定的好坏程度。数据质量量化元素含有不同的数据质量量化子元素。数据质量量化子元素可以用多种方法度量或检测。数据质量概念认为并非所有数据质量量化元素，或所有数据质量量化子元素及其相应的度量和检测方法都适用于某一特定类型的数据集。因而，一些数据质量量化子元素适用于一个数据集和对它们进行度量或检测，而其他数据质量量化子元素则适用于数据质量范围说明的数据集中较小的数据组和对它们进行度量或检测。

本标准规定的数据质量量化元素，主要作为检测和记录不同种类质量信息的方法。然而，本标准还认定数据质量量化子元素常常是相关的。例如，坐标的错误至少有两种：位置错误和拓扑关系错误。按照产品和数据质量量化子元素处理方法，数据质量量化子元素的含义是质量评价的范围。

数据质量量化元素能够衡量数据集满足其产品规范规定的程度，而数据质量非量化元素则提供目的、用途和数据志信息，便于为特定应用对数据集进行评价。

B.4 记录质量信息

B.4.1 记录质量信息的时间

随着数据集的不断建立、更新和融合，数据集的质量或质量的组成部分可能随之发生变化。数据集的质量信息可能受到3种情况影响：

a) 数据集中删除、修改或增加了任何数量的数据；

b) 数据集产品规范进行了修改；

c) 现实世界发生了变化。

第一种情况，数据集可能非常频繁地修改。许多数据集不是静态的。信息的交换、多重目的的数据集应用、为满足多重目的而进行的数据集更新和优化等都在不断进行。如果记录的数据集质量会随数据集的修改而改变，该数据集质量应当重新进行评价，并按要求进行更新。

在建立数据集时，应当可以获得所有适用的数据质量量化元素和除应用外所有数据质量非量化元素的完整信息。起初只能记录数据生产者的应用情况（假定数据生产者事实上使用了数据集）。依据数据用户提供不同于数据集预期目的的实际应用，能够对该特定的数据质量非量化元素连续进行更新，反映已经发生的、未预料的应用。

第二种情况，在数据集最初建立之前和发布质量信息之前，最有可能修改数据集的产品规范。可以想像由于数据集执行更新过的产品规范，因此对数据集的进一步修改能更好地满足实际需要。由于产品规范的改变，当前数据集的质量也随之改变。数据集质量信息应当总是反映按当前产品规范生产的当前数据集的质量。

第三种情况，现实世界变化不断地出现。这种变化可能由于自然现象如地壳运动或侵蚀而产生，但最常见的是人类活动的结果。变化常常是快速的和动态的。由于这一原因，当评价数据集质量时，数据采集日期是重要的。在某些情况下，如果知道变化的比率也是有意义的。

质量信息的数量和存储要求可以超越数据集的要求。重要的是用简洁、易于理解和易于获取的形式表示质量信息。

元数据文件或元数据库一般包含数据集系列、数据集或数据组的质量信息。其中，数据组是按数据质量范围说明，大于要素实例、属性值或出现的要素关系的数据质量范围。

B.4.2　用元数据记录质量信息

B.4.2.1　用元数据记录量化质量信息

可以记录数据集多重数据质量范围的量化质量信息。数据质量范围说明的数据可能包含数据集所属的数据集系列、数据集本身、物理上位于数据集内的较小数据组。

数据质量概念允许用数据集所属数据集系列的量化质量信息替代，因为数据集系列的所有数据集的质量是相同的，且在数据集系列层次上度量是最好的。质量信息可以作为数据集系列的元数据存储，在这种情况下，数据集的元数据必须提供指向它的指针，或在数据集元数据中重复该质量信息，并将其作为数据集元数据的一部分。如果已知数据集的质量信息是独特的，与数据集系列中其他数据集的质量信息不同，则应提供该数据集独特的和不同的质量信息，而不进行替代。

量化质量信息可以按数据集和数据质量范围说明的许多较小数据组进行采集，它们的量化质量信息可以不同。记录的量化质量信息的数量部分地取决于确定的数据质量范围的数目。仅当与“较高”等级记录的质量信息不同时，才特别地记录数据质量范围说明数据的量化质量信息。

在记录质量信息时，典型的是从最高等级的数据集开始，通过数据集向下记录。表 B.1 示出这一情况。

表 B.1　分等级的量化质量信息记录

数据质量范围说明的数据	位置准确度/绝对或外部准确度数据质量结果	记录的位置准确度/绝对或外部准确度数据质量结果
数据集	1.35	1.35
道路	1.10	1.10
水系	1.35	不记录
铁路	1.20	1.20
管线	1.80	1.80

注：上例中所有数据质量结果的数据质量值类型为“距离”，所有数据质量结果的数据质量值单位为“米”。

为了使创建、存储和解释该示例元数据的工作减到最小，建议仅对数据集和数据质量范围说明的“道路”、“铁路”和“管线”包含的数据作为元数据记录质量信息。数据质量范围说明的“水系”包含的数据的质量信息则予以省略。

GB/T 19710—2005 未明确提供量化质量信息记录，作为要素实例、属性值或出现的要素关系的元数据（这可以通过确定数据质量范围说明的数据为要素实例、属性值或出现的要素关系予以解决）。当出现的要素关系与其父类型的量化质量信息不同时，可以将该质量信息处理为在数据集中出现的属性。记录的层次原理也可以在数据类型和出现的要素关系之间应用。建议仅当要素实例的量化质量信息与其父要素类型不同时才记录，仅当属性值的质量信息与其父要素属性不同时才记录，且仅当出现的要素关系的质量信息与其父要素关系不同时才记录。由于属性在数据集中出现的方式是依赖于数据集的，因此不对要素实例、属性值或出现的要素关系的质量信息的实际归属提供指导。

图 B.2 表示作为元数据记录数据集量化质量信息的层次，并提出记录方法建议（或者作为元数据文件或元数据库的一部分，或者作为数据集的属性）。

GB/T 21336—2008 提出了量化质量信息过多和需要压缩这类信息的问题，以及质量评价报告需要使用更详细量化质量信息的问题。

B.4.2.2 用元数据记录非量化质量信息

数据质量非量化元素中的目的和使用情况质量信息是基本信息，仅与数据集有关，且仅为数据集记录。如果数据集隶属数据集系列且共享相同的目的和使用情况，本标准允许取代数据集系列的目的和使用情况。在取代时，数据集的元数据可以指向数据集系列元数据的目的和使用情况，而不是重复该信息。

数据质量非量化元素中的数据志质量信息是数据集的基本信息。另外，数据志信息可以按数据集和数据质量范围说明的许多较小数据组进行采集，它们的数据志可以不同。建议只当数据质量范围说明的较小数据组的数据志与记录的数据集的数据志不同时，才进行采集。（同样，本标准允许记录数据集所属数据集系列的数据志信息，而不记录数据集的实际数据志。在替代时，数据集元数据指向数据集系列元数据中的数据志，而不是对该信息进行重复。）

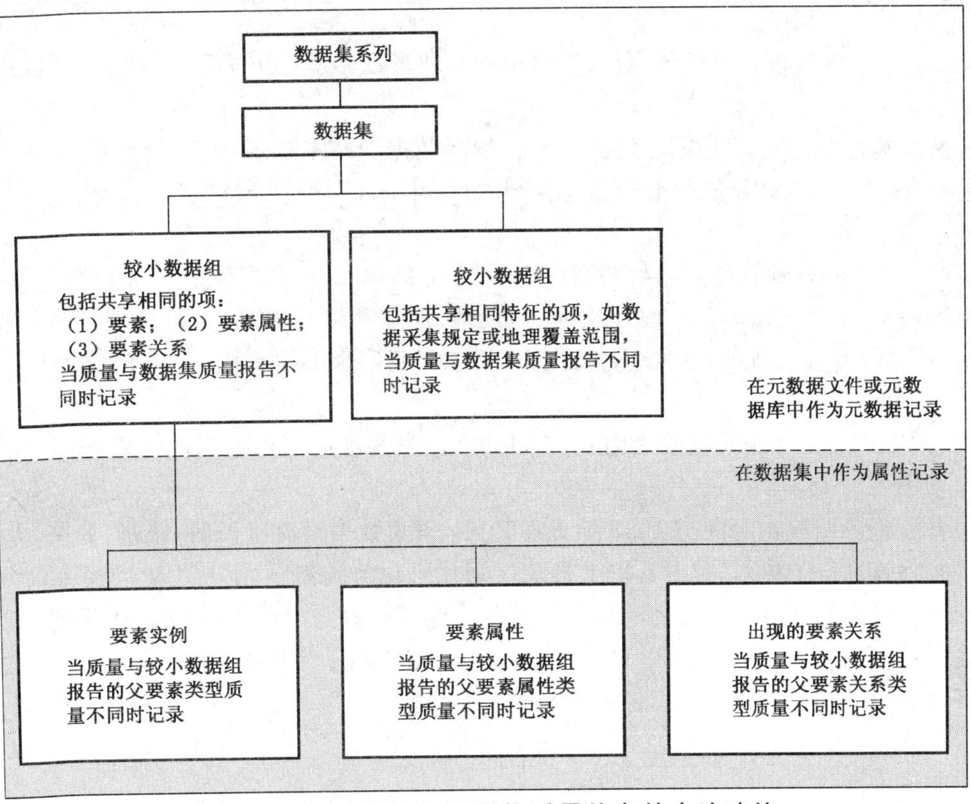

图 B.2 用元数据记录量化质量信息的方法建议

附 录 C
（资料性附录）
数据质量量化元素、数据质量量化子元素和数据质量非量化元素——国家基础地理信息系统全国1∶250 000地形数据库示例

C.1 概述

示例说明数据生产者依据产品规范，通过确定适用的数据质量量化元素和数据质量量化子元素，对有关量化质量元素信息的评价。一旦确定了应用某个数据质量量化子元素，则用产品规范确定相应的数据质量范围。

示例还包括数据生产者通过编辑适用的数据质量非量化元素信息，对非量化质量信息的评价。

示例不包括元数据或质量评价报告那样的有关实际质量信息的记录。

C.2 背景信息

数据集：国家基础地理信息系统全国1∶250 000地形数据库（NFGIS 1∶250 000数据库）

产品规范：

a) 国家基础地理信息系统全国1∶250 000地形数据库技术规定，国家测绘局1996年批准。

b) 1∶250 000比例尺地形图编绘规范及图式（GBCH IV-302-85），国家测绘局制定，测绘出版社1985年出版。

产品说明：国家基础地理信息系统（NFGIS）全国1∶250 000数据库是全面反映我国自然地理条件和社会经济概况（如水系、境界与政区、交通、居民地、地形和地名等）的基础地理信息数据库，它包括地形数据库、数字高程模型（DEM）和地名数据库，覆盖了我国全部领土范围（无1∶250 000地形图的海域暂不包含在内）。

NFGIS全国1∶250 000数据库采用1∶250 000国家基本比例尺地形图为数据源，经差1°×纬差1.5°为一幅，共计816幅。

1∶250 000地形图编制时间为1983年—1989年，采集数据时对居民地、铁路、公路、大型水利工程和部分行政区划等进行了更新，其中县以上行政区划代码现势资料截止日期为1994年12月30日，个别省份居民地更新至1997年4月，香港特别行政区行政区划界资料截止日期为1997年7月1日，其余更新资料截止日期为1995年12月30日。2003年各要素进行了全面更新。

NFGIS全国1∶250 000数据库地形数据库数据采用×××格式存贮，在需要时可以转换成多种常见的通用数据格式。

数据分层见表C.1。

表C.1 NFGIS全国1∶250 000数据库地形数据库数据分层表

要素类别	层名	属性表	主要要素	属性内容
水系	HYDNT	HYDNT. PAT	面状、线状河流、渠道、面状湖泊、水库、海岸线、各种滩地等	分类码、河流码、河流名称、湖泊名称、接口码
		HYDNY. AAT		
		HYDNT. PATLAKE		
		HYDNT. RATHYD		
		HYDNT. SECHYD		
	HYDLK	HYDLK. PAT	不依比例水库、瀑布、泉、井、蓄洪区范围线、点状岛屿、各种礁等	分类码、河流名称、湖泊名称、接口码
		HYDLK. AAT		

表 C.1(续)

要素类别	层名	属性表	主要要素	属性内容
居民地	RESPY	RESPY.PAT	面状居民地	分类码、居民标准名称、接口码
		RESPY.PATPOPU		
	RESPT	RESPT.PAT	点状居民地	分类码、居民标准名称、接口码
铁路	RAILK	RAILK.PAT	铁路路线及附属物	分类码、铁路路线编号
		RAILK.AAT		
		RAILK.RATRAI		
公路	ROALK	ROALK.PAT	公路、其他道路及附属物	分类码、路线编号、道路附属设施、接口码
		ROALK.AAT		
		ROALK.RATHIG		
		ROALK.SECHIG		
		ROALK.RATNAT		
		ROALK.SECNAT		
境界与政区	BOUNT	BOUNT.PAT	境界及行政区划	分类码、行政区划代码
		BOUNT.AAT		
		BOUNT.PATPROV		
		BOUNT.PATDIST		
		BOUNT.PATCNTY		
	BOUPT	BOUPT.PAT	境界附属物	分类码、界碑编号
地形	TERNT	TERNT.PAT	沼泽、盐田、水中滩、雪被、沙漠、戈壁等	分类码
		TERNT.AAT		
	TERLK	TERLK.PAT	等高线、等深线、高程点、三角点、冲沟、陡石山、火山、溶斗等	分类码、高程值
		TERLK.AAT		
其他要素	OTHNT	OTHLK.PAT	自然保护区、长城等	分类码、名称、接口码
		OTHLK.AAT		
辅助要素	ATNLK	ATNLK.PAT	山峰名、散列地名中轴线等	分类码、名称、接口码
		ATNLK.AAT		
坐标网	GGDLN	GGDLN.AAT	15′×10′的经纬网(地理坐标系)	分类码、经纬度值
	NETLN	NETLN.AAT	10 km×10 km 的公里网(高斯—克吕格投影坐标系)	分类码、公里网坐标值
数据质量	QUAPY	QUAPY.PAT	编图资料分区	资料比例尺、年代、单位等
		QUAPY.PATDESC		

NFGIS 全国 1∶250 000 数据库作为我国国家空间数据基础设施(NSDI)中基础数据集的重要组成部分,不仅能为国家级应用部门,包括国务院各部、委、局和国防部门提供公共基础地理信息平台和快速有效的决策支持,而且能为省级机构和其他部门提供分析应用的科学依据,同时适用于 1∶250 000 及更小比例尺数字地图的快速编制和更新。

C.3 有关量化质量信息的评价

并非所有数据质量量化元素和数据质量量化子元素都适用于特定数据集的量化质量评价，因为有些元素不能与产品规范对应。表C.2列出适用于NFGIS全国1∶250 000数据库地形数据库的数据质量量化元素和数据质量量化子元素。

表C.2 量化质量信息评价示例

《国家基础地理信息系统全国1∶250 000数据库数据质量控制暂行规定》中的相应段落		应用的数据质量元素 数据质量子元素	定义的数据质量范围
段落编号	文字说明		
10.1.1	数据层的完整性：由于地理要素空间分布的地域性，不同图幅的数据层可能不同。需检查各图幅应有数据层是否齐全，所缺的数据层是否合理。 ——应有的数据层中缺少任一层计为一个A类缺陷； ——不应有的数据层多一层计为一个C类缺陷。 (数据质量范围为全部13个数据层)		
10.1.2	数据层内部文件的完整性：数据层内部文件包括空间数据文件和属性数据文件。其中TIC、BND每层必须有，PRJ、TOL、LNK、MSK等每层可能有，其他规定的数据层内部文件因几何特征不同而不同，下列空间数据文件和属性数据文件分别是不同几何特征数据层必须有的： 几何特征为NT的层应有ARC，LAB，PAL，CNT，AAT，PAT 几何特征为LK的层应有ARC，LAB，AAT，PAT 几何特征为PT的层应有LAB，PAT 几何特征为PY的层应有ARC，LAB，PAL，CNT，PAT 几何特征为LN的层应有ARC，AAT 由于误操作或对数据做过其他处理，可能存在除上述这些数据层之外的、不应有的数据文件，上交数据前必须全部查出，删除干净。 ——凡有属性内容的文件，缺少其中任何一个均计为一个A类缺陷；无属性内容的文件，缺少任何一个均计为一个C类缺陷。 ——各个数据层中有一个或多个多余的空间数据文件或属性文件均计为一个C类缺陷。	完整性 多余 遗漏	13个数据质量范围，每个包含一个数据层
10.1.3	属性项完整性：检查应有的属性文件中的属性项是否缺项，顺序是否正确。在某些情况下，即使图幅中没有要采集的属性数据，其属性项也应设置完整、顺序正确。 ——任何一个属性表中的属性项，若有属性值，而属性项设置不全(缺项)计为一个A类缺陷；若无属性值，而属性项设置不全则计为一个C类缺陷。 ——任何一个属性表中的属性项顺序错误，计为一个C类缺陷。		

表 C.2(续)

《国家基础地理信息系统全国 1:250 000 数据库数据质量控制暂行规定》中的相应段落		应用的数据质量元素 数据质量子元素	定义的数据质量范围
段落编号	文字说明		
10.1.4	要素完整性:根据技术规定"要素分类代码表",检查各数据层应有的要素是否有遗漏或多余,弧段遗漏指遗漏部分的弧段长度>0.3 mm。 ——应有的数据层有层名而无数据内容,计为一个A类缺陷。 ——HYDNT层:五级(含五级)以上河流及其连通的水库、湖泊,国界线附近的岛屿,每遗漏一个弧段或多边形计为一个B类缺陷。 ——HYDLK层:国界线附近的点状岛屿或各种礁,每遗漏一个点或弧段计为一个B类缺陷。 ——RESPT层:遗漏县级以上(含县级)居民地(包括几何中心点),每漏一个计为一个B类缺陷;乡镇居民地(包括几何中心点)每漏一个计为一个C类缺陷;其他居民地每漏一点计为一个D类缺陷。 ——RESPY层:遗漏县级以上(含县级)居民地多边形,每漏一个计为一个B类缺陷;县以下居民地多边形每漏一个,或不应处理成多边形的每多一个,均计为一个C类缺陷。 ——RAILK层:有铁路路线编号的铁路路线,每漏一个弧段,计为一个B类缺陷;其他线路每漏一弧段,计为一个C类缺陷。 ——ROALK层:高速公路、一级公路、国道、省道,每漏一个弧段,计为一个B类缺陷;县、乡道每漏一弧段,计为一个C类缺陷;其他道路每漏一弧段,计为一个D类缺陷。 ——BOUNT层:国界,每漏一个弧段,计为一个A类缺陷;其他境界每漏一个弧段,计为一个B类缺陷;国界线附近的岛屿,每遗漏拷贝一个多边形计为一个B类缺陷。 ——BOUPT层:国界上的界碑、界桩,每漏一个点,计为一个B类缺陷。 ——上述各层的其他要素及其他层各要素:每漏一个点、弧段或多边形,计为一个C类缺陷;各层不应数字化的多余的要素,每多一个,计为一个D类缺陷。	完整性 多余 遗漏	13个数据质量范围,每个包含一个数据层
10.2.1	属性一致性:包括属性项定义、属性项之间关系、属性值逻辑一致性(异常值等)、代码一致性等。 ——任一属性项的任一内容(名称、输入宽度、输出宽度、数据类型、小数点后位数)定义错误(含由某项内容定义错误导致的其他项内容定义错误)计为一个B类缺陷。如果此缺陷无法通过简单操作修改,须重新采集数据,则计为一个A类缺陷。 ——属性项之间关系错误,按属性精度错误计缺陷类别。	逻辑一致性 属性一致性	数据集

表 C.2(续)

《国家基础地理信息系统全国 1:250 000 数据库数据质量控制暂行规定》中的相应段落 段落编号	文字说明	应用的数据质量元素 数据质量子元素	定义的数据质量范围
10.2.2	格式一致性:对上交数据的数据格式进行检查。 ——一个数据文件的数据格式无法转换成规定的格式计为一个 A 类缺陷。	逻辑一致性 格式一致性	数据集
10.2.4	拓扑一致性:按技术规定要求,不同几何特征层的属性文件中 PAT 虽名称一致,但实质有所区别: 几何特征为 NT 和 PY 的数据层应为:PAT(面) 几何特征为 LK 和 PT 的数据层应为:PAT(点) 应检查各数据层是否有 PAT 文件,性质是否正确。 ——数据层应有的 PAT(面)或 PAT(点)属性文件,凡有属性内容的文件,错误生成其中任何一个均计为一个 A 类缺陷;无属性内容的文件,错误生成任何一个均计为一个 C 类缺陷。 拓扑一致性检查还包括线拓扑(伪节点、悬挂节点)、面拓扑(多边形闭合、Label 点)检查,及编辑后是否重建拓扑关系检查。 ——数字化弧段存在不合理的伪节点、悬挂节点,每 2 处计为一个 D 类缺陷。 ——存在不闭合的多边形或多边形有多余或缺少的 Label 点,每处计为一个 D 类缺陷。 ——数据层最后一次编辑完成后未重建拓扑关系,计为一个 B 类缺陷。	逻辑一致性 拓扑一致性	数据集
10.3.1	绝对位置准确度:检查数据与理论坐标之间的误差是否超限,控制数字化时 TIC 点输入的 RMS,不得超过规定值[+0.076 2 mm(+0.003 英寸)];TRANSFORM 的 RMS 不应有异常值。 ——要求作业员作业时严格控制。	位置准确度 绝对位置准确度	数据集
10.3.2	相对位置准确度:利用检查用图与二底图套合,检查数据与原图之间的相对误差是否超过规定值: (1) 各层都应检查的内容: a) 点精度,误差是否≤+0.25 mm;线精度,一般弧段误差是否≤+0.20 mm,等高线误差是否≤+0.30 mm。 b) 同一条弧段上的相邻数字化点之间的最大距离是否在 10 mm 之内。 c) 是否有由于扫描数字化产生,或重复数字化经 Clean 后产生的长度<1 mm 的短弧段。 d) TIC 点顺序是否正确。 (2) 不同层还应分别检查的内容: (详细内容略)	位置准确度 相对位置准确度	1. 数据集 2. RESPY 层
10.3.3	居民地轮廓图形和其他需预处理综合的多边形的相似性:检查图形综合的变形误差是否超限。		

表 C.2(续)

《国家基础地理信息系统全国 1∶250 000 数据库数据质量控制暂行规定》中的相应段落		应用的数据质量元素 数据质量子元素	定义的数据质量范围
段落编号	文字说明		
10.5.1	位置接边: ——线状要素不与理论图廓吻合,误差大于 2 m(实地),每一处算为一个 C 类缺陷; ——按要求应该接边而未接的地方,视为位置精度缺陷,根据位置精度检查与缺陷评定规定,不同的要素确定相应缺陷类别; ——如果原图接边良好,接边处的位置精度偏移超过 0.3 mm,按照位置精度检查办法执行,位置精度检查已经计错的地方,不重复计算缺陷; ——如果原图不接边,按规定距离在 2 mm 以内应强行接边的,位置精度可以放宽,但必须是两边各移一半,否则按位置精度缺陷处理; ——如果原图不接边,距离在 2 mm 以上的强行接边,接边应合理,否则视为 D 类缺陷。	位置准确度 相对位置准确度	1. 数据集 2. RESPY 层
10.4	量化属性准确度:检查每层要素的各属性项中每一个多边形、每一条弧段和每一个点属性代码或属性值的正确性,属性精度有问题的每一个多边形、弧段和点都算作一处错误。在属性精度检查中如果某要素的代码错赋,则比较应赋代码要素与错赋代码要素的重要性,按较重要一级要素缺陷处理。	专题准确度 量化属性的准确度	数据集
10.5.2	属性接边: ——如果原图属性接边良好,而相同要素属性接边错的,按属性检查的错漏有关规定确定相应缺陷类别,属性检查已经发现的问题不重复计算缺陷; ——如果原图属性不接边,通过强行接边后关系处理不合理,每一处视为一个 D 类缺陷; ——与内图廓线相连的要素,要通过接边确定是否为邻幅要素的延伸,未正确处理的按属性错漏计。		
10.6.2	数据更新时间:居民地、道路、境界应更新,至少到 1995 年 12 月。 ——无特殊原因未使用更新资料,计为一个 A 类缺陷。	时间准确度 数据更新时间	数据集
10.6.3	数据采集时间:检查是否为新采集数据,或旧数据是否按新方案作全面修改。 ——未经国家基础地理信息中心同意,使用未按技术规定采集的数据且未做全面修改,计为一个 A 类缺陷。	时间准确度 数据采集时间	

注:该表内容依据国家测绘局 1996 年批准试行的《国家基础地理信息系统全国 1∶250 000 数据库数据质量控制暂行规定》中有关 1∶250 000 地形数据库规定部分编制。

C.4 有关非量化质量信息评价

C.4.1 目的

NFGIS全国1∶250 000数据库建库工程是一个以生产为主，生产、科研和管理有机结合，包括数据采集、处理、分发和应用等基本环节的产业化系统工程。要求通过该项工程的建设，进一步形成和完善数字化数据采集、处理、分发、管理和应用的产业化模式和相应的运行机制。

工程的6项目标为：

——1∶250 000建库工程需建立地形数据库和地名数据库，其数据要覆盖全部国土（含南海部分）；

——地形数据库空间数据的基础结构须包括地貌（等高线、DEM）、水系、居民地、交通、境界要素；

——地形数据库与地名数据库间要实现技术接口，建立两库数据间的整体连接；

——数据库应符合GIS技术要求，具有1∶250 000比例尺地形图的精度，并具有相当的现势性；

——能够生产出标准的数字产品及其符号化模拟产品；

——1∶250 000数据库应与1∶1 000 000数据库在统一的数据库管理系统下运行，并方便检索，易于维护，便于扩充。

C.4.2 用途

NFGIS全国1∶250 000地形数据库成果，已经提供给多个国家级和省级政府、社会经济、科研教育和国防部门使用，作为专业信息系统的基础地理信息平台，确保了数据的权威性，避免了各部门重复建设，加快了专业信息系统的建设进程，对各专业部门的信息化建设起到极大的促进作用，为建立政府部门信息资源共享机制奠定了重要基础，同时也产生了巨大间接社会与经济效益。

C.4.3 数据志

NFGIS全国1∶250 000地形数据库数据生产过程包括预处理、图形数字化、图形编辑、拓朴关系建立、属性值输入、投影变换、接边、代码转换和入库等步骤。各步骤完成后均经过检查修改。

NFGIS全国1∶250 000地形数据库的数据采集主要在聚酯薄膜分版二底图上进行。水系、等高线采用扫描数字化方式，使用××××扫描仪，扫描分辨率为400 d/in；其他要素采用手扶数字化方式，使用高精度数字化仪。数据采集软件主要有××××等。数据采集、编辑处理等完成后，经过两级检查一级验收，数据上交国家基础地理信息中心，经检查修改、入库前数据处理和投影转换后，全部数据入库，使用××××软件管理，硬件平台为××××服务器和××××工作站。采集的地名数据通过接口码与地形数据库连接，自动生成与空间定位有关的数据，使用××××软件建立地名数据库。高斯—克吕格投影的DEM数据（格网尺寸100 m×100 m）利用地形数据库的等高线、高程点、等深线、水深点等数据，并顾及河流等地形要素特征，用不规则三角网（TIN）方法内插获得；地理坐标的DEM数据（格网尺寸3″×3″）由高斯—克吕格投影的DEM数据经重采样获得。

2001年12月NFGIS全国1∶250 000地形数据库开始更新，2002年底完成，数据库内容的现势性达到2000年水平，可基本满足用户需求，并初步建立起基础地理信息数据库更新机制。数据更新内容主要包括：全部铁路、县乡以上等级公路、境界、行政村以上等级居民地、六级以上河流等，其中重点更新铁路、省级以上高等级公路、境界、镇以上等级居民地和五级以上河流。数据更新的原始资料有1∶50 000卫星数字影像数据、全国骨干交通网数据、1∶50 000地名数据、最新勘界成果以及一些更新参考资料，如各省测绘局收集的现势资料、1∶10 000数据库成果、其他满足1∶250 000数据库更新要求的资料、图件和图集等。数据库更新由国家基础地理信息中心负责提供更新技术方案和更新资料，各省、自治区、直辖市测绘局（院）负责收集其他现势资料，更新本行政区范围的数据，并将更新成果汇总到国家基础地理信息中心。国家基础地理信息中心全面负责协调、管理数据更新工作和数据成果，向用户提供信息服务。

参 考 文 献

[1] ISO 19101:2002 地理信息 参考模型
[2] ISO 19110:2005 地理信息 要素编目方法
[3] GB/T 19333.5—2003 地理信息 一致性与测试

ICS 03.220.20
R 10

GB

中华人民共和国国家标准

GB/T 21338—2008

机动车维修从业人员从业资格条件

Certification requirements for practitioners of motor vehicle maintenance and repair

2008-01-09 发布　　　　2008-07-01 实施

中华人民共和国国家质量监督检验检疫总局
中国国家标准化管理委员会　发布

前　言

本标准的附录 A 为资料性附录。

本标准由中华人民共和国交通部提出。

本标准由全国汽车维修标准化技术委员会(SAC/TC 247)归口。

本标准起草单位:中国汽车维修行业协会、汽车维护与修理杂志社、山东交通学院、北京市交通学校。

本标准主要起草人:孟秋、张京伟、于开成、李东江、卞良永、周建平、程玉光

机动车维修从业人员从业资格条件

1 范围

本标准规定了机动车维修企业负责人、机动车维修业务员、机动车维修价格结算员和机动车维修技术人员等从业人员的岗位职责、任职资格等要求。

本标准适用于机动车维修企业负责人、机动车维修技术负责人、机动车维修质量检验员、机修人员、电器维修人员、钣金(车身修复)人员、涂漆(车身涂装)人员、车辆技术评估人员、机动车维修业务员和机动车维修价格结算员等从业人员的资格判定和审核。

2 规范性引用文件

下列文件中的条款通过本标准的引用而成为本标准的条款。凡是注日期的引用文件,其随后所有的修改单(不包括勘误的内容)或修订版均不适用于本标准,然而,鼓励根据本标准达成协议的各方研究是否可使用这些文件的最新版本。凡是不注日期的引用文件,其最新版本适用于本标准。

GB/T 5624 汽车维修术语

3 术语和定义

GB/T 5624 确立的以及下列术语和定义适用于本标准。

3.1

机动车维修企业负责人 vehicle maintenance enterprise director

机动车维修企业中全面负责各项经营活动的责任人。

3.2

机动车维修技术负责人 vehicle maintenance technical director

机动车维修企业中全面负责各项技术管理工作的责任人。

3.3

机动车维修质量检验员 vehicle maintenance quality checker

机动车维修企业中从事各项质量检验的人员。

3.4

机修人员 machine maintenance staff

机动车维修企业中从事机动车机械及其控制系统维修作业的人员。

3.5

电器维修人员 electrical equipment maintenance staff

机动车维修企业中从事机动车电器系统维修作业的人员。

3.6

钣金(车身修复)人员 autobody rehabilitation staff

机动车维修企业中从事车身修复作业(涂装作业除外)的人员。

3.7

涂漆(车身涂装)人员 autobody japanning staff

机动车维修企业中从事车身涂装作业的人员。

3.8

车辆技术评估人员 vehicle technical evaluation staff

机动车维修企业或机动车综合性能检测站中从事机动车性能检测和机动车技术状态评定的人员。

3.9

机动车维修业务员 vehicle maintenance business staff

机动车维修企业中从事客户接待工作的人员。

3.10

机动车维修价格结算员 vehicle maintenance balance staff

机动车维修企业中对机动车维修进行价格核定和结算的人员。

4 从业资格条件

4.1 机动车维修企业负责人

4.1.1 岗位职责

4.1.1.1 执行国家、地方和行业的有关法律、法规、标准及规范(参见附录A),依法经营企业。

4.1.1.2 负责企业的经营管理工作,对企业的经营和企业的发展全面负责。

4.1.1.3 负责制定企业的各项管理制度,并组织实施。

4.1.1.4 负责设置企业内部管理机构,领导、协调、监督各职能部门的工作。

4.1.1.5 负责建立健全维修质量保证体系,并组织实施。

4.1.1.6 负责建立健全安全生产、环境保护等管理体系,并组织实施。

4.1.2 任职资格

4.1.2.1 基本条件

4.1.2.1.1 具有大专(含)以上文化程度。

4.1.2.1.2 具有3年以上的机动车维修企业管理实践。

4.1.2.2 专业知识

4.1.2.2.1 掌握国家、地方和行业相关的法律、法规、规章及制度(参见附录A)。

4.1.2.2.2 了解机动车维修专业知识及相关的标准和规范(参见附录A)。

4.1.2.2.3 熟悉机动车维修企业管理知识。

4.1.2.2.4 掌握机动车维修企业管理软件操作知识。

4.1.2.2.5 熟悉机动车后市场相关知识。

4.1.2.3 专业技能

4.1.2.3.1 具有经营和策划能力。

4.1.2.3.2 具有人力资源管理及组织协调能力。

4.1.2.3.3 具有生产、技术和质量管理能力。

4.1.2.3.4 具有计划、统计、分析及基本的资金运作能力。

4.2 机动车维修技术负责人

4.2.1 岗位职责

4.2.1.1 负责建立和实施企业机动车维修质量保证体系,对质量保证体系进行监控及文件修订。

4.2.1.2 负责制定企业各项技术质量管理制度和工艺文件,并组织实施、检查和修订。

4.2.1.3 负责企业日常技术管理工作,对机动车维修质量负责,组织解决机动车维修中出现的疑难技术问题,对机动车维修质量事故和质量纠纷提出处理意见和改进措施。

4.2.1.4 负责制定本企业技术开发、技术改造、技术革新方案并组织实施,对技术成果组织推广运用。

4.2.1.5 负责制定技术培训计划并组织实施。

4.2.1.6 贯彻执行机动车维修工时定额和收费标准。

4.2.2 任职资格

4.2.2.1 基本条件

4.2.2.1.1 具有机动车维修或相关专业的大专(含)以上学历,或具有机动车维修或相关专业的中级(含)以上专业技术职称。

4.2.2.1.2 具有在机动车维修企业5年以上的工作实践。

4.2.2.2 专业知识

4.2.2.2.1 熟悉与机动车维修相关的法律、法规、规章及制度(参见附录A)。

4.2.2.2.2 掌握与机动车维修相关标准和规范(参见附录A)。

4.2.2.2.3 熟悉机动车维修专业知识。

4.2.2.2.4 掌握机动车维修企业的技术质量管理知识。

4.2.2.2.5 熟悉机动车维修工时定额和收费标准。

4.2.2.3 专业技能

4.2.2.3.1 能熟练使用机动车检测诊断设备,对车辆进行检测诊断。

4.2.2.3.2 具有机动车故障分析诊断能力,组织解决机动车维修中出现的疑难技术问题。

4.2.2.3.3 具有制定企业各项技术质量管理制度和工艺文件的能力。

4.2.2.3.4 具有处理机动车维修质量事故和质量纠纷的能力。

4.2.2.3.5 能收集和整理技术资料,指导生产实践。

4.2.2.3.6 能制定完善的技术培训计划并组织实施。

4.2.2.3.7 具有机动车维修企业管理软件的操作应用能力。

4.3 机动车维修质量检验员

4.3.1 岗位职责

4.3.1.1 负责机动车维修进厂检验,确定维修项目,填写进厂检验单。

4.3.1.2 负责机动车维修过程的质量监控,填写过程检验单,并指导维修人员对维修车辆的故障进行深入诊断。

4.3.1.3 负责机动车维修竣工出厂检验,填写维修竣工出厂检验单,签发维修竣工出厂合格证。

4.3.1.4 协助技术负责人分析处理质量事故和纠纷,提出改进和预防措施,并组织实施。

4.3.1.5 配合业务员完成机动车或总成维修进厂和竣工出厂的交接工作。

4.3.1.6 负责对机动车配件的质量进行监控。

4.3.1.7 负责指导和培训相关人员对机动车维修质量进行检验。

4.3.2 任职资格

4.3.2.1 基本条件

4.3.2.1.1 具有高中(含)以上学历,获得机修人员或电器维修人员职业资格并连续在该岗位工作2年以上。

4.3.2.1.2 具有与本企业承修车型相适应的机动车驾驶证,并安全驾驶1年以上。

4.3.2.2 专业知识

4.3.2.2.1 熟悉机动车维修管理相关法律、法规、规章及制度(参见附录A)。

4.3.2.2.2 掌握机动车的结构、原理和性能以及主修车型的维修技术标准和规范。

4.3.2.2.3 掌握机动车检测诊断和机动车维修质量检验原理、方法和技术规范。

4.3.2.2.4 掌握常用仪器、仪表和量具的工作原理、性能和使用方法。

4.3.2.2.5 掌握常用检测诊断设备的工作原理、性能和使用方法。

4.3.2.2.6 熟悉机动车维修质量保证体系知识。

4.3.2.2.7 熟悉机动车常用材料的性能和机动车配件质量控制知识。

4.3.2.2.8 了解机动车综合性能要求和检验方法。

4.3.2.3 专业技能

4.3.2.3.1 能熟练运用相应检验仪器、仪表和量具以及检测诊断设备完成机动车维修进厂、维修过程和维修竣工出厂的各项质量检验工作，正确填写机动车维修进厂检验单、过程检验单、维修竣工出厂检验单和维修竣工出厂合格证。

4.3.2.3.2 能协助技术负责人对机动车维修质量事故进行分析和鉴定，提出改进和预防措施，并组织实施。

4.3.2.3.3 能配合业务员进行车辆或总成维修进厂和维修竣工出厂的检验交接。

4.3.2.3.4 能对机动车配件质量进行常规检验。

4.3.2.3.5 能指导和培训相关人员对机动车维修质量进行检验。

4.3.2.3.6 具有查阅和运用技术资料对维修车辆的故障进行深入诊断的能力。

4.3.2.3.7 具有正确执行标准判定检验结果的能力。

4.4 机修人员

4.4.1 岗位职责

4.4.1.1 在生产过程中执行安全操作规程，按工艺规范正确完成机动车机械及其控制系统的维修作业。

4.4.1.2 协助质量检验员工作，对机修质量负责。

4.4.1.3 指导本岗位其他人员的技术操作。

4.4.1.4 配合协调其他岗位的工作。

4.4.1.5 负责本岗位技术问题的收集、整理和上报。

4.4.1.6 负责本岗位设备的管理及使用。

4.4.1.7 负责本岗位的现场管理。

4.4.2 任职资格

4.4.2.1 基本条件

4.4.2.1.1 具有初中(含)以上文化程度。

4.4.2.1.2 连续从事机修工作3年以上，或本专业中职毕业连续从事机修工作2年以上，或本专业高职(含)以上毕业连续从事机修工作1年以上。

4.4.2.2 专业知识

4.4.2.2.1 了解本岗位工艺、工时、标准和规范。

4.4.2.2.2 熟悉安全生产、环境保护和质量管理的知识。

4.4.2.2.3 熟悉电工电子学的基本知识，掌握机动车电路图识图知识。

4.4.2.2.4 掌握机械制图、液压传动、公差与配合、机动车常用材料知识。

4.4.2.2.5 掌握机动车维修专业知识，了解机动车新材料、新工艺、新设备和新技术。

4.4.2.2.6 掌握发动机、底盘及其控制系统零部件的常规检验方法。

4.4.2.2.7 掌握发动机、底盘及其控制系统维修工艺规程和竣工验收标准。

4.4.2.2.8 掌握发动机、底盘及其控制系统故障诊断原理和方法。

4.4.2.2.9 了解常用维修检测仪器和设备的工作原理及使用方法。

4.4.2.3 专业技能

4.4.2.3.1 具有按工艺规范完成机动车发动机、底盘及其控制系统的故障诊断和维修作业的能力。

4.4.2.3.2 能熟练使用维修检测仪器和设备准确诊断并排除车辆故障。

4.4.2.3.3 能熟练应用技术资料解决本岗位的技术问题。

4.4.2.3.4 具有收集、整理、分析和处理本岗位技术问题的能力。

4.4.2.3.5 能指导本岗位其他人员完成机修作业。

4.5 电器维修人员

4.5.1 岗位职责

4.5.1.1 负责机动车电器系统的检测诊断和维修作业。

4.5.1.2 在生产过程中执行安全操作规程，按工艺规范正确完成机动车电器系统的维修作业。

4.5.1.3 协助质量检验员工作，对机动车电器维修质量负责。

4.5.1.4 指导本岗位其他人员的技术操作。

4.5.1.5 配合协调其他岗位的工作。

4.5.1.6 负责本岗位技术问题的收集、整理和上报。

4.5.1.7 负责本岗位的设备的日常管理。

4.5.1.8 负责本岗位的现场管理。

4.5.2 任职条件

4.5.2.1 基本条件

4.5.2.1.1 具有初中(含)以上文化程度。

4.5.2.1.2 连续从事机动车电器维修工作3年以上，或本专业中职毕业连续从事机动车电器维修工作2年以上，或本专业高职(含)以上毕业连续从事机动车电器维修工作1年以上。

4.5.2.2 专业知识

4.5.2.2.1 了解本岗位工艺、工时、标准和规范。

4.5.2.2.2 熟悉安全生产、环境保护和质量管理的知识。

4.5.2.2.3 掌握电工电子学的基本知识、电路图识图知识，掌握车用传感器的基本知识。

4.5.2.2.4 掌握机动车电气的结构、电路原理和检测诊断方法。

4.5.2.2.5 熟悉发动机、底盘及其控制系统的结构和基本工作原理。

4.5.2.2.6 熟悉常用机动车维修检测仪器和设备的工作原理及使用方法。

4.5.2.3 专业技能

4.5.2.3.1 具有完成机动车电器系统故障诊断和维修作业的能力。

4.5.2.3.2 能熟练使用电器维修所需要的各种检测仪器和设备，准确判断并排除机动车电气系统故障。

4.5.2.3.3 能应用技术资料解决机动车电器维修的技术问题。

4.5.2.3.4 具有收集整理、分析处理机动车电器维修技术问题的能力。

4.5.2.3.5 能指导本岗位其他人员完成机动车电器维修作业。

4.6 钣金(车身修复)人员

4.6.1 岗位职责

4.6.1.1 负责制定合理的车身修复工艺方案并实施车身修复作业。

4.6.1.2 配合协调其他岗位的工作。

4.6.1.3 指导本岗位其他人员的技术操作。

4.6.1.4 协助质量检验员工作，对车身修复质量负责。

4.6.1.5 负责本岗位技术问题的收集、整理和上报。

4.6.1.6 负责本岗位设备的日常管理、使用与维护。

4.6.1.7 负责本岗位的现场管理。

4.6.2 任职资格

4.6.2.1 基本条件

4.6.2.1.1 具有初中(含)以上文化程度。

4.6.2.1.2 连续从事车身修复工作3年(含)以上，或相关专业中职毕业连续从事车身修复工作2年以上，或相关专业高职毕业连续从事车身修复工作1年以上。

4.6.2.1.3 应持有相关部门发放的具有焊工初级以上的职业资格证书。

4.6.2.2 专业知识

4.6.2.2.1 了解本岗位工艺、工时、标准和规范。

4.6.2.2.2 熟悉劳动安全与环境保护知识。

4.6.2.2.3 了解机动车构造知识与维修知识、机械基础知识，熟悉车身材料知识。

4.6.2.2.4 了解机动车碰撞知识及定损知识。

4.6.2.2.5 了解机械制图知识，掌握车身测量知识。

4.6.2.2.6 掌握车身修复工艺知识与车身修复相关的技术标准。

4.6.2.2.7 掌握车身修复设备的工作原理与使用、维护知识。

4.6.2.2.8 掌握材料加热及焊接知识。

4.6.2.3 专业技能

4.6.2.3.1 能制定合理的车身修复工艺方案，并实施车身修复作业。

4.6.2.3.2 能应用车身技术资料正确实施车身修复。

4.6.2.3.3 能正确使用和维护车身检测、维修设备。

4.6.2.3.4 能根据车身材料采取相应的防腐工艺。

4.6.2.3.5 能对车身修复过程记录并正确填写车身修复档案。

4.6.2.3.6 能指导本岗位其他人员完成车身修复作业。

4.6.2.3.7 能按照劳动安全和环境保护操作规程作业，能正确使用各种防护器具，能实施简单救护。

4.7 涂漆（车身涂装）人员

4.7.1 岗位职责

4.7.1.1 负责制定合理的车身涂装工艺方案并实施车身涂装作业。

4.7.1.2 配合协调其他岗位的工作。

4.7.1.3 指导本岗位其他人员的技术操作。

4.7.1.4 协助质量检验员工作，对车身涂装质量负责。

4.7.1.5 负责本岗位技术问题的收集、整理和上报。

4.7.1.6 负责本岗位的设备的日常管理。

4.7.1.7 负责本岗位的现场管理。

4.7.2 任职资格

4.7.2.1 基本条件

4.7.2.1.1 具有初中（含）以上文化程度。

4.7.2.1.2 连续从事车身涂装工作3年（含）以上，或相关专业中职毕业连续从事车身涂装工作2年（含）以上，或相关专业高职毕业连续从事车身涂装工作1年以上。

4.7.2.1.3 具有与从事本岗位工作需求相适应的身体条件。

4.7.2.2 专业知识

4.7.2.2.1 了解本岗位工艺、工时、标准和规范。

4.7.2.2.2 了解劳动安全与环境保护知识。

4.7.2.2.3 了解机动车结构与机动车维修的基本知识。

4.7.2.2.4 掌握机动车车身材料知识及车身涂装材料知识，掌握车身涂装颜色知识。

4.7.2.2.5 掌握机动车涂装设备的工作原理与使用、维护知识。

4.7.2.2.6 掌握车身涂装工艺知识与相关技术标准。

4.7.2.2.7 掌握车身养护基本知识。

4.7.2.3 专业技能

4.7.2.3.1 能制定合理的车身涂装工艺方案，并实施车身涂装作业。

4.7.2.3.2 能熟练进行调漆操作。

4.7.2.3.3 能根据车身材料采取相应的防腐工艺。

4.7.2.3.4 能进行车身养护的基本作业和划痕修复。

4.7.2.3.5 能熟练使用3种以上品牌的涂料进行涂装作业。

4.7.2.3.6 能熟练使用、维护涂装工具和设备。

4.7.2.3.7 能对车身涂装过程检验进行记录并正确填写车身涂装档案。

4.7.2.3.8 能对本岗位其他人员进行培训并指导其完成车身涂装作业。

4.7.2.3.9 能按照劳动安全和环境保护操作规程作业，能正确使用各种防护器具，能实施简单救护。

4.8 车辆技术评估人员

4.8.1 岗位职责

4.8.1.1 严格执行国家检测标准，把好质量关。

4.8.1.2 负责实施机动车技术性能检测，对检测的机动车做出技术状态的评定。

4.8.1.3 负责向委托单位提供技术咨询，并提供客观真实的检测数据。

4.8.1.4 检测有疑问的车辆进行复检，对发生的检测质量问题及时处理解决。

4.8.2 任职资格

4.8.2.1 基本条件

4.8.2.1.1 具有机动车维修或相关专业的高中(含)以上文化程度。

4.8.2.1.2 具有机动车检测站连续3年以上的工作实践。

4.8.2.1.3 具有相应机动车驾驶证，且2年以上驾龄。

4.8.2.2 专业知识

4.8.2.2.1 掌握国家、地方和行业相关的法律、法规、规章、标准和规范(参见附录A)。

4.8.2.2.2 掌握机动车结构、原理和性能及主要车型的相关检测标准。

4.8.2.2.3 掌握机动车检测诊断原理、方法和技术规范。

4.8.2.2.4 掌握常用检测诊断设备、仪器、仪表和量具的工作原理和性能，掌握其使用及校准方法。

4.8.2.2.5 掌握机动车性能要求和检验方法，熟悉车辆技术评定的基本知识。

4.8.2.2.6 熟悉质量保证体系的知识。

4.8.2.2.7 熟悉机动车检测站计算机控制系统、联网的使用和维护知识。

4.8.2.3 专业技能

4.8.2.3.1 能熟练使用机动车检测设备，对车辆进行检测。

4.8.2.3.2 具有组织实施机动车性能检测，并对机动车做出技术状态评定的能力。

4.8.2.3.3 具有车辆技术评估检测质量管理及处理检测质量纠纷的能力。

4.8.2.3.4 能制定技术培训计划并付诸实施。

4.8.2.3.5 具有计算机控制系统操作应用能力。

4.9 机动车维修业务员

4.9.1 岗位职责

4.9.1.1 负责机动车维修业务接待工作。

4.9.1.2 负责对报修车辆进行初步诊断、估算维修费用、签订维修合同。

4.9.1.3 负责跟踪检查维修过程、维修进度和维修质量。

4.9.1.4 协助质量检验员对车辆进行竣工检查验收和车辆移交工作，协助办理维修费用结算手续。

4.9.1.5 负责客户的跟踪服务，建立和管理客户档案，接待及协助处理客户投诉。

4.9.2 任职资格

4.9.2.1 基本条件

4.9.2.1.1 具有机动车维修专业中职(含)以上的文化水平。

4.9.2.1.2 2年以上机动车维修工作经验，有机动车驾驶证。

4.9.2.2 专业知识

4.9.2.2.1 熟悉与本行业相关的各种法律法规。

4.9.2.2.2 熟悉机动车维修工时、收费标准及零配件价格。

4.9.2.2.3 掌握机动车构造和工作原理。

4.9.2.2.4 了解机动车常见故障及故障诊断的基本方法。

4.9.2.2.5 熟悉机动车各工种维修工艺流程及技术要求。

4.9.2.2.6 熟悉机动车零配件常识。

4.9.2.3 专业技能

4.9.2.3.1 能制定及实施业务接待流程。

4.9.2.3.2 能对车辆进行初步诊断，确定维修项目，估算维修费用，签订维修合同，引导客户正确进行车辆维护和修理。

4.9.2.3.3 能协助相关人员对维修过程、维修进度和维修质量进行跟踪。

4.9.2.3.4 能协助质量检验员对竣工车辆进行检查验收。

4.9.2.3.5 能熟练操作计算机。

4.9.2.3.6 能建立客户档案。

4.10 价格结算人员

4.10.1 岗位职责

4.10.1.1 执行国家、地方有关汽车维修价格的政策和标准。

4.10.1.2 负责机动车维修价格的核算和结算。

4.10.2 任职资格

4.10.2.1 基本条件

4.10.2.1.1 具有高中(含)以上文化程度。

4.10.2.1.2 具有在机动车维修企业2年以上财务工作经验。

4.10.2.2 专业知识

4.10.2.2.1 熟悉国家、地方、行业有关机动车维修价格的政策和标准。

4.10.2.2.2 熟悉机动车维修工时定额及机动车零配件定价方法。

4.10.2.2.3 了解机动车维修工艺流程及技术要求。

4.10.2.2.4 了解零部件的修复工艺和常用材料。

4.10.2.2.5 了解机动车零配件知识。

4.10.2.2.6 掌握计算机办公软件及机动车维修企业管理软件。

4.10.3 专业技能

4.10.3.1 能进行机动车维修价格核算和结算。

4.10.3.2 能进行信息搜集、统计和分析。

4.10.3.3 能熟练使用计算机办公软件及机动车维修企业管理软件。

附 录 A
（资料性附录）
与机动车维修相关的法律、法规

A.1 相关的法律

《中华人民共和国劳动法》
《中华人民共和国合同法》
《中华人民共和国消费者权益保护法》
《中华人民共和国道路交通安全法》
《中华人民共和国安全生产法》
《中华人民共和国标准化法》
《中华人民共和国计量法》
《中华人民共和国产品质量法》
《中华人民共和国大气污染防治法》
《中华人民共和国水污染防治法》
《中华人民共和国固体废物污染环境防治法》

A.2 相关法规和规章

《中华人民共和国道路运输条例》
《机动车维修管理规定》

ICS 03.220.40
R 06

中华人民共和国国家标准

GB/T 21339—2008

港口能源消耗统计及分析方法

The statistical and analytical methods for energy consumption in harbor industry

2008-01-09 发布　　　　2008-07-01 实施

中华人民共和国国家质量监督检验检疫总局
中国国家标准化管理委员会　发布

前　言

本标准是交通能源消耗统计及分析方法系列标准之一，该系列标准包括：

——公路运输能源消耗统计及分析方法；

——水路运输能源消耗统计及分析方法；

——港口能源消耗统计及分析方法。

本标准的附录A、附录B和附录C是资料性的附录。

本标准由中华人民共和国交通部提出。

本标准由交通部能源管理办公室归口。

本标准起草单位：中交水运规划设计院有限公司、天津港(集团)有限公司、南京港口集团公司、上海国际港务(集团)股份有限公司。

本标准主要起草人：张亚敏、陶鹏、孙玉宝、余知、李刚、王得蓉、闻君、冯锡荣、王丹。

港口能源消耗统计及分析方法

1 范围

本标准规定了港口的能源消耗统计指标及计算公式，能源消耗统计要求和分析方法。

本标准适用于国内沿海、内河港口能源消耗统计及分析。

2 规范性引用文件

下列文件中的条款通过本标准的引用而成为本标准的条款。凡是注日期的引用文件，其随后所有的修改单(不包括勘误的内容)或修订版均不适用于本标准，然而，鼓励根据本标准达成协议的各方研究是否可使用这些文件的最新版本。凡是不注日期的引用文件，其最新版本适用于本标准。

GB/T 2589 综合能耗计算通则

GB/T 13234 企业节能量计算方法

GB 17167 用能单位能源计量器具配备和管理通则

3 术语和定义

下列术语和定义适用于本标准。

3.1

单耗 energy consumption per unit throughput

报告期内完成单位吞吐量所消耗的能源数量。

4 能源消耗统计指标及计算方法

4.1 港口吞吐量

报告期内反映港口生产经营活动成果的重要数量指标，按大类可分为货物吞吐量和旅客吞吐量。计算单位为吨。

港口吞吐量的流向构成、数量构成和物理分类构成是港口在国际、地区间水上交通链中的地位、作用和影响的最直接体现，也是衡量国家、地区、城市建设和发展的量化参考依据。

4.2 货物吞吐量

报告期内经由水路进、出港区范围并经过装卸的货物数量。包括邮件、办理托运手续的行李、包裹以及补给运输船舶的燃料、物料和淡水。计算单位为吨。

4.3 集装箱吞吐量

报告期内由水路进、出港区范围并经装卸的集装箱数量。计算单位为箱、标准箱或吨。

4.4 旅客吞吐量

报告期内经由水路乘船进、出港区范围的旅客数量。计算单位为人或吨。

4.5 滚装汽车吞吐量

报告期内进、出港区范围自行驶上、驶下运输船舶的汽车(含车内货物)数量。计算单位为辆次或吨。

4.6 港口能源消耗量

报告期内港口企业实际消耗的各种能源实物量按规定的计算方法和单位分别折算为一次能源后的总和。

4.7 装卸生产能源消耗量

报告期内港口企业直接用于装卸生产的能源消耗量。主要包括装卸、水平运输、库场作业、现场照明、客运服务等能源消耗量。

4.8 辅助生产能源消耗量

报告期内港口企业直接为装卸生产服务的能源消耗量。主要包括:港作船舶、场区内铁路机车运输、后方货运汽车、物流公司、机修、候工楼、生产办公楼、理货房、港口设施维护、集装箱冷藏箱保温、液体化工码头罐区及管道加热、港区污水处理、给排水等能源消耗量。

4.9 附属生活能源消耗量

报告期内港口企业所属的生活设施的能源消耗量。

4.10 生产综合能源消耗量

报告期内港口企业装卸生产综合能源消耗量与辅助生产能源消耗量之和。

4.11 港口综合能源消耗总量

报告期内港口企业生产综合能源消耗量、附属生活能源消耗量及其他方面能源消耗量之和。

4.12 装卸生产能源单耗

报告期内完成单位吞吐量所消耗的装卸生产能源量,按式(1)计算:

$$e_z = \frac{E_z}{T_b} \quad \cdots\cdots(1)$$

式中:

e_z——装卸生产能源单耗,单位为吨标准煤每万吨(t 标准煤/万 t);

E_z——装卸生产能源消耗量,单位为吨标准煤(t 标准煤);

T_b——完成的吞吐量,单位为万吨。

4.13 生产综合能源单耗

报告期内完成单位吞吐量所消耗的生产综合能源量,按式(2)计算:

$$e_s = \frac{E_s}{T_b} \quad \cdots\cdots(2)$$

式中:

e_s——生产综合能源单耗,单位为吨标准煤每万吨(t 标准煤/万 t);

E_s——生产综合能源消耗量,单位为吨标准煤(t 标准煤)。

4.14 港口综合能源单耗

报告期内完成单位吞吐量所消耗的港口综合能源量,按式(3)计算:

$$e_{zh} = \frac{E_{zh}}{T_b} \quad \cdots\cdots(3)$$

式中:

e_{zh}——港口综合能源单耗,单位为吨标准煤每万吨(t 标准煤/万 t);

E_{zh}——港口综合能源消耗量,单位为吨标准煤(t 标准煤)。

4.15 节能量(环比)

报告期内港口生产综合能源消耗量与以基期港口生产综合单耗为基准计算的港口生产综合能源消耗量之差。计算的结果如为负(－),则表示节能;如为正(＋)则表示费能;等于零(0)表明持平。按式(4)计算:

$$E_j = (e_{s1} - e_{s0}) \times T_{b1} \quad \cdots\cdots(4)$$

式中:

E_j——港口生产综合能源消耗的节能量(环比),单位为吨标准煤(t 标准煤);

e_{s0}——基期港口生产综合能源单耗,单位为吨标准煤每万吨(t 标准煤/万 t);

e_{s1}——报告期港口生产综合能源单耗，单位为吨标准煤每万吨(t 标准煤/万 t)；

T_{b1}——报告期完成的吞吐量，单位为万吨。

4.16 节能率(环比)

报告期比基期的港口生产综合能源单耗的降低率。计算结果如为负(－)，则表示节能；如为正(＋)则表示费能，等于零(0)表明持平。按式(5)计算：

$$\xi = \frac{e_{s1} - e_{s0}}{e_{s0}} \times 100\% \quad \cdots\cdots(5)$$

式中：

ξ——节能率(环比)，%。

4.17 港口能源消费弹性系数

反映港口能源消费增长率与港口吞吐量增长率之间比例关系的指标，按式(6)计算：

$$\varepsilon = \frac{\Delta E/E_1}{\Delta T/T_1} \quad \cdots\cdots(6)$$

式中：

ε——港口能源消费弹性系数；

ΔE——报告期港口生产综合能源消耗量与基期港口生产综合能源消耗量之差，单位为吨标准煤(t 标准煤)；

E_1——基期港口生产综合能源消耗量，单位为吨标准煤(t 标准煤)；

ΔT——报告期吞吐量与基期吞吐量之差，单位为万吨(万 t)；

T_1——基期吞吐量，单位为万吨(万 t)。

5 能源消耗统计要求

5.1 统计的能源种类

港口能源消耗统计的能源种类为煤炭、柴油、汽油、燃料油、电力和其他能源(包括煤油、人工煤气、液化石油气、天然气、焦炭、热力等，不包括润滑油)。

5.2 能源计量和计算精度

5.2.1 能源消耗量均应以能源计量器具的计量数据为依据，能源计量器具的配备和管理执行 GB 17167。

5.2.2 能源消耗统计数据均保留小数点后二位数。

5.3 能源消耗统计内容

能源消耗统计内容参见附录 A。

5.4 折算方法

5.4.1 各种能源折算为标准煤的系数、各种能源比重参见附录 B。

5.4.2 集装箱折算系数、滚装汽车吞吐量体积吨、旅客吞吐量折算系数参见附录 C。

6 能源消耗统计分析

6.1 分析方法

常用的分析方法有：比较分析法、结构分析法、因素分析法等。

6.1.1 比较分析法——主要包括节能率分析法，环比分析法(与基期和前期比)，历史最好水平法及国内外先进水平分析法。

6.1.2 结构分析法——可按能耗用途、能源种类及各重点能耗部门能耗情况进行分类分析：

a) 按能耗用途分析：分别对装卸生产、辅助生产用能情况进行分类分析，找出其中对用能影响较大的一类；

b) 按消耗的能源种类分析：分别对消耗的各种能源情况进行分析，找出对能耗指标影响较大的能源种类；

c) 按能耗部门分析：对重点耗能部门的能耗情况进行分析，找出对能耗指标影响较大的耗能部门。

6.1.3 因素分析法——按货种变化、吞吐量（收入）变化、节能管理措施及其他因素变化进行分析：

a) 货种变化因素分析：分析企业货种结构变化，具体分析高能耗货种，低能耗货种的结构变化对能源消耗的影响；

b) 吞吐量（收入）的变化对能源消耗的影响分析；

c) 节能管理措施对能耗的影响分析；

d) 其他因素分析：分析除以上因素外，工艺、设备、季节变化以及节能新技术、新产品应用等因素对企业能耗的影响。

6.2 分析报告

能源消耗统计分析报告由文字报告及相应图表组成。报告内容包括：

a) 港口吞吐量（收入）情况，能源结构、能源消耗量、能源单耗情况、能源成本占营运成本的比例；

b) 采用能源消耗统计分析方法分析用能单位能耗总量、能源单耗上升或下降的原因；

c) 为降低能源消耗现状所采取的节能措施（包括管理措施）和节能新技术。

附　录　A
（资料性附录）
能源消耗统计内容

A.1　港口企业能源消耗统计内容

港口企业能源消耗统计内容参见表A.1。

表A.1　港口企业能源消耗统计内容

<table>
<tr><td>指标名称</td><td>序号</td><td>煤炭</td><td>柴油</td><td>汽油</td><td>燃料油</td><td>电力</td><td>其他</td></tr>
<tr><td>A</td><td>B</td><td>1</td><td>2</td><td>3</td><td>4</td><td>5</td><td>6</td></tr>
<tr><td>生产综合能源消耗量</td><td>1</td><td></td><td></td><td></td><td></td><td></td><td></td></tr>
<tr><td>装卸生产能源消耗量</td><td>2</td><td></td><td></td><td></td><td></td><td></td><td></td></tr>
<tr><td>辅助生产能源消耗量</td><td>3</td><td></td><td></td><td></td><td></td><td></td><td></td></tr>
<tr><td rowspan="2">时间</td><td rowspan="2"></td><td colspan="2">本期</td><td>上年同期</td><td colspan="3" rowspan="3">备注：</td></tr>
<tr><td colspan="2">7</td><td>8</td></tr>
<tr><td>吞吐量/万t</td><td>4</td><td colspan="2"></td><td></td></tr>
</table>

A.2　典型码头企业能源消耗统计内容

典型码头[1)]企业能源消耗统计内容参见表A.2。

表A.2　典型码头企业能源消耗统计内容

<table>
<tr><td colspan="2">指标名称</td><td>序号</td><td>煤炭</td><td>柴油</td><td>汽油</td><td>燃料油</td><td>电力</td><td>其他</td></tr>
<tr><td colspan="2">A</td><td>B</td><td>1</td><td>2</td><td>3</td><td>4</td><td>5</td><td>6</td></tr>
<tr><td colspan="2">生产综合能源消耗量</td><td>1</td><td></td><td></td><td></td><td></td><td></td><td></td></tr>
<tr><td rowspan="5">装卸生产能源消耗量</td><td>电力机械</td><td>2</td><td></td><td></td><td></td><td></td><td></td><td></td></tr>
<tr><td>内燃机械</td><td>3</td><td></td><td></td><td></td><td></td><td></td><td></td></tr>
<tr><td>照明</td><td>4</td><td></td><td></td><td></td><td></td><td></td><td></td></tr>
<tr><td>其他</td><td>5</td><td></td><td></td><td></td><td></td><td></td><td></td></tr>
<tr><td>小计</td><td>6</td><td></td><td></td><td></td><td></td><td></td><td></td></tr>
<tr><td>辅助生产能源消耗量</td><td></td><td>7</td><td></td><td></td><td></td><td></td><td></td><td></td></tr>
<tr><td colspan="2" rowspan="2">时间</td><td rowspan="2"></td><td colspan="2">本期</td><td colspan="2">上年同期</td><td colspan="2" rowspan="4">备注：
码头岸线长度___ m　泊位数量___
吨级_______
装卸工艺简述：</td></tr>
<tr><td colspan="2">7</td><td colspan="2">8</td></tr>
<tr><td colspan="2" rowspan="2">吞吐量</td><td rowspan="2">8</td><td>万t</td><td>万TEU</td><td>万t</td><td>万TEU</td></tr>
<tr><td></td><td></td><td></td><td></td></tr>
</table>

1)　典型码头：专供某种大宗货物装卸的码头及客滚码头。大宗货物码头包括液体散货码头，矿石、煤炭等干散货码头，散粮码头，件杂货码头，集装箱码头：

——液体散货码头：供原油、成品油及液体化工产品装卸的码头；

——矿石、煤炭等干散货码头：专供矿石、煤炭及其他干散货（散粮除外）装卸的码头；

——散粮码头：专供散状粮食装卸的码头；

——件杂货码头：专供件货和杂货装卸作业的码头；

——集装箱码头：专供集装箱装卸的专业化码头；

——客滚码头：供客船（含客滚船）、货滚船停靠，上下旅客和车辆的码头。

附 录 B
（资料性附录）
各种能源折算标准煤系数、各种能源比重

B.1 各种能源折算标准煤系数

各种能源折算标准煤系数参见表B.1。

表 B.1 各种能源折算标准煤系数

能源名称	单位	折算标准煤系数	当量值	备　注
原煤	kg标准煤/kg	0.714 3		
焦炭	kg标准煤/kg	0.971 4		
汽油	kg标准煤/kg	1.471 4		
柴油	kg标准煤/kg	1.457 1		
煤油	kg标准煤/kg	1.471 4		
重油(燃料油)	kg标准煤/kg	1.428 6		
电力	kg标准煤/kWh	0.404 0	0.122 9	
天然气	kg标准煤/m^3	1.236 0		
焦炉煤气	kg标准煤/m^3	0.614 3		
液化石油气(气态)	kg标准煤/m^3	3.000～3.429		
液化石油气(液态)	kg标准煤/kg	1.543～1.714		
蒸汽	kg标准煤/kg	0.094 3		0.4 MPa的饱和蒸汽
热力	kg标准煤/MJ	0.034 1		

注：1 t标准煤热值为29.273 MJ。

B.2 各种能源比重

各种能源比重参见表B.2。

表 B.2 各种能源比重　　单位为千克每升

能源名称	比　重	备　注
汽油	0.74	
柴油	0.86	

附　录　C
（资料性附录）
集装箱、滚装汽车、旅客折算系数

C.1　集装箱折算系数

集装箱折算系数参见表 C.1。

表 C.1　集装箱折算系数表

箱　　型/ft	数　　量	折算 TEU 数量
48	1	2.40
45	1	2.25
40	1	2.00
35	1	1.75
20	1	1.00
10	1	0.50

C.2　滚装汽车吞吐量体积吨折算系数表

滚装汽车吞吐量体积吨折算系数参见表 C.2。

表 C.2　滚装汽车吞吐量体积吨折算系数表

汽车种类		载重量(载客量)	车长 L/m	体积/t
客车	特大	≥70 人	>9	65
	大型	≥50 人	$8<L\leqslant 9$	50
	普通	>30 人	$7<L\leqslant 8$	30
	小型	≤30 人	≤7	20
货车	特大	>10 t	>10	65
	大型	>5 t	$7<L\leqslant 10$	50
	普通	>2 t	$5<L\leqslant 7$	30
	小型	≤2 t	≤5	10
小轿车	普通、小型	3 人～6 人	>4	10
	微型		≤4	5

C.3　旅客吞吐量重量折算系数

旅客吞吐量重量折算系数按 10 人/t 计算。

参 考 文 献

[1] 公路、水路、港口主要统计指标及计算方法规定(交规划发[2002]6 号)
[2] 港口统计规则(交通部[2005]年第 13 号)
[3] GB 50186—1993 港口工程基本术语标准

CS 27.010,81.040.01
01

中华人民共和国国家标准

GB 21340—2008

平板玻璃单位产品能源消耗限额

The norm of energy consumption per unit product of flat glass

2008-01-09 发布　　2008-06-01 实施

中华人民共和国国家质量监督检验检疫总局
中国国家标准化管理委员会　发布

前言

本标准的4.1和4.2是强制性的，其余是推荐性的。

自本标准实施之日起，原JC 432—1991《平板玻璃能耗等级定额》废止。

本标准附录A为资料性附录。

本标准由国家发展和改革委员会资源节约和环境保护司、国家标准化管理委员会工业标准一部提出。

本标准由全国建筑用玻璃标准化技术委员会归口。

本标准主要起草单位：秦皇岛玻璃工业研究设计院、金晶集团。

本标准主要起草人：李新芳、黄治斌、杨健、韩立平、王刚、曹廷发。

平板玻璃单位产品能源消耗限额

1 范围

本标准规定了平板玻璃单位产品能源消耗(以下称能耗)限额的技术要求、统计范围和计算方法、节能管理与措施。

本标准适用于生产透明及本体着色的钠钙硅平板玻璃产品的企业能耗的计算、考核,以及对新建项目的能耗控制。

本标准不适用于生产压花、夹丝及用于电子信息行业的平板玻璃产品的企业。

2 规范性引用文件

下列文件中的条款通过本标准的引用而成为本标准的条款。凡是注日期的引用文件,其随后所有的修改单(不包括勘误的内容)或修订版均不适用于本标准,然而,鼓励根据本标准达成协议的各方研究是否可使用这些文件的最新版本。凡是不注日期的引用文件,其最新版本适用于本标准。

GB/T 2589 综合能耗计算通则

GB 4871 普通平板玻璃

GB 11614 浮法玻璃

GB/T 12497 三相异步电动机经济运行

GB/T 13462 工矿企业电力变压器经济运行导则

GB/T 13469 工业用离心泵、混流泵、轴流泵与旋涡泵系统经济运行

GB/T 13470 通风机系统经济运行

GB 17167 用能单位能源计量器具配备和管理通则

GB/T 17954 工业锅炉经济运行

GB/T 17981 空气调节系统经济运行

GB 18613 中小型三相异步电动机能效限定值及能效等级

GB/T 18292 生活锅炉经济运行

GB/T 19065 电加热锅炉系统经济运行

GB 19153 容积式空气压缩机能效限定值及节能评价值

GB 19761 通风机能效限定值及节能评价值

GB 19762 清水离心泵能效限定值及节能评价值

GB 20052 三相配电变压器能效限定值及节能评价值

3 术语和定义

下列术语和定义适用于本标准。

3.1

平板玻璃产品综合能耗 the comprehensive energy consumption of flat glass

在统计期内用于平板玻璃生产所消耗的各种能源,折算成标准煤,以 e_b 表示,单位为吨(t)。包括生产系统、辅助生产系统和附属生产系统的各种能源消耗量和损失量,不包括基建、技改等项目建设消

耗的、生产界区内回收利用的和向外输出的能源量。

3.2

平板玻璃单位产品综合能耗　the comprehensive energy consumption per unit product of flat glass

在统计期内生产每重量箱平板玻璃的能耗，折算成标准煤，即用合格产品总产量除总综合能耗量，以 E_b 表示，单位为千克标准煤每重量箱。

3.3

平板玻璃熔窑热耗　the thermal consumption of flat glass furnace

在统计期内熔化每千克玻璃液所消耗的热量，以 Q_d 表示，单位为千焦每千克(kJ/kg)。

4　技术要求

4.1　现有平板玻璃生产企业单位产品能耗限额限定值

现有平板玻璃生产企业单位产品能耗限额限定值指标包括平板玻璃单位产品综合能耗和熔窑热耗，其限额值应符合表1的规定。

表1　现有平板玻璃生产企业单位产品能耗限额限定值

分　类	单位产品综合能耗限额限定值/(kgce/重量箱)	熔窑热耗限额限定值/(kJ/kg)
≤300 t/d	≤20.5	≤8 200
>300 t/d、≤500 t/d	≤19.5	≤7 500
>500 t/d	≤18.5	≤7 100
注：表中300 t/d、500 t/d指熔窑设计日熔化玻璃液量。		

4.2　新建平板玻璃生产企业单位产品能耗限额准入值

新建平板玻璃生产企业的单位产品能耗限额准入值指标包括平板玻璃单位产品综合能耗和熔窑热耗，其准入值应符合表2的规定。

表2　新建平板玻璃生产企业单位产品能耗限额准入值

分　类	单位产品综合能耗限额准入值/(kgce/重量箱)	熔窑热耗限额准入值/(kJ/kg)
≥500 t/d	≤16.5	≤6 500
注：表中500 t/d指熔窑设计日熔化玻璃液量。		

4.3　平板玻璃单位产品能耗限额先进值

现有平板玻璃生产企业应通过节能技术改造和加强节能管理达到表3单位产品能耗限额先进值。

表3　平板玻璃单位产品能耗限额先进值

分　类	单位产品综合能耗限额先进值/(kgce/重量箱)	熔窑热耗限额先进值/(kJ/kg)
≤500 t/d	≤16.5	≤6 500
>500 t/d	≤15	≤5 900
注：表中500 t/d指熔窑设计日熔化玻璃液量。		

5　统计范围和计算方法

5.1　统计范围

5.1.1　平板玻璃单位产品综合能耗的统计范围

包括生产和辅助生产能耗，不包括生活用能耗。生产能耗包括原料、熔化、成型、退火、切裁和成品包装等所消耗的燃料和电力。辅助生产能耗包括机修、动力、氮氢站等部门所消耗的燃料和电力，以及为生产服务的厂内运输工具、照明等所消耗的燃料和电力。不包括冷修从放玻璃水到开始生产出平板玻璃期间所消耗的燃料和电力，不包括冬季采暖、燃料保管、运输过程损失的以及用于生活等如基建、食堂、宿舍等消耗的燃料和电力。

5.1.2 熔窑热耗统计范围

在统计期内熔窑连续稳定生产的情况下，所消耗的热量。

5.1.3 平板玻璃产量

统计期内企业按 GB 4871 和 GB 11614 生产的合格产品的总产量(单位为重量箱)。

5.1.4 能源折标准煤系数及燃料热值选取

各种能源按折标准煤系数折算成标准煤(见附录 A)。燃料的热值应取统计期内的实测加权平均值或根据燃料分析加权平均值进行计算。

5.1.5 企业多座平板玻璃熔窑的单位产品综合能耗

企业有多座平板玻璃熔窑时，应分别计量求出单位综合能耗，对公用部分的能耗按产量比例分摊。

5.1.6 企业多种产品的能耗

企业除平板玻璃外还生产其他产品时，各种能源须分开计量，对确属无法分开计量的公用能耗，如厂区照明或各类综合库房等按产品产值比例分摊。

5.1.7 窑龄系数

对应玻璃熔窑不同作业期的能耗修正系数，见表 4。

表 4 窑龄系数

窑期划分	窑龄系数
设计窑龄的前 2/3/年	1.00
设计窑龄的 2/3 以后/年	1.10

5.1.8 燃料等效应系数

反映燃料的热能利用效率，以燃料油为基准的燃料等效应系数，见表 5。

表 5 燃料等效应系数

燃料	等效应系数
燃料油	1.00
天然气	1.05
焦炉煤气	1.10
发生炉煤气(热)	1.25

5.2 计算方法

5.2.1 产品综合能耗的计算应符合 GB/T 2589 的规定。

5.2.2 平板玻璃综合能耗计算公式

平板玻璃综合能耗应按式(1)计算：

$$e_b = e_c + e_d \tag{1}$$

式中：

e_b——综合能耗，即统计期内用于平板玻璃生产所消耗的各种能源折算为标准煤，单位为吨(t)；

e_c——总燃料消耗，即统计期内用于平板玻璃生产所消耗的各种燃料量折算为标准煤，单位为吨，(t)；

e_d——总电量消耗，即统计期内用于平板玻璃生产所消耗的电力折算为标准煤，单位为吨(t)。

5.2.3 平板玻璃单位产品综合能耗计算公式

平板玻璃单位产品综合能耗应按式(2)计算：

$$E_b = \frac{1\,000 \times \left(\frac{e_c}{c_1 \cdot c_2} + e_d\right)}{p_b} \quad \cdots\cdots\cdots\cdots (2)$$

式中：

E_b——平板玻璃单位产品综合能耗，单位为千克标准煤每重量箱(kgce/重量箱)；

p_b——统计期内平板玻璃合格产品总产量，重量箱；

c_1——窑龄系数，见表4；

c_2——燃料等效应系数，见表5。

5.2.4　单位产品综合能耗计算位数的选取

折算成标准煤，单位为千克标准煤每重量箱(kgce/重量箱)，取小数点后一位。

6　节能管理与措施

6.1　节能基础管理

6.1.1　平板玻璃生产企业应定期对生产中单位产品消耗燃料量和用电量进行考核，并把考核指标分解落实到各基层部门，建立用能责任制度。

6.1.2　平板玻璃生产企业应按要求建立能耗统计体系，建立能耗测试数据、能耗计算和考核结果的文件档案，并对文件进行受控管理。

6.1.3　平板玻璃生产企业应根据 GB 17167 的要求配备能源计量器具并建立能源计量管理制度。

6.2　节能技术管理

6.2.1　耗能设备

6.2.1.1　平板玻璃生产企业应对耗能的主体热工设备——熔窑进行整体结构的优化设计、大规模化、加强窑体保温、选用高效节能的燃烧和控制系统；并使电动机系统、泵系统、通风机系统、电力变压器、工业锅炉、生活锅炉、电加热锅炉、空气调节系统等通用耗能设备符合 GB/T 12497、GB/T 13469、GB/T 13470、GB/T 13462、GB/T 17954、GB/T 18292、GB/T 17981 和 GB/T 19065 等相关的用能产品经济运行标准要求，从而达到最佳经济运行的状态。

6.2.1.2　新建及改扩建的平板玻璃生产企业所用的中小型三相异步电动机、容积式空气压缩机、通风机、清水离心泵、三相配电变压器等通用耗能设备应达到 GB 18613、GB 19153、GB 19761、GB 19762、GB 20052等相应耗能设备能效标准中节能评价值的要求。

6.2.2　生产过程

6.2.2.1　平板玻璃生产企业在生产过程中，应采取有效措施，保证生产系统正常、连续和稳定运行，提高系统运转率，实现优质、低耗和清洁生产。

6.2.2.2　平板玻璃生产企业在生产过程中，应加强设备的日常维护工作，防止出现设备意外停机，经常开停设备的情况。

附　录　A
（资料性附录）
各种能源折标准煤参考系数

能源名称		平均低位发热量	折标准煤系数
原煤		20 908 kJ/kg(5 000 kcal/kg)	0.714 3 kgce/kg
洗精煤		26 344 kJ/kg(6 300 kcal/kg)	0.900 0 kgce/kg
其他洗煤	洗中煤	8 363 kJ/kg(2 000 kcal/kg)	0.285 7 kgce/kg
	煤泥	8 363 kJ/kg～12 545 kJ/kg (2 000 kcal/kg～3 000 kcal/kg)	0.285 7 kgce/kg～ 0.428 6 kgce/kg
焦炭		28 435 kJ/kg(6 800 kcal/kg)	0.971 4 kgce/kg
原油		41 816 kJ/kg(10 000 kcal/kg)	1.428 6 kgce/kg
燃料油		41 816 kJ/kg(10 000 kcal/kg)	1.428 6 kgce/kg
汽油		43 070 kJ/kg(10 300 kcal/kg)	1.471 4 kgce/kg
煤油		43 070 kJ/kg(10 300 kcal/kg)	1.471 4 kgce/kg
柴油		42 652 kJ/kg(10 200 kcal/kg)	1.457 1 kgce/kg
煤焦油		33 453 kJ/kg(8 000 kcal/kg)	1.142 9 kgce/kg
液化石油气		50 179 kJ/kg(12 000 kcal/kg)	1.714 3 kgce/kg
炼厂干气		46 055 kJ/kg(11 000 kcal/kg)	1.571 4 kgce/kg
天然气		38 931 kJ/m^3(9 310 kcal/m^3)	1.330 0 kgce/m^3
焦炉煤气		16 726 kJ/m^3～17 981 kJ/m^3 (4 000 kcal/m^3～4 300 kcal/m^3)	0.571 4 kgce/m^3～ 0.614 3 kgce/m^3
其他煤气	a) 发生炉煤气	5 227 kJ/m^3(1 250 kcal/m^3)	0.178 6 kgce/m^3
	b) 重油催化裂解煤气	19 235 kJ/m^3(4 600 kcal/m^3)	0.657 1 kgce/m^3
	c) 重油热裂解煤气	35 544 kJ/m^3(8 500 kcal/m^3)	1.214 3 kgce/m^3
	d) 焦炭制气	16 308 kJ/m^3(3 900 kcal/m^3)	0.557 1 kgce/m^3
	e) 压力气化煤气	15 054 kJ/m^3(3 600 kcal/m^3)	0.514 3 kgce/m^3
	f) 水煤气	10 454 kJ/m^3(2 500 kcal/m^3)	0.357 1 kgce/m^3
粗苯		41 816 kJ/kg(10 000 kcal/kg)	1.428 6 kgce/m^3
热力(当量值)			0.034 12 kgce/MJ
电力(当量值)		3 600 kJ/(kW·h)[860 kcal/(kW·h)]	0.122 9 kgce/(kW·h)

ICS 27.010
F 01

中华人民共和国国家标准

GB 21341—2008

铁合金单位产品能源消耗限额

The norm of energy consumption per unit product of ferroalloy

2008-01-09 发布　　2008-06-01 实施

中华人民共和国国家质量监督检验检疫总局
中国国家标准化管理委员会　发布

前　言

本标准的 4.1 和 4.2 是强制性的，其余是推荐性的。

本标准附录 A 为资料性附录。

本标准由国家发展和改革委员会资源节约和环境保护司、国家标准化管理委员会工业标准一部提出。

本标准由全国能源基础与管理标准化技术委员会归口。

本标准主要起草单位：中国钢铁工业协会、钢铁研究总院。

本标准主要起草人：杨志忠、陈丽云、郦秀萍、张春霞、兰德年、黄导、邬生荣、王晓兰。

铁合金单位产品能源消耗限额

1 范围

本标准规定了铁合金单位产品能源消耗(以下简称能耗)限额的技术要求、统计范围和计算方法、节能管理与措施。

本标准适用于还原电炉(矿热炉)生产的硅铁、高碳锰铁(电炉锰铁)、锰硅合金、高碳铬铁和高炉生产的锰铁(高碳锰铁)合金等5个规格的大宗产品单位产品能耗限额的计算、考核,以及新建设备的能耗控制。其他铁合金产品可参照执行。

2 规范性引用文件

下列文件中的条款通过本标准的引用而成为本标准的条款。凡是注日期的引用文件,其随后所有的修改单(不包括勘误的内容)或修订版均不适用于本标准,然而,鼓励根据本标准达成协议的各方研究是否可使用这些文件的最新版本。凡是不注日期的引用文件,其最新版本适用于本标准。

GB/T 2272 硅铁

GB/T 3795 锰铁

GB/T 4008 锰硅合金

GB/T 5683 铬铁

GB 17167 用能单位能源计量器具配备和管理通则

3 术语和定义

下列术语和定义适用于本标准。

3.1

铁合金单位产品综合能耗 the comprehensive energy consumption per unit product of ferroalloy

在报告期内铁合金企业生产单位产品(1标准吨)合格铁合金所消耗的各种能源,扣除工序回收并外供的能源后实际消耗的各种能源折合标准煤总量。

3.2

铁合金单位产品冶炼电耗 smelting electricity consumption per unit product of ferroalloy

在报告期内,铁合金冶炼工序每生产单位产品(1标准吨)合格铁合金冶炼过程的耗电量,不包括原料处理、出铁、浇铸、精整等过程消耗的电量。

4 技术要求

4.1 现有铁合金生产企业单位产品能耗限额限定值

现有铁合金生产企业单位产品能耗限额指标包括单位产品冶炼电耗和单位产品综合能耗,其值应符合表1的规定。

表1 现有铁合金生产企业单位产品能耗限额限定值

合金品种	硅铁	电炉锰铁	锰硅合金	高碳铬铁	高炉锰铁
产品规格	FeSi75-A	FeMn68C7.0	FeMn64Si18	FeCr67C6.0	FeMn68C7.0
执行国家标准	GB/T 2272	GB/T 3795	GB/T 4008	GB/T 5683	GB/T 3795

表 1(续)

<table>
<tr><td colspan="2">合金品种</td><td>硅铁</td><td>电炉锰铁</td><td>锰硅合金</td><td>高碳铬铁</td><td>高炉锰铁</td></tr>
<tr><td colspan="2">标准成分</td><td>Si75</td><td>Mn65</td><td>Mn+Si82</td><td>Cr50</td><td>Mn65</td></tr>
<tr><td colspan="2">单位产品冶炼电耗限额限定值/(kW·h/t)</td><td>≤8 800</td><td>≤2 700</td><td>≤4 400</td><td>≤3 500</td><td>焦炭 1 350 kg/t</td></tr>
<tr><td colspan="2">单位产品综合能耗限额限定值[以电当量值 0.122 9 kgce/(kW·h)计]/(kgce/t)</td><td>≤1 980</td><td>≤790</td><td>≤1 030</td><td>≤900</td><td rowspan="2">≤1 250</td></tr>
<tr><td colspan="2">单位产品综合能耗限额限定值[以电等价值 0.404 kgce/(kW·h)计]/(kgce/t)</td><td>≤4 600</td><td>≤1 610</td><td>≤2 380</td><td>≤1 950</td></tr>
<tr><td rowspan="2">备注</td><td>入炉矿品位</td><td>—</td><td>Mn 38%</td><td>Mn 34%</td><td>Cr_2O_3 40%</td><td>Mn 37%</td></tr>
<tr><td>入炉矿品位每升高降低 1%,电耗限额值可降低升高值/(kW·h/t)</td><td>—</td><td>≤60</td><td>≤100</td><td>≤80
铬铁比≥2.2</td><td>焦炭 30 kg/t</td></tr>
</table>

4.2 新建铁合金生产企业单位产品能耗限额准入值

新建及改扩建的铁合金生产设备包括铁合金矿热电炉采用矮烟罩半封闭或全封闭型,容量不小于 25 MV·A(中西部具有独立运行的小水电及矿产资源优势的国家确定的重点贫困地区,单台矿热电炉容量不低于 12.5 MV·A);中低碳锰铁和中低微碳铬铁等精炼电炉,可根据产品特点选择炉型,容量一般不得低于 3MV·A;锰铁高炉容积不得低于 300 m^3。

新建或改扩建铁合金生产企业时,铁合金单位产品能耗限额准入值指标包括单位产品冶炼电耗和单位产品综合能耗,其值应符合表 2 的规定。

表 2 新建铁合金生产企业单位产品能耗限额准入值

<table>
<tr><td colspan="2">合金品种</td><td>硅铁</td><td>电炉锰铁</td><td>锰硅合金</td><td>高碳铬铁</td><td>高炉锰铁</td></tr>
<tr><td colspan="2">产品规格</td><td>FeSi75-A</td><td>FeMn68C7.0</td><td>FeMn64Si18</td><td>FeCr67C6.0</td><td>FeMn68C7.0</td></tr>
<tr><td colspan="2">执行国家标准</td><td>GB/T 2272</td><td>GB/T 3795</td><td>GB/T 4008</td><td>GB/T 5683</td><td>GB/T 3795</td></tr>
<tr><td colspan="2">标准成分</td><td>Si75</td><td>Mn65</td><td>Mn+Si82</td><td>Cr50</td><td>Mn65</td></tr>
<tr><td colspan="2">单位产品冶炼电耗限额准入值/(kW·h/t)</td><td>≤8 500</td><td>≤2 600</td><td>≤4 200</td><td>≤3 200</td><td>焦炭 1 320 kg/t</td></tr>
<tr><td colspan="2">单位产品综合能耗限额准入值[以电当量值 0.122 9 kgce/(kW·h)计]/(kgce/t)</td><td>≤1 910</td><td>≤710</td><td>≤990</td><td>≤810</td><td rowspan="2">≤1 220</td></tr>
<tr><td colspan="2">单位产品综合能耗限额准入值[以电等价值 0.404 kgce/(kW·h)计]/(kgce/t)</td><td>≤4 440</td><td>≤1 500</td><td>≤2 260</td><td>≤1 780</td></tr>
<tr><td rowspan="2">备注</td><td>入炉矿品位</td><td>—</td><td>Mn 38%</td><td>Mn 34%</td><td>Cr_2O_3 40%</td><td>Mn 37%</td></tr>
<tr><td>入炉矿品位每升高降低 1%,电耗限额值可降低升高值/(kW·h/t)</td><td>—</td><td>≤60</td><td>≤100</td><td>≤80
铬铁比≥2.2</td><td>焦炭 30 kg/t</td></tr>
</table>

4.3 铁合金生产企业单位产品能耗限额先进值

铁合金生产企业或工序,在铁合金生产过程中应通过节能技术改造和加强节能管理,使铁合金单位产品能耗限额先进值符合表3的规定。

表3 铁合金单位产品能耗限额先进值

<table>
<tr><td colspan="2">合金品种</td><td>硅铁</td><td>电炉锰铁</td><td>锰硅合金</td><td>高碳铬铁</td><td>高炉锰铁</td></tr>
<tr><td colspan="2">产品规格</td><td>FeSi75-A</td><td>FeMn68C7.0</td><td>FeMn64Si18</td><td>FeCr67C6.0</td><td>FeMn68C7.0</td></tr>
<tr><td colspan="2">执行国家标准</td><td>GB/T 2272</td><td>GB/T 3795</td><td>GB/T 4008</td><td>GB/T 5683</td><td>GB/T 3795</td></tr>
<tr><td colspan="2">标准成分</td><td>Si75</td><td>Mn65</td><td>Mn+Si82</td><td>Cr50</td><td>Mn65</td></tr>
<tr><td colspan="2">单位产品冶炼电耗限额先进值/(kW·h/t)</td><td>≤8 300</td><td>≤2 300</td><td>≤4 000</td><td>≤2 800</td><td>焦炭 1 280 kg/t</td></tr>
<tr><td colspan="2">单位产品综合能耗限额先进值[以电当量值 0.122 9 kgce/(kW·h)计]/(kgce/t)</td><td>≤1 850</td><td>≤670</td><td>≤950</td><td>≤740</td><td rowspan="2">≤1 180</td></tr>
<tr><td colspan="2">单位产品综合能耗限额先进值[以电等价值 0.404 kgce/(kW·h)计]/(kgce/t)</td><td>≤4 320</td><td>≤1 360</td><td>≤2 150</td><td>≤1 600</td></tr>
<tr><td rowspan="2">备注</td><td>入炉矿品位</td><td>—</td><td>Mn 38%</td><td>Mn 34%</td><td>Cr_2O_3 40%</td><td>Mn 37%</td></tr>
<tr><td>入炉矿品位每升高降低1%，电耗限额值可降低升高值/(kW·h/t)</td><td>—</td><td>≤60</td><td>≤100</td><td>≤80
铬铁比≥2.2</td><td>焦炭 30 kg/t</td></tr>
</table>

4.4 铁合金生产主要能源回收量先进值

铁合金产品生产过程中，应配备先进的节能设备，最大限度回收产生的能源，使回收的能源量达到规定的先进值：

a) 封闭电炉煤气有效回收利用率≥80%；

b) 锰铁高炉煤气回收利用率≥96%。

5 统计范围和计算方法

5.1 统计范围及能源折算系数取值原则

5.1.1 统计范围

a) 铁合金单位产品综合能耗统计范围

矿热炉生产铁合金企业能耗应包括用于加热炉料，维持正常炉况耗用的冶炼电力能源消耗，用于还原矿石所需的碳质还原剂(冶金焦丁或气煤半焦焦粒)消耗，以及生产加工过程中的原料准备、输送、冶炼、合金浇注、精整及物料与合金运输的动力耗能，扣除回收并外供的二次能源(如，煤气等)量。

产品产量以精整后的按标准成分要求入库的成品量计。

b) 铁合金单位产品冶炼电耗统计范围

冶炼电耗统计以变压器高压侧的电表计量值为准。铁合金冶炼过程的耗电量，不包括生产时的烘炉电、洗炉电、动力电、照明电等。

产品产量以精整后的按标准成分要求入库的成品量计。

5.1.2 能源折算系数取值原则

各种能源的热值以企业在报告期的实测热值为准。没有实测条件的，采用附录A中各种折标准煤参考系数。

5.2 计算方法

5.2.1 铁合金单位产品综合能耗

铁合金单位产品综合能耗按式(1)计算：

$$E_{THJ}=\frac{e_{yd}+e_{th}+e_{dl}-e_{yr}}{P_{THJ}} \quad \cdots\cdots(1)$$

式中：

E_{THJ}——铁合金产品单位综合能耗，单位为千克标准煤每标准吨(kgce/t)；

e_{yd}——铁合金生产的冶炼电力能源耗用量，单位为千克标准煤(kgce)；

e_{th}——铁合金生产的碳质还原剂耗用量，单位为千克标准煤(kgce)；

e_{dl}——铁合金生产过程中的动力能源耗用量，单位为千克标准煤(kgce)；

e_{yr}——二次能源回收并外供量，单位为千克标准煤(kgce)；

P_{THJ}——合格铁合金产量，单位为标准吨(t)。

5.2.2 铁合金单位产品冶炼电耗

铁合金单位产品冶炼电耗按式(2)计算：

$$D_{THJ}=\frac{d_{yl}\times 10\ 000}{P_{THJ}} \quad \cdots\cdots(2)$$

式中：

D_{THJ}——铁合金单位产品冶炼电耗，单位为千瓦时每吨(kW·h/t)；

d_{yl}——铁合金冶炼电耗，单位为万千瓦时(10^4 kW·h)；

P_{THJ}——合格铁合金产量，单位为标准吨(t)。

6 节能管理与措施

6.1 企业应定期对铁合金生产的能耗情况进行考核，并把考核指标分解落实到各基层部门，建立用能责任制度。

6.2 企业应按要求建立能耗统计体系，建立能耗计算和考核结果的文件档案，并对文件进行受控管理。

6.3 企业应根据 GB 17167 的要求配备能源计量器具并建立能源计量管理制度。

6.4 新建或改扩建的铬、锰系铁合金矿热炉，原则上应建设封闭型电炉。产生的煤气应予以回收并合理利用。

附　录　A
（资料性附录）
主要能源折标准煤参考系数

能源名称	平均低位发热量	折标准煤系数
无烟煤（湿）	25 090 kJ/kg	0.857 1 kgce/kg
动力煤（湿）	20 908 kJ/kg	0.714 3 kgce/kg
焦炭（干全焦） （灰分 13.5%）	28 435 kJ/kg	0.971 4 kgce/kg
100 m^3～255 m^3 锰铁高炉用焦炭 （炼铁高炉的筛下焦）	0.95×28 435 kJ/kg	0.95×0.974 0 kgce/kg
矿热炉用焦丁	0.90×28 435 kJ/kg	0.90×0.971 4 kgce/kg
硅铁生产用半焦焦丁	0.75×28 435 kJ/kg	0.75×0.971 4 kgce/kg
锰铁高炉煤气	4 100 kJ/m^3～4 300 kJ/m^3	0.140 1 kgce/m^3～0.147 0 kgce/m^3
封闭电炉煤气	4 000 kJ/m^3～5 000 kJ/m^3	0.136 7 kgce/m^3～0.170 9 kgce/m^3
燃料油	41 816 kJ/kg	1.428 6 kgce/kg
电力（当量值）	3 600 kJ/(kW·h)	0.122 9 kgce/(kW·h)
电力（等价值）	—	0.404 0 kgce/(kW·h)

ICS 27.010
F 01

中华人民共和国国家标准

GB 21342—2008

焦炭单位产品能源消耗限额

The norm of energy consumption per unit product of coke

2008-01-09 发布 2008-06-01 实施

中华人民共和国国家质量监督检验检疫总局
中国国家标准化管理委员会 发布

前　言

本标准的4.1和4.2是强制性的，其余是推荐性的。

本标准附录A为资料性附录。

本标准由国家发展和改革委员会资源节约和环境保护司、国家标准化管理委员会工业标准一部提出。

本标准由全国能源基础与管理标准化技术委员会归口。

本标准主要起草单位：中国钢铁工业协会、钢铁研究总院。

本标准主要起草人：陈丽云、张春霞、郦秀萍、兰德年、黄导。

焦炭单位产品能源消耗限额

1 范围

本标准规定了焦炭单位产品能源消耗(以下简称能耗)限额的技术要求、统计范围和计算方法、节能管理与措施。

本标准适用于焦炭单位产品能耗的计算、考核以及新建装置的能耗控制。

2 规范性引用文件

下列文件中的条款通过本标准的引用而成为本标准的条款。凡是注日期的引用文件,其随后所有的修改单(不包括勘误的内容)或修订版均不适用于本标准,然而,鼓励根据本标准达成协议的各方研究是否可使用这些文件的最新版本。凡是不注日期的引用文件,其最新版本适用于本标准。

GB 17167 用能单位能源计量器具配备和管理通则

3 术语和定义

下列术语和定义适用于本标准。

3.1

焦炭单位产品综合能耗[1)] **the comprehensive energy consumption per unit product of coke**

在报告期内炼焦工序生产单位合格焦炭所消耗的各种能源,扣除回收能源量后实际消耗的各能源折合标准煤总量。

4 技术要求

4.1 现有焦炭生产装置单位产品能耗限额限定值

当电力折标准煤系数采用等价值时,现有焦炭生产企业或工序的焦炭单位产品综合能耗应不大于165 kgce/t。

4.2 新建焦炭生产装置单位产品能耗限额准入值

当电力折标准煤系数采用等价值时,新建或改扩建焦炭生产设备焦炭单位产品综合能耗应不大于135 kgce/t,如使用捣固焦,焦炭单位产品综合能耗应不大于140 kgce/t。

4.3 焦炭生产装置单位产品能耗限额先进值

当电力折标准煤系数采用等价值时,焦炭生产企业或工序应通过节能技术改造和加强节能管理,达到焦炭单位产品能耗限额先进值,其值为焦炭单位产品综合能耗不大于125 kgce/t。

4.4 焦炭生产主要二次能源利用先进值

焦炭生产工序主要二次能源指标为干熄焦蒸汽回收量。

干熄焦蒸汽回收量是指每生产单位合格焦炭利用干熄焦装置回收的蒸汽量。

焦炭生产企业或工序应配备先进的节能设备,最大限度回收产生的能源,使干熄焦蒸汽回收量不小于60 kgce/t。

4.5 电力折标准煤系数按当量值时的焦炭单位产品能耗限额参考值

当电力折标准煤系数从等价值0.404 kgce/(kW·h)改为当量值0.122 9 kgce/(kW·h)时,焦炭单位产品综合能耗限额限定值、限额准入值和限额先进值的参考值见表1。

---

1) 此处“焦炭单位产品能耗”等同于钢铁企业的“焦化工序能耗”。

表 1 电力折算标准煤系数为当量值时焦炭单位产品能耗限额参考值

单位产品综合能耗限额 限定值/(kgce/t)	单位产品综合能耗限额 准入值/(kgce/t)	单位产品综合能耗限额 先进值/(kgce/t)
155	125(若使用捣固焦,为 130)	115

5 统计范围和计算方法

5.1 能耗统计范围及能源折标准煤系数取值原则

5.1.1 统计范围

备煤(不包括洗煤)、炼焦和煤气净化工段的能耗扣除自身回收利用和外供的能源量,不包括精制。备煤工段包括贮煤、粉碎、配煤及系统除尘;炼焦工段包括炼焦、熄焦、筛运焦、装煤除尘、出焦除尘和筛运焦除尘;煤气净化工段内容包括冷凝鼓风、脱硫、脱氰、脱氨、脱苯、脱萘等工序和酚氰污水处理;干熄焦产出只计蒸汽,不含发电。

5.1.2 能源折标准煤系数取值原则

各种能源的热值以标准煤计。各种能源等价热值以企业在报告期内实测的热值为准。没有实测条件的,采用附录 A 中各种能源折标准煤参考系数。

5.2 计算方法

焦炭单位产品综合能耗应按以下公式计算:

$$E_{JT}=\frac{e_{yl}+e_{jg}-e_{cp}-e_{yr}}{P_{JT}}$$

式中:

E_{JT}——焦炭单位产品综合能耗,单位为千克标准煤每吨(kgce/t);

e_{yl}——原料煤量,单位为千克标准煤(kgce);

e_{jg}——加工能耗量,是指炼焦生产所用焦炉煤气、高炉煤气、水、电、蒸汽、压缩空气等能源,单位为千克标准煤(kgce);

e_{cp}——焦化产品外供量,是指供外厂(车间)的焦炭、焦炉煤气、粗焦油、粗苯等的数量,单位为千克标准煤(kgce);

e_{yr}——余热回收量,如干熄焦工序回收的蒸汽数量等,单位为千克标准煤(kgce);

P_{JT}——焦炭产量,单位为吨(t)。

6 节能管理与措施

6.1 节能基础管理

6.1.1 企业应定期对焦炭生产的能耗情况进行考核,并把考核指标分解落实到各基层部门,建立用能责任制度。

6.1.2 企业应按要求建立能耗统计体系,建立能耗计算和考核结果的文件档案,并对文件进行受控管理。

6.1.3 企业应根据 GB 17167 的要求配备能源计量器具并建立能源计量管理制度。

6.2 节能技术管理

新建或改扩建焦炉,原则上要同步配套建设干熄焦装置,焦炉煤气应全部回收利用,不得直排或点火炬,要采用先进的配煤工艺,合理配比炼焦用煤,尽量减少优质主焦煤用量。

附　录　A
（资料性附录）
各种能源折标准煤参考系数

能源名称	平均低位发热量	折标准煤系数
原煤	20 908 kJ/kg	0.714 3 kgce/kg
干洗精煤（灰分 10%）	29 689 kJ/kg	1.014 3 kgce/kg
无烟煤(湿)	25 090 kJ/kg	0.857 1 kgce/kg
动力煤(湿)	20 908 kJ/kg	0.714 3 kgce/kg
焦炭(干全焦)（灰分 13.5%）	28 435 kJ/kg	0.971 4 kgce/kg
高炉煤气	3 763 kJ/m^3	0.128 6 kgce/kg
煤焦油	33 453 kJ/kg	1.142 9 kgce/kg
焦炉煤气	16 726 kJ/m^3～17 981 kJ/m^3	0.571 4 kgce/m^3～0.614 3 kgce/m^3
蒸汽(低压)	3 763 kJ/kg	0.128 6 kgce/kg
蒸汽(中高压)		0.12 kgce/kg
粗苯	41 816 kJ/kg	1.428 6 kgce/kg
热力(当量值)		0.034 12 kgce/MJ
电力(等价值)	11 826 kJ/(kW·h)	0.404 0 kgce/(kW·h)
电力(当量值)	3 600 kJ/(kW·h)	0.122 9 kgce/(kW·h)
注 1：洗精煤或煤炭的灰分、水分每增、减 1%，则热值相应要减、增约 334 kJ/kg。 注 2：无烟煤、动力煤热值波动范围较大，推荐值为大体平均值。		

ICS 27.010
F 01

GB

中华人民共和国国家标准

GB 21343—2008

电石单位产品能源消耗限额

The norm of energy consumption per unit product of calcium carbide

2008-01-09 发布 2008-06-01 实施

中华人民共和国国家质量监督检验检疫总局
中国国家标准化管理委员会 发布

前　言

本标准的4.1、4.2为强制性的，其余为推荐性的。

本标准附录A为资料性附录。

本标准由国家发展和改革委员会资源节约和环境保护司、国家标准化管理委员会工业标准一部提出。

本标准由全国能源基础与管理标准化技术委员会归口。

本标准负责起草单位：浙江巨化电石有限公司、中国石油和化学工业协会。

本标准参加起草单位：中国电石工业协会、四川电石溶解乙炔行业协会、山西电石工业协会、青海东胜化工有限公司、宜宾天原股份有限公司、新疆天业股份有限公司、西安西化热电化工有限责任公司、内蒙古白燕湖化工股份有限公司。

本标准主要起草人：吴樟生、吴学红、沈剑平。

本标准参加起草人：向自强、吴清学、李三文、孙万军、明崇伦、张立、陈迎刚、董斌、戎兰狮。

电石单位产品能源消耗限额

1 范围

本标准规定了电石单位产品能源消耗(以下称能耗)限额的要求、统计范围和计算方法、节能管理与措施。

本标准适用于电石生产企业能耗的计算、考核,以及对新建装置的能耗控制。

2 规范性引用文件

下列文件中的条款通过本标准的引用而成为本标准的条款。凡是注日期的引用文件,其随后所有的修改单(不包括勘误的内容)或修订版均不适用于本标准,然而,鼓励根据本标准达成协议的各方研究是否可使用这些文件的最新版本。凡是不注日期的引用文件,其最新版本适用于本标准。

GB 10665—2004 碳化钙(电石)

GB 17167 用能单位能源计量器具配备和管理通则

3 术语和定义

下列术语和定义适用于本标准。

3.1

电石产品综合能耗 the comprehensive energy consumption of calcium carbide

报告期内为生产电石产品消耗的各种能源总量,即生产系统、辅助生产系统和附属生产系统的各种能耗量和损失量,包括作为原料、材料消耗的能源量,不包括生活、基建、技改项目建设所消耗的能源量,石灰生产所消耗的能源量和向外输出的能源量。

3.2

电石单位产品综合能耗 the comprehensive energy consumption per unit product of calcium carbide

用单位折标产量表示的电石产品综合能耗。

3.3

电石单位产品电炉电耗 the electricity consumption per unit product of calcium carbide in electric furnace

用单位折标产量表示的电石炉生成电石所消耗的工艺电量,其中包括烧炉眼用电量,不包括动力设备等的耗电量。

3.4

电石生产界区 the production area of calcium carbide

从焦炭等原材料和能源经计量进入工序开始,到电石成品计量入库的电石产品的整个生产过程。

4 要求

4.1 现有电石生产装置单位产品能耗限额限定值

现有电石生产装置单位产品能耗限额指标包括单位产品综合能耗和单位产品电炉电耗,其限定值应符合表1的要求。

表 1　现有电石生产装置单位产品能耗限额限定值

项　　目	指　　标
单位产品综合能耗限额限定值(tce/t)	≤1.20
单位产品电炉电耗限额限定值(kW·h/t)	≤3 400

4.2　新建电石生产装置单位产品能耗限额准入值

新建电石生产装置单位产品能耗限额准入值指标包括单位产品综合能耗和单位产品电炉电耗，其准入值应符合表 2 的要求。

表 2　新建电石生产装置单位产品能耗限额准入值

项　　目	指　　标
单位产品综合能耗限额准入值/(tce/t)	≤1.10
单位产品电炉电耗限额准入值/(kW·h/t)	≤3 250

4.3　电石生产装置单位产品能耗限额先进值

电石生产装置单位产品能耗限额先进值指标包括单位产品综合能耗和单位产品电炉电耗，其先进值应符合表 3 的要求。

表 3　电石生产装置单位产品能耗限额先进值

项　　目	指　　标
单位产品综合能耗限额先进值/(tce/t)	≤1.05
单位产品电炉电耗限额先进值/(kW·h/t)	≤3 050

5　统计范围和计算方法

5.1　能耗统计范围及能源折标煤系数取值原则

5.1.1　能耗统计范围：从焦炭等原材料和能源经计量进入电石生产界区开始，到电石成品计量入库的电石产品的整个生产过程。由生产系统、辅助生产系统和附属生产系统设施三部分组成。

5.1.2　综合能耗中应扣除向外输出的能源量。向电石生产界区外输出的密闭炉炉气和回收的余热，按向外输出的能源计算。调出的焦(煤)粉、自产自用的石灰，也按向外输出能源计算，其热值按实测低位热值计算。

5.1.3　电石产品综合能耗具体包括以下各项：

a)　电力消耗包括电炉电、动力电、照明用电和除尘设施用电。

b)　电石生产耗用的炭素原料包括焦炭、石油焦、无烟煤、电极糊和其他作为还原剂的炭素等。从进入生产界区后第一道工序开始计量。

c) 干燥焦炭耗用的燃料，热值和计算起点同 b)。如用电石生产的余热干燥焦炭时，其余热不计算燃料消耗。

d) 电石生产系统中消耗的各种耗能工质包括冷却水、氧气、氮气、压缩空气，其热值按规定的当量热值计算。

e) 辅助生产系统消耗的能源：在电石生产界区内各辅助工序所消耗的能源(d)项中计算过的不得重复统计)。

f) 附属生产系统消耗的能源包括电石生产界区内维修工段、化验室、控制室、库房及车间办公室等消耗的能源。

5.1.4 辅助和附属生产系统的能源消耗量和损失量按产值比例分摊到产品中。

5.1.5 由于各种能源的热值不同，能源消耗量应折合为标准煤统一的计算单位。企业外购的各种能源，其热值以该地区或该企业在报告期内实测的低位热值为准。没有实测条件的，采用附录 A 中各种能源折标准煤参考系数。

5.1.6 企业外购电力折当量热值为 3 600 kJ/(kW·h)。

5.2 计算方法

5.2.1 电石产品综合能耗(E_{cz})按式(1)计算：

$$E_{cz}=\sum_{i=1}^{n}(e_{ic}\cdot K_i)+\sum_{i=1}^{n}(e_{iff}\cdot K_i)-\sum_{i=1}^{n}(e_{if}\cdot K_i) \qquad \cdots\cdots(1)$$

式中：

E_{cz}——电石产品综合能耗，单位为吨标准煤(tce)；

e_{ic}——电石产品生产消耗的某种能源实物量，单位为吨(t)或千瓦时(kW·h)或立方米(m^3)；

e_{iff}——电石产品消耗的辅助能源、附属能源和能源损失量，单位为吨(t)或千瓦时(kW·h)或立方米(m^3)；

e_{if}——电石产品生产过程中副产的某种能源实物量，单位为吨(t)或千瓦时(kW·h)或立方米(m^3)；

K_i——某种能源折算标准煤系数，单位为吨标准煤每千瓦时[tce/(kW·h)]或吨标准煤每吨(tce/t)或吨标准煤每立方米(tce/m^3)；

n——能源种数。

5.2.2 单位产品综合能耗(E_{cd})按式(2)计算：

$$E_{cd}=\frac{E_{cz}}{P_b} \qquad \cdots\cdots(2)$$

式中：

E_{cd}——电石单位产品综合能耗，单位为吨标准煤每吨(tce/t)；

P_b——电石产品折标产量(折成标量 300 L/kg)，单位为吨(t)。

电石产品折标产量为将电石产品的实物量按其实际发气量折算为发气量 300 L/kg 的产品量。

电石产品发气量按 GB 10665—2004 中 4.1 规定进行测定。

5.2.3 单位产品电炉电耗(E_d)按式(3)计算：

$$E_d=\frac{Q_{cd}}{P_b} \qquad \cdots\cdots(3)$$

式中：

E_d——电石单位产品电炉电耗，单位为千瓦时每吨(kW·h/t)；

Q_{cd}——电石产品生产过程中消耗的电炉电总量，单位为千瓦时(kW·h)。

6 节能管理与措施

6.1 企业应定期对电石产品单位能耗进行考核，并把考核指标分解落实到各基层部门，建立用能责任制度。

6.2 企业应按要求建立能源统计体系，建立能耗测试数据、能耗计算和考核结果的文件档案，并对文件进行受控管理。

6.3 企业应根据 GB 17167 的要求配备能源计量器具并建立能源计量管理制度。

6.4 电石生产企业综合能耗的统计、核算应执行相关国家标准，核算规程由企业归口（专业）部门完成。

6.5 为提高用能水平，应采用炉气综合利用、粉料回收、微机控制、清洁生产等节能措施。

附 录 A
（资料性附录）
各种能源、耗能工质折标准煤参考系数

表 A.1 给出了各种能源、耗能工质折标准煤的参考系数。

表 A.1 各种能源、耗能工质折标准煤参考系数

能源名称		平均低位发热量	折标准煤系数
原煤		20 908 kJ/kg（5 000 kcal/kg）	0.714 3 kgce/kg
洗精煤		26 344 kJ/kg（6 300 kcal/kg）	0.900 0 kgce/kg
其他洗煤	a）洗中煤	8 363 kJ/kg（2 000 kcal/kg）	0.285 7 kgce/kg
	b）煤泥	8 363 kJ/kg～12 545 kJ/kg（2 000 kcal/kg～3 000 kcal/kg）	0.285 7 kgce/kg～0.4286 kgce/kg
焦炭、石油焦及其他炭素		28 435 kJ/kg（6 800 kcal/kg）	0.971 4 kgce/kg
电极糊		25 090 kJ/kg(6 000 kcal/kg)	0.857 1 kgce/kg
原油、燃料油		41 816 kJ/kg(10 000 kcal/kg)	1.428 6 kgce/kg
汽油		43 070 kJ/kg(10 300 kcal/kg)	1.471 4 kgce/kg
煤油		43 070 kJ/kg(10 300 kcal/kg)	1.471 4 kgce/kg
柴油		42 652 kJ/kg(10 200 kcal/kg)	1.457 1 kgce/kg
焦炉煤气		16 726 kJ/m^3～17 981 kJ/m^3(4 000 kcal/m^3～4 300 kcal/m^3)	0.571 4 kgce/m^3～0.614 3 kgce/m^3
其他煤气	a）发生炉煤气	5 227 kJ/m^3(1 250 kcal/m^3)	0.178 6 kgce/m^3
	b）压力气化煤气	15 054 kJ/m^3(3 600 kcal/m^3)	0.514 3 kgce/m^3
	c）水煤气	10 454 kJ/m^3(2 500 kcal/m^3)	0.357 1 kgce/m^3
煤焦油		33 453 kJ/ kg(8 000 kcal/ kg)	1.142 9 kgce/ kg
粗苯		41 816 kJ/ kg(10 000 kcal/ kg)	1.428 6 kgce/ kg
热力(当量值)		—	0.034 12 kgce/MJ
电力(当量值)		3 600 kJ/(kW·h)[860 kcal/(kW·h)]	0.122 9 kgce/(kW·h)
密闭电石炉炉气		11 119 kJ/m^3(2 659 kcal/m^3)	0.379 8 kgce/m^3
石灰		5 227 MJ/t(12 500 Mcal/t)	0.178 6 tce/t
蒸汽(低压)		3 763 MJ/t(900 Mcal/t)	0.128 6 tce/t
外购水		2.51 MJ/t(600 kcal/t)	0.085 7 kgce/t
软水		14.23 MJ/t(3 400 kcal/t)	0.485 7 kgce/t
除氧水		28.45 MJ/t(6 800 kcal/t)	0.971 4 kgce/t
压缩空气		1.17 MJ/m^3(280 kcal/m^3)	0.040 0 kgce/m^3
鼓风		0.88 MJ/m^3(210 kcal/m^3)	0.030 0 kgce/m^3
氧气		11.72 MJ/m^3(2 800 kcal/m^3)	0.400 0 kgce/m^3
氮气		19.66 MJ/m^3(4 700 kcal/m^3)	0.671 4 kgce/m^3
二氧化碳气		6.28 MJ/m^3(1 500 kcal/m^3)	0.214 3 kgce/m^3

ICS 27.010
F 01

GB

中华人民共和国国家标准

GB 21344—2008

合成氨单位产品能源消耗限额

The norm of energy consumption per unit product of synthetic ammonia

2008-01-09 发布　　2008-06-01 实施

中华人民共和国国家质量监督检验检疫总局
中国国家标准化管理委员会　发布

前　言

本标准的 4.1 和 4.2 为强制性的，其余为推荐性的。

本标准的附录 A、附录 B 为规范性附录。

本标准由国家发展和改革委员会资源节约和环境保护司、国家标准化管理委员会工业标准一部提出。

本标准由全国能源基础与管理标准化技术委员会归口。

本标准主要起草单位：中国氮肥工业协会、中国石油和化学工业协会。

本标准主要起草人：王彦益、张荣、隗志安、冉克林、杨春升。

合成氨单位产品能源消耗限额

1 范围

本标准规定了以无烟块煤、各种型煤、土焦(包括碎焦)、天然气、焦炉气等为原料，采用不同工艺技术生产的合成氨单位产品能源消耗(以下简称能耗)限额的要求、统计范围和计算方法、节能管理与措施。

本标准适用于以无烟块煤、各种型煤、土焦(包括碎焦)、天然气、焦炉气等为原料，采用不同工艺技术生产合成氨产品的企业能耗的计算、考核，以及对新建项目的能耗控制。

本标准不适用于以油品、烟煤、褐煤为原料生产合成氨的装置。

2 规范性引用文件

下列文件中的条款通过本标准的引用而成为本标准的条款。凡是注日期的引用文件，其随后所有的修改单(不包括勘误的内容)或修订版均不适用于本标准，然而，鼓励根据本标准达成协议的各方研究是否可使用这些文件的最新版本。凡是不注日期的引用文件，其最新版本适用于本标准。

GB/T 212 煤的工业分析方法(GB/T 212—2001,eqv ISO 11722:1999)

GB/T 213 煤的发热量测定方法(GB/T 213—2003,ISO 1928:1995,NEQ)

GB/T 219 煤灰熔融性的测定方法(GB/T 219—1996,eqv ISO 540:1993)

GB 536 液体无水氨

GB/T 1573 煤的热稳定性测定方法

GB/T 2589 综合能耗计算通则

GB/T 3484 企业能量平衡通则

GB/T 7561 合成氨用煤技术条件

GB/T 11062 天然气发热量、密度、相对密度和沃泊指标的计算方法(GB/T 11062—1998,neq ISO 6976:1995)

GB/T 12497 三相异步电动机经济运行

GB/T 13462 工矿企业电力变压器经济运行导则

GB/T 13466 交流电气传动风机(泵类、压缩机)系统经济运行通则

GB 17167 用能单位能源计量器具配备和管理通则

GB/T 17608 煤炭产品品种和等级划分

3 术语和定义

下列术语和定义适用于本标准。

3.1

合成氨产量 the output of synthetic ammonia

在报告期内，经氨合成塔合成并加以分离出来的氨产品的总量，包括生产过程中回收和自用合成氨的量。以无水液态氨为最终计量状态，其质量标准执行 GB 536。

3.2

合成氨综合能耗 the comprehensive energy consumption of synthetic ammonia

在报告期内，生产合成氨所消耗的各种能量总量。其值等于报告期内合成氨生产过程中所输入的各种能量之总和减去向外输出的各种能量之总和。所有输入和向外输出各种能量，应按规定的计算方

法计算和按规定的折算方法折算为标准煤量。

3.3

合成氨单位产品综合能耗　the comprehensive energy consumption per unit product of synthetic ammonia

用单位产量表示的合成氨综合能耗。

3.4

合成氨原料用优质无烟块煤　high quality anthracite used in synthetic ammonia

能达到表1各项指标的无烟煤。

表1　合成氨原料用优质无烟块煤技术要求和测定方法

项　目	技术要求	测定方法
粒度/mm	≥25	GB/T 17608
灰分(A_d)/%	≤18	GB/T 212
热稳定性(TS_{+6})/%	≥85	GB/T 1573
软化温度/℃	≥1 350	GB/T 219
注：本表未涉及项目应符合GB/T 7561的规定。		

3.5

合成氨原料用非优质无烟块煤　unproper anthracite used in synthetic ammonia

达不到3.4优质无烟块煤的各项指标的无烟块煤和其他煤。

3.6

合成氨原料用型煤　coal briquette used in synthetic ammonia

用无烟粉煤加工成一定大小、一定形状的煤，即人造块煤，如石灰炭化煤球、腐植酸煤球、煤棒等。

4　要求

4.1　现有合成氨生产企业单位产品能耗限额限定值

现有合成氨生产企业单位产品能耗限额限定值应符合表2要求。

表2　现有合成氨生产企业单位产品能耗限额限定值

原料类型	单位产品综合能耗限额限定值/(kgce/t)
优质无烟块煤	≤1 900
非优质无烟块煤、焦炭、型煤	≤2 200
天然气、焦炉气	≤1 650

4.2　新建合成氨生产企业单位产品能耗限额准入值

新建合成氨生产企业单位产品能耗限额准入值应符合表3要求。

表3　新建合成氨生产企业单位产品能耗限额准入值

原料类型	单位产品综合能耗限额准入值/(kgce/t)
优质无烟块煤	≤1 500
非优质无烟块煤、焦炭、型煤	≤1 800
天然气、焦炉气	≤1 150

4.3　合成氨单位产品能耗限额先进值

合成氨生产企业单位产品能耗限额先进值应符合表4要求。

表 4　合成氨生产企业单位产品能耗限额先进值

原料类型	单位产品综合能耗限额先进值/(kgce/t)
优质无烟块煤	≤1 500
非优质无烟块煤、焦炭、型煤	≤1 800
天然气、焦炉气	≤1 150

5　统计范围和计算方法

5.1　统计范围

5.1.1　合成氨综合能耗包括生产系统、辅助生产系统和附属生产系统所消耗的各种一次能源量、二次能源量和损失量，不包括建设和改造过程用能和生活用能(指企业系统内宿舍、学校、文化娱乐、医疗保健、商业服务和托儿幼教等方面用能)。

5.1.2　合成氨输出能量是指合成氨系统向外输出的供其他产品或装置使用的能量。合成氨生产系统产生的废气、废液、废渣中未回收使用的、无计量的、没有实测热值以及不作为能源利用的(如直接用于修路、盖房等)，均不得计入输出能量。

5.1.3　合成氨生产回收利用的能量，用于本系统时不得作为输入能量再计入。向外系统输出时，应计入合成氨向外输出能量。如合成氨造气炉的返炭和锅炉的炉渣、造气吹风气、合成放空气、氨贮罐弛放气、副产蒸汽等向外系统输出时，不得折为标准煤从输入原料煤和燃料煤中扣除，而应计入输出能量中。

5.1.4　合成氨生产所必须的安全、环保措施消耗的能量(如硫磺回收、油回收、污水处理等的能耗)，应计入合成氨能耗。

5.1.5　合成氨联醇、联碱、联电等多用户共享的原料、公用工程(蒸汽、含能工质等)能耗，应按有关规定合理分摊。

5.1.6　大修、库损等消耗的能量，应按月分摊。

5.2　计算方法

5.2.1　合成氨综合能耗计算公式

合成氨综合能耗等于合成氨生产过程中所输入的各种能量减去向外输出的各种能量，按式(1)计算：

$$E=\sum_{i=1}^{n}(E_i\times k_i)-\sum_{j=1}^{m}(E_j\times k_j) \qquad \cdots\cdots(1)$$

式中：

E——合成氨综合能耗，单位为吨标准煤(tce)；

E_i——合成氨生产过程中输入的第 i 种能源实物量，单位为吨(t)或千瓦时(kW·h)或立方米(m^3)；

k_i——输入的第 i 种能源的折标准煤系数，单位为吨标准煤每千瓦时[tce/(kW·h)]或吨标准煤每吨(tce/t)或吨标准煤每立方米(tce/m^3)；

n——输入的能源种类数量；

m——输出的能源种类数量；

E_j——合成氨生产过程中输出的第 j 种能源实物量，单位为吨(t)或千瓦时(kW·h)或立方米(m^3)；

k_j——输出的第 j 种能源的折标准煤系数，单位为吨标准煤每千瓦时[tce/(kW·h)]或吨标准煤每吨(tce/t)或吨标准煤每立方米(tce/m^3)。

5.2.2 合成氨单位产品综合能耗计算公式

合成氨单位产品综合能耗等于报告期内合成氨综合能耗除以报告期内合成氨产量，按式(2)计算：

$$e=\frac{E}{M} \qquad \cdots\cdots(2)$$

式中：

e——合成氨单位产品综合能耗，单位为吨标准煤每吨(tce/t)；

E——报告期内合成氨综合能耗，单位为吨标准煤(tce)；

M——报告期内合成氨产量，单位为吨(t)，计算方法见附录A。

5.2.3 各种能源(天然气、煤、电、蒸汽)的热值应按GB/T 2589综合能耗计算通则折算为统一的计量单位——标准煤，各种能源折标准煤系数以企业在报告期内实测的热值计算为准。煤和天然气等发热量测定方法按GB/T 213和GB/T 11062执行。

5.2.4 合成氨单位产品综合能耗的计算方法见附录B。

6 节能管理与措施

6.1 节能基础管理

6.1.1 建立健全能源管理组织机构，对节能工作进行组织、管理、监督、考核和评价。

6.1.2 制定行之有效的节能制度和措施，强化责任制，建立健全节能责任考核体系。

6.1.3 执行GB 17167，合理配备和用好能源计量器具和仪器仪表，使计量设备处于良好状态；对基础数据进行有效的检测、度量和计算，确保能源基础数据的准确性和完整性。

6.1.4 执行GB/T 3484科学、有效地组织能源统计工作，确保能源统计数据的准确性与及时性，做好能源消费和利用状况的统计分析，定期发布，并做好能源统计资料的管理与归档工作。

6.2 节能技术管理

6.2.1 经济运行

6.2.1.1 企业应使生产通用设备达到经济运行的状态，对电动机的经济运行管理应符合GB/T 12497的规定；对风机、泵类和空气压缩机的经济运行管理应符合GB/T 13466的规定；对电力变压器的经济运行管理应符合GB/T 13462的规定。

6.2.1.2 企业应加强设备的检修、维护工作，提高设备的负荷率，使其长周期运行；应使生产转动设备合理匹配，经济运行；应使静止设备处于高效率低能耗运行状态；应按照合理用能的原则，对各种热能科学使用，梯级利用；对余热和余压，加强回收和利用；对各种带热(冷)设备和管网应加强维护管理，防止跑、冒、滴、漏的现象发生。

6.2.2 节能技术

6.2.2.1 开发利用高效节能的新技术、新工艺、新设备。

6.2.2.2 推进清洁生产，提高资源利用效率，减少污染物排放量。

6.2.2.3 推广热电联产，提高热电机组的利用率。

6.2.2.4 推广“三废”综合利用技术。

6.2.2.5 推广高效率的气化、净化、合成技术。

6.2.2.6 淘汰高能耗、高污染的工艺和设备。

6.3 监督与考核

建立能耗测试、能耗统计、能源平衡和能耗考核结果的文件档案，并对文件进行受控管理。

附 录 A
（规范性附录）
合成氨产量计算方法

A.1 计算范围及方法

合成氨产量以液态氨为最终计量状态，按实物量计算。

合成氨产量包括：厂内各用氨单位的使用量、销售的商品液氨量、合成氨生产过程中的自用量（净化与脱硫用）以及氨罐弛放气、合成放空气、中间槽解析气等气体回收的氨水含氨量（按回收产品折氨100%计）。

合成氨产量不包括：冰机自用氨损失量；净化、氨水脱硫回收的氨水含氨量；碳化清洗塔及回收塔出来的氨水含氨量。

合成氨产量可采用仪表计量或以最终含氮产品的产量折算。

A.1.1 仪表计量产量

为保证液氨流量表准确计量，氨流量表前应安装中间槽用以减压解析液氨中溶解的气体，并对流量表进行温度压力补偿。当企业既有氨产量总氨表，又有各用户的使用量分表时，总表必须与分表平衡，不得超过液氨流量表允许误差值。

A.1.2 以最终含氮产品计算合成氨产量

以最终含氮产品计算合成氨产量时，按含氮产品的实际含量折算氨产量。

计算公式如下：

$$M=\frac{\sum_{i=1}^{n}N_i\times\gamma_i}{0.822\,45\times0.96}+\frac{\sum M_1\times\delta}{0.96}+M_2+M_3+M_4 \quad\cdots\cdots\cdots\cdots(\text{A.1})$$

式中：

M——报告期内合成氨产量，单位为吨(t)；

N——报告期生产的各批合格和不合格化肥实物量，单位为吨(t)；

γ——各批化肥的实际含氮量，数值以%表示，以实测为准（以干基分析含氮量时，应从实物量中扣掉水分）；

M_1——报告期内各批合格和不合格氨水实物量，单位为吨(t)；

δ——报告期内各批氨水含氨量，数值以%表示；

0.96——氨的利用率；

0.822 45——氨的理论含氮量；

M_2——自用氨量，单位为吨(t)；

M_3——商品液氨量，以装瓶或装车量为准，单位为吨(t)；

M_4——氨库期末与期初之差，单位为吨(t)。

当合成氨生产过程用氨的各用户均有氨计量表时，自用氨量以表记值为准；当各用户无表计量时，对自用氨规定如下：铜洗自用氨量为总氨量的0.4%，铜洗后氨洗的自用氨量为总氨量的0.5%，脱硫工艺自用氨为总氨量的1%。

氨水折氨量包括：直接用合成吹出气、中间槽解析气、氨罐弛放气回收生产的合格和不合格农业氨水和工业氨水。氨水折氨量不包括：净化（铜洗）、脱硫回收的氨水、碳化清洗塔及回收塔出来的氨水，也不包括净化（铜洗）和脱硫的自用氨水，及排放掉的合格或不合格的氨水。

附 录 B
（规范性附录）
合成氨单位产品综合能耗计算方法

B.1 合成氨单位产品综合能耗

系指报告期内合成氨综合能耗与报告期内合成氨产量之比。

计算公式如下：

$$e=\frac{E}{M} \qquad \cdots\cdots\cdots\cdots\text{(B.1)}$$

$$E=\sum_{i=1}^{n}(E_i\times k_i)-\sum_{j=1}^{m}(E_j\times k_j) \qquad \cdots\cdots\cdots\cdots\text{(B.2)}$$

式中：

e——合成氨单位产品综合能耗，单位为吨标准煤每吨(tce/t)；

E——合成氨综合能耗，单位为吨标准煤(tce)；

M——报告期内合成氨产量，单位为吨(t)；

E_i——合成氨生产过程中输入的第 i 种能源实物量，单位为吨(t)或千瓦时(kW·h)或立方米(m^3)；

k_i——输入的第 i 种能源的折标准煤系数，单位为吨标准煤每千瓦时[tce/(kW·h)]或吨标准煤每吨(tce/t)或吨标准煤每立方米(tce/m^3)；

n——输入的能源种类数量；

m——输出的能源种类数量；

E_j——合成氨生产过程中输出的第 j 种能源实物量，单位为吨(t)或千瓦时(kW·h)或立方米(m^3)；

k_j——输出的第 j 种能源的折标准煤系数，单位为吨标准煤每千瓦时[tce/(kW·h)]或吨标准煤每吨(tce/t)或吨标准煤每立方米(tce/m^3)。

电折标准煤系数为 0.122 9[kgce/(kW·h)]，其他能源(天然气、煤、蒸汽等)的折标准煤系数以企业在报告期内实测的热值计算为准。煤和天然气等发热量测定方法按 GB/T 213 和 GB/T 11062 执行。

B.2 合成氨单位产品耗入炉原料煤

系指报告期内合成氨耗入炉原料煤总量折标准煤与报告期内合成氨产量之比。

B.2.1 计算公式

$$e_m=\frac{E_m}{M} \qquad \cdots\cdots\cdots\cdots\text{(B.3)}$$

$$E_m=\sum_{i=1}^{n}(E_{mi}\times k_i) \qquad \cdots\cdots\cdots\cdots\text{(B.4)}$$

$$k_i=\frac{Q_i}{\alpha} \qquad \cdots\cdots\cdots\cdots\text{(B.5)}$$

式中：

e_m——合成氨单位产品耗入炉原料煤，单位为吨标准煤每吨(tce/t)；

M——报告期内合成氨产量，单位为吨(t)；

E_m——报告期内合成氨耗标准入炉原料煤总量，单位为吨标准煤(tce)；

E_{mi}——报告期内第 i 批入炉原料煤实物量，单位为吨(t)；

k_i——第 i 批入炉原料煤折标准煤系数；

n——入炉原料煤批次；

Q_i——第 i 批入炉原料煤低位发热量，单位为兆焦每千克(MJ/kg)，测量方法参考 GB/T 213；

α——标准煤低位发热量，其值为 29.307 6 兆焦每千克(MJ/kg)。

B.2.2 入炉原料煤计算范围

B.2.2.1 标准入炉原料煤总量是指报告期内各批投入造气炉的原料煤折标准煤之和，不包括入炉前筛出的粉煤、煤矸石和造气炉的返炭(返焦)。

B.2.2.2 多用户共享的原料气时，应按各产品有效气体用量分摊原料煤耗。

B.2.2.3 合成氨联产甲醇的企业，氨与粗甲醇(折 100%甲醇)单位产品消耗原料的比，按 1∶1.06 分摊共用的原料。合成氨耗标准入炉原料煤分摊计算公式：

$$E_{nm}=E_{znm}\times\frac{M}{1.06\times N\times x+M} \qquad \text{(B.6)}$$

式中：

E_{nm}——报告期内合成氨耗标准入炉原料煤总量，单位为吨标准煤(tce)；

E_{znm}——报告期内标准入炉原料煤总量，单位为吨标准煤(tce)；

M——报告期内合成氨产量，单位为吨(t)；

N——报告期内粗甲醇实物产量，单位为吨(t)；

x——报告期内粗甲醇中甲醇的平均含量，质量分数数值以%表示。

B.3 合成氨单位产品耗天然气

系指报告期内合成氨耗天然气总量与报告期内合成氨产量之比。

B.3.1 计算公式

$$e_g=\frac{E_g}{M} \qquad \text{(B.7)}$$

式中：

e_g——报告期内合成氨单位产品耗天然气，单位为立方米每吨(m^3/t)；

E_g——报告期内合成氨耗天然气总量，单位为立方米(m^3)；

M——报告期内合成氨产量，单位为吨(t)；

B.3.2 计算范围

“合成氨耗天然气总量”包括用于原料和燃料的天然气。

B.3.3 使用焦炉气、炼厂气、煤田气等制氨，计算方法同 B.3.1。

B.4 合成氨单位产品耗标准燃料煤

系指报告期内合成氨耗燃料煤总量折标准煤与报告期内合成氨产量之比。

B.4.1 合成氨耗燃料煤系指实际投入锅炉的燃料煤，不包括掺烧的造气炉返炭(返焦)和锅炉炉渣等。

B.4.2 锅炉生产的(或外购的)蒸汽为多产品使用时，应按各用户消耗的蒸汽热量分摊燃料煤或外(购蒸汽)的消耗量。合成氨消耗的蒸汽量，包括合成氨生产系统和辅助、附属生产系统所用的蒸汽总量。合成氨生产过程副产的蒸汽不计消耗量，放空或输出的蒸汽也不从消耗中扣除。输出蒸汽热量应计入输出能源。

B.4.3 蒸汽来自企业自备电厂时，应合理分摊自备电厂的燃料煤消耗。

B.4.4 合成氨联产甲醇企业,单位产品合成氨耗燃料煤与单位产品粗甲醇(100%)耗燃料煤的比按1∶1.06分摊公共燃料煤消耗。

B.4.5 外购蒸汽按购入蒸汽的焓值折标准煤,不考虑锅炉效率。

B.5 合成氨单位产品耗电

系指报告期内合成氨耗电总量与报告期内合成氨产量之比。

"合成氨耗电总量"包括合成氨生产系统和辅助、附属生产系统、贮运和码头系统的消耗和损失的电量,也包括生产系统中的事故检修、计划中小修和年度大修耗电,不包括基建项目用能和生活用能(生活用能是指企业系统内的宿舍、学校、文化娱乐、医疗保健、商业服务和托儿幼教等方面用能)。以电表计量为准。

B.5.1 合成氨联产甲醇企业,按单位合成氨耗电与单位粗甲醇(100%)耗电比按1∶0.8分摊公共电耗量。

B.5.2 合成氨热电联产企业:当热电系统全部用合成氨余热、余压发电时,合成氨的耗电量不扣减余热发电量,其发电量计入合成氨输出能源。当热电系统全部或部分利用外购燃料煤发电时,热电系统独立核算,合成氨的耗电量也不扣减自发电量,用于热电联产的合成氨余热、余压的热量,计入合成氨输出能源。

B.5.3 合成氨联产碳铵企业的碳铵工段(属合成氨的脱碳过程)耗电应全部计入合成氨耗电。

B.5.4 合成氨联产纯碱企业采用浓气制碱工艺时,与合成氨系统相对独立的,不存在电耗的分摊;变换气制碱工艺的重碱工段电耗应全部计入碱生产的电耗。

B.6 单位合成氨各种输出能源

系指报告期内合成氨系统输出的各种能源折标准煤之和与报告期内合成氨产量之比。

B.6.1 合成氨吹出气、弛放气、解析气作为能源(原料、燃料)供其他产品或装置使用的(包括作为民用燃料气使用的)按实测低位发热值计入输出能源。

B.6.2 合成氨系统输出的物料(造气炉排出的炉渣、干灰、湿灰和锅炉排出的炉渣等)作为能源供其他产品或装置使用的(如制蜂窝煤、煤球,烧制砖瓦,作热电厂燃料等)按实测低位发热值计入输出能源。

B.6.3 蒸汽锅炉或自备电厂全部利用合成氨系统余热(含自产的炉渣、废气、热水)、余压发电、产汽时(不掺烧其他外购燃料),其外供蒸汽和外供电量分别折标准煤计入合成氨输出能源。全部为余热自发电量折标准煤系数为0.122 9 kgce/(kW·h)。

B.6.4 利用合成氨生产中的余热来预热物料(或生产用水),供其他产品或装置使用的(按回收热能量)。回收热能量Q计算公式(B.8)为:

$$Q = D \times C \times (T_{出} - T_{入}) \quad \cdots\cdots\cdots\cdots (B.8)$$

式中:

D——被预热的物料量,单位为千克(kg);

C——为被预热物料的比热,单位为兆焦每千克摄氏度[MJ/(kg·℃)];

$T_{出}$、$T_{入}$——为被预热物料出、入合成氨系统的温度,单位为摄氏度(℃);

B.6.5 合成氨系统外送冷凝液(热水)供其他产品或用户使用的(包括用于生活目的),可作为输出能源按其利用热量从综合能耗中扣除(向外输送冷凝液或热水所耗用的电力也应扣除)。计算式见式(B.9):

$$Q = W \times C \times (T_{出} - T_{环}) \quad \cdots\cdots\cdots (B.9)$$

式中：

W——合成氨系统外送冷凝液(或热水)量,单位为千克(kg)；

C——外送冷凝液(或热水)量的比热,单位为兆焦每千克摄氏度[MJ/(kg·℃)]；

$T_{出}$——外送冷凝液(热水)温度,单位为摄氏度(℃)；

$T_{环}$——报告期平均环境温度,单位为摄氏度(℃)。

ICS 27.010
F 01

中华人民共和国国家标准

GB 21345—2008

黄磷单位产品能源消耗限额

The norm of energy consumption per unit product of yellow phosphorus

2008-01-09 发布　　　　2008-06-01 实施

中华人民共和国国家质量监督检验检疫总局
中国国家标准化管理委员会　发布

前　言

本标准的4.1和4.2为强制性的，其余为推荐性的。

本标准附录A为规范性附录，附录B为资料性附录。

本标准由国家发展和改革委员会资源节约和环境保护司、国家标准化管理委员会工业标准一部提出。

本标准由全国能源基础与管理标准化技术委员会归口。

本标准主要起草单位：中国石油和化学工业协会、中国无机盐工业协会。

本标准主要起草人：王佩琳、卢柏廷、周献慧、侯永胜。

黄磷单位产品能源消耗限额

1 范围

本标准规定了黄磷单位产品能源消耗(以下简称能耗)限额的要求、统计范围和计算方法、节能管理与措施。

本标准适用于电炉法黄磷生产企业能耗的计算、考核,以及对新建装置的能耗控制。

2 规范性引用文件

下列文件中的条款通过本标准的引用而成为本标准的条款。凡是注日期的引用文件,其随后所有的修改单(不包括勘误的内容)或修订版均不适用于本标准,然而,鼓励根据本标准达成协议的各方研究是否可使用这些文件的最新版本。凡是不注日期的引用文件,其最新版本适用于本标准。

GB/T 2589 综合能耗计算通则

GB 7816 工业黄磷

GB/T 12497 三相异步电动机经济运行

GB/T 13462 工矿企业电力变压器经济运行导则

GB/T 13466 交流电气传动风机(泵类、空气压缩机)系统经济运行通则

GB 17167 用能单位能源计量器具配备和管理通则

GB 18613 中小型三相异步电动机能效限定值及能效等级

GB 19153 容积式空气压缩机能效限定值及节能评价值

GB 19761 通风机能效限定值及节能评价值

GB 19762 清水离心泵能效限定值及节能评价值

GB 20052 三相配电变压器能效限定值及节能评价值

3 术语和定义

下列术语和定义适用于本标准。

3.1

黄磷生产界区 the production area of yellow phosphorus

从磷矿、焦炭、硅石、电力、蒸汽等原材料和能源经计量进入开始,到成品黄磷计量入库和黄磷“三废”经处理送出为止,整个电炉法黄磷产品的生产过程。生产界区由生产系统、辅助生产系统和附属生产系统设施三部分组成。

3.2

黄磷生产系统 the production system of yellow phosphorus

从磷矿、焦炭、硅石经计量并进入其仓库的输送设备、外供电经计量进入电炉变压器及动力变压器开始,到黄磷尾气、各种废气、废水及固体废物经处理后送出和成品黄磷包装入库为止,有关工序组成完整的工艺过程、设施及设备。

3.3

黄磷辅助生产系统 the production assistant system of yellow phosphorus

为生产系统工艺装置配置的设施和设备,其中包括供电、机修、供水、供气、采暖、制冷、仪表等和厂内原料场地以及安全消防装置。

3.4

黄磷附属生产系统　the production accessory system of yellow phosphorus

为生产系统专门配置的生产指挥系统(厂部)和厂区内为生产服务的部门和单位,其中包括办公室、调度室、休息室、更衣室、浴室、中控分析、成品检验等的生产界区内设施和设备。

3.5

黄磷产品综合能耗　the comprehensive energy consumption of yellow phosphorus

在报告期内黄磷产品生产全部过程中的能源消耗总量。即生产系统、辅助生产系统和附属生产系统的各种能源消耗量和损失量,包括作为原料、材料的能源消耗;不包括基建、技改等项目建设消耗的、生产界区内回收利用的和向外输出的能源量。

3.6

黄磷单位产品综合能耗　the comprehensive energy consumption per unit product of yellow phosphorus

用黄磷单位产品产量表示的综合能耗。

3.7

黄磷单位产品电耗　the electric consumption per unit product of yellow phosphorus

用黄磷单位产品产量表示消耗的电量,包括黄磷单位产品电炉电耗和生产系统动力设备和照明等的耗电量、以及黄磷产品分摊的辅助生产系统和附属生产系统动力设备和照明等的耗电量。

3.8

黄磷单位产品电炉电耗　the electric consumption of electric furnace per unit product of yellow phosphorus

用黄磷单位产品产量表示的电炉直接加热消耗的电量,不包括电炉工序动力设备和照明等的耗电量。

3.9

黄磷电炉还原用的单位产品标准焦耗　the standard coke consumption per unit product of yellow phosphorus

电炉还原反应所用炭素原料(焦炭、无烟煤等),按其含碳量折算成黄磷单位产品产量含84%固定碳的焦炭消耗量。

3.10

配合炉料　matched furnace charge

进入黄磷电炉的磷矿和硅石混合物。

3.11

配合炉料组分含量　the composition of matched furnace charge

配合炉料中五氧化二磷、二氧化硅、三氧化二铁的某组分质量与磷矿及硅石质量之和的比值(%)。

3.12

黄磷尾气　exhausting gas of yellow phosphorus

在黄磷生产过程中,收取黄磷产品后燃烧排放或利用前的电炉炉气,包括收磷后未经净化处理的尾气(初始黄磷电炉尾气)和经过净化处理后燃烧排放或利用前的尾气。

3.13

黄磷尾气利用率　utilization ratio of exhausting gas of yellow phosphorus

在生产界区内外用作燃料和生产各种化工产品的黄磷尾气量占总黄磷尾气量的百分数。

3.14

泥磷　sludge phosphor

黄磷生产和使用过程中产生的含元素磷的污泥和含较多污泥杂质的黄磷。

4 要求

4.1 现有黄磷装置单位产品能耗限额限定值

现有黄磷装置单位产品能耗限额指标包括黄磷单位产品综合能耗、单位产品电耗和单位产品电炉电耗，其能耗限额限定值应符合表1要求。

表 1 现有黄磷装置单位产品能耗限额限定值

单位产品综合能耗限额限定值/(tce/t)	单位产品电耗限额限定值/(kW·h/t)	单位产品电炉电耗限额限定值/(kW·h/t)
≤3.60	≤14 200	≤13 800
注：当磷矿采用烧结或焙烧工艺时，单位产品综合能耗限额限定值增加0.9 tce/t，单位产品电耗限额限定值增加800 kW·h/t。		

4.2 新建黄磷装置单位产品能耗限额准入值

4.2.1 新建黄磷装置能耗限额准入值应符合表2要求。

表 2 新建黄磷装置单位产品能耗限额准入值

单位产品综合能耗限额准入值/(tce/t)	单位产品电耗限额准入值/(kW·h/t)	单位产品电炉电耗限额准入值/(kW·h/t)
≤3.20	≤13 500	≤13 200
注：当磷矿采用烧结或焙烧工艺时，单位产品综合能耗限额准入值增加0.7 tce/t，单位产品电耗限额准入值增加600 kW·h/t。		

4.2.2 新建黄磷装置除满足表2要求外，还应同时符合以下规定：

a) 新建单台黄磷装置电炉变压器容量应不小于2×10^4kV·A；

b) 新建黄磷装置的黄磷尾气利用率应不小于90%；

c) 新建黄磷装置的电炉炉渣利用率应不小于95%。

4.3 黄磷单位产品能耗限额先进值

黄磷装置单位产品能耗限额先进值应达到表3要求。

表 3 黄磷单位产品能耗限额先进值

单位产品综合能耗限额先进值/(tce/t)	单位产品电耗限额先进值/(kW·h/t)	单位产品电炉电耗限额先进值/(kW·h/t)
≤3.0	≤13 200	≤12 900
注：当磷矿采用烧结或焙烧工艺时，单位产品综合能耗限额先进值增加0.5 tce/t，单位产品电耗限额先进值增加400 kW·h/t。		

5 统计范围和计算方法

5.1 能耗数据统计范围

5.1.1 黄磷产品综合能耗是指在报告期内生产黄磷产品实际消耗的各种能源量，经综合计算后得到的能源消耗量；即在报告期内黄磷生产界区实际消耗的一次能源量（如煤炭、石油、天然气等）、二次能源量（电力、焦炭、煤气、电石、炭素制品、蒸汽等）和耗能工质（如水、氧气、氮气、压缩空气等）；不包括自产的耗能工质，但包括其所消耗的能源。

5.1.2 黄磷生产界区外企业的辅助生产系统、附属生产系统能源消耗量和损失量应按消耗比例法分摊在产品综合能耗中。

5.1.3 碳素砖、润滑油的消耗不计入产品综合能耗中。

5.1.4 焦炭(或无烟煤)消耗以实际入炉量加损失量计算,调出的焦(煤)粉不计入总能耗中。供辅助、附属生产系统的焦(煤)粉按比例分摊法计入产品总能耗中。

5.1.5 黄磷生产界区内回收本界区内产生的余热、余能及化学反应热,不计入能源消耗量中。供界区外装置回收利用的能源,应按其实际回收的能量从本界区能耗中扣除。

5.2 统计方法

5.2.1 各种能源的热值应折合为标准煤。在报告期内实测的企业消耗的一次能源量,均按低(位)发热量换算为标准煤量。没有实测条件的,采用附录B中各种能源折标准煤参考系数。

5.2.2 统计的各种参数必须在同一报告期内。

5.2.3 能源消耗量的统计、核算应包括各个生产环节和系统,既不应重复,又不应漏计。

5.2.4 企业综合能耗的统计、核算必须按相关的国家标准、核算规程执行,由企业的归口(专业)部门完成。

5.3 计算方法

5.3.1 综合能耗的计算应符合GB/T 2589的规定。

5.3.2 黄磷产品综合能耗按式(1)计算:

$$E_{PZ}=E_{PS}+E_{PFF}-E_{PW} \quad \cdots\cdots(1)$$

式中:

E_{PZ}——报告期内黄磷产品综合能耗,单位为吨标准煤(tce);

E_{PS}——报告期内黄磷生产系统综合能耗,单位为吨标准煤(tce);

E_{PFF}——报告期内黄磷辅助生产系统、附属生产系统的能耗摊入量和损失量,单位为吨标准煤(tce);

E_{PW}——报告期内向黄磷生产界区外输出的综合能源量,单位为吨标准煤(tce)。

E_{PS}、E_{PFF}和E_{PW}的计算方法见附录A中A.2。

5.3.3 黄磷单位产品综合能耗按式(2)计算:

$$E_{PZD}=\frac{E_{PZ}}{P_P} \quad \cdots\cdots(2)$$

式中:

E_{PZD}——黄磷单位产品综合能耗,单位为吨标准煤每吨(tce/t);

P_P——报告期内黄磷产量,单位为吨(t)。

P_P的计算方法见附录A中A.1。

5.3.4 黄磷单位产品电耗按式(3)计算:

$$Q_{PZD}=\frac{Q_{PZ}}{P_P} \quad \cdots\cdots(3)$$

式中:

Q_{PZD}——黄磷单位产品电耗,单位为千瓦时每吨(kW·h/t);

Q_{PZ}——黄磷产品消耗的电量,即报告期内黄磷生产过程中电炉所耗电量和动力及照明所耗电量,单位为千瓦时(kW·h)。

Q_{PZ}的计算方法见附录A中A.3。

5.3.5 黄磷单位产品电炉电耗按式(4)计算:

$$Q_{PLD}=\frac{Q_{PL}}{P_P} \quad \cdots\cdots(4)$$

式中:

Q_{PLD}——黄磷单位产品电炉电耗,单位为千瓦时每吨(kW·h/t);

Q_{PL}——黄磷产品电炉所耗电量,即报告期内黄磷生产过程中电炉所消耗的电量,单位为千瓦时(kW·h)。

Q_{PL}的计算方法见附录A中A.3。

6 节能管理与措施

6.1 节能基础管理

6.1.1 企业应定期对黄磷产品综合能耗、黄磷单位产品综合能耗、黄磷单位产品电耗和黄磷单位产品电炉电耗进行考核，并把考核指标分解落实到各基层部门，建立用能责任制度。

6.1.2 企业应根据GB 17167配备能源计量器具并建立能源计量管理制度。

6.2 节能技术管理

企业应建立能耗测试数据、能耗计算和能耗考核结果的文件档案，并对文件进行受控管理。

6.2.1 经济运行

企业生产通用设备应在经济状态运行，对电动机的经济运行管理应符合GB/T 12497的规定；对交流电气传动风机(泵类、空气压缩机)系统的经济运行管理应符合GB/T 13466的规定；对电力变压器的经济运行管理应符合GB/T 13462的规定。

对各种管网应加强维护管理，防止跑、冒、滴、漏的现象发生。

6.2.2 电炉工序

a) 加强原料管理，稳定操作，使炉况在最佳状态运行，保证电炉完好；

b) 黄磷炉气采用先进除尘技术，减少泥磷量，提高产量，降低电耗；

c) 改进设备，提高设备效率，降低热损失。

6.2.3 收磷工序

改革工艺，提高磷的收得率。

6.2.4 资源回收和综合利用

a) 加强泥磷管理和处理，回收黄磷；

b) 大力开展综合利用，提高黄磷尾气的利用率；

c) 清污分流、冷热分流，提高水的循环使用率和污水处理的质量，减少污水量；

d) 加强炉渣及其废热的综合利用。

6.2.5 耗能设备

a) 企业应提高电机系统通用设备的能效，用高效节能设备更新淘汰低效率设备。电动机的能效应达到GB 18613节能评价值的水平；清水离心泵的能效应达到GB 19762节能评价值的水平；通风机的能效应达到GB 19761节能评价值的水平；容积式空气压缩机的能效应达到GB 19153节能评价值的水平。

b) 企业应提高变电和配电设备的能效，配电变压器的能效应达到GB 20052节能评价值的水平。

附 录 A
（规范性附录）
计 算 公 式

A.1 黄磷产量的计算

A.1.1 黄磷产量按式(A.1)计算：

$$P_{P}=P_{PZ}+P_{PS}+P_{PH}-P_{PWN} \quad \cdots\cdots\cdots\cdots (A.1)$$

式中：

P_{P}——报告期内黄磷产品产量，单位为吨(t)；

P_{PZ}——符合 GB 7816 标准的产品和泥磷回收的黄磷量，单位为吨(t)；

P_{PS}——泥磷制磷酸折合的黄磷量，单位为吨(t)；

P_{PH}——泥磷制其他化学品折合的黄磷量，单位为吨(t)；

P_{PWN}——外购泥磷回收的产品黄磷量或制磷酸和其他化学品折合的磷量，单位为吨(t)。

A.1.2 泥磷制磷酸折合的黄磷量 P_{PS} 按式(A.2)计算：

$$P_{PS}=0.316\,3\times N_{S}\times P_{S}-P_{PW} \quad \cdots\cdots\cdots\cdots (A.2)$$

式中：

N_{S}——泥磷制磷酸的质量分数，以%表示；

P_{S}——泥磷制磷酸的产量，单位为吨(t)；

P_{PW}——外加的黄磷量，单位为吨(t)。

A.1.3 泥磷制其他化学品折合的黄磷量 P_{PH} 按式(A.3)计算：

$$P_{PH}=N_{H}\times P_{H}-P_{PW} \quad \cdots\cdots\cdots\cdots (A.3)$$

式中：

N_{H}——其他化学品中的磷质量分数，以%表示；

P_{H}——泥磷制得的其他化学品产量，单位为吨(t)。

A.2 黄磷产品综合能耗的计算

A.2.1 黄磷生产系统综合能耗 E_{PS} 按式(A.4)计算：

$$E_{PS}=E_{PT}+\sum_{i=1}^{n}(e_{ips}\times k_{i}) \quad \cdots\cdots\cdots\cdots (A.4)$$

式中：

E_{PT}——黄磷电炉还原用炭素的综合能耗，单位为吨标准煤(tce)；

e_{ips}——黄磷生产系统消耗的除还原反应用炭素以外某种能源消耗量，单位为吨(t)或千瓦时(kW·h)或立方米(m^3)；

k_{i}——某种能源折算标准煤系数，单位为吨标准煤每千瓦时[tce/(kW·h)]或吨标准煤每吨(tce/t)或吨标准煤每立方米(tce/m^3)；

n——能源总数。

A.2.2 黄磷辅助生产系统、附属生产系统的能耗和损失摊入量 E_{PFF} 按式(A.5)计算：

$$E_{PFF}=\sum_{i=1}^{n}(e_{ipff}\times k_{i}) \quad \cdots\cdots\cdots\cdots (A.5)$$

式中：

e_{ipff}——黄磷辅助生产系统、附属生产系统消耗的某种能源能耗和损失摊入量，单位为吨(t)或千瓦时(kW·h)或立方米(m^3)。

A.2.3 输出的综合能源量 E_{PW} 按式(A.6)计算：

$$E_{PW}=\sum_{i=1}^{n}(e_{ipw}\times k_i) \qquad \cdots\cdots(A.6)$$

式中：

e_{ipw}——向黄磷生产界区外输出的某种能源实物量，单位为吨(t)或千瓦时(kW·h)或立方米(m^3)。

A.3 黄磷产品所耗电量计算

A.3.1 黄磷产品电耗 Q_{PZ} 按式(A.7)计算：

$$Q_{PZ}=Q_{PL}+Q_{PD} \qquad \cdots\cdots(A.7)$$

式中：

Q_{PL}——黄磷产品电炉所耗电量，即报告期内黄磷生产过程中电炉所消耗的电量，单位为千瓦时(kW·h)；

Q_{PD}——黄磷产品动力和照明所耗电量，单位为千瓦时(kW·h)。

A.3.2 黄磷产品电炉所耗电量 Q_{PL} 按式(A.8)计算：

$$Q_{PL}=Q_L+\sum_{i=1}^{m}q_{ibs}-Q_K\times P_P \qquad \cdots\cdots(A.8)$$

式中：

Q_L——实际用于黄磷电炉加热的电量，单位为千瓦时(kW·h)；

q_{ibs}——黄磷电炉变压器损耗及其供电线路损耗量、总供电线路损耗分摊量，单位为千瓦时(kW·h)；

m——各种损耗及损耗分摊数；

Q_K——磷矿质量对每吨黄磷电炉电耗影响量，单位为千瓦时每吨(kW·h/t)。

A.3.3 磷矿质量对每吨黄磷电炉电耗影响量 Q_K 按式(A.9)计算：

$$Q_K=\frac{170\ 000}{N_1-0.5}+\left(\frac{7\ 750}{N_1-8}-76\right)\times N_2+\left(\frac{3\ 200}{N_1-3.5}+8\right)\times N_3-7\ 234 \qquad \cdots\cdots(A.9)$$

式中：

N_1——配合炉料中 P_2O_5 平均质量分数，以%表示；

N_2——配合炉料中 Fe_2O_3 平均质量分数，以%表示；

N_3——配合炉料中 CO_2 平均质量分数，以%表示。

A.3.4 配合炉料组分 P_2O_5、Fe_2O_3、CO_2 平均质量分数按式(A.10)计算：

$$N_i=\frac{W_X}{1+M_G} \qquad \cdots\cdots(A.10)$$

式中：

N_i——分别为配合炉料中某组分(i 为 1、2、3)P_2O_5、Fe_2O_3、CO_2 的平均质量分数，以%表示；

W_X——分别为报告期期内磷矿中 P_2O_5、Fe_2O_3、CO_2 加权平均质量分数，以%表示；

M_G——报告期内配合炉料中硅石与磷矿的质量之比。

A.3.5 黄磷产品动力和照明电耗 Q_{PD} 按式(A.11)计算：

$$Q_{PD}=\sum_{i=1}^{n_1}q_{ids}+\sum_{i=1}^{n_2}q_{iffd} \qquad \cdots\cdots(A.11)$$

式中：

q_{ids}——黄磷生产系统动力和照明所耗电量及其损耗量，单位为千瓦时(kW·h)；

q_{iffd}——黄磷分摊的辅助生产系统、附属生产系统的动力和照明所耗电量及其电力损耗量，单位为千瓦时(kW·h)；

n_1——黄磷生产系统动力和照明用电数；

n_2——黄磷辅助生产系统、附属生产系统动力和照明用电数。

A.4 黄磷电炉还原用炭素原料综合能耗的计算

A.4.1 黄磷电炉还原反应用炭素的标准焦耗 E_{JB} 按式(A.12)计算：

$$E_{JB}=\frac{\sum_{i=1}^{l}(e_{it}\times w_{it})}{84\%} \quad \cdots\cdots(A.12)$$

式中：

e_{it}——黄磷电炉还原用炭素原料(焦炭、无烟煤等)的实物量，单位为吨(t)；

w_{it}——某种还原反应用炭素原料(焦炭、无烟煤等)的固定碳质量分数，%；

l——还原用炭素原料总数。

A.4.2 黄磷电炉还原用炭素综合能耗 E_{PT} 按式(A.13)计算：

$$E_{PT}=E_{JB}\times 0.9714 \quad \cdots\cdots(A.13)$$

式中：

0.971 4——焦炭折标准煤系数，单位为吨标准煤(tce)。

附 录 B
（资料性附录）
各种能源折标准煤参考系数

B.1 各种能源折标准煤参考系数（见表 B.1）

表 B.1 各种能源折标准煤参考系数

能源名称		平均低位发热量	折标准煤系数
原煤		20 908 kJ/kg(5 000 kcal/kg)	0.714 3 kgce/kg
洗精煤		26 344 kJ/kg(6 300 kcal/kg)	0.900 0 kgce/kg
其他洗煤	a）洗中煤	8 363 kJ/kg(2 000 kcal/kg)	0.285 7 kgce/kg
	b）煤泥	8 363 kJ/kg～12 545 kJ/kg(2 000 kcal/kg～3 000 kcal/kg)	0.285 7 kgce/kg～0.428 6 kgce/kg
焦炭		28 435 kJ/kg(6 800 kcal/kg)	0.971 4 kgce/kg
电极糊		25 090 kJ/kg(6 000 kcal/kg)	0.857 1 kgce/kg
石墨电极		33 871 kJ/kg(8 100 kcal/kg)	1.157 1 kgce/kg
原油、燃料油		41 816 kJ/kg(10 000 kcal/kg)	1.428 6 kgce/kg
汽油		43 070 kJ/kg(10 300 kcal/kg)	1.471 4 kgce/kg
煤油		43 070 kJ/kg(10 300 kcal/kg)	1.471 4 kgce/kg
柴油		42 652 kJ/kg(10 200 kcal/kg)	1.457 1 kgce/kg
液化石油气		50 179 kJ/kg(12 000 kcal/kg)	1.714 3 kgce/kg
炼厂干气		46 055 kJ/kg(11 000 kcal/kg)	1.571 4 kgce/kg
油田天然气		38 931 kJ/m^3(9 310 kcal/m^3)	1.330 0 kgce/m^3
气田天然气		35 544 kJ/m^3(8 500 kcal/m^3)	1.214 3 kgce/m^3
煤矿瓦斯气		14 636 kJ/m^3～16 726 kJ/m^3(3 500 kcal/m^3～4 000 kcal/m^3)	0.500 0 kgce/m^3～0.571 4 kgce/m^3
焦炉煤气		16 726 kJ/m^3～17 981 kJ/m^3(4 000 kcal/m^3～4 300 kcal/m^3)	0.571 4 kgce/m^3～0.614 3 kgce/m^3
黄磷尾气		10 036 kJ/m^3～11 708 kJ/m^3(2 400 kcal/m^3～2 800 kcal/m^3)	0.342 9 kgce/m^3～0.400 0 kgce/m^3
其他煤气	a）发生炉煤气	5 227 kJ/m^3(1 250 kcal/m^3)	0.178 6 kgce/m^3
	b）焦炭制气	16 308 kJ/m^3(3 900 kcal/m^3)	0.557 1 kgce/m^3
	c）压力气化煤气	15 054 kJ/m^3(3 600 kcal/m^3)	0.514 3 kgce/m^3
	d）水煤气	10 454 kJ/m^3(2 500 kcal/m^3)	0.357 1 kgce/m^3
热力(当量值)		—	0.034 12 kgce/MJ
电力(当量值)		3 600 kJ/(kW・h)[860 kcal/(kW・h)]	0.122 9 kgce/(kW・h)
电力(等价值)		11 826 kJ/(kW・h)[2 828 kcal/(kW・h)]	0.404 0 kgce/(kW・h)
蒸汽(低压)		3 763 MJ/t(9×10^5 kcal /t)	0.128 6 tce/t

B.2　各种耗能工质折标准煤参考系数(见表 B.2)

表 B.2　各种耗能工质折标准煤参考系数

品　　种	平均折算热量	折标准煤系数
外购水	2.51 MJ/t(600 kcal/t)	0.085 7 kgce/t
软水	14.23 MJ/t(3 400 kcal/t)	0.485 7 kgce/t
除氧水	28.45 MJ/t(6 800 kcal/t)	0.971 4 kgce/t
压缩空气	1.17 MJ/m^3(280 kcal/m^3)	0.040 0 kgce/m^3
鼓风	0.88 MJ/m^3(210 kcal/m^3)	0.030 0 kgce/m^3
氧气	11.72 MJ/m^3(2 800 kcal/m^3)	0.400 0 kgce/m^3
氮气	19.66 MJ/m^3(4 700 kcal/m^3)	0.671 4 kgce/m^3
二氧化碳气	6.28 MJ/m^3(1 500 kcal/m^3)	0.214 3 kgce/m^3

ICS 27.010
F 01

中华人民共和国国家标准

GB 21346—2008

电解铝企业单位产品能源消耗限额

The norm of energy consumption per unit product of electrolyzed aluminum enterprise

2008-01-09 发布　　2008-06-01 实施

中华人民共和国国家质量监督检验检疫总局
中国国家标准化管理委员会　发布

前　言

本标准的 4.1 和 4.2 是强制性的，其余是推荐性的。

本标准的附录 A 为资料性附录。

本标准由国家发展和改革委员会资源节约和环境保护司、国家标准化管理委员会工业标准一部和中国有色金属工业协会提出。

本标准由全国有色金属标准化技术委员会归口。

本标准负责起草单位：中国铝业股份有限公司河南分公司、中国铝业股份有限公司贵州分公司、中国有色金属工业标准计量质量研究所。

本标准参加起草单位：青铜峡铝业集团有限公司、中国铝业股份有限公司广西分公司、包头铝业股份有限公司、云南铝业股份有限公司。

本标准主要起草人：吕增旭、吴红应、朱晓庆、牛利民、罗梅、李希明、李光明、狄贵华、吴连成、董仕毅、席欢。

电解铝企业单位产品能源消耗限额

1 范围

本标准规定了电解铝企业生产能源消耗(以下简称能耗)限额的技术要求、统计范围和计算方法、节能管理与措施。

本标准适用于电解铝企业生产能耗的计算、考核,以及对新建项目的能耗控制。

2 规范性引用文件

下列文件中的条款通过本标准的引用而成为本标准的条款。凡是注日期的引用文件,其随后所有的修改单(不包括勘误的内容)或修订版均不适用于本标准,然而,鼓励根据本标准达成协议的各方研究是否可使用这些文件的最新版本。凡是不注日期的引用文件,其最新版本适用于本标准。

GB/T 2589 综合能耗计算通则

GB/T 8170 数值修约规则

GB 17167 用能单位能源计量器具配备和管理通则

3 术语、定义和符号

下列术语和定义适用于本标准。

3.1

工序能源单耗 unit energy consumption in working procedure

工序生产过程中生产单位合格产品消耗的能源量。

3.2

工艺能源单耗 unit energy consumption of technology

报告期内生产某种产品时主要生产系统的综合能耗与报告期内产出的合格品总量的比值。

3.3

综合能源单耗 unit consumption of integrate energy

即单位产品综合能耗,是指工艺能源单耗与辅助能源单耗及损耗分摊量之和。

3.4

间接综合能源单耗 unit consumption of indirect integrate energy

企业的辅助生产系统和附属生产系统在产品生产的时间内实际消耗的各种能源以及耗能工质在企业内部进行贮存、转换及计量供应(包括外销)中的损耗,分摊到该产品上的能耗量。

3.5

企业综合能耗 enterprise integrate energy consumption

报告期内企业的主要生产系统、辅助生产系统和附属生产系统的综合能耗总和。

4 技术要求

4.1 现有电解铝企业单位产品能耗限额限定值

现有电解铝企业单位产品能耗限额限定值应符合表 1 的规定。

4.2 新建电解铝企业单位产品能耗限额准入值

新建电解铝企业单位产品能耗限额准入值应符合表 2 的规定。

4.3 电解铝企业单位产品能耗限额先进值

电解铝企业单位产品能耗限额先进值应达到表 3 的规定。

表 1 现有电解铝企业单位产品能耗限额限定值

指 标	能耗限额限定值
铝液交流电耗	≤14 400 kW·h/t
铝锭综合交流电耗	—
重熔用铝锭综合能源单耗	≤1.900 tce/t

表 2 新建电解铝企业单位产品能耗限额准入值

指 标	能耗限额准入值
铝液交流电耗	≤13 800 kW·h/t
铝锭综合交流电耗	≤14 300 kW·h/t
重熔用铝锭综合能源单耗	≤1.850 tce/t

表 3 电解铝企业单位产品能耗限额先进值

指 标	能耗限额先进值
铝液交流电耗	≤13 500 kW·h/t
铝锭综合交流电耗	≤14 000 kW·h/t
重熔用铝锭综合能源单耗	≤1.800 tce/t

5 计算原则、计算范围及计算方法

5.1 计算原则

5.1.1 企业生产的能源消耗

企业消耗的能源指用于生产活动的各种能源。包括:一次能源(原煤、原油、天然气等)、二次能源(如电力、热力、石油制品、焦炭、煤气等)、耗能工质(水、氧气、压缩空气等)和余热资源。包括能源及耗能工质在企业内部进行贮存、转换及计量供应(包括外销)中的损耗。包括用做原料的能源,不包括生活用能和批准的基建项目用能。

企业生活用能量是指企业系统内的宿舍、学校、文化娱乐、医疗保健、商业服务和托儿幼教等方面的用能量。不包括车间、管理部门的照明、取暖、降温、洗澡等用能。

5.1.2 报告期内企业生产消耗能源量

报告期内企业生产能源消耗量有三种计算方法。

方法一:报告期内企业生产能源消耗量=企业购入能源量+期初库存能源量−企业外销能源量−企业基建项目耗能量−企业生活用能量−期末库存能源量

方法二:报告期内企业生产能源消耗量=企业诸产品工艺能耗量+辅助和附属生产系统用能量+企业内部能源转换损失量

方法三:报告期内企业生产能源消耗量=企业诸产品综合能耗量之和

5.1.3 能源实物量的计量

能源实物量的计量必须符合《中华人民共和国计量法》和 GB 17167 的规定。

5.1.4 各种能源(包括生产耗能工质消耗的能源)折算的原则及计量单位

5.1.4.1 单位产品能耗用千克标准煤(kgce)或吨标准煤(tce)表示,应用基低(位)发热量等于 29.307 6 兆焦称为 1 千克标准煤。

5.1.4.2 企业消耗的煤炭、焦炭、燃料油、煤气等外购能源的折算系数,应按国家规定的测定分析方法进行分析测定,按实测值换算为标准煤;不能实测的,应按能源供应部门提供的低(位)发热量进行换算;在上述条件均不具备时,可用国家统计部门规定的折算系数换算为标准煤(见附录 A)。

5.1.4.3 电力按国家统计部门规定的折算系数换算(见附录 A 表 A.1)。

5.1.4.4 企业加工转换的二次能源及耗能工质按相应的等价热值折算，进入各种产品能耗中。

5.1.4.5 能源及耗能工质实物消耗量计算单位：

煤、焦炭、重油：单位为千克(kg)、吨(t)、万吨(10^4 t)；

电：单位为千瓦时(kW·h)、万千瓦时(10^4 kW·h)；

煤气、天然气、压缩空气、氧气：单位为立方米(m^3)、万立方米(10^4 m^3)；

蒸汽：单位为千克(kg)、吨(t)；

水：单位为吨(t)、万吨(10^4 t)。

5.1.5 余热资源计算原则

企业回收的余热，属于节约能源循环利用，在计算能耗时，应避免重复计算。余热利用装置用能计入能耗。回收能源自用部分，计入自用工序；转供其他工序时，在所用工序以正常消耗计入；回收的能源折标准煤后应在回收余热的工序、工艺中扣除。如是未扣除回收余热的能耗指标，应标明“未扣余热发电”、“含余热发电”、“未扣回收余热”等字样。

5.1.6 间接综合能耗量应根据诸产品工艺能耗量占企业生产工艺能耗总量的比例，分摊到各个产品。

5.2 计算范围

本标准计算范围包括：电解铝液交流电耗、产品实物单耗、工艺能源单耗、综合能源单耗和工序能源单耗。

本标准中电解铝产品能耗指标计算只包括重熔用铝锭(以下简称电解铝)产量和能耗量，不包括多品种铝及铝合金产品的产量和能耗量。

5.3 计算方法

5.3.1 电解铝液交流电耗

电解铝液交流电耗(即电解铝液可比交流电耗)按式(1)计算：

$$W_J = \frac{Q_J - (Q_{Tj} + Q_{Qj})}{P_{Ly}} \qquad \cdots\cdots(1)$$

式中：

W_J——报告期内电解铝液交流电耗，单位为千瓦时每吨(kW·h/t)；

Q_J——报告期内电解系列工艺消耗的交流电量，单位为千瓦时(kW·h)；

Q_{Tj}——报告期内电解系列中停槽导电母线及短路口损耗交流电量，单位为千瓦时(kW·h)；

Q_{Qj}——报告期内电解系列中电解槽焙烧、启动期间消耗的交流电量，单位为千瓦时(kW·h)；

P_{Ly}——报告期内电解系列电解铝液产量，单位为吨(t)。

5.3.1.1 电解系列工艺消耗的交流电量以安装在整流机组输入侧的计量仪表计数为准。

5.3.1.2 电解系列电解铝液产量包括正常生产槽、大修启动槽、二次启动槽和新建槽的铝液产量。

5.3.1.3 电解槽焙烧、启动期间消耗交流电量按式(2)计算：

$$Q_{Qj} = Q_J \times \frac{N_Q \times V_Q}{V_X} \qquad \cdots\cdots(2)$$

式中：

Q_{Qj}——报告期内电解槽焙烧、启动期间消耗的交流电量，单位为千瓦时(kW·h)；

Q_J——报告期内电解系列工艺消耗的交流电量，单位为千瓦时(kW·h)；

N_Q——报告期内电解系列中的焙烧启动槽数；

V_Q——电解槽焙烧启动所用的电压，每台槽补偿不超过 30 伏天(V·d)；

V_X——报告期内电解系列直流电压累计，单位为伏天(V·d)。

5.3.1.4 停槽导电母线及短路口损耗交流电量按式(3)计算：

$$Q_{Tj} = Q_J \times \frac{N_T \times V_T}{V_X} \quad\cdots\cdots(3)$$

式中：

Q_{Tj}——报告期内电解槽停槽导电母线及短路口电压降损耗交流电量，单位为千瓦时(kW·h)；

Q_J——报告期内电解系列工艺消耗的交流电量，单位为千瓦时(kW·h)；

N_T——报告期内停槽槽日数；

V_T——每台停槽导电母线及短路口电压降，不超过 0.3 伏；

V_X——报告期内电解系列直流电压累计，单位为伏天(V·d)。

5.3.2 **产品实物单耗**

5.3.2.1 铝锭综合交流电耗按式(4)计算：

$$D_l = \frac{Q_l}{P_{Al}} \quad\cdots\cdots(4)$$

式中：

D_l——报告期内铝锭综合交流电耗，单位为千瓦时每吨(kW·h/t)；

Q_l——报告期内电解铝生产中消耗的交流电量(包括电解铝液生产、铸造及烟气净化、空压机、整流、物料输送、动力照明等辅助附属系统消耗的交流电量和线路损失)，单位为千瓦时(kW·h)；

P_{Al}——报告期内电解铝产量，包括商品电解铝产量与自用量，单位为吨(t)。

5.3.2.2 其他能源品种实物单耗按式(5)计算：

$$D_i = \frac{e_i}{P_{Al}} \quad\cdots\cdots(5)$$

式中：

D_i——报告期内电解铝耗用某种其他能源实物单耗；

e_i——报告期内电解铝生产中消耗的某种其他能源实物量，单位见 5.1.4.5；

P_{Al}——报告期内电解铝产量，单位为吨(t)。

5.3.3 **工艺能源单耗**

工艺能源单耗按式(6)计算：

$$E_g = \frac{\sum_{i=1}^{n}(e_i \times \rho_i)}{P_{Al}} \quad\cdots\cdots(6)$$

式中：

E_g——报告期内工艺能源单耗，单位为吨标准煤每吨(tce/t)；

n——报告期内该产品消耗的能源种数；

e_i——报告期内电解铝消耗的第 i 种能源实物量，单位见 5.1.4.5；

ρ_i——报告期内第 i 种能源的折标准煤系数；

P_{Al}——报告期内电解铝产量，单位为吨(t)。

5.3.4 **综合能源单耗**

综合能源单耗按式(7)计算：

$$E_z = E_g + \frac{E_f}{P_{Al}} \quad\cdots\cdots(7)$$

式中：

E_z——报告期内电解铝综合能源单耗，单位为吨标准煤每吨(tce/t)；

E_g——报告期内电解铝工艺能源单耗，单位为吨标准煤每吨(tce/t)；

E_f——报告期内辅助附属生产系统能耗量及分摊，单位为吨标准煤(tce)；

P_{Al}——报告期内电解铝产量，单位为吨(t)。

5.3.5 工序能源单耗

电解铝生产工序划分为电解工序、铸造工序和辅助附属工序。

5.3.5.1 电解工序

该工序消耗能源量包括整流所供给电解槽系列的全部工艺用电量(不包括电解厂房内的动力、通风排烟、烟气净化设施、大修的用电量,此部分计入辅助附属工序能耗)以及其他用能量。电解工序能耗按式(8)计算:

$$E_{DJ} = \frac{e_{dj}}{P_{LY}} \quad \cdots\cdots(8)$$

式中:

E_{DJ}——报告期单位产品电解工序能耗,单位为吨标准煤每吨(tce/t);

e_{dj}——报告期内电解工序消耗能源量,单位为吨标准煤(tce);

P_{LY}——报告期内电解系列电解铝液产量,单位为吨(t)。

5.3.5.2 铸造工序

该工序消耗能源量包括铸造生产过程消耗的各种能源量。工序能耗按式(9)计算:

$$E_{ZZ} = \frac{e_{zz}}{P_{Al}} \quad \cdots\cdots(9)$$

式中:

E_{ZZ}——报告期内单位产品铸造工序能耗,单位为吨标准煤每吨(tce/t);

e_{zz}——报告期内铸造工序消耗能源量,单位为吨标准煤(tce);

P_{Al}——报告期内电解铝产量,单位为吨(t)。

5.3.5.3 辅助附属工序

该工序消耗能源量包括烟气净化、通风排烟、空压机、动力、整流、物料输送、大修、动力照明等辅助附属生产系统的用能量。工序能耗按式(10)计算:

$$E_{FZ} = \frac{e_{fz}}{P_{Al}} \quad \cdots\cdots(10)$$

式中:

E_{FZ}——报告期内单位产品辅助附属工序能耗,单位为吨标准煤每吨(tce/t);

e_{fz}——报告期内辅助工序消耗能源量,单位为吨标准煤(tce);

P_{Al}——报告期内电解铝产量,单位为吨(t)。

6 节能管理与措施

6.1 节能基础管理

6.1.1 企业应建立节能考核制度,定期对电解铝企业的各生产工序能耗情况进行考核,并把考核指标分解落实到各基层单位。

6.1.2 企业应按要求建立能耗统计体系,建立能耗计算和统计结果的文件档案,并对文件进行受控管理。

6.1.3 企业应根据 GB 17167 的要求配备相应的能源计量器具并建立能源计量管理制度。

6.2 节能技术管理

6.2.1 电解铝企业应配备余热回收等节能设备,最大限度地对生产过程中可回收的能源进行利用。

6.2.2 电解铝企业应进行技术改造,采用先进工艺,提高生产效率和能源利用率。

6.2.3 电解铝企业应合理组织生产,减少中间环境,提高生产能力,延长生产周期。

6.2.4 电解铝企业应大力发展循环经济,利用现有技术,合理利用再生资源。

附 录 A
（资料性附录）
常用能源品种现行折标准煤系数和耗能工质能源等价值

A.1 表 A.1 为常用能源品种现行折标准煤系数。

表 A.1 常用能源品种现行折标准煤系数

能源		折标准煤系数及单位	
品种	单位	系数	单位
原煤	t	0.714 3	tce/t
无烟煤	t	0.900	tce/t
洗精煤	t	0.900	tce/t
重油	t	1.428 6	tce/t
柴油	t	1.457 1	tce/t
焦炭	t	0.971 4	tce/t
液化石油气	t	1.714 3	tce/t
电力（当量值）	10^4 kW·h	1.229	tce/(10^4 kW·h)
煤气（热值为 1 250×4.186 8 kJ/m^3）	10^4 m^3	1.786	tce/10^4 m^3
天然气	10^3 m^3	1.330 0	tce/10^3 m^3
蒸汽（98.1 kPa 饱和蒸汽）	kg	2 674.5	kJ/kg

注 1：原煤的热值按 20 934 kJ/kg 计算。

注 2：蒸汽折标准煤系数按热值计。

注 3：表中折标准煤系数以国家统计部门最新公布的数据为准。

A.2 表 A.2 为耗能工质能源等价值。

表 A.2 耗能工质能源等价值

耗能工质		能源等价值	
名称	单位	热值/MJ	折标准煤/kgce
新鲜水	t	7.535 0	0.257 1
软化水	t	14.234 7	0.485 7
压缩空气	m^3	1.172 3	0.040 0
二氧化碳	m^3	6.280 6	0.214 3
氧气	m^3	11.723 0	0.400 0
氮气	m^3	11.723 0	0.400 0
		19.677 1	0.671 4
乙炔	m^3	243.672 2	8.314 3
电石	kg	60.918 8	2.078 6

注 1：新鲜水指尚未使用的自来水。

注 2：除乙炔、电石外，均按平均耗电计算。

注 3：氮气作为副产品时，折标准煤系数取 0.400 0。作为主产品时，折标准煤系数取 0.671 4。

注 4：乙炔按耗电石计算。

注 5：电石按平均耗焦炭、电计算。

注 6：表中折标准煤系数以国家统计部门最新公布的数据为准。

ICS 27.010
F 01

GB

中华人民共和国国家标准

GB 21347—2008

镁冶炼企业单位产品能源消耗限额

The norm of energy consumption per unit product of magnesium metallurgical enterprise

2008-01-09 发布　　2008-06-01 实施

中华人民共和国国家质量监督检验检疫总局
中国国家标准化管理委员会　发布

前　言

本标准的 4.1 和 4.2 是强制性的，其余是推荐性的。

本标准的附录 A 为资料性附录。

本标准由国家发展和改革委员会资源节约和环境保护司、国家标准化管理委员会工业标准一部和中国有色金属工业协会提出。

本标准由全国有色金属标准化技术委员会归口。

本标准负责起草单位：中国有色金属工业标准计量质量研究所、宁夏华源冶金实业有限公司、中国有色金属工业协会镁业分会。

本标准参加起草单位：北京维恩克材料技术有限公司、山西启真镁业有限公司、山西闻喜银光镁业有限公司、宁夏惠冶镁业有限公司。

本标准主要起草人：李文胜、马存真、王秀荣、王婧、韩薇、徐河、杨宗浩、张康定、张立明、席欢、孙前。

镁冶炼企业单位产品能源消耗限额

1 范围

本标准规定了镁冶炼(硅热法)生产能源消耗(以下简称能耗)限额的技术要求、计算原则、计算方法、统计范围和节能管理与措施。

本标准适用于硅热法镁冶炼工艺产品能耗的计算、考核,以及对新建项目的能耗控制。

2 规范性引用文件

下列文件中的条款通过本标准的引用而成为本标准的条款。凡是注日期的引用文件,其随后所有的修改单(不包括勘误的内容)或修订版均不适用于本标准,然而,鼓励根据本标准达成协议的各方研究是否可使用这些文件的最新版本。凡是不注日期的文件,其最新版本适用于本标准。

GB/T 2589 综合能耗计算通则

GB 3101 有关量、单位和符号的一般原则

GB 17167 用能单位能源计量器具配备和管理通则

3 定义

下列术语和定义适用于本标准。

3.1

工序能源单耗 unit energy consumption in working procedure

工序生产过程中生产单位合格产品消耗的能源量。

3.2

工艺能源单耗 unit energy consumption of technology

报告期内生产某种产品时主要生产系统的综合能耗与报告期内产出的合格品总量的比值。

3.3

综合能源单耗 unit consumption of integrate energy

即单位产品综合能耗,是指工艺能源单耗与辅助能源单耗及损耗分摊量之和。

3.4

间接综合能源单耗 unit consumption of indirect integrate energy

企业的辅助生产系统和附属生产系统在产品生产的时间内实际消耗的各种能源以及耗能工质在企业内部进行贮存、转换及计量供应(包括外销)中的损耗,分摊到该产品上的能耗量。

4 技术要求

4.1 现有镁冶炼企业单位产品能耗限额限定值

现有镁冶炼企业单位产品综合能耗限额限定值不大于 8 300 kgce/t。

4.2 新建镁冶炼企业单位产品能耗限额准入值

新建镁冶炼企业单位产品综合能耗限额准入值不大于 7 500 kgce/t。

4.3 镁冶炼企业单位产品能耗限额先进值

镁冶炼企业单位产品综合能耗限额先进值不大于 5 600 kgce/t。

5 能耗计算原则、计算方法及统计范围

5.1 计算原则

镁冶炼产品是指由原材料(白云石、硅铁等)到镁锭产品,其产量均以吨(t)为计量单位,综合能源单耗的计算范围包括工艺能耗、辅助能耗分摊量及损耗量。

5.1.1 企业实际(生产)消耗的各种能源

企业实际消耗的各种能源,系指用于生产活动的各种能源,主要用于生产系统、辅助生产系统和附属生产系统,它包括:一次能源(原煤、原油、天然气等)、二次能源(如电力、热力、石油制品、焦炭、煤气等)、耗能工质(水、氧气、压缩空气等)和余热资源,包括能源及耗能工质在企业内部进行贮存、转换及计量供应(包括外销)中的损耗。用做原料的能源也必需包括在内,不包括生活用能和批准的基建项目用能,企业生活用能量是指企业系统内的宿舍、学校、文化娱乐、医疗保健、商业服务和托儿幼教等方面的用能量。不包括车间、管理部门的照明、取暖、降温、洗澡等用能。

5.1.2 企业报告期内的能源消耗量

企业报告期内的能源消耗量的计算,应符合式(1):

$$E = E_1 + E_2 - E_3 - E_4 - E_5 \qquad \cdots\cdots(1)$$

式中:

E——企业计划统计期内能源消耗量;

E_1——购入能源量;

E_2——库存能源增减量;

E_3——外销能源量;

E_4——生活用能源量;

E_5——企业工程建设用能源量。

所消耗的各种能源不得重计或漏计。存在供需关系时,输入、输出双方在计算中量值上应保持一致。设备停炉大修的能源消耗也应计算在内,且按检修后设备的运行周期逐月平均分摊。企业综合能耗的计算按 GB/T 2589 的规定进行。

5.1.3 能源实物量的计量

能源实物量的计量必须符合《中华人民共和国计量法》和 GB 17167 的规定。

5.1.4 各种能源(包括生产耗能工质消耗的能源)折算的原则及其计量单位

5.1.4.1 各种单位产品能耗用千克标准煤(kgce)或吨标准煤(tce)表示。1 千克标准煤的发热值定为 29.307 6 兆焦(7 000 千卡每千克)。

5.1.4.2 企业消耗的煤炭、焦炭、燃料油、煤气等能源的折算系数,应先按国家规定的测定分析方法进行分析测定,按实测值换算为标准煤;不能实测的,应按能源供应部门提供的低(位)发热值进行换算;在上述条件均不具备时,可用国家统计部门规定的折算系数换算为标准煤(见附录 A 表 A.1)。

5.1.4.3 电力按国家统计部门规定的折算系数换算(见附录 A 表 A.1)。

5.1.4.4 企业加工转换产出的二次能源及耗能工质用等量/等价热值折算,进入各种产品能耗中。

5.1.4.5 能源及耗能工质实物消耗量计算单位:

煤、焦炭、重油:单位为千克(kg)、吨(t)、万吨(10^4 t);

电:单位为千瓦时(kW·h)、万千瓦时(10^4 kW·h);

煤气、天然气、压缩空气、氧气:单位为立方米(m^3)、万立方米($10^4\ m^3$);

蒸汽:单位为千克(kg)、吨(t);

水:单位为吨(t)、万吨(10^4 t)。

5.1.5 余热利用能耗的计算原则

企业回收的余热,属于节约能源循环利用,在计算能耗时,应避免重复计算。余热利用装置用能计

入能耗。回收能源自用部分，计入自用工序；转供其他工序时，在所用工序以正常消耗计入；回收的能源折标准煤后应在回收余热的工序、工艺中扣除。如是未扣除回收余热的能耗指标，应标明"未扣余热发电"、"含余热发电"、"未扣回收余热"等字样。

5.1.6 间接综合能源单耗的计算原则

间接综合能源单耗，应根据产品能耗占企业生产能耗量的比例，分摊在产品中。

5.2 计算方法

5.2.1 工序能源单耗的计算

工序能源单耗按式(2)计算：

$$E_{Ei} = \frac{E_{Ti}}{P} \quad \cdots\cdots (2)$$

式中：

E_{Ei}——第 i 道每吨合格镁锭工序能耗，单位为千克标准煤每吨(kgce/t)；

E_{Ti}——第 i 道工序直接消耗的各种能源实物量折标准煤之和，单位为千克标准煤(kgce)；

P——产出的合格镁锭总量，单位为吨(t)。

式(2)中 i 取 1、2、3、4，分别表示硅热法炼镁工艺的炉料工序、还原工序、精炼工序、生产辅助工序。每道工序直接消耗的各种能源实物量折标准煤量之和为代数和。

5.2.2 综合能源单耗的计算

综合能源单耗按式(3)计算：

$$E_Z = \sum_1^3 E_{Ei} + \sum_1^3 Y_i + \sum_1^3 Z_i - \sum_1^3 Q_i \quad \cdots\cdots (3)$$

式中：

E_Z——镁锭综合能源单耗，单位为千克标准煤每吨(kgce/t)；

$\sum_1^3 E_{Ei}$——镁锭各个工序能源单耗之和，单位为千克标准煤每吨(kgce/t)；

$\sum_1^3 Y_i$——间接综合能源单耗之和，单位为千克标准煤每吨(kgce/t)；

$\sum_1^3 Z_i$——企业用于加工转换的二次能源及耗能工质能耗之和，单位为千克标准煤每吨(kgce/t)；

$\sum_1^3 Q_i$——工序余热回收之和，单位为千克标准煤每吨(kgce/t)。

5.3 统计范围

硅热法炼镁工艺包括炉料工序、还原工序、精炼工序、生产辅助工序。

a) 炉料工序：炉料工序能耗包括白云石的煅烧、配料、混合料的粉磨、制球、余热利用装置、照明、环保装置等消耗的能源量。

b) 还原工序：还原工序能耗包括还原炉、机械真空泵、射流真空泵、环保烟气处理、烟气排放、水处理、水冷却循环设施、余热锅炉、照明等消耗的能源量。

c) 精炼工序：精炼工序能耗包括粗镁到镁锭的整个精炼过程精炼炉、搅拌机、连铸机、收尘烟气处理、酸洗、运输吊车、照明等消耗的能源量。

d) 生产辅助工序：生产辅助工序能耗包括生产辅助系统、机电维修、实验室的能源消耗量。

6 节能管理与措施

6.1 节能基础管理

6.1.1 企业应建立节能考核制度，定期对镁冶炼企业的各生产工序能耗情况进行考核，并把考核指标分解落实到各基层单位。

6.1.2 企业应按要求建立能耗统计体系，建立能耗计算和统计结果的文件档案，并对文件进行受控管理。

6.1.3 企业应根据 GB 17167 的要求配备相应的能源计量器具并建立能源计量管理制度。

6.2 节能技术管理

6.2.1 镁冶炼企业应配备余热回收等节能设备，最大限度地对生产过程中可回收的能源进行利用。

6.2.2 镁冶炼企业应进行技术改造，采用先进工艺，提高生产效率和能源利用率。

6.2.3 镁冶炼企业应合理组织生产，减少中间环节，提高生产能力，延长生产周期。

6.2.4 镁冶炼企业应大力发展循环经济，利用现有技术，合理利用废杂镁等再生资源。

附 录 A
（资料性附录）
常用能源品种现行参考折标准煤系数

表 A.1 常用能源品种现行折标准煤系数

能 源		折标准煤系数及单位	
品 种	平均低位发热量	系 数	单 位
原煤	20 908 kJ/kg(5 000 kcal/kg)	0.714 3	kgce/kg
洗精煤	26 344 kJ/kg(6 300 kcal/kg)	0.900	kgce/kg
重油	41 816 kJ/kg(10 000 kcal/kg)	1.428 6	kgce/kg
柴油	42 652 kJ/kg(10 200 kcal/kg)	1.457 1	kgce/kg
汽油	43 070 kJ/kg(10 300 kcal/kg)	1.471 4	kgce/kg
焦炭(灰分 13.5%)	28 435 kJ/kg(6 800 kcal/kg)	0.971 4	kgce/kg
液化石油气	50 179 kJ/kg(12 000 kcal/kg)	1.714 3	kgce/kg
电力(当量值)	3 600 kJ/(kW·h)[860 kcal/(kW·h)]	0.122 9	kgce/(kW·h)
热力	—	0.034 12	kgce/MJ
煤气	1 250×4.186 8 kJ/m^3	1.786	tce/10^4 m^3
天然气	38 931 kJ/m^3(9 310 kcal/m^3)	1.330 0	tce/10^3 m^3

注 1：蒸汽折标准煤系数按热值计。

注 2：本附录中折标准煤系数如遇国家统计部门规定发生变化，能耗等级指标则应另行设定。

附 录 B
（资料性附录）
耗能工质能源等价参考值

表 B.1 常用耗能工质能源等价值

序号	名称		单位	能源等价值		备注
				热值/MJ	折标准煤/kgce	
1	液体	新鲜水	t	7.535 0	0.257 1	指尚未使用过的自来水，按平均耗电计算
2		软化水	t	14.234 7	0.485 7	
3	气体	压缩空气	m^3	1.172 3	0.040 0	
4		二氧化碳	m^3	6.280 6	0.214 3	
5		氧气	m^3	11.723 0	0.400 0	
6		氮气	m^3	11.723 0	0.400 0	当副产品时
				19.677 1	0.671 4	当主产品时
7		乙炔	m^3	243.672 2	8.314 3	按耗电石计算
8	固体	电石	kg	60.918 8	2.078 6	按平均耗焦炭、电等计算

注：本附录中的能源等价值如有变动，以国家统计部门最新公布的数据为准。

ICS 27.010
F 01

中华人民共和国国家标准

GB 21348—2008

锡冶炼企业单位产品能源消耗限额

The norm of energy consumption per unit product of tin metallurgical enterprise

2008-01-09 发布　　2008-06-01 实施

中华人民共和国国家质量监督检验检疫总局
中国国家标准化管理委员会　发布

前　言

本标准4.1和4.2为强制性的，其余为推荐性的。

本标准自实施之日起，YS/T 105.1—2004《锡冶炼企业产品能耗》废止。

本标准的附录A、附录B均是资料性附录。

本标准由国家发展和改革委员会资源节约和环境保护司、国家标准化管理委员会工业标准一部和中国有色金属工业协会提出。

本标准由全国有色金属标准化技术委员会归口。

本标准负责起草单位：柳州华锡集团有限责任公司、中国有色金属工业标准计量质量研究所。

本标准参加起草单位：云南锡业集团有限责任公司。

本标准主要起草人：张建军、徐林建、黄震宗、陶政修、张颖文、白健、曹靖、黄文杰、赵永善。

锡冶炼企业单位产品能源消耗限额

1 范围

本标准规定了锡冶炼企业单位产品能源消耗(以下简称能耗)限额的技术要求、统计范围、计算方法、计算范围和节能管理与措施。

本标准适用于以锡精矿为原料的所有锡冶炼企业单位产品能耗的计算、考核,以及对新建项目的能耗控制。

2 规范性引用文件

下列文件中的条款通过本标准的引用而成为本标准的条款。凡是注日期的引用文件,其随后所有的修改单(不包括勘误的内容)或修订版均不适用于本标准,然而,鼓励根据本标准达成协议的各方研究是否可使用这些文件的最新版本。凡是不注日期的引用文件,其最新版本适用于本标准。

GB/T 2589 综合能耗计算通则

GB 17167 用能单位能源计量器具配备和管理通则

3 术语、定义

下列术语和定义适用于本标准。

3.1

工序能源单耗 unit energy consumption in working procedure

工序生产过程中生产单位合格产品消耗的能源量。

3.2

工序实物单耗 unit object consumption in working procedure

工序生产过程中生产单位合格产品消耗的某种能源实物量。

3.3

工艺能源单耗 unit energy consumption of technology

工艺生产过程中生产单位合格产品消耗的能源量。

3.4

辅助能耗 assistant energy consumption

生产单位合格产品辅助生产系统所消耗的能源。

3.5

综合能源单耗 unit consumption of integrate energy

即单位产品综合能耗,是指工艺能源单耗与工艺产品辅助能耗及损耗分摊量之和。

4 技术要求

4.1 现有锡冶炼企业单位产品能耗限额限定值

现有锡冶炼企业单位产品能耗限额限定值应符合表1的要求。

表 1 现有锡冶炼企业单位产品能耗限额限定值

工序、工艺	能耗限额限定值/(kgce/t)	
	工艺能耗	综合能耗
炼前处理工序	≤50	≤55
熔炼工序	≤1 000	≤1 100
精炼工序	≤230	≤240
炼渣工序	≤900	≤1 000
锡冶炼工艺能耗	≤2 750	≤2 800
注：缺少炼渣工序的，综合能耗应扣减 1 000 kgce/t；同时缺少炼渣工序和精炼工序的，综合能耗应扣减 1 300 kgce/t。		

4.2 新建锡冶炼企业单位产品能耗限额准入值

新建锡冶炼企业单位产品能耗限额准入值应符合表 2 的要求。

表 2 新建锡冶炼企业单位产品能耗限额准入值

工序、工艺	能耗限额准入值/(kgce/t)	
	工艺能耗	综合能耗
炼前处理工序	≤40	≤45
熔炼工序	≤850	≤900
精炼工序	≤180	≤190
炼渣工序	≤800	≤850
锡冶炼工艺能耗	≤2 350	≤2 400
注：缺少炼渣工序的，综合能耗应扣减 1 000 kgce/t；同时缺少炼渣工序和精炼工序的，综合能耗应扣减 1 300 kgce/t。		

4.3 锡冶炼企业单位产品能耗限额先进值

锡冶炼企业单位产品能耗限额先进值应符合表 3 的要求。

表 3 锡冶炼企业单位产品能耗限额先进值

工序、工艺	能耗限额先进值/(kgce/t)	
	工艺能耗	综合能耗
炼前处理工序	≤30	≤35
熔炼工序	≤750	≤800
精炼工序	≤130	≤140
炼渣工序	≤700	≤750
锡冶炼工艺能耗	≤2 050	≤2 100

5 统计范围、计算方法及计算范围

5.1 统计范围

5.1.1 企业实际（生产）消耗的各种能源

企业实际消耗的各种能源包括：一次能源（原煤、原油、天然气等），二次能源（电力、热力、石油制品、焦炭、煤气等）和生产使用的耗能工质（水、氧气、压缩空气等）所消耗的能源。

企业实际消耗的各种能源是指用于生产活动的各种能源。其包括主要生产系统、辅助生产系统和附属生产系统用能，不包括生活用能和批准的基建项目用能。在企业实际消耗的能源中，用作原料的能源也必须包括在内。

生活用能是指企业系统内的宿舍、学校、文化娱乐、医疗保健、商业服务等直接用于生活方面的能耗。

5.1.2 企业计划报告期内的能源实物消耗量和能源消耗量

企业计划报告期内的某种能源实物消耗量的计算，应符合式(1)：

$$e_h = e_1 + e_2 - e_3 - e_4 - e_5 - e_6 \qquad (1)$$

式中：

e_h——企业的能源实物消耗量；

e_1——企业购入能源实物量；

e_2——期初库存能源实物量；

e_3——期末库存能源实物量；

e_4——外销能源实物量；

e_5——生活用能源实物量；

e_6——企业工程建设用能源量。

企业计划报告期内的能源消耗量的计算，应符合式(2)：

$$\begin{aligned} E &= E_1 + E_2 - E_3 - E_4 - E_5 \\ &= E_{ZG} + E_{ZF} \\ &= E_{ZZ} \end{aligned} \qquad (2)$$

式中：

E——企业计划报告期内能源消耗量；

E_1——购入能源量；

E_2——库存能源增减量；

E_3——外销能源量；

E_4——生活用能源量；

E_5——企业工程建设用能源量；

E_{ZG}——诸产品工艺能源消耗量；

E_{ZF}——间接辅助生产部门用能源量及损耗；

E_{ZZ}——诸产品综合能源消耗量。

所消耗的各种能源不得重计或漏计。存在供需关系时，输入、输出双方在计算中量值上应保持一致。设备大修的能源消耗也应计算在内，且按检修后设备的运行周期逐月平均分摊。企业综合能耗的计算按 GB/T 2589 的规定进行。

5.1.3 各种能源的计量单位

企业生产能耗量、产品工艺能耗量、产品综合能耗量的单位：千克标准煤每吨(kgce/t)、吨标准煤每吨(tce/t)。

煤炭、焦炭、重油、汽油、柴油：单位为千克(kg)、吨(t)；

电力：单位为千瓦时(kW·h)、万千瓦时(10^4 kW·h)；

蒸汽：单位为千焦(kJ)、兆焦(MJ)、吉焦(GJ)；

煤气、压缩空气、氧气、天然气：单位为立方米(m^3)、万立方米(10^4 m^3)；

水：单位为吨(t)、万吨(10^4 t)。

5.1.4 各种能源(包括生产耗能工质消耗的能源)折算标准煤量方法

应用基低(位)发热量等于 29.307 6 MJ(兆焦)的燃料，即 1 kgce(千克标准煤)。

各种能源及耗能工质消耗量在折算标准煤量时，外购的燃料能源可取实测的低（位）发热量或供货单位提供的实测值为计算基础，或用国家统计部门的折算系数折算，参见附录A；二次能源及耗能工质均按相应能源等价值折算；企业能源转换自产时，按实际投入的能源实物量折算标准煤量；由集中生产单位外销供应时，其能源等价值须主管部门规定；外购外销时，其能源等价值必须相同；当未提供能源等价值时，可按国家统计部门的折算系数折算，参见附录B；企业回收的余热按热力的折算系数，余热发电统一按电力的折算系数折算。

5.1.5　锡冶炼产品能耗的计算原则

锡冶炼各工序能耗的计算，除炼渣工序按产出合格锡产品计算工序能耗外，其余各工序应采用同一计划报告期内产出的合格产品实物产量计算单位产品能耗。

所有产品产量均以吨（t）为计量单位，以企业计划统计部门正式上报的数据为准。

5.1.6　有价金属综合回收的产品能耗计算原则

经过精炼的合金锡、精锡、焊锡产品的能耗，按实际产品产量的比例分摊。

其他有价金属综合回收产品，指精锡、焊锡、锡基合金以外的产品，如：银、锑、铜、锌、铟、铋、砷及其化工产品等。所在工序能耗可以单独计量的，则单独分摊该工序的能源消耗量。

5.1.7　企业余热利用能源的计算原则

企业回收的余热，属于节约能源循环利用，不属于外购能源，在计算时，应避免和外购能源重复计算。余热利用装置用能计入能耗。回收能源自用部分，计入自用工序；转供其他工序时，在所用工序以正常消耗计入；回收的能源折标准煤后应在回收余热的工序、工艺中扣除。

5.1.8　其他

企业的辅助、附属生产系统的能源消耗量和能源及耗能工质在企业内部贮存、转换与分配供应及外销中的损耗，应根据各产品工艺能耗占企业生产工艺能耗量的比例，分摊给各个产品。

5.2　计算方法

5.2.1　工序（工艺）实物单耗的计算

工序（工艺）实物单耗按式（3）计算：

$$E_S = \frac{M_S}{P_Z} \qquad \cdots\cdots(3)$$

式中：

E_S——某工序（工艺）的实物单耗，单位为千克每吨（kg/t）、千瓦时每吨（kW·h/t）、立方米每吨（m^3/t）；

M_S——某工序（工艺）直接消耗的某种能源实物总量，单位为千克（kg）、千瓦时（kW·h）、立方米（m^3）；

P_Z——某工序（工艺）产出的合格产品（焙砂、粗锡、阴极锡、精锡）总实物量，单位为吨（t）。

5.2.2　工序（工艺）能源单耗的计算

工序（工艺）能源单耗按式（4）计算：

$$E_I = \frac{E_H}{P_Z} \qquad \cdots\cdots(4)$$

式中：

E_I——某工序（工艺）能源单耗，单位为千克标准煤每吨（kgce/t）；

E_H——某工序（工艺）直接消耗的各种能源实物量折标准煤之和，单位为千克标准煤（kgce）；

P_Z——某工序（工艺）产出的合格产品（焙砂、粗锡、阴极锡、精锡）总实物量，单位为吨（t）。

5.2.3　企业综合能耗的计算

综合能耗的计算应符合式（5）：

$$E_Z = E_I + E_F \quad \cdots\cdots (5)$$

式中：

E_Z——综合能耗，单位为千克标准煤每吨(kgce/t)；

E_I——工艺能耗，单位为千克标准煤每吨(kgce/t)；

E_F——辅助能耗和损耗分摊量，单位为千克标准煤每吨(kgce/t)。

5.3 计算范围

5.3.1 炼前处理工序产品能耗计算范围

从精矿仓开始到产出锡焙砂为止。包括(沸腾炉、回转窑)从配料、进料、焙烧、排料、供排风、物料输送、收尘、供排水、辅助设备及照明等所有能源消耗量。

5.3.2 还原熔炼工序产品能耗计算范围

从锡焙砂(或锡精矿)开始到产出粗锡为止。包括(反射炉、电炉、鼓风炉、短窑、保温炉、澳斯麦特炉、艾萨炉)从配料、进料、熔炼、供排风、收尘、供水、粉煤制备、煤气制造、余热装置、照明等所有的能源消耗量。

5.3.3 精炼工序产品能耗计算范围

火法精炼：从粗锡开始到产出合格锡产品(锡锭、焊锡、锡基合金)为止。包括从氧化锅、高温锅、结晶机、精炼锅、浇铸、熔析炉、真空炉等工序的加热、熔化除杂、供排水、供排风、收尘、煤气制造、车间运输及照明等所有的能源消耗量。

湿法电解精炼：从粗锡开始到产出精锡(锡锭)为止。包括从精锡电解、焊锡电解、电解辅助设施及供排水、通风、车间运输、照明等所有的能源消耗量。

5.3.4 炼渣工序产品能耗计算范围

从富渣(含反射炉富渣、电炉富渣、澳斯麦特炉富渣、艾萨炉富渣)开始到产出含锡烟尘为止。包括(烟化炉或电炉)从备料、进料、硫化挥发、供排水、收尘、供排风、粉煤制备、辅助设备及照明等所有的能源消耗量。

5.3.5 各工序实物单耗、能耗计算

炼前处理工序、还原熔炼工序、精炼工序及炼渣工序实物单耗参照式(3)计算，炼前处理工序、还原熔炼工序、精炼工序及炼渣工序能源单耗参照式(4)计算。

各工序能耗计算中，当含回收余热时，按5.1.7处理。

6 节能管理与措施

6.1 节能基础管理

6.1.1 企业应建立节能考核制度，定期对锡冶炼企业的各生产工序能耗情况进行考核，并把考核指标分解落实到各基层单位。

6.1.2 企业应按要求建立能耗统计体系，建立能耗计算和统计结果的文件档案，并对文件进行受控管理。

6.1.3 企业应根据GB 17167的要求配备相应的能源计量器具并建立能源计量管理制度。

6.2 节能技术管理

锡冶炼企业应配备余热回收等节能设备，最大限度地回收工序产生的能源。

附　录　A
（资料性附录）
常用能源品种现行参考折标准煤系数

表 A.1　常用能源品种现行折标准煤系数

能　源		折标准煤系数及单位	
品　种	平均低位发热量	系　数	单　位
原煤	20 908 kJ/kg(5 000 kcal/kg)	0.714 3	kgce/kg
洗精煤	26 344 kJ/kg(6 300 kcal/kg)	0.900	kgce/kg
重油	41 816 kJ/kg(10 000 kcal/kg)	1.428 6	kgce/kg
柴油	42 652 kJ/kg(10 200 kcal/kg)	1.457 1	kgce/kg
汽油	43 070 kJ/kg(10 300 kcal/kg)	1.471 4	kgce/kg
焦炭(灰分 13.5%)	28 435 kJ/kg(6 800 kcal/kg)	0.971 4	kgce/kg
液化石油气	50 179 kJ/kg(12 000 kcal/kg)	1.714 3	kgce/kg
电力(当量值)	3 600 kJ/(kW·h)[860 kcal/(kW·h)]	0.122 9	kgce/(kW·h)
热力	—	0.034 12	kgce/MJ
煤气	1 250×4.186 8 kJ/m^3	1.786	tce/10^4 m^3
天然气	38 931 kJ/m^3(9 310 kcal/m^3)	1.330 0	tce/10^3 m^3

注 1：蒸汽折标准煤系数按热值计。

注 2：本附录中折标准煤系数如遇国家统计部门规定发生变化，能耗等级指标则应另行设定。

附 录 B
（资料性附录）
耗能工质能源等价参考值

表 B.1 常用耗能工质能源等价值

序号	名称		单位	能源等价值 热值/MJ	能源等价值 折标准煤/kgce	备注
1	液体	新鲜水	t	7.535 0	0.257 1	指尚未使用过的自来水，按平均耗电计算
2		软化水	t	14.234 7	0.485 7	
3	气体	压缩空气	m^3	1.172 3	0.040 0	
4		二氧化碳	m^3	6.280 6	0.214 3	
5		氧气	m^3	11.723 0	0.400 0	
6		氮气	m^3	11.723 0	0.400 0	当副产品时
				19.677 1	0.671 4	当主产品时
7		乙炔	m^3	243.672 2	8.314 3	按耗电石计算
8	固体	电石	kg	60.918 8	2.078 6	按平均耗焦炭、电等计算

注：本附录中的能源等价值如有变动，以国家统计部门最新公布的数据为准。

ICS 27.010
F 01

中华人民共和国国家标准

GB 21349—2008

锑冶炼企业单位产品能源消耗限额

The norm of energy consumption per unit product of antimony metallurgical enterprise

2008-01-09 发布　　2008-06-01 实施

中华人民共和国国家质量监督检验检疫总局
中国国家标准化管理委员会　发布

前言

本标准 4.1 和 4.2 为强制性的，其余为推荐性的。

本标准自实施之日起，YS/T 105.2—2004《锑冶炼企业产品能耗》废止。

本标准的附录 A、附录 B 均是资料性附录。

本标准由国家发展和改革委员会资源节约和环境保护司、国家标准化管理委员会工业标准一部和中国有色金属工业协会提出。

本标准由全国有色金属标准化技术委员会归口。

本标准负责起草单位：锡矿山闪星锑业有限责任公司、中国有色金属工业标准计量质量研究所。

本标准参加起草单位：柳州华锡集团有限责任公司。

本标准主要起草人：金贵忠、邓卫华、戴永俊、赵永善、邓盛民、刘新春、王卫国、宾仕华、梁桂玲、刘良强、邓崇进、陈金彪。

锑冶炼企业单位产品能源消耗限额

1 范围

本标准规定了锑冶炼企业单位产品的能源消耗(以下简称能耗)限额的技术要求、统计范围和计算方法、计算范围和节能管理与措施。

本标准适用于以硫化锑精矿、硫氧混合锑精矿和脆硫铅锑精矿为原料的锑冶炼企业产品能耗的计算、考核,以及对新建项目的能耗控制。

2 规范性引用文件

下列文件中的条款通过本标准的引用而成为本标准的条款。凡是注日期的引用文件,其随后所有的修改单(不包括勘误的内容)或修订版均不适用于本标准,然而,鼓励根据本标准达成协议的各方研究是否可使用这些文件的最新版本。凡是不注日期的引用文件,其最新版本适用于本标准。

GB/T 2589 综合能耗计算通则

GB 17167 用能单位能源计量器具配备和管理通则

3 术语、定义和符号

下列术语、定义和符号适用于本标准。

3.1

工序能源单耗 unit energy consumption in working procedure

工序生产过程中生产单位合格产品消耗的能源量。

3.2

工序实物单耗 unit object consumption in working procedure

工序生产过程中生产单位合格产品消耗的某种能源实物量。

3.3

工艺能源单耗 unit energy consumption of technology

工艺生产过程中生产单位合格产品消耗的能源量。

3.4

辅助能耗 assistant energy consumption

生产单位合格产品辅助生产系统所消耗的能源。

3.5

综合能源单耗 unit consumption of integrate energy

即单位产品综合能耗,是指工艺能源单耗与工艺产品辅助能耗及损耗分摊量之和。

4 技术要求

4.1 现有锑冶炼企业单位产品能耗限额限定值

4.1.1 以硫化锑、硫氧混合锑精矿为原料的锑冶炼企业单位产品综合能耗限额限定值应符合表 1 的要求。

表 1 以硫化锑、硫氧混合锑精矿为原料的锑冶炼企业单位产品综合能耗限额限定值

工艺、工序	综合能耗限额限定值/(kgce/t)	
	硫化锑矿	硫氧混合锑矿
粗炼工序(锑精矿—锑氧)	≤720	≤1 150
精炼工序(锑氧—锑锭)	≤460	≤460
硫化锑精矿冶炼工艺(锑精矿—锑锭)	≤1 440	—
硫氧混合锑精矿冶炼工艺(锑精矿—锑锭)	—	≤1 820

4.1.2 以脆硫铅锑精矿为原料的锑冶炼企业单位产品综合能耗限额限定值应符合表 2 的要求。

表 2 以脆硫铅锑精矿为原料的锑冶炼企业单位产品综合能耗限额限定值

工艺、工序	综合能耗限额限定值/(kgce/t)
粗炼工序(脆硫铅锑精矿—锑氧、粗铅)	≤1 200
炼渣工序(炉渣—粗锑氧、铅锑粗合金)	≤610
精炼工序(锑氧、粗铅—锑锭、铅锭、高铅锑锭)	≤520
脆硫铅锑矿冶炼工艺(脆硫铅锑精矿—锑锭、铅锭、高铅锑锭)	≤2 350

4.2 新建锑冶炼企业单位产品能耗限额准入值

4.2.1 以硫化锑、硫氧混合锑精矿为原料的锑冶炼企业单位产品综合能耗限额准入值应符合表 3 的要求。

表 3 以硫化锑、硫氧混合锑精矿为原料的锑冶炼企业单位产品综合能耗限额准入值

工艺、工序	综合能耗限额准入值/(kgce/t)	
	硫化锑矿	硫氧混合锑矿
粗炼工序(锑精矿—锑氧)	≤660	≤1 050
精炼工序(锑氧—锑锭)	≤430	≤430
硫化锑矿冶炼工艺(锑精矿—锑锭)	≤1 320	—
硫氧混合锑矿冶炼工艺(锑精矿—锑锭)	—	≤1 660

4.2.2 以脆硫铅锑精矿为原料的锑冶炼企业单位产品综合能耗限额准入值应符合表 4 的要求。

表 4 以脆硫铅锑精矿为原料的锑冶炼企业单位产品能耗限额准入值

工艺、工序	综合能耗限额准入值/(kgce/t)
粗炼工序(脆硫铅锑精矿—锑氧、粗铅)	≤1 080
炼渣工序(炉渣—粗锑氧、铅锑粗合金)	≤550
精炼工序(锑氧、粗铅—锑锭、铅锭、高铅锑锭)	≤460
脆硫铅锑矿冶炼工艺(脆硫铅锑精矿—锑锭、铅锭、高铅锑锭)	≤2 120

4.3 锑冶炼企业单位产品能耗限额先进值

4.3.1 以硫化锑、硫氧混合锑精矿为原料的锑冶炼企业单位产品综合能耗限额先进值应达到表 5 的要求。

表 5　以硫化锑、硫氧混合锑精矿为原料的锑冶炼企业单位产品综合能耗限额先进值

工艺、工序	综合能耗限额先进值/(kgce/t)	
	硫化锑矿	硫氧混合锑矿
粗炼工序(锑精矿—锑氧)	≤600	≤960
精炼工序(锑氧—锑锭)	≤390	≤390
硫化锑矿冶炼工艺(锑精矿—锑锭)	≤1 200	—
硫氧混合锑矿冶炼工艺(锑精矿—锑锭)	—	≤1 520

4.3.2　以脆硫铅锑精矿为原料的锑冶炼企业单位产品能耗限额先进值应达到表 6 的要求。

表 6　以脆硫铅锑精矿为原料的锑冶炼企业单位产品综合能耗限额先进值

工艺、工序	综合能耗限额先进值/(kgce/t)
粗炼工序(脆硫铅锑精矿—锑氧、粗铅)	≤1 020
炼渣工序(炉渣—粗锑氧、铅锑粗合金)	≤520
精炼工序(锑氧、粗铅—锑锭、铅锭、高铅锑锭)	≤440
脆硫铅锑矿冶炼工艺(脆硫铅锑精矿—锑锭、铅锭、高铅锑锭)	≤2 000

5　统计范围、计算方法和计算范围

5.1　统计范围

5.1.1　企业实际(生产)消耗的各种能源

企业实际消耗的各种能源，系指用于生产活动的各种能源。它包括：一次能源(原煤、原油、天然气等)、二次能源(如电力、热力、石油制品、焦炭、煤气等)和生产使用的耗能工质(水、氧气、压缩空气等)所消耗的能源。其主要用于生产系统、辅助生产系统和附属生产系统；不包括生活用能和批准的基建项目用能。在企业实际消耗的能源中，用做原料的能源也必须包括在内。

生活用能是指企业系统内的宿舍、学校、文化娱乐、医疗保健、商业服务等直接用于生活方面的能耗。

5.1.2　企业计划报告期内的能源实物消耗量和能源消耗量

企业计划报告期内的某种能源实物消耗量的计算，应符合式(1)：

$$e_h = e_1 + e_2 - e_3 - e_4 - e_5 - e_6 \qquad (1)$$

式中：

e_h——企业的能源实物消耗量；

e_1——企业购入能源实物量；

e_2——期初库存能源实物量；

e_3——期末库存能源实物量；

e_4——外销能源实物量；

e_5——生活用能源实物量；

e_6——企业工程建设用能源量。

企业计划报告期内的能源消耗量的计算，应符合式(2)：

$$\begin{aligned} E &= E_1 + E_2 - E_3 - E_4 - E_5 \\ &= E_{ZG} + E_{ZF} \\ &= E_{ZZ} \end{aligned} \qquad (2)$$

式中：

E——企业计划报告期内能源消耗量；

E_1——购入能源量；

E_2——库存能源增减量；

E_3——外销能源量；

E_4——生活用能源量；

E_5——企业工程建设用能源量；

E_{ZG}——诸产品工艺能源消耗量；

E_{ZF}——间接辅助生产部门用能源量及损耗；

E_{ZZ}——诸产品综合能源消耗量。

所消耗的各种能源不得重计或漏计。存在供需关系时，输入、输出双方在计算中量值上应保持一致。设备停炉大修的能源消耗也应计算在内，且按检修后设备的运行周期逐月平均分摊。企业综合能耗的计算按 GB/T 2589 的规定进行。

5.1.3 能源实物量的计量

能源实物量的计量必须符合《中华人民共和国计量法》和 GB 17167 的规定。

5.1.4 各种能源的计量单位

企业生产能耗量、产品工艺能耗量（或称产品直接综合能耗）、产品综合能耗量的单位：千克标准煤（kgce）、吨标准煤（tce）；

煤、焦炭、重油：单位为吨（t）、万吨（10^4 t）；

电：单位为千瓦时（kW·h）、万千瓦时（10^4 kW·h）；

蒸汽：单位为千克（kg）、吨（t）或千焦（kJ）、吉焦（GJ）；

煤气、压缩空气、氧气：单位为立方米（m^3）、万立方米（$10^4 m^3$）；

水：单位为吨（t）、万吨（10^4 t）。

5.1.5 各种能源（包括生产耗能工质消耗的能源）折算标准煤量方法

应用基低（位）发热量等于 29.307 6 MJ（兆焦）的能源，称为 1 千克标准煤。

外购能源可取实测的低（位）发热量或供货单位提供的实测值为计算基础，或用国家统计部门的折算系数折算，参见附录 A。二次能源及耗能工质均按相应能源等价值折算：企业能源转换自产时，按实际投入的能源实物量折算标准煤量；由集中生产单位外销供应时，其能源等价值须经主管部门规定；外购外销时，其能源等价值必须相同；当未提供能源等价值时，可按国家统计部门的折算系数折算，参见附录 B。企业回收的余热按热力的折算系数，余热发电统一按电力的折算系数。

5.1.6 合格产品产量的确定

5.1.6.1 以硫化锑精矿、硫氧混合锑精矿为原料的冶炼企业合格产品产量的确定

锑冶炼粗炼工序合格产品产量，应采用同一计划报告期内产出的合格锑氧产量。

锑冶炼精炼工序合格产品产量，应采用同一计划报告期内产出的合格锑锭产量。

5.1.6.2 以脆硫铅锑精矿为原料的冶炼企业合格产品产量的确定

锑铅冶炼粗炼工序合格产品产量，应采用同一计划报告期内产出的合格锑氧和粗铅的产量。

锑铅冶炼炼渣工序合格产品产量，应采用同一计划报告期内产出的合格最终产品产量。

锑铅冶炼精炼工序合格产品产量，应采用同一计划报告期内产出的合格锑锭、铅锭、高铅锑的产量。

5.1.7 余热利用能耗的计算原则

企业回收的余热，属于节约能源循环利用，不属于外购能源，在计算能耗时，应避免和外购能源重复计算。余热利用装置用能计入能耗。回收能源自用部分，计入自用工序；转供其他工序时，在所用工序以正常消耗计入；回收的能源折标准煤后应在回收余热的工序、工艺中扣除。

5.1.8 其他

间接的辅助、附属生产系统的能源消耗量和能源及耗能工质在企业内部贮存、转换与分配供应及外销中的损耗，即间接综合能耗，应根据各产品工艺能耗占企业生产工艺能耗量的比例，分摊给各个产品。

5.2 计算方法

5.2.1 工序(工艺)实物单耗的计算

工序(工艺)实物单耗按式(3)计算:

$$E_S = \frac{M_S}{P_Z} \quad \cdots\cdots(3)$$

式中:

E_S——某工序(工艺)的实物单耗,单位为千克每吨(kg/t)、千瓦时每吨(kW·h/t)、立方米每吨(m^3/t);

M_S——某工序(工艺)直接消耗的某种能源实物量,单位为千克(kg)、千瓦时(kW·h)、立方米(m^3);

P_Z——某工序(工艺)产出的合格产品(锑氧、粗铅、锑锭、铅锭、高铅锑)产量,单位为吨(t)。

5.2.2 工序(工艺)能源单耗的计算

工序(工艺)能源单耗按式(4)计算:

$$E_I = \frac{E_H}{P_Z} \quad \cdots\cdots(4)$$

式中:

E_I——某工序(工艺)能源单耗,单位为千克标准煤每吨(kgce/t);

E_H——某工序(工艺)直接消耗的各种能源实物量折标准煤之和,单位为千克标准煤(kgce);

P_Z——某工序(工艺)产出的合格产品(锑氧、粗铅、锑锭、铅锭、高铅锑锭)总量,单位为吨(t)。

注:该工序直接消耗的各种能源实物量折标准煤量之和为代数和,当含回收余热时,按5.1.7处理。以免回收余热和外购能源重复计算。

5.2.3 工序(工艺)综合能源单耗的计算

工序(工艺)综合能源单耗按式(5)计算:

$$E_Z = E_I + E_F \quad \cdots\cdots(5)$$

式中:

E_Z——某产品综合能源单耗,单位为千克标准煤每吨(kgce/t);

E_I——某产品工艺(工序)能源单耗,单位为千克标准煤每吨,(kgce/t);

E_F——某产品间接辅助能耗及损耗分摊量,单位为千克标准煤每吨,(kgce/t)。

5.3 计算范围

5.3.1 以硫化锑精矿、硫氧混合锑精矿为原料的锑冶炼企业产品能耗的计算范围

5.3.1.1 粗炼工序

粗炼工序产品能耗计算范围,包括从精矿备料开始到锑氧产出的整个生产过程所消耗的各种能源量,其中包括余热回收。

5.3.1.2 精炼工序

精炼工序产品能耗计算范围包括还原熔炼、浮渣分离、脱砷、脱铅、铸锭等工艺过程及相关配套系统所消耗的各种能源,其中包括余热回收。

5.3.1.3 精炼工序实物单耗、精炼工序能耗计算:

粗炼工序和精炼工序实物单耗参照式(3)计算,能源单耗参照式(4)计算。

5.3.2 以脆硫铅锑精矿为原料的冶炼企业产品能耗计算范围

5.3.2.1 粗炼工序

粗炼工序包括氧化焙烧、烧结、熔炼、吹炼四个冶炼过程,产品为铅锑粗合金、粗铅和锑氧。铅锑工序能耗计算范围,包括从精矿备料开始到锑氧和粗铅,整个生产过程所消耗的各种能源,其中包括余热回收。

5.3.2.2 炼渣工序

炼渣工序包括鼓风炉炼渣和反射炉炼渣两个过程，产品为粗合金或锑氧。炼渣工序能耗计算范围，包括从水渣或各种渣熔炼开始到粗合金或锑氧，整个生产过程所消耗的各种能源，其中包括余热回收。

5.3.2.3 精炼工序

精炼工序的产品为锑锭、高铅锑锭和铅锭。

当精炼工序的产品为精锑时，产品能耗计算范围包括还原熔炼、浮渣分离、脱砷、脱铅、铸锭等工序所消耗的各种能源，其中包括余热回收。

当精炼工序的产品为高铅锑时，产品能耗计算范围包括还原熔炼、浮渣分离、脱砷、铸锭等工序所消耗的各种能源，其中包括余热回收。

当精炼工序的产品为铅锭时，产品能耗计算范围包括粗铅脱铜、铅阳极板浇铸、铅阴极板浇铸、铅电解、阴极铅脱砷、阴极铅铸锭等工序所消耗的各种能源，其中包括余热回收。

5.3.2.4 各工序实物单耗、能耗计算

粗炼工序、炼渣工序、精炼工序实物单耗参照式(3)计算，粗炼工序、炼渣工序、精炼工序能源单耗参照式(4)计算。

6 节能管理与措施

6.1 节能基础管理

6.1.1 企业应建立节能考核制度，定期对锑冶炼企业的各生产工序能耗情况进行考核，并把考核指标分解落实到各基层单位。

6.1.2 企业应按要求建立能耗统计体系，建立能耗计算和统计结果的文件档案，并对文件进行受控管理。

6.1.3 企业应根据 GB 17167 的要求配备相应的能源计量器具并建立能源计量管理制度。

6.2 节能技术管理

锑冶炼企业应配备余热回收等节能设备，最大限度地回收工序产生的能源。

附 录 A
（资料性附录）
常用能源品种现行参考折标准煤系数

表 A.1 常用能源品种现行折标准煤系数

能 源		折标准煤系数及单位	
品 种	平均低位发热量	系 数	单 位
原煤	20 908 kJ/kg(5 000 kcal/kg)	0.714 3	kgce/kg
洗精煤	26 344 kJ/kg(6 300 kcal/kg)	0.900	kgce/kg
重油	41 816 kJ/kg(10 000 kcal/kg)	1.428 6	kgce/kg
柴油	42 652 kJ/kg(10 200 kcal/kg)	1.457 1	kgce/kg
汽油	43 070 kJ/kg(10 300 kcal/kg)	1.471 4	kgce/kg
焦炭(灰分 13.5%)	28 435 kJ/kg(6 800 kcal/kg)	0.971 4	kgce/kg
液化石油气	50 179 kJ/kg(12 000 kcal/kg)	1.714 3	kgce/kg
电力(当量值)	3 600 kJ/(kW·h)[860 kcal/(kW·h)]	0.122 9	kgce/(kW·h)
热力	—	0.034 12	kgce/MJ
煤气	1 250×4.186 8 kJ/m^3	1.786	tce/$10^4 m^3$
天然气	38 931 kJ/m^3(9 310 kcal/m^3)	1.330 0	tce/$10^3 m^3$

注 1:蒸汽折标准煤系数按热值计。

注 2:本附录中折标准煤系数如遇国家统计部门规定发生变化,能耗等级指标则应另行设定。

附 录 B
（资料性附录）
耗能工质能源等价参考值

表 B.1 常用耗能工质能源等价值

<table>
<tr><th rowspan="2">序号</th><th rowspan="2" colspan="2">名 称</th><th rowspan="2">单位</th><th colspan="2">能源等价值</th><th rowspan="2">备 注</th></tr>
<tr><th>热值/MJ</th><th>折标准煤/kgce</th></tr>
<tr><td>1</td><td rowspan="2">液体</td><td>新鲜水</td><td>t</td><td>7.535 0</td><td>0.257 1</td><td rowspan="2">指尚未使用过的自来水，按平均耗电计算</td></tr>
<tr><td>2</td><td>软化水</td><td>t</td><td>14.234 7</td><td>0.485 7</td></tr>
<tr><td>3</td><td rowspan="6">气体</td><td>压缩空气</td><td>m^3</td><td>1.172 3</td><td>0.040 0</td><td rowspan="3"></td></tr>
<tr><td>4</td><td>二氧化碳</td><td>m^3</td><td>6.280 6</td><td>0.214 3</td></tr>
<tr><td>5</td><td>氧气</td><td>m^3</td><td>11.723 0</td><td>0.400 0</td></tr>
<tr><td rowspan="2">6</td><td rowspan="2">氮气</td><td rowspan="2">m^3</td><td>11.723 0</td><td>0.400 0</td><td>当副产品时</td></tr>
<tr><td>19.677 1</td><td>0.671 4</td><td>当主产品时</td></tr>
<tr><td>7</td><td>乙炔</td><td>m^3</td><td>243.672 2</td><td>8.314 3</td><td>按耗电石计算</td></tr>
<tr><td>8</td><td>固体</td><td>电石</td><td>kg</td><td>60.918 8</td><td>2.078 6</td><td>按平均耗焦炭、电等计算</td></tr>
<tr><td colspan="7">注：本附录中的能源等价值如有变动，以国家统计部门最新公布的数据为准。</td></tr>
</table>

ICS 27.010
F 01

GB

中华人民共和国国家标准

GB 21350—2008

铜及铜合金管材单位产品能源消耗限额

The norm of energy consumption per unit product of copper and copper-alloy tube

2008-01-09 发布　　2008-06-01 实施

中华人民共和国国家质量监督检验检疫总局
中国国家标准化管理委员会　发布

前　言

本标准的4.1、4.2是强制性的，其余为推荐性的。

本标准的附录A、附录B均是资料性附录。

本标准由国家发展和改革委员会资源节约和环境保护司、国家标准化管理委员会工业标准一部和中国有色金属工业协会提出。

本标准由全国有色金属标准化技术委员会归口。

本标准负责起草单位：浙江海亮股份有限公司、中国有色金属工业标准计量质量研究所。

本标准参加起草单位：高新张股份集团有限公司、金龙精密铜管集团股份有限公司、中铝洛阳铜业有限公司、沈阳铜兴产业有限公司、宁波金田铜业(集团)股份有限公司。

本标准主要起草人：曹建国、杨丽娟、魏连运、文继有、刘爱奎、郭慧稳、韩国平、刘绪军、俞国强、赵学龙、董江华、马俊环、杨胜泉、王丽、洪燮平、陈玉良、王虎。

铜及铜合金管材单位产品能源消耗限额

1 范围

本标准规定了铜及铜合金管材(以下简称管材)单位产品能源消耗(以下简称能耗)限额的技术要求、计算原则、统计范围和计算方法、节能管理与措施。

本标准适用于铜及铜合金加工企业管材生产能耗的计算、考核,以及对新建项目的能耗控制。

2 规范性引用文件

下列文件中的条款通过本标准的引用而成为本标准的条款。凡是注日期的引用文件,其随后所有的修改单(不包括勘误的内容)或修订版均不适用于本标准,然而,鼓励根据本标准达成协议的各方研究是否可使用这些文件的最新版本。凡是不注日期的引用文件,其最新版本适用于本标准。

GB/T 2589 综合能耗计算通则

GB/T 3484 企业能量平衡通则

GB/T 8170 数值修约规则

GB/T 12723 单位产品能源消耗限额编制通则

GB/T 15587 工业企业能耗管理导则

GB 17167 用能单位能源计量器具配备和管理通则

3 术语、定义和符号

下列术语、定义和符号适用于本标准。

3.1

工序能源实物单耗 unit object consumption in working procedure

e_s

单一工序生产过程中生产单位合格管材直接消耗的某种能源实物量。

3.2

工序能源单耗 unit energy consumption in working procedure

e_i

单一工序生产过程中生产单位合格管材直接消耗的全部能源量。

3.3

辅助能耗 assistant energy consumption

e_f

辅助生产系统用于管材生产的能源消耗。例如:车间照明、内部运输等能源消耗。

3.4

间接能耗 indrect energy consumption

E_J

不是直接或辅助生产,但是间接为生产或辅助系统提供必要条件所消耗的能源。包括厂区照明、办公、理化检测、工模具制造等能源消耗。

3.5

综合能源单耗 unit consumption of integrate energy

e_z

即单位产品综合能耗,是指工序能源单耗与工序辅助能耗、损耗分摊量及间接能耗之和。

3.6

可比能耗　comparable energy consumption

E_{KB}

对于非完整型管材生产企业的综合能耗按照一定的折算方式，与完整型管材生产企业形成的可以比较的能耗。

4　技术要求

4.1　现有铜及铜合金管材加工企业单位产品能耗限额限定值

现有铜及铜合金管材加工企业单位产品能耗限额限定值应符合表1的规定。两种及以上种类管材的生产企业以全部管材综合能耗为考核评定依据，单一种类管材或某一种类管材的产量超过全部管材产量的90%时，以该种类管材为考核评定依据。

表1　现有铜及铜合金管材加工企业单位产品能耗限额限定值

工序	能耗限额限定值/(kgce/t)				
	紫铜管	简单黄铜管	复杂黄铜管	青铜管	白铜管
熔铸工序能耗	≤95	≤90	≤100	≤150	≤150
加工工序能耗	≤280	≤310	≤500	≤400	≤450
各种类管材综合能耗	≤375	≤400	≤600	≤550	≤600
全部管材综合能耗	≤530				

4.2　新建铜及铜合金管材加工企业单位产品能耗限额准入值

新建铜及铜合金管材加工企业单位产品能耗限额准入值应符合表2的规定。两种及以上种类管材的生产企业以全部管材综合能耗为考核评定依据，单一种类管材或某一种类管材的产量超过全部管材产量的90%时，以该种类管材为考核评定依据。

表2　新建铜及铜合金管材加工企业单位产品能耗限额准入值

工序	能耗限额准入值/(kgce/t)				
	紫铜管	简单黄铜管	复杂黄铜管	青铜管	白铜管
熔铸工序能耗	≤90	≤85	≤95	≤140	≤140
加工工序能耗	≤265	≤285	≤475	≤350	≤380
各种类管材综合能耗	≤355	≤370	≤570	≤490	≤520
全部管材综合能耗	≤485				

4.3　铜及铜合金管材加工企业单位产品能耗限额先进值

铜及铜合金管材加工企业单位产品能耗限额先进值应达到表3的规定。

表3　铜及铜合金管材加工企业单位产品能耗限额先进值

工序	能耗限额先进值/(kgce /t)				
	紫铜管	简单黄铜管	复杂黄铜管	青铜管	白铜管
熔铸工序能耗	≤85	≤80	≤90	≤140	≤140
加工工序能耗	≤255	≤275	≤460	≤340	≤370
各种类管材综合能耗	≤340	≤355	≤550	≤480	≤510
全部管材综合能耗	≤465				

5 计算原则、统计范围和计算方法

5.1 计算原则

5.1.1 管材实际(生产)消耗的各种能源

管材实际消耗的各种能源,系指用于管材生产活动的各种能源。包括:一次能源(原煤、原油、天然气等)、二次能源(如电力、热力、石油制品、焦炭、煤气等)和生产使用的耗能工质(水、氧气、压缩空气等)所消耗的能源。其主要用于生产系统、辅助生产系统和附属生产系统,不包括生活用能和批准的基建(包括技改)项目用能。作为辅助材料的能源产品不计入产品能耗,如用作熔液覆盖剂的木炭、润滑油、洗油等。其中厂区内用能和办公楼用能应分摊在各工序能耗中。

生活用能指企业系统内的宿舍、学校、文化娱乐、医疗保健、食堂、浴室(不包括车间浴室)、商业服务和托儿幼教等方面用能。

5.1.2 管材报告期内的能耗量

产品报告期内的某种能源实物消耗量的计算,应符合式(1):

$$e = e_1 + e_2 - e_3 - e_4 - e_5 \quad \cdots\cdots(1)$$

式中:

e——产品的能源实物消耗量;

e_1——企业购入能源实物量;

e_2——期初库存能源实物量;

e_3——外销能源实物量;

e_4——生活和批准的基建项目耗用能源实物量;

e_5——期末库存能源实物量。

产品报告期内的能耗量的计算,应符合式(2):

$$E = E_1 + E_2 - E_3 - E_4 - E_5 \quad \cdots\cdots(2)$$

式中:

E——产品能耗量;

E_1——企业购入能源量;

E_2——期初库存能源量;

E_3——外销能源量;

$E4$——生活和批准的基建项目耗用能源量;

E_5——期末库存能源量。

管材报告期内的能耗量的计算,应符合式(3):

$$E_G = E_{ZG} + E_{ZF} + E_{ZJ}$$
$$E_H = E_{ZG} + E_{ZF} + E_{ZJ} \quad \cdots\cdots(3)$$

式中:

E_G——管材能耗量;

E_{ZG}——各种类管材工序能耗量;

E_{ZF}——辅助生产部门用能源量及损耗;

E_{ZJ}——间接能耗量;

E_H——各种类管材综合能耗量之和。

所消耗的各种能源不得重计和漏计。存在供需关系时,输入、输出双方在计算中量值应保持一致。设备停产大修的能耗也应计算在内,且按大修后设备的运行周期逐月平均分摊。

企业回收的余热,属于节约能源循环利用,不属于外购能源,在计算能耗时,应避免和外购能源重复计算。余热利用装置用能计入能耗。回收能源自用部分,计入自用工序;转供其他工序时,在所用工序以正常消耗计入,回收的能源折标准煤后应在回收余热的工序、工艺中等量扣除。如属未扣除回收余热的能耗指标，应标明"'未扣回收余热'(或'含回收余热')"的字样。

5.1.3 能源实物量的计量

能源实物量的计量必须符合《中华人民共和国计量法》和 GB 17167 的要求。

5.1.4 各种能源的计量单位

管材工艺能耗（或称管材直接综合能耗）、管材综合能耗的单位：千克标准煤（kgce）、吨标准煤（tce）、万吨标准煤（10^4 tce）或吉焦（GJ）；

煤、焦炭、石油制品的能源实物量单位：千克（kg）、吨（t）、万吨（10^4 t）；

电的能源实物量单位：千瓦时（kW·h）、万千瓦时（10^4 kW·h）；

蒸汽的能源实物量单位：千克（kg）、吨（t）或千焦（kJ）、兆焦（MJ）、吉焦（GJ）；

煤气、水煤气、压缩空气、氧气、氮气、天然气的能源实物量单位：立方米（m^3）、千立方米（10^3 m^3）、万立方米（10^4 m^3）。

5.1.5 各种能源（包括生产耗能工质消耗的能源）折算标煤量方法

发热量等于 29.307 6 MJ（兆焦）的燃料，称为 1 千克标准煤（kgce）。

外购燃料能源可取实测的低（位）发热量或供货单位提供的实测值为计算基础，或按国家统计部门的折算系数折算，参见附录 A。

二次能源及耗能工质均按相应能源等价值折算：企业能源转换自产时，按实际投入的能源实物量折算标准煤量；由集中生产单位外销供应时，其能源等价值须经主管部门规定；外购外销时，其能源等价值必须相同；当未提供能源等价值时，可按国家统计部门的折算系数折算，参见附录 B。

企业回收的余热按热力的折算系数计算。

5.1.6 单位管材能耗的管材产量的计算原则

计算种类铜管综合单耗，应采用同一统计期内产出的合格该类铜管产量，管材退货应冲减当期管材产量。

所有管材产量，均以企业统计部门统计的数据为准。

5.1.7 能耗的计算原则

5.1.7.1 企业及工序能耗应符合 GB/T 2589 及 GB/T 3484 的规定。

5.1.7.2 直接能耗由各生产环节直接统计计量。

5.1.7.3 间接能耗的计算原则

同时生产板、带、箔、管、棒、线等两种以上的综合型铜加工企业先按一定的分摊比例，分摊至各品种能耗总量，再按种类分摊至各类铜管。

单一管材加工企业的间接能耗全部计入管材能耗之中。

5.1.7.4 辅助能耗按种类分摊办法分摊至各类铜管中。

5.2 统计范围

5.2.1 熔铸工序

指从原料开始到产出合格的铸锭为止的用能量：包括配料、熔炼、铸造、锯锭及其配套系统（物料运输，加热燃料，粉、烟尘收集，余热回收）等消耗的各种能源量。

5.2.2 加工工序

指从铸锭加热开始到产出合格产品并进入成品库为止的用能量。包括铸锭加热、挤压、锯切、轧制、制头、拉制、成型、精整、校直定尺、退火、包装及其配套系统等消耗的各种能源量。

5.3 计算方法

5.3.1 工序能耗计算方法

5.3.1.1 工序能源实物单耗计算方法

工序能源实物单耗计算方法按照式(4)计算：

$$e_s = \frac{m_s}{p} \qquad \cdots\cdots(4)$$

式中：

e_s——工序能源实物单耗，单位为千克每吨(kg/t)、千瓦时每吨(kW·h/t)、立方米每吨(m³/t)；

m_s——工序某种能源实物量，单位为千克(kg)、千瓦时(kW·h)、立方米(m³)；

p——最终合格管材总产量(紫铜管、黄铜管、白铜管、青铜管)，单位为吨(t)。

5.3.1.2 工序全部能源单耗计算方法

工序全部能源单耗按照式(5)计算：

$$e_i = \frac{e_h}{p} \qquad \cdots\cdots(5)$$

式中：

e_i——工序全部能源单耗，单位为千克标准煤每吨(kgce/t)；

e_h——工序消耗的各种能源实物量折标准煤量之和，单位为千克标准煤(kgce)；

p——最终合格管材总产量(紫铜管、黄铜管、白铜管、青铜管)，单位为吨(t)。

5.3.1.3 管材间接能耗分摊量计算方法

管材间接能耗分摊量计算方法按照式(6)计算：

$$E_J = E_{ZJ}\frac{P_{Z3} \times A_3}{\sum_1^6 P_{Zi} \times A_i} \qquad \cdots\cdots(6)$$

式中：

E_J——管材间接能耗分摊量，单位为千克标准煤每吨(kgce/t)；

E_{ZJ}——工厂间接能耗总量，单位为千克标准煤每吨(kgce/t)；

P_{Z3}——管材总产量，单位为吨(t)；

A_3——管材能耗分摊系数，见表 4；

P_{Zi}——各品种铜加工材总产量，单位为吨(t)。i 取 1、2、3、4、5、6，分别代表板、带、管、棒、线、箔各品种铜加工材。

A_i——对应的铜加工材品种能耗分摊系数，见表 4。i 取 1、2、3、4、5、6，分别代表板、带、管、棒、线、箔各品种铜加工材。

表 4 综合铜加工企业品种能耗分摊系数

品种	板 A_1	带 A_2	管 A_3	棒 A_4	线 A_5	箔 A_6
能耗分摊系数 A_i	0.9	1.0	1.0	0.8	0.7	1.1
注：空心型材按管计算，实心型材按棒计算。						

5.3.1.4 工序辅助能源消耗计算方法

工序辅助能源消耗计算方法按照式(7)计算：

$$e_f = e_{zf}\frac{p_n \times B_n}{\sum_1^5 P_n \times B_n} \qquad \cdots\cdots(7)$$

式中：

e_f——工序辅助能耗量，单位为千克标准煤(kgce)；

e_{zf}——工序辅助能耗总量，单位为千克标准煤(kgce)；

p_n——某种类铜管最终合格产量，单位为吨(t)。n 取 1、2、3、4、5，分别代表紫铜管、简单黄铜管、复杂黄铜管、青铜管、白铜管各种类铜管。

B_n——对应的铜管种类能耗分摊系数，见表 5。n 取 1、2、3、4、5，分别代表紫铜管、简单黄铜管、复杂黄铜管、青铜管、白铜管各种类铜管。

表 5　单一铜管生产企业不同种类铜管能耗分摊系数

种类		紫铜管 B_1	简单黄铜管 B_2	复杂黄铜管 B_3	青铜管 B_4	白铜管 B_5
能耗分摊系数 B_n	熔铸工序	1.0	1.0	1.3	2.0	2.0
	加工工序	1.0	1.3	1.8	2.0	1.8

5.3.1.5　各工序间接能源消耗量计算方法

工序间接能源消耗量计算方法按照式(8)计算：

$$e_j = E_J \frac{p_n \times B_n}{\sum_1^5 p_n \times B_n} \quad \cdots\cdots(8)$$

式中：

e_j——各工序间接能耗量，单位为千克标准煤(kgce)；

E_J——管材间接能耗分摊量，单位为千克标准煤(kgce)；

p_n——某种类铜管最终合格产量，单位为吨(t)。n 取 1、2、3、4、5，分别代表紫铜管、简单黄铜管、复杂黄铜管、青铜管、白铜管各种类铜管。

B_n——对应的铜管种类能耗分摊系数，见表 5。n 取 1、2、3、4、5，分别代表紫铜管、简单黄铜管、复杂黄铜管、青铜管、白铜管各种类铜管。

5.3.1.6　工序综合能源单耗计算方法

工序综合能源消耗量计算方法按照式(9)计算：

$$e_z = e_i + \frac{e_f + e_j}{p} \quad \cdots\cdots(9)$$

式中：

e_z——工序综合能源单耗，单位为千克标准煤每吨(kgce/t)。

e_i——工序全部能源单耗，单位为千克标准煤每吨(kgce/t)；

e_f——工序辅助能耗量，单位为千克标准煤(kgce)；

e_j——各工序间接能耗量，单位为千克标准煤(kgce)；

p——最终合格管材总产量(紫铜管、黄铜管、白铜管、青铜管)，单位为吨(t)。

式(9)中：该工序消耗的各种能源实物量折标准煤量之和为代数和，当含回收余热时，按 5.2 处理。

5.3.2　各种类管材综合能源单耗

各种类管材综合能源单耗按照式(10)计算：

$$E_Z = \sum_1^5 e_{zn} \quad \cdots\cdots(10)$$

式中：

E_Z——各种类管材综合能源单耗，单位为千克标准煤每吨(kgce/t)；

e_{zn}——各种管材某工序综合能耗量折标准煤量之和，单位为千克标准煤每吨(kgce/t)。n 取 1、2、3、4、5，分别代表紫铜管、简单黄铜管、复杂黄铜管、青铜管、白铜管各种类铜管。

5.3.3　全部管材综合能耗

全部管材综合能源单耗按式(11)计算：

$$E_{ZZ} = \frac{\sum_1^5 E_{Zn} \times p_n}{\sum_1^5 p_n} \quad \cdots\cdots(11)$$

式中：

E_{ZZ}——全部管材综合能源单耗，单位为千克标准煤每吨(kgce/t)；

E_{Zn}——某种类管材综合能源单耗，单位为千克标准煤每吨(kgce/t)。n 取 1、2、3、4、5，分别代表紫铜管、简单黄铜管、复杂黄铜管、青铜管、白铜管各种类铜管；

p_n——某种类铜管最终合格产量，单位为吨(t)。n 取 1、2、3、4、5，分别代表紫铜管、简单黄铜管、复杂黄铜管、青铜管、白铜管各种类铜管。

5.3.4 管材可比能源单耗

不具备从熔铸到成品管材生产条件的非完整型铜管材加工企业的管材能耗应折算成可比能源单耗。可比能源单耗按式(12)计算：

$$E_{KB} = \frac{E_{ZZ}}{\sum_{1}^{6} C_k} \quad \cdots\cdots (12)$$

式中：

E_{KB}——可比能源单耗，单位为千克标准煤每吨(kgce/t)；

E_{ZZ}——全部管材综合能源单耗，单位为千克标准煤每吨(kgce/t)；

C_k——实际生产各工序能耗折算系数，见表 6。k 取 1、2、3、4、5、6，分别代表熔铸、挤压、轧管、拉伸、退火、精整成型各生产工序。

表 6 非完整型铜管生产企业能耗折算系数

生产工序	熔铸(包括连铸) C_1	挤压 C_2	轧管(包括行星轧管) C_3	拉伸 C_4	退火 C_5	精整、成型 C_6
能耗折算系数 C_k	0.3	0.15	0.15	0.15	0.20	0.05

6 节能管理及措施

6.1 节能基础管理

6.1.1 企业应定期对铜管生产的几个主要工序能耗情况进行考核，并把考核指标分解落实到各基层单位，建立用能责任制度。

6.1.2 企业应按要求建立能耗统计体系，建立能耗计算和考核结果的文件档案，并对文件进行受控管理。

6.1.3 企业应根据 GB 17167 的要求配备能源计量器具并建立能源计量管理制度。

6.2 节能技术管理

管材生产企业各工序应配备先进的节能设备，最大限度地提高能源利用率，尽可能地回收能源。

附　录　A
（资料性附录）
常用能源品种现行参考折标准煤系数

表 A.1　常用能源品种现行折标准煤系数

能　源		折标准煤系数及单位	
品　种	平均低位发热量	系　数	单 位
原煤	20 908 kJ/kg (5 000 kcal/kg)	0.714 3	kgce/kg
洗精煤	26 344 kJ/kg(6 300 kcal/kg)	0.900	kgce/kg
重油	41 816 kJ/kg(10 000 kcal/kg)	1.428 6	kgce/kg
柴油	42 652 kJ/kg(10 200 kcal/kg)	1.457 1	kgce/kg
汽油	43 070 kJ/kg(10 300 kcal/kg)	1.471 4	kgce/kg
焦炭(灰分 13.5%)	28 435 kJ/kg(6 800 kcal/kg)	0.9714	kgce/kg
液化石油气	50 179 kJ/kg(12 000 kcal/kg)	1.714 3	kgce/kg
电力(当量值)	3 600 kJ/kW·h[860 kcal/ (kW·h)]	0.122 9	kgce/(kW·h)
热力	—	0.034 12	kgce/MJ
煤气	1 250×4.186 8 kJ/m^3	1.786	tce/10^4 m^3
天然气	38 931 kJ/m^3(9 310 kcal/m^3)	1.330 0	tce/10^3 m^3

注 1：蒸汽折标准煤系数按热值计。

注 2：本附录中折标准煤系数如遇国家统计部门规定发生变化，能耗等级指标则应另行设定。

附　录　B
（资料性附录）
耗能工质能源等价参考值

表 B.1　常用耗能工质能源等价值

序号	名　　称		单　位	能源等价值		备　注
				热值/MJ	折标准煤/kgce	
1	液体	新鲜水	t	7.535 0	0.257 1	指尚未使用过的自来水，按平均耗电计算
2		软化水	t	14.234 7	0.485 7	
3	气体	压缩空气	m^3	1.172 3	0.040 0	
4		二氧化碳	m^3	6.280 6	0.214 3	
5		氧气	m^3	11.723 0	0.400 0	
6		氮气	m^3	11.723 0	0.400 0	当副产品时
				19.677 1	0.671 4	当主产品时
7		乙炔	m^3	243.672 2	8.314 3	按耗电石计算
8	固体	电石	kg	60.918 8	2.078 6	按平均耗焦炭、电等计算
注：本附录中的能源等价值如有变动，以国家统计部门最新公布的数据为准。						

ICS 27.010
F 01

GB

中华人民共和国国家标准

GB 21351—2008

铝合金建筑型材单位产品能源消耗限额

The norm of energy consumption per unit product of wrought aluminum alloy extruded profiles for architecture

2008-01-09 发布 2008-06-01 实施

中华人民共和国国家质量监督检验检疫总局
中国国家标准化管理委员会 发布

前 言

本标准4.1和4.2为强制性的，其余为推荐性的。

本标准的附录A为资料性附录。

本标准由国家发展和改革委员会资源节约和环境保护司、国家标准化管理委员会工业标准一部和中国有色金属工业协会提出。

本标准由全国有色金属标准化技术委员会归口。

本标准负责起草单位：广东凤铝铝业有限公司、中国有色金属工业标准计量质量研究所。

本标准参加起草单位：福建省南平铝业有限公司、东北轻合金有限责任公司、广东兴发集团有限公司、广东坚美铝型材厂有限公司、辽宁忠旺铝业集团公司、广东新合铝业有限公司、西南铝业(集团)有限公司、中国铝业西北铝加工分公司、福建闽发铝业有限公司、华北铝业有限公司。

本标准主要起草人：刘志铭、李文武、葛立新、李亚娟、李瑞山、林洁、吴锡坤、卢继延、夏启明、侯波、张流峰、黄长远、刘坚。

铝合金建筑型材单位产品能源消耗限额

1 范围

本标准规定了铝合金建筑型材单位产品能源消耗(以下简称能耗)限额的技术要求、计算原则、计算范围、计算方法和节能管理与措施。

本标准适用于铝合金建筑型材企业单位产品能耗的计算、考核[1)],以及对新建项目的能耗控制。

2 规范性引用文件

下列文件中的条款通过本标准的引用而成为本标准的条款。凡是注日期的引用文件,其随后所有的修改单(不包括勘误的内容)或修改版均不适用于本标准,然而,鼓励根据本标准达成协议的各方研究是否可使用这些文件的最新版本。凡是不注日期的引用文件,其最新版本适用于本标准。

GB/T 2589 综合能耗计算通则

GB 17167 用能单位能源计量器具配备和管理通则

3 术语、定义和符号

下列术语和定义适用于本标准。

3.1

工序能源单耗 unit energy consumption in working procedure

工序生产过程中生产单位合格产品消耗的能源量。

3.2

工艺能源单耗 unit energy consumption of technology

报告期内生产某种产品时主要生产系统的综合能耗与报告期内产出的合格品总量的比值。

3.3

综合能源单耗 unit consumption of integrate energy

即单位产品综合能耗,指直接综合能源单耗与间接综合能源单耗之和,即工艺能源单耗与辅助能源单耗及损耗分摊量之和。

3.4

间接综合能源单耗 unit consumption of indirect integrate energy

企业的辅助生产系统和附属生产系统在产品生产的时间内实际消耗的各种能源以及耗能工质在企业内部进行贮存、转换及计量供应(包括外销)中的损耗,分摊到该产品上的能耗量。

3.5

企业综合能耗 enterprise integrate energy consumption

报告期内企业的主要生产系统、辅助生产系统和附属生产系统的综合能耗总和。

4 技术要求

4.1 现有铝合金建筑型材生产企业单位产品能耗限额限定值

现有铝合金建筑型材生产企业单位产品能耗限额限定值应符合表1的要求。企业位处长江以北

1) 企业产品能耗以报告期内企业生产的各类合格产品的产量与对应单位产品能耗限额的乘积之和为限额进行考核评定。

时，表中能耗限额值应乘以修正系数 K（山海关以南，取 $K=1.1$；山海关以北，取 $K=1.2$）；企业位处海拔高度超过1 500 m时，表中能耗限额值应乘以1.03进行修正。

表 1　现有铝合金建筑型材生产企业单位产品能耗限额限定值

产品分类	原料	生产工艺流程	能耗限额限定值/(kgce/t)	
			工艺能耗	综合能耗
			不大于	
基材	圆铸锭	图 2	145	160
	电解铝液、重熔用铝锭等熔炼炉喂给料	图 1+图 2	370[a,b]	410[a,b]
成品	基材	图 3	165	180
	圆铸锭	图 2+图 3	310	340
	电解铝液、重熔用铝锭等熔炼炉喂给料	图 1+图 2+图 3	540[a,b]	590[a,b]

[a] 若圆铸锭生产（见图 1）时，未 100%进行熔体静置处理，能耗限额值为表中数值减去静置能耗基数 J（$J=40\times$ 未经过熔体静置处理的合格圆铸锭产量/全部合格圆铸锭产量）。

[b] 若圆铸锭生产（见图 1）时，未 100%进行均匀化处理，能耗限额值为表中数值减去均匀化能耗基数 U（$U=50\times$ 未经过均匀化处理的合格圆铸锭产量/全部合格圆铸锭产量）。

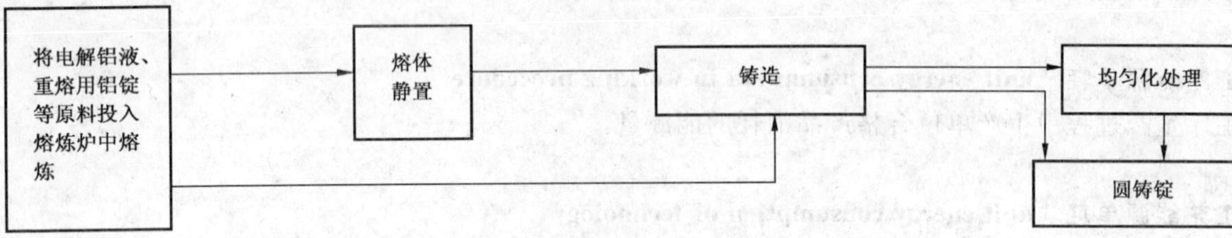

图 1　圆铸锭生产工艺流程简图

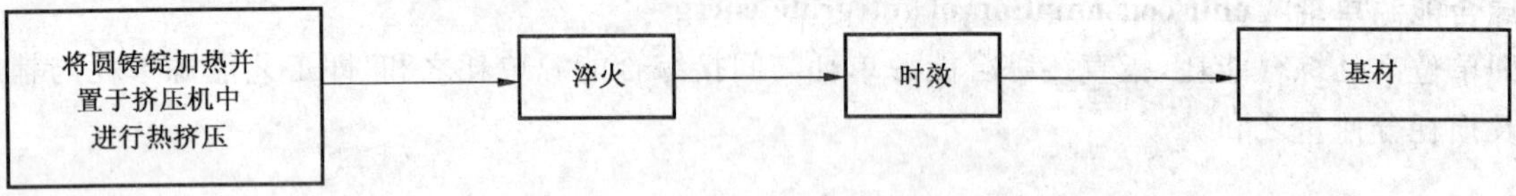

图 2　基材生产工艺流程简图

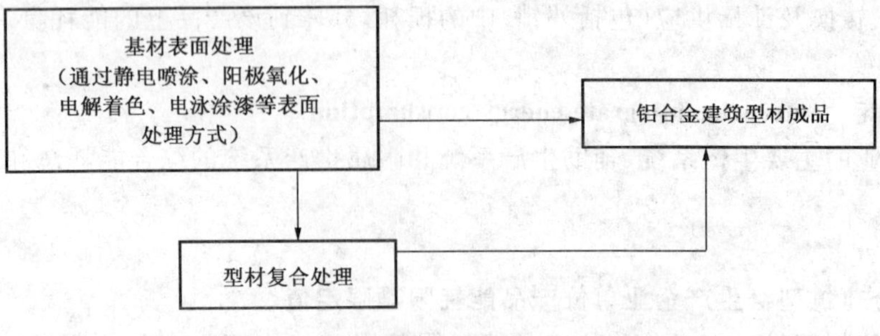

图 3　铝合金建筑型材成品生产工艺流程简图

4.2　新建铝合金建筑型材生产企业单位产品能耗限额准入值

新建铝合金建筑型材生产企业单位产品能耗限额准入值应符合表 2 的要求，企业位处长江以北时，表中能耗限额准入值应乘以修正系数 K(山海关以南，取 $K=1.1$；山海关以北，取 $K=1.2$)；企业位处海拔高度超过1 500 m时，表中能耗限额准入值应乘以 1.03 进行修正。

表 2　新建铝合金建筑型材生产企业单位产品能耗限额准入值

产品分类	原料	生产工艺流程	能耗限额准入值/(kgce/t)	
			工艺能耗	综合能耗
			不大于	
基材	圆铸锭	图 2	140	150
	电解铝液、重熔用铝锭等熔炼炉喂给料	图 1＋图 2	340[a,b]	370[a,b]
成品	基材	图 3	150	170
	圆铸锭	图 2＋图 3	290	320
	电解铝液、重熔用铝锭等熔炼炉喂给料	图 1＋图 2＋图 3	490[a,b]	540[a,b]

a 若圆铸锭生产(见图 1)时，未 100%进行熔体静置处理，能耗限额准入值为表中数值减去静置能耗基数 J($J=$ 40×未经过熔体静置处理的合格圆铸锭产量/全部合格圆铸锭产量)。

b 若圆铸锭生产(见图 1)时，未 100%进行均匀化处理，能耗限额准入值为表中数值减去均匀化能耗基数 U($U=$ 50×未经过均匀化处理的合格圆铸锭产量/全部合格圆铸锭产量)。

4.3　铝合金建筑型材生产企业单位产品能耗限额先进值

铝合金建筑型材生产企业单位产品能耗限额先进值应达到表 3 的要求。企业位处长江以北时，表中能耗限额先进值应乘以修正系数 K(山海关以南，取 $K=1.1$；山海关以北，取 $K=1.2$)；企业位处海拔高度超过1 500 m时，表中能耗限额先进值应乘以 1.03 进行修正。

表 3　铝合金建筑型材生产企业单位产品能耗限额先进值

产品分类	原料	生产工艺流程	能耗限额先进值/(kgce/t)	
			工艺能耗	综合能耗
			不大于	
基材	圆铸锭	图 2	130	140
	电解铝液、重熔用铝锭等熔炼炉喂给料	图 1＋图 2	310[a,b]	340[a,b]
成品	基材	图 3	140	160
	圆铸锭	图 2＋图 3	270	30
	电解铝液、重熔用铝锭等熔炼炉喂给料	图 1＋图 2＋图 3	450[a,b]	500[a,b]

a 若圆铸锭生产(见图 1)时，未 100%进行熔体静置处理，能耗限额先进值为表中数值减去静置能耗基数 J($J=$ 40×未经过熔体静置处理的合格圆铸锭产量/全部合格圆铸锭产量)。

b 若圆铸锭生产(见图 1)时，未 100%进行均匀化处理，能耗限额先进值为表中数值减去均匀化能耗基数 U($U=$ 50×未经过均匀化处理的合格圆铸锭产量/全部合格圆铸锭产量)。

5　计算原则、计算范围及计算方法

5.1　能耗计算原则

5.1.1　企业生产的能源消耗

企业实际消耗的各种能源，系指用于生产活动的各种能源。它包括：一次能源(如：原煤、原油、天然气等)、二次能源(如:电力、热力、石油制品、焦炭、煤气等)和生产使用的耗能工质(如:水、氧气、压缩空气等)和余热资源。包括能源及耗能工质在企业内部进行贮存、转换及计量供应(包括外销)中的损耗。其主要用于生产系统、辅助生产系统和附属生产系统,不包括生活用能(宿舍、学校、文化娱乐、医疗保健、商业服务和托儿幼教等方面的用能)和批准的基建项目用能。

5.1.2 **企业报告期内的燃料实物消耗量**

企业报告期内的某种燃料实物消耗量按式(1)计算:

$$E_h = E_{a1} + E_{a2} - E_{a3} - E_{a4} - E_{a5} \quad \cdots\cdots(1)$$

式中:

E_h——企业的燃料实物消耗量;

E_{a1}——企业购入燃料实物量;

E_{a2}——库存燃料实物增减量(库存减少为正,库存增加为负);

E_{a3}——外销燃料实物量;

E_{a4}——生活用燃料实物量;

E_{a5}——企业工程建设燃料实物量。

5.1.3 **企业报告期内的燃料能源消耗量**

企业报告期内的能源消耗量按式(2)计算,所消耗的各种能源不得重计或漏计。存在供需关系时,输入、输出双方在计算中应保持一致。设备大修的能源消耗也应计算在内,且按大修后设备的运行周期逐月平均分摊。企业综合能耗的计算按 GB/T 2589 的规定进行。

$$E = E_{b1} + E_{b2} - E_{b3} - E_{b4} - E_{b5} \quad \cdots\cdots(2)$$

式中:

E——企业报告期内能源消耗量;

E_{b1}——购入能源量;

E_{b2}——库存能源增减量(库存减少为正,库存增加为负);

E_{b3}——外销能源量;

E_{b4}——生活用能源量;

E_{b5}——企业工程建设用能源量。

5.1.4 **能源实物量的计量**

能源实物量的计量必须符合 GB 17167 的规定。

5.1.5 **能源计量单位**

企业消耗的各种主要能源计量单位如表 4 所示。

表 4 各种能源的计量单位

能源种类	能源计量单位								
	kg	t	10^4 t	kW·h	10^4 kW·h	kJ	GJ	m^3	10^4 m^3
煤、焦炭、重油、柴油	√	√	√	—	—	—	—	—	—
电	—	—	—	√	√	—	—	—	—
蒸汽	√	√	—	—	—	√	√	—	—
天然气、煤气、压缩空气、氧气	—	—	—	—	—	—	—	√	√
水	—	√	√	—	—	—	—	√	√

5.1.6 **能源折算原则**

5.1.6.1 单位产品能耗用千克标准煤(kgce)或吨标准煤(tce)表示,应用基低(位)发热量等于29.307 6兆焦称为 1 千克标准煤。

5.1.6.2 外购燃料能源、二次能源及耗能工质采用国家统计部门规定的折算系数(参见附录A)折算为标准煤。

5.1.6.3 企业能源转换自产时,按实际投入的能源实物量折算标准煤量。

5.1.6.4 由集中生产单位外销供应时,按国家统计部门规定的折算系数(参见附录A)折算标准煤。

5.1.6.5 企业回收的余热按热力的折算系数,余热发电,统一按电力的折算系数。

5.1.7 余热资源计算原则

5.1.7.1 企业余热利用装置用能计入企业能耗。

5.1.7.2 企业回收的余热能源自用部分,计入自用工序;转供其他工序时,在所用工序以正常消耗计入。

5.1.7.3 企业回收的余热能源应在回收余热的工序、工艺中扣除。

5.1.8 其他原则

辅助、附属生产系统的能源及耗能工质的损耗,应根据各产品工艺能耗占企业生产工艺能耗量的比例,分摊给各个产品。

5.2 计算范围

本标准能耗计算范围如表5所示。

表5 能耗计算范围

能耗计算范围	实物单耗	工艺能源单耗	综合能源单耗
	能源单耗代号		
从电解铝液、重熔用铝锭等原料投入熔炼炉中熔炼至产出圆铸锭工序(工序代号:Z,图1为其生产工艺流程简图)的能源消耗	E_{SZ}	E_{GZ}	E_{ZZ}
从圆铸锭加热并置于挤压机中进行热挤压至产出基材工序(工序代号:J,图2为其生产工艺流程简图)的能源消耗	E_{SJ}	E_{GJ}	E_{ZJ}
从电解铝液、重熔用铝锭等原料投入熔炼炉中熔炼至产出基材工序(工序代号:ZJ,图1+图2为其生产工艺流程简图)的能源消耗	E_{SZJ}	E_{GZJ}	E_{ZZJ}
从基材表面处理至产出铝合金建筑型材成品工序(工序代号:B,图3为其生产工艺流程简图)的能源消耗	E_{SB}	E_{GB}	E_{ZB}
从圆铸锭加热并置于挤压机中进行热挤压至产出铝合金建筑型材成品工序(工序代号:JB,图2+图3为其生产工艺流程简图)的能源消耗	E_{SJB}	E_{GJB}	E_{ZJB}
从电解铝液、重熔用铝锭等原料投入熔炼炉中熔炼至产出铝合金建筑型材成品工序(工序代号:ZJB,图1+图2+图3为其生产工艺流程简图)的能源消耗	E_{SZJB}	E_{GZJB}	E_{ZZJB}

5.3 计算方法

5.3.1 实物单耗

实物单耗按式(3)计算:

$$E_{SI} = \frac{M_{SI}}{P_{ZI}} \quad \cdots\cdots(3)$$

式中:

I——工序代号(Z、J、ZJ、B、JB、ZJB);

E_{SI}——I工序报告期内的实物单耗;

M_{SI}——I 工序报告期内直接消耗的某种能源实物总量；

P_{ZI}——I 工序报告期内产出的合格产品总量。

5.3.2 工艺能源单耗

工艺能源单耗按式(4)计算：

$$E_{GI} = \frac{E_{HI}}{P_{ZI}} \quad \cdots\cdots\cdots\cdots (4)$$

式中：

I——工序代号(Z、J、ZJ、B、JB、ZJB)；

E_{GI}——I 工序报告期内的工艺能源单耗；

E_{HI}——I 工序报告期内直接消耗的各种能源实物量折标准煤之和，当含回收余热时，按 5.1.7 规定；

P_{ZI}——I 工序报告期内产出的合格产品总量。

5.3.3 综合能源单耗

综合能源单耗按式(5)计算：

$$E_{ZI} = E_{GI} + E_{FI} \quad \cdots\cdots\cdots\cdots (5)$$

式中：

I——工序代号(Z、J、ZJ、B、JB、ZJB)；

E_{ZI}——I 工序报告期内的综合能源单耗；

E_{GI}——I 工序报告期内的工艺能源单耗；

E_{FI}——I 工序报告期内产出的合格产品间接辅助能源单耗及损耗分摊量。

6 节能管理与措施

6.1 节能管理

通过制定本标准，推动铝合金建筑型材企业积极响应国家节能号召，开展科学节能管理。特别是电力资源、水资源及燃料等能源的管理，共享节能技术，达到行业节能的目的。

6.2 具体措施

6.2.1 通过改进工艺，推广和提倡从“电解铝到圆铸锭”，减少再生重熔工序，实现节能目的。提倡短工序流程的工艺路线。

6.2.2 大力推行节能燃烧技术和余热回收技术，最大限度地提高热效率。

6.2.3 推广使用循环水，减少新水取水量，大力推广再生中水再利用措施，实现环保、节能双赢举措。

6.2.4 通过技术更新，使用节能电机，鼓励企业使用变频节能装置，使用绿色环保节能照明，搞好无功功率补偿。

6.2.5 提高能源转换效率，加强能源转换管理，改进设备效率以减少能源损失，提高能源利用效率。

6.2.6 加强工艺控制，使产品做到既满足国家标准又不过度生产，减少浪费能源和资源的现象。

6.2.7 提高工业窑炉热能利用率，加强窑炉保温、密封，减少热能损失。

附　录　A
（资料性附录）
常用能源品种现行参考折标准煤系数

表 A.1　常用能源品种现行折标准煤系数

能　源		折标准煤系数及单位	
品　种	平均低位发热量	系　数	单　位
原煤	20 908 kJ/kg (5 000 kcal/kg)	0.714 3	kgce/kg
洗精煤	26 344 kJ/kg(6 300 kcal/kg)	0.900	kgce/kg
重油	41 816 kJ/kg(10 000 kcal/kg)	1.428 6	kgce/kg
柴油	42 652 kJ/kg(10 200 kcal/kg)	1.457 1	kgce/kg
汽油	43 070 kJ/kg(10 300 kcal/kg)	1.471 4	kgce/kg
焦炭(灰分 13.5%)	28 435 kJ/kg(6 800 kcal/kg)	0.971 4	kgce/kg
液化石油气	50 179 kJ/kg(12 000 kcal/kg)	1.714 3	kgce/kg
电力(当量值)	3 600 kJ/kW·h[860 kcal/(kW·h)]	0.122 9	kgce/(kW·h)
热力	—	0.034 12	kgce/MJ
煤气	1 250×4.186 8kJ/m^3	1.786	tce/$10^4 m^3$
天然气	38 931 kJ/m^3(9 310 kcal/m^3)	1.330 0	tce/$10^3 m^3$

注 1：蒸汽折标准煤系数按热值计。

注 2：本附录中折标准煤系数如遇国家统计部门规定发生变化，能耗等级指标则应另行设定。

附　录　B
（资料性附录）
耗能工质能源等价参考值

表 B.1　常用耗能工质能源等价值

序号	名称		单位	能源等价值		备　注
				热值/MJ	折标准煤/kg	
1	液体	新鲜水	t	7.535 0	0.257 1	指尚未使用过的自来水，按平均耗电计算
2		软化水	t	14.234 7	0.485 7	
3	气体	压缩空气	m^3	1.172 3	0.040 0	
4		二氧化碳	m^3	6.280 6	0.214 3	
5		氧气	m^3	11.723 0	0.400 0	
6		氮气	m^3	11.723 0	0.400 0	当副产品时
				19.677 1	0.671 4	当主产品时
7		乙炔	m^3	243.672 2	8.314 3	按耗电石计算
8	固体	电石	kg	60.918 8	2.078 6	按平均耗焦炭、电等计算
注：本附录中的能源等价值如有变动，以国家统计部门最新公布的数据为准。						

ICS 83.140.01
G 42

中华人民共和国国家标准

GB 21352—2008

矿井用钢丝绳芯阻燃输送带

Steel cord flame retardant conveyor belts used in underground mines

2008-01-11 发布　　2008-07-01 实施

中华人民共和国国家质量监督检验检疫总局
中国国家标准化管理委员会　发布

前　言

本标准 4.7 为强制性的，其余为推荐性的。

本标准的附录 A、附录 B 和附录 C 均为规范性附录。

本标准由中国石油和化学工业协会提出。

本标准由化学工业胶带标准化技术归口单位归口。

本标准起草单位：青岛橡六集团有限公司、青岛橡胶工业研究所。

本标准主要起草人：孙成才、余雪梅、由世峰、韩德深。

矿井用钢丝绳芯阻燃输送带

1 范围

本标准规定了矿井用钢丝绳芯阻燃输送带(简称带)的规格、技术要求、试验方法、检验规则、标志、包装、贮存和运输。

本标准适用于地下矿井使用的钢丝绳芯阻燃输送带。

2 规范性引用文件

下列文件中的条款通过本标准的引用而成为本标准的条款。凡是注日期的引用文件,其随后所有的修改单(不包括勘误的内容)或修订版均不适用于本标准,然而,鼓励根据本标准达成协议的各方研究是否可使用这些文件的最新版本。凡是不注日期的引用文件,其最新版本适用于本标准。

GB/T 528 硫化橡胶或热塑性橡胶拉伸应力应变性能的测定(GB/T 528—1998,eqv ISO 37:1994)

GB/T 3512 硫化橡胶或热塑性橡胶 热空气加速老化和耐热试验(GB/T 3512—2001,eqv ISO 188:1998)

GB/T 3684 输送带 导电性 规范和试验方法(GB/T 3684—2006,ISO 284:2003,IDT)

GB/T 3685 输送带酒精喷灯燃烧性能规范和试验方法(GB/T 3685—1996,eqv ISO 340:1988)

GB/T 4490 输送带尺寸(GB/T 4490—1994,eqv ISO 251:1987 和 ISO 583:1990)

GB/T 5752 输送带标志(GB/T 5752—2002,eqv ISO 433:1991)

GB/T 5753 钢丝绳芯输送带覆盖层厚度的测定(GB/T 5753—1994,eqv ISO 7590:1990)

GB/T 5754.2 钢丝绳芯输送带 纵向拉伸试验 第2部分:拉伸强度的测定(GB/T 5754.2—2005,ISO 7622-2:1984,IDT)

GB/T 5755 钢丝绳芯输送带钢丝绳粘合强度的测定(GB/T 5755—2000,eqv ISO 7623:1996)

GB/T 7986 输送带滚筒摩擦试验方法

GB/T 9770—2001 普通用途钢丝绳芯输送带

GB/T 9867 硫化橡胶耐磨性能的测定(旋转辊筒式磨耗机法)(GB/T 9687—1988,neq ISO 4649:1985)

GB/T 17044 钢丝绳芯输送带覆盖层与带芯层粘合强度试验方法(GB/T 17044—1997,eqv ISO 8094:1984)

HG/T 3056 输送带 贮存和搬运指南(HG/T 3056—2006,ISO 5285:2004,IDT)

3 产品分类

3.1 规格

带的规格按纵向拉伸强度和宽度区分。

3.1.1 带的强度规格用字母"St"和纵向拉伸强度(N/mm)的标称值表示,其系列见表1。

3.1.2 带的宽度规格以毫米(mm)为单位表示,其系列见表2。

3.2 结构

带由芯胶、钢丝绳、覆盖层和边胶构成。带的断面结构见图1。

表 1

项　目	St630	St800	St1000	St1250	St1600	St2000	St2500	St2800
纵向拉伸强度/(N/mm)	630	800	1 000	1 250	1 600	2 000	2 500	2 800
钢丝绳最大公称直径/mm	3.0	3.5	4.0	4.5	5.0	6.0	7.2	7.6
钢丝绳间距/mm	10±1.5	10±1.5	12±1.5	12±1.5	12±1.5	12±1.5	15±1.5	15±1.5
上覆盖层厚度/mm	5	5	6	6	6	8	8	8
下覆盖层厚度/mm	5	5	6	6	6	6	6	6
项　目	St3150	St3500	St4000	St4500	St5000	St5400	St6300	St7500
纵向拉伸强度/(N/mm)	3 150	3 500	4 000	4 500	5 000	5 400	6 300	7 500
钢丝绳最大公称直径/mm	8.1	8.6	8.9	9.7	10.9	11.3	12.3	需和用户协商而定
钢丝绳间距/mm	15±1.5	15±1.5	15±1.5	16±1.5	16±1.5	17±1.5	17±1.5	
上覆盖层厚度/mm	8	8	8	8	8.5	9	12	
下覆盖层厚度/mm	8	8	8	8	8.5	9	10	

表 2

宽度规格/mm	钢　丝　绳　根　数							
	St630	St800	St1000	St1250	St1600	St2000	St2500	St2800
800	75	75	63	63	63	63	50	50
1 000	95	95	79	79	79	79	64	64
1 200	113	113	94	94	94	94	76	76
1 400	133	133	111	111	111	111	89	89
1 600	151	151	126	126	126	126	101	101
1 800	171	171	143	143	143	143	114	114
2 000	191	191	159	159	159	159	128	128
2 200	211	211	176	176	176	176	141	141
2 400	231	231	193	193	193	193	155	155
2 600	251	251	209	209	209	209	168	168
2 800	271	271	226	226	226	226	181	181
3 000	291	291	243	243	243	243	194	194
3 200	311	311	259	259	259	259	208	208

表 2（续）

宽度规格/mm	钢丝绳根数							
	St3150	St3500	St4000	St4500	St5000	St5400	St6300	St7500
800	50	50	50	46	46	43	43	需和用户协商而定
1 000	64	64	64	59	59	55	55	
1 200	76	76	76	71	71	66	66	
1 400	89	89	89	84	84	78	78	
1 600	101	101	101	96	96	90	90	
1 800	114	114	114	109	109	102	102	
2 000	128	128	128	121	121	113	113	
2 200	141	141	141	134	134	125	125	
2 400	155	155	155	146	146	137	137	
2 600	168	168	168	159	159	149	149	
2 800	181	181	181	171	171	161	161	
3 000	194	194	194	184	184	172	172	
3 200	208	208	208	196	196	184	184	

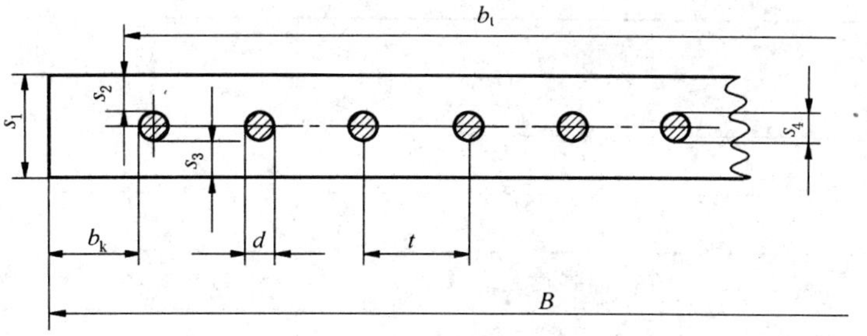

B——带的宽度；

b_t——两端钢丝绳之间的中心距离；

b_k——边胶宽度；

d——钢丝绳直径；

s_1——带的厚度；

s_2——上覆盖层厚度；

s_3——下覆盖层厚度；

s_4——带芯厚度（$s_4=d$）；

t——钢丝绳间距。

图 1　带的断面结构图

3.3　标记

标记示例：

1400 GB 21352 2200 St3150/8+8 S

- S — 阻燃且导静电代号
- 8+8 — 上、下覆盖层厚度，mm
- St3150 — 强度规格，N/mm
- 2200 — 宽度规格，mm
- GB 21352 — 标准代号
- 1400 — 长度规格，m

4 要求

4.1 钢丝绳的配置与接头

带的钢丝绳配置与接头应符合 GB/T 9770—2001 中 4.2 的要求。

4.2 尺寸偏差

带的尺寸偏差应符合 GB/T 9770—2001 中 4.3 的要求。

4.3 钢丝绳的配置与接头

钢丝绳的配置与接头应符合 GB/T 9770—2001 的规定。

4.4 物理性能

4.4.1 覆盖层的物理性能见表 3。

4.4.2 覆盖层与带芯层粘合强度应不小于 12 N/mm。

4.4.3 对含织物层的带，覆盖层与织物层之间平均粘合强度不得小于 8 N/mm。

4.4.4 带老化前后钢丝绳的粘合强度应符合表 4 的规定。

表 3

项目			指标
拉伸强度/MPa		≥	15
拉断伸长率/%		≥	350
磨耗量/mm³		≤	200
老化试验后（70℃×168 h）	拉伸强度变化率/%		±25
	拉断伸长率变化率/%		±25

表 4

带强度规格	钢丝绳粘合强度/(N/mm) ≥		带强度规格	钢丝绳粘合强度/(N/mm) ≥	
	热老化前	热老化后		热老化前	热老化后
St630	60	55	St3150	140	130
St800	70	65	St3500	145	140
St1000	80	75	St4000	150	145
St1250	95	90	St4500	165	160
St1600	105	95	St5000	175	170
St2000	105	95	St5400	180	175
St2500	130	120	St6300	195	185
St2800	135	125	St7500	需和用户协商而定	

4.5 钢丝绳的动态粘合强度

在经受 10 000 次负荷循环后应不出现任何钢丝绳会被拔脱的现象。

4.6　钢丝绳中胶料渗透程度

60 s 内的压差变化不得超过 5 kPa。

4.7　安全性能

4.7.1　带的上、下两面的表面电阻算术平均值均不得大于 $3\times10^{8}\ \Omega$

4.7.2　带的酒精喷灯燃烧性能应符合下列规定：

a)　6 个具有覆盖层的试样，在移去喷灯后，所有试样的明焰时间的平均值和无焰燃烧时间的平均值均不得大于 3 s。每个试样的明焰时间和无焰燃烧时间单个值均不得大于 10 s；

b)　9 个剥去覆盖层的试样，在移去喷灯后，所有试样的明焰时间的平均值和无焰燃烧时间的平均值均不得大于 5 s。每个试样的明焰时间和无焰燃烧时间单个值均不得大于 15 s。

4.7.3　带在进行滚筒摩擦试验时，试样上任何部分均不得出现有焰或无焰燃烧现象。每个试样在试验中的滚筒表面温度测定值均不得大于 325℃。

4.7.4　带的巷道丙烷燃烧性能应符合下列两项规定之一：

a)　每个试样全宽度最小未损毁长度不得小于 600 mm；

b)　试样全宽度最小未损毁长度不得小于 50 mm，最大平均温升不得大于 140℃，以质量形式表示的试样损毁长度不得大于 1 250 mm。

5　试验方法

5.1　带的长度和宽度按 GB/T 4490 规定进行测量。

5.2　带的厚度、带厚度均匀性和覆盖层厚度按 GB/T 5753 规定进行检验。

5.3　钢丝绳间距、钢丝绳在带厚度方向的偏心值按 GB/T 9770—2001 规定进行检验。

5.4　覆盖层的拉伸性能按 GB/T 528 规定进行检验。试样尺寸采用 2 型哑铃状裁刀切取试样。

5.5　带的覆盖层的老化性能按 GB/T 3512 规定进行检验。

5.6　带的覆盖层耐磨性能按 GB/T 9867 规定进行检验。

5.7　带的纵向拉伸强度按 GB/T 5754.2 规定进行检验。

5.8　覆盖层与带芯层粘合强度按 GB/T 17044 规定进行检验。

5.9　覆盖层与织物层粘合强度按 GB/T 17044 规定进行检验，只是在试样一端将覆盖层之一面按全宽度紧贴着织物层切开 50 mm 长度，以同样方法在试样另一端剥开另一面覆盖层。

5.10　钢丝绳粘合强度按 GB/T 5755 规定进行检验。

5.11　钢丝绳动态粘合强度按照附录 A 进行检验。

5.12　钢丝绳中胶料渗透程度试验按照附录 B 进行检验。

5.13　带的导电性能按 GB/T 3684 规定进行检验。

5.14　带的喷灯燃烧性能按 GB/T 3685 中的 B 法进行检验。

5.15　带的滚筒摩擦性能按 GB/T 7986 规定进行检验。

5.16　带的巷道丙烷燃烧性能按照附录 C 进行检验。

6　检验规则

6.1　出厂检验

6.1.1　抽样

在一个生产批量中抽取一定数量的样品进行带的出厂检验，应取数量如表 5 所示。

6.1.2　出厂检验项目

出厂检验项目如下：

a)　带的断面结构和尺寸；

b)　带的纵向拉伸强度；

c) 覆盖层物理性能(不包括老化性能);

d) 覆盖层与带芯层粘合强度;

e) 覆盖层与织物层粘合强度;

f) 钢丝绳粘合强度;

g) 带的钢丝绳中胶料渗透程度试验;

h) 导电性;

i) 酒精喷灯燃烧性能;

j) 带的滚筒摩擦性能。

注:带的覆盖层老化性能试验每季度不得少于一次。

表 5

带长度 L	样品数量
$L \leqslant 500$ m	1
500 m $< L \leqslant$ 1 000 m	2
1 000 m $< L \leqslant$ 2 000 m	3
2 000 m $< L \leqslant$ 3 500 m	4
3 500 m $< L \leqslant$ 5 000 m	5
5 000 m $< L \leqslant$ 7 000 m	6
7 000 m $< L \leqslant$ 10 000 m	7
$>$10 000 m	每 5 000 m 必须增加一个样品

6.2 型式检验

6.2.1 正常生产情况下,每年进行一次型式检验;

6.2.2 有下列情况之一者应进行型式检验:

a) 新产品试制定型鉴定;

b) 结构、材料或工艺发生重大变化时;

c) 停产一年后恢复生产时;

d) 国家技术监督机构提出要求时。

6.2.3 型式检验项目为本标准第 4 章全部技术要求。

6.3 不合格品判定规则

对第 4 章检验出现的不合格项目,应在该批带中抽取双倍试样,对不合格项目进行复试,若复试结果有一项不合格,则该批产品为不合格品。

7 标志、包装、贮存和运输

7.1 带的标志按 GB/T 5752 执行,胶带基本性能代号为“S”。

7.2 带在芯轴上卷缠整齐,用覆盖物包扎牢固。

7.3 带的贮存和运输按 HG/T 3056 执行。

附 录 A
（规范性附录）
输送带中钢丝绳动态粘合强度试验方法

A.1 范围

本附录规定了用拉拔疲劳试验测定钢丝绳芯输送带中钢丝绳与橡胶之间的动态粘合强度的试验方法。

A.2 原理

对试样中的钢丝绳施加周期性的拉拔负荷，测定达到一定负荷循环次数或粘合破坏时的动态粘合强度。

A.3 设备

与试样相匹配的拉力试验机，能恒稳地施加周期性拉力，其拉力变化范围为所试输送带的钢丝绳静态粘合强度（见表 4）的 3.6%～36%（见图 A.1）。

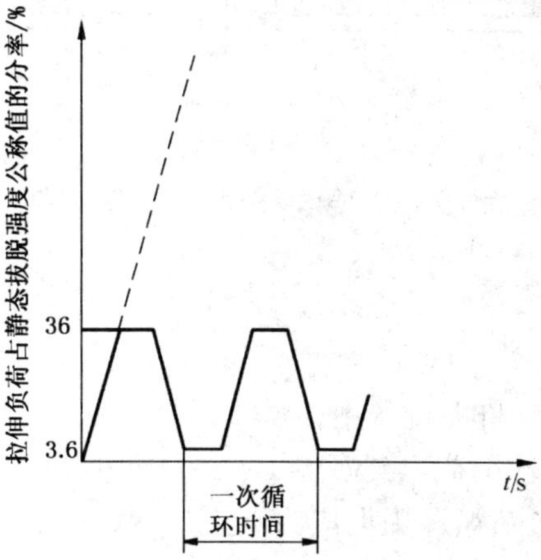

图 A.1 标准的周期性负荷曲线

A.4 试样制备

从包含五根钢丝绳的全厚度样带上切出一块带块作为样坯，将其加工成图 A.2 或图 A.3 所示的试样。试样的试验长度 L_1 应为（100±2）mm。在试样端部将覆盖胶与带芯层分离 100 mm，以便于使用普通夹持器进行试验。

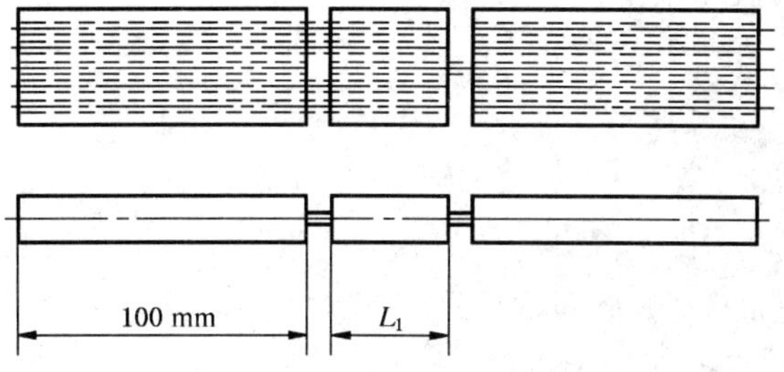

图 A.2 第一种粘合强度试样

单位为毫米

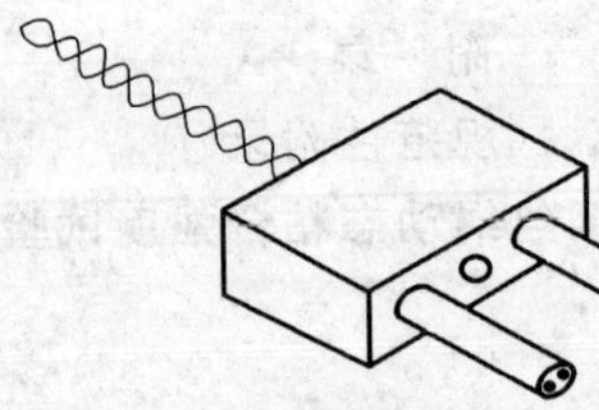

a） 轴侧图

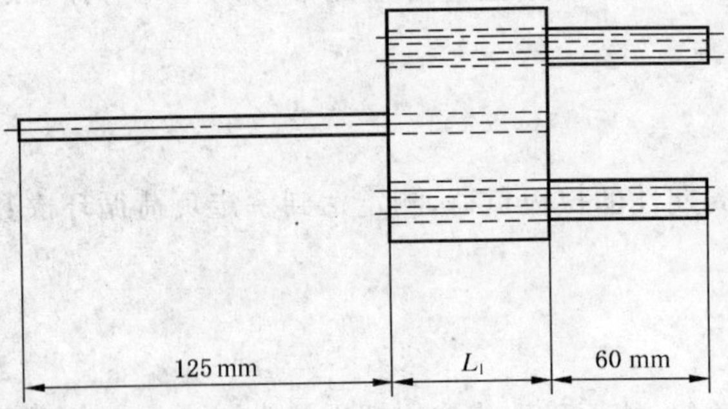

b） 俯视图

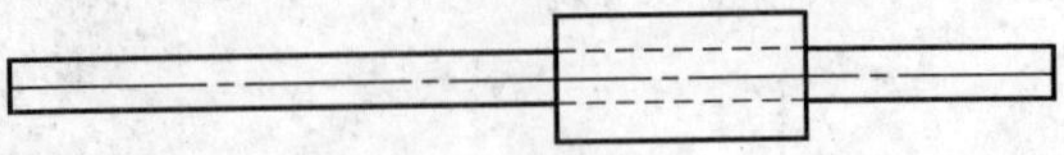

c） 主视图

图 A.3 第二种粘合强度试样

A.5 程序

试验程序如下：

a） 将试样对称地夹持在试验机夹持器中；

b） 对试样恒稳地施加周期性负荷，当拉拔力达到最大值和最小值时均将该值保持一定时间（见图 A.1）。一个完整的负荷循环周期应为（5～10）s；

c） 继续进行试验，直至试样破坏或负荷循环次数达到 10 000 次，方可结束试验。

A.6 试验报告

试验报告应包括以下内容：

a） 在负荷循环次数达到 10 000 次时，试样是否已破坏，即钢丝绳是否已被拔脱；

b） 被试验钢丝绳所对应的动态粘合强度；

c） 周期性负荷的最大值和最小值。

附　录　B
（规范性附录）
钢丝绳中胶料渗透程度试验方法

B.1　范围

本附录规定了输送带中的钢丝绳芯内胶料渗透程度的试验方法。

B.2　原理

以用试样两端的气压差降低量表示的空气透过程度，作为胶料渗入并充满钢丝绳绳股间隙程度的指标。

B.3　设备

试验设备含有试样夹紧装置，用它将试样夹紧后能使一根钢丝绳两端密闭地接入试验气路（见图B.1）。

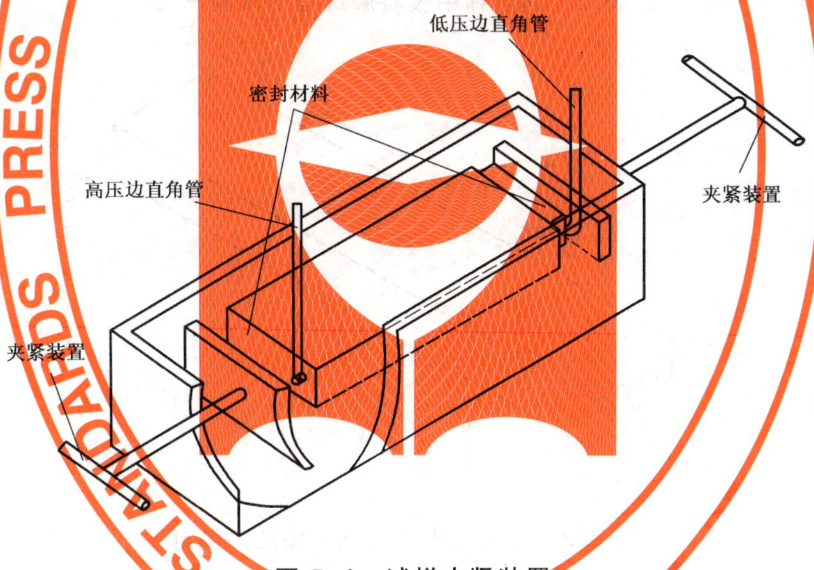

图 B.1　试样夹紧装置

试验气路中还包括压缩空气源、空气释放器、高压端软管和低压端软管（两个软管可固定在试样两端）、压力传感器、数字式气压表和曲线式记录仪（见图B.2）。

压缩空气源能在试样高压边维持100 kPa的恒稳气压。高压边直角管的容积应约为低压边直角管容积的10倍。

B.4　试样制备

试样长400 mm，厚度为输送带的全厚度，其内部至少包含一根与试样同长度的钢丝绳（见图B.3）。

注：试样制备应注意，务必使被试钢丝绳完全被胶料所包围。

B.5　程序

试验程序如下：

a)　将试样夹紧在夹紧装置中，使试样中同一根钢丝绳两端都很好地密封在试验气路内；

b) 在试样两端建立 100 kPa 的气压差，切断气源达 60 s。测定该段时间前后的气压差降低量。

注：压差在一定时间内的降低程度可作为胶料是否渗入并充满钢丝绳各股间的程度的一个指标。

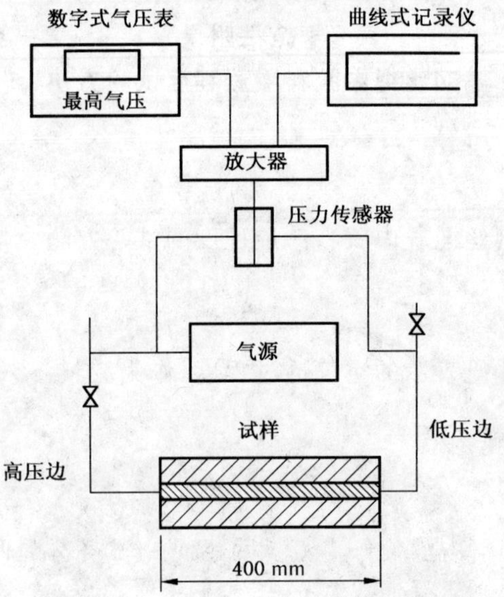

图 B.2 钢丝绳中胶料渗透程度试验气路

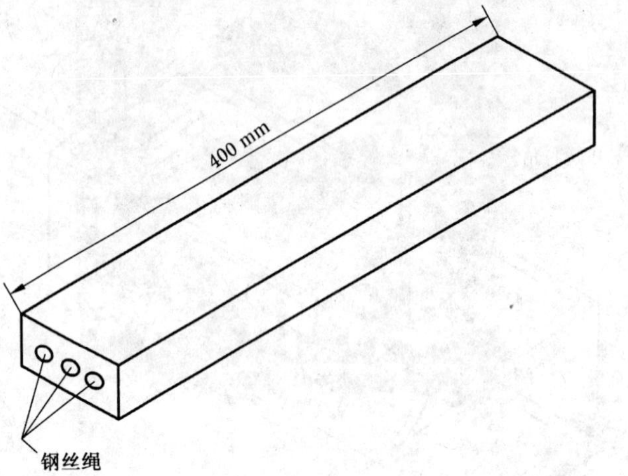

图 B.3 包含三根钢丝绳的输送带试样

B.6 试验报告

试验报告应包括以下内容：

a) 被试带的标记；

b) 压差降低量(以 kPa 为单位)。

附　录　C

（规范性附录）

输送带的巷道丙烷燃烧性能试验方法

C.1　试样制备

C.1.1　对于上、下覆盖层厚度相同的输送带，应从待测输送带上切取两块长 1 500 mm、宽 230 mm 的纵向试样而对于上、下覆盖层厚度不同的输送带，应切取三块试样。应注意使试样的切割面平整，并且试样不应在距输送带边部 50 mm 之内切取。每个试样切取后应进行称量，并在试验前平整放置 24 h。

C.1.2　为使试样能固定于试验台上，需用 8 mm 直径的钻头按如下方式在试样上打 6 个洞：

a)　其中 4 个洞分别位于距试样边界 50 mm 的两条直线与距试样前端 50 mm 及后端 50 mm 的直线的 4 个交点上；

b)　另外 2 个洞位于距试样边界 20 mm 的两条直线与距试样前端 330 mm 的直线的两个交点上。

C.1.3　将试样放置于试验台上并用 25 号铁丝通过 6 个钻孔将其固定在框架上。此外，另用两根线通过接线环牢牢地将试样捆于框架上，其中一根线缚于试样前 100 mm 的位置上，另一根线缚于试样前 250 mm 的位置上。

C.2　装置和设备

C.2.1　巷道

巷道由一个腔室构成，该腔室的外壁采用 25 mm 厚的难熔材料建造。其入口尺寸为 460 mm×460 mm，长度为 1 676 mm 且通过一壁厚为 1.5 mm 的不锈钢圆锥连接器与直径 300 mm 的排气管相联。抽风机应安置在排风管后，从而使空气从巷道中通过，其中空气的流速由排气控制阀来控制。见图 C.1。

单位为毫米

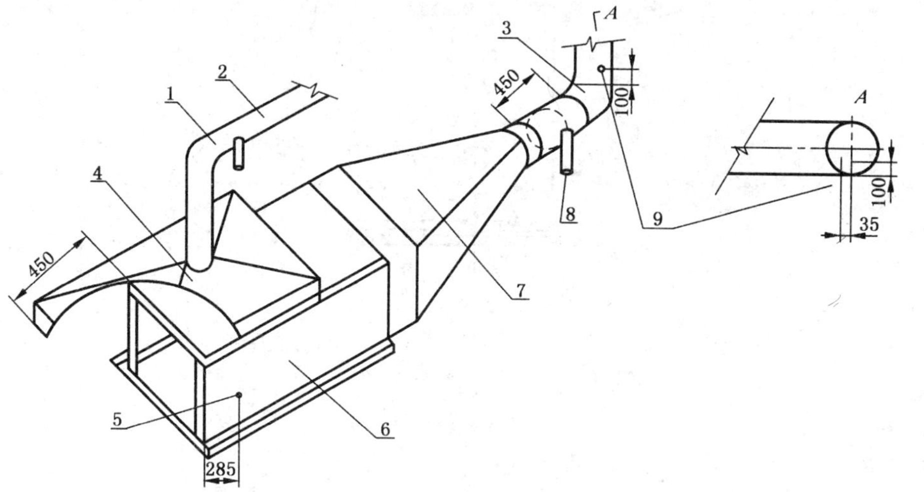

1——排气控制阀；
2——直径 150 mm 排气管；
3——直径 300 mm 排气管；
4——排气罩；
5——风速计安装位置；
6——试验腔室（由壁厚为 25 mm 的难熔材料建造）；
7——锥形通风部件；
8——排气控制阀；
9——热电偶。

a)　轴侧图

图 C.1　丙烷燃烧用巷道

单位为毫米

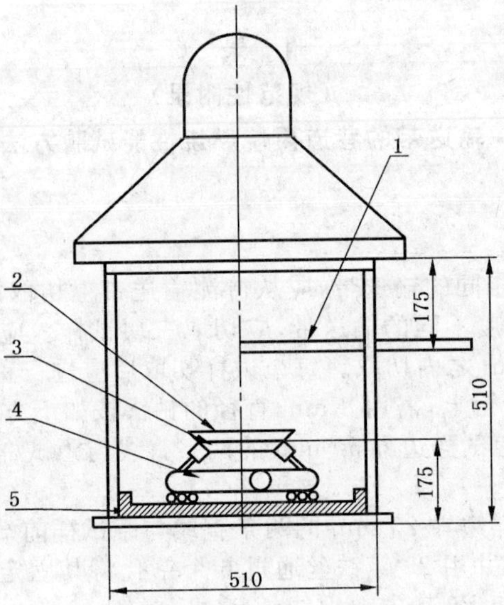

1——风速计安装位置；

2——输送带试样；

3——试验台；

4——燃烧器；

5——试样残骸承接盘，由 1.5 mm 厚的不锈钢制成。

b) 主视图

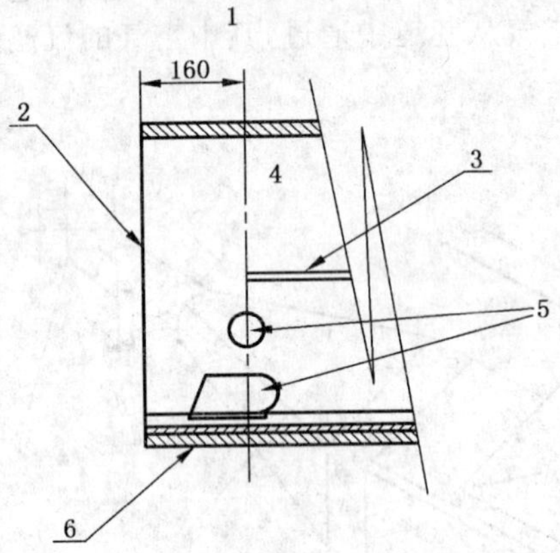

1——排气罩在该图中未显示；

2——腔室正面；

3——试验台；

4——试验腔室；

5——燃烧器；

6——试样残骸承接盘，由 1.5 mm 厚的不锈钢制成。

c) 主视剖面图

图 C.1（续）

C.2.2 排气罩

该罩由不锈钢材质制成，厚度为 1.5 mm，被置于试验腔室的正上方用于抽吸在试验过程中有可能从腔室入口处逃逸出来的烟气。

C.2.3 支架

用于放置输送带样品。该试验台长 1 500mm、宽 220 mm、高 160 mm，由直径为 10 mm 的钢棒制成，同时它有可将输送带样品用线固定在其上的穿线环。见图 C.2。

单位为毫米

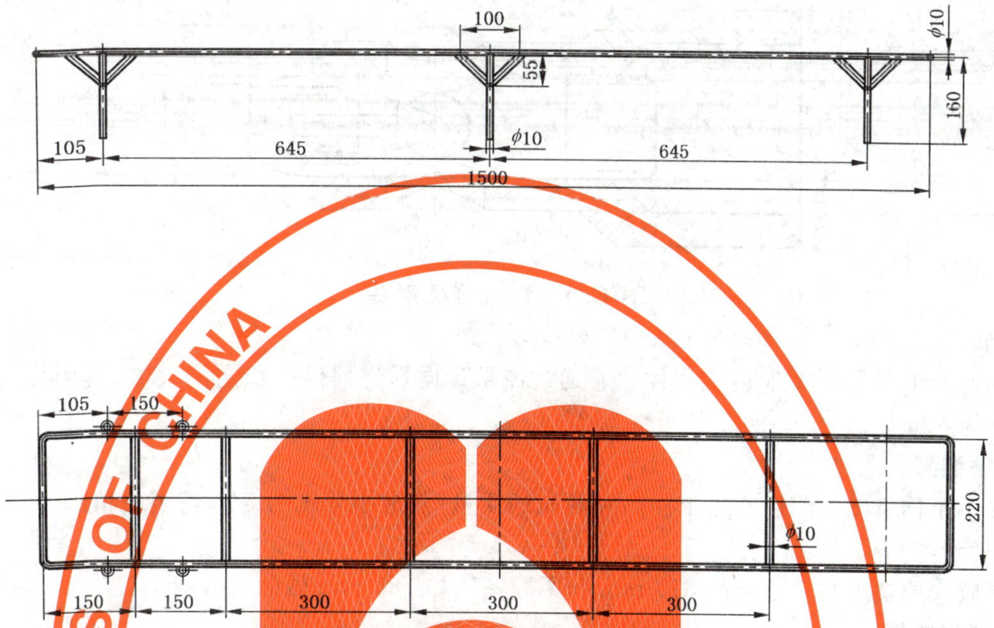

图 C.2 丙烷燃烧试验用支架

C.2.4 丙烷燃烧器

燃烧器由 6 个燃烧喷射器组成，它们的尺寸如图 C.4 所示并以两排、每排三个的排列方式装配在框架上，随后将其置于试样底下，其中喷射头向内倾斜 45°(如图 C.3)。

单位为毫米

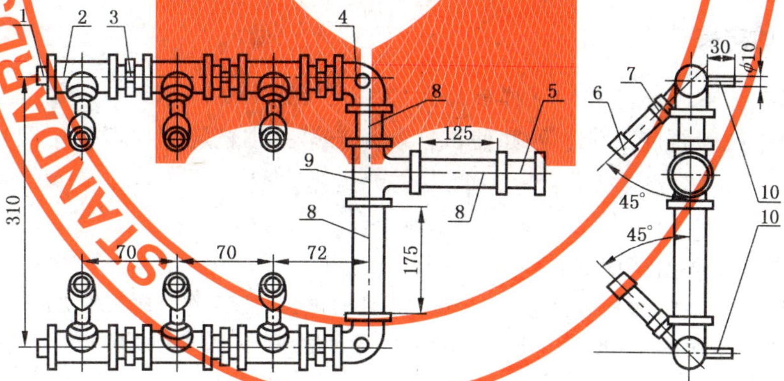

1——实心插栓；

2——变径 T 型管；

3——六角连接螺母；

4——90°弯头；

5——插口；

6——丙烷燃烧器；

7——变径衬套；

8——1/2 标准管；

9——等径 T 型管；

10——焊接在 2 和 4 部位下面的 4 个由低碳钢材料制成的脚。

图 C.3 丙烷燃烧器的装配

单位为毫米

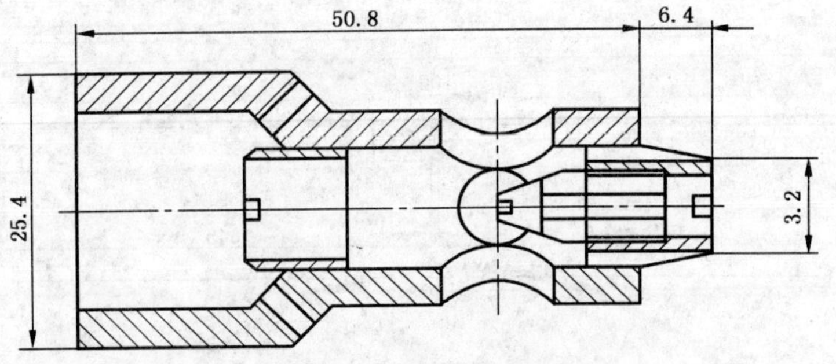

图 C.4 燃烧器喷射头

C.2.5 燃料

为纯度不低于95%的罐装丙烷气体。它通过流量计向燃烧器供应稳定的气流，其中试验中所要消耗的燃气量为565 g。

C.2.6 称重装置

该装置用于称量试验前后输送带样品和气瓶的质量，其最小分度为5 g，甚至更精确。

C.2.7 风速计

该仪器应安放在距腔室地面高310 mm和距腔室入口285 mm处的中心线上。

C.2.8 K型热电偶

该仪器应安放在排尘管道中，并与记录装置相联。

C.2.9 记录装置

该装置用于测量温度，每分钟应至少测6次。

C.2.10 计时器

用于记录时间，最小分度为1 s。

C.3 试样与燃烧器的安装

C.3.1 将试验台置于腔室中心处并使试样前端距腔室入口处160 mm。

C.3.2 将燃烧器置于试验台底下中心处并使试样前端与第一排燃烧喷射器位于同一直线上。

C.4 试验初始温度

试验初始时的巷道环境温度应保持在5℃～30℃之间。

注：每次试验期间，在巷道内所释放的大量热量会影响后续的试验，因此，在每次试验之前对巷道内的环境温度进行冷却是很重要的。而在实际操作中证实3 h的冷却即可达到令人满意的效果。

C.5 试验次数

C.5.1 对上、下覆盖层厚度相同的输送带，进行两次试验；

C.5.2 对上、下覆盖层厚度不同的输送带，进行如下三次试验：

a) 先取一个试样将其上覆盖层向上进行试验；

b) 再取另一个试样将其上覆盖层向下进行试验；

c) 随后取第三块试样对a)和b)试验中结果较差的那一面再进行一次试验。

C.6 程序

C.6.1 试验前，对丙烷气瓶称重。

C.6.2 通过C.2.7所述的风速计将空气流速设置在(1.0±0.05)m/s。

C.6.3 记录试验从 2 min～5 min 之间所排出空气的温度以便测得巷道空气温度。

C.6.4 先将丙烷气流量设置为 350 L/h，再点燃。开启计时器，随后将丙烷气的流量调整至(345±5)L/h。

C.6.5 50 min 后关掉丙烷气并使试样与试验台冷却。当火焰开始蔓延并危及人或设备时，应立即终止试验。

C.6.6 试验结束后，重新称重丙烷气瓶并确定试验中丙烷气的消耗量为 565 g。如果不到或者超出该质量，应相应调整流量并重做试验。

C.6.7 移去试验台上所有剩余的试样并使试验台冷却至巷道环境温度。去除试样上任何脆性物质后对其进行称重。

C.7 试验终止

C.7.1 正常终止

在试样和燃烧残骸上的所有火焰熄灭 10 min 后，试验应终止并且视为正常终止。

C.7.2 提前终止

任何出于安全因素而终止的试验应被视为提前终止并应记录于试验报告中。

C.8 试样损毁程度判断

对试样的每一面自试样后端算起的未损毁长度进行测量。

试样上试验前没有而试验后出现的裂缝、瑕疵、起泡等损坏应视为损毁。记录两次测量长度的较小值作为最短未损毁长度。

C.9 上升温度值

对试验中所测得温度值进行最大平均上升温度值的计算。在巷道内任何一分钟内测得的几个温度值分别减去环境温度值后，其中的最大值即为最大平均上升温度值。

C.10 试样损毁长度的计算

通过试验前后对试样质量的称量来计算试验中所损毁的试样长度。

试样损毁长度按式(C.1)表示：

$$L_{质量}=\frac{m_{前}-m_{后}}{m_{前}}\times 1\,500 \qquad \cdots\cdots(C.1)$$

式中：

$L_{质量}$——以质量形式表示的试样损毁长度；

$m_{前}$——试验前试样的质量；

$m_{后}$——试验后试样的质量。

C.11 排出的丙烷气温度校准

C.11.1 在下列三种情况下，应进行 C.11.2 描述的校准检查：

a) 第一次使用的新巷道；

b) 刚经过维修的巷道；

c) 定期检查确认环境已无意外变化的巷道。

C.11.2 在没有试样存在的情况下，开启试验巷道，同时打开丙烷气并以 565 g/50 min 的供气流量供入巷道。在试验后期，测得的从管道中排放的丙烷气温度应高于周围环境温度(50±5)℃。

以试验时间为横坐标，丙烷气温度为纵坐标绘制曲线，经过周期性试验，确保上升温度符合图 C.5 中所示的曲线。

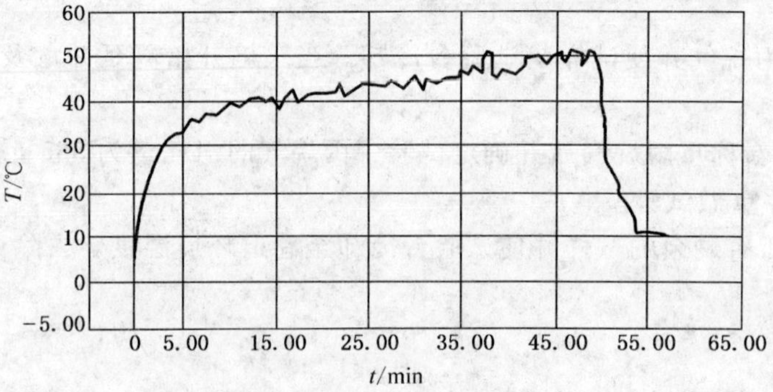

图 C.5 标准排气温度校准曲线

C.12 结果表示

结果表示须包含以下内容：

a) 试验日期；

b) 受测输送带的型号及编号；

c) 每个受测试样的最小未损坏长度；

d) 输送带损毁长度；

e) 最大平均上升温度值；

f) 丙烷气消耗量；

g) 任何发生于正常试验之外的情况，包括试验是否提前终止；

h) 报告应有如下表述：

该测试结果仅代表在此试验条件下进行试验的该种产品试样的性能，它们并不是衡量该产品在使用过程中是否会有潜在燃烧危险性的唯一标准。

ICS 87.040
G 50

中华人民共和国国家标准

GB/T 21353—2008

漆膜抗藻性测定法

Test method for determining the resistance of paint film to algae

2008-01-11 发布　　　　2008-07-01 实施

中华人民共和国国家质量监督检验检疫总局
中国国家标准化管理委员会　发布

前　言

本标准的附录 A 为规范性附录。

本标准由中国石油和化学工业协会提出。

本标准由全国涂料和颜料标准化技术委员会(SAC/TC 5)归口。

本标准起草单位:广东省微生物研究所(广东省微生物分析检测中心)、中国化工建设总公司常州涂料化工研究院(国家涂料质量监督检验中心)。

本标准主要起草人:谢小保、赵玲、欧阳友生、陈仪本、彭红。

漆膜抗藻性测定法

1 范围

本标准规定了建筑涂料中的室外漆膜抗藻性能测试方法及结果评定。

本标准适用于室外建筑涂料漆膜抗藻性能测试，其他涂料漆膜抗藻性能测试可参考本标准。

2 规范性引用文件

下列文件中的条款通过本标准的引用而成为本标准的条款。凡是注日期的引用文件，其随后所有的修改单(不包括勘误的内容)或修订版均不适用于本标准，然而，鼓励根据本标准达成协议的各方研究是否可使用这些文件的最新版本。凡是不注日期的引用文件，其最新版本适用于本标准。

GB/T 1727—1992 漆膜一般制备法

GB/T 3186 色漆、清漆和色漆与清漆用原材料 取样(GB/T 3186—2006，ISO 15528:2000，IDT)

3 术语和定义

3.1

藻 algae

没有根、茎、叶分化，能够进行光合作用的低等自养真核生物。在本标准中是指在易受雨水浸湿、光照条件下的外墙漆膜和其他室外表面上生长蔓延的一类绿苔状的小型绿色单细胞或丝状物藻类，它们会影响漆膜的美观并降低漆膜的使用寿命。

3.2

抗藻 antialgae

采用化学或物理等方法杀灭藻类或妨碍藻类生长繁殖及其活性的过程。

4 试验原理

本标准测试方法是模拟自然界藻类生长的环境条件，按藻类生长的生理特点进行设计的加速试验，用以测定漆膜对藻类的抑杀效果，通过采用直观检验的方式判定藻类生长的程度来评价漆膜抗藻性能。

5 试验条件

5.1 设备和材料

5.1.1 恒温培养箱(温度 25℃±2℃，相对湿度 $h \geqslant 85\%$，带有日光灯源，光照强度 1 000 lx～3 000 lx)。

5.1.2 生物安全柜或超净工作台。

5.1.3 湿度计。

5.1.4 天平：精确度 0.01 g。

5.1.5 冰箱。

5.1.6 高压灭菌锅。

5.1.7 组织研磨机。

5.1.8 层析喷雾器。

5.1.9 铝板(或玻璃、马口铁片、滤纸片等)。

5.1.10 培养皿：皿底直径为 9 cm。

5.1.11 酒精灯。

5.1.12 漆刷或粗毛笔。

5.1.13 三角瓶(容量为 50 mL、100 mL、250 mL 和 500 mL)、玻棒、接种环及其他无菌操作工具。

5.2 培养基和试剂

5.2.1 Allen 培养基

硝酸钠($NaNO_3$)	1.5 g
磷酸氢二钾(K_2HPO_4)	0.039 g
硫酸镁($MgSO_4 \cdot 7H_2O$)	0.075 g
氯化钙($CaCl_2 \cdot 2H_2O$)	0.027 g
碳酸钠(Na_2CO_3)	0.020 g
硅酸钠($Na_2SiO_3 \cdot 9H_2O$)	0.058 g
柠檬酸($C_6H_8O_7 \cdot H_2O$)	0.006 g
乙二胺四乙酸钠($C_{10}H_{12}N_2O_8Na_4 \cdot 4H_2O$)	0.006 g
Allen 微量元素液	1.0 mL
柠檬酸铁($C_6H_5O_7Fe \cdot 5H_2O$)	0.006 g
蒸馏水	1 000 mL
pH	7.8
琼脂	1.5%~2.0%

制法:将上述组成的培养基加热分装在三角瓶中,放入高压灭菌锅于 121℃、0.1 MPa~0.11 MPa 蒸汽压力下干灭菌 30 min。柠檬酸铁($C_6H_5O_7Fe \cdot 5H_2O$)需单独消毒,放入高压灭菌锅于 121℃、0.1 MPa~0.11 MPa 蒸汽压力下灭菌 30 min,培养基温度降至 45℃~50℃倒入平皿中。当不加琼脂时,配制的培养基为 Allen 营养液。

5.2.2 Allen 微量元素液

硼酸(H_3BO_3)	2.86 g
氯化锰($MnCl_2 \cdot 4H_2O$)	1.881 g
硫酸锌($ZnSO_4 \cdot 7H_2O$)	0.222 g
钼酸钠($NaMoO_4 \cdot 2H_2O$)	0.391 g
硫酸铜($CuSO_4 \cdot 5H_2O$)	0.079 g
硝酸钴($Co(NO_3)_2 \cdot 6H_2O$)	0.049 4 g
蒸馏水	500 mL

5.2.3 Bold's 基础培养基(BBM)

贮藏液:

a) 硝酸钠($NaNO_3$)	10.0 g
蒸馏水	400 mL
b) 硫酸镁($MgSO_4 \cdot 7H_2O$)	3.0 g
蒸馏水	400 mL
c) 氯化钠(NaCl)	1.0 g
蒸馏水	400 mL
d) 磷酸氢二钾(K_2HPO_4)	3.0 g
蒸馏水	400 mL
e) 磷酸二氢钾(KH_2PO_4)	7.0 g
蒸馏水	400 mL
f) 氯化钙($CaCl_2 \cdot 2H_2O$)	1.0 g
蒸馏水	400 mL

微量元素液：

g)	硫酸锌($ZnSO_4 \cdot 7H_2O$)	8.82 g
	氯化锰($MnCl_2 \cdot 4H_2O$)	1.44 g
	氧化钼(MoO_3)	0.71 g
	硫酸铜($CuSO_4 \cdot 5H_2O$)	1.57 g
	硝酸钴($Co(NO_3)_2 \cdot 6H_2O$)	0.49 g
	蒸馏水	1 000 mL
h)	硼酸(H_3BO_3)	11.42 g
	蒸馏水	1 000 mL
i)	乙二胺四乙酸盐-氢氧化钾溶液(EDTA-KOH)	
	乙二胺四乙酸钠($C_{10}H_{12}N_2O_8Na_4 \cdot 4H_2O$)	50.0 g
	氢氧化钾(KOH)	31.0 g
	蒸馏水	1 000 mL
j)	硫酸亚铁($FeSO_4 \cdot 7H_2O$)	4.98 g
	硫酸(H_2SO_4)	1.0 mL
	蒸馏水	1 000 mL

a)到 f)贮藏液各取 10 mL,g)到 j)贮藏液各取 1 mL 混合于 936 mL 蒸馏水中,琼脂加量为1.5%～2.0%,放入高压灭菌锅于 121℃、0.1 MPa～0.11 MPa 蒸汽压力下灭菌 30 min。

5.3 试验样品的准备

5.3.1 漆膜样品的制备

选用厚度约 1 mm 金属面板(软钢皮、铝板、马口铁片等,特殊情况下还可用合金)或玻璃、滤纸片作为载体,切取 2.8 cm×2.8 cm 的小块,用磨砂纸使其表面粗糙,并用酒精(或石油醚)对载体表面作清洁油污处理。

按照 GB/T 3186 以及各种油漆、涂料产品标准中规定的方法进行取样,采用刷涂法用漆刷或粗毛笔将试样漆刷在载体上(要快速均匀地沿纵横方向涂刷,使其成一层均匀的漆膜,不允许有空白或溢流现象),室温下实干备用。干燥后按前面的方法再涂刷上一层试样,样板应平整、无锈、无油污及氧化皮等,并在室温下实干备用,每种涂料样品至少需制作 6 块。用同样方法制备标准空白样品 3 块,漆膜实干后备用。其他制板方法可按照 GB/T 1727—1992 制备。

5.3.2 漂洗试验

制备好的漆膜置于 4 L 容器中用自来水缓慢冲洗 24 h,漂洗后检查涂层或漆膜的完整性是否有变化,浸泡后的涂层按前述未处理的漆膜进行晾干,待试样状况稳定后(试样无起泡、脱落、开裂等现象)考察漆膜的抗藻性能。

注:也可用耐老化试验代替漂洗试验,试验条件按客户要求进行。

5.4 藻类培养液的制备

5.4.1 试验藻种及保存

5.4.1.1 试验藻种

小球藻(*Chlorella vulgaris*)ATCC11468 或 FACHB26、丝藻(*Ulothrix sp*)ATCC30443 或 FACHB493、四尾栅藻(*Scenedesmus quadricauda*)ATCC11460 或 FACHB43、颤藻(*Oscillatoria sp*)ATCC29135 或 FACHB247。

5.4.1.2 藻种的转种及保存

储存的藻种每两个月应转种一次,转种次数不超过 10 代,藻种在自然光室温下保存。

根据产品的特殊用途,也可增加其他藻种作为测试藻种,所有标准藻种源应来自国家级藻类保藏机构。

蓝绿藻采用 Allen 培养基培养，BBM 培养基适合各种藻类包括室外分离藻种的培养。

5.4.2 藻种液制备

将藻种按无菌操作技术转入 Allen 培养基平皿或 BBM 培养基平皿，25℃±2℃光照培养 7 d～14 d，藻种培养好后加入 10 mL 的 1∶3 的 Allen 营养液，用组织研磨器充分研磨藻种，并用 1∶3 的 Allen 营养液 10 倍稀释，调整每种藻类的含量为(1～9)×10^6 cfu/mL，然后将每种藻液等体积混合均匀作为接种液，立即使用，以保证接种液以新鲜状态稀释接种。

6 检验程序

6.1 平板培养基准备

熔化 Allen 培养基，冷却至 45℃～50℃，倒入无菌培养皿，室温冷却凝固备用。

6.2 喷雾接种

将制备好的供试样块和标准空白样放入已凝固的 Allen 培养皿中央，每个样品 3 个重复，然后用层析喷雾器将混合藻种液均匀喷射到样品的表面，接种液需均匀分布于样品的整个表面。在供试样品的另外 3 块漆膜表面只喷洒 1∶3 的 Allen 培养液，作为阴性对照。

6.3 培养

将接种后的样品放入恒温恒湿光照培养箱(温度 25℃±2℃、相对湿度 h≥85%、光照强度为 1 000 lx～3 000 lx)，每天光照 14 h，第 7 天检查时，培养皿中培养基表面应明显观察到藻类生长(有绿色培养物)，否则试验无效，需要重新进行试验。样品表面保持湿润(喷洒 1∶3 的 Allen 培养液保湿)，并记录样品及培养皿中藻类的生长情况。继续培养到 21 天，检查并记录试验结果。

7 结果评价

试验结束，用肉眼观察漆膜表面藻类生长情况，并按表 1 中等级评定样品表面长藻程度，报告应给出试验所采用的培养方法、测试藻种、光照时间、测试周期。

表 1

样品上藻类生长情况	等　级
未生长	0
微量生长(生长面积 S<10%)	1
轻微生长(生长面积 S 为 10%～30%)	2
中度生长(生长面积 S 为 30%～60%)	3
重度生长(生长面积 S≥60%)	4

8 试验有效性判断

标准空白样设置对于试验的有效性至关重要，只有当标准空白样表面藻类的生长面积大于 60%，即抗藻性能评价达到 4 级时，该检测数据可靠，试验判定为有效，否则判定为无效，要重新进行试验。

同时阴性对照样品应肉眼观察不到藻类生长。

附 录 A
（规范性附录）
流 程 图

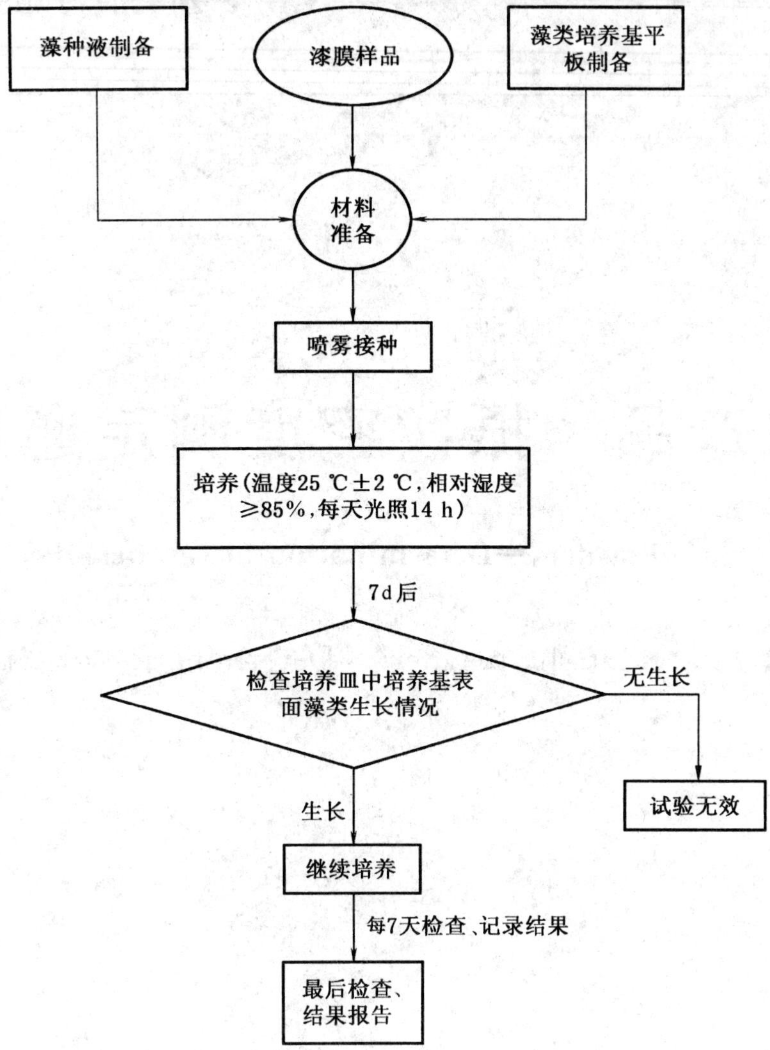

图 A.1 流程图

ICS 71.060.01
G 10

中华人民共和国国家标准

GB/T 21354—2008/ISO 3953:1993

粉末产品　振实密度测定通用方法

Powders—Determination of tap density

(ISO 3953:1993, Metallic powders—Determination of tap density, IDT)

2008-01-11 发布　　　　2008-07-01 实施

中华人民共和国国家质量监督检验检疫总局
中国国家标准化管理委员会　发布

前言

本标准等同采用ISO 3953:1993《金属粉末　振实密度的测定方法》(第三版)(英文版)。

本标准根据ISO 3953:1993《金属粉末　振实密度的测定方法》起草。

本标准由中国石油和化学工业协会提出。

本标准由全国化学标准化技术委员会无机化工分会(SAC/TC 63/SC 1)归口。

本标准起草单位:天津化工研究设计院、青岛出入境检验检疫局。

本标准起草人:李光明、赵祖亮、王骏。

ISO 前言

ISO(国际标准化组织)是由各国标准化团体(ISO 成员团体)组成的世界性联合会。制定国际标准的工作通常由 ISO 的技术委员会完成。各成员团体若对某技术委员会确立的项目感兴趣,均有权参加该委员会的工作。与 ISO 保持联系的各国际组织(官方的或非官方的)也可参加有关工作。在电工技术标准化方面,ISO 与国际电工委员会(IEC)保持密切合作关系。

被技术委员会采用的国际标准草案需由成员团体投票决定。作为国际标准出版,需经团体成员 75% 投票通过。

国际标准 ISO 3953《粉末(包括硬金属)的采样和试验方法》由技术委员会 ISO/TC 119,粉末冶金分委员会 SC2 制定。

第三版对第二版(ISO 3953:1985)中的表 2 做了删节和修改。

粉末产品　振实密度测定通用方法

1　范围

本标准规定了振实密度的测定方法，即在一定条件下将容器中的粉末振实。

2　原理

使用振实机将容器中规定量的粉末振实，直到粉末的体积不再减少为止。粉末的质量除以体积，得到的就是振实密度。

也可以用手工进行振实。

3　符号

见表1。

表 1

符　　号	说　　明	单　　位
ρ_t	振实密度	g/cm^3
m	粉末的质量	g
v	粉末振实后的体积	cm^3

4　仪器

4.1　天平

称量范围和精度应满足表2的要求。

表 2

振实密度 $\rho_t/(g/cm^3)$	量筒体积 v/cm^3	试料质量 m/g
≥1	100	100±0.5
<1	100	50±0.2
>7	25	100±0.5
2～7	25	50±0.2
0.8～2	25	20±0.1
<0.8	25	10±0.1

4.2　玻璃量筒

4.2.1　标定容积为 100 cm^3，刻度区高度约为 175 mm，分刻度为 1 cm^3，测量精度可达到±0.5 cm^3。

4.2.2　标定容积为 25 cm^3，刻度区高度约为 135 mm，分刻度为 0.2 cm^3。

4.2.3　标定容积为 25 cm^3 的量筒，主要用于振实密度高于 4 g/cm^3 以上的产品。粉末的振实密度较低时也可以使用。

4.3　振实仪器

要求振实仪器底部结实，经得起量筒的振击。振实应在密封条件下进行，以免表面层有任何松动。冲程应为 3 mm，震动频率为 100 次/min～300 次/min 之间。振实仪器如图1所示。

也可以采用手工方式：用厚橡胶垫(尺寸约为 100 mm×100 mm×5 mm)。

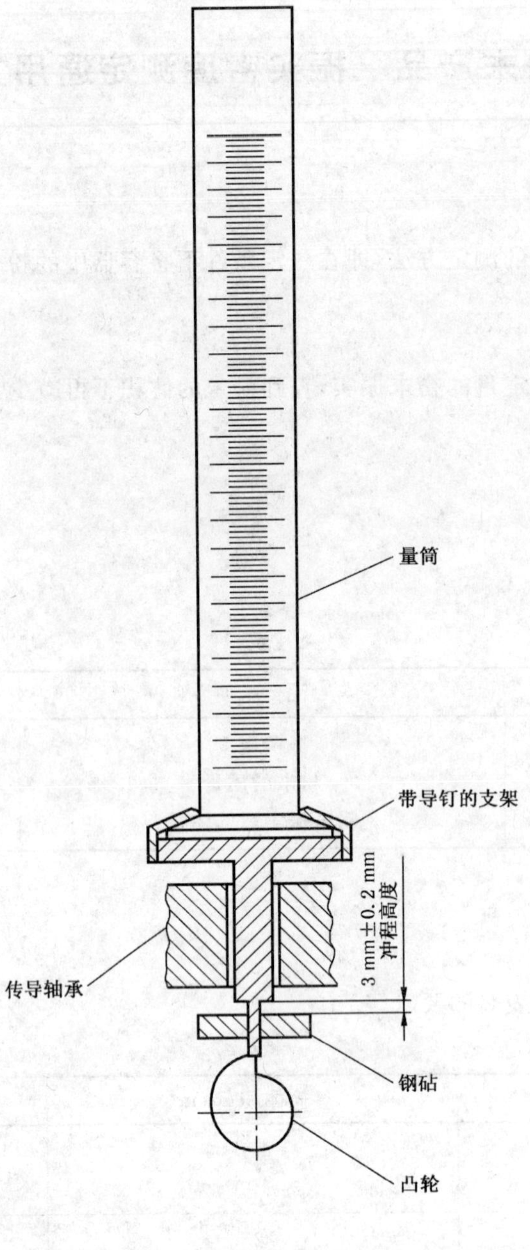

图 1

5 样品

5.1 每次试验所需的试料质量见表 2。

5.2 一般情况,试验样品应保持其原始的形态,而在某些情况下试样需要干燥。但是,如果试样易氧化,就应在真空或惰性气体中干燥。如果试样含有挥发性物质,就不能进行干燥。

5.3 试验分 3 步骤进行。

6 分析步骤

6.1 清洗

用毛刷清洗玻璃量筒(4.2),如果需要也可使用溶剂(如丙酮)清洗。如果使用了溶剂,再次使用量筒前要彻底洗刷。使用前必须干燥。

6.2 称量

用天平(4.1)按表2规定的取样量称样,精确至0.1 g。

6.3 测定

将试样放置量筒中。注意应使试样形成平面。将量筒放在振实仪器(4.3)上,振击量筒直至试样体积不再减少[1)]。

采用下面的振实方式也是允许的:用手拿量筒在厚橡胶垫(4.3)上振击直至试样体积不再减少为止。

在此过程结束前,振实要轻,以免试样表层松动[2)]。

6.4 读数

读取振实后表面达到水平的体积数。若表面不平,读取振实后表面最高点和最低点的平均值,作为振实体积数。当使用100 cm^3的量筒时,读取的最终体积数接近0.5 cm^3,若使用25 cm^3量筒时,最终体积数值接近0.2 cm^3。

7 结果计算

粉末振实密度按下式计算:

$$\rho_t = m/v$$

式中:

ρ_t——振实密度的数值,单位为克每立方厘米(g/cm^3);

m——试料的质量数值,单位为克(g);

v——振实后的试样体积的数值,单位为立方厘米(cm^3)。

取三次试验结果的算术平均值为测定结果。振实密度不超过4 g/cm^3(包括4 g/cm^3)时,精确至0.1 g/cm^3;大于4 g/cm^3时,精确至0.2 g/cm^3。

1) 实际过程中,使体积不再变化的最少次数N应测定。对于同一种粉末的所有试验,量筒都要经过$2N$次以上的振击。除非有经验表明,指定的某次数(不小于N)振击下,结果是可靠的,令人满意。对于细金属粉末,已经发现,3 000次的振击可满足所有粒径的要求。

2) 一般情况,机械和人工方式都能得到平行的结果。但是,对于振实密度非常低的粉末或非常细的粉末,这两种方式得到的结果有显著差别。

ICS 19.100
J 04

中华人民共和国国家标准

GB/T 21355—2008

无损检测　计算机射线照相系统的分类

Non-destructive testing—Classification of computed radiology systems

2008-01-14 发布　　2008-05-01 实施

中华人民共和国国家质量监督检验检疫总局
中国国家标准化管理委员会　发布

前言

本标准修改采用 ASTM E2446-05《计算机射线照相系统的分类》(英文版)。

本标准根据 ASTM E2446-05 重新起草。

考虑到我国国情,在采用 ASTM E2446-05 时,本标准做了一些修改。有关技术性差异如下:

——将规范性引用文件 E1316 更改为我国标准 GB/T 12604.2;

——将规范性引用文件 E1815 更改为我国标准 GB/T 19348.1;

——将规范性引用文件 E2445 更改为我国标准 GB/T 21356;

——删除规范性引用文件 E1647 和 E2007。

为便于使用,本标准还做了下列编辑性修改:

——"本方法"一词改为"本标准";

——用小数点"."代替作为小数点的逗号",";

——按 GB/T 1.1—2000 规定的格式要求,对部分条号和标题做了修改;

——在第 2 章和第 3 章中使用 GB/T 1.1—2000 规定的引导语。

本标准的附录 A 为资料性附录。

本标准由中国机械工业联合会提出。

本标准由全国无损检测标准化技术委员会(SAC/TC 56)归口。

本标准起草单位:上海苏州美柯达探伤器材有限公司、中国特种设备检测研究中心、上海星标科技信息咨询事务所、上海材料研究所。

本标准主要起草人:宓中玉、章怡明、张佳银、赵成、金宇飞。

无损检测　计算机射线照相系统的分类

1　范围

本标准规定了计算机射线照相(CR)系统的评定和分类方法,所指的系统包括:特殊的磷光成像板(IP),系统扫描器和软件,以及供工业射线照相检测配套使用的特制金属增感屏。其目的旨在评价来自探测器/IP系统的影响,以确保成像质量,确保满足用户要求。

本标准规定的系统分类测试方法,适用于不同供应商,也可以为用户提供不同系统的可比性。

CR系统的性能,由信号和噪声参量表征。对胶片系统来说,信号是用梯度而噪声是用颗粒度表示的。标称化的信噪比,是对CR系统进行分类的参量组成部分,用系统的基本空间分辨力表示。标称化的测试方法,可按GB/T 19348.1(胶片系统分类)的规定进行,即用微密度计的直径100 μm光孔发出的光束扫描给出。本标准描述的就是CR系统的这些参量应该怎样测定。

2　规范性引用文件

下列文件中的条款通过本标准的引用而成为本标准的条款。凡是注日期的引用文件,其随后所有的修改单(不包括勘误的内容)或修订版均不适用于本标准,然而,鼓励根据本标准达成协议的各方研究是否可使用这些文件的最新版本。凡是不注日期的引用文件,其最新版本适用于本标准。

GB/T 12604.2　无损检测　术语　射线照相检测(GB/T 12604.2—2005,ISO 5576:1997,IDT)

GB/T 19348.1　无损检测　工业射线照相胶片　第1部分:工业射线照相胶片系统的分类(GB/T 19348.1—2003,ISO 11699-1:1998,IDT)

GB/T 21356　无损检测　计算机射线照相系统的长期稳定性与鉴定方法

ASTM E2002　射线照相图像总不清晰度测定方法

ASTM E2033　计算机射线照相(PSL法)方法

3　术语和定义

GB/T 12604.2确立的以及下列术语和定义适用于本标准。

3.1

计算机射线照相系统(CR系统)　computed radiology system (CR system)

指由存储磷光成像板(IP)、相应的读出装置(扫描器或读出器)和软件等组成的一个完整系统。它能将IP上的信息转换成数字的图像。

3.2

计算机射线照相系统分类　computed radiology system class

由一组特定磷光图像存储板组成的CR系统,其特性可依据表1所示的*SNR*(信号与噪声之比)值和特定曝光区域的不清晰度来进行分类。

表1　CR系统的分类

CR系统类别	最小的*SNR*
IP s/*Y*	130
IP Ⅰ/*Y*	65
IP Ⅱ/*Y*	52
IP Ⅲ/*Y*	43

3.3

ISO 速度　ISO speed

S_{IPX}

指 CR 系统的速度，它可以由 CR 系统必须达到规定的最小 *SNR* 值时所对应的以戈瑞为单位的辐射剂量值计算求得。

3.4

信噪比　signal-to-noise ratio

SNR

指线性的信号强度平均值与在信号强度处噪声(强度分布)标准偏差的比值。*SNR* 取决于辐射剂量和 CR 系统的特性。

3.5

调制传输函数　modulation transfer function

MTF

垂直于锐边测得的线性 PSL(光激发光)强度的边沿响应函数(ESF)导数的傅立叶变换(FT)的幅值的标称量值。*MTF* 作为物体尺寸的一个函数可描述对比度传输变化。在本标准中，*MTF* 表征 CR 系统的不清晰度，并取决于扫描系统自身、IP 类型及其所使用的包封暗盒。

3.6

增益/放大　gain/amplification

扫描系统的光-电放大倍数(增益值)。

3.7

线性化信号强度　linearized signal intensity

数字图像像元(像素)的一种数字信号值，它正比于辐射剂量。若辐射剂量为零，则线性信号强度也为零。

3.8

基本空间分辨力　basic spatial resolution

指 CR 系统有效像素尺寸，它可按照 ASTM E2002 使用双丝像质计(IQI)测得的不清晰度读出值除以 2 得到。

4　意义和用途

4.1　IP 系统空间分辨力、几何不清晰度、散射、对比灵敏度(信噪比)以及软件等不少因素，均会影响 CR 成像的质量。还有另外一些因素(例如扫描参数)，用光学扫描器扫描曝光的成像板 IPs，也会影响影像的精确读出。

4.2　本标准采用的 CR 系统分类方法基于标称化的 *SNR*。由于方法之间存在差异，对 CR 系统分类而言，还要求指明空间分辨力值。本标准所描述的 CR 系统类别，不针对任何特定制造商的成像板。CR 系统的类别，决定于所使用的特定成像板及其曝光条件，尤其是总的曝光量、扫描方式、软件和扫描参数。本标准为不同的 CR 技术提供了相比较的系统分类方法，如同胶片系统的通用分类方法一样，可以就正确的配置、IP 及其应用技术对用户进行指导。由于 IP 和胶片在空间分辨力和散射灵敏度上的不同，用相应胶片类别的影像处理方式来选定 IP 类别是不适宜的，所以，本标准宜采用 IQI 来验证对比灵敏度和空间分辨力。

4.3　用本标准描述的方法来测试质量要素时，大多都能精确地得到。一些系统测试，需要特殊的工具，这样的工具，用户的实验室是不具备的。GB/T 21356 中所述的为质量保证而进行的简单测试，是为检验CR系统品质和长期稳定性而设计的一种快速测试方法，在用户没有本标准要求的特殊工具进行测试时，推荐给用户实施。

4.4 工业用CR系统的制造商应使用本标准；工业用CR系统的用户，也可以按本标准规定，准备必需的测试装置并严格按照规定的方法实施测试。若选用其他的测试方法，则需有资格的工程主管机构证明与本标准方法等效，才可采用。

4.5 CR系统分类的评定报告，对于特定类别的系统，最起码要使合同双方在系统的适当配置或者系统的选择方面，能够确认一致。用ASTM E2033来确认应达到的影像质量。

5 器械

5.1 CR系统评价，依赖于磷光成像板(IP)类型、扫描器、所使用的软件和所选择扫描参数的组合性能。因此，每一个测试文件里应包括IP类型、扫描器、软件扫描参数，而且应在类别确认前，计算出结果并填写在表格里。图1所示是供测定*SNR*用的装置，实验方法按照GB/T 19348.1。带孔的测试物体(光阑)，推荐用10.2 mm厚的铅板，射线源至IP的距离(*SDD*)至少应有1 m，暗盒后面，不得使用任何材料(如铅)，且在其后至少要有1 m的自由空间。

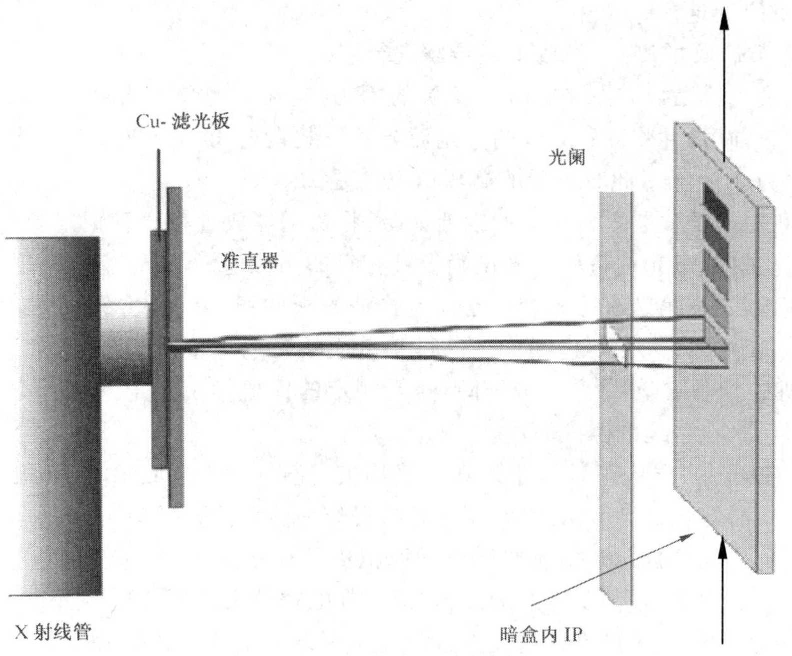

图1 逐级曝光法的实验配置示图

5.2 应用图2所示阶梯块测定*SNR*的方法，较GB/T 19348.1中描述的要简单。它能够用较少的费用和较低的精度达到与GB/T 19348.1相似的结果。

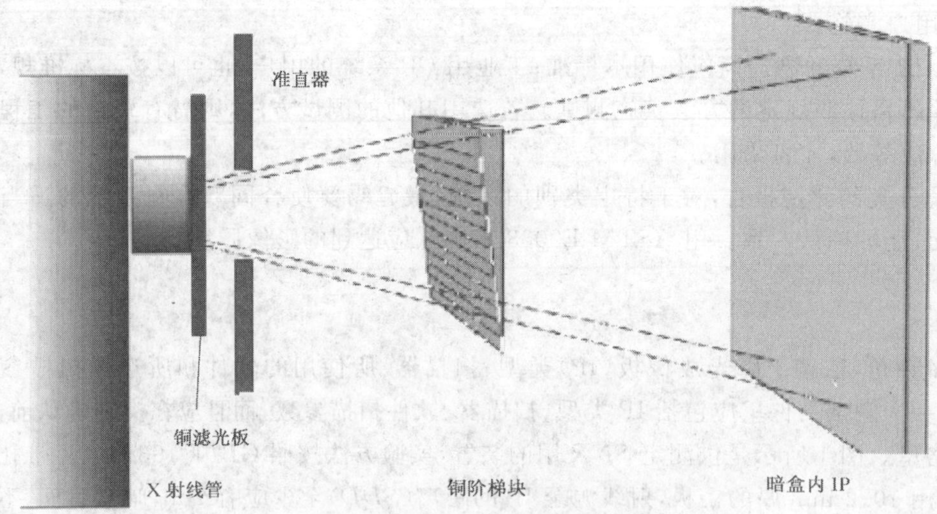

图2 阶梯楔块法测定 *SNR* 时配置示图

6 成像质量参数的定量测定法

6.1 标称化的信噪比测定

6.1.1 逐级曝光法：*SNR* 的测定，可按下述步骤进行：

6.1.1.1 将前、后表面都贴放有 0.1 mm 厚铅屏的 IP 封装在典型曝光暗盒中，然后，将暗盒置于 X 射线机射线出束窗口正前方，并将 8 mm 厚的铜制滤光板安装在射线机的窗口上。然后，调节管电压使之对应于铜的半价层为 3.5 mm，此时设置的高压值大约是 220 kV。

6.1.1.2 在射线机窗口上安装 8 mm 厚的铜滤光板，将探测器放置在离管靶至少为 750 mm 距离的位置处，通过测定曝光量（或曝光剂量率），来正确设定相符的高压值。然后，将总厚度为 11.5 mm 的铜滤光板替换原有的铜板，进行第二次曝光和测定。制作滤光板的铜，应是 99.9% 的纯铜。

6.1.1.3 计算第一次和第二次的测量读出值（曝光量或曝光剂量率）之比。假如，此比值不是 2，则应反复调节 X 射线机的管电压，使之升高或下降，直至测定的比值等于 2（误差 ±5%）为止。记录此时设定的管电压值，以便 IP 在后续的测试使用。

6.1.1.4 IP 的敏感（光敏）层应正对 X 射线源。当用伽玛射线如 Ir^{192} 照相时，则测定时应使用 0.3 mm 的铅屏作为 IP 的前、后屏，而且 8 mm 厚的铜滤光板仍作为前置滤光板使用，如图 1 所示。

6.1.1.5 对于实施分类时的操作，扫描器读出动态范围不应小于 12 bit（比特），且在其最高空间分辨力时进行。对于所有的测量，若涉及标准的测试过程，在数据分析之前应使用背景和残影修正。假如灵敏度、曝光宽容度和所有读出像素尺寸这些参数的任一项改变了 *SNR* 的分析，则应实施测定并给予以记录。

6.1.1.6 采用与胶片射线照相相似的方法，在规定的条件下对 IP 进行曝光：测定信号和噪声（σ_{PSL}）或超过剂量曲线的 *SNR*。曝光的空间均匀性，对测定 IP 的 *SNR* 尤其重要。照射到暗盒前的 X 射线任何不均匀性、或者在铅箔上的或磷光体自身的缺陷，都会影响 *SNR* 的测定。在测试区中不应观察到严重的划痕或灰尘。因此，应细致地实施器械的选择和放置，以及暗盒、铅屏、磷光屏的选择和维护。为了在 IP 上获得一个均匀的感兴趣（ROI）区域，推荐下述的标准约定，只要是能得到均匀的曝光，其他的提议也可以使用。处于整个辐射工作范围内的相同 IP 上，至少有 400 mm^2 的 12 个区域（测试区域），是均等曝光的。如果因为扫描器的结构原理不同而导致结果的改变，则应对所有可能的像素尺寸进行测定。数字化读出强度值（戈瑞值）应以适当的方法校正，使其与照射剂量成线性的关系，此强度值依赖于曝光 IPs 的光激发磷光（PSL）强度；这些标定的戈瑞值，可用来计算 *SNR*。为了获得一个可信赖的结果，在不同试样上至少应测定 6 次，并以 12 个或更多剂量值的平均值作为测定结果。

6.1.1.7 信号（强度 I_{meas}）和噪声（标准偏差 σ_{PSL}），应从没有阴影或伪像的区域计取。在保证 SNR 值的波动不大于 10% 的条件下，从成像范围内的不同区域读取试样 SNR 值。用于测量平均信号和噪声的感兴趣区域（ROI），在一个 ROI 区域里至少应达到 20×55 个像素。下面描述的技术，是一个确保可靠测定信噪比的例子，采用常规的有效影像处理工具即可获得：由每个曝光区具有 1 100 或更多数值组成的一个数据集来计算信号和噪声，将非滤波的数据集，分成 55 或者更多组，每 20 个数值组成一组；对每一个组，当用 i 标注时，则 I_{meas_i} 就表示该非滤波组的信号强度计算值，而 σ_{PSLi} 即为同一组的噪声计算值；随着组的数量增加，计算求得的结果的不确定程度变小。因群处理方法带来的滤波效应，则 σ_{PSLi} 值的修正有式（1）：

$$\sigma_{PSLi\_corr} = 1.017\,9 \cdot \sigma_{PSLi} \qquad \cdots\cdots(1)$$

6.1.1.8 I_{meas} 的最终值，取自所有 $I_{meas\ i}$ 的中值；σ_{PSL} 的最终值，取自所有 σ_{PSLi_corr} 值的中值。通过测定分辨力参考值为 100 μm 的圆形器械，或者参考值为 88.6 μm 的方形器械，来计算 σ_{PSL}。σ_{PSL100} 的最终值由式（2）算出：

$$\sigma_{PSL100} = \sigma_{PSL} \cdot (SR_{max}/88.6) \qquad \cdots\cdots(2)$$

式中：

SR_{max}——按 6.3 测得的以 μm 为单位表示的最大基本空间分辨力。

6.1.1.9 标称化的 SNR，由式（3）计算：

$$SNR = I_{meas}/\sigma_{PSL100} \qquad \cdots\cdots(3)$$

6.1.2 阶梯块法（制造商测试和用户试验）：

6.1.2.1 SNR 可以按图 2 所示的阶梯块法作低精度的测定。如果有资格的工程主管机构认可，则感兴趣的用户也可用此法定量测定对比灵敏度。

6.1.2.2 采用一个至少有 12 个等增量阶梯的楔形铜制试块，如图 2 中所示放置。此试块最厚阶梯的厚度需要达到 11.7 mm，用以吸收 90% 的中心射线束辐射强度。为了使射线照射在两个阶梯或更多阶梯的强度平衡，要通过调节适当的曝光时间和管电流（mA），进行至少两次而且不同量级的曝光。曝光时，阶梯块和 IP 的距离，不应小于 500 mm，以便减小散射线的影响，推荐使用成像放大倍数为 2，并加上射线束准直器，而且要按照 6.1.1.1 的规定选定 X 射线管的管电压（kV）及滤光板。

6.1.2.3 每个阶梯涉及的区域，大致上为（20×20）mm（≥400 mm²）。几何不清晰度取自有阶梯处的区域，至少是无值部分的两倍。

6.1.2.4 测定 SNR 时的所有步骤，应符合 6.1.1.2～6.1.1.5 的规定。在进行图像分析时，应以 $SNR = f[\log(E) - \mu_{Cu} \cdot W_{Cu}]$ 的关系图为基础。这里：E 是曝光量，等于曝光时间（s）和管电流（mA）的乘积，μ_{Cu} 是铜的吸收系数，W_{Cu} 是阶梯块相应阶梯的壁厚。也可见附录 A。

6.2 CR 最小读出强度基准的测定

6.2.1 标称化的 SNR，是对 CR 系统对比灵敏度的测量，除了下述的基本空间分辨力以外，标称化的 SNR 也是评定 CR 系统类别的要素之一。由于测定一个复杂物体的计算机射线照相的 SNR 非常困难，为此，将从试验曝光过程中测定出"参考读出强度"。在考虑了图像放大倍数、曝光宽容度和分辨力设定的前提下，可以将"基准强度读出值"I_{IPX} 转化成以一定的"标称化 SNR 值"SNR_{IPX} 来表示。基准强度读出值对应于射线照相技术中的最小光学密度。

6.2.2 最终，在计算机射线照相中，将通过应用最小读出强度 I_{IPX} 来获得最小 SNR_{IPX} 值。

6.2.3 表 1 中所列的系统类别的评价，取决于使用的成像板（IP）类型、扫描器、软件及选定的扫描参数的综合性能。因此，所用实施的测定，都必须使用参数相同的 IP、扫描器及软件。

6.2.4 读出强度的测定，按逐级递增曝光法（见 6.1.1）或阶梯块曝光法（见 6.1.2）进行，后一种方法的测定精度较低。实施步骤如下：

6.2.4.1 按 6.1 测定并计算线性化的信号（强度 I_{meas}）和噪声（标准偏差 σ_{PSL}）。

6.2.4.2　在 I_{meas}/σ_{PSL100} 即 SNR_{IPX} 选定为表1所示值和选定的扫描参数的情况下，IP扫描器最终 I_{IPX} 值的评定，由线性化的信号强度确定，即 $I_{IPX}=I_{meas}$。

6.2.4.3　读出值由制造商为用户供给，在原理中或在应用的系统响应函数中或者两者均给出。

6.2.5　有关本条内容的详细描述可参见附录A。

6.3　不清晰度和基本空间分辨力的测定

6.3.1　概述

CR系统与X射线胶片在空间分辨力上的差异是明显的，影像质量差异的原因可能受CR系统清晰度的限制。

6.3.2　双丝法

6.3.2.1　供测试基本空间分辨力的双丝像质计，应符合ASTM E2002的要求。曝光应在1 m或更大的距离上并采用焦点尺寸不大于1 mm的射线源实施。焦点尺寸和焦距的选择应使几何不清晰度小于测得的总不清晰度的10%。将双丝像质计直接放置在装有IP和铅增感屏的暗盒上，进行测量时，应使其与激光束的扫描方向相垂直和平行，为此，用一个像质计需曝光二次，而用两个像质计只需曝光一次。应用双丝像质计时，要使其与激光束的扫描方向成约为5°的夹角，和与垂直方向成5°的夹角。

6.3.2.2　不清晰度的测量结果与辐射射线线质有关。对于使用160 kV以上的情况，实施测试的高压为220 kV(带有铍窗口的X射线管、钨靶和无前置滤光板)；对于低能射线的情况，射线线质为90 kV(带有铍窗口的X射线管、钨靶和无前置滤光板)。

6.3.2.3　不能分辨的第一丝对，用来与ASTM E2002规定相一致的不清晰度的测量。此时的第一丝对，丝与丝的图像信号相重叠并形成一个下沉20%的交点(见图3)。基本空间分辨力 SR 相当于测得的不清晰度的一半。

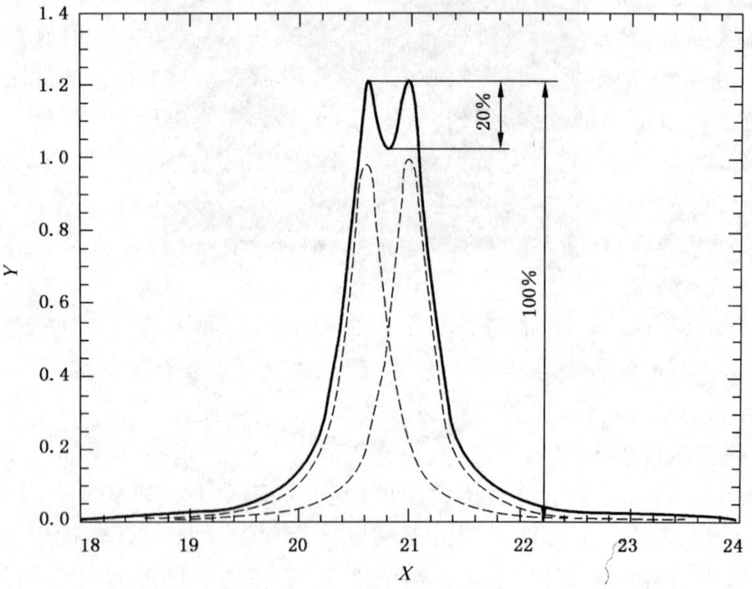

X——长度，单位mm；

Y——信号强度，单位任意。

如果两丝信号峰值间下沉点大于最大强度的20%，则此丝对的两根丝是可识别的。

图3　应用双丝下沉点评定分辨能力

6.3.2.4　对垂直和平行于激光束扫描方向的基本空间分辨力 SR 分别进行测量。分类时，将两个 SR 值中的较高者(SR_{max})作为最大基本空间分辨力使用，并修约成整10 μm。

6.3.2.5　双丝法只能得出呈阶梯变化的不清晰度值的读出值(见ASTM E2002的表)。由于散射和射线线质的差异，本方法总的测量精度不会优于±1丝对。

6.4 其他评定

当用射线照相对 CR 系统分类时，制造商应为用户提供一系列指导，以保证获得具有尽可能高的成像质量。所有被 ASTM E2445 称为“其他测试”的测试，均应要无条件地执行。这也就意味着：几何畸变最小，扫描器的激光束特性处于无颤抖、无信号丢失及最佳聚焦的状态，晕光或闪烁最小，不滑动传送 CR 板，影像阴影在±5%的限度之内，使用过的 IP 板能正确擦除且无伪像，手册所述的影像衰退效应三天低于 50%。

7 结果和分类的说明

7.1 依据上述各种测试结果，按表 1 对 CR 系统进行分类。

7.2 CR 系统分类的范围：

7.2.1 对于计算机射线照相检测，采用下述程序测定 CR 系统的类别：

7.2.2 CR 系统的分类，由表 1 所示的最小标称化信噪比值（SNR_{IPX}）和获取的最大基本空间系统分辨力 SR_{max}（单位为 μm）来决定。

7.2.3 分类的陈述包含两个量值：

7.2.3.1 与表 1 排序相对应的一个 IP 的类别，其测得的标称化 *SNR* 应大于或等于表 1 相应序号列出的最小标称化 *SNR* 值。

7.2.3.2 测得的最大空间分辨力，应以最接近 10 μm 的方式取整。

7.2.4 表述方式：IP *X*/*Y*。

注：例如，等级是 IP Ⅱ/100 的系统，表示该系统具有≥52 的标称化 *SNR*（见表 1）和≤100 μm 的最大基本空间分辨力。

7.2.5 采用双丝法（见 6.3.1）测定基本空间分辨力。根据式（3）计算求出标称化的 *SNR*。

7.2.6 对系统分类而言，在 GB/T 21356 中的所有测试，以及其他相关的评价，都是明确的，其结果须完全符合相应要求，且不得与描述的特性存在偏差。

7.3 ISO 速度的测定（由制造商实施）：

7.3.1 ISO 速度 S_{ISO}，它可根据 IP 达到一定强度值 I_{IPX} 时所需的曝光剂量 K_S 计算求得，即 $S_{ISO}=K_S^{-1}$（K_S 的单位戈瑞）。每一种 IP 系统所能达到的 ISO 速度值，就决定了 IP 系统的类别。

7.3.2 CR 系统的制造商，应提供 ISO 速度值和 I_{IPX} 值，此 I_{IPX} 值与成像板类型、扫描器、使用的软件和它们的工作参数是相关的。依据表 2 给出的级进值可以测得 ISO 速度值。

表 2 根据 IP 的读出强度 I_{IPX} 时所需的曝光剂量 K_S 测定 ISO 速度 S_{ISO} 值

$\lg K_S$		ISO 速度值 S_{ISO}
自（起）	至	
−4.66	−4.56	40 000
−4.55	−4.46	32 000
−4.45	−4.36	25 000
−4.35	−4.26	20 000
−4.25	−4.16	16 000
−4.15	−4.06	12 500
−4.05	−3.96	10 000
−3.95	−3.86	8 000
−3.85	−3.76	6 300
−3.75	−3.66	5 000

表 2(续)

$\lg K_S$		ISO 速度值 S_{ISO}
自(起)	至	
−3.65	−3.56	4 000
−3.55	−3.46	3 200
−3.45	−3.36	2 500
−3.35	−3.26	2 000
−3.25	−3.16	1 600
−3.15	−3.06	1 250
−3.05	−2.96	1 000
−2.95	−2.86	800
−2.85	−2.76	640
−2.75	−2.66	500
−2.65	−2.56	400
−2.55	−2.46	320
−2.45	−2.36	250
−2.35	−2.26	200
−2.25	−2.16	160
−2.15	−2.06	125
−2.05	−1.96	100
−1.95	−1.86	80
−1.85	−1.76	64
−1.75	−1.66	50
−1.65	−1.56	40

8 精确度和误差

本标准对 CR 系统分类的测定，在报告中没有精确度和误差的说明，其测定的结果仅表明所进行的评定是否与标准验收条款内容相符。

附 录 A
（资料性附录）
I_{IPX}值测定的示例

下面对 IP 系统的分类，不针对任何特定制造商生产的磷光成像板。按照四个特定的类别，对照任一 CR 系统制造商所提供的特性参数，来评定这些 IP 所能达到的从 s/*Y* 到Ⅲ/*Y* 的不同类型。

举例来说，由某制造商提供的单独的 IP 或 CR 系统，有可能满足所有四个等级要求。在胶片射线照相中，每种特定胶片型号/系统，只对应一种系统类型（参见 GB/T 19348.1 的测定方法）。在计算机射线照相里，理论上说，对同一 IP 而言，能评价成所有四种类型，其原因在于计算机射线照相的动态范围相对于普通胶片/屏系统的要宽得多。曝光时间短时，可以通过灵敏的读出扫描来进行补偿，通常，其对应的类型就较低（例如 IP Ⅲ/*Y*）。相同的成像板，如给以更长时间的曝光并用低放大倍数的电子系统扫描，通过选定这两者的工作参数，则其厚度对比灵敏度将会明显的提高，此时系统就会处于较高类型（例如 IP Ⅰ/*Y*）。

依据曝光与扫描 IP 图像（读出值：I_{IPX}亦称作戈瑞值）时提供的最小参考读出强度值，本标准能为用户检查成像质量并评价 CR 系统类别给予指导，类似于胶片射线照相法中光学密度的测量。表 A.1 中的参考读出值，类似于已感光并显像处理后的 X 射线胶片系统的底片评定区，与灰雾度之上≥2 的密度值相对应。于是，用户就能想象：用 GB/T 19348.1 的测试方法，通过 IP 系统与类似胶片系统逻辑上的对应比较，来评价影像质量。如果用户对影像质量（例如像质计灵敏度）仍然评价不一致，其根本原因可能在于 X 射线胶片系统和 CR 系统的空间分辨力与散射敏感性的不同，这也就是 CR 的分类为什么还要加上基本空间分辨力值的原因。用在这个数值之下、*SNR* 较胶片系统还低的系统，细微的缺陷是不能检出或发现。

以下介绍的程序，以一个测定实例为基础，阐明 I_{IPX}值（参考强度读出值）的算法：

a) 测绘强度的对数（log 强度）与曝光量的对数间的关系曲线，以及标称化的 *SNR* 值与曝光量的对数（log*E*）间的关系曲线，如图 A.1 a）和图 A.1 b）所示。伽玛射线源的曝光量，由源的活度和时间的乘积确定；而 X 射线，则以其管电流与时间的乘积来表示。测试时 *SDD* 的值是固定的（比如：1 000 mm）；

b) 从图 A.1 a）所示的标称化 *SNR* 与曝光量的对数的关系曲线中，得出 IP 的类别：从 IP s/*Y* 到 IP Ⅲ/*Y*；

c) 将测定所用曝光量以及 I_{IPX}，绘制在如图 A.1 b）所示的强度的对数与曝光量的对数的关系曲线中；

d) 读取 I_{IPX}值，并记录在如表 A.1 那样典型实例的表格中。此表中数据，系以图 A.1 a）和图 A.1 b）为依据。

表 A.1 CR 系统种类的最小参考读出强度的示例

CR 系统类别	最小信噪比 SNR_{IPX}	最小线性参考读出强度 I_{IPX}	系统参数
IP s/140	130	7.30×10^6	总增益，基本空间分辨率 140 μm，扫描速度：10 μs/像素
IP Ⅰ/140	65	0.37×10^6	
IP Ⅱ/140	52	0.20×10^6	
IP Ⅲ/140	43	0.14×10^6	

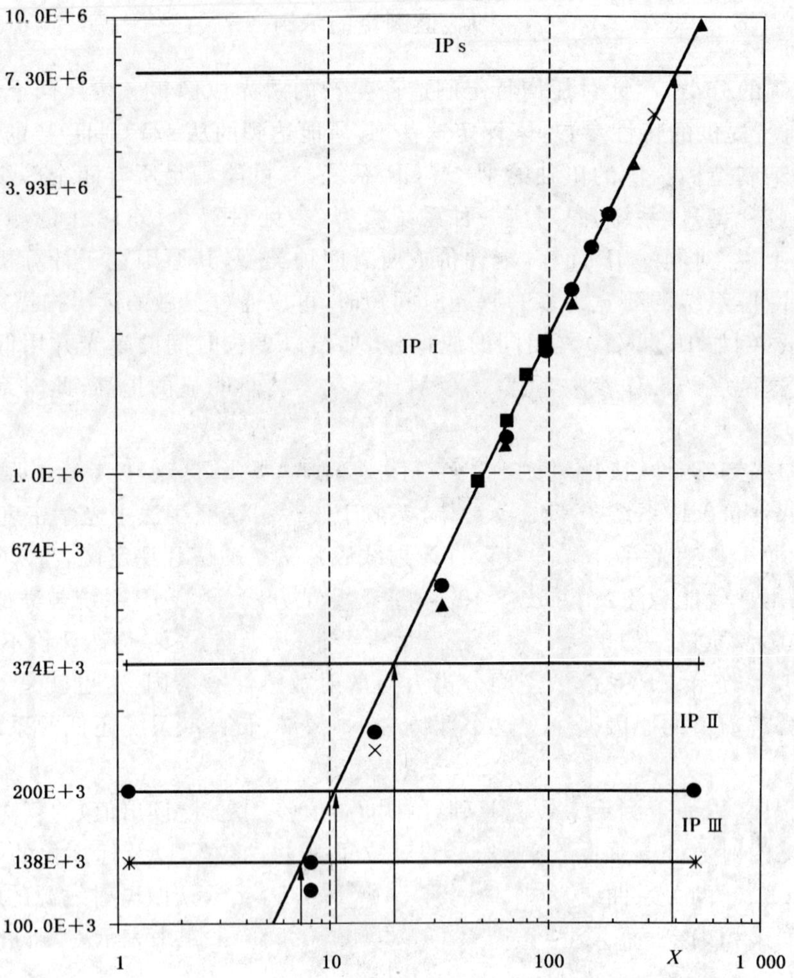

●——增益 8;■——增益 16;▲——增益 2;×——增益 4。

曝光条件:E=220 kV,I=8 mA,8 mm 铜滤光板。

按 6.1.1 逐级曝光法。

X—log(管电流×曝光时间),单位为 mA·s 或 log(剂量)。

不同类别的 X 轴的值,由信噪比曲线与表 1 里的 SNR_{IPX} 值的交点决定。

a) 读出强度的测量

图 A.1 CR 系统最小参考读出强度值 I_{IPX} 测定图

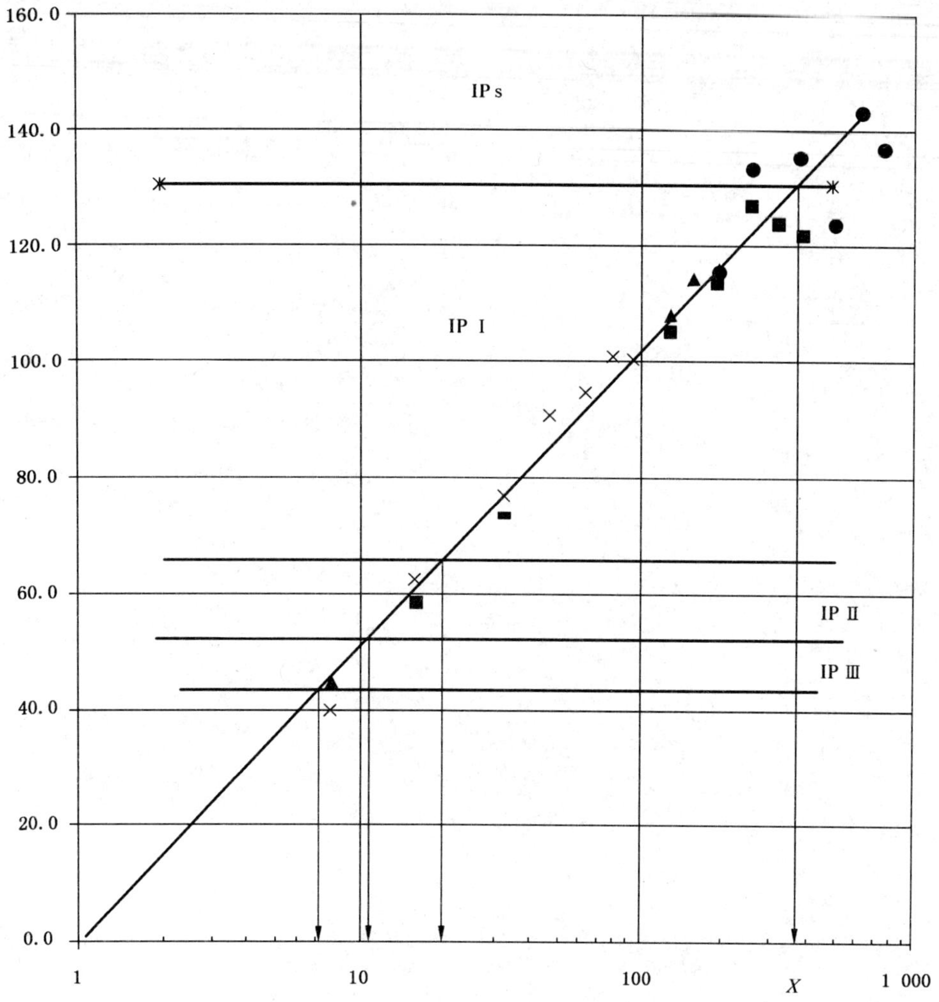

●——增益 2；■——增益 4；▲——增益 8；×——增益 16。

按 6.1.1 逐级曝光法。

X—log(管电流×曝光时间)，单位为 mA · s 或 log(剂量)。

I_{IPX}值，由强度曲线与取自图 A.1 a）的 X 轴值的交点决定。

b）标称化信噪比(S/N 校准至 100 μm)

图 A.1(续)

ICS 19.100
J 04

GB

中华人民共和国国家标准

GB/T 21356—2008

无损检测　计算机射线照相系统的长期稳定性与鉴定方法

Non-destructive testing—Qualification and long-term stability of computed radiology systems

2008-01-14 发布　　2008-05-01 实施

中华人民共和国国家质量监督检验检疫总局
中国国家标准化管理委员会　发布

前言

本标准修改采用 ASTM E2445-05《计算机射线照相系统的长期稳定性与鉴定方法》(英文版)。

本标准根据 ASTM E2445-05 重新起草。

考虑到我国国情,在采用 ASTM E2445-05 时,本标准做了一些修改。有关技术性差异如下:

a) 将规范性引用文件 E1316 更改为我国标准 GB/T 12604.2;

b) 将规范性引用文件 E1815 更改为我国标准 GB/T 19348.1;

c) 将规范性引用文件 E2446 更改为我国标准 GB/T 21355;

d) 删除规范性引用文件 E2007 和 E2033。

为便于使用,本标准还做了下列编辑性修改:

a) “本方法”一词改为“本标准”;

b) 按 GB/T 1.1—2000 规定的格式要求,对部分条号和标题做了修改;

c) 在第 2 章和第 3 章中使用 GB/T 1.1—2000 规定的引导语。

本标准的附录 A 为资料性附录。

本标准由中国机械工业联合会提出。

本标准由全国无损检测标准化技术委员会(SAC/TC 56)归口。

本标准起草单位:上海苏州美柯达探伤器材有限公司、中国特种设备检测研究中心、上海星标科技信息咨询事务所、上海材料研究所。

本标准主要起草人:宓中玉、章怡明、张佳银、赵成、金宇飞。

无损检测　计算机射线照相系统的长期稳定性与鉴定方法

1　范围

本标准规定了计算机射线照相系统(CR)的基本参数,以保证其无损检测时获得令人满意的和可重复的结果。

本标准描述了对工业用计算机射线照相系统的评价,其目的旨在对成像质量,以及扫描器或IP系统对成像质量的影响进行评价,确保满足用户要求并能保持检测的长期稳定性。

本标准描述的每一种测定,可以采用特定的专用指示计来完成。对系统控制所进行的测试,是采用专用的试样还是CR板(附录A),具体应由用户决定。计算机照相测试里,本标准指明为“用户测试”的,可以由用户在检测操作过程中,利用适当间隙自己来进行,这些测试是与系统的使用范围和所测材料相适应的。影像的衰退、均匀性和擦除能力的测试,也应是系统控制的一部分。所有其他与质量和检测能力相关项目的测试,应由CR设备制造商实施和出具证明。

本标准未提出与安全相关的规定。本标准使用者有责任在事先依据适用的法规条款,制定适当的安全卫生实施细则,并供测试时遵循执行。

2　规范性引用文件

下列文件中的条款通过本标准的引用而成为本标准的条款。凡是注日期的引用文件,其随后所有的修改单(不包括勘误的内容)或修订版均不适用于本标准,然而,鼓励根据本标准达成协议的各方研究是否可使用这些文件的最新版本。凡是不注日期的引用文件,其最新版本适用于本标准。

GB/T 12604.2　无损检测　术语　射线照相检测(GB/T 12604.2—2005,ISO 5576:1997,IDT)

GB/T 19348.1　无损检测　工业射线照相胶片　第1部分:工业射线照相胶片系统的分类(GB/T 19348.1—2003,ISO 11699-1:1998,IDT)

GB/T 21355　无损检测　计算机射线照相系统的分类

ASTM E1647　射线照相对比灵敏度测定方法

ASTM E2002　射线照相图像总不清晰度测定方法

3　术语和定义

GB/T 12604.2　确立的以及下列术语和定义适用于本标准。

3.1

混叠　aliasing

超过奈奎斯特(Nyquist)频率(由像素间隔决定)的预置试样的高空间频率信号,在较低空间频率时反射进入图像。

3.2

计算机射线照相系统(CR系统)　computed radiology system (CR system)

由存储磷光成像板(IP)、相应的读出装置(扫描器或读出器)和软件等组成的一个完整系统。它能将IP上的信息转换成数字图像。

3.3

计算机射线照相系统分级　computed radiology system class

由一组特定磷光图像存储板组成的CR系统,其特性可依据表1所示的*SNR*(信号与噪声之比)值和特定曝光区域的不清晰度(例如 MTF_{20} 值)来进行分类。

3.4

CR 板 CR phantom

包含布置有一系列像质计、既可用来评价 CR 系统质量也可监视已选系统质量的装置。

3.5

增益/放大 gain/amplification

扫描系统光-电增益的设定。

3.6

ISO 速度 ISO speed

S_{IPX}

指 CR 系统的速度,它可以由 CR 系统必须达到规定的最小 *SNR* 值时所对应的以戈瑞为单位的辐射剂量值计算求得。

3.7

激光束颤动 laser beam jitter

成像板/激光扫描装置平滑移动时形成的一种不足,其结果呈现一列阶跃的图像线。

3.8

线性化信号强度 linearized signal intensity

数字图像像元(像素)的一种数字信号值,它正比于该处的辐射剂量。若辐射剂量为零,则线性信号强度也为零。

3.9

长期稳定性 long-term stability

CR 系统寿命期内的性能测量,用以评价相关系统在一段时间里的性能。

3.10

扫描器抖动 scanner slippage

IP 板在扫描器传送系统中滑动时,导致水平图像线强度波动。

3.11

信噪比 signal-to-noise ratio

SNR

指线性的信号强度平均值与在信号强度处噪声(强度分布)标准偏差的比值。*SNR* 取决于辐射剂量和 CR 系统的特性。

4 意义和用途

4.1 影响 CR 的成像质量的因素包括 IP 系统空间分辨力、几何不清晰度、散射和对比灵敏度(信噪比)。此外,在使用光学扫描器读出曝光 IP 上的图像时,还有其他因素(例如扫描参数)会影响到读出精度。

4.2 CR 设备制造商可按 GB/T 21355 的规定,对影响像质的因素进行相当精确的测定。推荐给用户的测试使用的专用像质计,在质量保证手册中描述。这些测试,既可单独进行,也可采用 CR 板进行(附录 A)。CR 板集合了多种基本像质评价方法,这些方法,对 CR 系统包括扫描器的正确运行做出关联评价:曝光成像板的读出和每张待用板的误擦除。

4.3 本标准是为工业 CR 系统用户提供的。这些由用户实施的测试,就是为定期评价并验证在寿命期内 CR 系统性能的恰当性。

4.4 下列为各种试验及测试方法的应用。

4.4.1 维修、升级或换用其他型号 IP 后的测试:

由于改造，例如 CR 系统扫描器的维修或升级和 IP 的改良，均可能带来 CR 系统性能的提升，所以需要进行专门的测试，以验证 CR 系统性能的恰当性。

4.4.2 用户进行的长期稳定性测试：在检测实验室，质量保证要求定期对 CR 系统进行测试，以验证系统性能的恰当性。测试周期取决于该系统使用频率，而且在参考研究 CR 设备制造商的说明书后，由用户做出规定。

4.4.3 本标准 6.2.1～6.2.6 所述的测试，要求采用 5.1 规定的像质计，或者通常地，在用户规定周期里，使用 CR 板来测试基本的性能。记录内容包括：

a) 空间分辨力(用双丝法，任意楔形丝对)；
b) 对比度(可识别被检材料厚度百分比)；
c) 抖动(有或无)；
d) 颤动(有或无)；
e) 阴影(在选定距离上百分比)；
f) 实施测试的射线参数；
g) 测试人员姓名及日期。

4.4.4 仅当扫描器或 IP 牌号更换而又无 CR 制造商提供的数据，或者系统用于极端(超出制造商推荐)温度条件下时，才实施图像退化测试。从曝光到扫描的这一段关注的时间内，图像退化程度应小于 50%。

4.4.5 应对 IPs 的伪像(6.2.7)以及擦除程度(6.2.6)进行检查。

4.4.6 在大量使用后，IPs 和扫描器中光电倍增管的老化有可能导致系统灵敏度下降，所以应在较长间隔时间(例如一年)后由用户或供应商服务人员对其 *SNR* 进行测定，测得的 *SNR* 不得小于初始值的 90%，假如该系统的不清晰度没有增大而 *SNR* 值增加，则可无条件接受。

5 器械——CR 像质计

5.1 供用户测试用的 CR 像质计类型——下面所述 CR 像质计，均可作为本标准的基本类型。

5.1.1 对比灵敏度像质计：

此对比灵敏度像质计的参数，与 ASTM E1647 规定相符。本标准采用铝(02 组材料)、铜(04 组材料)和不锈钢(1 组材料)制成三种像质计，其各自基体厚度分别为 12.5 mm、6.3 mm 和 6.3 mm，每种像质计含有一个对比区域，对应 1%、2%、3%和 4%基体壁厚的对比灵敏度。

5.1.2 双丝像质计：

此双丝像质计的参数，与 ASTM E2002 规定相符。其摆放位置应与扫描线方向(快速扫描方向)成 5°或与低速扫描方向相垂直，贴放在试件表面。

5.1.3 楔形像质计：

此像质计由 5 根 0.03 mm 厚的铅丝构成楔形状，通过可识别线条最小间距的读数，用来测定空间分辨力，其覆盖的范围从每毫米 1.5 至 20 丝对(lp/mm)。应使用两个像质计测试，其中的一个与扫描线平行，而另一个则与扫描线相垂直。

5.1.4 线型像质计：

指由高吸收材料制成的放置在扫描区域周边的标尺。通常使用两个指示计，其中一个平行于扫描线，而另一个则垂直于扫描线，其上刻度至少应为毫米。

5.1.5 T 形指示计：

由厚度≤0.5 mm 的带有锐利边沿的黄铜或铜箔板，经加工成截面宽度为 5 mm 的 T 字形而制成，T 字的尺寸至少应为(50×70)mm。将它垂直于和并行于扫描线方向放置，可用来检查激光器的颤动，也可用来测定整个系统的调制传递函数(见图 A.1)。

5.1.6 扫描抖动像质计：

由厚度为0.5 mm的光亮又均匀的铝材制成，呈矩形(见图A.1)。放置在与扫描线方向相垂直和相平行的位置。

5.1.7 阴影像质计：

可以使用不同的阴影像质计。其中一种是厚度为0.5 mm～10 mm的铝薄板，放置在成像板(IP)上一起进行均匀曝光，曝光时使用低能(50 keV～100 keV)射线。

另一种是CR板里的阴影像质计(见A.1)。

5.1.8 中心束指向像质计(BAM蜗旋盘)：

此像质计由高度为(1.5～2.0)mm的铅箔片卷制而成，卷之间有(0.1～0.2)mm的间隙，间隙填充物质为低吸收材料，如图A.2所示。

5.2 CR像质计的用法。CR像质计，为CR系统的质量和进行定期的质量控制提供一种评价，它们应按照本标准的要求或依照工程主管部门的规定进行放置。

5.2.1 CR像质计的曝光(用户测试)：

CR像质计，可以单独地使用或者全部集合在CR板中一起使用。选定的CR像质计或CR板，放置在装有成像板的暗盒上。射线源置于离成像板1 m或更大的距离上，且其射线束对准板的中心。射线能量高于100 keV时，在CR像质计或CR板与IP之间，应使用0.1 mm厚的铅屏，借以减弱散射线。进行实验曝光并使辐射和CR系统的功能达到优化。供评价用的最终图像应得到合同双方一致认可。

曝光时间和CR扫描单元的参数设置，决定于图像质量以及所应用的成像板类型。这些参量值、X射线装置和IP的类型，都应形成文件并得到确认，还有射线能量(keV，伽玛源种类)，剂量大小(比如mA·s)和品质(前置滤光板，射线管类型和管窗口)应以记录。

注：长的曝光时间和低的增益设置，有助于获得高的对比度和*SNR*。而对于对比灵敏度，大的像素设置(高不清晰度)，要高于小的像素设置(低不清晰度)。

5.2.2 CR像质计的初始评定：

像质计的初始质量评价，在监视器(硬拷贝)上进行，考查CR板或单个像质计的射线照相图像，图像特性描述在本标准的5.1.1～5.1.8和6.2.1～6.2.8里，其结果可为合同双方协商一致提供基础。

5.3 定期控制。在合同双方确认的任一期间里，用5.1.1～5.1.7(按5.1.8放置)的CR像质计或者CR板进行曝光，并考查其结果。通过定期控制，确保6.1.3和6.2.1～6.2.8的测试获得已认同的质量品质。

5.4 成像板的退化。成像板中存储图像的强度，超过一定时间后会退化(也称老化)。退化的测定，应按照下述步骤实施：

a) 对成像板以典型的曝光条件予以均匀曝光。作为资料，记录下列参数：kV，mA·s，*SDD*(射线源至成像板的距离)，前置滤光板和滤波板的材料和厚度。在最低增益和呈线性化的条件下，曝光的图像强度应达到读出器的最大可能强度的(70～90)%；
b) 曝光后5 min内读出成像板的图像；
c) 调节读出器强度使其达到线性化，以此作为测量参考基准(=100%)；
d) 始终用相同的X射线参数(kV，mA·s和焦距)，对成像板进行曝光；
e) 时间的改变在曝光和读出之间进行。每次测量，曝光和读出之间的时间间隔将翻倍：步进是15 min、30 min、1 h、2 h、4 h，…直至4天，或者，根据需要直到与读出使用要求相匹配的程度；
f) 绘制线性化的读出强度(戈瑞值)与成像板曝光与读出之间的时间关系图。

为确保曝光条件的正确，必须考虑退化效应。

为了能重现测试结果，考虑退化效应是很重要的，因为它会影响需要的曝光时间。对于所有测试，曝光与读出之间的时间，依赖于CR系统特有的使用。

6 CR系统品质和长期稳定性的测试

6.1 对比度、不清晰度和基本空间分辨率的测定

6.1.1 对比灵敏度的测定：

ASTM E1647的对比灵敏度计，用于对选定壁厚部件的对比灵敏度的计算机辅助测量及观察。对比灵敏度分为四个级别：1%、2%、3%和4%，测定的等级高低，不受成像的基本空间分辨力的影响。相关详细说明，见ASTM E1647。假如采用图像处理的话，那么沿着像质计可以画出一个轮廓（宽度＝1个像元）。此轮廓的平均噪声小于或等于全壁厚处与减薄了的壁厚处强度读出百分比之差。记录曝光条件（kV，mA·s，滤光板，焦距，曝光时间，日期）、CR系统设备名称与型式。

6.1.2 应用双丝法测定不清晰度和基本空间分辨力：

6.1.2.1 供测试基本空间分辨力的双丝像质计，应符合ASTM E2002的要求。曝光应在1 m或更大的距离上并采用焦点尺寸≤1 mm的射线源实施。焦点尺寸和焦距的选择应使几何不清晰度小于测得的总不清晰度的10%。将双丝像质计直接放置在装有IP和铅增感屏的暗盒上，进行测量时，应使其与激光束的扫描方向相垂直和平行，为此，用一个像质计需曝光二次，而用两个像质计只需曝光一次。应用双丝像质计时，要使其与激光束的扫描方向成约为5°的夹角，与垂直方向成5°的夹角。

6.1.2.2 不清晰度的测量结果与辐射射线线质有关。对于使用160 kV以上的情况，实施测试的高压为220 kV（带有铍窗口的X射线管、钨靶和无前置滤光板）；对于低能射线的情况，射线线质为90 kV（带有铍窗口的X射线管、钨靶和无前置滤光板）。

6.1.2.3 不能分辨的第一丝对，用来与ASTM E2002规定相一致的不清晰度的测量。此时的第一丝对，丝与丝的图像信号相重叠并形成一个下沉20%的交点（见图1）。基本空间分辨力*SR*相当于测得的不清晰度的一半。

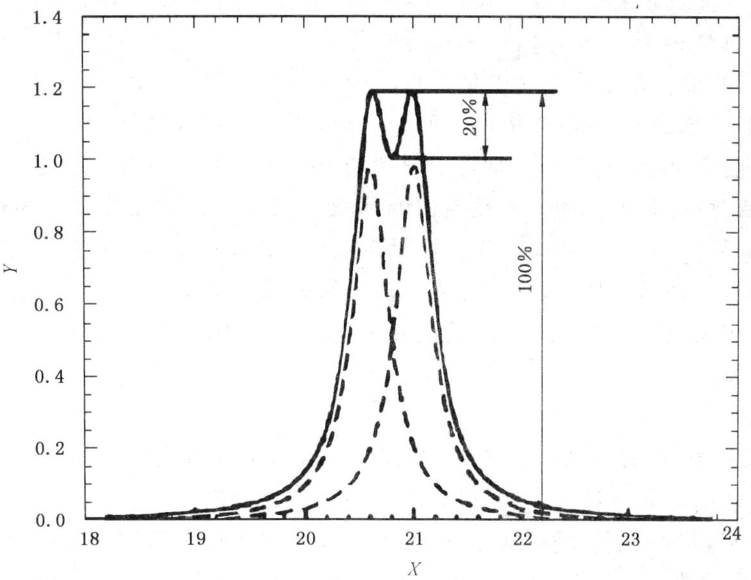

X——长度，单位mm；

Y——信号强度，单位任意。

如果两丝信号峰值间下沉点大于最大强度的20%，则此丝对的两根丝是可识别的。

图1 应用双丝下沉点评定分辨能力

6.1.2.4 记录双丝像质计的读出数据，以便测试系统长期稳定性时使用。

6.1.2.5 双丝法只能得出呈阶梯变化的不清晰度值的读出值（见ASTM E2002的表）。

6.1.3 楔形像质计的使用：

6.1.3.1 楔形像质计，既能在平行也能在垂直于扫描线的方向读出。如果此像质计与扫描方向成45°角放置，则其读出的值必须除以系数1.414。

6.1.3.2 这些像质计，由楔形丝对组成，并以lp/mm来度量。这种以lp/mm为单位的读出值，既可在分开与未分开的丝对之间的位置上取得(情况“a”)，也可在情况“b”的位置上取得，此时的丝数要减1或更多。

6.1.3.3 对于情况“a”，由读出数值(单位lp/mm)乘以1/2计算得出基本的空间分辨力(*SR*)。对于情况“b”，在出现分辨混叠[超过奈奎斯特(Nyquist)频率的预置试样的高空间频率信号，在较低空间频率时反射进入图像]时进行像质计测定，通常会依赖于扫描器的像元尺寸，此时的基本的空间分辨力的计算与情况“a”相同。

6.1.3.4 推荐的质量保证书，由合同双方协商。无论怎样，在换用新型IP和维修CR读出器的光学元件后，也应对分辨力的测试进行评价。

6.1.3.5 楔形丝对法的准确程度，取决于曝光的*SNR*值、射线线质和几何条件以及暗盒/IP/增感屏系统的散射效应。对很大的*SNR*(>100)和很小的几何不清晰度的情况，本方法的标准偏差在(1～10)lp/m之间，误差约为±0.2 lp/mm。假如方法6.1.2与方法6.1.3之间存在差别，取6.1.2的值(与ASTM E2002一致)。

6.2 其他评价

6.2.1 几何畸变：

CR系统的空间线性，应使用空间线性指示器(毫米尺或更精密量具)曝光检查，该指示器的*X*和*Y*方向都由高吸收的材料制成。扫描过程中会产生图像几何畸变，所以传输系统不允许IP弯曲成瓦片状或扭曲。测定得到的空间非线性应小于5%。

6.2.2 激光束功能：

6.2.2.1 本项测试涉及激光束扫描线完整性、束颤动、信号漏失和聚焦程度的评价。

6.2.2.2 将由高吸收材料制成的T形指示计进行曝光(见5.1.5)，通过检查图像上T形指示计的边缘部分来评价激光束的颤动。T形边缘应是平直的和连续的。扫描线的上下偏移，使得T形边缘由亮到暗的转换呈现一个持续误差，或激光束调制问题。在计算机屏上观察放大10倍(或更大倍数)的扫描线图像，或在打印的胶片(用放大镜)上，对整个图像的不同区域的空间均匀性进行检查。由于数字化效应，平直边沿的“阶跃”特性是正常的。对在空白的区域中出现一种发亮的直线和在光导摄像管上很可能呈现一种十分普遍的类似污物/灰尘的伪像的情况，扫描线的漏失是可以测出的。

6.2.2.3 伪像表明存在非感光特性，对此维修人员应采取修正措施。

6.2.2.4 本过程可用来测定CR系统中的激光束功能，允许采用计算机图像与打印的硬拷贝复制件的比较，来评价硬拷贝设备。

6.2.3 模糊或闪烁：

通过核查T形指示计的计算机射线照相，为证实强度过大或者高密度对比区域内出现条纹提供依据。这样的情况，能够引起光度计的饱和，或者将高亮度区变成低亮度的暗区的强度转换。通过对低曝光强度(高增益读出)与高曝光强度(低增益读出)的比较来完成这种测试，但须注意，所用的电子系统不得饱和。

6.2.4 扫描器抖动：

扫描器中成像板的抖动，或者系统扫描和读出均匀性的任何畸变，导致一个均匀曝光区域的读出线间出现强度差别。为此，通过检查计算机射线照相的扫描抖动指示计，来确定扫描出的线的偏差。各扫描线间的强度偏差应小于(或等于)从这些线中之一里测得的噪声水平。在CR板里可见到一种可用于检测抖动的指示计(附录A)。

6.2.5 阴影：

6.2.5.1 本项测试用于确保扫描激光器的强度在成像板的整个扫描宽度上是一致的，并用来检查光导光电增强管集束的恰当分布。

6.2.5.2 CR 制造商测试时，IP 置于离射线源距离大于 5 m 处均匀地曝光。用户也可利用本方法，用 *SDD*≥1 m 的条件来进行长期稳定性测试。在计算机上，为线性化强度而测量 IP 中心和边沿的平均像素值；在打印底片上，用密度计测量底片的密度。超过 IP 中心区域±10%的以外区域，不得存在像素强度值或密度。用 1 m 的 *SDD* 曝光时的阴影，用户得到的固有阴影可能可达 8%，因此，用户应允许±15%的阴影。本项测试的应用，由合同双方在推荐的质保一览表里协商达成一致。当然，如有必要，随后光学系统的任何维护，将对阴影修正做出评价。为专门进行阴影测试，附录 A 所示的 CR 板所含的像质计，满足上述要求。

6.2.6 擦除：

上述所有测试完毕，应通过 CR 读取器，在没有任何曝光的情况下实施成像板的擦除处理。假如 CR 系统用于特殊的应用（例如高能 X 射线或伽玛射线源）：用这样的方法对高吸收的物件（例如钨或铅）进行曝光，则获得的图像包括物件的投影和一个射线未被吸收区的区域；对于这样的用法，在没有曝光的情况下，对 IP 进行擦除和处理。如果有潜影存在，则表明擦除时间不够长，或者是擦除装置有故障。影像转化到线性化强度（灰度等级）之后，可能存在强度小于 1%最大强度的不明缘由的影像。显现些许阴影是允许的，但它们的强度应小于图像累积线性强度最大值（格雷等级）的 1%。本项测试的应用，由合同双方在推荐的质保一览表里协商达成一致。

6.2.7 伪像：

6.2.7.1 下述测试中的所有参数，包括扫描参数和射线条件均应记录。

6.2.7.2 盘存的所有 IP 应给予排序。特别要注意和验明的是：IP 不得与无保护的铅屏接触。

6.2.7.3 用 IP 检测时，应使用较低的 kV 曝光。为了得到均匀一致的曝光强度（见 6.2.5），所用的曝光条件（例如 mA·s）要充足。扫描 IP 并将它存放在相应的图像夹中。在每个 IP 的 CR 图像夹中，应规律性地存储以便辨认可能的伪像，而且要编排出 IP 的序列编号。

6.2.8 标称化 *SNR* 的测定：

6.2.8.1 对一个由暗盒和成像板组成的系统，进行均匀地曝光。将前后均贴放 0.1 mm 厚的铅增感屏的 IP 装在典型的暗盒中，面向 X 射线管钨阳极放置，在 X 射线管窗口前，安置一 8 mm 厚的铜制滤光板后进行曝光，管电压设定为 220 kV。

6.2.8.2 使用低能射线时，射线线质应为 90 kV，而且滤光板应是 32.5 mm 厚的铝板，无前后铅屏。

6.2.8.3 在成像板读取系统处于最低增益和特性曲线呈线性化的状况时，在强度为 90%±5%的最大可能强度的情况下，对 *SNR* 进行测量。强度的 90%值，通过调节 X 射线管电流 mA 和曝光时间，以及必要时变更 *SDD* 距离来获得，但 *SDD* 至少应为 1 m。暗盒后面不使用铅或任何其他材料，且其后至少应有 1 m 的自由空间。

6.2.8.4 从 IP 中心区里的 1 100 或更多像数值组成的一个数据集来计算信号强度 I_{meas} 和标准偏差 σ_{PSL}，在测试区中不应观察到严重的划痕或灰尘和阴影。将数据集，分成 55 或者更多组，每 20 个像数值组成一组；对每一个组，当用 i 标注时，则 I_{meas_i} 就表示该非滤波组的信号强度平均值，而 σ_{PSLi} 即为同一组的标准偏差计算值。

6.2.8.5 I_{meas} 的最终值，取自所有 $I_{meas\ i}$ 的中值；σ_{PSL} 的最终值，取自所有 σ_{PSLi_corr} 值的中值。通过测定分辨力参考值为 100 μm 的圆形器械，或者参考值为 88.6 μm 的方形器械，来计算 σ_{PSL}。σ_{PSL100} 的最终值由下式算出：

$$\sigma_{PSL100} = \sigma_{PSL} \cdot (SR_{max}/88.6) \qquad \cdots\cdots(1)$$

式中：

SR_{max}——以 μm 为单位表示的最大基本空间分辨力。

6.2.8.6 依据 ASTM E2002（见 6.1.2）规定测得的基本空间分辨力，等于不清晰度值的一半。基本空间分辨力，在垂直和平行于激光扫描的两个方向上都要测定。两个 *SR* 值（单位为 μm）中的较高者，用于按公式(2)来进行标称化计算。

6.2.8.7 标称化 SNR_N 的计算：

$$SNR_N = I_{meas}/\sigma_{PSL100} \qquad \cdots\cdots(2)$$

6.2.8.8 应记录测试的和标称化后的 SNR，而且对于这些工艺流程(包括诸如软件，系统设定和曝光数据)，CR 设备制造厂应提供给用户，以便用户或服务技术人员在测定 SNR 时实施曝光并使用软件。

6.2.8.9 所有的测试应在相同射线质量(管电压和前置滤光板)、相同距离和准直条件下实施，所有参数和结果均应记录。

7 报告

7.1 用户应将所有测试条件和结果写入报告。测试周期，应记录在公司的书面工艺文件里，或者由合同双方协商一致。

7.2 将测定结果汇总于表1中。

表1 CR 系统的测试报告

CR 系统				
制造年份				
最近检修日期				
使用的 Ips				
测试日期				
测试			结果	备注
	基本空间分辨力	双丝 ASTM E2002		
		楔形丝对		
	SNR_N			
	几何失真			
	激光束功能			
	模糊或闪烁			
	扫描器抖动			
	阴影			
	影像消除			
	IP 伪像			
结论				
操作者				

8 精确度与误差

不阐述本标准的精确度或误差。其结果仅仅说明是否与规定程序里的验收要求相符合。

附　录　A
（资料性附录）
CR　测　试　板

A.1　CR 像质计在 CR 板里的位置及排列

所有描述的 CR 像质计(见 5.1)均安置在一个被称为 CR 板中，它由一块低吸收材料(例如二甲基丙烯酸)的承载板制成，如图 A.1 所示的排列。这些 CR 像质计集中放置在于 IP 的一边。如有需求，也可单独使用，用来测定特定的结果。

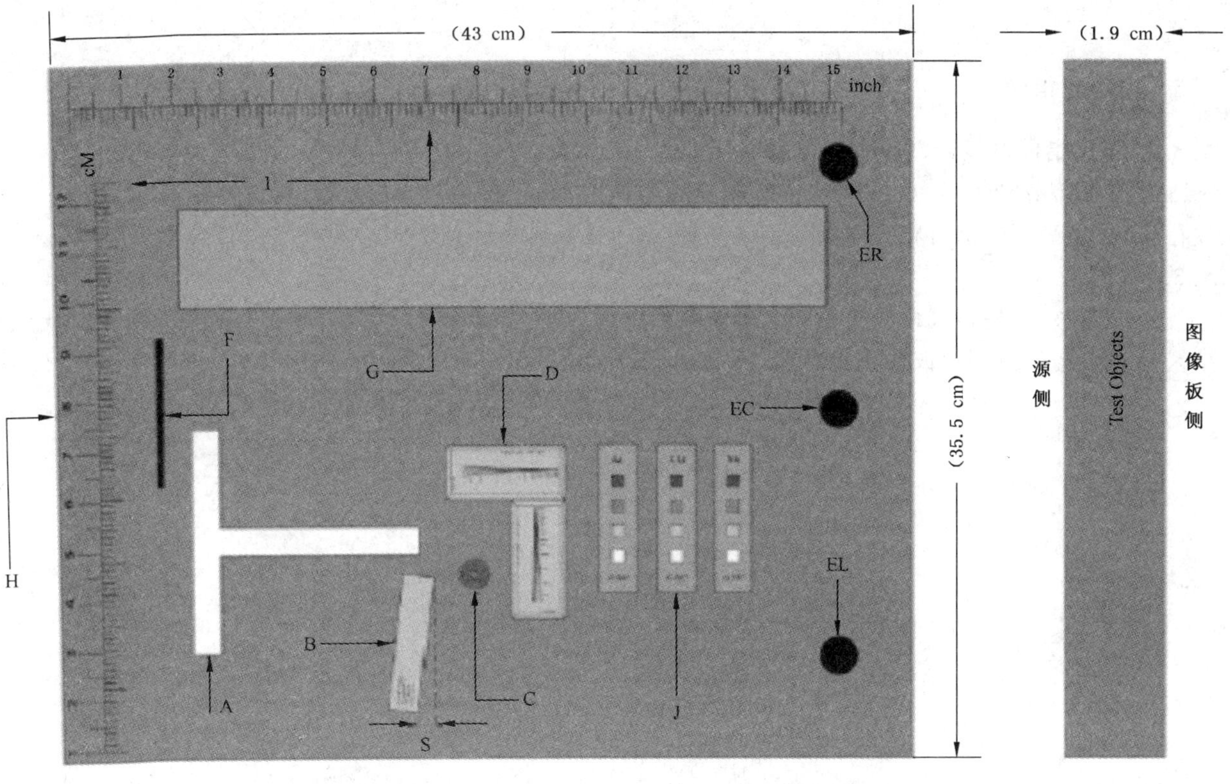

A——供激光抖动测试用的 T 形指示计，长(114×5)mm，黄铜制；
B——双丝像质计，符合 ASTM E2002；
C——中心束指向(BAM 蜗旋盘)；
D——楔形丝对像质计；
E——EL、EC、ER：阴影修正测量点，在丙烯酸板上的钻除量为直径 19 mm、深 0.3 mm；
F——暗盒定位计(不显示在射线照相图像中)；
G——均匀铝制条，0.5 mm 厚；
H——二甲基丙烯酸板；
I——cm 级线性检测标尺；
J——对比灵敏度像质计，铝：12.7 mm，铜：6.35 mm，不锈钢 6.35 mm。

图 A.1　评定计算机照相系统的包含多种像质计的 CR 板

A.2 阴影测定

A.2.1 概述

有不同的阴影测试方法。CR 板使用下述的像质计和方法。

A.2.2 阴影像质计

此像质计由三个直径为 19 mm、深度为 0.3 mm 的孔组成，各孔之间的距离至少 10 cm，而且这些孔的排列方向应与激光束的扫描方向平行。

A.2.3 测定法

在 CR 板中有三个直径 19 mm、深度 0.3 mm 的孔(EL，EC 和 ER)，这些孔用于确保扫描激光器的强度在成像板的整个扫描宽度上是一致的，并用来检查光导光电增强管集束的恰当分布。在计算机上，以像素的格雷值度量这些孔的像素值，而在打印的底片上，则以密度度量。外环(EL 和 ER)的像素值或密度不应具有超过环 EC 的±10%。本项测试的应用，由合同双方在推荐的质保一览表里协商达成一致。

A.3 中心束指向

A.3.1 CR 指向像质计(BAM 蜗旋盘)

此像质计由厚(0.3～0.5)mm 的铅箔片卷制而成，卷之间有 0.1 mm 的间隙，间隙填充物质为低吸收材料，也可采用蜂窝材料。

A.3.2 方法

经过调整，应使射线束垂直指向 CR 板中的指向像质计(BAM 蜗旋盘)中心，如果计算机射线照相结果是一组均匀排列的彼此相隔螺旋，则表示指向是正确的。

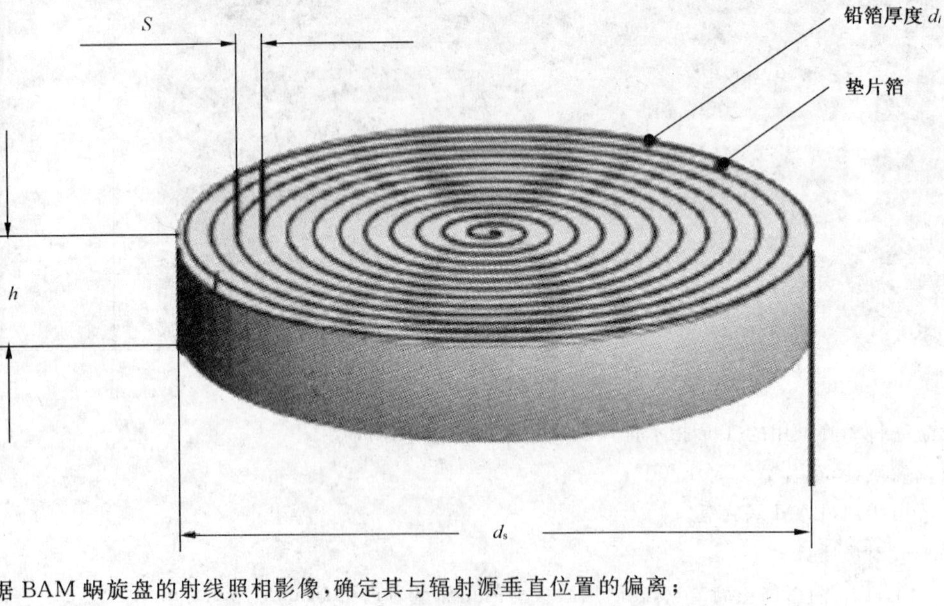

注 1：根据 BAM 蜗旋盘的射线照相影像，确定其与辐射源垂直位置的偏离；

注 2：推荐尺寸为：$h=(1.5\sim2.0)$mm，$s=h/11.5$mm(偏离>5°时结构消失)，$d_s>8$ mm，$d_i=(0.02\sim0.1)$mm。

图 A.2 指向像质计和源位置指示计(BAM 蜗旋盘)

ICS 23.100.60
J 77

中华人民共和国国家标准

GB/T 21357—2008

喷气燃料过滤分离器相似性技术规范

Specification for similarity Jet fuel filter/separators

2008-01-14 发布 2008-05-01 实施

中华人民共和国国家质量监督检验检疫总局
中国国家标准化管理委员会 发布

前　言

本标准修改采用 API/IP 1582:2001《API/IP 1581 航空喷气燃料过滤分离器相似性技术规范》(英文版)。

本标准根据 API/IP 1582:2001 重新起草。为了便于比较,在资料性附录 A 中列出了本标准条款和 API/IP 1582:2001 条款的对照一览表。

与 API/IP 1582:2001 相比,本标准主要变化如下:

——将 API/IP 1582:2001 中 1.1 的内容进行了修改;

——删除 API/IP 1582:2001 中 1.4 内容;

——删除 API/IP 1582:2001 中 1.5 下的第三和第六个定义;

——单位统一采用 SI 单位制。

为便于使用,本标准还做了下列编辑性修改:

——"本规范"一词改为"本标准";

——用小数点"."代替作为小数点的逗号",";

——删除 API/IP 1582:2001 标准的前言。

本标准的附录 A 为资料性附录,附录 B、附录 C、附录 D 为规范性附录。

本标准由中国机械工业联合会提出。

本标准由全国分离机械标准化技术委员会归口。

本标准起草单位:中国航空油料有限责任公司、北京承天倍达过滤技术有限责任公司。

本标准主要起草人:张虎、梁立杰、赵忠、白静、李明、侯海瑞、邓炳华。

本标准是首次发布。

喷气燃料过滤分离器相似性技术规范

1 范围

本标准规定了喷气燃料过滤分离器相似性技术规范。

本标准适用于喷气燃料过滤分离器的相似性技术鉴定。

2 规范性引用文件

下列文件中的条款通过本标准的引用而成为本标准的条款。凡是注日期的引用文件，其随后所有的修改单(不包括勘误的内容)或修订版均不适用于本标准，然而，鼓励根据本标准达成协议的各方研究是否可使用这些文件的最新版本。凡是不注日期的引用文件，其最新版本适用于本标准。

GB/T 21358—2008 喷气燃料过滤分离器通用技术规范

3 术语和定义

下列术语和定义适用于本标准。

3.1

$\sum S_{Ae}/A_{cv}$

所有滤芯的有效表面积总和与壳体的内截面积之比。

3.2

$\sum A_e/A_{cv}$

所有滤芯的横截面积总和与壳体的内截面积之比。

3.3

滤芯布置类型 layout type of element

聚结滤芯和分离滤芯的总体布局。

3.4

单位长度流量 mean linear flow rate

聚结滤芯每毫米长度上的流量。

3.5

空余体积 void volume

壳体体积减去所有滤芯的体积。滤芯被视为一实心体。

3.6

空余体积比 void volume ratio

壳体的空余体积与壳体体积之比[1)]。

4 相似性规范

4.1 概述

过滤分离器壳体内部的几何结构及流动状态对脱水性能有显著的影响，因此，在鉴定检验除要进行单支的滤芯性能试验外，还必须进行整机性能试验。

整机性能试验程序复杂、要求高，特别是在大尺寸的过滤分离器进行试验的时候，费用高。因此在

1) 当计算空余体积比时，壳体体积不包括集水槽的体积和圆盖内的部的体积。

条件允许的情况下，应尽量减少整机性能试验的次数。如果待鉴定的过滤分离器与按 GB/T 21358—2008 鉴定合格的过滤分离器(通过整机性能试验)完全具有相似性，则不必进行整机性能试验。

相似性检查就是一种减少整机试验次数的方法。如果待鉴定的过滤分离器与鉴定合格的过滤分离器(通过整机性能试验)完全具有相似性，则不必进行整机性能试验。

4.2 相似性分类

相似性分为几何相似和动力相似。当要鉴定的过滤分离器不满足几何相似要求时，若满足动力相似，也可通过相似性审查。

5 几何相似

5.1 总体结构

待鉴定的过滤分离器和鉴定合格的过滤分离器的结构应满足如下要求：

a) 空间方位(立式或卧式)相同；

b) 总体流谱(边对边或端对端)相同；

c) 沉降槽的相对位置和体积相同。如果安装防水系统，则沉降槽的体积可不随流量增大而增加；

d) 进、出口的相对位置相同。

5.2 内部几何尺寸

待鉴定的过滤分离器的下列尺寸应不小于鉴定合格的过滤分离器的相应尺寸：

a) 聚结滤芯间的最小间隙；

b) 分离滤芯间的最小间隙；

c) 聚结滤芯与分离滤芯间的最小间隙；

d) 滤芯与壳体内表面间的最小间隙。

5.3 滤芯布置

待鉴定的过滤分离器与鉴定合格的过滤分离器的滤芯布置应属于同一类型。滤芯布置见附录 B。

5.4 额定流量

待鉴定的过滤分离器额定流量不应大于鉴定合格的过滤分离器的流量。

5.5 型号

待鉴定的过滤分离器与鉴定合格的过滤分离器的聚结滤芯和分离滤芯的型号应一致。滤芯的结构、材料应相同，但长度、端盖型式(平头/螺纹头)可不同。分离滤芯的外径可不同。

待鉴定的过滤分离器的分离滤芯(若分离滤芯堆垛连接，则按堆垛滤芯的长度计算)的长径比应不大于鉴定合格的过滤分离器。

5.6 单位长度流量

待鉴定的过滤分离器的聚结滤芯的单位长度流量不应大于鉴定合格的过滤分离器。

5.7 表面流入速度

待鉴定的过滤分离器的分离滤芯外表面的流体进入速度不应大于鉴定合格的过滤分离器。该速度可根据下式进行计算：

$$V = 0.016\,7Q/AN$$

式中：

V——分离滤芯外表面的平均流入速度，单位为毫米每秒(mm/s)；

Q——系统额定流量，单位为升每分钟(L/min)；

A——单支分离滤芯的外表面积，单位为平方米(m^2)；

N——分离滤芯的数量。

5.8 滤芯与壳体截面积比

待鉴定的过滤分离器的空余体积应不小于鉴定合格的过滤分离器，另外：

a) 边对边型流谱中，$\sum S_{Ae}/A_{cv}$应不大于鉴定合格的过滤分离器；

b) 端对端型流谱中，$\sum A_e/A_{cv}$应不大于鉴定合格的过滤分离器。

6 动力相似

6.1 技术要求

6.1.1 待鉴定的过滤分离器的最大内部流速不应大于鉴定合格的过滤分离器；

6.1.2 待鉴定的过滤分离器的滞留时间不应小于鉴定合格的过滤分离器。

6.2 简化流动模型

当采用常规的相似性准则不能建立要鉴定的过滤分离器与鉴定合格的过滤分离器之间的相似性时，可采用简化流动模型(SFM)计算流动参数，或按供货商和用户双方同意的同等或更严格的流动模型计算。

6.2.1 模型假设

燃料为单相流体，流动均匀分布于所有滤芯，即滤芯间的差异和污染物的存在对燃料流动的均匀性影响很小；另外，滤芯间垂直于流向的任一截面的流速都是相等的。

6.2.2 SFM 方法

模型把过滤分离器分为若干个区域(基于壳体的横截面)。每个区域由三支最近的滤芯或两支较近的滤芯和壳体内壁组成，区域的长度为组成其边界的滤芯的平均长度。总流量的计算应按以下假设计算：

——流入每支聚结滤芯的流量相等；

——流出每支聚结滤芯的流量均匀(沿径向)；

——流入每支分离滤芯的流量相同；

——流入每支分离滤芯的径向流量分布均匀。

总流量用于计算通过各区域的线性流速和滞留时间。

自动执行上述步骤的 Excel 电子软件可从 API 获得。SFM 的计算实例见附录 C 和附录 D。

7 相似性审查

7.1 待鉴定的过滤分离器若满足第 5 章要求即可通过相似性审查。

7.2 待鉴定的过滤分离器如未满足 5.1 c)、5.1 d)、5.2 和 5.3，但满足 5.1 a)、5.1 b)、5.4～5.8 和 6.1.1、6.1.2，则视同通过相似性审查。

附　录　A
（资料性附录）
本标准章条号与 API/IP 1582:2001 章条编号对照

表 A.1 给出了本标准章条号与 API/IP 1582:2001 章条编号对照一览表。

表 A.1　本标准章条号与 API/IP 1582:2001 章条编号对照

本标准章条编号	对应的国际标准章条编号
1	1.2
2	—
—	1.3
—	1.4
3	1.5 部分内容
4.1	1.1 部分内容
4.2	—
—	2.1
5.1	2.2
5.2	2.3
5.3	2.4
5.4	2.5
5.5	2.6
5.6	2.7
5.7	2.8
5.8	2.9
6.1.1	2.10 的 a)
6.1.2	2.10 的 b)
—	2.10 的其他内容
6.2	3.1 第一段
6.2.1	3.2
6.2.2	3.3
7	2.1
附录 A	—
附录 B	2.4
附录 C	附录 A
附录 D	附录 B

附　录　B
（规范性附录）
滤芯布置类型

滤芯布置类型分为两种流谱型式：边对边型(见图 B.1～图 B.3)和端对端型(见图 B.4 和图 B.5)。

B.1　边对边型

a)　边对边式[2)]：聚结滤芯集中在壳体内一侧，分离滤芯在另一侧，图 B.1 所示。用一条直线或微弧线可以将聚结滤芯和分离滤芯分开。采用这种布置类型的过滤分离器可以是立式或卧式的。当卧式过滤分离器的滤芯采用边对边式布置时，重力对水滴的影响分为三种：燃料流向与重力方向相同、相反和相切。

b)　同心式[3)]：聚结滤芯围绕在分离滤芯的周围，图 B.2 所示。

c)　交错式[3)]：介于边对边式和同心式之间，图 B.3 所示。采用这种布置类型的过滤分离器可以是立式或卧式的。当卧式过滤分离器的滤芯采用交错式布置时，重力对水滴的影响有三种，即：燃料流向与重力方向相同、相反和相切。

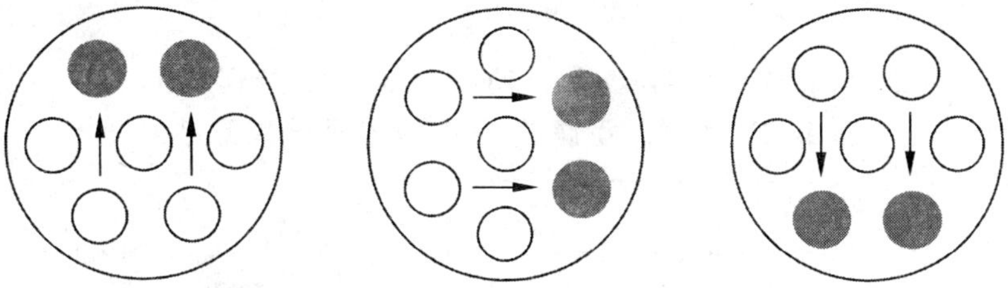

注：空心圆圈表示聚结滤芯，带阴影圆圈表示分离滤芯。图 B.2、图 B.3 同义。

图 B.1　边对边型滤芯布置(边对边式)

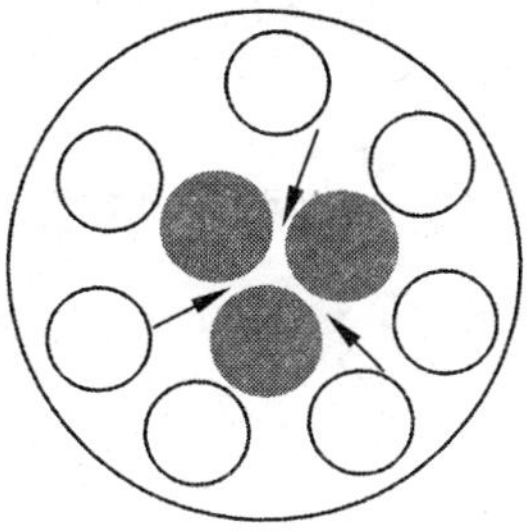

图 B.2　边对边型滤芯布置(同心式)

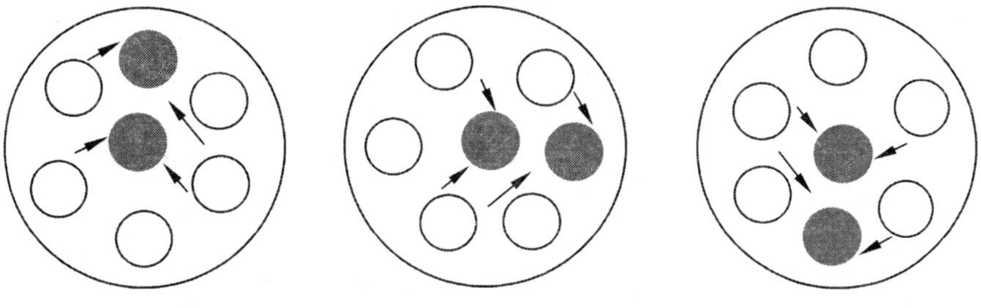

图 B.3　边对边型滤芯布置(交错式)

2)　端视图，当过滤分离器为立式时，只有一种形式；当过滤分离器为卧式时，因水滴的动力学特性不同而分为三种形式。

3)　端视图。

B.2 端对端型

a) 采用端对端型布置的立式过滤分离器分为两种不同的形式(见图 B.4):燃料流向与重力方向相同和相反。

b) 采用单支、非圆柱形(或“篮式”)分离滤芯的过滤分离器(见图 B.5)与采用圆柱形分离滤芯的过滤分离器的类型不同。

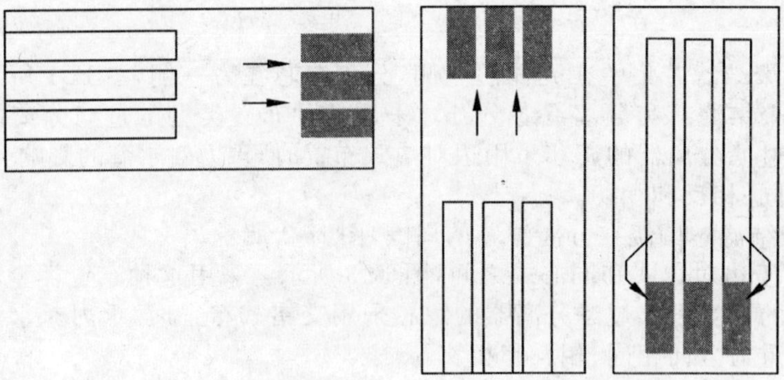

注:空心方框表示聚结滤芯,带阴影方框表示分离滤芯。图 B.5 同义。

图 B.4 端对端型滤芯布置(圆柱形分离滤芯)

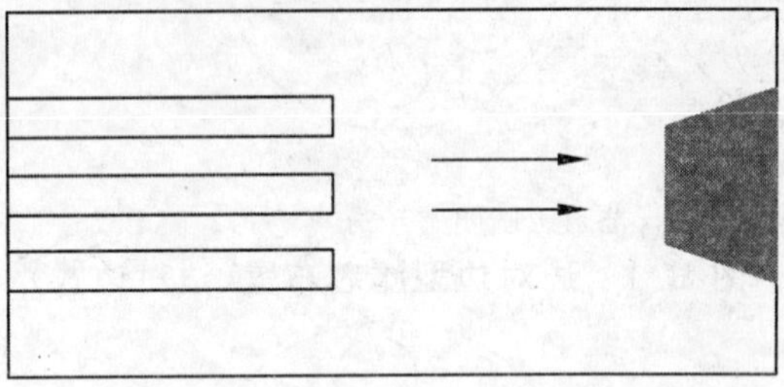

图 B.5 端对端型滤芯布置(非圆柱形分离滤芯)

附 录 C
（规范性附录）
边对边型结构的简化流动模型计算方法

按照简化流动模型方法，过滤分离器流量 2 271 L/min，容器直径 724 mm。聚结滤芯和分离滤芯的基本参数如下：

——聚结滤芯：数量 6 支，每毫米流量 0.426 L/min，长度 889 mm；

——分离滤芯：数量 4 支，流速 55.5 mm/s，长度 355.6 mm。

C.1 常用标识

C.1.1 滤芯

聚结滤芯或分离滤芯用大写字母标记，如 A。

C.1.2 线段

两滤芯间的间距用所连接的两滤芯的字母表示，如 AB、BC 等。滤芯和内壁间线段用字母 w 和其所连接的滤芯的字母表示，如 wA、wE 等。

C.1.3 线

起始于壳体内壁一侧，延长至另一侧的一系列的线段。用内壁和所连接滤芯的字母来表示，如 wEFAw、wDBw 等。

C.1.4 区域

由滤芯之间或壳体内壁和滤芯之间的三条线段所围成的三角区域。用组成该区域的滤芯的字母表示，以区域的第一支滤芯为起点和终点，如 EFDE，wABw 等。

C.1.5 速度矢量

每一线段的速度矢量用箭头标注。

C.2 分割壳体

壳体横截面的视图应旋转至聚结滤芯在底部的位置。滤芯的位置由距壳体中心的距离和与水平直径所成的角度确定。图 C.1 中各滤芯位置表 C.1 给出。

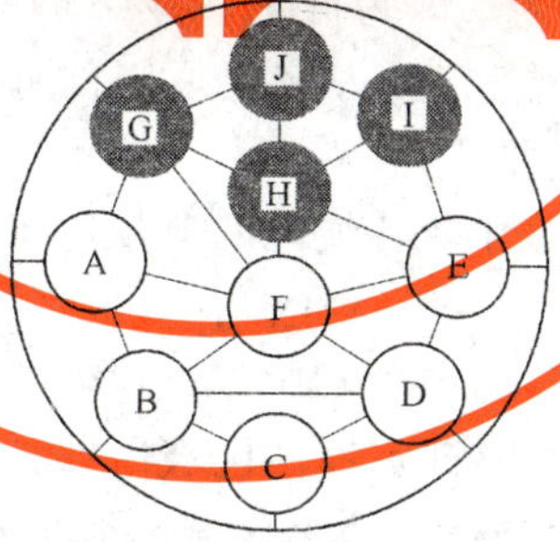

图 C.1 边对边型相似性示例

C.2.1 线的画法方法

通过壳体的中心，连一水平直线，选取与该线接触的滤芯，依次连接滤芯，这就是第一条线。图 C.1 中，就是线 wEFAw。选取距壳体内壁和该线最近的滤芯，如滤芯 D 和 B，连接成一条线。滤芯间连接所得的线，包含了通过该线所有的滤芯，如 wDBw，也包含前一条线与该线间的滤芯，如 wIHGw。这种方法一直进行下去，直到没有再与线相连的滤芯为止。如果仅剩一支滤芯，如滤芯 C 或 J，该滤芯可以与邻近该滤芯线的第一支和最后一支滤芯相连接，得出最后的线，如 wDCBw 或 wIJGw。

C.2.2 区域的画法

选取两相邻的线，如 wEFAw 和 wDBw。连接这两条线和内壁可组成内壁区，如 wEDw 和 wABw。

从最长线的右侧开始，最长线即是穿过滤芯最多的线或距壳体中心最近的线(若各线上的滤芯数量相等)，将两线间区域分割为由三条线段组成的区域。常用方法：选取第一支滤芯，然后移至该线上邻近的下一滤芯，再移至另一线上滤芯，最后回至第一支滤芯，如 EFDE。选第二线上的上述滤芯，移至同一线上邻近的下一滤芯，然后再移至另一线上未选取的滤芯，然后回至起始滤芯，如 DBFD。依次类推，将两线间分割为若干区域。对于靠近内壁的线，如 wDCBw，在线与内壁间分割区域。如 wDCw 和 wCBw。

表 C.1 滤芯位置

符号	类型	半径/mm	角度/(°)
A	FC	279.4	168
B	FC	279.4	225
C	FC	279.4	270
D	FC	279.4	315
E	FC	279.4	0
F	FC	38.1	270
G	S	279.4	135
H	S	120.7	90
I	S	279.4	45
J	S	279.4	90
注：FC 指聚结滤芯，S 指分离滤芯。			

C.3 线段长度和流量

计算或测量每条线段的长度。线段可进一步分为：聚结滤芯线段、分离滤芯线段以及混合线段，即聚结滤芯和分离滤芯间的线段。图 C.1 各线段长度表 C.2 给出。

假定各线段的流量与线段长度成正比，计算步骤如下：

a) 将线下方所有聚结滤芯流量的相加，从中减去线下方所有分离滤芯的流量。

b) 对于线上的每支滤芯，计算或测量线上滤芯在线下侧的角度。例如，选择线 wEFAw 上的滤芯 F，其角为 AFE，该角除以 360 即为滤芯在线下侧流入或流出的流量部分。计算出该线下侧部分所有聚结滤芯的流量总和，减去该线下侧部分所有分离滤芯的流量，然后加上第一步的结果，即为通过该线的总流量。

c) 算出该线上所有线段长度的总和。各线段的流量等于其长度与线段长度总和的比值乘以该线的总流量。

从靠近内壁的区域开始，按照质量守衡的原则确定不在线上的各线段的流量，如线段 ED、FD 等。选择一区域，例如 wEDw。按上述步骤 b)计算滤芯区域内部分的流入(或流出)流量。习惯上流入区域的流量为负，流出区域的流量为正。将经线段流出区域的流量和区域内分离滤芯部分的流量相加，减去经线段进入区域的流量和区域内聚结滤芯部分的流量，可得出区域内未知线段的流量。重复上述步骤，直到求出所有线段流量。

各线段流速的计算方法如下：

a) 两滤芯间的线段长度乘以两滤芯长度之和的一半即得面积；

b) 通过线段的总流量除以上述计算出的面积。

图 C.1 计算结果见表 C.3。

C.4 滞留时间

滞留时间定义为区域内的燃料体积除以进入区域的流量。区域体积按下述步骤计算：

a) 首先计算出定义区域的三角形面积，如 DBCD，减去区域内滤芯面积(区域内滤芯的角度除以 360，再乘以滤芯的总面积)的总和。求解边缘区域的面积时，首先计算出通过壳体中心和滤芯的扇形的面积，然后减去由两滤芯和壳体的中心所组成的三角形面积，最后再减去区域内滤芯的面积。

b) 计算区域的平均长度，方法是将组成区域的三支滤芯长度相加，再除以 3。

c) 将 a)和 b)的结果相乘，即得出区域体积。

进入区域的流量的计算方法：将经线段流入的流量与区域内聚结滤芯的流量相加。将区域体积除以进入区域的流量即为滞留时间，图 C.1 各区域的滞留时间表 C.4 给出。

表 C.2 线段长度

mm

线段	FC—FC	FC—S	S—S
AB	114.2		
AF	137.3		
AG		6.3	
BC	61.4		
BD	242.7		
BF	101.5		
CD	61.4		
DE	61.4		
DF	101.5		
EF	129.6		
EH		152.0	
EI		61.4	
FG		155.1	
FH		6.35	
GH			59.6
GJ			61.4
HI			59.6
HJ			6.35
IJ			61.4
wA	6.34		
wB	6.34		
wC	6.34		
wD	6.34		
wE	6.34		
wG			6.34
wI			6.34
wJ			6.34

表 C.3 线段的流量和速度

线段	长度/mm	流量/(L/min)	速度/(mm/s)
WE	6.4	38.967	164.6
EF	129.6	795.210	115.2
AF	137.3	842.723	115.2
WA	6.4	38.967	164.6
WD	6.4	16.465	69.5
BD	242.7	629.442	48.8
WB	6.4	16.465	69.5
CD	61.4	220.098	67.1
BC	61.4	220.098	67.1
WI	6.4	61.491	654.2
HI	59.6	577.228	454.2
GH	59.6	577.228	454.2
WG	6.4	61.491	454.2
IJ	61.4	293.353	224
GJ	61.4	293.353	224
DE	61.4	214.061	65.2
WC	6.4	0.0	0.0
AB	114.2	226.680	37.2
AG	6.3	78.508	333.5
WJ	6.4	0.0(0.000)	0.0
EI	61.4	81.665	35.7
DF	101.5	391.899	72.5
BF	101.5	426.793	72.5
EH	152.0	663.408	117.0
FH	6.4	−145.878	−615.7
FG	155.1	901.913	155.8
HJ	6.4	0.0	0.0

表 C.4 燃料在各区域内的滞留时间

s

区域	FC—FC	混合线段	S—S
DBCD	0.598		
DFBD	1.460		
EFDE	1.136		
EHFE		1.078	
FABF	1.405		
FGAF		0.592	
HGFH		0.364	
IHEI		0.752	
IJHI			0.478
JGHJ			0.478
wAGw		0.925	
wBAw	4.104		
wCBw	2.809		
wDCw	2.809		
wEDw	2.626		
wGJw			0.749
wIEw		1.947	
wJIw			0.749

附 录 D
（规范性附录）
端对端型结构的简化流动模型计算方法

D.1 常用标识

D.1.1 滤芯

聚结滤芯或分离滤芯。用大写字母标记，如 A。

D.1.2 线段

两滤芯间的间距。它用所连接的两滤芯的字母表示，如 AB、BC 等。滤芯和内壁间的线段用字母 w 和其所连接的滤芯的字母表示，如 wA、wD 等。

D.1.3 线

起始于壳体内壁一侧，延长至另一侧的一系列的线段。用内壁和所连接滤芯的字母来表示，如 wCBAw（分离滤芯）、wFEw（聚结滤芯）等。

D.1.4 区域

由滤芯之间或壳体内壁和滤芯之间的 3 条线段所围成的三角区域。用组成该区域的滤芯的字母表示，以区域的第一支滤芯为起点和终点，如 CBDC（分离滤芯），wCDw 等。

D.1.5 速度矢量

每一线段的速度矢量用箭头标注。

D.2 分割壳体

壳体横截面的视图应旋转至分离滤芯在底部的位置。滤芯的位置由距壳体中心的距离和与水平直径所成的角度确定。图 D.1 中各滤芯位置见表 D.1。

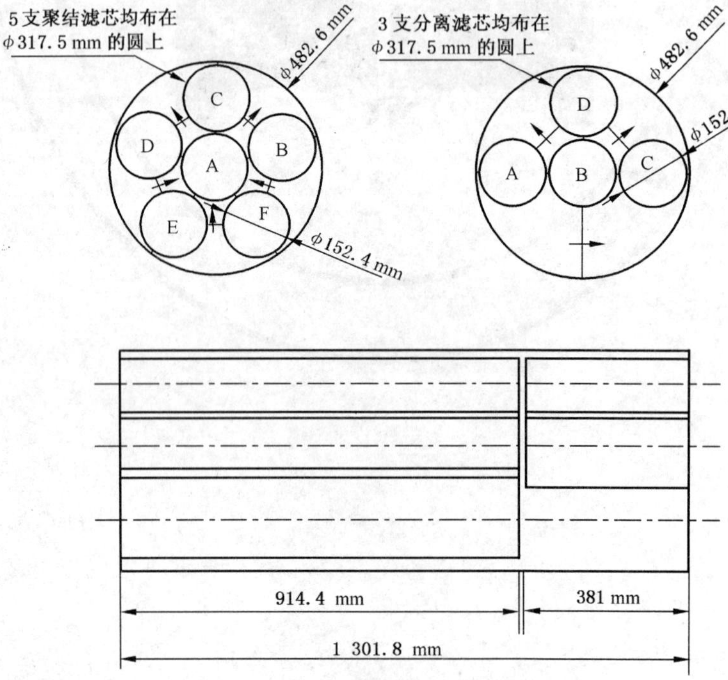

图 D.1 端对端型结构

D.2.1 分离滤芯部分线的画法

通过壳体的中心，连一水平直线，选取与该线接触的滤芯，依次连接滤芯，这就是第一条线。图 D.1 中的分离滤芯部分，就是线 wCBAw。选取距壳体内壁和该线最近的滤芯，连接成另一条线。滤芯间连接所得的线，包含了通过该线所有的滤芯，也包含前一条线与该线间的滤芯。这种方法一直进行下去，直到没有再与线相连的滤芯为止。如果仅剩一支滤芯，如滤芯 D，该滤芯可以与邻近该滤芯线的第一支和最后一支滤芯相连接，得出最后的线，如 wCDAw。

D.2.2 区域的画法

选取两相邻的线，如 wCBAw 和 wCDAw。连接这两条线和内壁可组成内壁区，如 wEDw 和 wABw。从最长线的右侧开始，最长线即是穿过滤芯量多的线或距壳体中心最近的线(若各线上的滤芯数量相等)，将两线间区域分割为由三条线段组成的区域。常用方法是，选取第一支滤芯，然后移至该线上邻近的下一滤芯，再移至另一线上滤芯，最后回至第一支滤芯，如 CBDC(分离滤芯)。选第二线上的上述滤芯，移至同一线上邻近的下一滤芯，然后再移至另一线上未选取的滤芯，然后回至起始滤芯，如 DABD(分离滤芯)。依次类推，将两线间分割为若干区域。对于靠近内壁的线，如 wCDAw，在线与内壁间分割区域，如 wDCw 和 wDAw(分离滤芯)。聚结滤芯部分线段与区域的画法与上述相似。

表 D.1 分离滤芯和聚结滤芯的位置

分离滤芯			聚结滤芯		
滤芯	半径/mm	角度/(°)	滤芯	半径/mm	角度/(°)
A	158.8	180	A	0.0	0
B	0.0	0	B	158.8	18
C	158.8	0	C	158.8	90
D	158.8	90	D	158.8	162
			E	158.8	234
			F	158.8	306

D.3 线段长度和流量

图 D.1 各线段长度表 D.2 给出。假定各线段的流量与线段长度成正比，计算步骤如下：

D.3.1 分离滤芯部分

a) 计算各区域的面积。求解边缘区域的面积时，先计算出由壳体中心和滤芯中心所组成的扇形的面积：扇形的角度除以 360，乘以壳体的横截面面积；然后减去由两滤芯中心和壳体的中心所组成的三角形面积；最后，再减去区域内滤芯的面积；

b) 计算通过各线的流量。假定忽略聚结滤芯和分离滤芯之间的区域。流入线下方区域流量等于壳体的总流量乘以线下方区域面积总和除以分离滤芯部分区域的总面积，减去线下分离滤芯的进入流量，最后，减去每支线上分离滤芯在线下方的流量(分离滤芯流量乘以滤线下部分的面积比)，从而得出通过该线的流量。例如，通过线 wCBAw 的流量为：

$$\frac{\text{壳体总流量}(2\,271\ \text{L/min})\times\sum(\text{wABw},\text{wCBw 的面积})}{\sum(\text{wABw},\text{wCBw},\text{wADw},\text{wDCw},\text{CDBC},\text{DABD 的面积})}-\text{线下方分离滤芯的进入流量}(0)$$

$$-\text{线上分离滤芯 A、B、C 在线下方的流量}(0.5\times567.8\ \text{L/min}+0.5\times567.8\ \text{L/min}+0.5\times567.8\ \text{L/min})$$

c) 计算线上所有线段的总和。通过线段的流量等于线段的长度除以线上各线段的总长度乘以通过该线的总流量。

从靠近内壁的区域开始，按照质量守衡的原则确定不在线上的各线段的流量，如线段BD，选择一区域，例如CBDC。计算分离滤芯区域内部分的流入(或流出)流量。习惯上流入区域的流量为负，流出区域的流量为正。将经线段流出区域的流量和区域内分离滤芯部分的流量相加，再加上总流量乘以区域的面积除以分离滤芯部分所有区域的面积之和，减去经线段进入区域的流量，可得出区域内未知线段的流量。重复上述步骤，直到求出所有线段流量。

各线段流速的计算方法如下：

a) 两滤芯间的线段长度乘以分离滤芯的长度即得面积；

b) 通过线段的总流量除以a)计算出的面积。

面D.1计算结果见表D.3。

D.3.2 聚结滤芯部分

a) 计算各区域的面积。求解边缘区域的面积时，先计算出由壳体中心和滤芯中心所组成的扇形的面积：扇形的角度除以360，乘以壳体的横截面面积；然后减去由两滤芯中心和壳体的中心所组成的三角形面积；最后，再减去区域内滤芯的面积；

b) 计算通过各线的流量。将线下方所有聚结滤芯的流量相加，其和计为F_F。假定忽略聚结滤芯和分离滤芯之间的区域。流出线下方区域的流量等于壳体的总流量乘以线下方区域面积总和除以聚结滤芯部分区域的总面积。F_F减去流出线下方区域的流量，最后再加上每支线上聚结滤芯在线下方的流量(聚结滤芯流量乘以滤芯线下部分的面积比)，从而得出通过该线的流量；

c) 计算线上所有线段的总和。通过线段的流量等于线段的长度除以线上各线段的总长度，乘以通过该线的总流量。

从靠近内壁的区域开始，按照质量守衡的原则确定不在线上的各线段的流量，如线段BF等；选择一区域，例如$wBFw$。计算聚结滤芯区域内部分的流出流量。习惯上流入区域的流量为负，流出区域的流量为正。将经线段流出区域的流量相加，减去经线段进入区域的流量，加上总流量乘以区域的面积除以聚结滤芯部分所有区域的面积之和，最后减去区域内聚结滤芯部分的流量，可得出区域内未知线段的流量。重复上述步骤，直到求出所有线段流量。

各线段流速的计算方法如下：

a) 两滤芯间的线段长度乘以聚结滤芯的长度即得面积；

b) 通过线段的总流量除以a)计算出的面积。

图D.1计算结果见表D.3。

D.4 滞留时间

滞留时间定义为区域内的燃料体积除以进入区域的流量。区域体积等于滤芯的长度(在分离滤芯部分为分离滤芯长度，在聚结滤芯部分为聚结滤芯长度)乘以区域的截面积。

对于分离滤芯部分，经线段流入区域的流量加上总流量乘以区域截面积除以分离滤芯部分区域截面积之和；对于聚结滤芯部分，经线段流入区域的流量加上区域内聚结滤芯部分的流量。将区域体积除以进入区域的流量即为滞留时间，表D.4所示为图D.1各区域的滞留时间。

最后，聚结滤芯和分离滤芯之间区域的滞留时间等于壳体的横截面积乘以分离滤芯和聚结滤芯之间的间距除以壳体的总流量。

表 D.2 线段长度

聚结滤芯		分离滤芯	
线段	长度/mm	线段	长度/mm
wB	6.4	WC	6.4
AB	6.4	BC	6.4
AD	6.4	AB	6.4
wD	6.4	WA	6.4
wF	6.4	CD	72.1
EF	34.2	AD	72.1
wE	6.4	wB	165.1
BC	34.2	wD	6.4
CD	34.2	BD	6.4
BF	34.2		
DE	34.2		
AF	6.4		
AE	6.4		
wC	6.4		
AC	6.4		

表 D.3 分离滤芯部分和聚结滤芯部分线段的流量和流速

聚结滤芯			分离滤芯		
线段	流量/(L/min)	流速/(mm/s)	线段	流量/(L/min)	流速/(mm/s)
wB	0.000	0.0	wC	118.062	872.1
AB	0.000	0.0	BC	118.062	872.1
AD	0.000	0.0	AB	118.062	872.1
wD	0.000	0.0	wA	118.062	872.1
wF	0.000	0.0	CD	−93.936	−61
EF	−100.745	−55.2	AD	−93.936	−61
wE	0.000	0.0	wD	0.000	0.0
BC	100.745	55.2	BD	0.000	0.0
CD	100.745	−55.2	wB	0.000	0.0
BF	−100.745	−55.2			
DE	−100.745	−55.2			
AF	0.000	0.0			
AE	0.000	0.0			
wC	0.000	0.0			
AC	0.000	0.0			

表 D.4　分离滤芯部分和聚结滤芯部分各区域的滞留时间

聚结部分			分离部分		
线段	面积/cm^2	滞留时间/s	线段	面积/cm^2	滞留时间/s
wBFw	118.3	1.663	wBAw	320.5	1.033
wFEw	118.3	1.725	wBCw	320.5	1.033
wEDw	118.3	1.663	wADw	194.5	0.798
wDCw	118.3	1.725	wDCw	194.5	0.798
wCBw	118.3	1.725	CDBC	34.8	0.262
BAFB	28.6	0.807	DABD	34.8	0.262
FAEF	28.6	0.807			
ADEA	28.6	0.807			
BCAB	28.6	0.807			
ACDA	28.6	0.807			

ICS 23.100.60
J 77

中华人民共和国国家标准

GB/T 21358—2008

喷气燃料过滤分离器通用技术规范

Specifications for aviation jet fuel filter/separators

2008-01-14 发布

2008-05-01 实施

中华人民共和国国家质量监督检验检疫总局
中国国家标准化管理委员会 发布

前　言

本标准修改采用 API/IP 1581:2002《航空喷气燃料过滤分离器技术规范及质量合格鉴定方法》(英文版)。

本标准根据 API/IP 1581:2002 重新起草。为了便于比较,在资料性附录 A 中列出了本标准条款和 API/IP 1581:2002 条款的对照一览表。

由于我国法律要求和工业的特殊需要,本标准在采用 API/IP 1581:2002 时进行了修改。附录 B 中给出了详细的技术性差异及其原因的一览表以供参考。

为便于使用,本标准还做了下列编辑性修改:

——“本规范”一词改为“本标准”;

——用小数点“.”代替作为小数点的逗号“,”;

——删除 API/IP 1581:2002 标准的前言。

本标准的附录 A、附录 B 为资料性附录,附录 C、附录 D、附录 E、附录 F、附录 G 为规范性附录。

本标准由中国机械工业联合会提出。

本标准由全国分离机械标准化技术委员会归口。

本标准起草单位:中国航空油料有限责任公司、北京承天倍达过滤技术有限责任公司。

本标准主要起草人:张虎、梁立杰、赵忠、白静、李明、侯海瑞、邓炳华。

本标准是首次发布。

喷气燃料过滤分离器通用技术规范

1 范围

本标准规定了喷气燃料过滤分离器的术语和定义、分类、技术要求、检验方法、质量评定程序及标志、包装、运输和贮存以及性能试验方法。

本标准适用于流量不大于 6 000 L/min 喷气燃料过滤分离器。

2 规范性引用文件

下列文件中的条款通过本标准的引用而成为本标准的条款。凡是注日期的引用文件，其随后所有的修改单(不包括勘误的内容)或修订版均不适用于本标准，然而，鼓励根据本标准达成协议的各方研究是否可使用这些文件的最新版本。凡是不注日期的引用文件，其最新版本适用于本标准。

GB 150 钢制压力容器

GB/T 1793 航空燃料水反应试验法

GB/T 2828.1 计数抽样检验程序 第1部分：按接收质量限(AQL)检索的逐批检验抽样计划(GB/T 2828.1—2003,ISO 2859-1:1999,IDT)

GB/T 3555 石油产品赛波特颜色测定法(赛波特比色计法)

GB 6537 3号喷气燃料

GB/T 6539 航空燃料与馏分燃料电导率测定法

GB/T 8019 车用汽油和航空燃料实际胶质测定法(喷射蒸发法)(GB/T 8019—1987,neq ISO 6246:1981)

GB/T 13306 标牌

GB/T 21357—2008 喷气燃料过滤分离器相似性技术规范

JB/T 4711 压力容器涂敷与运输包装

SH/T 0766 T1602喷气燃料抗磨添加剂

ISO 12103-1 道路车辆 用于滤清器评价的粉尘试验 第1部分：亚利桑那试验粉尘

ASTM D 1655 航空燃气涡轮发动机燃料的规范

ASTM D 2276 航空燃料中颗粒污染物试验法

ASTM D 2624 含静态耗散器添加剂的航空馏出油的电导率的试验方法

ASTM D 3240 航空涡轮燃料非溶解水试验方法

ASTM D 3948 用便携式分离器测定航空涡轮机燃料的水分离特性的试验方法

ASTM D 4171 燃料系统防冻剂规范

MIL-PRF-25017 燃料中的抑制剂、防腐/润滑改良剂

3 术语和定义

下列术语和定义适用于本标准。

3.1

过滤分离器 filter/separator

装有聚结滤芯和分离滤芯能连续地从喷气燃料中滤除杂质和水分的容器。

注1：过滤分离器的结构可以是立式或卧式的。

注2：过滤分离器可以是两级或多级的。两级系统是容器内装有聚结滤芯和分离滤芯。燃料通过聚结滤芯流入容器，再通过分离滤芯流出容器。多级系统是在二级系统的基础之上增设一个或多个附加级。附加级可以是安装在分离滤芯内的能在水分含量超过规定要求时，切断燃料流动的装置(或吸附级)。附加级也可以是安装在聚结滤芯内的能滤除颗粒污染物预过滤装置。

3.2

聚结滤芯　filter/coalescer

去除燃料中的杂质，并且能将燃料中的细小水滴聚结成尺寸较大的(能够在容器中被去除)水珠的过滤元件。

3.3

分离滤芯　separator

防止燃料将水珠(由聚结滤芯聚结而成)从壳体内挟带出去的过滤元件。

3.4

起始压差　initial differential pressure

新滤芯或过滤分离器在额定流量下清洁无水的燃料通过时的压降。

3.5

纳污容量　solids holding capacity

滤芯或过滤分离器达到规定的压差时所能够容纳的固体污染物总量。

3.6

滤芯结构强度　structural strength of element

在不发生结构破坏、不丧失功能的前提下滤芯所能承受的最大压差。

4　分类

4.1　根据纳污容量和脱水能力将过滤分离器分为S、S-LD两类。

4.2　S类过滤分离器适用于喷气燃料中水分和杂质含量较高的场合。其过滤性能应满足5.1.3.1的要求。

4.3　S-LD类过滤分离器适用于喷气燃料中水分含量较高但杂质含量轻微的过滤场合。其过滤性能应满足5.1.3.2的要求。

4.4　鉴定合格的S类过滤分离器在同样流量下可作为S-LD类使用。

5　技术要求

5.1　工作性能

5.1.1　滤后燃料的污染含量

按附录C的规定进行试验，其滤后燃料的污染程度应满足如下要求：

a)　固体杂质含量不大于0.26 mg/L；

b)　游离水含量体积分数不大于15 μL/L；

c)　燃料纤维含量不大于每升10根。

5.1.2　纤维脱落

滤后燃料中长度与直径之比大于或等于10，并且长度大于或等于100 μm的任何颗粒均应看作是从滤芯中脱落的纤维，滤后燃料中纤维含量应不大于每升10根。

5.1.3　纳污容量

5.1.3.1　S类过滤分离器应满足

——单位额定流量(L/min)的纳污容量大于等于1.43 g(以19 mg/L的浓度注入75 min)；

——在容纳了规定数量67%的固体杂质(过滤试验进行50 min)时，压差应不超过105 kPa；

——在容纳了全部规定的固体杂质(过滤试验进行 75 min)时,压差应不超过 315 kPa。

5.1.3.2 **S-LD 类过滤分离器应满足**

——纳污容量不作要求;

——在滤芯试验中,压差达到 155 kPa 时,保持 45 min;

——在整机试验中,压差达到 105 kPa 时,保持 45 min。

5.1.4 **起始压差**

聚结滤芯的起始压差应不超过 42 kPa。

过滤分离器的起始压差应不超过 70 kPa。

5.1.5 **滤芯的结构强度**

聚结滤芯结构强度应不小于 520 kPa。

5.1.6 **结构完整性**

在进行单支和整机实验后,聚结滤芯的介质和结构不应发生泄漏、撕裂等损坏。

注:聚结滤芯棉套变色在没有足够的证据支持下不能证明其结构完整性被破坏。

5.1.7 **滤芯的憎水性能**

分离滤芯应能承受 6 cm 的静水压力试验,滤网、滤网接缝及端盖粘接处不应有泄漏。

5.1.8 **相容性**

聚结滤芯和分离滤芯应通过附录 C 中 C.7 的试验。

5.1.9 **环境性能**

整机在-54℃～$+71$℃的温度范围内不应受到不利的影响;当浸于清水、盐水或航空燃油时,滤芯的介质、垫片、密封材料和壳体的内壁涂料不应受到损坏,并且不应促进微生物的生长。

5.2 **机械性能**

5.2.1 **壳体的结构和设计**

5.2.1.1 **设计标准**

过滤分离器壳体的设计和制造应符合 GB 150 的有关规定。

5.2.1.2 **结构材料**

与燃料接触的所有金属部件,除引压管之外,均不应采用锌、铜、镉以及它们的合金。壳体材料应为不锈钢、阳极氧化处理的铝、碳钢。碳钢壳体内壁应加涂白色或浅色的环氧树脂涂层。

5.2.1.3 **放气口和压力释放口**

过滤分离器的壳体应设放气口和压力释放口。放气口应设在壳体的最高点,压力释放口应安装安全阀。

5.2.1.4 **取样口**

应设置在过滤分离器的进口和出口处,最小尺寸应能够安装 Rc1/4 的标准管螺纹接头组件或其他相近尺寸的组件。

5.2.1.5 **引压口**

应设置引压口,其上安装的压力表应能读取壳体的进、出口的压力和总压差。对于多级系统,压力表应能测量通过聚结滤芯的压差及通过分离滤芯和附加级的压差。

5.2.1.6 **清洗检查口**

应设置清洗检查口以检查和清洗壳体内的沉淀槽、隔板、托盘等。在设计和结构允许时,可设置一个 DN100 的清洗孔。

5.2.1.7 **放水口(取样口)**

在进口、出口部件的最低点和隔板的最低点焊接一个单头管接头作为放水口(取样口),隔板坡度应不小于 3%。

5.2.1.8　**放水管、取样管和放气口**

所有放水管、取样管和放气口的布置应最大限度地减少对人员的伤害和对环境的破坏。

5.2.1.9　**沉淀槽**

沉淀槽应设置在过滤分离器的最低端，沉淀槽的体积取到达分离滤芯托架、聚结滤芯托架或滤芯最低点的体积中的最小者。制造沉淀槽时因焊接产生的隆起和变形，不应阻碍液体流进沉淀槽。

5.2.1.10　**标牌**

在筒体的外壁应设置永久性的压力容器标牌和产品标牌。

5.2.1.10.1　**压力容器标牌**

压力容器标牌的内容应符合 GB 150 的要求。压力容器标牌应包括：

a)　制造单位名称和制造许可证号码；

b)　制造单位对该容器产品的编号；

c)　制造日期；

d)　设计压力(含不同工况条件下的不同设计压力)；

e)　最大允许工作压力；

f)　试验压力；

g)　设计温度(含不同工况条件下的不同设计温度)；

h)　容器重量；

i)　容器类别；

j)　容器设计标准。

5.2.1.10.2　**产品标牌**

产品标牌至少应包括下列内容：

a)　产品型号和序号；

b)　产品种类和类型；

c)　额定工作流量；

d)　聚结滤芯和分离滤芯的数量和型号；

e)　壳体端盖密封垫材料及零件号；

f)　允许通过隔板的最大压差；

g)　沉淀槽体积；

h)　推荐的滤芯更换压差；

i)　推荐的滤芯安装力矩；

j)　产品执行的国家标准号；

k)　制造商和制造日期。

5.2.1.11　**设计压力**

壳体的设计压力(最大工作压力)在 35℃时应不低于 1.0 MPa 或应满足用户要求。

5.2.1.12　**水压试验**

5.2.1.12.1　过滤分离器壳体应按 GB 150 的要求进行水压试验。

5.2.1.12.2　进口托盘(进料腔)应用 0.8 MPa 的压力进行水压试验。

5.2.1.12.3　在多级系统中，出口托盘(出料腔)应以 0.8 MPa 的压力和多级系统规定的压力中大者进行试验。

5.2.1.13　**进口和出口标记**

进口、出口和沉淀槽放水口均应有永久性的标记。

5.2.1.14　**滤芯托架**

滤芯长度大于 460 mm 时，过滤分离器应设置滤芯托架。如果所采用的固定方法不能保证托架与壳体壁之间的电传导，应将托架单独连接在壳体上。托架上的滤芯固定装置应能够适应轴心稍偏的滤芯。

5.2.1.15 **滤芯装放口**

除特殊安装要求外，均应利用带有悬挂式或旋转式装置的壳体盖子。宜使用活结螺栓连接壳体盖子。除用户另有要求外，壳体的长度与直径之比应满足下列要求：

a) 当壳体直径不大于 600 mm 时，L/D 应不大于 1.75；

b) 当壳体直径大于 600 mm 时，L/D 应不大于 2.5。

其中：

L——从隔板或托盘到端盖开口的距离；

D——壳体的内径。

5.2.1.16 **滤芯间隙**

滤芯表面与壳体内壁间距应不小于 13 mm，相邻滤芯表面间距应不小于 13 mm，滤芯中心间距应不小于 165 mm。

5.2.1.17 **密封垫圈**

密封垫圈应由氟橡胶、丁腈橡胶或性能相当的材料制成，不应使用含有石棉的软木密封垫和垫片。

5.2.1.18 **外观**

应除去壳体外表的杂质、油脂、铁锈及碎屑。除另有规定外，应涂以符合要求的金属底漆。所有的标牌、压力表及类似部件在涂漆前应加以遮盖。

5.2.1.19 **壳体的洁净度**

壳体内所有与喷气燃料接触的表面应无杂质(喷砂残粒)、金属屑、水及潜在的化学污染物。

5.2.2 **滤芯的结构与设计**

5.2.2.1 **滤芯密封**

滤芯连接应采用下列方法之一进行密封：

a) 平垫密封滤芯采用平垫对无锋 V 形刀口密封，V 形截面的高度应为 $1.5^{+0.15}_{0}$ mm；

b) 螺纹头滤芯采用压缩 O 型圈或平垫对 a)所述的 V 形刀口密封；

c) 平头滤芯采用合适的密封垫、垫圈或嵌有 O 型圈的垫圈密封端盖，保留拉杆的螺纹端；

d) 活塞式 O 型圈。

5.2.2.2 **结构材料**

与燃料接触的所有金属部件不应含有锌、镉、铜。滤芯的金属元件应是不易腐蚀的。所有材料在化学性质上应与燃料相容。密封件应由氟橡胶、丁腈橡胶或性能相当的材料制成。

5.2.2.3 **端盖**

滤芯端盖及有关金属件的设计应能防止水分的滞留。端盖应至少能承受 200% 的推荐安装力矩，而不发生永久变形、破裂或损坏。完整的滤芯应能够承受 125% 推荐的安装力矩。

5.2.2.4 **滤芯安装基座**

螺纹式安装基座应安装牢固以防止在取出滤芯时发生转动。设计的基座应至少能够承受 150% 的推荐安装力矩，而不发生永久变形、破裂或损坏。

5.2.3 **必备附件**

5.2.3.1 **压差测量设备**

应采用直读式压差计。当多级系统过滤时，应对聚结滤芯、分离滤芯(含监控级)分别设立压差计。压差计的低压端应安装一个三通阀，当阀转到“断开”的位置时，压差计与大气相通。如果用户要求对压差计进行标定，应提供安装标准压力表的快速接头。

5.2.3.2 **放气阀**

如果相连的管线会使壳体跑油并因空气通过放气阀进入壳体而将燃料放空，则应安装一个开启压力为7.0 kPa的软密封止回阀。

5.2.3.3 **安全阀(泄压阀)**

安全阀开启压力不应大于壳体的设计压力。

5.2.3.4 **在线取样接头**

在线取样接头应采用自封快卸式接头，并且能在各种流动状态下从管线中取出有代表性的油样。

5.2.3.5 **放水阀**

放水阀应动作可靠，无泄漏。

5.2.3.6 **防水装置**

用于给飞机加油的过滤分离系统应安装下列一种防水装置：

a) 符合5.2.4.1要求的水塞断流装置；

b) 符合5.2.4.2要求的沉淀槽水位显示或报警装置；

c) 吸水(限流)多级装置。吸附级的压差在整个试验期间应不超过100 kPa。

5.2.4 **可选附件**

5.2.4.1 **水塞断流装置**

可安装水压载型的或弹簧加载型的水塞断流装置。

5.2.4.2 **沉淀槽水位报警装置**

应能在过滤分离器的沉淀槽积满水时报警。

5.2.4.3 **沉淀槽加热器**

在寒冷地区可加装电热套或浸没式沉淀槽加热器。

5.2.4.4 **限流器**

当过滤分离器并联安装时，应在每台过滤分离器上游安装限流器。

6 试验方法

6.1 性能试验

过滤分离器及滤芯的性能试验应按附录C要求进行。

6.2 水压试验

6.2.1 壳体的水压试验应按GB 150的要求进行。

6.2.2 托盘(进料腔、出料腔)的水压试验应在0.8 MPa的压力下保持15 min。

6.3 憎水性能试验

分离滤芯的憎水性能试验装置见图1。将分离滤芯两端密封好，并安装在夹具上，浸没水中，转动滤芯二周，同时进行目视检查。

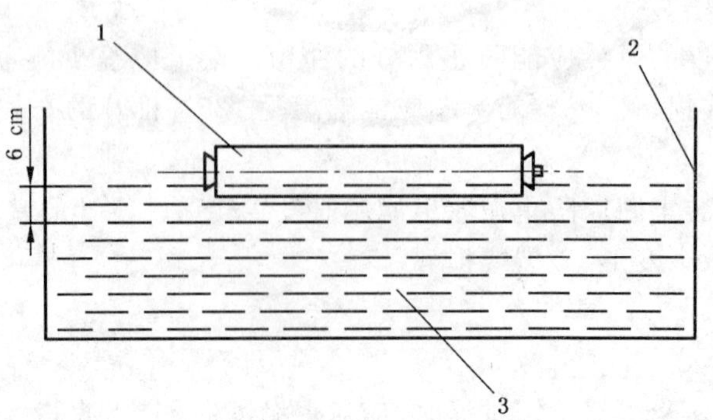

1——分离滤芯；

2——试验水槽；

3——试验用水。

图1 分离滤芯试验装置

6.4 相容性试验

滤芯相容性试验应按 C.7 中规定进行。

6.5 相似性审查

过滤分离器的相似性的审查应按 GB/T 21357—2008 进行。

7 质量评定程序

7.1 检验类型

检验分为鉴定检验和质量一致性检验。水分离指数分析方法应按 ASTM D3948 规定，实际胶质含量分析方法应按 GB/T 8019 规定，水反应分析方法应按 GB/T 1793 的规定，颜色测定方法应符合 GB/T 3555 的规定。

7.1.1 鉴定检验

当出现下列情况之一者，应进行鉴定检验。鉴定检验合格后方可生产。

a) 新研制的产品投入正式生产；

b) 因产品的设计、工艺或使用材料的改变影响到产品性能时应进行有关项目的检验；

c) 质量一致性检验结果与上次鉴定检验有较大差异时；

d) 国家技术监督机构要求的鉴定。

鉴定检验应由行业主管部门指定的机构或技术专家进行见证试验和检验。

7.1.1.1 技术文件

鉴定检验时制造商应提交下列文件：

a) 设计任务书；

b) 设计图样；

c) 技术条件；

d) 使用说明书；

e) 试验报告；

f) 试用报告。

7.1.1.2 样品

鉴定检验时整机和壳体样品不少于两台，滤芯应不少于 6 支。

7.1.2 质量一致性检验

批量生产的产品在出厂前应进行质量一致性检验，规定的检验项目全部合格后方可发给产品合格证，允许出厂。

7.1.2.1 检验批

每个提交检验批应由在同一时期内以同样的工艺、结构和材料生产出的产品组成。过滤分离器壳体每个检验批不得超过 100 台，聚结滤芯或分离滤芯每个检验批应不超过 3 000 支。

7.1.2.2 抽样方案

对于不能进行 100% 检验的检验项目，根据 GB/T 2828.1 的规定按表 1 规定的取样方案，从每个检查批内随机抽取产品样品。

表 1 滤芯抽样检查方案

每批滤芯数	样 品 数	AQL(接收质量限)=4.0%	
		合格判定数	不合格判定数
0～1 000	第一批样品 2	0	2
	第二批样品 2	1	2

表 1(续)

每批滤芯数	样品数	AQL(接收质量限)=4.0%	
		合格判定数	不合格判定数
1 001～3 000	第一批样品 3	0	2
	第一批样品 3	1	2

7.1.2.3 **批合格或不合格的判断**

若第一批样品中发现的不合格品数小于或等于第一合格判定数，则判断该批是合格的。表 1 列出了滤芯抽样检查方案。

若在第一批样品中发现的不合格品数，大于或等于第一不合格判定数，则判断该批是不合格的。

若在第一批样品中发现的不合格品数，大于第一合格判定数，同时小于第一不合格判定数，则抽取第二样品进行检查。若在第一和第二样品中发现的不合格品的总和小于或等于第二合格判定数，则判断该批是合格的，相反，若大于或等于第二不合格判定数，则判断该批是不合格的。

7.2 检验项目

过滤分离器应按表 2 所规定的项目进行检验。

表 2 检验项目

检验项目	鉴定检验				质量一致性检验			
	聚结滤芯	分离滤芯	壳体	整机	聚结滤芯	分离滤芯	壳体	整机
外观	逐件	逐件	逐件	逐件	逐件	逐件	逐件	逐件
水压试验	—	—	逐件	—	—	—	逐件	—
憎水性能	—	逐件	—	—	—	抽样	—	—
相容性试验	逐件	—	—	—	—	—	—	—
环境试验	逐件	逐件	—	逐件	—	—	—	—
工作性能[a]	逐件	逐件	—	逐件	抽样	抽样	—	—
相似性审查[b]	—	—	逐件	逐件	—	—	—	—

注：—表示不做。

a 工作性能试验应由有资格的技术专家到现场进行见证试验。

b 如果要鉴定的过滤分离器与已鉴定合格的过滤分离器(通过整机试验)具有相似性，则不必进行整机试验。

8 标志、包装、运输、贮存

8.1 标志

应在过滤分离器筒体明显部位设置永久性的标牌。标牌尺寸规格应符合 GB/T 13306 的要求，内容应符合 5.2.1.10 的要求。过滤分离器壳体上应标注喷气燃料流向的永久性标记。每支滤芯上应对型号和制造日期做永久性标记，滤芯标记应易于观察，用作滤芯标记的材料不应对燃料造成污染，不应受燃料的影响。

8.2 包装

8.2.1 壳体的包装

过滤分离器壳体的包装应符合 JB/T 4711 的要求。

8.2.2 滤芯的包装

应先用聚乙烯或类似的材料的塑料袋(袋中应放干燥剂)包装，再用纸盒单个包装。

应用瓦楞纸箱对单个包装好的滤芯进行成箱包装，每箱数量根据滤芯的具体尺寸而定，但每箱的重量应不超过 30 kg。

应在塑料袋或包装箱上明确标出推荐的滤芯安装力矩、更换压差和使用寿命。

8.3 随行文件

过滤分离器的随行文件应用塑料袋封装，随行文件应包括：

a) 产品合格证；

b) 产品使用说明书；

c) 装箱单；

d) 随机备附件清单；

e) 安装图；

f) 试验报告；

g) 相似性数据表；

h) 其他有关技术资料。

8.4 运输

过滤分离器的运输应严格按照 JB/T 4711 进行。在运输过程中应避免过滤分离器壳体刮伤和碰伤，应对内部零部件应进行适当的固定，防止其摆动或晃动，避免对其自身的损伤或过滤分离器壳体内部涂层的损伤。

8.5 贮存

过滤分离器应水平或垂直单放贮存，应防止刮伤或机械破损。

成箱包装的滤芯可码放，码放不宜超过四层，包装箱上不应有重物压放。滤芯应放置在相对湿度小于 80%、温度在 −15℃～40℃的无腐蚀性介质场所中，应远离热源，避免日晒雨淋。

滤芯的贮存期不宜超过两年。

附　录　A
（资料性附录）
本标准章条号与 API/IP 1581:2002 章条编号对照

表 A.1 给出了本标准章条号与 API/IP 1581:2002 章条编号对照一览表。

表 A.1　本标准章条号与 API/IP 1581:2002 章条编号对照

本标准章条编号	对应的 API/IP 1581:2002 章条编号
1	1.1 的(a)
2	1.2 部分内容
3.1	2.1.1
3.2	2.1.2 第一句
3.3	2.1.3
3.4	—
3.5	—
3.6	—
—	2.1.4
—	2.1.5
—	2.2
4.2	2.3.2
4.3	2.3.3 第一句
—	2.3.4
—	2.4.1
4.4	2.4.2
5.1.1	3.1.1
5.1.2	3.1.2
5.1.3	3.1.3
5.1.4	3.1.4.1 部分内容
5.1.5	3.1.5 部分内容
5.1.6	3.1.6
5.1.7	—
5.1.8	4.6.1
5.1.9	4.6.2
5.2.1.1	3.2.2.1 部分内容
5.2.1.2	3.2.2.2.1 前三句
5.2.1.3	3.2.2.3
5.2.1.4	3.2.2.4 第二句
5.2.1.5	3.2.2.5

表 A.1(续)

本标准章条编号	对应的 API/IP 1581:2002 章条编号
5.2.1.6	3.2.2.6 部分内容
5.2.1.7	3.2.2.7 第 句和第四句
5.2.1.8	3.2.2.8
5.2.1.9	—
5.2.1.10	3.2.2.9 部分内容
5.2.1.11	3.2.2.10
5.2.1.12	3.2.2.11
5.2.1.13	3.2.2.12
5.2.1.14	5.2.2.13 部分内容
5.2.1.15	3.2.2.14
5.2.1.16	3.2.2.15 第二句和第三句
5.2.1.17	3.2.2.16 第一句
5.2.1.18	3.2.2.17 前三句
—	3.2.2.18
5.2.1.19	3.2.2.19
5.2.2.1	3.2.3.1
5.2.2.2	3.2.3.2
8.1	3.2.3.3
8.2.2	3.2.3.4 第二、三、四句
5.2.2.3	3.2.3.5
5.2.2.4	3.2.3.6
—	3.2.4.1
5.2.3.1	3.2.4.2 部分内容
5.2.3.2	3.2.4.3 第二句
5.2.3.3	3.2.4.4
5.2.3.4	—
5.2.3.5	—
5.2.3.6	3.2.4.5
—	3.2.5.1
5.2.4.1	3.2.5.2 第三句
5.2.4.2	3.2.5.3
5.2.4.3	3.2.5.4
5.2.4.4	3.2.5.5 第一句
—	3.2.5.6
6	—

表 A.1(续)

本标准章条编号	对应的 API/IP 1581:2002 章条编号
7	—
8	—
附录 A	—
附录 B	—
附录 C	4
附录 D	附录 A
附录 E	—
附录 F	表 3 和表 6 表 7
附录 G	—

附 录 B
（资料性附录）
本标准与 API/IP1581:2002 技术性差异及其原因

表 B.1 给出了本标准与 API/IP 1581:2002 的技术性差异及其原因的一览表。

表 B.1 本标准与 API/IP 1581:2002 技术性差异及其原因

本标准章条号	技术差异	原 因
1	标准适用范围 6 000 L/min 替换原标准的 9 500 L/min	工作流量在 6 000 L/min 以上的过滤分离器试验成本高，维护作业难度大，但在实际上极少使用，因此未将 6 000 L/min 以上的过滤分离器纳入本标准的适用范围
1	删除 API/IP1581:2002 中范围(b)～(e)	以符合我国关于国家标准适用范围编写要求
2	用国家标准替换部分国际标准，同时新增一些国家标准	以适应我国引用标准的规定
3	增加 3.4～3.6	增加的三个术语是实际工作中常用的术语，也是经常容易出错的术语，有必要加以定义和规范
4	删除 API/IP1581:2002 中 2.1.4、2.1.5	符合我国标准编写要求
4	删除 API/IP1581:2002 过滤分离器根据燃料不同分 C 类、M100 类、M 类	我国实际使用燃料与国际上的不同，删除分类更符合我国国情
5	增加 5.1.7 滤芯憎水性能、5.1.8 环境性能、5.1.9 相容性	原标准只是在试验方法中提及，在此增加的这几项要求符合国家标准关于内容的编写要求
5.2.1.1	将 API/IP1581:2002 中壳体的设计标准“过滤分离器的壳体应按最新版本的 ASME 的《锅炉与压力容器标准》的第八章或者使用地区适用的同等标准进行设计和制造”更改为“过滤分离器壳体的设计和制造应符合 GB 150 的有关规定”	适应我国法规及相应的行业要求
5.2.1.9	增加了沉淀槽内容	沉淀槽是过滤分离器重要的部件，因此应当对其设计及制造加以规范
5.2.1.10	修改原标准 3.2.2.9 铭牌内容	GB 150 中对压力容器铭牌的内容有详细规定，产品铭牌也有相应的内容要求，两个铭牌内容不同，产品铭牌符合 API/IP 1581 规定；压力容器铭牌符合 GB 150 规定
5.2.11	将原标准壳体的设计压力 1 035 kPa 修改为 1.0 MPa	符合我国压力容器的压力等级划分
5.2.3	增加 5.2.3.4 在线取样接头和 5.2.3.5 放水阀	在线取样接头和放水阀是过滤分离器重要的附件，因此纳入本标准的规定范围
6.3	增加憎水性能试验方法	在标准中对滤芯的憎水性能提出要求，因此憎水性能试验是必不可少的
7	增加质量评定程序	符合国家对产品技术规范的编写要求

表 B.1(续)

本标准章条号	技术差异	原　因
C.3.1.1	增加了3号喷气燃料	我国实际使用燃料为3号喷气燃料或Jet A燃料或Jet A-1燃料,原标准并未涉及3号喷气燃料
C.3.3	删除API/IP 1581:2002中第4.2.4.2 M100类和M类燃料使用的添加剂。 增加两种添加剂:T1502和T1602	因本标准适用范围只涉及C类燃料,M类和M100类燃料不在本标准规定范围内。 国产T1502抗静电添加剂与国际上使用的Stadis450添加剂性能相当。 国产T1602抗磨添加剂与国际上使用的DCI-4A添加剂性能相当
C.9	API/IP1581:2002中4.7.1.3分析方法中,纤维脱落试验分析方法按ASTM D2276,本标准要求燃料中纤维含量按附录E测定	因ASTM D2276标准仅对取样方法作出规定,并不包含纤维含量测量和分析方法。附录E弥补了原标准在技术上的疏漏
附录E	增加附录E	
附录G	增加附录G	为了规范和统一试验报告的格式

附　录　C
（规范性附录）
喷气燃料过滤分离器性能试验方法

C.1　范围

本附录规定了喷气燃料过滤分离器性能试验的方法。

本附录适用于评定喷气燃料过滤分离器的工作性能。

C.2　试验系统

C.2.1　系统流程

单支滤芯性能试验系统应符合图 C.1 的规定，全尺寸整机性能试验系统应符合图 C.2 的规定。

C.2.2　检测仪表

试验系统中所使用的真空表、压力表、压差计、流量计、温度计等监测仪表应满足测试参数的要求，并且精度应不低于 0.5 级。仪表的精度应按要求进行标定。

C.2.3　试验设备

C.2.3.1　主泵

应采用转速不低于 2 950 r/min 的离心泵。

C.2.3.2　固体颗粒加注系统

固体颗粒加注系统应符合图 C.3 的规定。固体颗粒加注系统应能连续而均匀地向试验系统加注固体污染物，其计量精度应不低于 2%。图 C.3 中方案一，离心泵的流量大小应保持容器内粉尘浓度的恒定；方案二，计量泵的流量大小应保证在额定注入流量下，每分钟的循环流量为初始液体体积的 20%，并且注入流量应用流量计或液面高度变化来测量。

C.2.3.3　试验过滤分离器

C.2.3.3.1　在单支滤芯性能试验系统中，应使用单支滤芯试验壳体。在全尺寸整机性能试验系统中，试验过滤分离器应为待鉴定的过滤分离器。

C.2.3.3.2　多级过滤系统应采用两级过滤系统进行单支滤芯性能试验。多级系统附加级的测试只在全尺寸整机性能试验中进行。

C.2.3.3.3　单支滤芯试验壳体的技术要求

C.2.3.3.3.1　壳体的结构形式应与整机壳体的结构形式相同(立式或卧式)。

C.2.3.3.3.2　滤芯的布置方式应与整机壳体内的滤芯布置方式相同(边对边或端对端)。

C.2.3.3.3.3　滤芯试验壳体不必满足 5.2 中的所有机械性能要求，但是不应影响与整机的相似性。

C.2.3.3.3.4　滤芯试验壳体的设计数据表和图纸应列入滤芯性能试验报告。

C.2.3.3.3.5　滤芯试验壳体与待鉴定的过滤分离器相似性要求如下：

a）滤芯试验和整机试验中的聚结滤芯材料和结构应相同。

b）聚结滤芯的名义长度为(360±30)mm。单支滤芯壳体中聚结滤芯每厘米长度上的流量不应小于整机壳体中聚结滤芯每厘米长度上的最大流量。

c）滤芯试验壳体和整机试验壳体中所使用的聚结滤芯直径应相同。

d）滤芯试验壳体和整机试验壳体中所使用的分离滤芯应为相同的材料。

e）滤芯试验壳体中所使用的分离滤芯的直径(对非圆柱体的分离滤芯为平均直径)不应大于整机试验壳体中所使用的分离滤芯的直径。

f）分离滤芯的有效长度应不大于 155 mm。

g) 单支滤芯试验壳体内聚结滤芯与分离滤芯之间的最小距离应不大于整机试验壳体内聚结滤芯与分离滤芯之间的最小距离($\delta_{F/C-S}$)。

h) 单支滤芯试验壳体的内壁与聚结滤芯、分离滤芯之间的最小距离应不大于整机壳体内壁与聚结滤芯、分离滤芯的相应距离($\delta_{F/C-V}$和 δ_{S-V})。

i) 单支滤芯试验壳体中,聚结滤芯与分离滤芯的排列方向应与整机壳体中的相同。

j) 单支滤芯试验壳体直径:

1) 滤芯边对边布置的单支滤芯试验壳体,其直径(D_V)为:

$$D_V \leqslant D_{F/C} + D_S + \delta_{F/C-S} + \delta_{F/C-V} + \delta_{S-V}$$

2) 滤芯端对端布置的单支滤芯试验壳体,其直径(D_V)取下列数值中的大者:

$$D_V \leqslant D_{F/C} + 2\delta_{F/C-V}$$

$$D_V \leqslant D_S + 2\delta_{S-V}$$

k) 单支滤芯试验壳体面积:

1) 对于滤芯边对边布置的滤芯试验壳体,可通过在聚结滤芯和分离滤芯之间放置与滤芯平行的平板来改变滤芯试验壳体的面积。

平板与聚结滤芯的最短距离应小于等于 1.5 倍的 $\delta_{F/C-F/C}$。

平板与分离滤芯的最短距离应小于 1.5 倍的 δ_{S-S}。

2) 对于滤芯端对端布置的滤芯试验壳体,试验壳体面积比应取下列数值中的大者:

$$A_{Ratio} \geqslant 0.95 \times (\sum D_{F/C}^2)/D_{FS}^2$$

$$A_{Ratio} \geqslant 0.95 \times (\sum D_S^2)/D_{FS}^2$$

式中:

D_V——滤芯试验壳体直径;

D_{FS}——整机壳体直径;

$D_{F/C}$——聚结滤芯直径;

D_S——分离滤芯直径;

$\delta_{F/C-S}$——整机壳体中分离滤芯与聚结滤芯之间的间距;

$\delta_{F/C-V}$——整机壳体中聚结滤芯与壳体内壁之间的间距;

δ_{S-V}——整机壳体中分离滤芯与壳体内壁之间的间距;

$\delta_{F/C-F/C}$——整机壳体中聚结滤芯之间的最小间距;

δ_{S-S}——整机壳体中分离滤芯之间的最小间距;

A_{Ratio}——聚结滤芯或分离滤芯与壳体的面积比。端对端布置的壳体,其面积比为滤芯外部直径的平方与壳体内部直径的平方之比。

C.2.3.4 净化过滤器

额定流量应为系统额定流量的 1.2 倍。

C.2.3.5 白土过滤器

出口燃料的水分离指数应不小于 85,其额定流量应为系统额定流量的 1.2 倍。

C.2.3.6 水过滤器

出口水的固体颗粒含量应不大于 1 mg/L。

C.2.3.7 热交换器

系统中应设热交换器。热交换器的换热能力应能将试验燃料的温度控制在 10℃～30℃内。

C.2.3.8 注水系统

注水系统应能连续而均匀地向试验系统加注水分,其计量精度应不低于 1%。

C.2.3.9 在线取样接头

在线取样接头应在各种流动状态下取得有代表性的油料试样,而且应能与在线取样器上的接头相匹配。

C.2.3.10 油罐

系统应设两个油罐，每个油罐的容量应为系统额定流量(L/min)的 15 倍。

C.2.3.11 管线

固体颗粒加注点到试验过滤器之间的管线不应有转弯、三通或燃料不流动的支管。固体颗粒加注点到试验过滤器下游取样点之间，额定流量下的流速应大于 1 m/s。

C.3 试验材料及条件

C.3.1 试验燃料

C.3.1.1 燃料性能指标

试验基础燃料应为符合 GB 6537 要求的 3 号喷气燃料或符合 ASTM D 1655 要求的 JetA 或 JetA-1 喷气燃料。每组试验开始前，应按表 C.1 所示方法对试验燃料进行检测，其添加剂的含量和污染物的含量应符合表 C.1 要求。

C.3.1.2 体积

试验燃料的体积应满足 C.4 和 C.5 试验所规定的要求。滤芯性能试验期间，试验燃料不应循环使用。

C.3.1.3 温度

试验期间，试验燃料的最低温度应不低于 5℃，最高温度应不高于 32℃。每组试验期间试验燃料的温度变化应保持在±6℃的范围内。

表 C.1 试验燃料的基本要求

参数	指标	方法
电导率/(pS/m)	<10	ASTM D 2624 或 GB 6539
防腐剂含量	尽可能小	白土处理[a]
游离水/(μL/L)	<5	ASTM D 3240
水分离指数	>95	ASTM D 3948

a 燃料使用白土过滤器处理，没有精确测定其含量的方法。

C.3.2 验污染物

C.3.2.1 概述

试验应使用以下污染物：

a) R-9998 红色氧化铁或相当的产品。

b) 符合 ISO 12103-1 标准要求的 A1(超细)试验粉尘或相当的产品。

c) 满足如下要求的清水：

  1) 固体颗粒含量不大于 1.0 mg/L；

  2) 在 24℃下的表面张力不低于 65 mN/m；

  3) pH 值范围为 6～8。

d) 试验固体颗粒混合物由质量比为 10%的 R-9998 红色氧化铁和 90%的 A1(超细)试验粉尘混合组成。

注：试验粉尘中含有微小颗粒，A1(超细)试验粉尘含有硅，在使用这些材料时，应采取必要的防护措施。

C.3.2.2 加注方法

应连续而均匀地加注固体颗粒污染物，加注流量应控制在名义流量的±10%以内。试验颗粒污染物加注方法应按照附录 D 进行。污染物浆体的加注系统见图 C.3。

C.3.3 添加剂

应按试验程序要求的时间、数量和方式向试验燃料中加注下列添加剂：

a) 添加剂Ⅰ——Stadis 450 或国产 T1502，其初始浓度为 1.0 mg/L。

注：该浓度以密度为 899 kg/m³ 的纯添加剂为基础。

b) 添加剂Ⅱ——符合 MIL-PRF-25017 要求的 DCI-4A 或符合 SH/T 0766 要求的 T1602，其初始浓度为 15 mg/L。

C.4 滤芯性能试验

C.4.1 概述

滤芯性能试验使用图 C.1 规定的试验系统。试验过程中燃料单次通过滤芯试验壳体。试验期间在滤芯试验壳体的上游注入不同程度的污染物，测量压差和分析出口油样，并与性能规范进行比较。试验系统符合 C.3 要求。

C.4.2 燃料的制备

应将规定的添加剂按指定的顺序依次均匀加注到储油罐中，使燃料在系统中循环流动，直到混合均匀。在此期间，燃料不应通过试验过滤分离器和其他过滤净化设备。

C.4.2.1 试验燃料

C.4.2.1.1 滤芯调节装置和滤芯性能试验装置所用基础燃料应符合 C.3.1 的要求。添加剂应加注到储油罐或循环系统的加注口中，在基础燃料加入规定的添加剂后，配成试验燃料。

C.4.2.1.2 每种添加剂添加后，均应循环混合均匀。自加入添加剂Ⅰ开始，应每隔 5 min 测一次电导率。若连续三次测得的电导率差异均在 ±20 pS/m 的范围内，则视为混合均匀。添加剂加注完毕后到混合均匀的时间应作为“混合时间”记录在试验记录表中。

C.4.2.2 添加剂的注入

C.4.2.2.1 滤芯调节和滤芯试验燃料的准备程序应相同。应按 C.4.2.1.1 的方法将添加剂Ⅰ加注到燃料中，并达到 C.3.3 要求的浓度。

C.4.2.2.2 旁通单支滤芯试验壳体，通过试验系统装置循环燃料的循环时间不应少于“混合时间”。检测试验燃料电导率的油样应倒入储油罐下游。

C.4.2.2.3 应以相同的加注方式将添加剂Ⅱ加注到燃料中。燃料循环时间应不小于“混合时间”。

C.4.3 燃料体积

滤芯调节所需燃料体积应满足 C.4.4 要求。单支滤芯试验所需燃料总体积应保证在规定的额定流量下，系统正常运行时间不少于 290 min。

C.4.4 滤芯调节

C.4.4.1 应使用图 C.4 所示的装置或单支滤芯试验壳体对试验所用聚结滤芯进行调节。

C.4.4.2 将滤芯安装到调节装置或单支滤芯试验壳体中，燃料以 10 L/min 的流量循环 30 min。试验过程中燃料应单次通过。调节完毕后，将聚结滤芯取出待用。

C.4.4.3 如果调节后的聚结滤芯不立即用于试验，则应将其浸泡在含有添加剂的试验燃料中。需要使用时，取出滤芯，排净燃料，即可用于滤芯试验。

C.4.4.4 滤芯调节装置下游燃料的电导率应大于 100 pS/m。

C.4.5 清洁滤芯的脱水试验

C.4.5.1 将调节后的试验滤芯安装在单支滤芯试验壳体中。试验系统在额定流量下至少运行 5 min，直到流量稳定在额定流量。然后，以 0.01% 额定流量的流量连续注水 30 min。注水时，沉淀槽的阀门应关闭。从注水开始，应每隔 10 min 进行一次“关-开”过程。

C.4.5.2 注水时间达到 30 min 时，切断水流，并将水从沉淀槽中排出，此时燃料仍应以额定流量通过滤芯。

C.4.6 过滤试验

将滤芯试验装置中的水排净，在燃料流量达到试验滤芯额定流量并保持稳定状态后，以 19 mg/L 的浓度向燃料中均匀加注固体颗粒污染物。

C.4.6.1 S类过滤分离器

过滤试验过程中S类过滤分离器纳污容量应符合以下要求：

a) 单位额定流量(L/min)的纳污容量不小于 1.43 g；

b) 压差达到 105 kPa 的试验运行时间应不小于 50 min；

c) 压差达到 315 kPa 的试验运行时间应不小于 75 min。

在整个 75 min 固体颗粒加注过程中，从固体颗粒加注开始，应每隔 15 min 进行一次"关-开"过程。试验期满时停止加入固体颗粒污染物。

C.4.6.2 S-LD类过滤分离器

以 19 mg/L 的浓度向系统中加注固体颗粒，直到单支滤芯试验壳体的压差达到 155 kPa。然后，停止固体颗粒加注，并在额定流量下继续运行 45 min。如果压差降至 138 kPa 以下，则应重新加注固体颗粒污染物，直到压差达到 155 kPa。

在整个试验过程中，从固体颗粒加注开始，应每隔 15 min 进行一次"关-开"过程。

C.4.7 污染滤芯的脱水试验

C.4.7.1 过滤试验结束后，保持流量不变，以 0.01%额定流量的流量连续注水 150 min，注水点应在主泵的上游。注水期间，沉淀槽的阀门应保持关闭。

在整个试验过程中，从注水开始，应每隔 30 min 进行一次"关-开"过程。

C.4.7.2 在 0.01%的注水期满时，将注水流量提高到燃料额定流量的 3%，持续注水 30 min。在此期间应每隔 10 min 进行一次"关-开"过程。

在此期间应及时放水，防止液位过高淹没滤芯。

C.4.8 最终检查

3%的注水期满，取样完毕，即可停止试验。然后，放空单支滤芯试验壳体，取出聚结滤芯，对滤芯进行结构检查。检查滤芯端盖和接缝处是否存在泄漏或撕裂。检查其他地方是否存在针孔和大的泄漏。任何反常现象均应作为滤芯结构完整性故障记录在报告中。

C.5 整机性能试验

C.5.1 概述

C.5.1.1 整机性能试验应使用图 C.2 所示的试验系统。试验过程中燃料循环使用并可多次通过整机性能试验壳体。燃料从一个储油罐中抽出，然后又回到原储油罐中。整个试验流程中应旁通净化过滤分离器、白土过滤器等附加设备。

C.5.1.2 相似性技术规范标准只适用于鉴定比鉴定合格的过滤分离器流量小的过滤分离器。本标准规定的有效流量范围应为(0～6 000)L/min。

C.5.2 试验燃料

整机试验所使用的燃料应符合 C.3.1 的要求。

C.5.3 燃料体积

燃料体积不应小于循环试验系统燃料总体积的 5%。当停止试验时，应先关闭下游截止阀，然后再关闭上游截止阀将试验壳体从系统中独立出来。在试验恢复之前，应避免系统扰动和热冲击，在重新恢复流量时，将泵打开，先开上游截止阀，再开下游截止阀，在整个过程中应避免逆流。当使用多个燃料罐时，各燃料罐间的流量差应不超过±10%。

C.5.4 添加剂的注入

根据 C.3.3 所要求的时间和数量，向试验燃料中加注添加剂。在燃料循环期间，向罐内加注添加剂(此时应旁通整机过滤分离器和净化过滤分离器、白土过滤器等附加设备)。当使用一个罐体时,可直接向罐体或循环回路的罐体下游加注添加剂。当使用多个罐体时,每个罐体中的流量应相同(各罐间的流量差别应不超过±10%),并在罐体下游加注添加剂。应按C.4.2.2的规定加注添加剂。

C.5.5 纤维脱落试验

在试验过滤分离器壳体内装入试验滤芯,壳体中充满喷气燃料,过滤分离器应在10%额定流量下工作30 min。

C.5.6 清洁的过滤分离器脱水试验

纤维脱落试验完成后,将流量调节至额定工作流量。以0.01%额定流量的流量连续注水30 min。注水时,沉淀槽的阀门应关闭。从注水开始,应每隔15 min进行一次"关-开"过程。该试验结束时,燃料继续循环,直到取样结束。

C.5.7 过滤试验

按C.5.6要求的脱水试验完成后,放空沉淀槽中的水,然后向试验系统(见图C.2)加注固体颗粒,试验燃料的固体颗粒浓度应为19 mg/L。

C.5.7.1 S类聚结滤芯

向系统加注固体颗粒45 min,通过壳体的压差应不超过105 kPa。试验结束时,停止加注固体颗粒。从加注固体颗粒开始,应每隔15 min,完成一次"关-开"过程。

C.5.7.2 S-LD类聚结滤芯

向系统加注固体颗粒45 min或直到通过壳体的压差为105 kPa。达到该压差时,停止加注固体颗粒。若此时未到45 min,则剩余时间燃料流量仍保持额定流量。

当固体颗粒加注停止时,试验压差可降低到105 kPa以下。从加注固体颗粒开始,应每隔15 min,完成一次"关-开"过程。

C.5.8 污染的过滤分离器脱水试验

在45 min加注固体颗粒后,停止加注固体颗粒,但应保持燃料流动。以0.01%额定流量的流量连续注水90 min,注水点应在主泵的上游。注水期间,沉淀槽的阀门应保持关闭。按实验要求时间抽取所需样品后,放空沉淀槽中的水。在0.01%的注水期满时,将注水流量提高到燃料额定流量的3%,持续注水15 min。抽取样品后,停止注水,并停止燃料流动。

从加注0.01%的水开始,应每隔30 min,完成一次"关-开"过程。在3%注水期间,不需要进行"关-开"试验。

C.5.9 最终的检查

3%注水试验结束后,一旦完成取样即可停止系统运行。然后,放空壳体,取出聚结滤芯。滤芯的端盖和接缝处不应发生泄漏或撕破。滤芯的其他部位不应存在针孔和大的泄漏。滤芯出现的问题应作为滤芯结构故障记录在报告中。

聚结滤芯的棉套掉色问题的本身并不能证明滤芯结构完整性的破坏。当棉套掉色时,应将滤芯取出并进行结构破坏的检查。如果确认某一点存在破坏则应视为滤芯结构完整性破坏。

C.6 滤芯结构强度试验

C.6.1 至少用三支最长的整支聚结滤芯进行压差试验,以确定滤芯的结构强度。被试滤芯的结构应能承受520 kPa的压差,且不应发生破裂、密封旁通或针眼渗漏。燃料以额定流量循环通过滤芯,向燃料注入R-9998或与之相当的颗粒污染物直到压差达到520 kPa,保持该压差至少5 min。滤芯应无结构损坏、密封旁通、红色氧化铁渗透现象。

C.6.2 应有三支聚结滤芯依次进行试验,所有滤芯的试验结果均应符合上述要求。

C.6.3 螺纹头滤芯的结构强度合格即可视为同型号平头滤芯的结构强度合格,但平头滤芯的结构强度合格不应视为螺纹头滤芯的结构强度合格。

C.7 相容性试验

C.7.1 相容性试验是将试验滤芯(包括分离滤芯)放入表 C.2 所示的溶液内浸泡。相容性试验所用的滤芯型号应与待鉴定的滤芯型号相同。如果某型号的滤芯在以前已通过相容性试验,则不必进行相容性试验。试验时可使用长度最短的滤芯,通常用 360 mm 或更长的滤芯进行试验,但是它们应与待鉴定滤芯属同一批次。试验滤芯的直径应为生产滤芯中最大者。浸泡试验滤芯的溶液体积应为试验滤芯体积(按滤芯外尺寸计算)的 5 倍。

表 C.2 聚结滤芯相容性试验要求

试验编号	试验液	容器是否需要试片	应进行的分析
1	3 号喷气燃料或 Jet A 或 Jet A-1 燃料	需要	A、B、C、D、E
2	12 mg/L 的 Hitec E-580 +3mg/L 的 Stadis450 的 3 号喷气燃料或 JetA 或 JetA-1 燃料	需要	B、C、D、E
3	100%防冰添加剂(di-EGME)	需要	D
4	30%甲苯+70%异辛烷	需要	B、D、E
注:A 为水分离指数,B 为实际胶质,C 为水反应,D 为滤芯检查,E 为颜色。			

C.7.1.1 为避免误差,相容性试验所用的容器应满足以下要求:

——所有试验容器规格一致,并且每个容器均有密封的、无污染的盖子;

——保证试样完全浸泡在溶液之中;

——所用材料对试验结果无影响,如铝、不锈钢或带有环氧树脂涂层的金属容器;

——使用前用基础燃料彻底冲洗。

C.7.1.2 所用试验液体应符合表 C.2 的要求。试验 1 和试验 2 所用的试验液体为符合 C.3.1 要求的不含添加剂的燃料配以 C.3.3 要求的添加剂;试验 4 所用的试验液体应为 30%(体积分数)的甲苯(纯度至少为 98%)和 70%(体积分数)的异辛烷(纯度至少为 98%)组成;试验 3 所用的试验液体为二乙二醇甲醚(Di-EGME)(ASTM D4171,Ⅲ类)。

C.7.2 相容性试验方法

C.7.2.1 参照试样

浸泡试验开始前(滤芯未接触到液体),应抽取试验 1、2、4 的试验液各 1 L,作为参照试样。

C.7.2.2 浸泡期

试验期间滤芯应在相应的试验液中浸泡 336 h。在试验 1、2、4 过程中,应将滤芯取出晾干 4 h 后放入新的试验液中再重新浸泡 336 h。

C.7.2.3 试验试样

每个 336 h 的浸泡期结束后,应抽取该试验液的样品。

C.7.2.4 试样分析和报告

应按表 C.2 所列的分析项目对参照试样和试验试样进行分析,并按附录 F 表 F.1 的格式记录分析结果。按附录 G 表 G.1 的格式填写试验报告。

C.7.3 补充试验

若试验结果存在下列一个或多个问题,则可根据需要进行补充试验:

——试验 1 中的水分离指数(MSEP)降至 85 以下;

——试验 1 和试验 2 水反应试验的界面等级高于 1C,或分离程度高于 2;

——试验 1、2、4 中的颜色与同时测量的参比液相比下降了四个单位以上;

——用户要求可增加其他的试验和评价项目。

C.7.4 胶质含量指标

按 GB/T 8019 测定的实际胶质应满足下列指标：

——在试验中，胶质含量的增加不大于 8 mg/100 mL；

——如果第一浸泡期后，实际胶质含量增加量不大于 3 mg/100 mL，则第二浸泡期，实际胶质的增加量不大于第一阶段的 50%。

C.7.5 浸泡后滤芯的结构强度试验

试验 1、2、4 的滤芯在达到 C.7.4 要求后，还应按 C.6 要求进行结构强度试验。试验时不应发生破裂、密封旁通或针眼渗漏。分离滤芯不必进行结构强度试验。

C.8 试验取样

C.8.1 取样工具

应在距试验过滤分离器的进口和出口 10 倍管径的距离内(或其他适当地方)，设置面向上游的取样探头，在其上游应保证有长度为 5 倍管径的无障碍管线。取样管的布置和尺寸、管道系统上游的取样工具应防止颗粒或水的沉降。凡能进行在线取样的试样，均应用在线取样器进行密闭取样。测定燃料电导率时应使用金属容器取样。

C.8.2 取样量

取样量应满足表 C.3 要求。

表 C.3 取样量要求

序号	测量项目	取样量
1	纤维脱落	11 L
2	固体颗粒含量(非连续)	最少 4 L
3	固体颗粒含量(连续)	最大 11 L
4	游离水含量	符合测定仪器的要求
5	水分离指数	4 L
6	燃料电导率	覆盖电导仪的电极

C.8.3 取样时间

在滤芯性能试验时应按表 C.4 所规定的时间取样；整机性能试验时应按表 C.5 所规定的时间取样。

C.9 试样分析

试样分析应采用下列方法：

——水分离指数分析方法按 ASTM D 3948；

——纤维含量分析方法按附录 E；

——固体颗粒含量分析方法按 ASTM D 2276；

——游离水含量分析方法按 ASTM D 3240；

——燃料电导率分析方法按 ASTM D 2624 或 GB/T 6539。

燃料电导率的测定应在取样后 5 min 内完成。

C.10 试验数据及报告

应用附录 F 中的表格记录试验数据，用附录 G 中的表格报告试验结果。

表 C.4　滤芯试验取样步骤及方法

试验	相关节次	取样时间	油样大小/L	目的	取样次数	取样点	取样容器
工况调节 纤维脱落	C.4.4	开始 连续	4 11[a]	水分离指数 纤维脱落	2 1[b]	储油罐 调节装置出口	专用容器 在线取样器
脱水试验	C.4.5	在 5 min,10 min,20 min 和 30 min[c]	按 ASTM D 3240 要求	游离水含量	4	试验装置出口	AQUA-GLO 测水仪
过滤试验	C.4.6	每隔 15 min 停止/开始过程的前、后	4	固体颗粒	10	试验装置出口	在线取样器
脱水试验 （注水量为 0.01%）	C.4.7	在 2 min,5 min,15 min,30 min,45 min,60 min,75 min,90 min,105 min,120 min,135 min 和 150 min[c]	按 ASTM D 3240 要求	游离水含量	11	试验装置出口	AQUA-GLO 测水仪
脱水试验 （注水量为 3%时）	C.4.7	在 2 min,5 min,10 min,20 min 和 30 min[c]	按 ASTM D 3240 要求	游离水含量	5	试验装置出口	AQUA-GLO 测水仪

a　最小；

b　每支调节滤芯取一个样品，当多支滤芯同时进行调节时，需要在多通管的前面取样；

c　“关-开”开始后，继续试验，直到获得样品。

表 C.5　整机试验取样步骤及方法

试验	相关节次	取样时间	油样大小/L	目的	取样次数	取样点	取样容器
工况调节 纤维脱落	C.5.5	开始 连续	4 11[a]	水分离指数 纤维脱落	2 1	储油罐 过滤分离器出口	专用容器 在线取样器
脱水试验	C.5.6	在 5 min,10 min,20 min 和 30 min[b]	按 ASTM D3240 要求	游离水含量	4	过滤分离器出口	AQUA-GLO 测水仪
过滤试验	C.5.7	每隔 15 min 停止/开始过程的前、后	4	固体颗粒	6	过滤分离器出口	在线取样器
脱水试验 （注水量为 0.01%）	C.5.8	在 2 min,5 min,15 min,30 min,45 min,60 min,75 min 和 90 min[b]	按 ASTM D3240 要求	游离水含量	8	过滤分离器出口	AQUA-GLO 测水仪
脱水试验 （注水量为 3%）	C.5.8	在 2 min,5 min,10 min 和 15 min	按 ASTM D3240 要求	游离水含量	4	过滤分离器出口	AQUA-GLO 测水仪

a　最小；

b　“关-开”过程后，继续试验，直到获得样品。

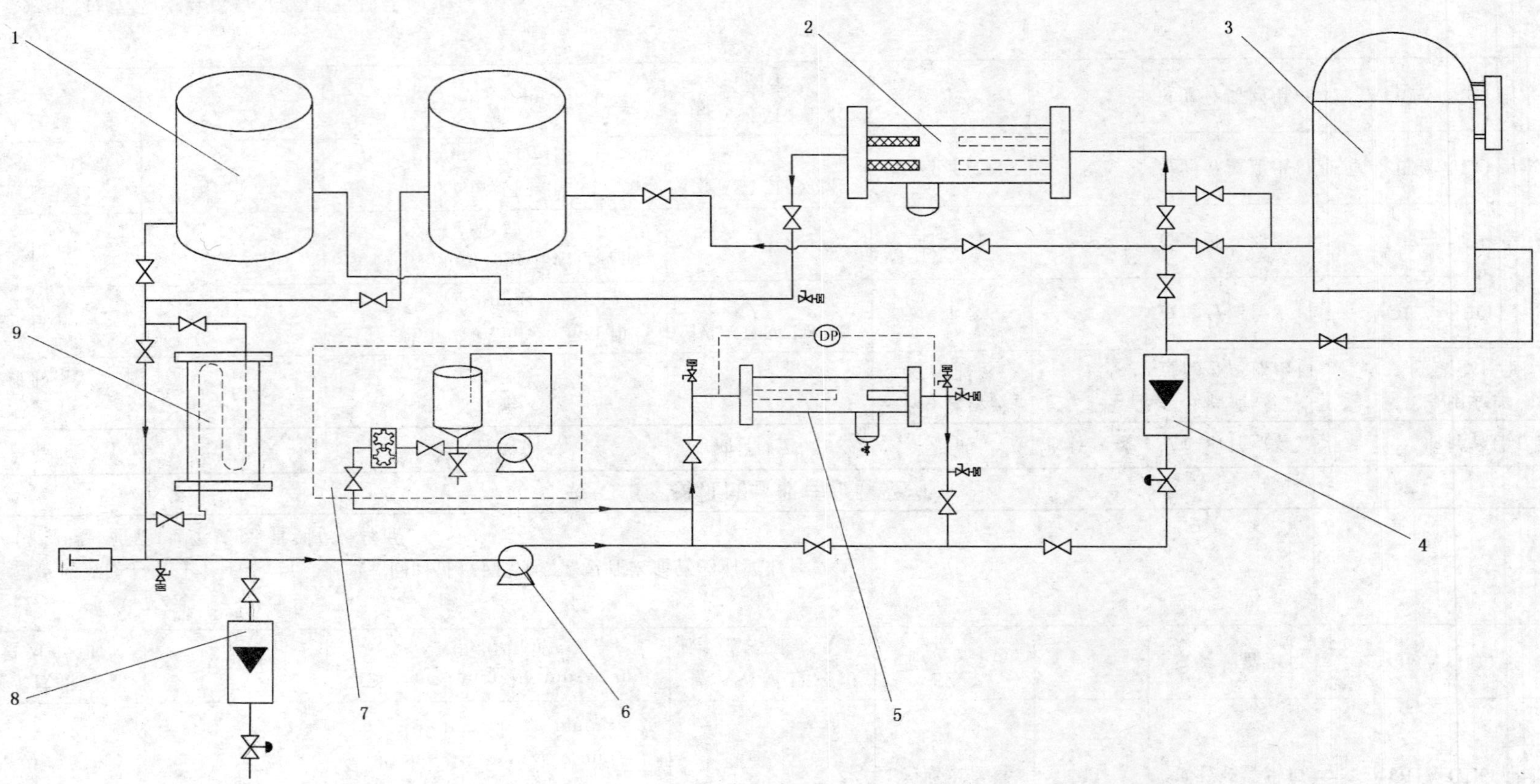

1——油罐；
2——净化过滤器；
3——白土过滤器；
4——流量计；
5——单支滤芯试验装置；
6——离心泵；
7——杂质加注系统；
8——水流量计；
9——热交换装置。

注：油罐数量可根据具体情况增加。

图 C.1 滤芯试验系统

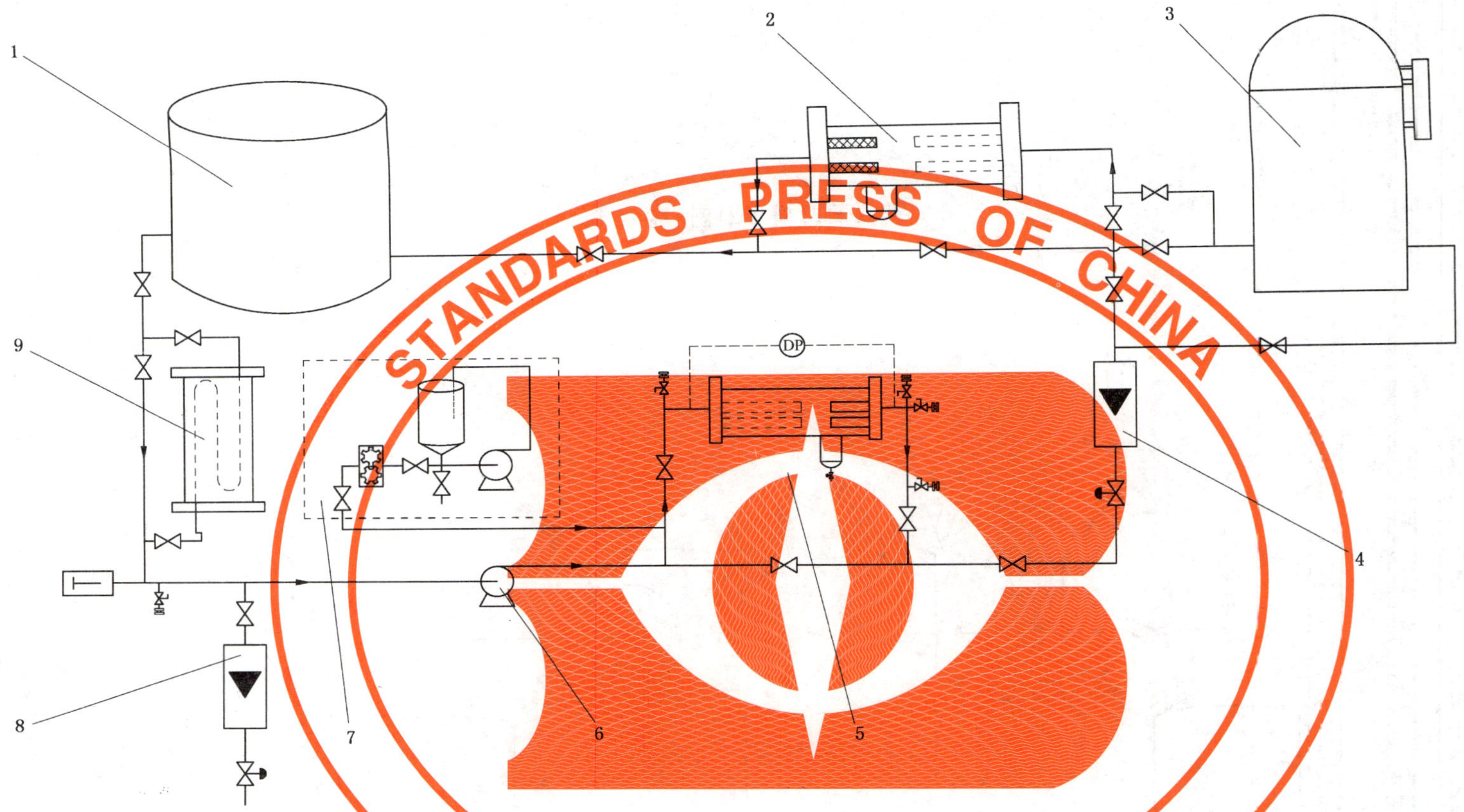

1——油罐；

2——净化过滤器；

3——白土过滤器；

4——流量计；

5——整机试验装置；

6——离心泵；

7——固体杂质加注系统；

8——水流量计；

9——热交换装置。

注 1：油罐数量可根据具体情况增加。

注 2：件 5 整机性能试验装置可以是立式过滤分离器。

图 C.2　整机试验系统

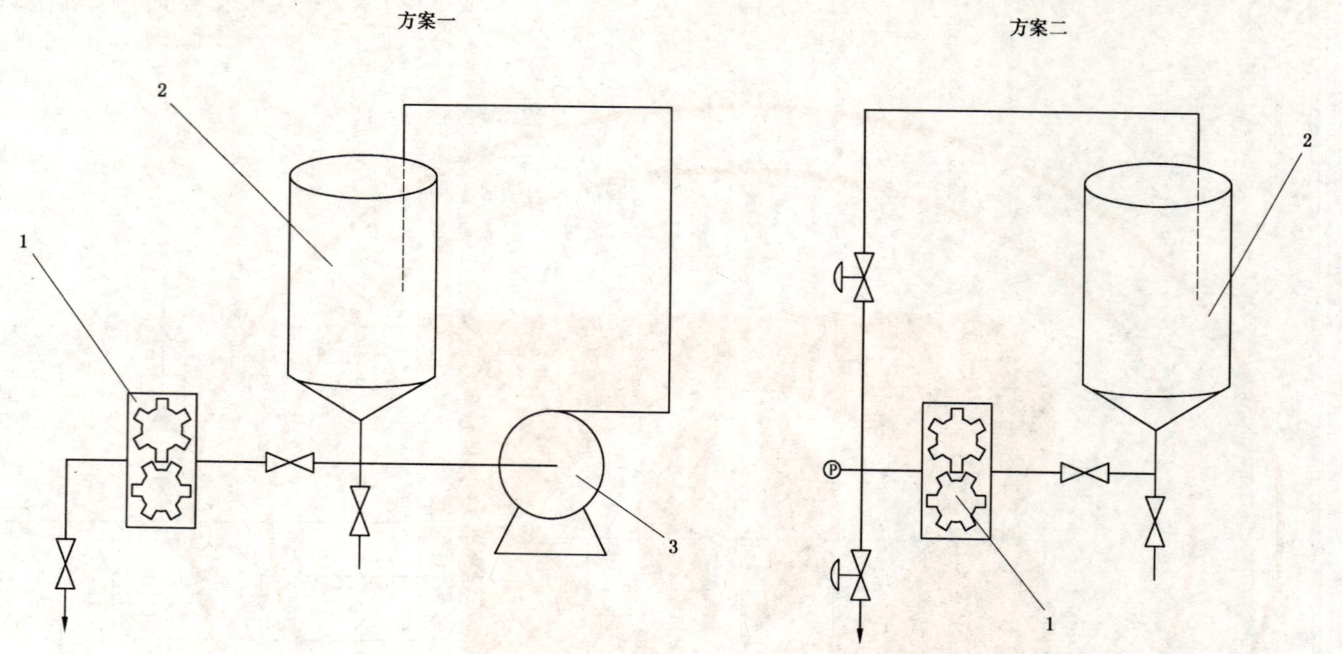

1——计量泵；

2——加注容器；

3——离心泵。

注：可根据实际需要选择方案一或方案二。

图 C.3　固体杂质加注系统

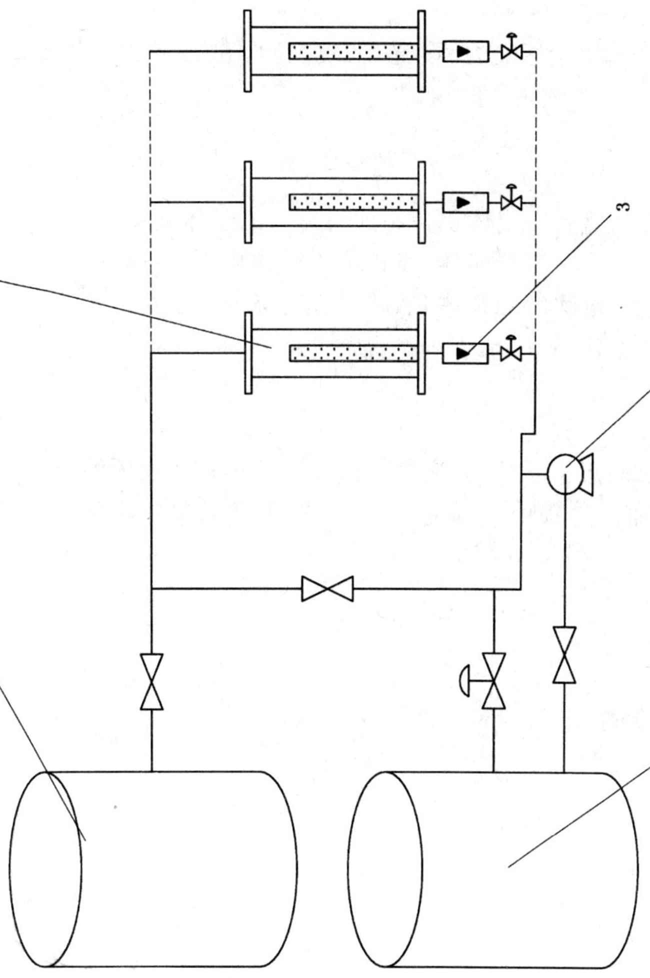

1——接收罐；
2——调节装置；
3——流量计；
4——泵；
5——油罐。

图 C.4 滤芯调节装置

附　录　D
（规范性附录）
固体颗粒加注方法

D.1　固体颗粒准备

固体颗粒应干燥（在100℃下加热3 h）且不应有3 mm以上的大颗粒团。

D.2　固体颗粒配比

固体颗粒应由90％的符合ISO 12103-1标准的A1超细试验粉尘和10％的红色氧化铁组成。

D.3　浆体制备

应按下面的方法制备浆体：

a）将称量好的固体颗粒直接加到盛有一定体积含添加剂燃料的浆体罐中；

b）将要加注的固体颗粒调和成一定浓度的浆体，直接注入浆体罐中；

c）将要加注的固体颗粒调和成一定浓度的浆体，从浆体循环系统（见图C.3）的某一点注入。浆体注入系统前应在罐内至少循环20 min。

D.4　浆体加注

固体颗粒浆体通过计量泵注入试验燃料系统，其流量应保证试验燃料的固体颗粒浓度为19 mg/L。

若浆体罐中的浆体在固体颗粒加注过程中没加完，则可以在剩余的浆体中加入相同比例的固体颗粒。

附 录 E
（规范性附录）
纤维含量测定方法

E.1 适用范围

本方法仅适用于测定喷气燃料中的纤维含量。

E.2 试验器材

应使用下列器材：

——1 000 mL 以上、带刻度的玻璃容器；

——在线取样器；

——微孔滤膜，孔径 0.8 μm；

——香柏油；

——显微镜。

E.3 试验方法

E.3.1 将微孔滤膜装入在线取样器的膜片盒。

E.3.2 用在线取样器在规定的取样点从试验系统中取出 1 000 mL 燃料。

E.3.3 从在线取样器的膜片盒内取出微孔滤膜，在该滤膜上涂以香柏油，放在载物片上。

E.3.4 用显微镜读出整个滤膜表面上的纤维数。

E.4 试验结果

从滤膜表面上读出的纤维数，即为试样中的纤维含量。

附 录 F
（规范性附录）
试验结果记录表

表 F.1 相容性试验结果记录表

实际胶质						
试验	溶液	试验时间/h				说明
		一次浸泡		二次浸泡		
		0	336	0	336	
1	3号或JetA或JetA-1燃料					
	无滤芯					
	有滤芯	NA		NA		
	差别	NA		NA		
2	含12 mg/L Hitec E-580或和3 mg/L Stadis 450的3号或JetA或JetA-1燃料					
	无滤芯					
	有滤芯	NA		NA		
	差别	NA		NA		
4	30%甲苯/70%异辛烷					
	无滤芯					
	有滤芯	NA		NA		
	差别	NA		NA		
水分离指数						
试验	溶液	试验时间/h				说明
		一次浸泡		二次浸泡		
		0	336	0	336	
1	3号或JetA或JetA-1燃料					
	无滤芯					
	有滤芯	NA		NA		
	差别	NA		NA		
水反应(仅用于初次浸泡)						
试验	溶液	试验时间/h				说明
		一次浸泡		二次浸泡		
		0	336	0	336	
1	3号或JetA或JetA-1燃料					
	无滤芯	NA		NA		
	有滤芯	NA		NA		
	差别	NA		NA		

表 F.1(续)

<table>
<tr><td colspan="7">水反应(仅用于初次浸泡)</td></tr>
<tr><td rowspan="3">试验</td><td rowspan="3">溶液</td><td colspan="4">试验时间/h</td><td rowspan="3">说明</td></tr>
<tr><td colspan="2">一次浸泡</td><td colspan="2">二次浸泡</td></tr>
<tr><td>0</td><td>336</td><td>0</td><td>336</td></tr>
<tr><td rowspan="4">2</td><td>含 12 mg/L Hitec E-580 和 3 mg/L Stadis 450 的 3 号或 JetA 或 JetA-1 燃料</td><td></td><td></td><td></td><td></td><td></td></tr>
<tr><td>无滤芯</td><td></td><td></td><td></td><td></td><td></td></tr>
<tr><td>有滤芯</td><td>NA</td><td></td><td>NA</td><td></td><td></td></tr>
<tr><td>差别</td><td>NA</td><td></td><td>NA</td><td></td><td></td></tr>
<tr><td colspan="7">目视检验</td></tr>
<tr><td>试验</td><td>溶液</td><td colspan="5">说明</td></tr>
<tr><td>1</td><td>3 号或 JetA 或 JetA-1 燃料</td><td colspan="5"></td></tr>
<tr><td>2</td><td>含 1 mg/L Hitec E-580 或 3 mg/L Stadis 450A 的 3 号或 JetA 或 JetA-1 燃料</td><td colspan="5"></td></tr>
<tr><td>3</td><td>100%防冰添加剂</td><td colspan="5"></td></tr>
<tr><td>4</td><td>30%甲苯/70%异辛烷</td><td colspan="5"></td></tr>
<tr><td colspan="7">颜色</td></tr>
<tr><td rowspan="3">试验</td><td rowspan="3">溶液</td><td colspan="4">试验时间/h</td><td rowspan="3">说明</td></tr>
<tr><td colspan="2">一次浸泡</td><td colspan="2">二次浸泡</td></tr>
<tr><td>0</td><td>336</td><td>0</td><td>336</td></tr>
<tr><td rowspan="4">1</td><td>3 号或 JetA 或 JetA-1 燃料</td><td></td><td></td><td></td><td></td><td></td></tr>
<tr><td>无滤芯</td><td>NA</td><td></td><td>NA</td><td></td><td></td></tr>
<tr><td>有滤芯</td><td>NA</td><td></td><td>NA</td><td></td><td></td></tr>
<tr><td>差别</td><td>NA</td><td></td><td>NA</td><td></td><td></td></tr>
<tr><td rowspan="4">2</td><td>含 12 mg/L Hitec E-580 和 3 mg/L Stadis 450 的 3 号或 JetA 或 JetA-1 燃料</td><td></td><td></td><td></td><td></td><td></td></tr>
<tr><td>无滤芯</td><td></td><td></td><td></td><td></td><td></td></tr>
<tr><td>有滤芯</td><td>NA</td><td></td><td>NA</td><td></td><td></td></tr>
<tr><td>差别</td><td>NA</td><td></td><td>NA</td><td></td><td></td></tr>
<tr><td rowspan="4">4</td><td>30%甲苯/70%异辛烷</td><td></td><td></td><td></td><td></td><td></td></tr>
<tr><td>无滤芯</td><td></td><td></td><td></td><td></td><td></td></tr>
<tr><td>有滤芯</td><td>NA</td><td></td><td>NA</td><td></td><td></td></tr>
<tr><td>差别</td><td>NA</td><td></td><td>NA</td><td></td><td></td></tr>
<tr><td colspan="7">注 1：报告分离滤芯结果，只要用“分离滤芯”代替上述的“聚结滤芯”即可。
注 2：NA 表示无记录。</td></tr>
</table>

表 F.2　滤芯性能试验记录表

试验规范：本标准附录 C				日期：
壳体：	聚结滤芯：		分离滤芯：	类型：□-S　□-S-LD
加注添加剂：	型号：	数量：	型号：	数量：

类别				
油罐体积/L	添加剂	含量/(mg/L)	加注量	电导率/(pS/m)
注：	Ⅰ	1.0		
	Ⅱ	15		

滤芯调节：　□-试验装置　　□-调节装置

阶段	累积时间/min	时间/min	燃料流量/(L/min)	压差/kPa	电导率/(pS/m)	水流量/(mL/min)	水含量/(μL/L)	固体颗粒流量/(mg/L)	固体颗粒样品代号	固体颗粒含量/(mg/L)	油样大小	温度/℃	说　明
脱水试验(0.01%注水量)	0	0											
	5	0											
	10	5											
	15	10 s/s											
	25	20 s/s											
	35	30 s/s											

表 F.2(续)(只适用于 S 类过滤器)

阶段	累积时间/min	时间/min	燃料流量/(L/min)	压差/kPa	电导率/(pS/m)	水流量/(mL/min)	水含量/(μL/L)	固体颗粒流量/(mg/L)	固体颗粒样品代号	固体颗粒含量/(mg/L)	油样大小	温度/℃	说明
过滤试验	35	0											
	50	15											
		15 s/s											
	65	30											
		30 s/s											
	80	45											
		45 s/s											
		50											
	95	60											
		60 s/s											
	110	75											
		75 s/s											

表 F.2(续)(只适用于 S-LD 类过滤器)

阶段	累积时间/min	时间/min	燃料流量/(L/min)	压差/kPa	电导率/(pS/m)	水流量/(mL/min)	水含量/(μL/L)	固体颗粒流量/(mg/L)	固体颗粒样品代号	固体颗粒含量/(mg/L)	油样大小	温度/℃	说明
过滤试验(直到压差达到115 kPa)	35	0											
	50	15											
		15 s/s											
	65	30											
		30 s/s											
	80	45											
		45 s/s											
	95	60											
		60 s/s											
	110	75											
		75 s/s											
过滤试验(压差超过115 kPa后)		+15											
		+15 s/s											
		+30											
		+30 s/s											
		+45											
		+45 s/s											

表 F.2(续)

阶段	累积时间/min	时间/min	燃料流量/(L/min)	压差/kPa	电导率/(pS/m)	水流量/(mL/min)	水含量/(μL/L)	固体颗粒流量/(mg/L)	固体颗粒样品代号	固体颗粒含量/(mg/L)	油样大小	温度/℃	说明
脱水试验(0.01%注水量)	110	0											
	112	2											
	115	5											
	125	15											
	140	30 s/s											
	155	45											
	170	60 s/s											
	185	75											
	200	90 s/s											
	215	105											
	230	120 s/s											
	245	135											
	260	150 s/s											
脱水试验(3%注水量)	260	0											
	262	2											
	265	5											
	270	10 s/s											
	280	20 s/s											
	290	30											

注：s/s为"关-开"过程结束后立即取样。

表 F.3 整机性能试验记录表

<table>
<tr><td colspan="2">试验规范：本标准附录 C</td><td colspan="2">相应的单支滤芯试验报告：</td><td>日期：</td></tr>
<tr><td>壳体：</td><td colspan="2">聚结滤芯：</td><td>分离滤芯：</td><td>类型：□-S □-S-LD</td></tr>
<tr><td>加注添加剂：</td><td>型号：</td><td>数量：</td><td>型号：</td><td>数量：</td></tr>
<tr><td colspan="3">类别：</td><td colspan="2">试验燃料：</td></tr>
</table>

<table>
<tr><td>油罐体积/L</td><td>添加剂</td><td>含量/(mg/L)</td><td>加注量</td><td>电导率/(pS/m)</td></tr>
<tr><td rowspan="3">注：</td><td>Ⅰ</td><td>1.0</td><td></td><td></td></tr>
<tr><td>Ⅱ</td><td>15</td><td></td><td></td></tr>
<tr><td></td><td></td><td></td><td></td></tr>
</table>

阶段	累积时间/min	时间/min	燃料流量/(L/min)	压差/kPa	电导率/(pS/m)	水流量/(mL/min)	水含量/(μL/L)	固体颗粒流量/(mg/L)	固体颗粒样品代号	固体颗粒含量/(mg/L)	油样大小	温度/℃	说 明
纤维脱落	0	0									4 L		水分离指数
	10	10											
	20	20											
	30	30											纤维脱落

表 F.3(续)

阶段	累积时间/min	时间/min	燃料流量/(L/min)	FC[a]压差/kPa	电导率/(pS/m)	水流量/(mL/min)	水含量/(μL/L)	固体颗粒流量/(mg/L)	固体颗粒样品代号	固体颗粒含量/(mg/L)	油样大小	温度/℃	说　明
脱水试验(0.01%注水量)	30	0											
	35	5											
	49	10											
	45	15 s/s											
	50	20											
	60	30											
	60	30 s/s											
过滤试验(仅适用于A级型过滤分离器)	60	0											
	75	15											
		15 s/s											
	90	30											
		30 s/s											
	105	45											
		45 s/s											

[a] FC:聚结滤芯。

表 F.3(续)(只适用于S类过滤器)

阶段	累积时间/min	时间/min	燃料流量/(L/min)	压差/kPa	电导率/(pS/m)	水流量/(mL/min)	水含量/(μL/L)	固体颗粒流量/(mg/L)	固体颗粒样品代号	固体颗粒含量/(mg/L)	油样大小	温度/℃	说　明
过滤试验(达到105 kPa时停止加注固体颗粒)	60	0											
	75	15											
		15 s/s											
	90	30											
		30 s/s											
	105	45											
		45 s/s											
过滤试验(压差达到115 kPa后)		+15											
		+15 s/s											
		+30											
		+30 s/s											
		+45											
		+45 s/s											

表 F.3(续)

阶段	累积时间/min	时间/min	燃料流量/(L/min)	压差/kPa	电导率/(pS/m)	水流量/(mL/min)	水含量/(μL/L)	固体颗粒流量/(mg/L)	固体颗粒样品代号	固体颗粒含量/(mg/L)	油样大小	温度/℃	说明
脱水试验(0.01%注水量)	105	0											
	107	2											
	110	5											
	120	15											
	135	30 s/s											
	150	45											
	165	60 s/s											
	180	75											
	195	90 s/s											
脱水试验(3%注水量)	195	0											
	197	2											
	200	5											
	205	10											
	210	15											

注：s/s“关-开”过程结束后立即取样。

附 录 G
（规范性附录）
试验结果报告单

表 G.1 相容性试验结果报告单

测试对象		试验日期	
试验条件			
滤芯尺寸		试验溶液	
试验容器		浸泡周期	
燃料电导率/(pS/m)			
试验结果			
水分离指数		实际胶质含量/(mg/100 mL)	
颜色检验		目视检验	
水反应界面等级		水反应分离等级	
试验结论			
备注			
试验人员：		负责人：	

表 G.2 滤芯性能试验结果报告单

测试对象		试验日期	
试验条件			
试验设备		试验燃料	
固体颗粒加注量		添加剂类型	
燃料电导率/(pS/m)		添加剂浓度/(mg/L)	
注水量		水 pH 值	
水分离指数			
试验结果			
起始压差/kPa		游离水含量/(μL/L)	
纤维含量		纳污容量/g	
燃料电导率/(pS/m)		滤芯结构检查	
试验结论			
备注			
试验人员：		负责人：	

表 G.3 整机性能试验结果报告单

测试对象		试验日期	
试验条件			
试验设备		试验燃料	
固体颗粒加注量		添加剂类型	
燃料电导率/(pS/m)		添加剂浓度/(mg/L)	
注水量		水 pH 值	
水分离指数			
试验结果			
起始压差，kPa		游离水含量/(μL/L)	
纤维含量		纳污容量/g	
燃料电导率(pS/m)		滤芯结构检查	
试验结论			
备注			
试验人员：		负责人：	

ICS 23.040.60
J 15

中华人民共和国国家标准

GB/T 21359—2008

食品和供水工业用不锈钢螺纹接头

Stainless steel tube threaded couplings for the food and water industry

2008-01-14 发布 2008-05-01 实施

中华人民共和国国家质量监督检验检疫总局
中国国家标准化管理委员会 发布

前　言

本标准结合国内生产和使用情况及连接特点，选择采用了 ISO 2853：1993《食品工业用不锈钢螺纹接头》中焊接螺纹接头的尺寸、公差及材料要求，还结合国内外制造技术和现有产品，增加了限位活接式和推进式不锈钢螺纹接头的尺寸、公差、材料以及螺纹接头的装配、试验、检验、卫生、包装等要求。

本标准中规定的不锈钢螺纹接头的性能要求与试验方法，与 JWWA G116：2001《供水管道用不锈钢管接头》和 DVGW W534：1995《饮水装置中的管接头和管联接件》中规定的内容基本一致。

本标准的附录 A 和附录 B 是规范性附录，附录 C 是资料性附录。

本标准由中国机械工业联合会提出。

本标准由全国管路附件标准化技术委员会归口。

本标准负责起草单位：机械科学研究总院、东荣建材(佛山)有限公司、四川民生管业有限责任公司。

本标准参加起草单位：中国建筑设计研究院、江苏江特科技有限公司、雅昌管业(深圳)有限公司。

本标准主要起草人：丁力、李俊英、廖仲力、赵锂、谭冬华、陈维东、韦敏情。

食品和供水工业用不锈钢螺纹接头

1 范围

本标准规定了食品工业用焊接式不锈钢螺纹接头、限位活接式不锈钢螺纹接头和供水工业用限位活接式不锈钢螺纹接头、推进式不锈钢螺纹接头的型式和尺寸、技术要求、试验方法、检验规则、标记与标志、包装和贮运等。

本标准中规定的食品工业用不锈钢螺纹接头适用于公称尺寸不大于 DN100、公称压力不大于 PN25 的环境中；供水工业用不锈钢螺纹接头适用于公称尺寸不大于 DN100、公称压力不大于 PN16 的环境中；如无特殊需要，一般情况接头的工作温度不大于 110℃。

本标准适用于薄壁不锈钢管道用螺纹接头的设计、制造和验收。

2 规范性引用文件

下列文件中的条款通过本标准的引用而成为本标准的条款。凡是注日期的引用文件，其随后所有的修改单(不包括勘误的内容)或修订版均不适用于本标准，然而，鼓励根据本标准达成协议的各方研究是否可使用这些文件的最新版本。凡是不注日期的引用文件，其最新版本适用于本标准。

GB/T 196 普通螺纹 基本尺寸(GB/T 196—2003，ISO 724:1993，ISO general purpose metric screw threads—Basic dimensions，MOD)

GB/T 1031 表面粗糙度 参数及其数值

GB/T 1800.4 极限与配合 标准公差等级和孔、轴极限偏差表

GB/T 2100 一般用途耐蚀钢铸件

GB/T 4239 不锈钢和耐热钢冷轧钢带

GB/T 7307 55°非密封管螺纹(GB/T 7307—2001，eqv ISO 228-1:1994)

GB/T 12771 流体输送用不锈钢焊接钢管

GB/T 17219 生活饮用水输配水设备及防护材料的安全性评价标准

GB/T 19228.2 不锈钢卡压式管件连接用薄壁不锈钢管

GB/T 19228.3 不锈钢卡压式管件用橡胶 O 形密封圈

HG/T 3097—2006 橡胶密封件——110℃热水供应管道的管接口密封圈——材料规范

生活饮用水输配水设备及防护材料卫生安全评价规范 卫生部[卫法监发〔2001〕161 号]

ISO 2037 食品工业用不锈钢管

ISO 2853 食品工业用不锈钢螺纹接头

3 食品工业用焊接式不锈钢螺纹接头(以下简称焊接式螺纹接头)

3.1 总则

焊接式螺纹接头适用于食品工业管道的连接。制药和供水工业管道亦可选用。当焊接式螺纹接头用于食品工业管道时，可与 ISO 2037 或 GB/T 19228.2 中规定的不锈钢管配合使用；螺纹应采用附录 A 中规定的梯形螺纹。

3.2 焊接式螺纹接头的结构型式、尺寸与公差

3.2.1 焊接式螺纹接头的安装与连接方式见图 1。

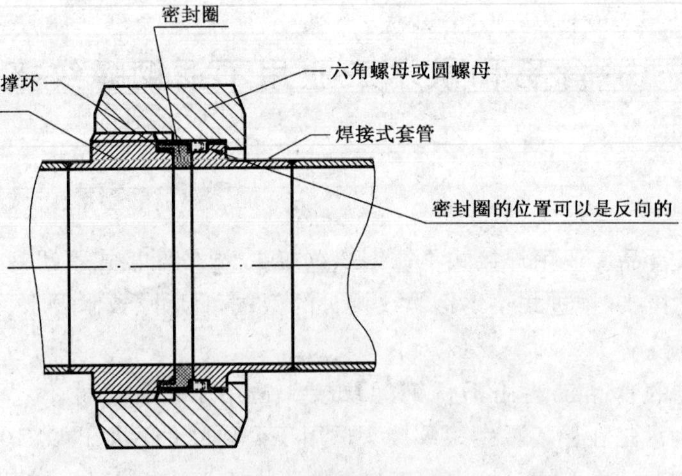

图 1 焊接式不锈钢螺纹接头

3.2.2 外螺纹连接件

外螺纹连接件的尺寸和公差或公差等级(见 GB/T 1800.4)见图 2 和表 1。外螺纹尺寸见附录 A。

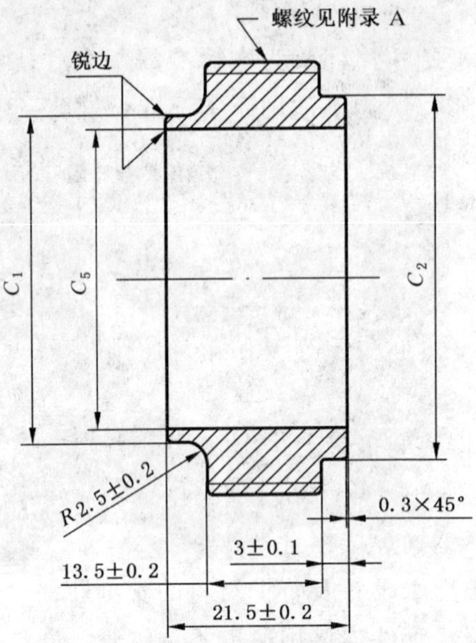

图 2 焊接式外螺纹连接件

表 1 外螺纹连接件尺寸

单位为毫米

公称尺寸 DN	管子外径 D_w	颈部外径 C_1 h11	插口直径 C_2 h10	内 径 C_5 N11
25	25	25.6	29.2	22.6
32	33.7	34.3	38.2	31.3
40	40	40.6	44.7	37.6
50	50.8	51.6	56.2	48.6
65	63.5	64.1	69.9	60.3
75	76.1	76.7	82.6	72.9
80	88.9	89.8	95.7	84.9
100	101.6	102.5	108.7	97.6

3.2.3 焊接式套管

焊接式套管的尺寸和公差或公差等级(见 GB/T 1800.4)见图 3 和表 2。

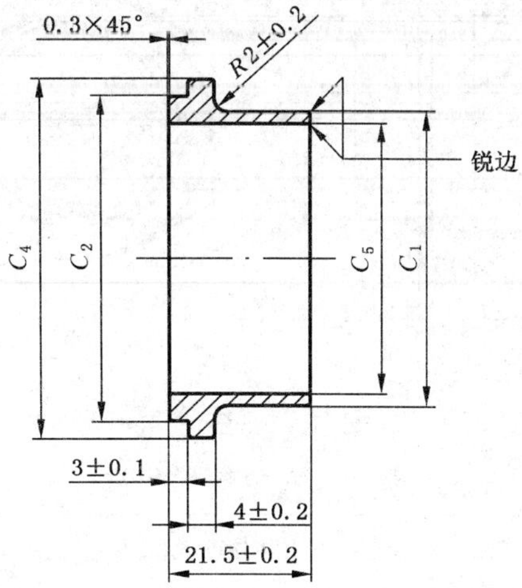

图 3 焊接式套管

表 2 焊接式套管尺寸

单位为毫米

公称尺寸 DN	管子外径 D_w	颈部外径 C_1 h11	插口直径 C_2 h10	外部直径 C_4 h10	内 径 C_5 N11
25	25	25.6	29.2	33.8	22.6
32	33.7	34.3	38.2	42.5	31.3
40	40	40.6	44.7	49.0	37.6
50	50.8	51.6	56.2	60.5	48.6
65	63.5	64.1	69.9	74.0	60.3
75	76.1	76.7	82.6	87.5	72.9
80	88.9	89.8	95.7	101.0	84.9
100	101.6	102.5	108.7	114.1	97.6

3.2.4 六角螺母

六角螺母的尺寸和公差或公差等级(见 GB/T 1800.4)见图 4 和表 3。

3.2.5 圆螺母

圆螺母的尺寸和公差或公差等级(见 GB/T 1800.4)见图 5 和表 4。

3.2.6 密封圈

密封圈尺寸和公差见图 6 和表 5。有关密封圈的技术要求见附录 B。

3.2.7 支撑环

支撑环的尺寸和公差见图 7 和表 6。

3.3 **表面粗糙度**

螺纹接头、套管、螺母和支撑环的表面粗糙度应符合 GB/T 1031 的规定;对于与食品接触的精加工表面,其 $Ra \leqslant 1\ \mu m$。

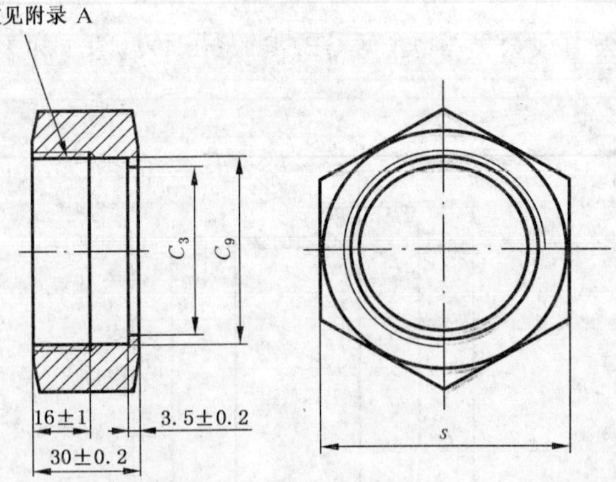

图 4　六角螺母

表 3　六角螺母尺寸

单位为毫米

公称尺寸 DN	管子外径 D_w	内径 C_3 H11	六角螺母中径 C_9 $^{+0.16}_{0}$	对边宽度 s h15
25	25	30.5	34.34	46
32	33.7	39.0	43.18	60
40	40	45.5	49.89	65
50	50.8	57.0	61.37	75
65	63.5	70.7	74.88	90
75	76.1	83.3	88.4	105
80	88.9	97.0	101.91	115
100	101.6	110.0	115.42	135

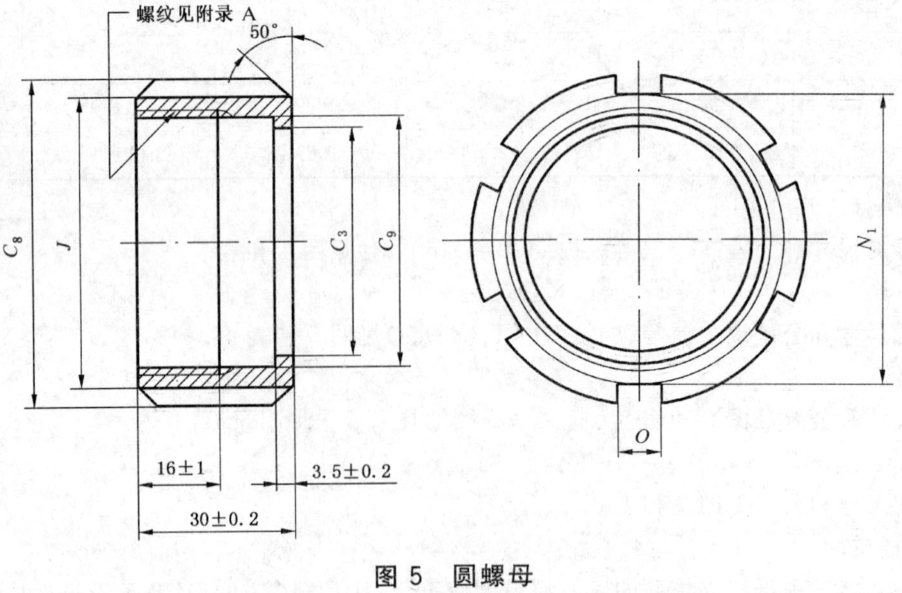

图 5　圆螺母

表 4 圆螺母尺寸

单位为毫米

公称尺寸 DN	管子外径 D_w	外 径 C_8 h13	内 径 C_3 H11	圆螺母中径 C_9 +0.16 0	倒角直径 J ±1	槽底对边宽度 N_1 h15	槽底宽度 O H13
25	25	48	30.5	34.34	41	42	6
32	33.7	58	39.0	43.18	49	50	8
40	40	65	45.5	49.89	57	58	8
50	50.8	77	57.0	61.37	68	69	8
65	63.5	91	70.7	74.88	82	83	10
75	76.1	106	83.3	88.40	97	98	10
80	88.9	122	97.0	101.91	112	113	12
100	101.6	135	110.0	115.42	125	126	12

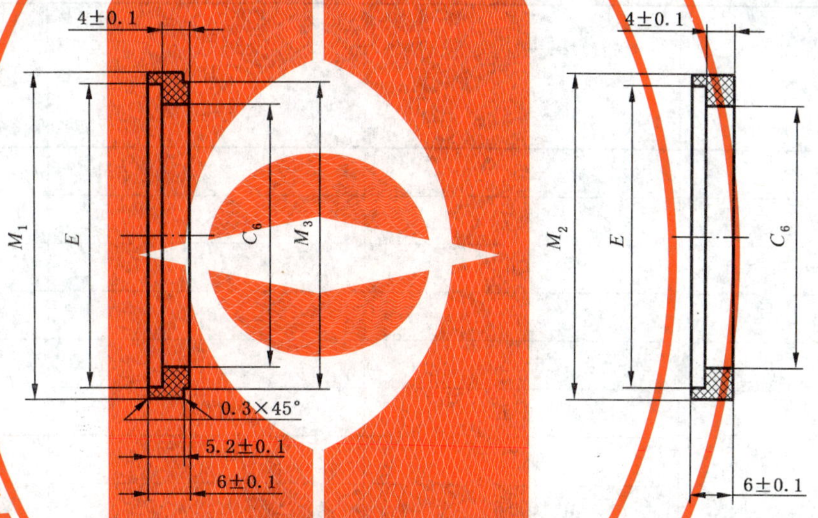

a) 使用 3.2.7 条支撑环的密封圈　　b) 不使用支撑环的密封圈

图 6 焊接式螺纹接头用密封圈

表 5 密封圈尺寸

单位为毫米

公称尺寸 DN	管子外径 D_w	内 径 C_6 +0.5 0	凸缘内径 E ±0.25	凸缘外径 M_1 ±0.25	凸缘外径 M_2 ±0.25	颈部外径 M_3 +0.5 0
25	25	23.6	28.8	32.2	32.5	29.5
32	33.7	32.3	37.8	41.2	41.5	38.5
40	40	38.6	44.3	47.7	48.0	45.0
50	50.8	49.6	55.8	59.2	59.5	56.5
65	63.5	61.3	69.5	72.9	73.2	70.2
75	76.1	73.9	82.2	85.6	86.5	82.9
80	88.9	85.9	95.3	98.7	99.5	96.0
100	101.6	98.6	108.3	111.7	112.5	109.0

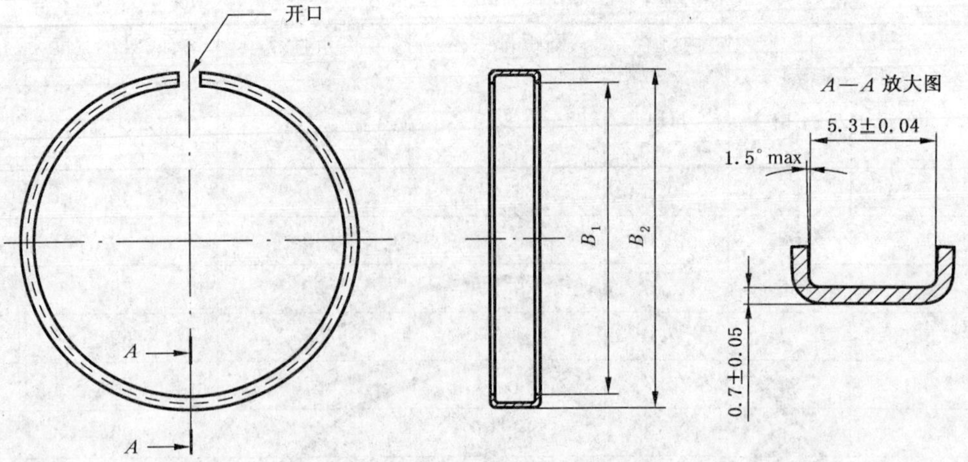

图 7　支撑环

表 6　支撑环尺寸

单位为毫米

公称尺寸 DN	管子外径 D_w	支撑环内径 B_1 ±0.13	支撑环外径 B_2 ±0.13
25	25	29.8	33.6
32	33.7	38.8	42.6
40	40	45.3	49.1
50	50.8	56.8	60.6
65	63.5	70.5	74.3
75	76.1	83.2	87.0
80	88.9	96.3	100.1
100	101.6	109.3	113.1

4　食品工业和供水工业用限位活接式不锈钢螺纹接头(简称活接式螺纹接头)

4.1　总则

活接式螺纹接头适用于食品工业和供水工业管道的连接。制药工业管道亦可选用。当活接式螺纹接头用于食品(含制药)工业管道时,可与 ISO 2037 或 GB/T 19228.2 中规定的不锈钢管配合使用;螺纹应采用附录 A 中规定的梯形螺纹。

当活接式螺纹接头用于供水工业管道时,可与 GB/T 12771 或 GB/T 19228.2 中规定的薄壁不锈钢管配合使用,螺纹应采用 GB/T 196 或 GB/T 7307 中规定的螺纹。

4.2　食品工业用限位活接式螺纹接头的结构型式、尺寸与公差

4.2.1　食品工业用限位活接式螺纹接头的结构型式与连接方式

食品工业用限位活接式螺纹接头的结构型式与连接方式见图 8。螺纹接头由外螺纹连接件、内螺纹连接件、焊接式短管(或翻边管)和橡胶密封圈共 4 部分组成。其中外螺纹连接件锐边部分焊接在三通、弯头类管件端口上,内螺纹连接件穿过管子后翻边与外螺纹连接件连接,在螺纹力的推动下,90°翻边平面压缩凹槽内的密封元件,橡胶密封圈在凹槽中被限位压缩,形成限位压缩无缝隙的密封状态,内、外螺纹连接件实现无缝压缩连接。

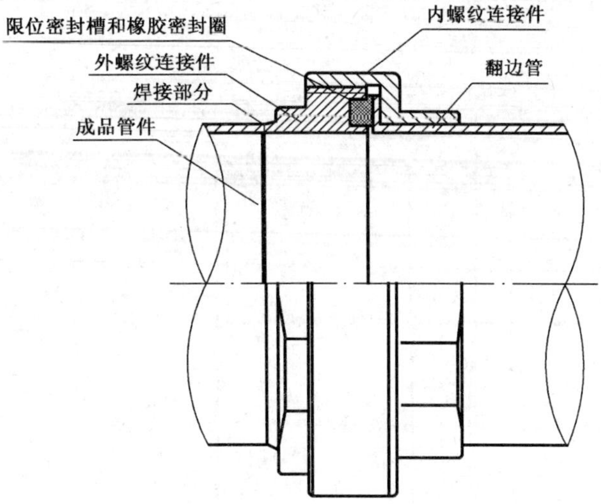

图 8　活接式不锈钢螺纹接头

4.2.2　外螺纹连接件

活接式外螺纹连接件的尺寸和公差见图 9 和表 7，C_2 为附录 A 中梯形螺纹大径 d。

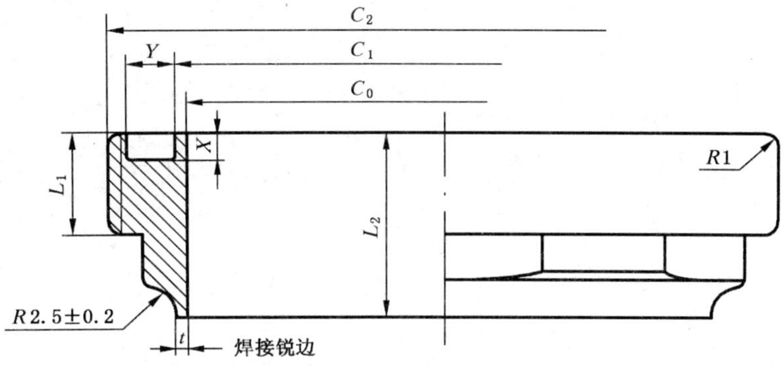

图 9　外螺纹连接件

表 7　外螺纹连接件尺寸

单位为毫米

公称尺寸 DN	管子外径 D_w	焊接锐边 $t\pm0.05t$	内通径 C_0 $\begin{smallmatrix}0\\-0.05\end{smallmatrix}$	密封槽内径 C_1 $\begin{smallmatrix}+0.05\\0\end{smallmatrix}$	螺纹大径最小值 C_2	外螺纹连接件长度 L_2 ±0.2	螺纹长度 L_1 ±0.2	密封槽尺寸	
								深度 X ±0.05	宽度 Y ±0.05
25	25	1.2	22.6	26.4	36.97	23.5	13.5	2.0	3.0
32	33.7	1.2	31.3	35.1	45.81	23.5		2.0	3.0
40	40	1.2	37.6	41.4	52.52	25.5	13.5	2.0	3.0
50	50.8	1.2	48.4	52.4	64.00	25.5	13.5	2.0	3.0
65	63.5	1.6	60.3	64.7	77.51	25.5		2.0	3.0
75	76.1	1.6	72.9	77.3	91.03	25.5	13.5	2.5	3.5
80	88.9	2	84.9	90.3	104.54	25.5		3.0	4.5
100	101.6	2	97.6	103.0	118.06	27.5	13.5	3.0	4.5

4.2.3 内螺纹连接件

活接式内螺纹连接件的尺寸和公差见图10和表8。

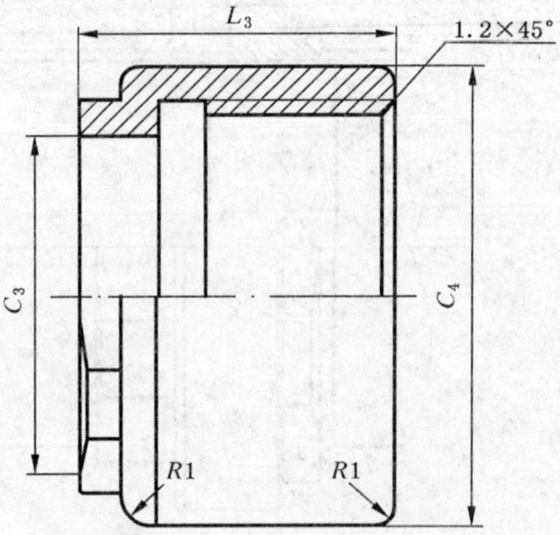

图10 内螺纹连接件

表8 内螺纹连接件尺寸

单位为毫米

公称尺寸 DN	管子外径 D_w	内螺纹连接件颈部内径 C_3 $^{+0.8}_{+0.3}$	内螺纹连接件长度 L_3 ±0.5	内螺纹连接件外径 C_4 ±0.2
25	25	25.6	38.0	41.0
32	33.7	34.3	38.0	50.0
40	40	40.6	38.0	56.5
50	50.8	51.6	38.0	68.5
65	63.5	64.1	38.0	82.0
75	76.1	76.7	38.0	95.0
80	88.9	89.8	38.0	109.5
100	101.6	102.5	38.0	123.0

4.2.4 焊接式短管或翻边管

与活接式螺纹接头配套使用的焊接式短管或翻边管，其尺寸和公差见图11、图12和表9。

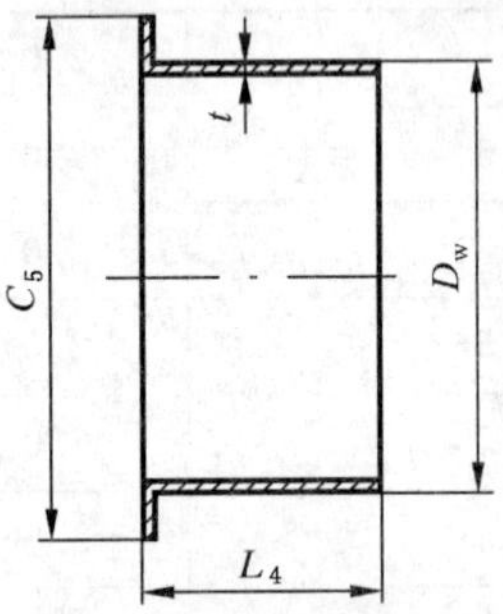

图11 焊接式短管

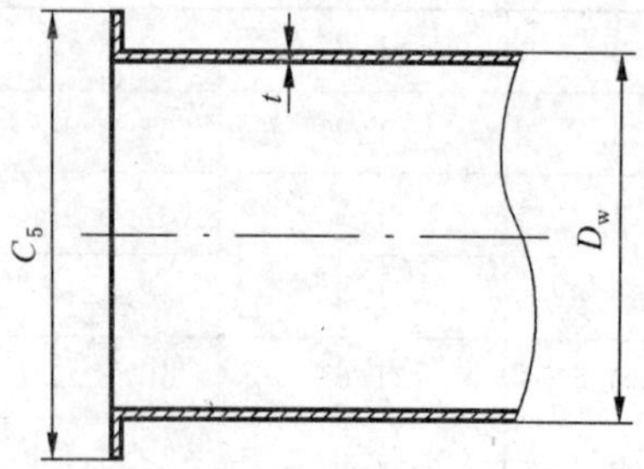

图12 翻边管

表 9　焊接式短管和翻边管尺寸

单位为毫米

公称尺寸 DN	管子外径 D_w	管子壁厚 $t \pm 0.1t$	管子翻边直径 C_5 ±0.2	焊接式短管长度 L_4 ±0.2	翻边管长度
25	25	1.2	33.8	21.5	任意长度
32	33.7	1.2	42.5	21.5	
40	40	1.2	49.0	21.5	
50	50.8	1.2	60.5	21.5	
65	63.5	1.6	74.0	21.5	
75	76.1	1.6	87.5	21.5	
80	88.9	2.0	101.0	21.5	
100	101.6	2.0	114.0	21.5	

4.2.5　橡胶密封圈

用于活接式不锈钢螺纹接头的橡胶密封圈尺寸和公差见图 13 和表 10。

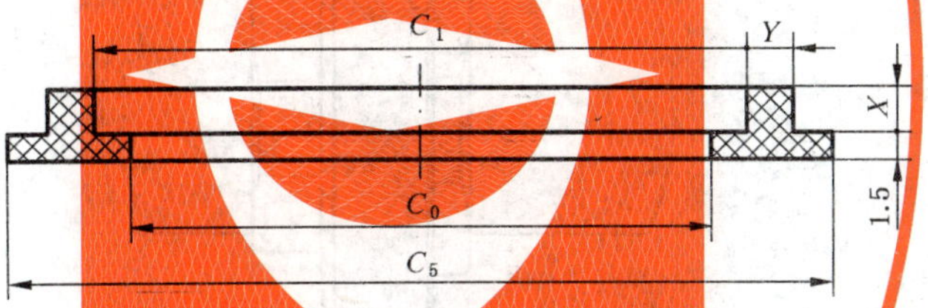

图 13　橡胶密封圈

表 10　橡胶密封圈尺寸

单位为毫米

公称尺寸 DN	管子外径 D_w	橡胶密封圈截面尺寸				
		X +0.1 0	Y +0.15 0	C_0 ±0.25	C_1 ±0.25	C_5 ±0.25
25	25	2.0	3.0	22.6	26.4	33.8
32	33.7	2.0	3.0	31.3	35.1	42.5
40	40	2.0	3.0	37.6	41.4	49.0
50	50.8	2.0	3.0	48.6	52.4	60.5
65	63.5	2.0	3.0	60.3	64.7	74.0
75	76.1	2.5	3.5	72.9	77.3	87.5
80	88.9	3.0	4.5	84.9	90.3	101.0
100	101.6	3.0	4.5	97.6	103.0	114.0

4.2.6 表面粗糙度

用于食品工业的限位活接式螺纹接头的表面粗糙度应符合 GB/T 1031 和 ISO 2853 的规定，对于与介质接触的精加工表面，其 $Ra \leqslant 1\ \mu m$；不与介质接触的加工表面，其 $Ra \leqslant 2.5\ \mu m$。

4.2.7 用于食品工业的限位活接式螺纹接头常用的连接方式见附录 C 的 C.1。

4.3 供水工业用限位活接式不锈钢螺纹接头

4.3.1 供水工业用限位活接式螺纹接头的结构型式与连接方式

用于供水工业的限位活接式螺纹接头的结构型式与连接方式见图 14。螺纹接头由外螺纹连接件、内螺纹连接件、翻边管和 O 形橡胶密封圈共 4 部分组成。外螺纹连接件的锐边部分焊接在三通、弯头类管件端口上，内螺纹连接件穿过管子后，对管子端口进行 90°翻边，在螺纹力的推动下，90°翻边平面与外螺纹连接件端口平面对接，压缩外螺纹连接件端口凹槽内的 O 形橡胶密封圈，橡胶密封圈在凹槽中被限量压缩，形成限位压缩的密封状态，组成限位活接式密封螺纹连接方式。

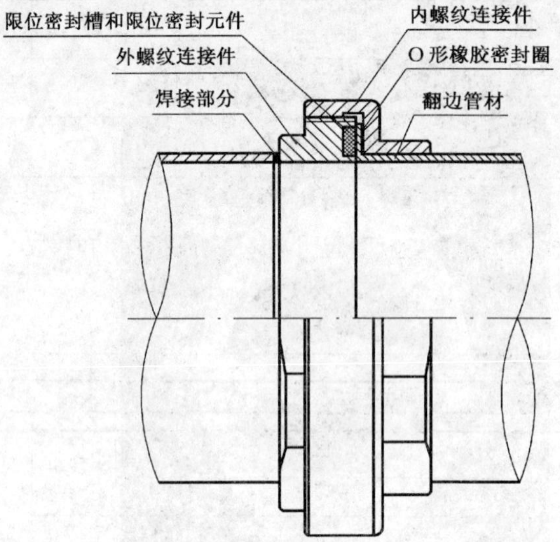

图 14 限位活接式密封螺纹连接方式

4.3.2 外螺纹连接件

自带限位密封槽的焊接式外螺纹连接件的尺寸和公差见图 15 和表 11。表中给出的螺纹尺寸符合 GB/T 196 的规定，当采用非密封圆柱螺纹时，螺纹尺寸应符合 GB/T 7307 的规定。

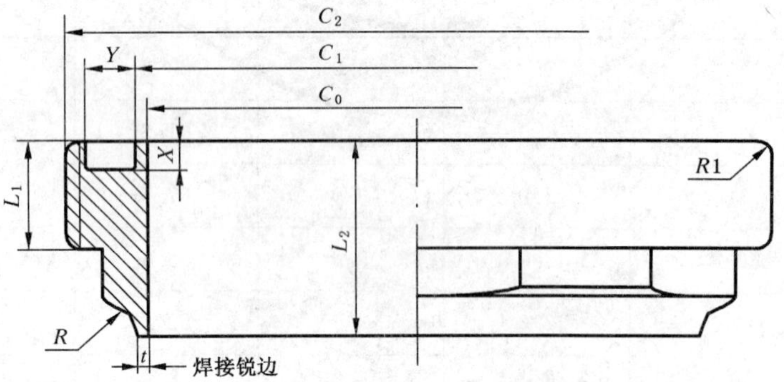

图 15 外螺纹连接件

表 11 外螺纹连接件尺寸

单位为毫米

公称尺寸 DN	管子外径 D_w	焊接锐边 $t \pm 0.05t$	外螺纹内通径 C_0 ±0.05	密封槽内径 C_1	螺纹大径 C_2	螺纹长度 L_1 ±0.2	外螺纹连接件长度 L_2 ±0.2	R +0.2	密封槽 深度 X +0.05	密封槽 宽度 Y +0.05
15	16	0.8	14.4	$16.0^{+0.2}_{0}$	M24×1.5	7.5	17.5	1.0	1.5	2.6
20	20	0.8	18.4	$20.0^{+0.2}_{0}$	M28×1.5	7.5	17.5	1.0	1.5	2.6
25	25	1.0	23.0	$25.0^{+0.2}_{0}$	M33×1.5	8.0	19.0	1.5	1.5	2.6
32	32	1.0	30.0	$32.0^{+0.4}_{0}$	M42×2.0	10.0	21.0	1.5	1.9	3.3
40	40	1.2	37.6	$40.0^{+0.4}_{0}$	M50×2.0	10.0	21.0	1.5	1.9	3.3
50	50.8	1.2	48.4	$50.8^{+0.4}_{0}$	M62×2.0	12.0	23.0	1.5	2.3	4.0
65	63.5	1.6	60.3	$63.5^{+0.6}_{0}$	M80×2.0	15.0	28.0	2.5	3.5	6.0
75	76.1	1.6	72.9	$76.1^{+0.6}_{0}$	M95×2.0	15.0	28.0	2.5	3.8	6.5
80	88.9	1.8	85.3	$88.9^{+0.6}_{0}$	M110×3.0	16.0	29.0	2.5	4.0	7.0
100	101.6	2.0	97.6	$101.6^{+1.0}_{0}$	M125×3.0	16.0	29.0	2.5	4.8	8.5

4.3.3 内螺纹连接件

内螺纹连接件的尺寸和公差见图 16 和表 12，其中螺纹尺寸应符合 GB/T 196 的规定，当采用非密封圆柱螺纹时，螺纹尺寸应符合 GB/T 7307 的规定。

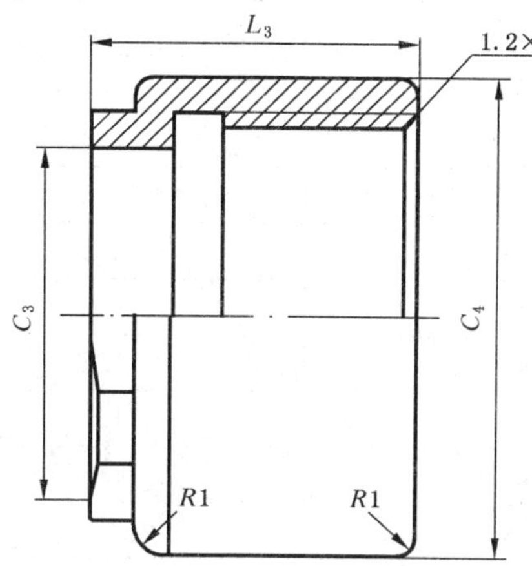

图 16 内螺纹连接件

表 12　内螺纹连接件尺寸

单位为毫米

公称尺寸 DN	管子外径 D_w	翻边管材壁厚 $t\pm0.1t$	内螺纹连接件颈部内径 C_3 $^{+0.8}_{+0.3}$	内螺纹连接件长度 L_3 ±0.5	内螺纹连接件外径 C_4 ±0.2
15	16	0.8	16.1	26.5	28.0
20	20	0.8	20.2	26.5	32.0
25	25	1.0	25.2	28.0	37.0
32	32	1.0	32.3	30.0	48.0
40	40	1.2	40.4	30.0	52.0
50	50.8	1.2	51.2	32.0	66.0
65	63.5	1.6	63.9	36.0	85.0
75	76.1	1.6	76.6	36.0	100.0
80	88.9	1.8	89.5	38.0	115.0
100	101.6	2.0	102.6	38.0	130.0

4.3.4　翻边管

不锈钢翻边管的尺寸和公差见图 17 和表 13。

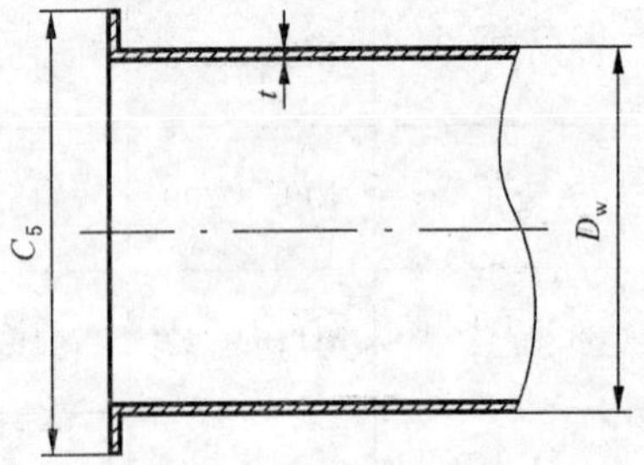

图 17　翻边管

表 13　翻边管尺寸

单位为毫米

公称尺寸 DN	管子外径 D_w	管子壁厚 $t\pm0.1t$	管子翻边外径 C_5
15	16	0.8	22.2±0.15
20	20	0.8	26.1±0.15
25	25	1.0	31.1±0.15
32	32	1.0	39.4±0.15
40	40	1.2	47.4±0.20
50	50.8	1.2	59.4±0.20
65	63.5	1.6	77.3±0.20
75	76.1	1.6	90.0±0.20
80	88.9	1.8	105.3±0.40
100	101.6	2.0	120.5±0.40

4.3.5　O 形橡胶密封圈

活接式不锈钢螺纹接头用 O 形橡胶密封圈的尺寸和公差见图 18 和表 14。

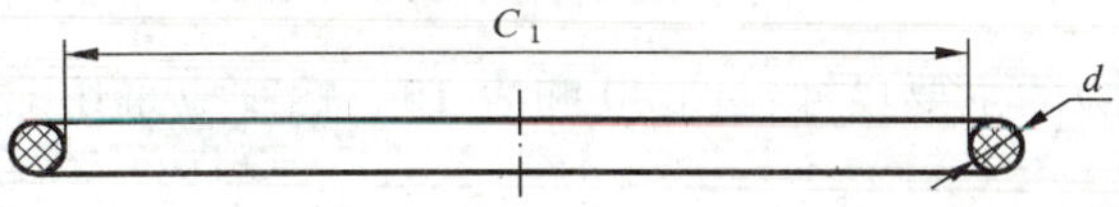

图 18 O形橡胶密封圈

表 14 O形橡胶密封圈尺寸

单位为毫米

公称尺寸 DN	管子外径 D_w	O形橡胶密封圈截面直径 d $^{+0.1}_{0}$	O形橡胶密封圈内直径 C_1 ±0.25
15	16	2.2	15.9
20	20	2.2	20.0
25	25	2.2	25.0
32	32	2.8	31.8
40	40	2.8	40.0
50	50.8	3.4	50.9
65	63.5	5.0	64.0
75	76.1	5.5	76.6
80	88.9	6.0	89.5
100	101.6	7.0	102.1

4.3.6 表面粗糙度

用于供水工业的限位活接式螺纹接头的加工精度为：$Ra \leqslant 16\ \mu m$。

4.3.7 用于供水工业的限位活接式螺纹接头在管道中常用的连接方式见附录C的C.2。

5 供水工业用推进式不锈钢螺纹接头(简称推进式螺纹接头)

5.1 总则

推进式不锈钢螺纹接头可与GB/T 19228.2和ISO 2037等标准中规定的不锈钢管配合使用。螺纹应采用GB/T 196或GB/T 7307中规定的螺纹。

5.2 推进式不锈钢螺纹接头的结构型式、尺寸与公差

5.2.1 推进式不锈钢螺纹接头的安装与连接方式见图19。

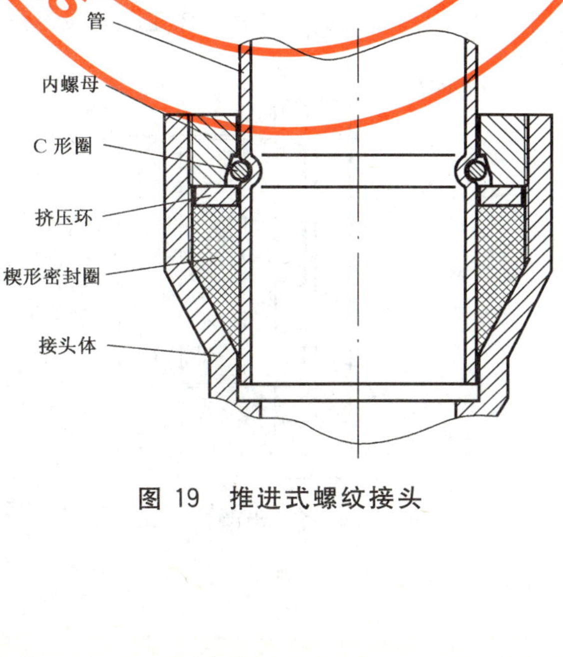

图 19 推进式螺纹接头

5.2.2　接头体

推进式螺纹接头(接头体)的主要尺寸见图 20 和表 15。螺纹应采用 GB/T 196 或 GB/T 7307 标准中规定的螺纹。

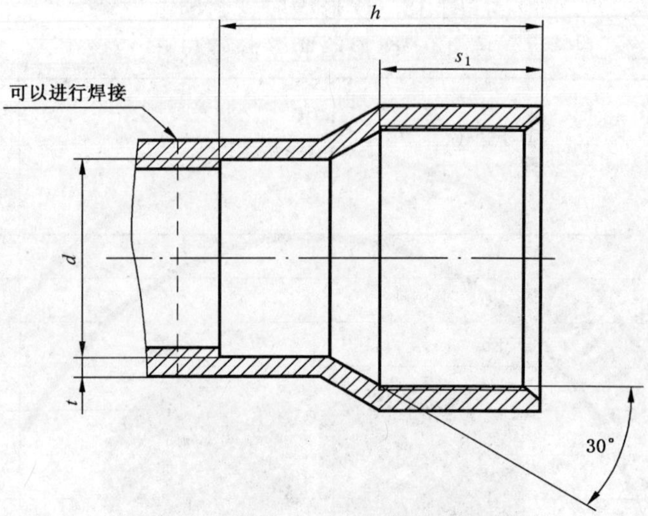

图 20　推进式螺纹接头(接头体)

表 15　推进式螺纹接头主要尺寸

单位为毫米

公称尺寸 DN	管子外径 D_w	接头本体内径 d		厚度 t		配合深度 h	接口螺纹长度 s_1	
		基本尺寸	允许偏差	基本尺寸	允许偏差		基本尺寸	允许偏差
15	15.9	16.9	±0.3	2.5	±0.3	27	13	±1
20	22.2	23		2.5		27	14	
25	28.6	29		2.5		30	15	
32	34.0	35.2		2.5		34	15	
40	42.7	44		3.0		35	16	
50	50.8	52		3.0		40	16.5	
60	60.3	62		3.0		42	18.5	

5.2.3　内螺母

内螺母的尺寸和公差见图 21 和表 16。螺纹应符合 GB/T 196 或 GB/T 7307 标准中规定的螺纹。

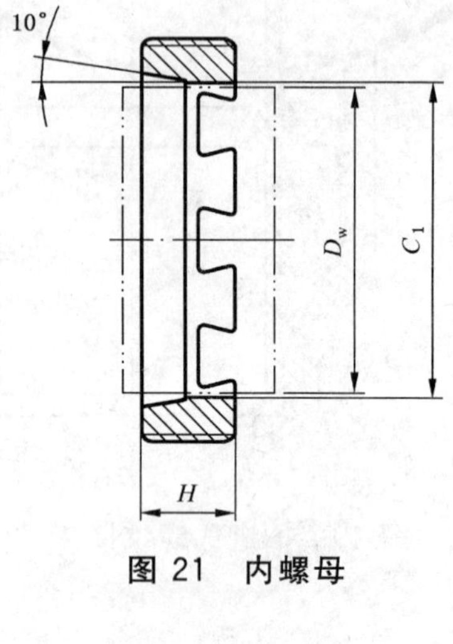

图 21　内螺母

表 16　内螺母尺寸

单位为毫米

公称尺寸 DN	管子外径 D_w	内螺母内径 C_1	内螺母高度 H
15	15.9	$16.2^{+0.15}_{0}$	8.4
20	22.2	$22.7^{+0.15}_{0}$	9
25	28.6	$29^{+0.15}_{0}$	9
32	34.0	$34.6^{+0.46}_{0}$	9.8
40	42.7	$43.8^{+0.5}_{0}$	11
50	50.8	$52.5^{+0.5}_{0}$	13
60	60.3	$61.8^{+0.6}_{0}$	13

5.2.4　楔形橡胶密封圈

楔形橡胶密封圈的尺寸和公差见图 22 和表 17。

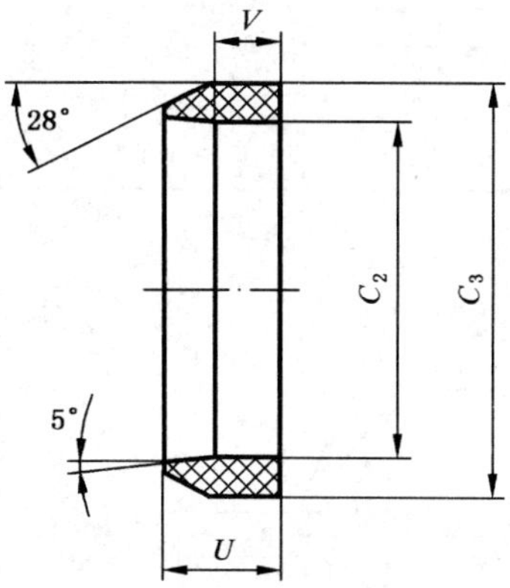

图 22　推进式螺纹接头用楔形橡胶密封圈

表 17　楔形橡胶密封圈尺寸

单位为毫米

公称尺寸 DN	管子外径 D_w	楔形橡胶密封圈内径 C_2 ±0.25	楔形橡胶密封圈外径 C_3 ±0.25	楔形橡胶密封圈高度 U	楔形凸缘厚度 V
15	15.9	16	22.6	8.5	4.5
20	22.2	22	29.7	11	6.5
25	28.6	28	36	11	6.5
32	34.0	33.7	41.6	11.5	6.8
40	42.7	42.4	51.7	11.5	5.5
50	50.8	50.8	61.7	12.5	5.5
60	60.3	60.3	71.4	12.5	5.5

5.2.5　挤压环

挤压环的尺寸和公差见图 23 和表 18。

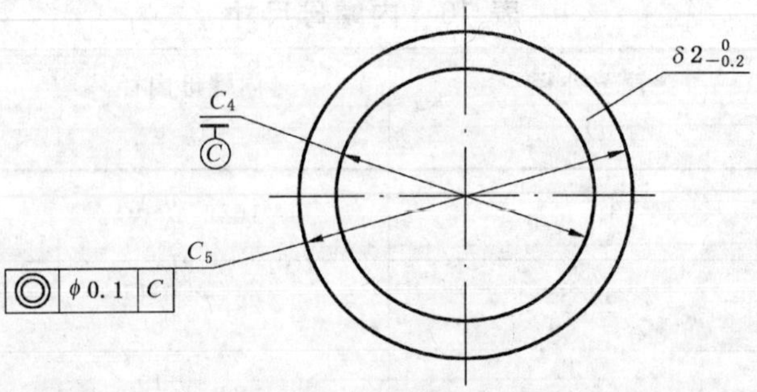

图 23　挤压环

表 18　挤压环尺寸

单位为毫米

公称尺寸 DN	管子外径 D_w	挤压环内径 C_4		挤压环外径 C_5	
		基本尺寸	允许偏差	基本尺寸	允许偏差
15	15.9	16.2	+0.1 0	22.5	0 −0.1
20	22.2	22.5	+0.2 0	29.6	
25	28.6	29		35.9	
32	34.0	34.6		41.5	
40	42.7	43.4		51.6	0 −0.2
50	50.8	51.6		61.6	
60	60.3	61.1		71.3	

5.2.6　C 形圈

C 形圈的尺寸和公差见图 24 和表 19。

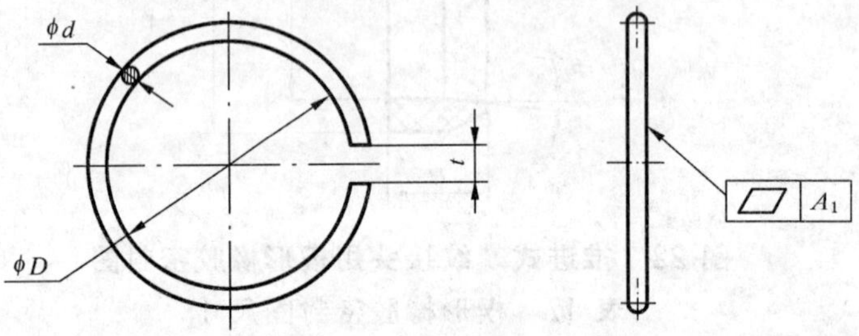

图 24　C 形圈

表 19　C 形圈尺寸

单位为毫米

公称尺寸 DN	管子外径 D_w	C 形圈内径 D	C 形圈线径 d	卡口尺寸 t	平面跳动 A_1
15	15.9	14.6±0.15	1.5±0.05	3.5	≤0.3
20	22.2	20.6±0.15	1.8±0.05	4	≤0.4
25	28.6	26.6±0.15	2 ±0.05	4	≤0.5
32	34.0	31.7±0.2	2.2±0.05	4.6	≤0.6
40	42.7	40.4±0.2	2.6±0.05	4.6	≤0.6
50	50.8	48.8±0.2	2.8±0.05	4.6	≤0.8
60	60.3	58.3±0.2	2.8±0.05	4.6	≤0.8

5.3 推进式不锈钢螺纹接头在常用管道中常用的典型结构见附录C的C.3。

6 技术要求

6.1 装配

6.1.1 焊接式不锈钢螺纹接头

焊接式不锈钢螺纹接头和套管应通过焊接的方式与管子端部连接。安装示意图见图1。

6.1.2 限位活接式不锈钢螺纹接头

用于食品工业的限位活接式不锈钢螺纹接头，连接安装见图8。用普通扳手将内外螺纹紧固在一起，通过螺纹的推力使管子的一个翻边平面与装有橡胶密封圈的外螺纹连接件平面紧密贴合在一起，从而实现限位压缩式密封。

用于饮用水工业的限位活接式不锈钢螺纹接头，连接安装见图14。安装方法同上。

6.1.3 推进式不锈钢螺纹接头

推进式不锈钢螺纹接头是将配管插入管件的管口，用专用扳手将内螺母紧固，通过螺纹的推力推进挤压环和密封圈，从而使管子与管件达到连接密封。其中C形圈用于防止因内压过高而使管子与管件接头脱离。安装示意图见图19。

6.2 材料

6.2.1 焊接式螺纹接头、套管、螺母、支撑环和限位式螺纹接头的内、外螺纹连接件、翻边管以及推进式螺纹接头的接头体、内螺母、挤压环、C形圈等应选用奥氏体不锈钢，化学成分可参照GB/T 12771的规定；其中支撑环和挤压环采用冲压成型时，材料应符合GB/T 4239的规定；螺母、接头体等需要采用不锈钢铸造时，材料应符合GB/T 2100的规定。接触饮用水的常用材料为0Cr18Ni9(304)、00Cr19Ni10(304L)、0Cr17Ni12Mo2(316)和00Cr17Ni14Mo2(316L)，不接触饮用水的材料由供需双方商定。

6.2.2 橡胶密封圈

橡胶密封圈应是硬度为65RHD～85RHD的天然橡胶或合成橡胶(如硅橡胶或三元乙丙橡胶等)，技术要求应符合HG/T 3097—2006的规定。食品工业用螺纹接头应使用食品用硅橡胶密封圈，并应符合GB/T 17219卫生评定标准。若对密封圈有特殊性能要求，如在大于110℃的高温环境下使用，则由供需双方商定选用其他材料。

6.3 性能要求

6.3.1 水压性能

接头应进行水压性能试验。试验压力为2.5MPa，接头应无渗漏和永久变形。

6.3.2 气密性能

接头进行型式试验时应做气密性能试验。气密试验压力为0.6 MPa，接头应无泄漏现象。

6.3.3 连接性能

型式试验时或用户要求时，接头应进行连接性能试验。连接性能试验包括负压试验、拉拔试验、可曲挠角度单侧试验、振动试验、温度变化试验、压力波动试验。

6.3.4 卫生要求

用于饮用净水、生活饮用水和食品工业的螺纹接头，其卫生要求应符合GB/T 17219和《生活饮用水输配水设备及防护材料卫生安全评价规范》的规定。

6.4 表面质量

6.4.1 接头表面不允许有粘砂、氧化皮、裂纹。

6.4.2 焊接式螺纹接头和套管以及限位活接式螺纹接头的内表面应清洁和光滑，应没有表面缺陷和夹渣。

6.4.3 连接端轴线应与管件中心轴线重合，目测条件下不得有偏心、不对称、不垂直的缺陷。

6.4.4 螺纹不允许有断缺或齿形不全，手感光滑，螺母拧合时应拧动灵活。

7 试验

7.1 水压试验

接头与 500 mm 长的不锈钢管连接，进行水压试验，试验压力应不小于 2.5 MPa，保持 1 min，应符合 6.3.1 的要求。

7.2 气密性试验

接头与 500 mm 长的不锈钢管连接，进行气密性试验。用于气体介质的气密试验压力为 1.7 MPa，用于液体介质的气密试验压力不小于 0.6 MPa，保持 10 s，结果应符合 6.3.2 的要求。

7.3 负压试验

负压试验应将接头与长 60 mm 以上的管子连接，用图 25 所示的方法对接头的内部减压至 —54 kPa，保持 2 min，如负压表数值不改变或有其他异常，测试管件接头视为合格。

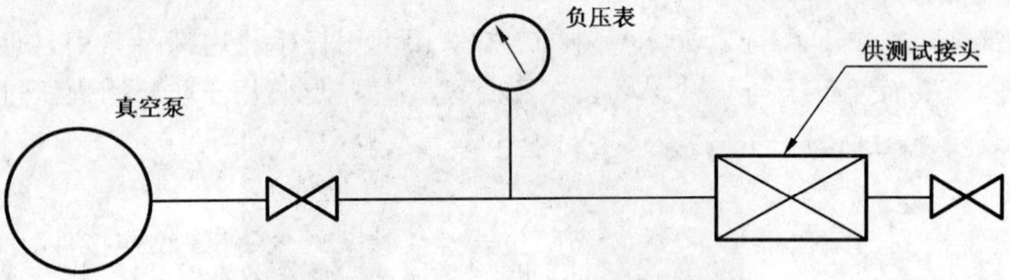

图 25 负压试验装置图

7.4 拉拔试验

将接头两端与长 300 mm 以上的管子连接，向管内封入 0.6 MPa 的气压，用图 26 所示的方法以 2 mm/min的速度拉伸，测定出现渗漏时的最大拉伸力，此时的拉伸力应大于表 20 中规定的最小抗拉拔强度，则测试接头视为合格。

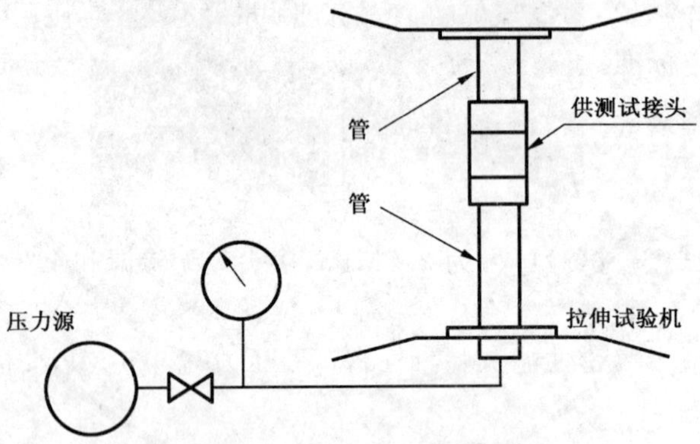

图 26 拉拔试验装置图

表 20 最小抗拉拔强度

公称尺寸 DN	抗拉拔强度/ kN	公称尺寸 DN	抗拉拔强度/ kN
15	3.88	50	19.8
20	6.15	60	27.7
25	7.45	65	31
32	11.7	80	44.7
40	13.4	100	79.4

7.5 可曲挠角度单侧试验

将接头与长 500 mm 以上的管子连接，向管内封入 1.75 MPa 的水压，用图 27 所示的方法在管子不曲挠的范围内实施压弯，测量压弯后能复原的次数，以此判定管件可曲挠的角度及接头的性能差别。焊接式、限位式和推进式不锈钢螺纹接头应满足 2.2°以上的曲挠角，(100～150)次/min，20 000 次振动试验。试验结束后，管件不得有渗漏、脱落及其他异常。

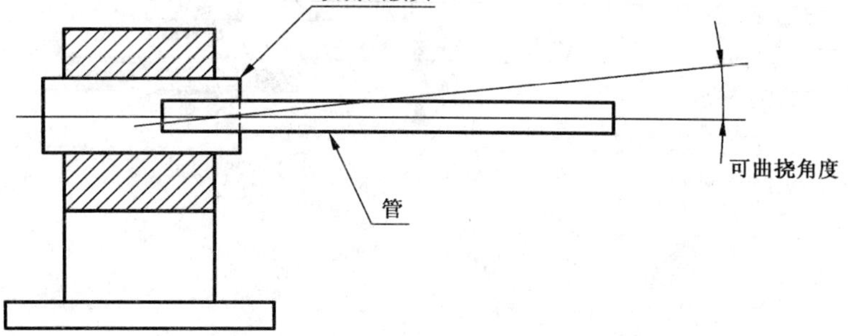

图 27 可曲挠角度单侧试验装置图

7.6 振动试验

将接头与长 500 mm 以上的管子连接，向管内封入 1.75 MPa 的水压，用图 28 所示的振动方法并按表 21 所示的条件实施振动，不得有渗漏、脱落及其他异常。

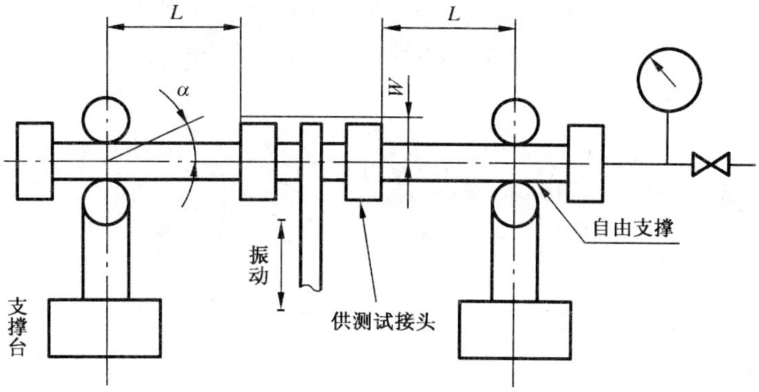

图 28 振动试验装置图

表 21 振动试验条件

种类	振动	振动周期/(次/min)	振动次数
供测试接头	$\alpha = \pm 2.2°$	100～150	20 000

7.7 温度变化试验

此项试验应在(20±5)℃和(93±5)℃时用恒定的 0.01 MPa 内压来进行。管内的流动速度要不小于 0.5 m/s，冷热水和热冷水的温度变化必须在 1 min 内结束，如图 29 所示，所有管子和管接头构成的试件在温度变化产生应变的过程中确认管子的连接不得有渗漏。

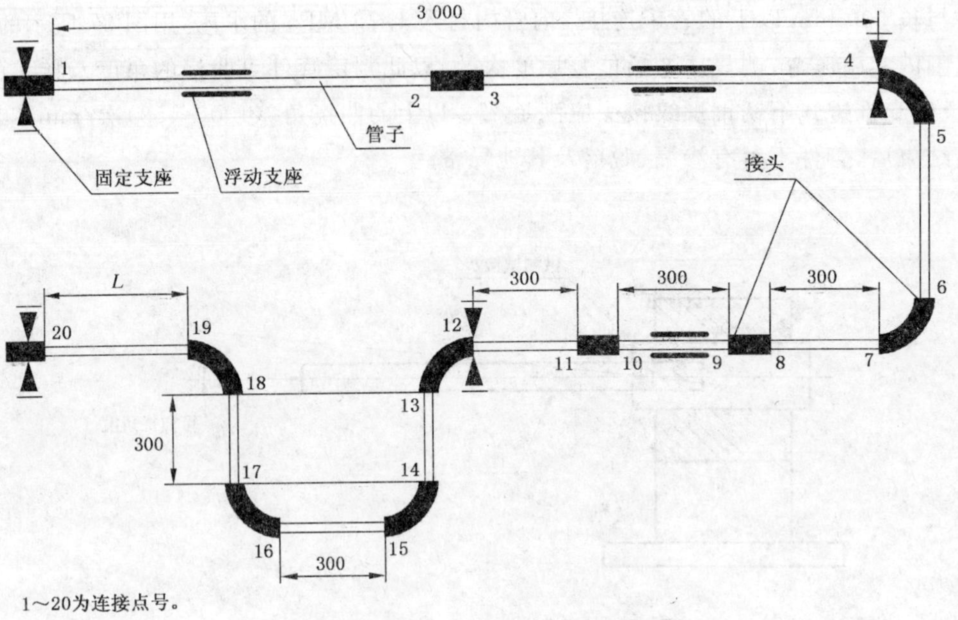

图 29　温度变化试验的试验布局图例

7.8　压力波动试验

将接头与长 500 mm 以上的管子连接，内部注满水后，升压到 4 MPa，再减压到 0 MPa，此操作应在10 s内完成，并以此为一个周期，反复施加 1 500 个周期的同样内压，不得有渗漏、脱落及其他异常。对推进式不锈钢螺纹接头的拔出量，每一接合部位应在 1 mm 以下。

7.9　卫生要求

7.9.1　不锈钢螺纹接头不得污染饮用水水质。接头经浸泡后，其水质应符合 GB/T 17219 和《生活饮用水输配水设备及防护材料卫生安全评价规范》的要求。

7.9.2　用于食品管道的不锈钢螺纹接头与食品接触的金属表面要便于清洗。当管件拆开时可以通过灌注的方法清洗或人工清洗。对于可拆装的部件，应能满足快速拆卸和安装的要求。

7.9.3　密封圈应由与接头、食品和清洗液相适应的材料制成。例如：它不能将气味传给食品。

7.9.4　用于输送饮用净水和生活饮用水的焊接式不锈钢螺纹接头、活接式不锈钢螺纹接头和推进式螺纹接头，其卫生试验按 GB/T 12719 的规定执行。

7.10　密封圈性能检验

按 HG/T 3097 的规定进行检验。

8　检验

8.1　检验方法

8.1.1　材料

接头的材料成分应按材质单验收，或由供货方提供有效期内的检验报告。

8.1.2　尺寸

用精度符合极限偏差要求的通用量具进行尺寸测量。

8.1.3　分类

产品检验分为出厂检验和型式检验。

8.2 检验规则

8.2.1 出厂检验

出厂检验项目应符合表22中的规定，序号1、2、3、4项全检；序号5、6、7项每批应抽样5%（不少于5只）进行检验，检验结果如有一项不合格时，应用2倍数量的产品进行复检，若再不合格，则该批产品不得出厂。

表22 出厂检验项目

序号	检验项目	取样数量	章条
1	尺寸检验	逐个	3、4、5和8.1.2
2	外观检验	逐个	6.4
3	水压试验	逐个	7.1
4	气密性试验	逐个	7.2
5	拉拔试验	抽样	7.4
6	振动试验	抽样	7.6
7	密封圈性能检验	抽样	7.10

8.2.2 型式检验

8.2.2.1 有以下情况之一时应进行型式试验，检验项目为第6章的全部要求。

a) 新产品试制定型鉴定；

b) 正式生产后，如结构、材料、工艺配方、设备有较大改变，可能影响产品性能时；

c) 出厂检验结果与上次型式检验有较大差异时；

d) 停产3个月以上恢复生产时；

e) 国家质量监督部门或客户提出要求时。

8.2.2.2 型式检验应在不同批接头中任取5只进行检验，若有一项不符合要求时，必须在审查设计、工艺等基础上，用2倍数量的产品进行复检，复检时有一项不符合要求，则判为型式试验不合格。

9 标记和标志

9.1 标记

9.1.1 标记方法

接头标记应由产品规格（DN或DN/D_w）、材料代号和标准编号组成。常用不锈钢材料代号为304（0Cr18Ni9）、304L（00Cr19Ni10）、316（0Cr17Ni12Mo2）、316L（00Cr17Ni14Mo2）。

9.1.2 标记示例

示例1：公称尺寸为DN60、管子外径为60.3 mm、材料为0Cr18Ni9(304)的推进式螺纹接头，标记为：

推进式螺纹接头 DN60-304 GB/T 21359—2008

示例2：公称尺寸为DN32、管子外径为33.7 mm、材料为00Cr17Ni14Mo2(316L)的焊接式螺纹接头，标记为：

焊接式螺纹接头 DN32-316L GB/T 21359—2008

示例3：公称尺寸为DN32、管子外径为33.7 mm、材料为00Cr17Ni14Mo2(316L)的食品工业用活接式螺纹接头，标记为：

活接式螺纹接头 DN32/D_w 33.7-316L GB/T 21359—2008

公称尺寸为DN32、管子外径为32 mm、材料为00Cr17Ni14Mo2(316L)的供水工业用活接式螺纹接头，标记为：

活接式螺纹接头 DN32/D_w 32-316L GB/T 21359—2008

9.2 标志

经检验合格的接头外表面应有下列不易消失的标志：

a) 制造商名称或商标；

b) 产品规格或型号；

c) 材料代号。

10 包装和贮运

10.1 包装

产品用纸盒包装，每盒包装数量由供应方确定，纸盒外包装塑料袋，然后用木箱包装，也可根据客户要求使用其他型式和材料包装。包装内应有产品质量证明书。

10.2 贮运

10.2.1 产品运输时不得受到抛摔、剧烈的撞击、曝晒、雨淋、油污和化学品污染。

10.2.2 产品应贮存于通风良好、干燥、防潮的仓库内，不得与容易引起产品腐蚀的物品共贮一室。

10.3 质量证明书

每批产品应附有产品质量证明书，内容应包括：

a) 制造商名称和地址；

b) 产品名称或代号；

c) 规格、标准编号；

d) 材料牌号；

e) 生产日期或生产批号；

f) 定货合同、产品标准规定的各项检验结果、制造厂质量部门的印记；

g) 包装日期。

附　录　A
（规范性附录）
食品工业用不锈钢螺纹接头使用的梯形螺纹

A.1　定义

对于本附录而言，下列定义是适用的。

A.1.1　基本牙型

内外螺纹公差位置的起始牙型(见图 A.1)。

A.1.2　螺距 P

螺纹旋转一周的轴向进程。标准螺距为每英寸 8 个牙(即每 25.4 毫米上有 8 个牙)，P=3.175 mm。

A.1.3　大径：包容螺纹接头外螺纹的牙顶和螺母内螺纹的牙底直径(见图 A.1)。

A.1.4　中径：见图 A.1。

A.1.5　小径：见图 A.1。

A.1.6　通端螺纹牙型：螺纹通端形成的极限牙型(见图 A.2)。

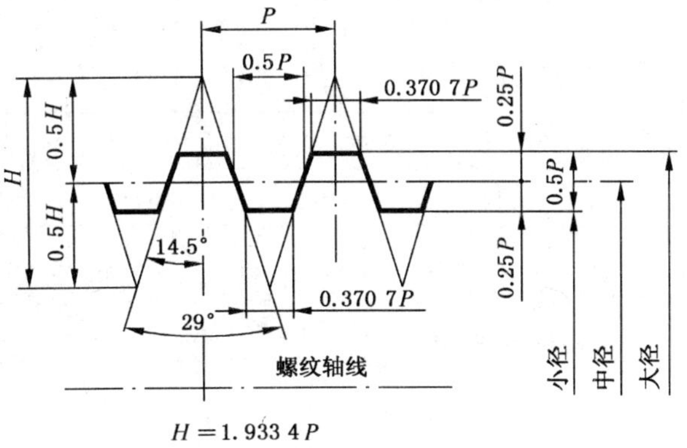

图 A.1

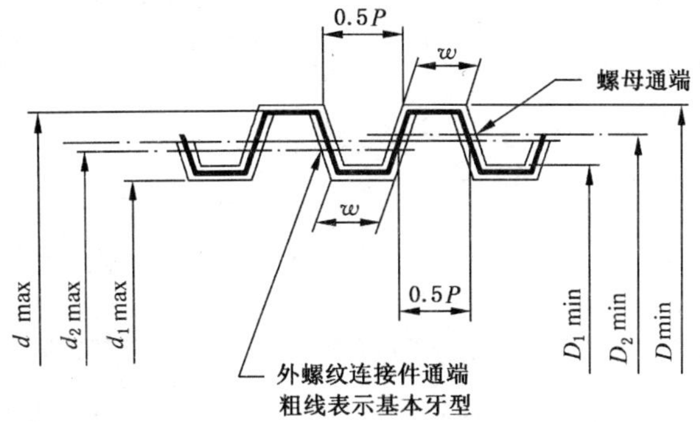

图 A.2

A.2　螺纹极限尺寸的测量

A.2.1　螺纹直径

外螺纹连接件和螺母的螺纹直径的极限尺寸根据公差确定，其公式分别见表 A.1 和表 A.2。

A.2.2　通端螺纹牙型的牙底宽度 w

外螺纹连接件和内螺纹螺母的通端螺纹牙型的牙底宽度按 A.2.2.1 和 A.2.2.2 中给出的公式确定。

A.2.2.1 外螺纹连接件

$$w=0.3707P-0.127+0.008064\sqrt{d}$$

A.2.2.2 螺母

$$w=0.3707P-0.135$$

表 A.1 外螺纹极限偏差

单位为毫米

极限偏差	大径 d	中径 $d_2=d-0.5P$	小径 $d_1=d-P$
通端极限	0	$-A$	-0.508
止端极限	$-0.05P$	$-(A+T)$	$-(0.508+1.5T)$

注 1：公差 T：

$T=0.07056\sqrt{P}+0.01411\sqrt{d}$

注 2：基本偏差 A：

$A=0.03024\sqrt{d}$

表 A.2 内螺纹极限偏差

单位为毫米

极限偏差	大径 $D(=d)$	中径 $D_2=D-0.5P$	小径 $D_1=D-P$
通端极限	$+0.889$	$+0.368$	$+0.381$
止端极限	$+1.397$	$+(0.368+T)$	$+(0.381+1.5P)$

注 1：公差 T：

$T=0.07056\sqrt{P}+0.01411\sqrt{d}$

注 2：基本偏差 A：

$A=0.03024\sqrt{d}$

A.3 螺纹尺寸

A.3.1 外螺纹连接件

螺纹连接件的外螺纹尺寸见图 A.3 和表 A.3。

A.3.2 螺母

螺母的内螺纹尺寸见图 A.4 和表 A.4。

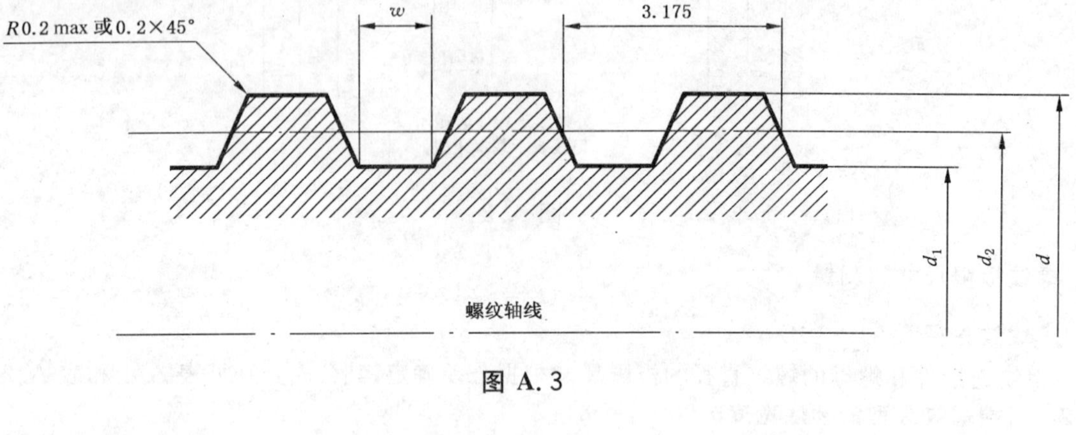

图 A.3

表 A.3 外螺纹尺寸

单位为毫米

公称尺寸	螺纹接头螺纹大径 d		螺纹接头螺纹中径 d_2		螺纹接头螺纹小径 d_1		螺纹接头外螺纹最大实体牙型的牙底宽度 w
	max	min	max	min	max	min	
25	37.13	36.97	35.36	35.15	33.45	33.13	1.097
33.7	45.97	45.81	44.18	43.96	42.29	41.95	1.105
38	50.65	50.49	48.85	48.62	46.97	46.63	1.107
40	52.68	52.52	50.87	50.64	49.00	48.65	1.109
51	64.16	64.00	62.33	62.09	60.48	60.12	1.115
63.5	77.67	77.51	75.82	75.57	73.99	73.61	1.121
70	84.58	84.42	82.71	82.45	80.90	80.51	1.124
76.1	91.19	91.03	89.31	89.05	87.51	87.12	1.127
88.9	104.70	104.54	102.80	102.53	101.02	100.61	1.132
101.6	118.21	118.06	116.29	116.01	114.53	114.11	1.138

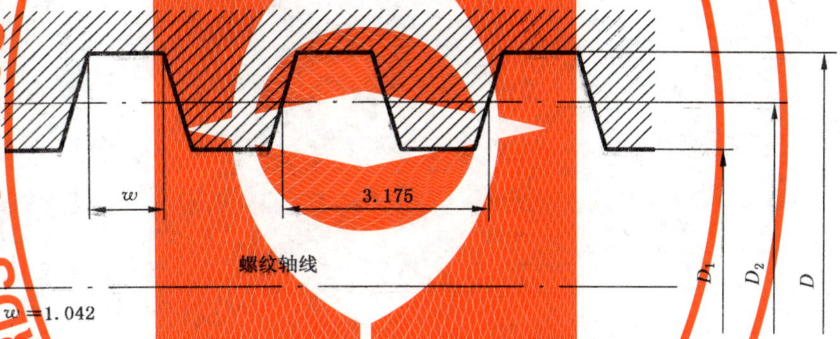

图 A.4

表 A.4 内螺纹尺寸

单位为毫米

公称尺寸	螺母的螺纹大径 D		螺母的螺纹中径 D_2		螺母的螺纹小径 D_1	
	max	min	max	min	max	min
25	38.53	38.02	36.12	35.91	34.49	34.34
33.7	47.37	46.86	44.97	44.75	43.33	43.18
38	52.05	51.54	49.66	49.43	48.01	47.86
40	54.08	53.57	51.69	51.46	50.04	49.89
51	65.56	65.05	63.18	62.94	61.52	61.37
63.5	79.07	78.56	76.70	76.45	75.03	74.88
70	85.98	85.47	83.62	83.36	81.94	81.79
76.1	92.59	92.08	90.23	89.97	88.55	88.40
88.9	106.10	105.59	103.75	103.48	102.06	101.91
101.6	119.61	119.10	117.27	116.99	115.57	115.42

附　录　B
（规范性附录）
密封圈的技术要求

以下给出了橡胶密封圈应满足的基本要求。

a）密封圈在接头部分可方便地安装或拆卸。

b）密封圈应能安装在准确的位置。

c）密封圈应允许螺纹接头和套管做横向移动，以保证装配的完成。

d）无论是压力管道还是真空管道，密封圈应能保持紧密连接。

e）密封圈与液体接触时，其接触面应最小。

f）当紧固接头时，接触管子的密封圈应首先被锁紧。

g）材料的选择参照 6.2.2。

h）连接未完成之前，密封圈最好不要轻易移位。

i）密封圈的物理性能和卫生性能应满足 GB/T 19228.3 的要求。

附 录 C
（资料性附录）
限位活接式和推进式不锈钢螺纹接头的典型结构

C.1 用于食品（含制药）工业的限位活接式不锈钢螺纹接头常用的连接方式见图 C.1。

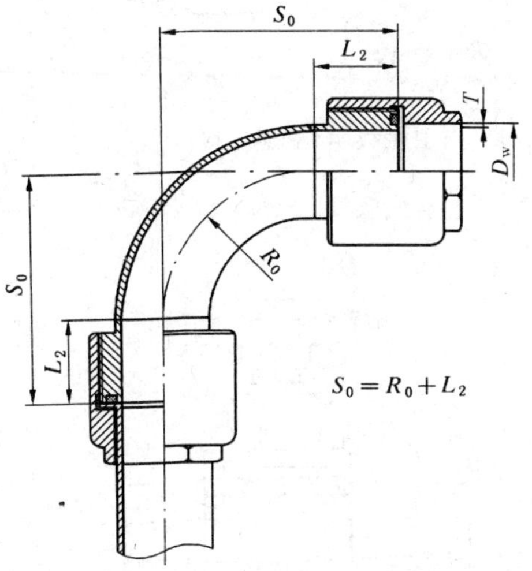

a） 与卫生级 90°弯头连接

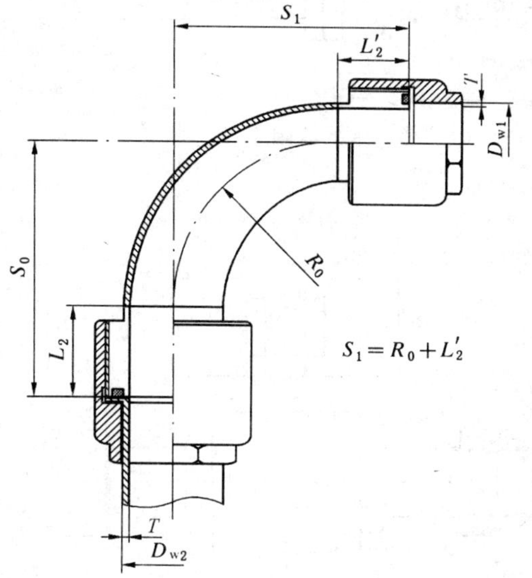

b） 与卫生级 90°变径弯头连接

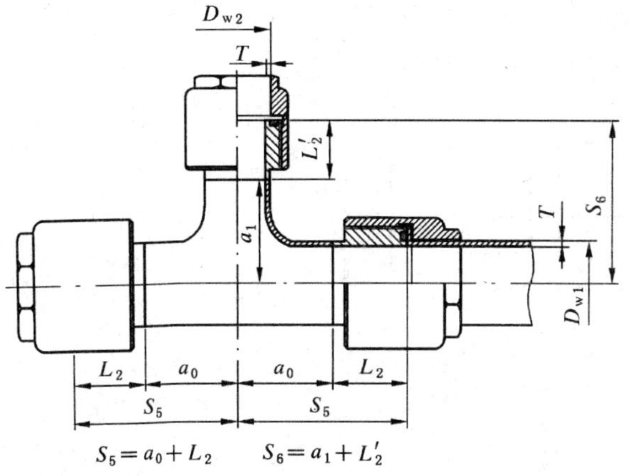

c） 与卫生级变径三通连接

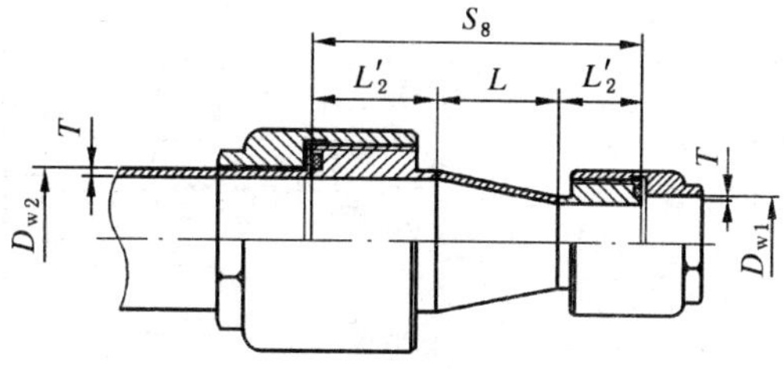

d） 与卫生级变径直通连接

图 C.1

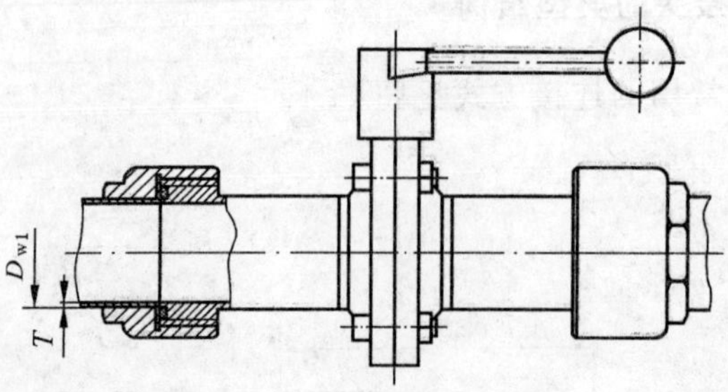

e) 与卫生级球阀连接

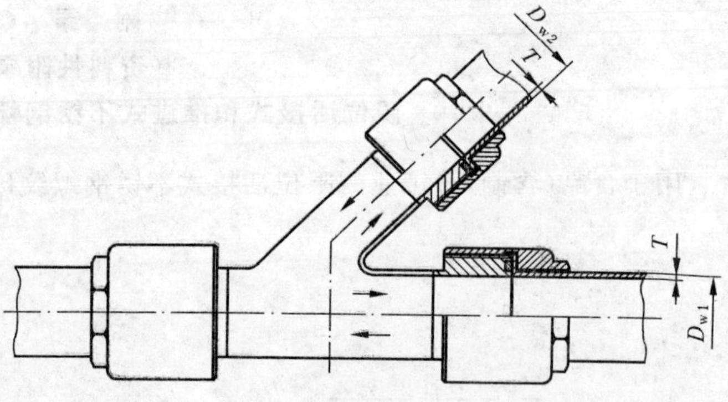

f) 与卫生级 45°三通连接

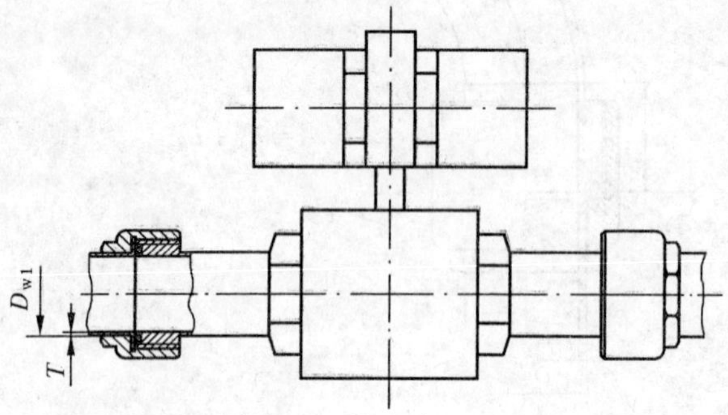

g) 与卫生级流量计连接

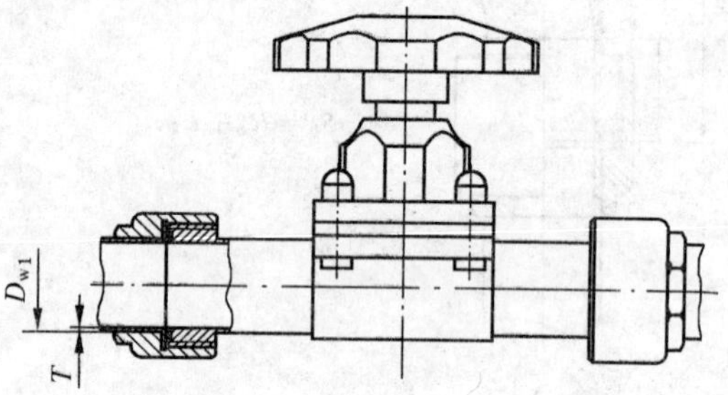

h) 与卫生级蝶阀连接

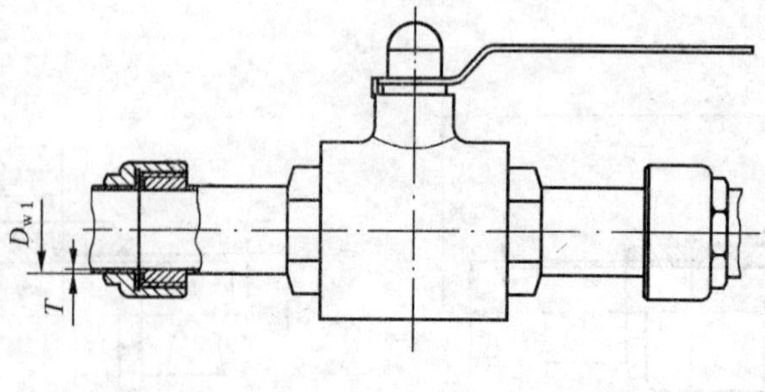

i) 与卫生级蝶阀连接

图 C.1(续)

C.2 用于供水工业的限位活接式不锈钢螺纹接头常用的连接方式见图 C.2。

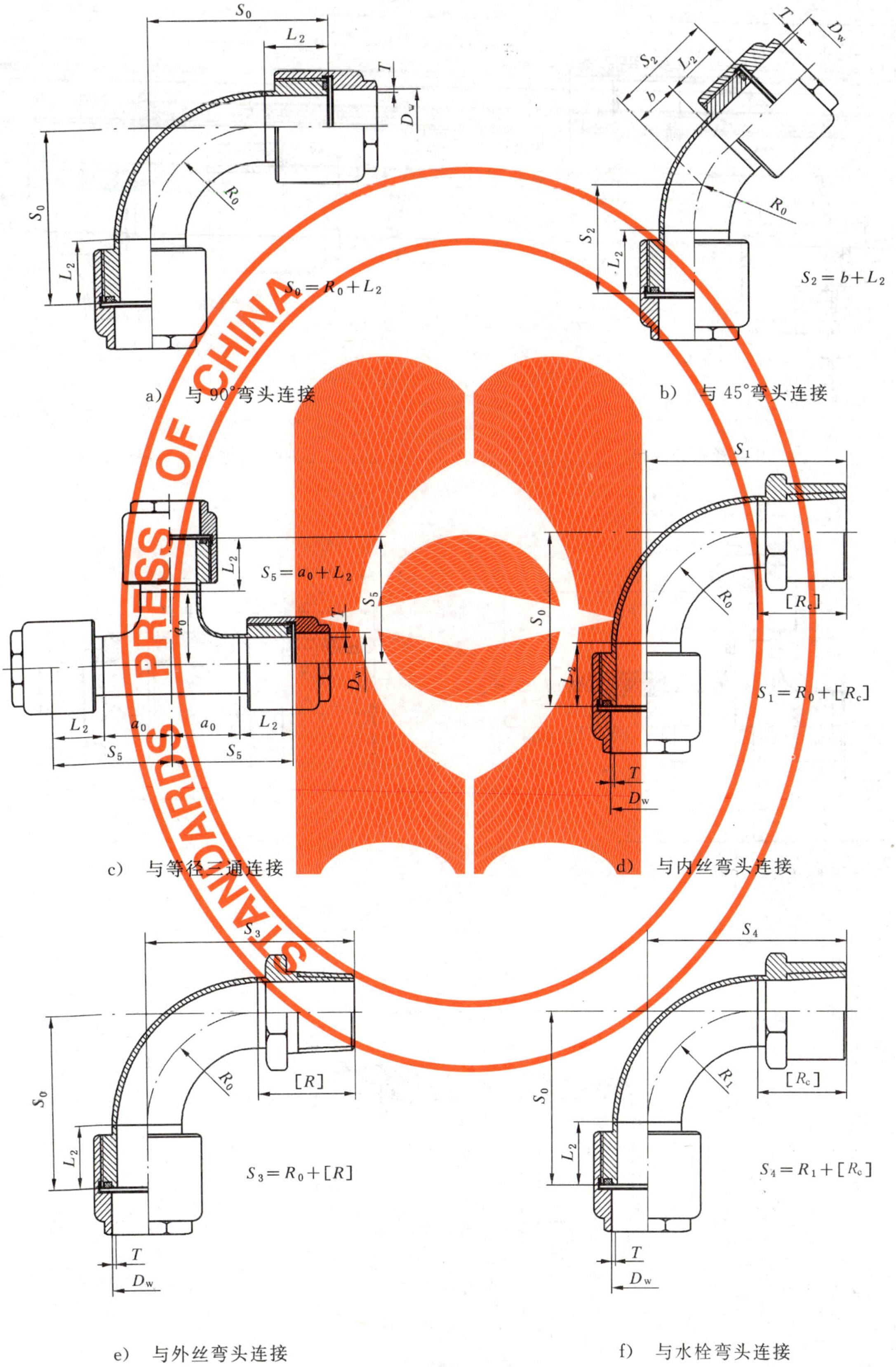

a) 与90°弯头连接

b) 与45°弯头连接

c) 与等径三通连接

d) 与内丝弯头连接

e) 与外丝弯头连接

f) 与水栓弯头连接

图 C.2

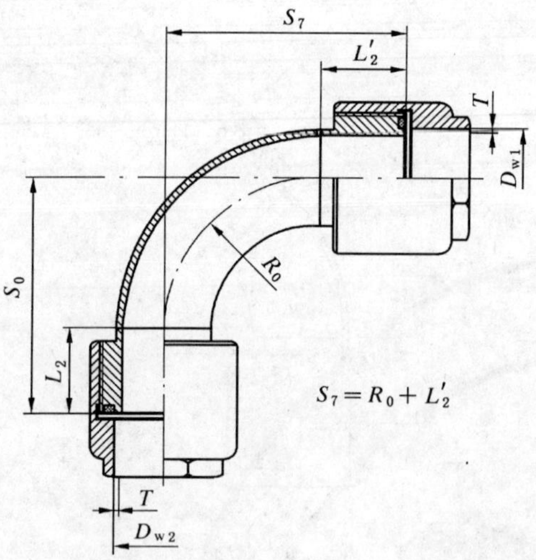

g) 与变径弯头连接

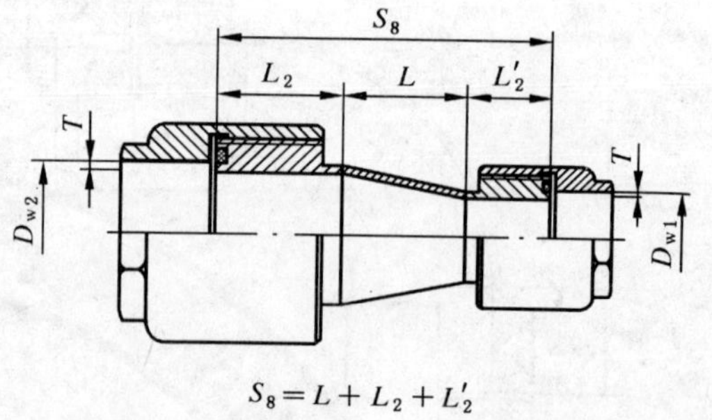

h) 与变径直通连接

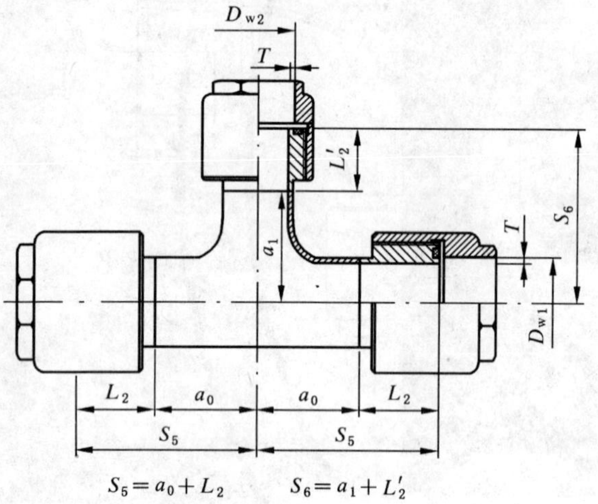

i) 与变径三通连接

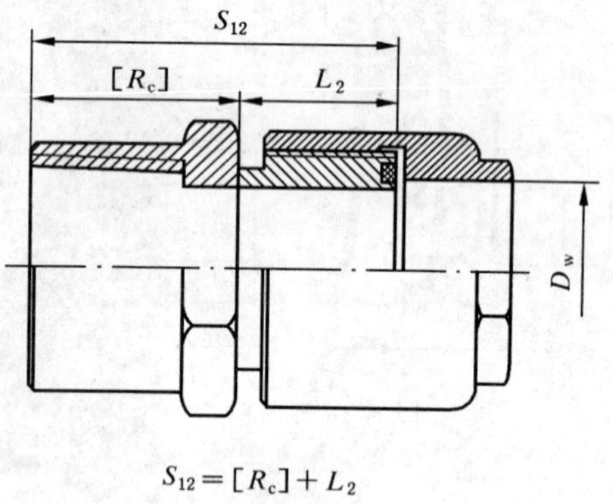

j) 与内丝直接连接

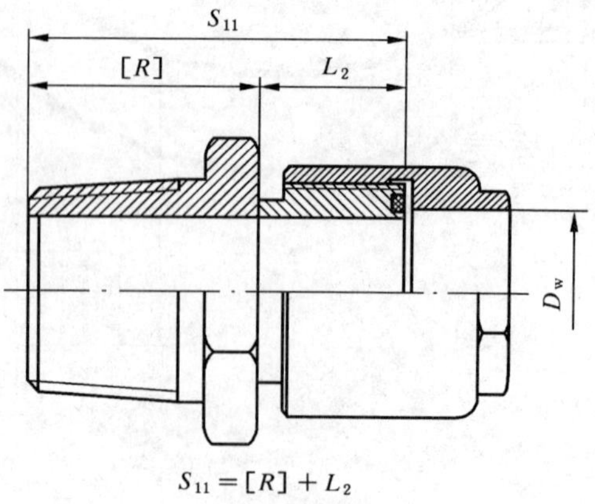

k) 与外丝直接连接

图 C.2(续)

C.3 推进式不锈钢螺纹接头的常用典型结构见图 C.3～图 C.5。

C.3.1 直通

直通代号为“S”,即在同一轴向两端连接的方式。按被连接件的规格不同,又分为等径直通、异径直通、外牙直通、内牙直通等,结构型式见图 C.3。

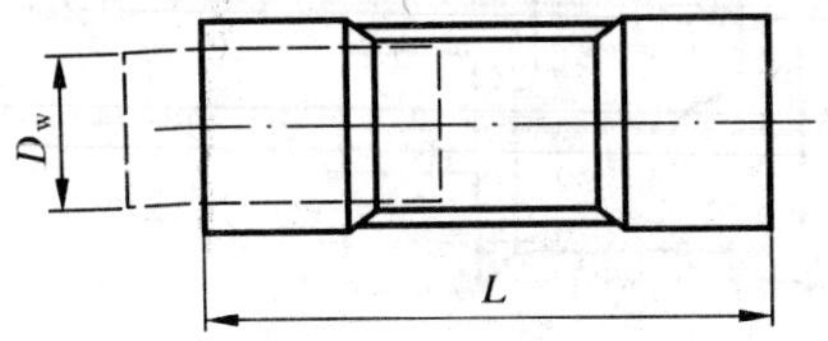

a) 等径直通

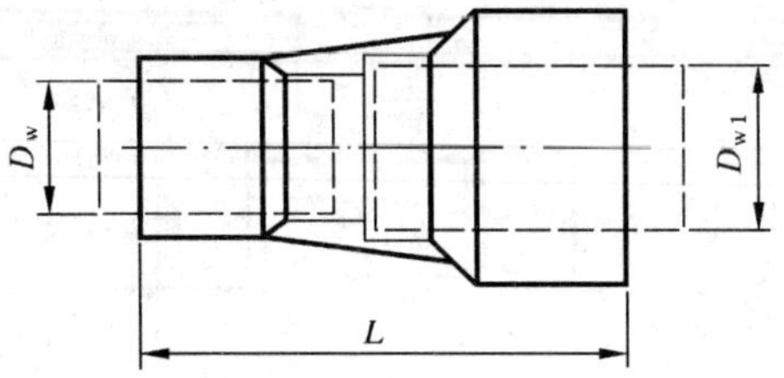

b) 异径直通

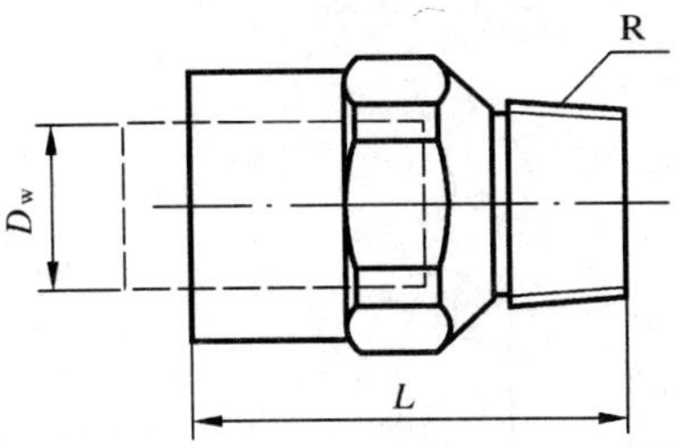

c) 外牙直通

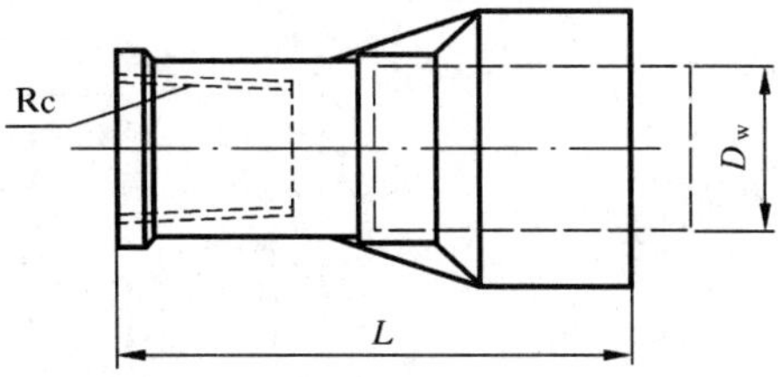

d) 内牙直通

图 C.3 直通结构型式

C.3.2 弯头

弯头代号为“E”,即在互成 90°角或 135°角两端连接的方式。按被连接件规格不同,又可分为等径弯头、45°等径弯头、内牙弯头、异径弯头、外牙弯头,结构型式见图 C.4。

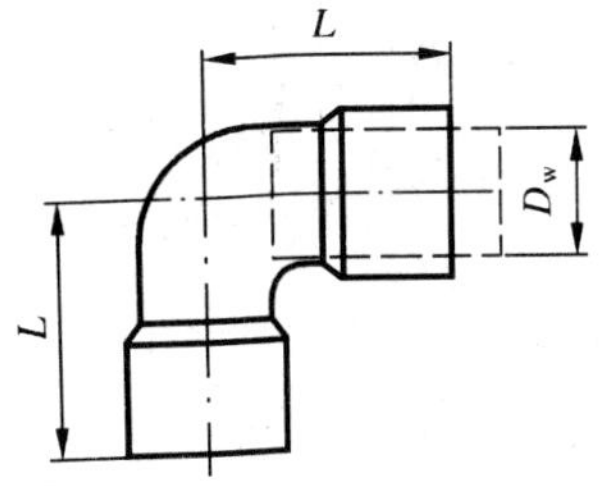

a) 直角等径弯头

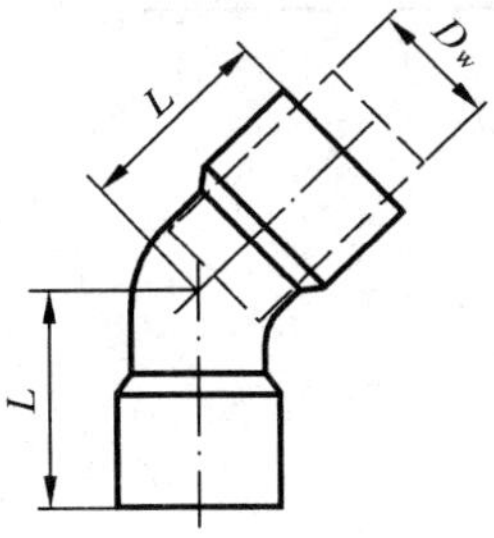

b) 45° 等径弯头

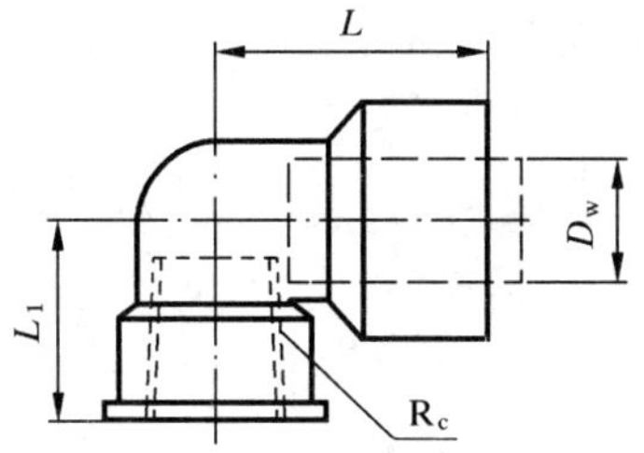

c) 内牙弯头

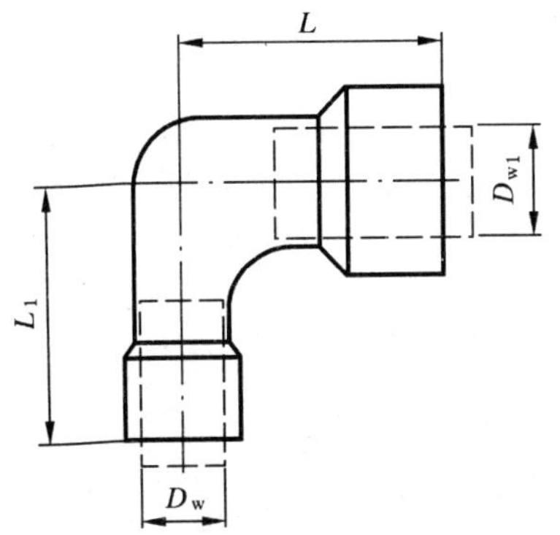

d) 异径弯头

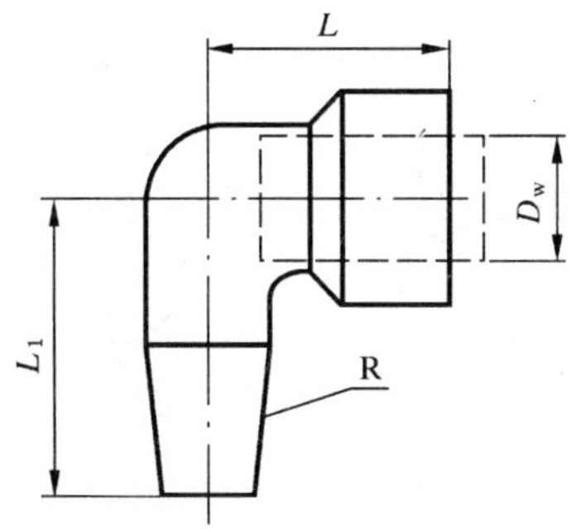

e) 外牙弯头

图 C.4 弯头结构型式

C.3.3　三通

三通代号为“T”,即具有在同一轴向的两端及与其垂直的另一端连接的方式。可分为等径三通、内牙三通、异径三通,结构型式见图 C.5。

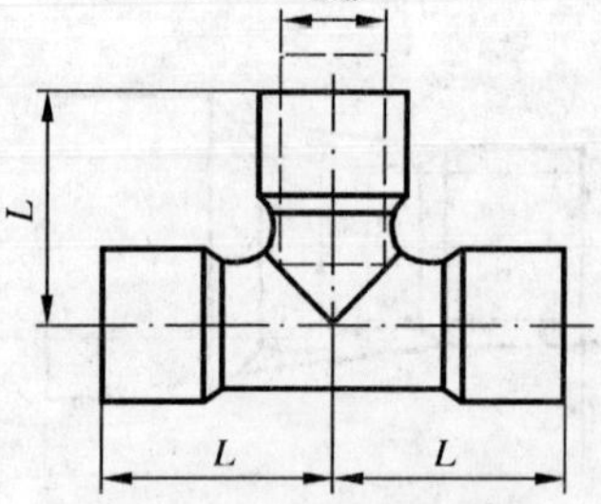

a)　等径三通

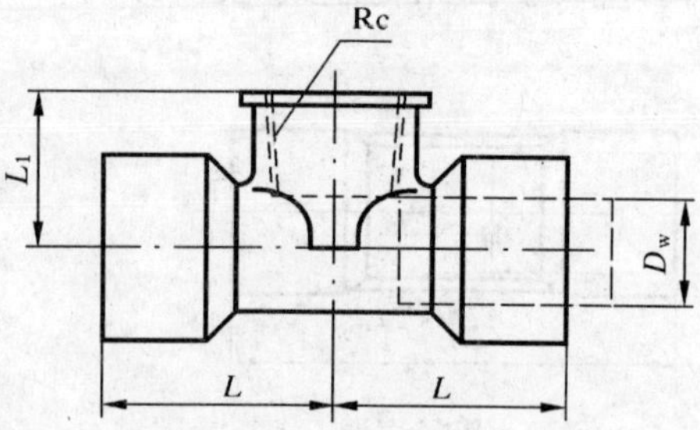

b)　内牙三通

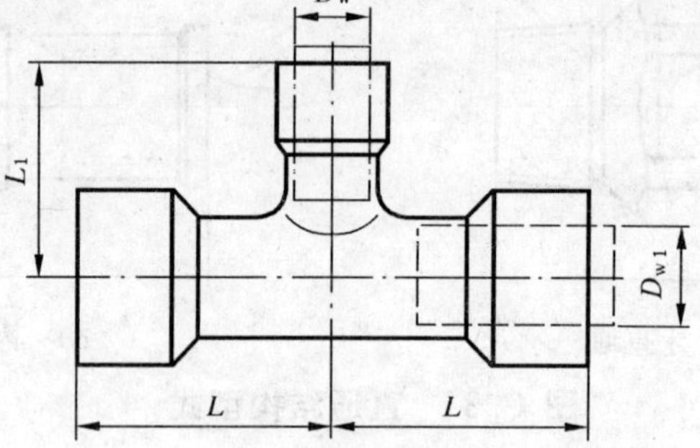

c)　异径三通

图 C.5　三通结构型式

ICS 27.200
J 73

GB

中华人民共和国国家标准

GB/T 21360—2008

汽车空调用制冷压缩机

Refrigerant compressor for motor vehicle air condition

2008-01-14 发布　　2008-05-01 实施

中华人民共和国国家质量监督检验检疫总局
中国国家标准化管理委员会　发布

前　言

本标准附录 A、附录 B 为规范性附录。

本标准由中国机械工业联合会提出。

本标准由全国冷冻空调设备标准化技术委员会(SAC/TC 238)和全国汽车标准化委员会归口。

本标准负责起草单位:合肥通用机械研究院、中国汽车认证中心。

本标准参加起草单位:上海奉天空调压缩机制造有限公司、松下万宝(广州)压缩机有限公司、宁波奥柯汽车空调有限公司、上海三电贝洱汽车空调有限公司、中国制冷空调工业协会汽车空调工作委员会。

本标准主要起草人:史敏、戴世龙、仰翱、祖广、金仁召、施健卉。

本标准由全国冷冻空调设备标准化技术委员会解释。

本标准是首次制定。

汽车空调用制冷压缩机

1 范围

本标准规定了汽车空调用制冷压缩机(以下简称“压缩机”)的术语和定义、型式与基本参数、技术要求、试验方法、检验规则、标志、包装及贮存。

本标准适用于以R134a为制冷剂的各种类型的汽车空调用制冷压缩机,其他车辆或采用其他环保型制冷剂的压缩机可参照执行。

2 规范性引用文件

下列文件中的条款通过本标准的引用而成为本标准的条款。凡是注日期的引用文件,其随后所有的修改单(不包括勘误的内容)或修订版均不适用于本标准,然而,鼓励根据本标准达成协议的各方研究是否可使用这些文件的最新版本。凡是不注日期的引用文件,其最新版本适用于本标准。

GB/T 191 包装储运图示标志(GB/T 191—2000,eqv ISO 780:1997)

GB 1922 溶剂油

GB/T 2423.17 电工电子产品基本环境试验规程 试验Ka:盐雾试验(GB/T 2423.17—1993,eqv IEC 68-2-11:1981)

GB 4706.17 家用和类似用途电器的安全 电动机-压缩机的特殊要求(GB 4706.17—2004,IEC 60335-2-34:1999,IDT)

GB/T 5773 容积式制冷剂压缩机性能试验方法(GB/T 5773—2004,ISO 917:1989,MOD)

GB/T 6283 化工产品中水分含量的测定 卡尔·费休法(通用方法)(GB/T 6283—1986,ISO 760:1978,EQV)

JB/T 4330 制冷与空调设备噪声声功率级的测定 工程法

JB/T 9058—1999 制冷设备清洁度测定方法

3 术语和定义

下列术语和定义适用于本标准。

3.1

开启式制冷压缩机 open-type refrigerant compressor

靠原动机驱动伸出机壳外的轴或其他运转零件的压缩机,这种压缩机在固定件和运动件之间必须设置轴封。

3.2

半封闭制冷压缩机 semi-hermetically refrigerant compressor

可在现场拆开维修内部机件的无轴封的压缩机。

3.3

全封闭制冷压缩机 hermetically refrigerant compressor

压缩机和电动机装在一个由熔焊或钎焊焊死的外壳内的压缩机,这类压缩机没有外伸轴或轴封。

3.4

名义工况 normal conditions

与名义参数相应的压力和温度。在此工况下,压缩机按规定条件进行试验,并作为性能比较的基准性能工况。

3.5

压缩机的制冷量　refrigerating capacity of a refrigerant compressor

由试验直接测得的流经压缩机的制冷剂质量流量乘以压缩机吸气口的制冷剂气体比焓与排气口压力相对应饱和温度下液体比焓之差。

3.6

输入功率　power input

开启式压缩机为输入压缩机的轴功率;封闭式(包括半封闭和全封闭式)压缩机为电动机输入功率,以及维持压缩机正常运转所需的其他辅助功率。

3.7

制冷系数　coefficient of performance

压缩机制冷量与输入功率之比。

4　型式与基本参数

4.1　型式

压缩机按与原动机联接方式分为:

a)　开启式制冷剂压缩机;

b)　半封闭制冷剂压缩机;

c)　全封闭制冷剂压缩机。

4.2　基本参数

压缩机的基本参数:压缩机型号、使用的工质、制冷量、输入功率、噪声。

5　技术要求

5.1　一般要求

压缩机应符合本标准的规定,并按经规定程序批准的图样及技术文件制造。

5.2　外观质量

压缩机喷漆部位的漆膜应均匀、牢固,不允许有气泡、剥落、露底和碰伤等缺陷;铸件表面应平整光滑。

5.3　耐压强度

按6.3方法试验,压缩机不应渗漏和异常变形。

5.4　密封性

5.4.1　按6.4方法试验,压缩机泄漏量应不大于14 g/a;

5.4.2　热循环试验完毕,按6.4方法试验,压缩机泄漏量不大于27 g/a。

5.5　内部清洁度

按附录A方法试验时,压缩机清洁度指标应满足表1要求。

表1　清洁度指标

压缩机排量/(mL/r)	≤160	≤320	≤550	>550
清洁度/mg	≤30	≤70	≤100	≤120

5.6　内部含水量

按附录B方法试验时,压缩机含水量指标应不大于500×10^{-6}。

5.7　性能

按6.5方法试验,压缩机名义工况制冷量应不小于明示值的95%,输入功率应不大于明示值的110%,制冷系数COP值应不小于明示值的95%,并应不低于表2的规定值,其值为0.05的倍数。

表 2 制冷系数(COP 值)

<table>
<tr><th colspan="2" rowspan="2">压缩机型式</th><th colspan="4">压缩机排量/(mL/r)</th></tr>
<tr><th>≤160</th><th>≤320</th><th>≤550</th><th>>550</th></tr>
<tr><td rowspan="4">开启式</td><td>曲柄连杆活塞式</td><td>1.70</td><td rowspan="2">1.70</td><td>1.80</td><td>1.85</td></tr>
<tr><td>斜盘活塞式</td><td>1.65</td><td>1.70</td><td rowspan="2">—</td></tr>
<tr><td>涡旋式</td><td>1.85</td><td>1.85</td><td rowspan="2">1.80</td></tr>
<tr><td>旋转式</td><td>1.70</td><td>1.70</td><td>1.85</td></tr>
<tr><td colspan="2">半(全)封闭</td><td colspan="4">1.60</td></tr>
</table>

制造厂还应提供各种转速和不同试验工况下的制冷量、功率。

5.8 噪声

按 6.6 方法测试,压缩机噪声值应不大于表 3 的规定值。

表 3 噪声值

压缩机排量/(mL/r)	≤160	≤320	≤550	>550
噪声/dB(A)	79	80	81	82

5.9 耐腐蚀性

按 6.7 方法试验完毕后,压缩机表面产生锈斑面积应不大于其金属件外表面(离合器接触面除外)总面积的 15%。

5.10 电气强度

开启式压缩机电气强度按 6.8.1 方法试验,应无击穿现象;半(全)封闭压缩机电气强度按 6.8.2 方法试验,应无击穿现象。

5.11 绝缘电阻

按 6.9 方法试验,开启式压缩机的电磁离合器线圈,绝缘电阻应不小于 50 MΩ;半(全)封闭压缩机绝缘电阻应不小于 2 MΩ。

5.12 温升

按 6.10 方法试验,电磁离合器线圈温升应不大于 90℃。

半(全)封闭压缩机电机温升应符合 GB 4706.17 的要求。

5.13 电磁离合器静脱离扭矩

按 6.11 方法试验,开启式压缩机电磁离合器静脱离扭矩应不小于 3 倍名义工况时扭矩值。

5.14 热循环

按 6.12 方法试验,将电磁离合器经过 5 个循环,离合器表面不应有损伤,其中树脂、橡胶部分不应有融化和膨胀现象,经表面处理部分不应有气泡或脱落。

5.15 耐久性

按 6.13 方法试验后,压缩机制冷量下降应不大于 10%,输入功率增加应不大于 10%,斜盘式压缩机噪声增加应不大于 5 dB(A),其他类型压缩机噪声增加应不大于 3 dB(A)。

5.16 耐振动性

按 6.14 方法试验后,压缩机应运转正常,密封性能试验合格,其制冷量下降应不大于 10%,输入功率增加应不大于 10%,噪声增加应不大于 2 dB(A)。

6 试验方法

6.1 试验条件

6.1.1 一般规定

6.1.1.1 排除试验系统内的不凝性气体，并确认没有制冷剂的泄漏。

6.1.1.2 试验系统内应有足够的制冷剂；压缩机内应有保持根据设计要求选用的、满足正常运转用的润滑油品种及油量。

6.1.1.3 排气管道上应设置有效的油分离器，使循环的制冷剂内含油量不大于1.5%(质量分数)，测量方法见GB/T 5773—2004附录A。

6.1.1.4 压缩机吸、排气口的压力与温度在同一部位测量，该测量部位应在吸、排气截止阀外300 mm直管处，不带截止阀的压缩机距压缩机壳体150 mm直管处。

6.1.2 试验设备的周围环境温度为10℃～35℃。

6.1.3 制冷量试验方法按GB/T 5773的规定进行，两种试验方法测量结果之间的允许偏差为±4%。

6.1.4 测试仪器仪表

6.1.4.1 试验用仪器、仪表应经校验合格，并在有效期内。

6.1.4.2 测量仪表安装和准确度要求

6.1.4.2.1 温度、压力、流量、压缩机功率、转速、时间、重量(质量)、电工等测量仪表安装和准确度要求应符合GB/T 5773的规定。

6.1.4.2.2 噪声测量仪表准确度要求按JB/T 4330的规定。

6.1.4.2.3 制冷剂检漏仪准确度为14 g/a。

6.2 试验工况

6.2.1 名义试验工况按表4的规定。

表4 压缩机名义试验工况

压缩机型式		压缩机转速/(r/min)	吸气压力对应的饱和温度/℃	排气压力对应的饱和温度/℃	吸气温度/℃	制冷剂过冷温度/℃	压缩机环境温度/℃
开启式	曲柄连杆活塞式	1 800	−1.0[a]	63.0	9.0	63.0	≥65
	斜盘活塞式						
	旋转式						
	涡旋式						
半(全)封闭		额定电压					

a 对于变排量压缩机，压缩机控制阀的设定压力。

6.2.2 噪声测试工况按表5的规定。

表5 噪声测试工况

压缩机型式		压缩机转速/(r/min)	吸气压力对应的饱和温度/℃	排气压力对应的饱和温度/℃
开启式	曲柄连杆活塞式	1 800	−1.0[a]	63.0
	斜盘活塞式			
	旋转式			
	涡旋式			
半(全)封闭		额定电压		

a 对于变排量压缩机，压缩机控制阀的设定压力。

6.2.3 开启式压缩机耐久性试验工况见表6。

表6 开启式压缩机耐久性试验工况

<table>
<tr><th colspan="2">试验工况项目</th><th>压缩机型式</th><th>低速试验</th><th>高速试验</th><th>超高速试验</th></tr>
<tr><td colspan="2" rowspan="4">压缩机转速/(r/min)</td><td>曲柄连杆活塞式</td><td>800～1 000</td><td>2 000～2 500</td><td>3 000～3 500</td></tr>
<tr><td>斜盘活塞式</td><td>900～1 100</td><td>3 500～4 500</td><td>6 000～6 500</td></tr>
<tr><td>旋转式</td><td>1 000～1 200</td><td>5 000～6 000</td><td>6 500～7 000</td></tr>
<tr><td>涡旋式</td><td>1 200～1 500</td><td>6 500～7 000</td><td>7 500～8 000</td></tr>
<tr><td>排气压力</td><td rowspan="2">MPa</td><td rowspan="6">—</td><td>2.51～2.86</td><td>1.27～1.34</td><td>1.13～1.28</td></tr>
<tr><td>吸气压力</td><td>0.38～0.45</td><td>0.13～0.24</td><td>0.029～0.087</td></tr>
<tr><td colspan="2">压缩机环境温度/℃</td><td>105～115</td><td>60～70</td><td>50～60</td></tr>
<tr><td rowspan="2">离合器循环</td><td>接通/s</td><td rowspan="2">连续</td><td>10</td><td>5</td></tr>
<tr><td>断开/s</td><td>5</td><td>5</td></tr>
<tr><td colspan="2">运转时间/h</td><td>300</td><td>700</td><td>2</td></tr>
</table>

6.2.4 半(全)封闭式压缩机耐久性试验工况按表7的规定。

表7 半(全)封闭式压缩机耐久性试验工况

试验工况项目	名义工况	最大功率工况	低吸气压力工况
排气压力/MPa	1.53～1.66	1.27～1.34	1.13～1.28
吸气压力/MPa	0.26～0.34	0.13～0.24	0.029～0.087
压缩机环境温度/℃	60～70	105～115	50～60
运转时间/h	500	400	100

6.2.5 压缩机耐振动性试验条件见表8。

表8 耐振动性试验条件

<table>
<tr><td>压缩机排量/(mL/r)</td><td colspan="3">≤320</td><td colspan="3">>320</td></tr>
<tr><td>项目</td><td colspan="6">试验条件</td></tr>
<tr><td>振动频率/Hz</td><td colspan="3">200</td><td colspan="3">100</td></tr>
<tr><td>振动加速度/(m/s²)</td><td colspan="3">245</td><td colspan="3">147</td></tr>
<tr><td>振动方向</td><td>上下</td><td>前后</td><td>左右</td><td>上下</td><td>前后</td><td>左右</td></tr>
<tr><td>振动时间/h</td><td>4</td><td>2</td><td>2</td><td>4</td><td>2</td><td>2</td></tr>
</table>

6.2.6 性能试验工况偏差见表9。

表9 性能试验工况偏差

<table>
<tr><th>试验参数</th><th>试验项目</th><th>每次测量值与规定值之间最大允许偏差</th><th>测量值的任一个读数相对于平均值之间最大允许偏差</th></tr>
<tr><td>吸气压力</td><td rowspan="5">性能试验</td><td rowspan="2">±1.0%</td><td rowspan="2">±0.5%</td></tr>
<tr><td>排气压力</td></tr>
<tr><td>吸气温度</td><td rowspan="2">±3.0℃</td><td rowspan="2">±1.0℃</td></tr>
<tr><td>开启式压缩机轴转速</td></tr>
<tr><td>电压</td><td>±3.0%</td><td>±1.0%</td></tr>
</table>

表 9（续）

试验参数	试验项目	每次测量值与规定值之间最大允许偏差	测量值的任一个读数相对于平均值之间最大允许偏差
吸气压力	噪声试验	±2.0%	—
排气压力			
开启式压缩机轴转速		±5.0%	
电压		±3.0%	

6.3　**耐压强度试验**

在压缩机机体内充注 5℃～30℃的水或其他合适液体，排出机体内气体，加压到高压侧 6.5 MPa、低压侧 2.5 MPa，保持 1 min。

6.4　**密封性试验**

压缩机先充注 1 MPa 的 R134a 制冷剂与氮气混合物，再用制冷剂泄漏测量仪表测量。

6.5　**性能试验**

压缩机在表 4 规定的名义工况下，按 GB/T 5773 的方法和记录要求进行试验并记录试验数据。对于变排量压缩机，应采取适当措施使压缩机变排量后的理论排量值与设计要求相符，并测量其实际性能。

试验允许不进行校核试验。

为保证试验结果的准确性，在同一条件下应进行一次复核试验（进行复核试验前，至少应停机 1 h，但不得改变试验系统内的制冷剂与润滑油的量）。

试验结果为两次试验结果的平均值。试验结果偏差应符合表 10 的规定。

表 10　**试验结果偏差**

性能参数	性能参数的任意测量结果相对平均值的最大允许偏差/%
制冷量	±1.0
（轴）输入功率	±1.5
性能系数	±2.0

6.6　**噪声试验**

6.6.1　试验环境外的制冷系统应具备可以控制压缩机吸、排压力的条件。

6.6.2　测量环境外的压缩机驱动装置应具备可以控制压缩机转速的条件。

6.6.3　按压缩机制造厂规定的安装方式安装（有数种安装方式时，应采用其中最不利的一种安装方式）。

6.6.4　压缩机在表 5 规定的条件下进行试验，试验方法按 JB/T 4330 的规定。

6.7　**耐腐蚀性试验**

6.7.1　采用无腐蚀性的且不产生防护膜的清洗剂对压缩机的全部外表面进行清洗，除去压缩机表面上的灰尘及油污，然后将压缩机置于试验室内自然干燥，待其表面干燥后，即进行外观检查并记录。

6.7.2　采用压缩机制造厂规定的压缩机安装方式（有数种安装方式时，采用最恶劣安装方式），将压缩机安装在盐雾箱内。

6.7.3　安装无误后，按 GB/T 2423.17 的规定进行盐雾试验，试验时间为 48 h。

6.7.4　试验完毕，将压缩机从盐雾箱中取出，用自来水对压缩机进行冲洗，再用蒸馏水进行漂洗，然后吹除压缩机表面沉积水，并放置试验室内自然干燥，同时对压缩机进行外观检查并记录。

6.7.5 在试验中，压缩机表面不应有人为造成的缺陷。

6.8 电气强度试验

6.8.1 按 GB 4706.17 规定的试验方法，在压缩机的电磁离合器线圈与压缩机外壳之间施加 AC500 V 电压，持续 1 min，应符合 5.10 的规定。

6.8.2 对半(全)封闭压缩机带电部位和非带电金属部位之间，施加 AC1250 V 电压，持续 1 min，应符合 5.10 的规定。

6.9 绝缘电阻试验

按 GB 4706.17 规定的试验方法，对开启式压缩机，在压缩机的电磁离合器线圈与压缩机外壳间施加 DC500 V 电压，测量其绝缘电阻。

对半(全)封闭压缩机，在带电部位和非带电金属部位之间施加 DC500 V 电压，测量其绝缘电阻。

6.10 温升试验

6.10.1 在周围无空气流动情况下，给压缩机电磁离合器线圈施加额定电压，当离合器表面温度稳定后，用电阻法测定线圈绕组温升。

6.10.2 对半封闭和全封闭压缩机，在名义工况下试验同时，采用电阻法测定压缩机电机绕组温度。

6.11 静脱离扭矩试验(适用于带有电磁离合器的压缩机)

6.11.1 在常温下将电磁离合器置于压缩机(或等效的离合器夹具)上。

6.11.2 将扭矩测量仪器及防转夹具分别固定在皮带轮和吸盘上，用直流电源提供给电磁离合器恒定的额定电压。

6.11.3 接通电磁离合器电源，按照扭矩测量仪器要求，缓缓地对扭矩测量仪器在与压缩机轴线垂直方向上施加作用力，在吸盘与皮带轮发生相对滑动瞬间读取扭矩测量仪器读数并记录。

6.11.4 重复 6.11.3 方法 5 次，并取后 3 次的平均值作为压缩机的静脱离扭矩的测量值。

6.12 热循环试验

压缩机在下述工况下循环试验 5 次：

每次循环工况：在－30℃低温下放置 3 h 后，在常温下放置 1 h，再在 120℃高温下放置 1 h，在常温下放置 1 h。

热循环试验完毕按 6.4 进行密封试验。

6.13 耐久性试验

压缩机连接到试验系统后，将其抽真空，并充入适量制冷剂。按表 6 或表 7 规定的试验条件，调节吸排气压力和开停时间进行耐久性试验。

试验完毕后，进行名义工况制冷量、输入功率、噪声试验，将试验结果与耐久性试验前测试的名义工况制冷量、输入功率、噪声试验结果进行比较。

6.14 耐振动性试验

将压缩机按制造厂规定的安装方式中最恶劣安装方式安装在振动试验台上，按表 8 规定的试验条件进行振动试验，试验完毕后进行名义工况制冷量、输入功率、噪声试验，将试验结果与耐振动性试验前测试的名义工况制冷量、输入功率、噪声试验结果进行比较。

7 检验规则

7.1 出厂检验

7.1.1 每台压缩机必须经制造厂质量检验部门检验合格后方可出厂。

7.1.2 检验项目、技术要求和试验方法按表 11 的规定。

表 11　检验项目

<table>
<tr><th>序号</th><th>项　目</th><th>出厂检验</th><th>抽样检验</th><th>型式检验</th><th>技术要求</th><th>试验方法</th></tr>
<tr><td>1</td><td>外观质量</td><td>√</td><td rowspan="8">√</td><td rowspan="17">√</td><td>5.2</td><td>视检</td></tr>
<tr><td>2</td><td>耐压强度</td><td>—</td><td>5.3</td><td>6.3</td></tr>
<tr><td rowspan="2">3</td><td rowspan="2">密封性能</td><td>√</td><td>5.4.1</td><td>6.4</td></tr>
<tr><td rowspan="13">—</td><td>5.4.2</td><td>6.4</td></tr>
<tr><td>4</td><td>内部清洁度</td><td>5.5</td><td>附录 A</td></tr>
<tr><td>5</td><td>内部含水量</td><td>5.6</td><td>附录 B</td></tr>
<tr><td>6</td><td>制冷量、输入功率、制冷系数</td><td>5.7</td><td>6.5</td></tr>
<tr><td>7</td><td>噪声</td><td>5.8</td><td>6.6</td></tr>
<tr><td>8</td><td>耐腐蚀性</td><td>—</td><td>5.9</td><td>6.7</td></tr>
<tr><td>9</td><td>电气强度</td><td rowspan="5">√</td><td>5.10</td><td>6.8</td></tr>
<tr><td>10</td><td>绝缘电阻</td><td>5.11</td><td>6.9</td></tr>
<tr><td>11</td><td>温升</td><td>5.12</td><td>6.10</td></tr>
<tr><td>12</td><td>电磁离合器静脱离扭矩</td><td>5.13</td><td>6.11</td></tr>
<tr><td>13</td><td>热循环</td><td>5.14</td><td>6.12</td></tr>
<tr><td>14</td><td>耐久性</td><td rowspan="2">—</td><td>5.15</td><td>6.13</td></tr>
<tr><td>15</td><td>耐振动性</td><td>5.16</td><td>6.14</td></tr>
<tr><td>16</td><td>标志、包装</td><td>√</td><td>√</td><td>8.1、8.2</td><td>视检</td></tr>
<tr><td colspan="7">注：“√”为应检项目，“—”为不检项目。</td></tr>
</table>

7.2　**抽样检验**

7.2.1　在出厂检验合格的压缩机中按制造厂规定的抽样方法要求的抽样数量抽样。

7.2.2　抽样检验项目、技术要求和试验方法按表 11 的规定。

7.2.3　如抽检不合格时，应以双倍数量重新试验。如仍有一台不合格，该批产品应逐台检验。

7.3　**型式试验**

7.3.1　压缩机在下列情况之一时，应进行型式检验：

a)　新产品或老产品转厂生产的试制定型鉴定时；

b)　正式生产后，如结构、材料、工艺有较大改变，可能影响产品性能时；

c)　连续生产的产品，自上一次型式检验起超过两年时；

d)　质量不稳定，认为有必要时；

e)　时隔一年以上再生产的。

7.3.2　型式检验项目、技术要求和试验方法按 11 的规定。

8　标志、包装、运输、贮存

8.1　标志

每台压缩机上应在明显位置设置永久性铭牌，铭牌内容包括：

a)　制造厂名称；

b)　产品型号和名称；

c)　主要技术参数、使用的工质；

d)　生产日期。

8.2 包装

8.2.1 压缩机制造厂应向用户提供产品规格书，产品规格书内容包括：

a） 压缩机使用范围；

b） 名义制冷量；

c） 输入功率；

d） 制冷系数；

e） 名义噪声值；

f） 测试条件。

8.2.2 压缩机包装应符合 GB/T 191 的有关规定。用户有特殊要求时，可按订货合同的规定办理。压缩机在包装箱内应固定可靠，并有防潮和防振措施。保证产品在正常运输装卸和保存时，不致损坏和碰伤，包装箱外应用不褪色料标明下列内容：

a） 产品名称、型号及规格；

b） 产品批号；

c） 净重、毛重；

d） 包装外形尺寸；

e） 制造厂名称；

f） 储运注意事项：如“小心轻放”、“向上”、“防潮”等文字或符号。

8.3 应在相应地方（如铭牌、产品说明书等）标注产品执行标准编号。

8.4 贮存

贮存环境应通风良好，周围不应有腐蚀性气体存在。

压缩机只有在使用时，才允许拔出密封，堵头脱落或松动，应及时检查处理。

附 录 A
（规范性附录）
压缩机整机内部清洁度测定方法

A.1 准备

按 JB/T 9058—1999 中第 6 章的规定，做好试验前的准备工作。

A.2 一般要求

按 JB/T 9058—1999 中第 7 章的规定，所有零、部件在清洗过程中应保持操作一致，使结果具备较高的再现性。

A.3 清洗部位

清洗部位为压缩机内所有接触制冷剂、润滑油的表面、孔道和间隙。

A.4 清洗

A.4.1 用具及清洗液

a) 不同规格的白色圆刷和扁刷；

b) 不同规格清洁带盖的容器，端部扁平无齿的不锈钢镊子；

c) 磁铁；

d) 压力冲洗设备采用 JB/T 9058—1999 附录 B 规定的配置；

e) 清洗液为满足 GB 1922 要求的清洁的 120 溶剂油。

A.4.2 清洗方法及要求

清洗方法及要求按 JB/T 9058—1999 中第 7 章的规定。

A.4.3 零、部件清洗

A.4.3.1 将压缩机内加注的冷冻机油收集到规定的容器内。

A.4.3.2 将压缩机可拆部分的零、部件全部拆开，用浸满清洗液的圆刷和扁刷反复刷洗与冷媒接触的零、部件表面和孔道。

A.4.3.3 用压力冲洗设备对各零、部件的清洗部分进行冲清。

A.4.3.4 用洁净的清洗液对各零、部件的清洗部分进行充分的淋洗或冲洗。

A.4.3.5 将清洗后的所有混浊液收集在规定的容器内。

A.5 过滤

A.5.1 按 JB/T 9058—1999 中第 8 章的规定，分别对混浊液和润滑油进行过滤。

A.5.2 过滤完毕后，用洁净的清洗液充分清洗收集混浊液、润滑油容器内壁。再将该部分混浊液按 JB/T 9058—1999 中第 8 章的规定进行过滤。

A.6 烘干、称重和计算

按 JB/T 9058—1999 中第 9 章规定的进行烘干、称重和计算。

A.7 杂质分析

按 JB/T 9058—1999 中第 10 章规定的重量分析法进行分析，并将分析结果记录在清洁度的测定及分析报告中。

附 录 B
（规范性附录）
压缩机含水量的测定

B.1 测试环境

测试房间相对湿度不大于60%。

B.2 测试用标准试剂

测试用标准试剂应满足GB/T 6283规定要求。

B.3 测试仪器、设备

测试仪器、设备应满足GB/T 6283规定要求。

B.4 试验方法

B.4.1 将被测试压缩机分别在X、Y、Z三个方向摇动各10次，使压缩机内油水混合均匀。

B.4.2 用放置在干燥瓶内的注射器从压缩机油塞处抽取油样0.5 cm^3，取样后立即将油塞重新旋入压缩机。

B.4.3 用精密天平测量油样的质量，读数精度到1 mg。

B.4.4 将油样注入卡尔·费休试液中，按GB/T 6283规定的测量方法进行试验。

B.4.5 油样水含量

油样水含量X以质量分数，10^{-6}表示，按GB/T 6283中的公式进行计算。

B.4.6 再重复B.4.1到B.4.5方法4次。

B.4.7 去除5次测量数据中最大值、最小值，余下的3个数据取平均值，就是被测压缩机的含水量。

ICS 27.200
J 73

中华人民共和国国家标准

GB/T 21361—2008

汽 车 用 空 调 器

Motor vehicle air-conditioning unit

2008-01-14 发布 2008-05-01 实施

中华人民共和国国家质量监督检验检疫总局
中 国 国 家 标 准 化 管 理 委 员 会 发布

前言

本标准的附录 A、附录 B、附录 C 是规范性附录。

本标准由中国机械工业联合会提出。

本标准由全国冷冻空调设备标准化技术委员会和全国汽车标准化技术委员会归口。

本标准负责起草单位:合肥通用机械研究院、上海开利运输冷气设备有限公司、中国汽车认证中心。

本标准参加起草单位:大冷王运输制冷有限公司、上海加冷松芝汽车空调有限公司、广州精益汽车空调有限公司、中国制冷空调工业协会汽车空调工作委员会。

本标准主要起草人:樊高定、张秀平、王蕾、周明方、钟国辉、阎先元、欧阳勇。

本标准由全国冷冻空调设备标准化技术委员会解释。

本标准是首次制定。

汽 车 用 空 调 器

1 范围

本标准规定了汽车用空调器(以下简称“空调器”)的术语和定义、型式和基本参数、要求、试验、检验规则、标志、包装、运输和贮存等。

本标准适用于制冷用途的汽车用空调器。

注:汽车定义按 GB/T 3730.1 的规定。

2 规范性引用文件

下列文件中的条款通过本标准的引用而成为本标准的条款。凡是注日期的引用文件,其随后所有的修改单(不包括勘误的内容)或修订版均不适用于本标准,然而,鼓励根据本标准达成协议的各方面研究是否可使用这些文件的最新版本。凡是不注日期的引用文件,其最新版本适用于本标准。

GB/T 191 包装储运图示标志(GB/T 191—2000,eqv ISO 780:1997)

GB/T 3730.1 汽车和挂车类型的术语和定义(GB/T 3730.1—2001,eqv ISO/WD 3833:1999)

GB/T 3785 声级计的电、声性能及测试方法

GB 4706.1—2004 家用和类似用途电器的安全 第一部分:通用要求(IEC 60035-1:2001,IDT)

GB 4706.32 家用和类似用途电器的安全 热泵、空调机和除湿机的特殊要求(GB 4706.32—2004,IEC 60335-2-40:1995,IDT)

GB 5226.1 工业机械电气设备 第一部分:通用技术要求(GB 5226.1—2002,IEC 60204-1:2000,IDT)

GB/T 6388 运输包装收发货标志

GB 8410 汽车内饰材料的燃烧特性

GB 9237—2001 制冷和供热用机械制冷系统 安全要求(idt ISO 5149-1:1993)

GB/T 13306 标牌

JB/T 7249 制冷设备 术语

SAE J 1627 电子式制冷剂泄漏检测仪的性能评价标准

SAE J 1628 汽车空调系统维修中使用的电子式制冷剂泄漏检测仪的操作规程

3 术语和定义

JB/T 7249 确立的以及下列术语和定义适用于本标准。

3.1

汽车用空调器 motor vehicle air-conditioning unit

由压缩机、冷凝器、节流元件、蒸发器、风机及必要的控制部件构成,用于调节车室内的温度、湿度,给乘员提供舒适环境的空调系统。

3.2

独立式空调器 indirect drive air - conditioning unit

压缩机由独立的辅助动力驱动的空调器。

3.3

非独立式空调器 direct drive air-conditioning unit

压缩机由汽车主动力驱动的空调器。

3.4

空气焓差法　air enthalpy difference

一种测定空调器能力的方法。它对空调器的送风参数、回风参数以及循环风量进行测量，用测出的风量与送风、回风焓差的乘积确定空调器的制冷量。

3.5

制冷量　refrigerating capacity

在规定的制冷能力试验条件下，空调器从封闭空间、车内或区域排去的热量，单位：W。

3.6

送风量　air flow rate

在规定的制冷能力试验条件下，单位时间进入空调器的空气体积流量，单位：m^3/h。

3.7

压缩机驱动功率　compressor drive power

在规定的制冷能力试验条件下，驱动压缩机所消耗的功率，单位：W。

3.8

辅件耗电功率　accessory electric power

在规定的制冷能力试验条件下，空调器蒸发器风机、冷凝器风机、电磁离合器及其电控系统总功率，单位：W。

3.9

能效比（EER）　energy efficiency ratio

在规定的制冷能力试验条件下，空调器制冷量与压缩机驱动功率之比（其值用 W/W 表示）。

4　型式和基本参数

4.1　型式

4.1.1　按制冷压缩机的驱动方式分为：

a)　独立式；

b)　非独立式。

4.1.2　按汽车空调器结构型式分为：

a)　整体式；

b)　分体式。

4.1.3　按汽车空调蒸发器布置方式分为：

a)　顶置式；

b)　后置式；

c)　底置式；

d)　内置式。

4.1.4　按汽车空调送风方式分为：

a)　直吹式；

b)　风道式。

4.2　基本参数

4.2.1　空调器的基本参数包括：制冷量、送风量、压缩机驱动功率、辅件耗电功率、噪声。

4.2.2　现场不接风管的空调器，机外静压为 0 Pa；接风管的空调器应标称机外静压。

5　要求

5.1　一般要求

5.1.1　空调器应符合本标准的规定，并按经规定程序批准的图纸及技术文件制造。

5.1.2 涂装件表面不应有明显的气泡、流痕、漏涂、底漆外露及不应有的皱纹和损伤。

5.2 零、部件及材料要求

5.2.1 空调器所有零、部件和材料应分别符合各有关标准的规定，满足使用性能要求并保证安全。

5.2.2 空调器的隔热层应有良好的保温性和不吸水性，并无毒、无异味，且燃烧特性满足 GB 8410 中技术要求的规定。隔热层应粘贴牢固、平整。

5.2.3 空调器的电器元件选择及安装应符合 GB 4706.32 和 GB 5226.1 的要求。

5.2.4 空调器用电线电缆的外敷绝缘层应采用阻燃、低烟、无卤型材料。电线电缆的载流量应满足使用要求。

5.3 结构要求

5.3.1 空调器的排水结构应可靠，在运行中凝结水和雨水不应渗漏到车厢内，空调器出风口不应喷雾带水。

5.3.2 空调器的新风口开度大小应满足新风量的要求。新风口应具备气-水分离的功能，以防止车辆运行时雨雪进入车箱内，其过滤网应装卸方便。

5.4 装配要求

5.4.1 空调器的制冷系统各部件在装配前应保持清洁、干燥。

5.4.2 空调器内各管路、部件应采取必要的定位措施，确保在运行中不能因振动、冲击和受热、遇冷而发生故障。

5.4.3 空调器各部件的连接应牢固，不应漏水和漏油。

5.4.4 电气线路、电器设备以及自控器件的安装布置应安全、牢固、可靠。

5.5 性能要求

5.5.1 密封性能

按 6.3.1 方法试验时，制冷系统和部件不应有制冷剂泄漏。

5.5.2 运转

按 6.3.2 方法试验，空调器应能正常运转，安全保护装置应灵敏可靠，温度、电器等控制元件的动作应正常，所有测检项目应符合设计要求。

5.5.3 防水性能

按 6.3.3 方法试验时，空调器与车体接口部位接缝处不应漏水。

5.5.4 制冷量

按 6.3.4 方法试验时，空调器实测制冷量不应小于名义制冷量的 95%。

5.5.5 压缩机驱动功率

按 6.3.6 方法试验时，空调器压缩机实测驱动功率不应大于名义压缩机驱动功率的 110%。

5.5.6 辅件耗电功率

按 6.3.4 方法试验时，空调器辅件实测耗电功率不应大于名义辅件耗电功率的 110%。

5.5.7 最大负荷的制冷运行

a) 按 6.3.7 方法试验后，空调器各部件不应损坏，并能正常运行。
b) 空调器在第 1 h 连续运行期间，应能正常运行。
c) 当空调器停机 3 min 后，再启动应连续运转 1 h。但在启动运行的最初 5 min 内允许过载保护器跳开，其后不允许动作；在运行的最初 5 min 内过载保护器不复位时，而在停机不超过 30 min 内复位的，应再连续运行 1 h。

5.5.8 凝露工况运行

空调器在凝露工况下应能正常运行，凝结水不应从空调器中随风吹出，而应顺利地从排水孔(管)

排除。

5.5.9 低温工况运行

空调器在低温工况下应能正常运行，且蒸发器风道不应被冰霜堵塞，空调器出风口不应有冰屑或水滴吹出。

5.5.10 噪声

按6.3.10方法测量空调器的蒸发器侧噪声(声压级)，测量值应不超过69 dB(A)。测量空调器的冷凝器侧噪声(声压级)，测量值应不超过79 dB(A)。

5.5.11 送风量

按6.3.5方法测量空调器的送风量，送风量值不应小于名义送风量的95%。

5.5.12 能效比

空调器的能效比实测值不应小于明示值的95%，且不应小于1.9 W/W。

5.5.13 耐振性能

空调器的压缩机、蒸发器、冷凝器振动试验后不应有破损、裂缝、渗漏。零部件应不受损坏，紧固件无松动，性能符合要求。

5.6 安全要求

5.6.1 制冷系统安全

空调器的制冷系统或制冷部件性能应符合GB 9237—2001的5.1.1.1强度试验和5.1.1.2全系统试验的规定。

5.6.2 控制器件安全性能

空调器应有防止运行参数(如温度、压力等)超过规定范围的安全保护措施或器件，保护器件设置应符合设计要求并灵敏可靠。

5.6.3 机械安全

空调器的设计应保证在正常运输、安装和使用时具有可靠的稳定性。空调器应有足够的机械强度，其结构应能在按6.3.11的方法进行振动试验和车辆正常运行时，其零部件应不受损坏，紧固件无松动，性能符合要求。振动试验后，进行气密性试验，保证不漏。防护罩、防护网或类似部件应有足够的机械强度。

5.6.4 电器安全性能

5.6.4.1 绝缘电阻

按6.3.12.1方法试验时，空调器带电部位对地、对非带电金属部位的绝缘电阻应不小于2 MΩ。

5.6.4.2 电气强度

按6.3.12.2方法试验，空调器带电部位和非带电的金属部位之间施加规定的试验电压，历时1 min，应无击穿和闪络。

5.6.4.3 接地电阻

空调器应有可靠的接地装置并标识明显，按6.3.12.3方法试验时，其接地电阻不得超过0.1 Ω。

5.6.4.4 安全标识

空调器应在明显的位置设置永久性安全标识(如接地标识、警告标识等)。

6 试验

6.1 试验条件

6.1.1 空调器制冷量的试验装置见附录A。

6.1.2 试验工况按表1的规定。

表 1 试验工况

单位为℃

试验条件		蒸发器侧入口空气状态		冷凝器侧入口空气状态	
		干球温度	湿球温度	干球温度	湿球温度
制冷运行	名义制冷	27	19.5	35	—
	最大负荷	32.5	26	50	
	低温	21	15.5	21	
	凝露	27	24	27	

6.1.3 压缩机转速

压缩机转速应符合表 2 的规定。

表 2 压缩机转速

单位为 r/min

型式		压缩机转速		
		低转速	名义冷量转速	高转速
非独立式	曲柄连杆活塞式	1 000	1 800	2 500
	斜盘活塞式	1 100	1 800	4 500
	旋　转　式	1 200	1 800	6 000
	涡　旋　式	1 500	1 800	7 000
独立式		高转速挡		

注 1：主机驱动式的制冷量，原则上是指压缩机转速为名义冷量转速时的制冷量。当常用车速为 40 km/h 时的压缩机转速与名义冷量转速差异显著时，则常用车速下的压缩机转速表示制冷量，但应注明压缩机的转速。

注 2：进行试验时，压缩机的转速变动量应小于等于±2%。

6.1.4 风机用电动机端电压

风机用电动机端电压应符合表 3 的规定。

表 3 额定电压与端电压之间的关系

单位为 V

额定电压	端电压
12	13.5±0.3
24	27±0.3

6.1.5 冷凝器进风口风速

6.1.5.1 当冷凝器安装在车的迎风面时，应符合表 4 的规定，但是带风机的冷凝器要关掉风机。

表 4 进风口风速

单位为 m/s

压缩机转速	冷凝器进风口风速
低　转　速	2.5
名义冷量转速	4.5
高　转　速	9.0

6.1.5.2 当冷凝器安装在车的非迎风面时，以电机驱动的冷凝器风机按表 3 加端电压进行试验。

6.1.5.3 整体式独立式空调装置，以辅助发动机达到额定转速时的进风口风速为冷凝器进风口风速。

6.1.6 仪器仪表的型式及准确度

仪器仪表的型式及准确度应符合表 5 的规定。

表 5 仪器仪表的型式及准确度

类别	型式	准确度
温度测量仪表	水银玻璃温度计 电阻温度计 热电偶 温度传感器	空气温度±0.1℃ 制冷剂温度±1℃
空气压力测量仪表	气压表,气压变送器	风管静压±2.45 Pa
制冷剂压力测量仪表	压力表,压力变送器	±2.0%
电测量仪表	指示式	±0.5%
	积算式	±1.0%
气压测量仪表(大气压力)	气压表,气压变送器	大气压力读数的±1.0%
转速仪表	转速表,闪频仪	测定转速的±1.0%
质量测量仪表		测量质量的±1.0%
注:噪声测量应使用Ⅰ型或Ⅰ型以上的精度级声压计。		

6.1.7 空调器进行制冷名义工况试验时,各参数的读数允差应符合表 6 的规定。

表 6 名义工况试验时的读数允差

项目		读数的平均值对额定工况的偏差	各读数对额定工况的最大偏差
空气温度/℃	干球	±0.3	±1.0
	湿球	±0.2	±0.5
电压/V		±1.0%	±2.0%
空气体积流量/(m^3/h)		±5%	±10%
空气流动的外阻力/出风静压/Pa		±5	±10

6.1.8 空调器进行试验时(除名义工况外),试验工况各参数允差应符合表 7 规定。

表 7 性能试验时的读数允差

单位为℃

试验工况	测量项目	读数的平均值对额定工况的偏差 读数与规定值的最大允许偏差
最大负荷	空气干球温度/湿球温度	±1.0/±0.5
低温		
凝露		

6.2 一般要求

6.2.1 空调器所有试验应按铭牌上的额定电压和额定频率进行。

6.2.2 分体式空调机室内机组与室外机组的连接管应按制造厂提供的全部管长或 10 m 管长进行试验。连接管在室外部分的长度不应少于 3 m,室内部分的隔热和安装要求按产品说明书进行。

6.3 试验方法

6.3.1 密封性能试验

空调器的制冷系统和部件在正常的制冷剂充灌量下,使用满足 SAE J 1627 关于 R134a 的技术要求,可测试部件泄漏率为 14 g/a 的电子式制冷剂泄漏检测仪按 SAE J 1628 规定的操作规程进行检验。

6.3.2 运转试验

空调器应在接近名义制冷工况的条件下运行,检查空调器的运转状况、安全保护装置的灵敏度和可靠性，检验温度、电器等控制元件的动作是否正常。

6.3.3 喷淋试验

空调器安装在整车上运行时，将压力高于 0.1 MPa 和不小于 200 mm/h 的降水量均匀地喷淋在整车相应部位，试验应不少于 10 min。

6.3.4 制冷量试验

按空调器标称的出风静压和 6.1 规定的名义制冷试验条件及附录 A 的方法进行试验。

6.3.5 送风量试验

按附录 A 给定的试验方法，在制冷量测定的同时，测定空调器的送风量。

6.3.6 压缩机驱动功率及辅件耗电功率

按附录 A 给定的试验方法，在制冷量测定的同时，测定空调器的压缩机驱动功率及辅件耗电功率。

6.3.7 最大负荷制冷试验

空调器按 6.1 规定的最大负荷工况试验条件稳定运行 1 h，然后停机 3 min，再启动运行 1 h。

6.3.8 凝露工况试验

空调器按 6.1 规定的凝露工况试验条件连续运转 4 h。

6.3.9 低温工况试验

空调器按 6.1 规定的低温工况试验条件连续运转 4 h。

6.3.10 噪声试验

在额定电压和额定频率下，按附录 B 的规定测量空调器的噪声。

6.3.11 振动试验

按附录 C 的规定，进行空调器的振动试验。

6.3.12 电器安全性能试验

6.3.12.1 绝缘电阻试验

用兆欧表测量空调器带电部位对非带电部位的绝缘电阻。兆欧表等级按表 8 规定。

表 8 兆欧表等级

供电电源	发电机供电、DC24 V 以下
兆欧表等级	500 V

6.3.12.2 电气强度试验

空调器应按表 9 规定的试验电压进行电气强度试验。

表 9 电气强度试验电压

供电电源	发电机供电	DC24V 以下
试验电压	AC1500 V 50 Hz	AC500 V 50 Hz

6.3.12.3 接地电阻试验

空调器应按 GB 4706.1—1998 中 27.5 的方法进行接地电阻试验。

7 检验规则

7.1 出厂检验

每台空调器均要做出厂检验。检验项目，技术要求和试验方法按表 10 的规定。

7.2 抽样检验

7.2.1 空调器应从出厂检验合格的产品中抽样，检验项目和试验方法按表 10 的规定。

7.2.2 抽样方法由抽样方自行确定，逐批检验的抽检项目、批量、抽样方案、检查水平及合格质量水平等由制造厂质量检验部门自行决定。

7.3 型式检验

7.3.1 新产品、定型产品作重大改进或第一台产品应作型式检验，检验项目按表 10 的规定。

7.3.2 型式检验运行时如有故障，应在故障排除后重新检验。

表 10 检验项目

<table>
<tr><th>序号</th><th>项 目</th><th>出厂检验</th><th>抽样检验</th><th>型式检验</th><th>技术要求</th><th>试验方法</th></tr>
<tr><td>1</td><td>一般检查</td><td rowspan="8">√</td><td rowspan="13">√</td><td rowspan="19">√</td><td>5.1,5.2,5.3,5.4</td><td rowspan="3">视检</td></tr>
<tr><td>2</td><td>标志</td><td>8.1</td></tr>
<tr><td>3</td><td>包装</td><td>8.2</td></tr>
<tr><td>4</td><td>绝缘电阻</td><td>5.6.4.1</td><td>6.3.12.1</td></tr>
<tr><td>5</td><td>电气强度</td><td>5.6.4.2</td><td>6.3.12.2</td></tr>
<tr><td>6</td><td>接地电阻</td><td>5.6.4.3</td><td>6.3.12.3</td></tr>
<tr><td>7</td><td>密封性能</td><td>5.5.1</td><td>6.3.1</td></tr>
<tr><td>8</td><td>运转</td><td>5.5.2</td><td>6.3.2</td></tr>
<tr><td>9</td><td>制冷量</td><td rowspan="11">—</td><td>5.5.4</td><td>6.3.4</td></tr>
<tr><td>10</td><td>送风量</td><td>5.5.11</td><td>6.3.5</td></tr>
<tr><td>11</td><td>压缩机驱动功率</td><td>5.5.5</td><td>6.3.6</td></tr>
<tr><td>12</td><td>辅件耗电功率</td><td>5.5.6</td><td>6.3.6</td></tr>
<tr><td>15</td><td>能效比</td><td>5.5.12</td><td>6.3.4,6.3.6</td></tr>
<tr><td>16</td><td>喷淋</td><td rowspan="6">—</td><td>5.5.3</td><td>6.3.3</td></tr>
<tr><td>17</td><td>最大负荷制冷</td><td>5.5.7</td><td>6.3.7</td></tr>
<tr><td>18</td><td>凝露</td><td>5.5.8</td><td>6.3.8</td></tr>
<tr><td>19</td><td>低温工况</td><td>5.5.9</td><td>6.3.9</td></tr>
<tr><td>20</td><td>噪声</td><td>5.5.10</td><td>6.3.10</td></tr>
<tr><td>21</td><td>机械安全</td><td>5.6.3</td><td>6.3.11</td></tr>
<tr><td colspan="7">注：“√”为必做项目，“—”为可选做项目。</td></tr>
</table>

8 标志、包装、运输和贮存

8.1 标志

8.1.1 每台空调器应在明显的位置上设置永久性铭牌，铭牌应符合 GB/T 13306 的规定，内容包括：

a) 制造厂的名称；

b) 产品型号和名称

c) 主要技术性能参数（制冷剂代号及其他如：制冷量、送风量、机外静压、压缩机驱动功率、辅件耗电功率、制冷剂充注量、系统耗电电压和重量、噪声等）；

d) 产品出厂编号；

e) 产品出厂日期。

8.1.2 空调器应标有运行状态的标志，如风机旋转方向的箭头、指示仪表和接地标志等。

8.1.3 出厂文件

每台空调器上应随带下列技术文件：

8.1.3.1 产品合格证，内容包括：

a) 产品型号和名称；

b) 产品出厂编号；

c) 检验员签字和印章；

d) 检验日期。

8.1.3.2 产品使用说明书。

8.1.3.3 装箱单。

8.1.4 应在相应地方(如铭牌、产品说明书等)标注产品执行标准编号。

8.2 包装

8.2.1 空调器在包装前应进行清洁处理。整体式空调器应充注额定量制冷剂；分体式空调器可充入额定量制冷剂，也可充入干燥的氮气或惰性气体，压力可控制在0.1 MPa～0.3 MPa表压范围内。各部件应清洁、干燥，易锈部件应涂防锈剂。

8.2.2 空调器应外套塑料袋或防潮纸并固定在箱内。

8.2.3 空调器包装箱上应有下列标志：

a) 制造单位名称；

b) 产品型号和名称；

c) 净重、毛重；

d) 外形尺寸；

e) "小心轻放"、"向上"、"怕湿"和堆放层数等。有关包装、储运标志应符合GB/T 6388和GB/T 191的有关规定。

8.3 运输和贮存

8.3.1 空调器在运输和贮存过程中不应碰撞、倾斜、雨雪淋袭。

8.3.2 产品应贮存在干燥的通风良好的仓库中。

附 录 A
（规范性附录）
空调器制冷量的试验方法

A.1 试验方法

A.1.1 本标准规定的试验方法：

制冷量测量——蒸发器侧空气焓差法，冷凝器侧仅提供空气环境。

A.2 试验装置

A.2.1 风洞式空气焓差法布置原理图见图 A.1。

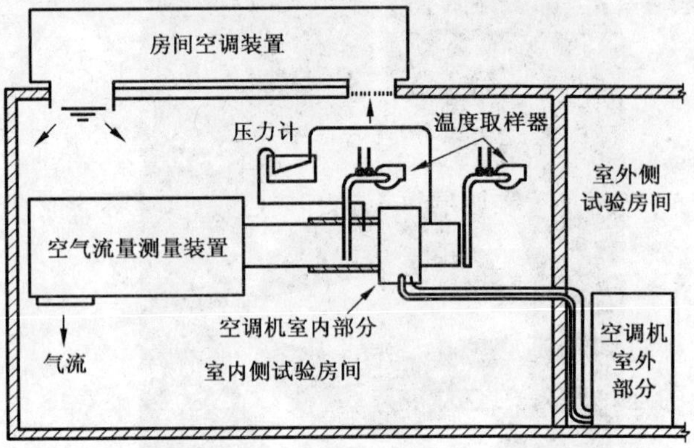

图 A.1

A.2.2 环路式空气焓差法布置原理图见图 A.2。

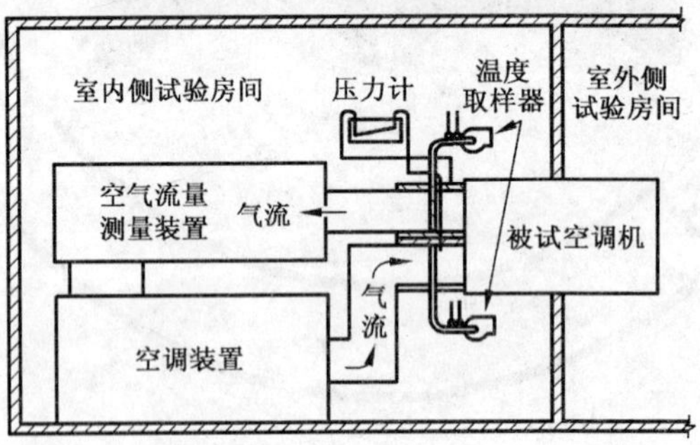

图 A.2

A.2.3 房间空气焓差法布置原理图见图 A.3。

A.2.4 图 A.1、图 A.2、图 A.3 所示的布置图是为空气焓差法的试验原理图，具体试验装置可根据实际情况确定。

A.2.5 试验房间应按实际使用情况满足 A.8.1 的规定。

A.2.6 空气流量测量装置应按 A.5 的规定。

A.2.7 机外静压测量应按 A.6 的规定。

A.2.8 室外机风速测量应按 A.7 的规定。

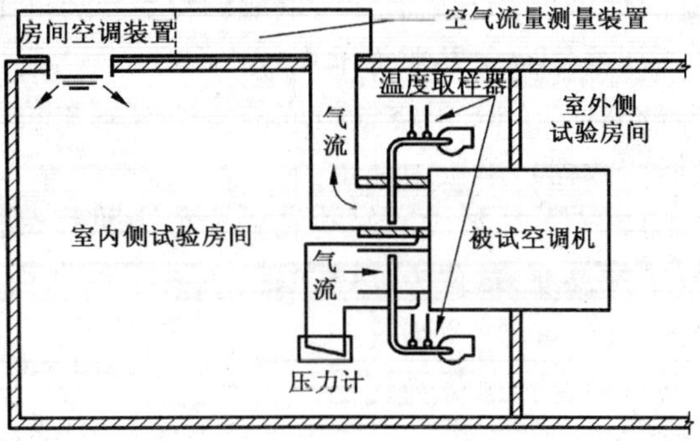

图 A.3

A.3 温度测量

A.3.1 测量风管内的温度应在横截面的各相等分格的中心处进行，所取位置不少于三处或使用取样器。风管内典型取样器见图 A.4。测量处和空调器之间的连接管应隔热，通过连接管的漏热量不超过被测量制冷量的 1.0%。

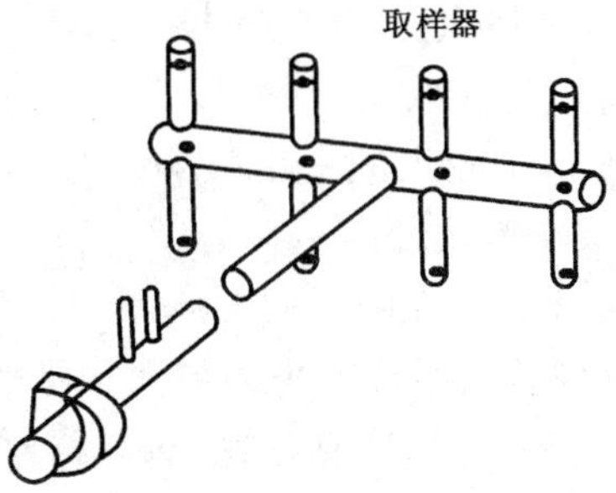

图 A.4

A.3.2 蒸发器侧空气入口处的温度应在空调器空气入口处至少取三个等距离的位置或采用同等效果的取样方法进行测量。温度测量仪表或取样器的位置应离空调器空气入口处 150 mm。

A.3.3 冷凝器侧空气入口处的温度测量应满足下列条件：

a) 应在冷凝器侧热交换器周围至少取三点，测量点的空气温度不应受冷凝器侧排出空气的影响。

b) 温度测量仪表或取样器的位置应离冷凝器侧热交换器表面 600 mm。

A.3.4 经过湿球温度测量仪表的空气流速应为 5 m/s 左右。在空气进口和出口处的温度测量用同样的流速，空气流速高于或低于 5 m/s 的湿球温度测量应进行修正。

A.4 制冷量计算

A.4.1 制冷量计算

用蒸发器侧试验数据分别按式(A.1)、式(A.2)、式(A.3)计算制冷量、显热制冷量和潜热制冷量：

$$q_{tci} = Q_{mi}(h_{a1} - h_{a2})/[v'_n(1 + W_n)] \quad \cdots\cdots\cdots\cdots(\text{A.1})$$

$$q_{sci} = Q_{mi}C_{pa}(t_{a1} - t_{a2})/[v'_n(1 + W_n)] \quad \cdots\cdots\cdots\cdots(\text{A.2})$$

$$q_{lci} = 2.47 \times 10^6 Q_{mi}(W_{i1} - W_{i2})/[v'_n(1 + W_n)] \quad \cdots\cdots\cdots\cdots(\text{A.3})$$

$$C_{pa} = 1\,006 + 1\,860W_{i1} \quad \cdots\cdots\cdots\cdots(\text{A.4})$$

式中：

q_{tci}——制冷量(蒸发器侧数据)，单位为瓦(W)；

Q_{mi}——名义工况下的送风量，单位为立方米每秒(m^3/s)；

h_{a1}——进入蒸发器侧空气的焓(对于 1 kg 干空气组成的湿空气)，单位为焦每千克(J/kg)；

h_{a2}——离开蒸发器侧空气的焓(对于 1 kg 干空气组成的湿空气),单位为焦每千克(J/kg);

v'_n——喷嘴处空气的比体积,单位为立方米每千克(m^3/kg);

W_n——喷嘴处空气的含湿量(对于 1 kg 干空气组成的湿空气),单位为千克每千克(kg/kg);

q_{sci}——显热制冷量(蒸发器侧数据),单位为瓦(W);

C_{pa}——空气的比热(对于 1 kg 干空气组成的湿空气),单位为焦耳每千克(J/kg)、℃;

t_{a1}——进入蒸发器侧空气干球温度,单位为度(℃);

t_{a2}——离开蒸发器侧空气干球温度,单位为度(℃);

q_{lci}——潜热制冷量(蒸发器侧数据),单位为瓦(W);

W_{i1}——进入蒸发器侧空气的含湿量(对于 1 kg 干空气组成的湿空气),单位为千克每千克(kg/kg);

W_{i2}——离开蒸发器侧空气的含湿量(对于 1 kg 干空气组成的湿空气),单位为千克每千克(kg/kg)。

A.5　空气流量测量

A.5.1　空气流量按 A.5.2 规定的喷嘴装置进行测量。

A.5.2　喷嘴装置

A.5.2.1　装置按图 A.5 所示,由一个隔板分开的进风室和排风室组成,在隔板上装一只或几只喷嘴。空气从被试空调器出来经过风管进入进风室,通过喷嘴排入试验房间或用风管回到空调器进口。

A.5.2.2　喷嘴装置及其与空调器进口的连接应密封,渗漏空气量应不超过被测空气流量的 1.0%。

A.5.2.3　喷嘴中心之间的距离应不小于较大的一个喷嘴喉径的 3 倍,从任一喷嘴的中心到最邻近的风室或进风室板壁的距离应不小于该喷嘴喉径的 1.5 倍。

A.5.2.4　扩散板在进风室中的安装位置应在隔板的上风侧,其距离至少为最大喷嘴喉径的 1.5 倍;在排风室中的安装位置应在隔板的下风侧,其距离至少为最大喷嘴喉径的 2.5 倍。

A.5.2.5　应安装一台变风量的排风机和排风室相连接以进行静压调整。

A.5.2.6　通过一只或几只喷嘴的静压降采用一只或几只压力计测量,压力计的一端接到装在进风室内壁上并与壁齐平的静压接口上,另一端接到装在排风室内壁上并与壁齐平的静压接口上。应将每一室中的若干个接口并联地接到若干个压力计上或汇集起来接到一只压力计上,按图 A.5 也可用毕托管测量离开喷嘴后气流的速度头,在采用两只或两只以上的喷嘴时应使用毕托管测出每一喷嘴的气流速度头。

A.5.2.7　应提供确定喉部处的气流密度的方法。

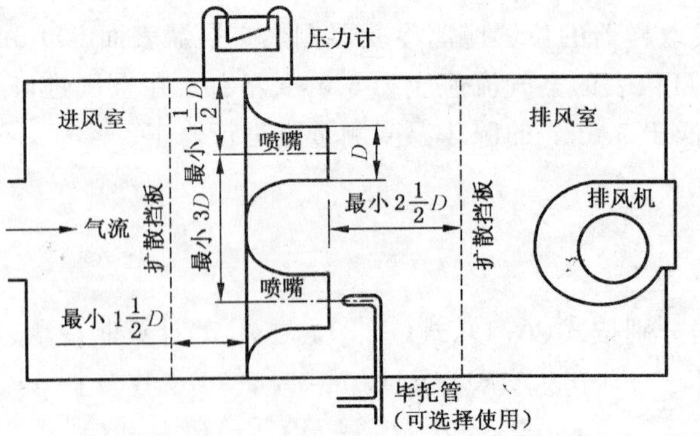

图 A.5

A.5.3　喷嘴

A.5.3.1　喷嘴使用时的喉部风速应大于 15 m/s,但应小于 35 m/s。

A.5.3.2　喷嘴按图 A.6 的结构制造,按 A.5.2 的规定进行安装,使用时不需进行校准。喉径等于或大于 127 mm 的喷嘴流量系数可定为 0.99,需要更精密的数据和喉径小于 127 mm 的喷嘴的流量系数按表 A.1 的规定,或对喷嘴进行校准。

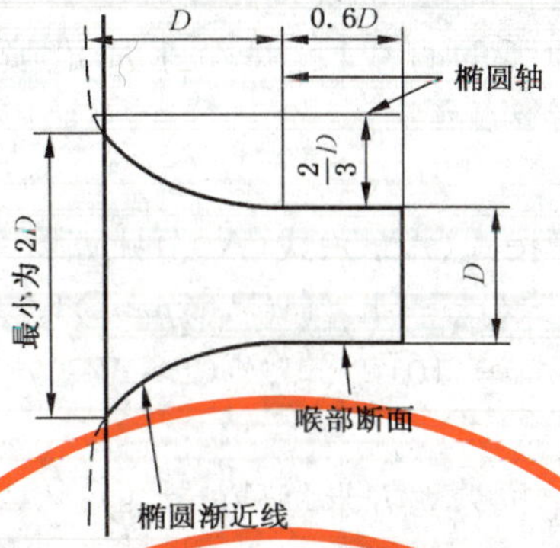

图 A.6

表 A.1

雷诺数 Re	流量系数 C
50 000	0.97
100 000	0.98
150 000	
200 000	0.99
250 000	
300 000	
400 000	
500 000	

雷诺数按式(A.5)计算：

$$Re = f v_a D_a \qquad \text{(A.5)}$$

式中：

Re——雷诺数；

f——温度系数；

v_a——喷嘴处空气的流速，单位为米每秒(m/s)；

D_a——喷嘴的喉径，单位为毫米(mm)。

温度系数由表 A.2 确定

表 A.2

温度/ ℃	温度系数 f
−6.7	78.2
4.44	72.0
15.6	67.4
26.7	62.8
37.8	58.1
48.9	55.0
60.0	51.9
71.1	48.8

A.5.3.3 喷嘴的面积通过测量其直径确定，准确度为±0.2%。直径测量在喷嘴喉部的两个平面上进行，一个在出口处，另一个在靠近圆弧的直线段，每个平面沿喷嘴四周取四个直径，直径之间相隔约45°。

A.5.4 计算

A.5.4.1 通过单个喷嘴的空气流量按式(A.6)、式(A.7)计算：

$$Q_{mi} = 1.414CA_a(p_v v'_n)^{0.5} \quad \cdots\cdots\cdots\cdots (A.6)$$

$$v'_n = 101\,325 v_n / [(1+W_n)p_n] \quad \cdots\cdots\cdots\cdots (A.7)$$

式中：

Q_{mi}——名义工况下的送风量，单位为立方米每秒(m^3/s)；

C——流量系数；

A_a——喷嘴面积，单位为平方米(m^2)。

p_v——喷嘴喉部的动压或通过喷嘴的静压差，单位为帕(Pa)；

v'_n——喷嘴处空气的比体积，单位为立方米每千克(m^3/kg)；

v_n——在喷嘴进口处的干湿球温度下，并在标准大气时空气的比体积，单位为立方米每千克(m^3/kg)；

W_n——喷嘴处空气的含湿量，单位为千克每千克(kg/kg)；

p_n——喷嘴前的静压力，单位为帕(Pa)。

A.5.4.2 使用多个喷嘴时，总空气流量按A.5.4.1的单个喷嘴的流量和计算。

A.6 静压的测定

A.6.1 配有风机和单个空气出口的空调器

A.6.1.1 空调器的机外静压装置按图A.7，在空调器空气出口处安装一只短的静压箱，空气通过静压箱进入空气流量测量装置，静压箱的横截面尺寸应等于空调器出口尺寸。

A.6.1.2 测量机外静压的压力计的一端应接至出风口静压箱的四个取压接口的箱外连通管，每个接口均位于静压箱各壁面中心位置，与空调器空气出口的距离为出口平均横截面尺寸的两倍。采用进口风管的空调器，另一端应接至位于进口风管各壁面中心位置的管外连接管；不用进口风管的空调器，另一端应和周围大气相通，进口风管的横截面尺寸应等于空调器进口尺寸。

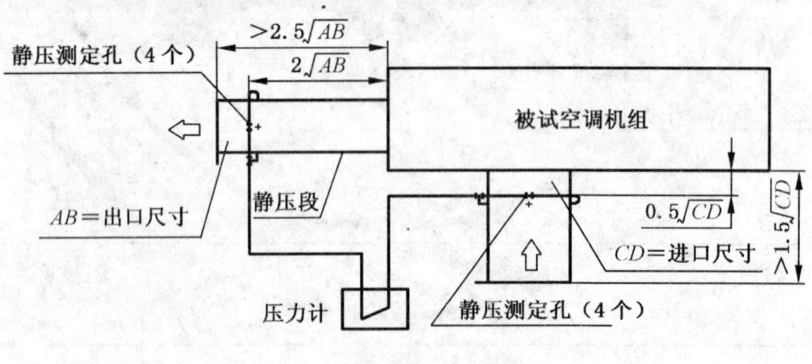

图 A.7

A.6.2 配有风机和多个空气出口的空调器

在每个空气出口上装一个符合图A.7的短静压箱，空气通过静压箱进入一个共用风管段，然后进入空气流量测量装置。在每个静压箱进入共用风管段的平面上分别装一个可调节的限流器，平衡每个静压箱中的静压，多个送风机使用单个空气出口的空调器按A.6.1.1的要求使用一个静压箱进行试验。

A.6.3 静压测定的一般要求

A.6.3.1 静压接口用直径为6 mm的短管制作，短管中心应与静压箱外表面上直径为1 mm的孔同心。孔的边口不应有毛刺和其他不规则的表面。

A.6.3.2 静压箱和风管段、空调器以及空气测量装置的连接处应密封，不应漏气。在空调器出口和温度测量仪表之间应隔热，防止漏热。

A.7 冷凝器风速测定

A.7.1 风速测定点的确定

在不带风机冷凝器的空气回风口上装一个符合图 A.8 的静压箱，出风口连接可变频的引风机，并按图 A.8 所示，测量冷凝器风速，共 25 个测点（①～㉕）取测量值的平均值。

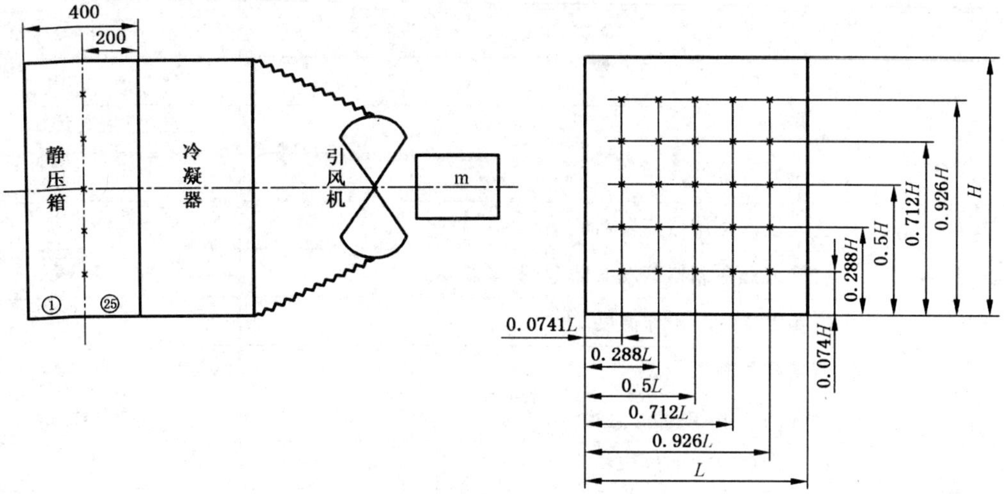

图 A.8

实际风速为所测 25 个风速的平均值。

A.8 试验的准备及运行

A.8.1 试验室的要求

A.8.1.1 应有一间蒸发器侧试验房间，房间的测试条件应保持在允许的范围内。

A.8.1.2 应有一间冷凝器侧试验房间，房间应有足够的容积，使空气循环和正常运行时有相同的条件。房间除安装要求的尺寸关系外，应使房间和空调器冷凝器有空气排出一侧之间的距离不小于 2 m，空调器其他面和房间之间的距离不小于 1 m。房间空调装置处理空气的流量不应小于室外部分空气的流量，并按要求的工况条件处理后低速均匀送回冷凝器侧试验房间。试验时空调器附近的空气之流速不应超过 2.5 m/s。

A.8.2 空调器的安装

A.8.2.1 被试空调器应按制造厂的安装要求进行安装，空调器安装于冷凝器侧房间内，空调器的蒸发器侧应由风道与蒸发器侧相连。

A.8.2.2 除按规定的方法安装需要的试验装置和仪表外，不应改装空调器。

A.8.2.3 需要时，空调器应抽空并充注制造厂说明书中规定的制冷剂类型和数量。

A.8.3 制冷量的试验程序

房间空调装置和被试空调器应进行不少于 1 h 的运行，工况稳定后记录数据。每隔 15 min 记录一次，直至连续 5 次的试验数据的允差在表 5、表 6 规定范围内。

A.9 试验记录及试验结果

A.9.1 空调器制冷量试验应记录的试验数据如表 A.3。

表 A.3

序号	记录项目	单　位
1	试验日期	
2	试验人员	
3	试验空调器的型号和出厂编号	
4	试验空调器的额定参数	
5	大气压力	kPa
6	电压	V
7	试验时间	h
8	系统功率	W
9	蒸发器侧机外静压	Pa
10	空气进入空调器蒸发器的干、湿球温度	℃
11	空气离开空调器蒸发器的干、湿球温度	℃
12	喷嘴处空气的干球温度	℃
13	喷嘴前的静压	Pa
14	喷嘴的数量/喷嘴的直径	只/mm
15	喷嘴前后空气的静压差	Pa
16	压缩机转速	r/min
17	压缩机扭矩	N·m
18	冷凝器进风口风速	m/s

A.9.2 试验结果应定量表示出被试空调器对空气产生的效果，对于给定的试验工况试验结果应表示：

a) 制冷量，W；

b) 名义工况下的送风量，m^3/h；

c) 系统总功率，W；

d) 能效比(EER)，W/W。

A.9.3 试验时若大气压力低于标准大气压(101 kPa)，大气压读数每降低 3.5 kPa 制冷(热)量可增加 0.8%。

A.9.4 空气焓值应根据饱和温度和标准大气压的偏差进行修正。

附　录　B
（规范性附录）
空调器噪声测试方法

B.1　范围

本附录规定了空调器的噪声测试方法。

B.2　测定场所

测定场所应为反射平面上的半自由声场，被测空调器的噪声与背景噪声之差应大于10 dB(A)。若在测试中，背景噪声不能满足上述要求，而噪声差在6 dB(A)～10 dB(A)之间时，则测量值应按表B.1修正；若背景噪声差在6 dB(A)以下，则测量结果仅作估算值。

表 B.1

单位为dB(A)

试验空调器噪声级与背景噪声级差值	试验读数的修正值
9～10	−0.5
≥6～8	−1

B.3　测量仪器

测量仪器应使用GB/T 3785中规定的Ⅰ型或Ⅰ型以上的声级计，以及准确度相当的其他测试仪器。

B.4　运行条件

测量空调器噪声时，应分别测量蒸发器噪声和冷凝器噪声，按表3所规定的端电压分别开动风机。原则上在所规定最大风量下进行噪声测量。有机外静压要求的空调器，为避免出风的影响，应接入按B.6规定的静压风道，在B.6规定的静压测定点加额定的机外静压，以使测定在不受出风影响的状态下进行。

B.5　测点位置

B.5.1　安装在车室内的由蒸发器和风机构成的空调器，按图B.1所示放置，测量蒸发器侧噪声，共2个测点(①②)。

B.5.2　安装在汽车顶部、侧面或后部由蒸发器和风机构成一体的空调器，按图B.2所示放置，测量蒸发器侧噪声，共3个测点(①②③)；测量冷凝器侧噪声，共3个测点(④⑤⑥)；

B.5.3　风机和蒸发器分开安装时，按图B.3或图B.4所示放置，测量蒸发器侧噪声，共3个测点(①②③)。

B.5.4　带风机的冷凝器，按图B.5所示放置，测量冷凝器侧噪声，共1个测点(①)。

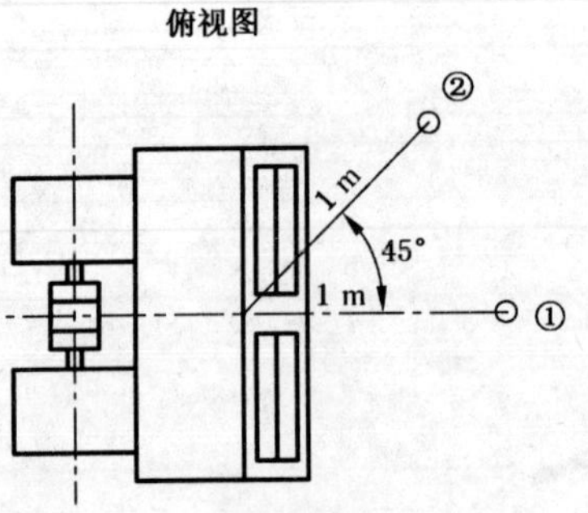

a）平面图

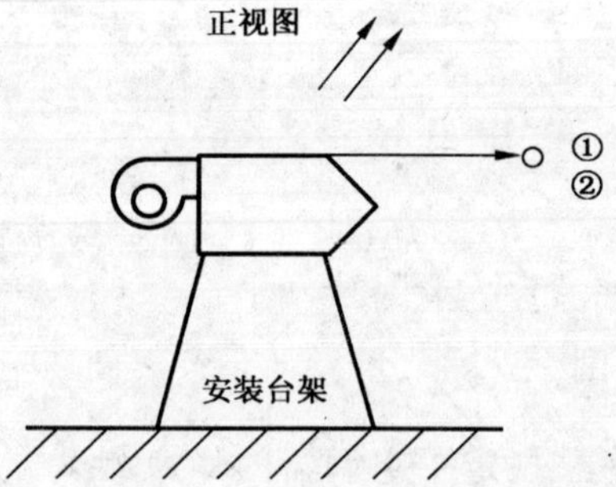

b）立面图

图 B.1

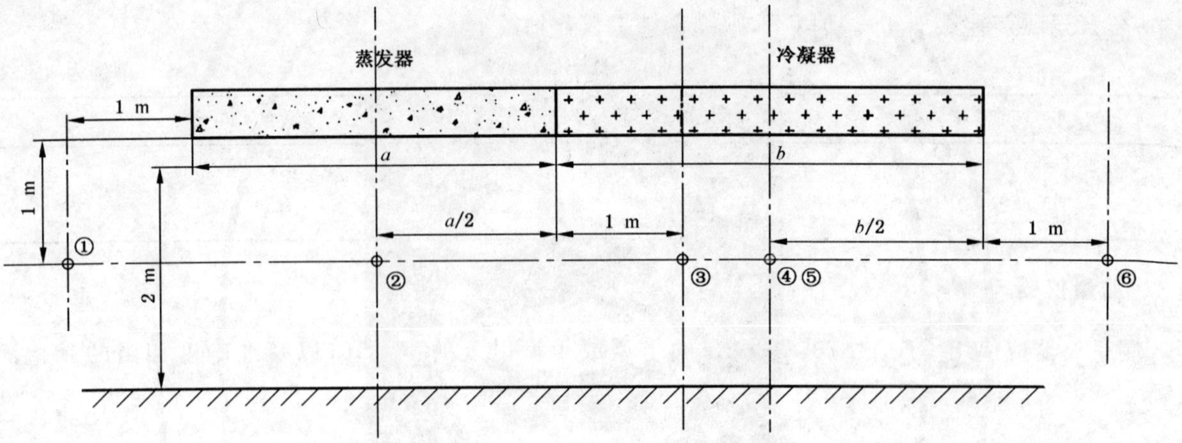

a）平面图

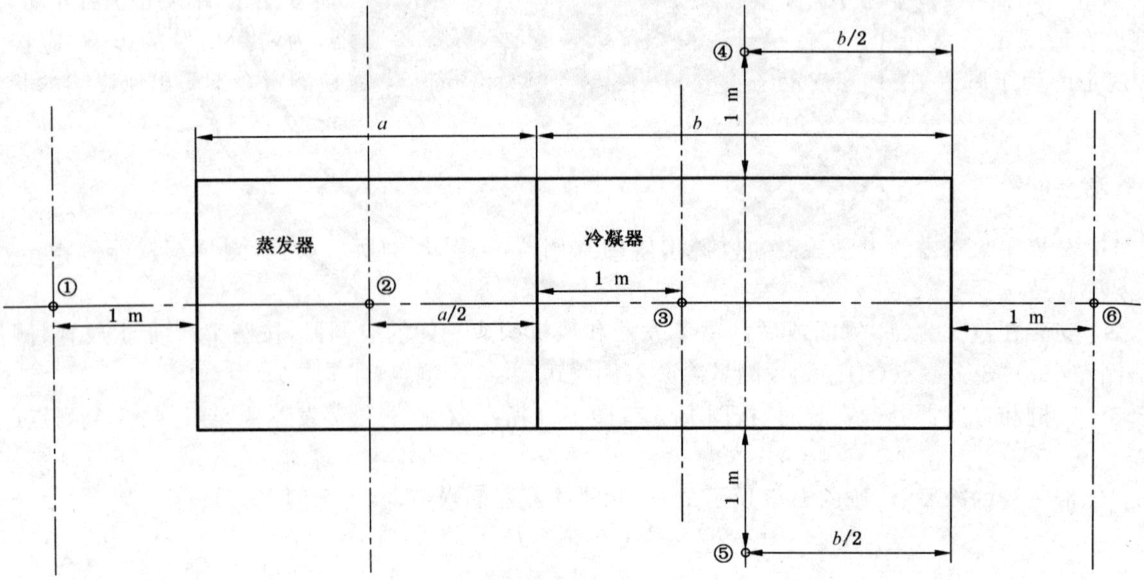

b）立面图

图 B.2

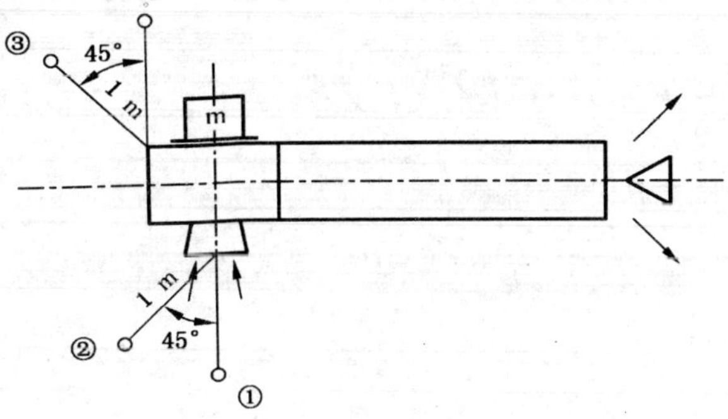

图 B.3

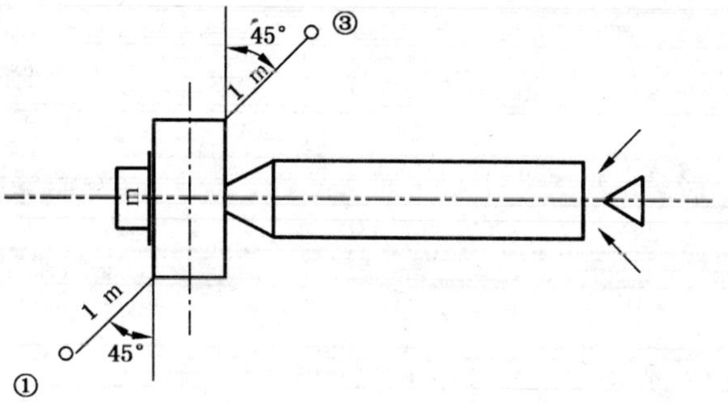

图 B.4

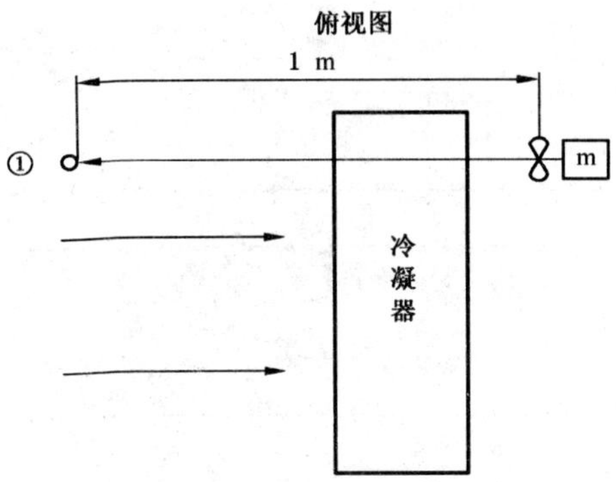

a)　平面图

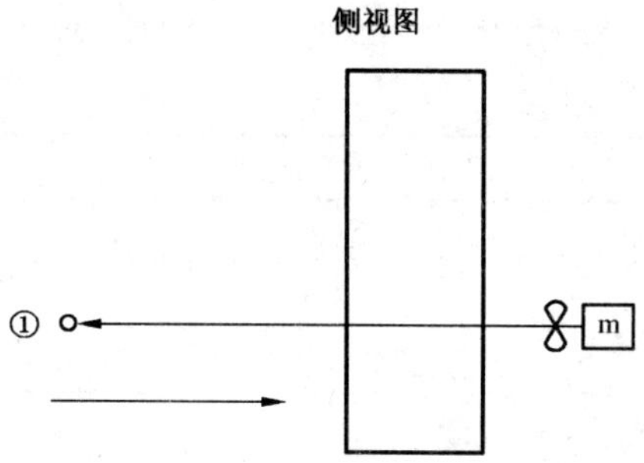

b)　立面图

图 B.5

B.6　测量方法

在 B.5 规定的测点位置，测定空调器噪声 A 声级，测定应在 B.4 规定的运行条件下进行测量，取各测点测量最大值为测量值。

附　录　C
（规范性附录）
空调器振动测试方法

C.1　范围

本附录规定了空调器的振动测试方法。

C.2　试验条件

C.2.1　谐振频率

各部件的谐振频率按表 C.1 的规定。

表 C.1　谐振频率

部件谐振情况	谐振频率/Hz
谐振	部件固有的谐振频率[a]
无谐振	33 或 67

a　按 C.3.1 谐振频率探测试验方法进行测试的结果。

C.2.2　振动加速度

各部件的振动加速度按表 C.2 的规定。

表 C.2　振动加速度

振动加速度阶段	振动加速度/(m/s^2)
5	5
20	20
30	30

C.3　试验方法

C.3.1　谐振频率探测试验方法

部件的谐振频率应该在一定频率范围内选择与被测试部件一致的频率，按固定的速率连续递增和递减频率 5 Hz 到 200 Hz 的频率来探测。

C.3.2　振动耐久性试验方法

部件的振动耐久试验应该考虑与汽车类型、在实际设备中的位置以及表 C.2 中 3 个测试阶段的一致来进行。试验应分为有、无谐振两种情况来进行。

原则上说来，表 C.2 通常应用于振动条件的分类。不过必要时，振动方向和测试时间可根据参与传输各方之间的一致性来决定。

1）　没有谐振时振动耐久试验应参照表 C.3 来进行。

表 C.3　振动耐久试验要求

阶段	频率/Hz	振动加速度/(m/s^2)	测试时间/h		
			垂直	横向	纵向
5	33 或 67	5	4	2	2
20		20			
30		30			

2） 有谐波时振动持久性试验应先参照表 C.4 来进行，后再参照表 C.5 来进行。

表 C.4 有谐波时振动持久性试验(1)

阶段	频率/Hz	振动加速度/(m/s^2)	测试时间/h		
			垂直	横向	纵向
5	谐振频率	5	1	0.5	0.5
20		20			
30		30			

表 C.5 有谐波时振动持久性试验(2)

阶段	频率/Hz	振动加速度/(m/s^2)	测试时间/h		
			垂直	横向	纵向
5	33 或 67	5	3	1.5	1.5
20		20			
30		30			

C.4 路面试验

C.4.1 路面试验的试验要求。

表 C.6 路面试验的试验要求

路面试验	路面要求	试验时间
试验要求	国家规定第二等级公路	连续运行 6 h

C.4.2 当空调器总质量大于 300 kg 或外形尺寸大于 5 m×5 m 时，可以采用路面试验进行考核。

ICS 27.200
J 73

中华人民共和国国家标准

GB/T 21362—2008

商业或工业用及类似用途的热泵热水机

Heat pump water heater for commercial & industrial and similar application

2008-01-14 发布　　2008-05-01 实施

中华人民共和国国家质量监督检验检疫总局
中国国家标准化管理委员会　发布

前言

本标准附录B为规范性附录、附录A为资料性附录。

本标准由中国机械工业联合会提出。

本标准由全国冷冻空调设备标准化技术委员会(SAC/TC 238)归口。

本标准主要起草单位:广州中宇冷气科技发展有限公司、合肥通用机械研究院、江苏天舒电器有限公司、广东美的商用空调设备有限公司、合肥通用环境控制技术有限公司。

本标准参加起草单位:大连冰山集团有限公司、重庆九龙韵新能源发展有限公司、北京同方洁净技术有限公司、广州恒星冷冻机械制造有限公司、艾欧史密斯(中国)热水器有限公司、浙江正理电子电气有限公司、北京华清融利空调科技有限公司、佛山市伊雷斯制冷科技有限公司、劳特斯空调(江苏)有限公司、浙江星星中央空调设备有限公司、泰豪科技股份有限公司、广东申菱空调设备有限公司、上海富田空调冷冻设备有限公司、艾默生环境优化技术(苏州)研发有限公司、(中外合资)滁州扬子必威中央空调有限公司、宁波博浪热能设备有限公司。

本标准主要起草人:覃志成、张秀平、张明圣、王天舒、舒卫民、李柏。

本标准参加起草人:俞乔力、朱勇、刘耀斌、袁博洪、邱步、凌拥军、黄国琦、区志强、丁伟、沙凤岐、黄晓儒、易新文、姚宏雷、文茂华、谢勇、王磊、钟瑜、王玉军、汪吉平。

本标准由全国冷冻空调设备标准化技术委员会负责解释。

本标准是首次制定。

商业或工业用及类似用途的热泵热水机

1 范围

本标准规定了商业或工业用及类似用途的热泵热水机(以下简称"热水机")的术语和定义、型式与基本参数、要求、试验方法、检验规则、标志、包装、运输和贮存等。

本标准适用于采用电动机驱动,蒸汽压缩制冷循环,名义制热能力 3 000 W 以上,以空气、水为热源,以提供热水为目的热泵热水机,其他用途的热泵热水机也可参照使用。

2 规范性引用文件

下列文件中的条款通过本标准的引用而构成本标准的条款。凡是注日期的引用文件,其随后所有的修改单(不包括勘误的内容)或修订版均不适用于本标准。然而,鼓励根据本标准达成协议的各方研究是否使用这些文件的最新版本。凡是不注日期的引用文件,其最新版本适用于本标准。

GB/T 191 包装储运图示标志(GB/T 191—2000,eqv ISO 780:1997)

GB/T 1720 漆膜附着力测定法

GB/T 2423.17 电工电子产品基本环境试验规程 试验 Ka:盐雾试验方法(GB/T 2423.17—1999,eqv IEC 60068-2-11:1981)

GB/T 2828.1 计数抽样检验程序 第1部分:按接收质量限(AQL)检索的逐批检验抽样计划(GB/T 2828.1—2003,ISO 2859:1999 IDT)

GB/T 6388 运输包装收发货标志

GB 8624 建筑材料燃烧性能分级方法

GB/T 10870—2001 容积式和离心式冷水(热泵)机组 性能试验方法

GB/T 13306 标牌

GB/T 13384 机电产品包装通用技术条件

GB/T 17758 单元式空气调节机

GB/T 18430.1 蒸汽压缩循环冷水(热泵)机组 第1部分:工商业用和类似用途的冷水(热泵)机组

JB/T 4330 制冷和空调设备噪声的测定

JB/T 4750 制冷装置用压力容器

JB/T 7249 制冷设备术语

JB 8654 容积式和离心式冷水(热泵)机组 安全要求

3 术语和定义

JB/T 7249 确立的以及下列术语和定义适用于本标准。

3.1

热泵热水机 heat pump water heater

一种采用电动机驱动,采用蒸气压缩制冷循环,将低品位热源(空气或水)的热量转移到被加热的水中用以制取热水的设备。

3.2

空气源热泵热水机 air-source heatpump water heater

以空气为热源的热泵热水机。

3.3

水源热泵热水机　water-source heat pump water heater

以水为直接热源或作为传热介质传递热量的热泵热水机。

3.4

一次加热式热水机　one - time heating heat pump water heater

使用侧进水流过热泵热水机一次就达到设定终止温度的热水机。

3.5

循环加热式热水机　circulate heating heat pump water heater

使用侧进水通过水泵多次流过热泵热水机逐渐达到设定终止温度的热水机。

3.6

辅助电加热式热水机　additional electrical heating heat pump water heater

带辅助电加热器(包括后安装的电加热器)与热泵一起使用进行制热的热水机。

3.7

初始水温度　initial temperature of water

热水机开始加热前,在使用侧总进口处测得的水温度,单位:℃。

3.8

终止水温度　termination temperature of water

a) 对一次加热式热水机,指当加热稳定时热水机在使用侧最终出口处测得的水温度,单位:℃。

b) 对循环加热式热水机,指热水机加热完成后在储热水箱中测得的平均水温度,单位:℃。

3.9

制热量　heating capacity

在规定试验工况下,热水机运行时间内提供热水的热量与运行时间之比,单位:kW。

3.10

消耗功率　heating consumed power

在规定试验工况下,热水机运行时所消耗的总电功与运行时间之比,单位:kW。

3.11

性能系数　(COP)coefficient of performance

制热量与消耗功率之比,其值用 W/W 表示。

3.12

产水量　heating water flow

在规定试验工况下,热水机单位时间内提供的热水流量,单位:m^3/h。

3.13

其他术语　other terms

a) 承压式水箱　pressure - resistant water tank

指箱体密闭,不与大气相通,并能承受一定水压力的水箱,单位:L。

b) 非承压式水箱　free - surface water tank

指水箱顶部与大气相通,通过液位控制装置控制其水面的水箱,单位:L。

4　型式与基本参数

4.1　型式

4.1.1　热水机按使用电源形式分类:

a) 单相电源式(220 V,50 Hz);

b) 三相电源式(380 V,50 Hz)。

4.1.2 热水机按制热方式分类：

a) 一次加热式；

b) 循环加热式。

4.1.3 热水机按机组结构型式分类：

a) 自带水箱；

b) 不带水箱。

4.1.4 热水机按热源方式分类：

a) 空气源式；

b) 水源式。

4.1.5 辅助电加热式

4.1.6 热水机按使用气候环境分为：

类型	普通型	低温型
最高温度	43℃	38℃
最低温度	0℃	−10℃

4.2 热水机型号编制方法

热水机水箱的名义容量优选值、名义制热量优选值及型号编制方法见附录A。

4.3 基本参数

4.3.1 空气源热泵热水机的试验工况见表1，水源热泵热水机的试验工况见表2，融霜的试验条件见表3。

表1 空气源热泵热水机的试验工况

单位为℃

项目			使用侧(或热水侧)[a]		热源侧(空气侧)	
			初始水温度	终止水温度	干球温度	湿球温度
热泵	名义工况	普通型	15	55	20	15
		低温型	9		7	6
	最大负荷工况	普通型	29		43	26
		低温型			38	23
	融霜工况[b]		9	55[c]	2	1
	低温工况	普通型	9	55	7	6
		低温型		55[c]	−7[d]	−8[d]
	变工况运行	普通型	—	9～55	0[d]～43	—
		低温型			−10[d]～38	

a 对循环加热式热水机，进行名义工况试验时，使用侧试验系统的试验水量为热水机1 h的名义产水量；其他工况试验，使用侧试验系统的试验水量为热水机2 h或以上的名义产水量。

b 融霜工况为融霜运行前的条件，开始运行时，表1和表3规定的温度条件均可。

c 或按照制造厂商明示的该工况最高使用侧温度进行试验。

d 或按照制造厂商明示的最低热源侧温度进行试验。

表 2　水源热泵热水机的试验工况

单位为℃

试验条件		使用侧(或热水侧)[a]		热源侧(水侧)
		初始水温度	终止水温度	进水温度/出水温度
制热运行	名义工况	15	55	15/—[b]
	最大负荷工况	29		25/—[b]
	最小负荷工况	9	55[c]	10/—[b]
	变工况运行	—	9～55	10～35/—[b]

[a] 对循环加热式热水机，进行名义工况试验时，使用侧试验系统的试验水量为热水机 1 h 的名义产水量；其他工况试验，使用侧试验系统的试验水量为热水机 2 h 或以上的名义产水量。

[b] 采用名义制热量及进出口 5℃温差确定的水流量。

[c] 或按照制造厂商明示的该工况最高使用侧温度进行试验。

表 3　融霜的试验条件

单位为℃

工　况	使用侧(或热水侧)		热源侧(空气侧)	
	初始水温度	终止水温度	干球温度	湿球温度
融霜工况	9	55[a]	2	—

[a] 或按照制造厂商明示的该工况最高使用侧温度进行试验。

4.3.2　热水机名义工况的其他规定：

a)　热水机名义工况时的额定电压：单相交流为 220 V，三相交流为 380 V，额定频率为 50 Hz。

b)　机组名义工况时的使用侧和水源式热源侧污垢系数为 0.086 m^2 · ℃/kW。

c)　对于不提供水泵的机组试验时，使用侧循环流量为按名义制热量及进出口 5℃温差确定的水流量；对于提供水泵的机组试验时，使用侧循环流量按保证热水机使用侧的水压差达标称明示值来确定。

4.3.3　热水机名义工况时的性能系数(COP)限值见表 4。

表 4　热水机名义工况时的性能系数(COP)

单位为 W/W

热水机型式		热源型式		
		空气源式		水源式
		普通型	低温型	
一次加热式		3.70	3.10	4.50
循环加热式	不提供水泵	3.70	3.10	4.50
	提供水泵	3.60	3.00	4.40

5　要求

5.1　一般要求

5.1.1　热水机应符合本标准的规定，并按经规定程序批准的图样和技术文件制造。

5.1.2　热水机的黑色金属制件，表面应进行防锈蚀处理。

5.1.3　热水机涂装件，不应有明显的气泡、皱纹、流痕、漏涂、底漆外露等缺陷及其他损伤。

5.1.4　热水机电镀件表面不应有剥落、露底、针孔、明显的花斑和划伤等缺陷。

5.1.5　热水机内部与制冷剂和润滑油接触的表面应保持清洁、干燥，机组外表面应清洁，管路附件安装应美观大方。

5.1.6 热水机装饰性塑料件不得有裂痕、气泡和明显缩孔等缺陷，塑料件按相关标准规定的热老化和机械强度试验后，不应有明显的碎裂、变形等缺陷。

5.1.7 热水机的铭牌和装饰板应经久耐用，经型式试验后不得变形、脱落，其图案和字迹应清晰。

5.1.8 热水机的紧固件及其他组件应符合有关标准规定，其易损件应便于更换。

5.1.9 热水机的保温层应有良好的保温性能，机组表面不应凝露。保温材料应无毒、无异味且为难燃材料，并应符合 GB 8624 的要求。

5.1.10 热水机承压式水箱进出水管如直接安装于公共供水系统时，进出水管应符合国家有关水管接头标准的要求。

5.1.11 电气控制设备

热水机各种控制设备应能正常工作，各种保护器件应符合设计要求并灵敏可靠。

5.1.12 热水机主机各零部件的安装应牢固、可靠，压缩机应具有防振动措施。热水机运转时无异常声响，管路与零部件间不应有相互磨擦和碰撞，热水机的电磁换向阀动作应灵敏、可靠。

5.1.13 热水机配置的循环水泵其流量、扬程应保证热水机的正常工作；热水机配置的热源换热器和热水换热器均应满足热水的相关要求。

5.1.14 电镀件耐盐雾性

按 6.4.11 的方法试验后，金属镀层上的每个锈点锈迹面积不应超过 1 mm^2，试件镀层每 100 cm^2 面积上不应有超过 2 个锈点、锈迹，小于 100 cm^2 时，不应有锈点和锈迹。

5.1.15 涂装件涂层附着力

涂装件的涂层应牢固，按 6.4.12 的方法试验，其附着力应达到 GB/T 1720 规定的二级以上。

5.2 安全要求

热水机的安全要求应符合 JB 8654 的有关规定。

5.3 性能要求

5.3.1 制热系统气密性要求

热水机热泵系统各部分应密封，按 6.4.1 的方法试验，热水机热泵系统各部分不应有制冷剂泄漏现象。

5.3.2 液压要求

5.3.2.1 按 6.4.2.1 的方法试验时，热水机使用侧各部位应无异常变形和泄漏。

5.3.2.2 热水机自带承压式水箱的设计压力应不小于 0.7 MPa，按 6.4.2.2 的方法试验时，水箱各部位及接头处不应有异常变形和泄漏现象。

5.3.3 热水机的名义工况性能

5.3.3.1 按 6.4.4.1 方法试验时，热水机的实测制热量应不小于名义制热量的 95%。

5.3.3.2 按 6.4.4.2 方法试验时，热水机的实测制热消耗功率应不大于名义制热消耗功率的 110%。

5.3.3.3 性能系数(COP)

按 6.4.4.1 方法实测制热量与按 6.4.4.2 方法实测制热消耗功率的比，应不小于明示值的 92%且应不小于表 4 的规定值。

5.3.3.4 辅助电加热式热水机，按 6.4.4.3 方法试验，对其电加热器的实测制热消耗功率要求为：辅助电加热器的消耗功率允差为名义值的 −10%～+5%。

5.3.3.5 按 6.4.4.4 测定，水源热水机热源侧和不提供水泵热水机使用侧的水侧压力损失应不大于机组明示值的 115%。

5.3.4 最大负荷工况要求

按 6.4.5 的方法试验时，热水机各部件不应损坏，过载保护器不应跳开，热水机应能正常运行。

5.3.5 低温工况要求

按 6.4.6 的方法试验时，空气源热泵热水机制热各部件不应损坏，高压、防冻及过载保护器不应跳开,机组应能正常运行。

5.3.6 自动融霜

空气源热泵热水机按6.4.7的方法进行融霜试验时,应符合以下要求:

——安全保护元、器件不应动作而停止运行;

——融霜功能正常,融霜彻底,融霜时的融化水应能正常排放;

——在最初融霜结束后的连续运行中,融霜所需的时间总和不应超过运行周期时间的20%,两个以上独立制冷循环的机组,各独立循环融霜时间的总和不应超过各独立循环总运转时间的20%。

5.3.7 最小负荷工况要求

水源热泵热水机应在热源侧采用低温保护,按6.4.8的方法试验时,应符合以下要求:

——保护装置不允许跳开,热水机不能损坏;

——低温保护功能正常,热源水温度等于或高于允许低温温度时热水机应能正常工作。

5.3.8 变工况性能

热水机变工况性能温度条件如表1、表2所示。按6.4.9方法进行试验并绘制性能曲线图或表。

5.3.9 噪声

热水机应进行噪声测量,按6.4.10的规定进行测量,实测最大噪声值应不大于表5的规定值,且不应大于机组明示值,允差+3 dB(A)。

表5 噪声限值

名义制热量/kW	噪声限值(声压级)/dB(A)		
	空气源		水源
	不带水泵	带水泵	
≤20	65	67	63
>20~50	68	70	66
>50~80	71	73	69
>80~150	74	76	72
>150	明示值		

5.4 其他要求

对于自带水箱的热水机,热水贮存性能(保温及使用)见表6。

表6 自带水箱的热水机保温及使用性能试验要求

名义容量/L		≤300	>300~500
保温性能	放置13 h后水温/℃	≥(T_2−6)	≥(T_2−5)
使用性能	放水量/(L/min)	10	15
注:T_2为终止水温度。			

5.4.1 保温性能

按6.6.2.1方法试验时,放置13 h后热水的温度应符合表6规定。

5.4.2 使用性能

按6.6.2.2的方法试验时,放水量同水箱额定容量比值不低于65%。

5.4.3 热水机水箱容量

按6.6.2.3的方法试验时,热水机水箱容量允许偏差为±10%。

6 试验方法

6.1 试验条件

6.1.1 温度条件：空气源式热水机的水温及空气干、湿球温度偏差按表1的规定；水源式热水机的水温偏差按表2的规定。

6.1.2 电源条件：热水机应在其铭牌规定的额定电压和额定频率下运行，其偏差不应大于名义值的±1%。

6.2 试验用仪器仪表

6.2.1 试验用仪器仪表应经法定计量检验部门检定合格，并在有效期内。

6.2.2 测量仪表精度：按 GB/T 10870—2001 附录 A 的规定。

6.2.3 测量规定如下：

a) 测量仪表的安装和使用按 GB/T 10870 的规定。

b) 热水机的空气干、湿球温度按 GB/T 18430.1 规定的机组空气干、湿球温度的测量方法测量。

6.3 试验的一般要求

6.3.1 热水机所有试验应按铭牌上的额定电压和额定频率进行。

6.3.2 被试热水机应按照制造厂的安装规定，使用所提供或推荐使用的附件、工具进行安装。

6.3.3 除按规定的方式进行试验所需要的装置和仪器的连接外，对热水机不应进行更改和调整。

6.3.4 必要时，试验机组可按制造厂的规定抽真空和充注制冷剂。

6.3.5 空气源热泵热水机的环境应充分宽敞，热水机附近的风速应减小到充分低的值，以免影响机组的性能。

6.3.6 热水机进行名义制热工况试验时，试验工况各参数的读数允差应符合表7的规定。

表7 制热量试验的读数允差

<table>
<tr><th colspan="3">参数</th><th>读数的平均值对额定工况的偏差</th><th>各读数对额定工况的最大偏差</th></tr>
<tr><td rowspan="2">使用侧进口空气温度</td><td rowspan="4">℃</td><td>干球</td><td>±1.0</td><td>±1.0</td></tr>
<tr><td>湿球</td><td>±0.5</td><td>±0.5</td></tr>
<tr><td rowspan="2">水温</td><td>进口</td><td rowspan="2">±0.3</td><td rowspan="2">0.3</td></tr>
<tr><td>出口</td></tr>
<tr><td>电压</td><td colspan="2" rowspan="3">%</td><td>±1.0</td><td>±2.0</td></tr>
<tr><td>液体体积流量</td><td rowspan="2">±2</td><td rowspan="2">±5</td></tr>
<tr><td>压力</td></tr>
</table>

6.3.7 热水机进行性能试验时(除名义制热工况外)，试验工况各参数的读数允差应符合表8的规定。

表8 性能试验的读数允差

单位为℃

<table>
<tr><th>试验工况</th><th colspan="2">测量参数</th><th>读数与规定值的最大允许偏差</th></tr>
<tr><td rowspan="2">最小运行试验</td><td colspan="2">空气温度</td><td>±1.0</td></tr>
<tr><td colspan="2">水温</td><td>±0.6</td></tr>
<tr><td rowspan="2">最大运行试验</td><td colspan="2">空气温度</td><td>±1.0</td></tr>
<tr><td colspan="2">水温</td><td>±0.6</td></tr>
<tr><td rowspan="3">融霜工况</td><td colspan="2">空气温度</td><td>±6.0</td></tr>
<tr><td rowspan="2">水温</td><td>初始水温</td><td>±3.0</td></tr>
<tr><td>终止水温</td><td>±1.0</td></tr>
<tr><td rowspan="2">其他试验</td><td colspan="2">空气温度</td><td>±1.0</td></tr>
<tr><td colspan="2">水温</td><td>±0.6</td></tr>
</table>

6.4 气密性和液压试验

6.4.1 气密性试验

热水机制热系统在正常的制冷剂充注量下，不通电置于环境温度为16℃～35℃的室内，用灵敏度为1×10^{-6} Pa·m^3/s（泄漏量为7.5 g/a）的检漏仪进行检验，应符合5.3.1的规定。

6.4.2 液压试验

6.4.2.1 热水机使用侧在1.25倍设计压力下，按JB/T 4750中液压试验方法进行检验，应符合5.3.2.1的规定。

6.4.2.2 往承压式水箱内充入洁净水并保证1.25倍设计压力，观察各部位及接头处，应符合5.3.2.2的规定。

6.4.3 电气控制设备试验

热水机在接近名义制热工况条件下连续运行，检查电气控制设备和保护器件，应符合5.1.1 1的规定。

6.4.4 热水机名义工况性能试验

6.4.4.1 制热量试验

在表1、表2规定的名义工况和6.1.2规定的电源条件下，用附录B的方法测定热水机的制热量。辅助电加热不应打开。

6.4.4.2 制热消耗功率试验

按附录B的方法测定制热量的同时，测定热水机运行时所消耗的总功率。

6.4.4.3 辅助电加热式热水机电加热器试验

辅助电加热式热水机按6.4.4.1进行热泵制热量试验时，待终止水温度达到制造厂规定的温度后，给辅助电加热器通电，并测定消耗的电功率，应符合5.3 3.4的规定。

6.4.4.4 水侧压力损失试验

水侧压力损失按GB/T 18430.1规定的机组水侧压力损失的测量方法测定。测得使用侧和热源侧的压力损失应符合5.3.3.5的规定。

6.4.5 最大负荷工况试验

6.4.5.1 一次加热式热水机

在额定频率下，试验电压分别为额定电压的90%和110%，按表1、表2规定的制热最大负荷工况运行，在达到稳定后，连续运行1 h；然后停机3 min（此间电压上升不超过3%），再启动运行1 h。

6.4.5.2 循环加热式热水机

在额定频率下，试验电压分别为额定电压的90%和110%，按表1、表2规定的制热最大负荷工况和试验水量运行，在热水机使用侧水箱温度达到本工况终止水温度后停机。停机10 min后（此间电压上升不超过3%，同时调节使用侧水箱温度达到本工况初始水温度），再启动运行至终止水温度后停机。

6.4.6 低温工况试验

6.4.6.1 一次加热式热水机

空气源热泵热水机在额定电压和额定频率下，按表1规定的制热低温工况运行6 h，应符合5.3.5的规定。

6.4.6.2 循环加热式热水机

空气源热泵热水机在额定频率、额定电压下，按表1规定的制热低温工况和试验水量运行，在热水机使用侧水箱温度达到本工况终止水温度后停机。停机10 min后（此间电压上升不超过3%，同时调节使用侧水箱温度达到本工况初始水温度），再启动运行至终止水温度后停机。

6.4.7 自动融霜试验

6.4.7.1 一次加热式热水机

空气源热泵热水机在额定频率、额定电压下，按表1或表3的融霜工况，连续进行热泵制热，最初的融霜周期结束后，再继续运行 3 h。

6.4.7.2 循环加热式热水机

空气源热泵热水机在额定频率、额定电压下，按表 1 或表 3 规定的融霜工况和试验水量运行，在热水机热源侧水箱温度达到本工况终止水温度后停机。

6.4.8 最小负荷工况试验

6.4.8.1 一次加热式热水机

水源热泵热水机在额定频率、额定电压下、按表 2 规定的最小运行制热工况运行，热水机应能连续运行至少 30 min。

6.4.8.2 循环加热式热水机

水源热泵热水机在额定频率、额定电压下，按表 2 规定的制热低温工况和试验水量运行，在热水机热源侧水箱温度达到本工况终止水温度后停机。

6.4.9 变工况试验

在表 1、表 2 某一条件改变时，其他条件按名义工况时的流量和温度条件进行试验，测定其制热量以及对应的消耗功率。该试验应包括表 1、表 2 中相应的工况温度条件点。将试验结果绘制成曲线图或表格，每条曲线或表格应不少于 4 个测量点的值。

6.4.10 噪声试验

热水机在额定电压、额定频率下，在接近名义工况，按 JB/T 4330—1999 中附录 D 的方法测量机组的噪声。

6.4.11 电镀件耐盐雾性试验

热水机的电镀件应按 GB/T 2423.17 进行盐雾试验。试验周期 24 h。试验前，电镀件表面清洗除油，试验后，用清水冲掉残留在表面上的盐分，检查电镀件腐蚀情况，其结果符合 5.1.14 规定。

6.4.12 涂装件涂层附着力试验

热水机的涂装件应按 GB 1720 进行附着力试验，其附着力应符合 5.1.15 的规定。

6.5 安全性能试验

热水机的安全性能试验按 JB 8654 的有关规定进行。

6.6 热水贮存性能试验

6.6.1 试验条件

a) 环境温度为 20℃±5℃；
b) 供水温度为 15℃±5℃；
c) 贮水取热水的流量按表 6；
d) 取热水配管使用全长为 1.5 m～2 m 的耐热性合成树脂管或者橡胶管，不作保温；
e) 测定时的大气为不受风影响的状态。

6.6.2 试验方法

6.6.2.1 保温性能试验

水箱加满水，将热水机的终止加热温度整定到 55℃±3℃，连续开机至调温器发生动作后，切断电源和水源，保持自然状放置 13 h。测量得到水箱内的平均水温应符合表 6 要求。

6.6.2.2 使用性能试验

水箱加满水，将热水机的终止加热温度整定到 55℃±3℃，连续开机至调温器发生动作后，切断电源。按表 6 的放水流量要求，测量放水降至比最高水温低 10℃时的放水容量，该容量同热水机额定容量的比值应符合 5.4.2 要求。

6.6.2.3 热水机水箱容量试验

将水装满水箱后（带水位开关的水箱，以水位开关动作时的容量作为最大容量），在其排水口接上流量表，从排水口排水，排水完后读取数据，此值应符合 5.4.3 的要求。

7 检验规则

7.1 检验类别

热水机的检验分出厂检验、抽样检验和型式检验三类。

7.2 出厂检验

每台热水机均应做出厂检验。检验项目、要求和试验方法按表9规定。

7.3 抽样检验

7.3.1 热水机应从出厂检验合格的产品中抽样，检验项目和试验方法应按表9的规定。

7.3.2 抽样方法按GB/T 2828.1进行，逐批检验的抽检项目、批量、抽样方案、检查水平及合格质量水平等由制造厂质量检验部门自行决定。

7.4 型式检验

7.4.1 下列情况之一的应做型式检验，检验项目、要求和试验方法按表9的规定。

a) 试制新产品；

b) 间隔一年以上再生产时；

c) 连续生产中的产品，每年不少于一次；

d) 当产品在设计、工艺和材料等有重大改变时；

e) 出厂检验结果与上次型式检验有较大差异时。

7.4.2 型式检验运行时如有故障，在故障排除后应重新试验。

表9 出厂、抽样和型式检验的项目、要求和试验方法

<table>
<tr><th>序号</th><th>检验项目</th><th>出厂检验</th><th>抽样检验</th><th>型式检验</th><th>要求</th><th>试验方法</th></tr>
<tr><td>1</td><td>一般检查</td><td rowspan="10">√</td><td rowspan="15">√</td><td rowspan="14">√</td><td>5.1</td><td rowspan="3">视检</td></tr>
<tr><td>2</td><td>标志和安全标识</td><td>8.1</td></tr>
<tr><td>3</td><td>包装</td><td>8.2</td></tr>
<tr><td>4</td><td>泄漏电流</td><td rowspan="4">5.2</td><td rowspan="4">6.5</td></tr>
<tr><td>5</td><td>电气强度</td></tr>
<tr><td>6</td><td>接地电阻</td></tr>
<tr><td>7</td><td>防触电保护</td></tr>
<tr><td>8</td><td>气密性试验</td><td>5.3.1</td><td>6.4.1</td></tr>
<tr><td>9</td><td>液压试验</td><td>5.3.2</td><td>6.4.2</td></tr>
<tr><td>10</td><td>电气控制设备</td><td>5.1.11</td><td>6.4.3</td></tr>
<tr><td>11</td><td>制热量</td><td rowspan="4">—</td><td>5.3.3.1</td><td>6.4.4.1</td></tr>
<tr><td>12</td><td>制热消耗功率</td><td>5.3.3.2</td><td>6.4.4.2</td></tr>
<tr><td>13</td><td>制热性能系数</td><td>5.3.3.3</td><td>6.4.4.1、6.4.4.2</td></tr>
<tr><td>14</td><td>辅助电加热式热水机电加热器试验</td><td>5.3.3.4</td><td>6.4.4.3</td></tr>
<tr><td>15</td><td>噪声</td><td rowspan="4">—</td><td rowspan="4">√</td><td>5.3.9</td><td>6.4.10</td></tr>
<tr><td>16</td><td>水侧压力损失</td><td rowspan="3">—</td><td>5.3.3.5</td><td>6.4.4.4</td></tr>
<tr><td>17</td><td>最大负荷工况</td><td>5.3.4</td><td>6.4.5</td></tr>
<tr><td>18</td><td>低温工况</td><td>5.3.5</td><td>6.4.6</td></tr>
</table>

表 9 （续）

序号	检验项目	出厂检验	抽样检验	型式检验	要求	试验方法
19	自动融霜	—	—	√	5.3.6	6.4.7
20	最小负荷工况试验				5.3.7	6.4.8
21	变工况试验				5.3.8	6.4.9
22	电镀件耐盐雾性				5.1.14	6.4.11
23	涂装件涂层附着力				5.1.15	6.4.12
24	保温性能				5.4.1	6.6.2.1
25	使用性能				5.4.2	6.6.2.2
26	热水机水箱容量				5.4.3	6.6.2.3
27	耐潮湿性				5.2	6.5
28	机械安全				5.2	6.5
注：“√”应做试验；“—”不做试验。						

8 标志、包装、运输和贮存

8.1 标志

8.1.1 每台热水机应在明显位置设置永久性铭牌，铭牌应符合 GB/T 13306 的规定，铭牌内容应包括：

a) 制造厂名称及商标；

b) 产品型号和名称；

c) 气候类型；

d) 主要技术性能参数[名义制热量、名义产水量、制冷剂代号及其充注量、电源（电压、相数、频率）、保护类别、噪声、额定电压、额定频率、额定电流、输入功率、水侧压力损失、使用侧水压差（对于提供水泵的机组）等]。

e) 产品出厂编号；

f) 生产日期。

8.1.2 其他标志要求：热水机相关部位上应有标明运行状态的标志[如进、出水口、排污口和制冷剂气阀、液阀等、安全标识（如接地装置、警告标识等）]。

8.1.3 热水机包装箱上应有下列标志：

a) 制造单位名称；

b) 产品型号、名称和商标；

c) 净质量、毛质量；

d) 包装外形尺寸；

e) 执行标准；

f) 其他标志（或：有关包装、储运图示标志，运输包装收发货标志应分别符合 GB/T 6388 和 GB/T 191的有关规定）。

8.1.4 应在相应地方（如铭牌、产品说明书等）标注产品执行标准编号。

8.2 包装

8.2.1 热水机在包装前应进行清洁处理，各部件应清洁、干燥，易锈部件应涂防锈剂；热水机应外套塑料罩或防潮纸并应固定在包装箱内，其包装应符合 GB/T 13384 的规定。

8.2.2 包装箱内应附随机文件，随机文件包括产品合格证、产品说明书和装箱单。

8.2.2.1 产品合格证的内容包括：

——型号和名称；

——出厂编号；

——制造厂名称和商标；

——(检验结论)；

检验员签章；

——检验日期。

8.2.2.2 产品说明书的内容包括：

——主要技术参数，如产品型号和名称、工作原理、适用范围、执行标准、主要技术参数(除铭牌标示的主要技术性能参数外，还应包括最大总功率、最大运行电流等)；

——变工况曲线图；

——产品的结构示意图、热水系统图、电气原理图及接线图等；

——安装说明和要求、使用要求、维修及注意事项。

8.3 运输和贮存

8.3.1 热水机在运输和贮存过程中不应碰撞、倾斜、雨水淋湿。

8.3.2 热水机应贮存在干燥、通风良好的仓库中，并注意电气系统的防潮。

附 录 A
（资料性附录）
热水机水箱名义容量优选值、名义制热量优选值及型号编制方法

A.1 热水机水箱的名义容量优选值如下，单位为 L：

300，400，500，600，800，1 000，1 500，2 000，3 000，4 000，5 000，6 000，8 000，10 000，15 000，20 000，25 000，30 000，……（按等差级数递增）。

A.2 热水机的名义制热量优选值如下，单位为 kW：

3，4，6，8，10，12，14，16，18，20，25，30，40，60，80，100，120，140，160，……（按等差级数递增）。

A.3 机组的型号表示方法：

□□□□□-□□

- Ⅰ 表示单相电源(220 V，50 Hz)；Ⅱ 表示三相电源(380 V，50 Hz)
- 名义工况下名义制热量，单位：kW
- 热水机代号
- 按制热方式分类，一次加热式用 Y 表示，循环加热式用 X 表示，辅助电加热式＋一次加热式用 DY 表示，辅助电加热式＋循环加热式用 DX 表示
- 结构型式，不带水箱用 F 表示，自带水箱无代号
- K 表示空气源热泵热水机，S 表示水源热泵热水机
- D 表示低温型热泵热水机，普通型低温型热泵热水机无代号

A.3.1 型号示例：

DKYRS-20Ⅰ

表示使用单相电源(220 V)，名义工况下名义制热量为 20 kW 的自带水箱空气源一次加热式低温型热泵热水机。

KFXRS-12Ⅱ

表示使用三相电源(380 V)，名义工况下名义制热量为 12 kW 的不带水箱空气源循环加热式普通型热泵热水机。

KFDYRS-160Ⅱ

表示使用三相电源(380 V)，名义工况下名义制热量为 160 kW 的不带水箱空气源辅助电加热式、一次加热式普通型热泵热水机。

SDXRS-20Ⅰ

表示使用单相电源(220 V)，名义工况下名义制热量为 20 kW 的自带水箱水源辅助电加热式、循环加热式普通型热泵热水机。

SFYRS-12Ⅱ

表示使用三相电源(380 V)，名义工况下名义制热量为 12 kW 的不带水箱水源一次加热式普通型热泵热水机。

附　录　B
（规范性附录）
热水机性能制热量试验方法

B.1　试验方法分类

B.1.1　本附录规定了两种试验方法：

a)　一次加热式热泵热水机的试验方法；

b)　循环加热式热泵热水机的试验方法。

B.2　一次加热式热水机的试验方法

B.2.1　试验装置

B.2.1.1　热源侧

按照 GB/T 10870—2001 中 5.1.1 的规定提供水侧条件；空气侧采用 GB/T 17758 规定的空气焓差法中的室内空调装置使其达到热源侧环境温度条件。

B.2.1.2　使用侧

试验装置如图 B.1 所示。

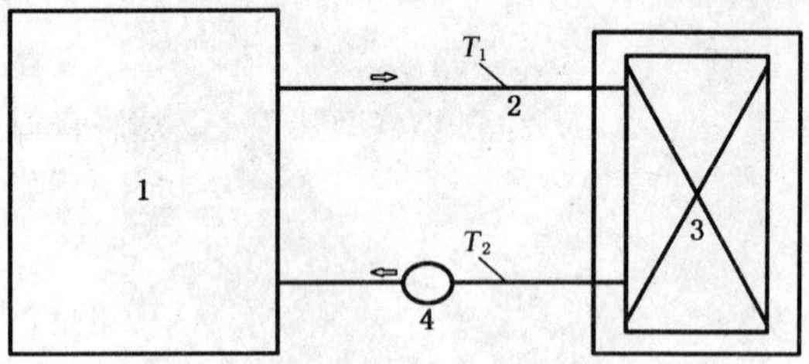

1——试验水箱；
2——温度计；
3——被试机；
4——流量计。

图 B.1　一次加热式热泵热水机试验装置

B.2.2　试验要求

B.2.2.1　机组的使用侧和热源侧的进(出)水温度，热源侧的空气温(湿)度、流量以及所有这些参数的允许偏差应符合考核工况表规定试验工况的要求。

B.2.2.2　电源的电压、频率符合试验工况的要求。

B.2.3　试验规定

B.2.3.1　一般规定

按 GB/T 10870—2001 中 4.1 的规定。

B.2.3.2　试验规定

热水机的进(出)水应符合考核工况表规定试验工况的要求测量应在机组试验工况稳定 30 min 后

进行，每隔10 min测量记录一次，直至连续4次的测量数据满足工况和测量规定为止；第一次测量至第四次测量记录的时间称为试验周期，在该周期内允许压力、温度、流量和液面作微小的调节。

B.2.4 机组制热量

机组制热量按GB/T 10870—2001中5.1.4规定计算。

B.3 循环加热式热水机的试验方法

B.3.1 试验装置

B.3.1.1 热源侧

按GB/T 10870—2001中5.1.1规定提供水侧条件；空气侧采用GB/T 17758规定的空气焓差法中的室内空调装置使其达到热源侧环境温度条件。

B.3.1.2 使用侧

试验装置如图B.2所示，循环加热式热水机按热水机提供水泵和热水机不提供水泵分为两种形式。

对于不提供水泵的热水机，选配水泵，使循环水流量保持一定值。循环水流量的值由在机组名义制热量条件下，假设循环水在热水机换热端温升5℃计算得到。

$$q_v = 0.86 \times Q_n / 5 \qquad \text{(B.1)}$$

式中：

q_v——循环水流量，单位为立方米每小时（m^3/h）；

Q_n——热泵热水机名义制热量，单位为千瓦（kW）。

对于提供水泵的热水机，热水机提供的水泵按正常使用情况运行，调节试验装置，使热水机的进出口压差保持在设计值。

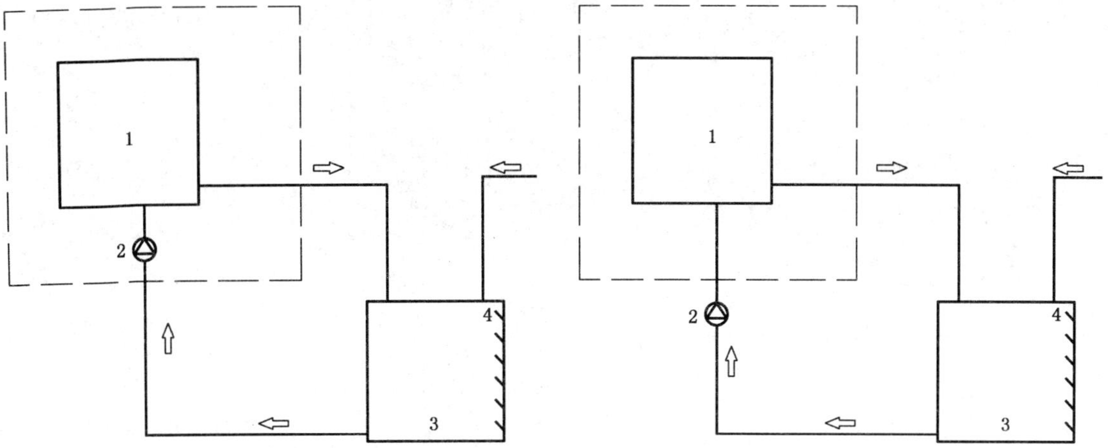

1——被试机组；

2——水泵；

3——标准水箱；

4——温度计。

图B.2 循环加热式热泵热水机使用侧试验装置

标准水箱液面高为H，分别在标准水箱液面高1/4 H附近处和3/4 H附近处同一水平方向分别均匀布置4个温度测点，共8个温度测点。

B.3.1.3 应记录的数据

a) 热源侧：干球温度、湿球温度（空气源热水机）；进水温度、水流量（水源热水机）；

b) 使用侧:被加热水的质量,加热时间,加热时间内的热水机耗电量,初始水温度,终止水温度,循环水流量。

B.3.2 试验要求

B.3.2.1 热水机的使用侧和热源侧的进(出)水温度,热源侧的空气温(湿)度以及所有这些参数的允许偏差应符合考核工况表规定试验工况的要求;标准水箱内的水量为热泵热水机 1 h 加热的产水量。

B.3.2.2 电源的电压、频率符合试验工况的要求。

B.3.2.3 试验设备需进行标定。

B.3.2.4 管道和标准水箱需进行保温处理。

B.3.2.5 标准水箱内各测点温度与平均温度之差的绝对值应不大于 0.3℃。

B.3.3 试验装置的标定

B.3.3.1 试验装置应定期进行标定试验,以验证试验装置的测量准确度。标定试验至少每半年一次。试验装置作重大改变后也应进行标定试验。

B.3.3.2 标定试验的装置如图 B.3 所示。标定装置代替被测试热泵热水机连接到测试装置上。

B.3.3.3 在标定试验时,调节热源侧和使用侧工况使之与热水机试验考核工况表相一致,并在允许偏差范围内。

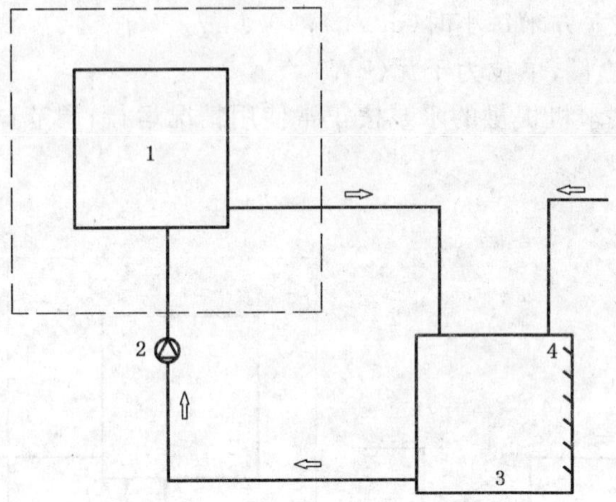

1——电加热器或其他换热设备;

2——水泵;

3——标准水箱;

4——温度计。

图 B.3 循环加热式热泵热水机的试验标定装置

B.3.3.4 标定装置采用电加热器或其他换热设备,电加热器的输入热量按下式计算:

$$\phi_r = P_r \qquad \text{(B.2)}$$

式中:

ϕ_r——电加热器的制热能力,单位为千瓦(kW);

P_r——电加热器的输入功率,单位为千瓦(kW)。

B.3.3.5 标定装置的输出热量按式 B.3 计算。

B.3.3.6 标定装置的输入热量(电加热器输入热量按式(B.2)计算)与测得的输出热量之差应在 4%以内,则认为试验装置是合格的。

B.3.4 试验规定

B.3.4.1 一般规定

按 GB/T 10870—2001 中 4.1 的规定。

B.3.4.2 试验规定

保证测试前机组、管道及水箱内水排尽。向测试水箱补入一定质量的水，水的质量为该试验工况下要求的试验水量，见表 2 或表 3。

当进水温度稳定在略低于表 2 或表 3 规定的初始水温度值，且热源侧温度符合表 2 或表 3 规定值时，开机运行。标准水箱内水的平均温度达到表 2 或表 3 规定的该试验工况下的终止水温度后，关机。

在测试水箱注水端布置流量计，或利用称重的方法记录注入标准水箱水的质量。在测试水箱内布置温度测点，记录标准水箱内水的平均温度。功率计记录从试验计时点开始(水箱内水平均温度为试验工况表规定的该试验工况下的初始水温度)到计时点终止(水箱内水的平均温度为试验工况表规定的该试验工况下的出水温度)的被试机耗电量。

B.3.5 机组制热量

机组制热量按式 B.3 计算：

$$Q_h = C \times G \times (t_2 - t_1)/(3\,600 \times H \times 1\,000) + Q_x + Q_l \quad \cdots\cdots(B.3)$$

式中：

Q_h——热泵热水机制热量，单位为千瓦(kW)；

C——平均温度下水的比热容，单位为焦耳每千克摄氏度[J/(kg·℃)]；

G——被加热水质量，单位为千克(kg)；

t_1——初始水温度，即为计时点开始时水箱内水的平均温度，单位为摄氏度(℃)；

t_2——终止水温度，即为计时点结束时水箱内水的平均温度，单位为摄氏度(℃)；

H——加热时间，即为计时点计时开始到计时结束所用时间，单位为小时(h)；

Q_x——标准水箱和管道的蓄热，单位为千瓦(kW)；

Q_l——标准水箱和管道的漏热，单位为千瓦(kW)。

其中，Q_x 按式(B.4)计算：

$$Q_x = \sum_{i=0}^{i=n} C_i G_i \times (t_2 - t_1) \quad \cdots\cdots(B.4)$$

式中：

C_i——平均温度下管道和水箱各部件的比热容，单位为焦耳每千克摄氏度[J/(kg·℃)]；

G_i——管道和标准水箱各部分的质量，单位为千克(kg)。

B.3.6 机组消耗功率

$$E = N_0/H \quad \cdots\cdots(B.5)$$

式中：

E——机组消耗功率，单位为千瓦(kW)；

N_0——热泵热水机加热一个周期的总耗功，单位为千瓦小时(kW·h)。

注：制热量 Q_h 和耗电量 N_0 不包括辅助电加热的制热量和耗电量。

B.3.7 性能系数(COP)计算

$$COP = Q_h/E \quad \cdots\cdots(B.6)$$

ICS 27.200
J 73

中华人民共和国国家标准

GB/T 21363—2008

容积式制冷压缩冷凝机组

Positive displacement refrigerant compressor condensing unit

2008-01-14 发布　　2008-05-01 实施

中华人民共和国国家质量监督检验检疫总局
中国国家标准化管理委员会　发布

前　言

本标准自实施之日起同时废止 JB/T 9056—1999。

本标准附录 B 是规范性附录，附录 A 是资料性附录。

本标准由中国机械工业联合会提出。

本标准由全国冷冻空调设备标准化技术委员会(SAC/TC 238)归口。

本标准主要起草单位：艾默生环境优化技术(苏州)研发有限公司、合肥通用机械研究院、大连三洋压缩机有限公司、约克(无锡)空调冷冻设备有限公司。

本标准参加起草单位：合肥通用环境控制技术有限公司、烟台冰轮股份有限公司、武汉新世界制冷工业有限公司、西克制冷(无锡)有限公司、广东申菱空调设备有限公司、上海汉钟精工股份有限公司。

本标准主要起草人：文茂华、张朝晖、杜希刚、张皆慰、苏晓耕、刘昌丰、霍正齐、易新文、邓壮。

本标准由全国冷冻空调设备标准化技术委员会负责解释。

容积式制冷压缩冷凝机组

1 范围

本标准规定了容积式制冷压缩冷凝机组(以下简称“机组”)的术语和定义、型式、型号和基本参数、技术要求、试验方法、检验规则、标志、包装、运输和贮存等。

本标准适用于以 R717、R22、R134a、R404A、R407C、R407E、R410A 等为制冷剂的容积式制冷压缩冷凝机组。

采用其他制冷剂的容积式制冷压缩冷凝机组可参照执行。

2 规范性引用文件

下列文件中的条款通过本标准的引用而成为本标准的条款。凡是注日期的引用文件，其随后所有的修改单(不包括勘误的内容)或修订版均不适用于本标准。然而，鼓励根据本标准达成协议的各方研究是否可使用这些文件的最新版本。凡是不注日期的引用文件，其最新版本适用于本标准。

GB/T 191 包装储运图示标志(GB/T 191—2000,eqv ISO 780:1997)

GB 4208—1993 外壳防护等级(IP 代码)(eqv IEC 529:1989)

GB 4706.1—2005 家用和类似用途电器的安全 第 1 部分：通用要求(GB/T 4760.1—2005,IEC 60035-1:2001,IDT)

GB/T 5773—2004 容积式制冷剂压缩机 性能试验方法

GB/T 5226.1 机械安全、机械电气设备 第 1 部分：通用技术条件(GB/T 5226.1—2002,IEC 60204-1:2001,IDT)

GB/T 6388 运输包装收发货标志

GB 9237 制冷和供热用机械制冷系统 安全要求(GB/T 9237—2001,eqv ISO 5149-1:1993)

GB/T 10125 人造气氛腐蚀试验——盐雾试验(GB/T 10125—1997,eqv ISO 9227-1:1990)

GB/T 13306 标牌

GB/T 13384 机电产品包装通用技术条件

JB/T 4330—1999 制冷与空调设备噪声的测定

JB/T 7249 制冷设备术语

JB 8654 容积式和离心式冷水(热泵)机组 安全要求

3 术语和定义

JB/T 7249 确立的及下列术语和定义适用于本标准。

3.1

容积式制冷压缩冷凝机组 positive displacement refrigerant compressor condensing unit

由一台或多台电动机驱动的容积式制冷压缩机、冷凝器及必要的辅助设备(不含蒸发器和节流装置)所组成的装置。

3.2

机组制冷量 unit refrigerating capacity

在名义工况下得到的机组吸入口制冷剂蒸汽的比焓与排出口制冷剂液体的比焓之差乘以压缩机的制冷剂质量流量的值。

3.3

机组输入功率　unit input power

在名义工况下压缩机输入功率加上机组中包括的其他辅助设备(如风机、电动机等)所有输入功率之和。

3.4

性能系数　coefficient of performance

在名义工况下机组的制冷量与输入功率之比值。

4　型式、型号和基本参数

4.1　型式

4.1.1　按压缩机结构型式分为：

a)　开启式；

b)　半封闭式；

c)　全封闭式。

4.1.2　按冷凝器冷却方式分为：

a)　水冷式；

b)　风冷式；

c)　蒸发冷却式。

4.1.3　按应用范围分为：

a)　高温型；

b)　中温型；

c)　低温型。

4.2　型号

机组的型号编制方法见附录 A。

4.3　基本参数

4.3.1　机组的设计和使用条件见表 1。

表 1　设计和使用条件　　单位为℃

型　式	吸气露点温度(相应的蒸发温度)	冷凝器放热侧		
		风冷式	水冷式	蒸发冷却式
		干球温度	进水温度	湿球温度
高温型	−5～12	−7～43	7～33	≤27
中温型	−23～0			
低温型	−46～−13			

4.3.2　机组的试验工况按表 2 规定。

表 2　试验工况　　单位为℃

试验条件		蒸发温度[a]	吸气温度		冷凝器进、出口温度			蒸发冷却式
			R22,R134a,R404A,R407C,R407E,R410A	R717	风冷式	水冷式		
					空气进入干球温度	进水温度	出水温度	空气湿球温度
名义工况	高温	7	18	12	32	30	35	24
	中温	−7	18	−2				
	低温	−23	5	−18				

表 2（续）

单位为℃

<table>
<tr><th rowspan="3" colspan="2">试验条件</th><th rowspan="3">蒸发温度[a]</th><th colspan="2">吸气温度</th><th colspan="3">冷凝器进、出口温度</th><th rowspan="2">蒸发冷却式</th></tr>
<tr><th rowspan="2">R22,R134a,R404A,R407C,R407E,R410A</th><th rowspan="2">R717</th><th>风冷式</th><th colspan="2">水冷式</th></tr>
<tr><th>空气进入干球温度</th><th>进水温度</th><th>出水温度</th><th>空气湿球温度</th></tr>
<tr><td rowspan="3">最大运行</td><td>高温</td><td rowspan="3">制造厂推荐的最高温度</td><td rowspan="3">—</td><td rowspan="3">—</td><td rowspan="3">43</td><td rowspan="3">33</td><td rowspan="3">—[b]</td><td rowspan="3">27</td></tr>
<tr><td>中温</td></tr>
<tr><td>低温</td></tr>
<tr><td colspan="9">[a] 对非共沸制冷剂为吸气露点温度。
[b] 冷却水的流量按名义工况流量。</td></tr>
</table>

4.3.3 水冷式机组中，冷凝器在名义工况下传热管水侧的污垢系数，钢管为 0.086($m^2 \cdot ℃$)/kW，铜管为 0.044($m^2 \cdot ℃$)/kW。

5 技术要求

5.1 一般要求

5.1.1 机组应符合本标准的规定，并按经规定程序批准的图样和技术文件（或按用户和制造厂的协议）制造。

5.1.2 机组的黑色金属制件表面应进行防锈蚀处理。

5.1.3 电镀件表面应光滑、色泽均匀，不得有剥落、露底、针孔，不应有明显的花斑和划伤等缺陷。

5.1.4 涂漆件表面不应有明显的气泡、流痕、漏涂、底漆外露及不应有的皱纹和其他损伤。

5.1.5 装饰性塑料件表面不应有裂痕、气泡和明显缩孔等缺陷，塑料件应耐老化。

5.1.6 机组各零部件的安装应牢固可靠，管路与零部件不应有相互摩擦和碰撞。

5.1.7 机组的箱体隔热层应有良好的隔热性能，并且无毒、无异味且有自熄性能。

5.1.8 机组制冷系统零部件的材料应能在制冷剂、润滑油及其混合物的作用下，不产生劣化，且保证整机正常工作。

5.1.9 机组应有防振动的措施。

5.1.10 电镀件耐盐雾性

按 6.3.1 方法试验后，金属镀层上的每个锈点锈迹面积不应超过 1 mm^2；每 100 cm^2 试件镀层不超过 2 个锈点、锈迹。

5.1.11 涂漆件涂层附着力

对于烤漆型的机组按 6.3.2 方法试验后，涂膜脱落格数不超过 15%。

5.1.12 机组所有零部件和材料应符合有关标准的规定，满足使用性能要求，并保证安全。

5.1.13 机组的电气系统一般具有如电机过载保护、缺相保护（三相电源）等保护装置，电气元件的选择以及电器安装、布线应符合 GB/T 5226.1 的要求。

5.2 安全要求

5.2.1 制冷系统安全

机组的机械制冷系统安全性能应符合 GB 9237 的规定。

5.2.2 安全控制器件

机组应具有防止运行参数（如温度、压力等）超过规定范围的安全保护措施和器件，保护器件设置应符合设计要求并灵敏可靠。

5.2.3 机械安全

机组的设计应保证在正常运输、安装和使用时具有可靠的稳定性。机组应有足够的机械强度。

5.2.4 电器安全

5.2.4.1 电压变化

机组在表2制冷名义工况下运行，按6.3.3的方法试验时，改变额定电压，安全保护机构不动作，机组无异常现象并能连续运行。

注：电动机、电器元件及安全保护机构等由相关质量监督部门进行检测并提供报告则可不进行此项测试。

5.2.4.2 绝缘电阻

按6.3.4方法试验时，机组带电部位和可能接地的非带电部位之间的绝缘电阻值，额定电压单相交流220 V、三相交流380 V时应不小于1 MΩ；额定电压三相交流3 000 V、6 000 V时应不小于5 MΩ；额定电压三相交流10 000 V时应不小于10 MΩ。

5.2.4.3 电气强度

按6.3.5方法试验时，机组带电部位和非带电部位之间施加规定的试验电压时，应无击穿和闪络。

5.2.4.4 淋水绝缘

对室外使用机组应按6.3.6方法进行淋水试验。试验后其绝缘电阻和耐电压应分别符合5.2.4.2和5.2.4.3的规定。

5.2.4.5 接地电阻

机组应有符合JB 8654规定的接地装置，按6.3.7方法试验时，接地电阻应小于0.1 Ω。

5.2.5 安全标识

机组应在正常安装状态下，在明显部位用不易消失的方法标出安全标识(如接地标识、警告标识等)。

5.3 性能要求

5.3.1 制冷系统密封性能

按6.3.8 a)方法试验时，不应有制冷剂泄漏的现象。

按6.3.8 b)方法试验时，制冷剂泄漏量应不大于14 g/a。

5.3.2 制冷量

按6.3.9方法试验时，机组的实测制冷量不应小于名义制冷量的95%。

5.3.3 机组输入功率

按6.3.10方法试验时，机组的实测制冷输入功率不应大于名义制冷输入功率的110%。

5.3.4 最大负荷运行

按6.3.11方法试验运行时，机组各部件不应损坏，并应能正常运行。

5.3.5 部分负荷性能

配置卸载机构的机组，其动作应灵活、可靠。具有卸载级机组，应按6.3.12的方法进行部分负荷运行试验，测量其名义工况下的制冷量及消耗功率。

5.3.6 变工况性能

机组应在表1的温度条件下按6.3.13的方法提供变工况性能曲线或图表。

5.3.7 性能系数(COP)

机组按6.3.9方法实测制冷量与按6.3.10方法实测输入功率的比值不应小于机组名义值的92%，并不小于表3的规定。

表3 机组性能系数(COP)

单位为W/W

机组输入功率/kW		风冷式	水冷式	蒸发冷却式
高温型	≤12	2.80	4.20	3.20
	>12～32	2.90	4.40	3.40
	>32	3.00	4.60	3.60

表 3（续）

单位为 W/W

机组输入功率/kW		风冷式	水冷式	蒸发冷却式
中温型	≤3	1.80	—	—
	>3～12	2.20	2.80	2.40
	>12～32	2.20	2.90	2.50
	>32	2.20	3.00	2.60
低温型	≤12	1.40	1.70	1.55
	>12～32	1.50	1.80	1.65
	>32	1.60	1.90	1.75

5.3.8 噪声

机组应按 6.3.14 的方法测量噪声，噪声测定值应不超过表 4 的规定。

表 4 噪声限值

单位为 dB(A)（声压级）

机组输入功率/kW	机组噪声
≤12	≤69
>12～32	≤74
>32	实测值不大于明示值

5.3.9 振动

机组按 6.3.15 的方法进行振动测量，测得的结果应不大于机组明示值。

5.3.10 水侧压力损失

水冷式机组冷凝器中冷却水的压力损失应不大于机组名义规定值的 115%。

6 试验

6.1 试验条件

6.1.1 机组制冷量的试验装置见附录 B。

6.1.2 试验工况见表 2 规定。

6.1.3 测量仪表的一般规定

试验用测量仪表应经法定计量检验部门检定合格，并在有效期内。

6.1.4 仪器仪表的型式及准确度

试验用仪器仪表的型式及准确度应符合表 5 的要求。

表 5 仪器仪表的型式及准确度

类 别	型 式	准 确 度
温度测量仪表	水银玻璃温度计 电阻温度计 热电偶 半导体温度计	空气干湿球温度 ±0.1℃ 冷却水水温 ±0.1℃ 制冷剂温度 ±0.1℃ 其他温度 ±0.2℃
流量测量仪表	记录式、指示式、积算式	±1.0%
制冷剂压力测量仪表	压力表、变送器	±1.0%
电量测量	指示式	±0.5%
	积算式	±1.0%
质量测量仪表		±1.0%
时间测量仪表	秒表	±0.2%
注：大气压力测量用气压测量仪表，其准确度为±0.1%。		

6.1.5 制冷能力试验名义工况参数的读数允差应符合表6的规定。

表6 制冷能力试验名义工况参数的读数允差

单位为℃

试验参数	测量值与规定值间的最大允许偏差	每一个测量值读数相对于平均值的最大允许偏差
吸气(绝对)压力[a]/%	±1.0(或2 kPa[b])	±0.5
吸气温度	±2.0	±1.0
风冷式冷凝器进风温度	±1.0	±0.5
冷凝器进出水温度	±0.5	±0.3
蒸发冷却式湿球温度	±0.5	±0.3
电压/%	±2.0	±1.0

a 应在机组吸入口前至少150 mm而且不小于4倍管径处的直管段上,测得的蒸汽压力来确定吸入的制冷剂吸气饱和温度。

b 当1.0%的值小于2 kPa时适用。

6.2 试验要求

6.2.1 风冷式机组的试验装置应设置在环境温度可以控制的试验室中,试验装置的周围不应有异常的空气流动。

6.2.2 试验装置的制冷系统应确保无制冷剂泄漏。

6.2.3 应对试验装置的液体管道与吸气管道采取隔热措施。

6.2.4 当使用贮液器时,贮液器内的制冷剂在运行时应保持正常的液面。

6.2.5 试验装置应设有能抽取制冷剂-油混合物的接头。

6.2.6 风冷式机组的冷凝器进风温度应取自放在能表明平均空气温度位置上的至少四个温度测量仪表的平均读数,也可采用抽样装置测得。

6.2.7 风冷式机组的冷凝器进风的每一个温度测量仪表应避免热辐射。

6.2.8 机组应在各试验工况及各测点温度稳定后再取其读数。

6.3 试验方法

6.3.1 电镀件耐盐雾性试验

机组的电镀件应按GB/T 10125进行盐雾试验,试验周期为24 h。试验前,电镀件表面应清洗除油;试验后,用清水冲掉残留在表面上的盐分,检查电镀件腐蚀情况,其结果应符合5.1.10的规定。

6.3.2 涂漆件涂层附着力试验

在机组体外表面任取10 mm×10 mm的面积,用新刮脸刀每间隔1 mm纵横各划11条、深达底材的平行切痕。用氧化锌医用胶布贴牢,然后沿垂直方向快速撕下,按划痕范围内漆膜脱落的格数对100的比值评定,每小格漆膜保留不足70%的视为脱落。试验后,检查漆膜脱落情况。

6.3.3 电压变化试验

机组在接近表2规定的名义工况下,使电源电压在额定电压±10%的范围内变化运行1 h。

6.3.4 绝缘电阻试验

按表7规定,用绝缘电阻计测量机组带电部位与可能接地的非带电部位之间的绝缘电阻。

表7 试验电压

单位为V

工作电压值	试 验 电 压
≤500	500
>500~3 000	1 000
>3 000	2 500

注:在控制电路的电压范围内,在对地电压为直流30 V以下的控制回路中应用的电子器件,可免去该项试验。

6.3.5 电气强度试验

机组经6.3.4绝缘电阻试验后、或6.3.6淋水试验后,电气强度按以下方法进行试验。

a) 在机组带电部位和非带电金属部位之间加上一个频率为50 Hz的基本正弦波电压，试验电压值为(1000 V+2倍额定电压值)，试验时间为1 min；试验时间也可采用1 s，但试验电压值应为1.2倍的(1 000 V+2倍额定电压值)。
b) 电机已由生产商进行耐电压试验并出具检测报告的，应不再进行该项试验。
c) 已进行耐电压试验的部件可不再进行该项试验。
d) 在控制电路的电压范围内，当对地电压为直流30 V以下时，其控制回路中应用的电子器件可免去该项试验。

6.3.6 淋水绝缘试验

淋水绝缘试验应按GB 4208—1993中IPX4等级进行淋水试验，试验结束后立即进行6.3.4规定的绝缘电阻试验和6.3.5规定的电气强度试验。

6.3.7 接地电阻值试验

检查机组上是否安装具有符合规定的接地装置。按GB 4706.1—2005中27.5规定的测试方法，测量接地电阻。

6.3.8 制冷系统密封性能试验

机组在组装完毕以后，可采用如下试验方法之一进行试验：

a) 制冷系统注入干燥空气或氮气进行气密性试验；试验压力应在设计工作压力下，采用发泡水检漏，应无气泡。
b) 制冷系统在正常的制冷剂充灌量下，使用电子卤素检漏仪或氨检漏仪进行检漏。

6.3.9 制冷量试验

将机组的能量调节置于最大制冷量位置，按附录B规定的试验方法和表2规定的名义工况进行试验。

6.3.10 机组输入功率试验

将机组的能量调节装置置于最大制冷量位置，按附录B规定的试验方法在制冷量测定的同时，测定机组的输入功率、电流。水冷式不包括水泵的功率。

6.3.11 最大负荷运行试验

将机组的能量调节置于最大制冷量位置，在额定电压和额定频率以及按表2最大负荷工况下运行，达到稳定状态后再运行1 h。然后断开电源使压缩机停机(2～6)min，然后重新接通电源启动压缩机。

6.3.12 部分负荷试验

机组按配置的卸载机构级数，在表2规定的名义工况进行制冷量部分负荷性能试验；对于无级卸载调节的机组，在表2规定的名义工况进行制冷量的75%、50%、25%部分负荷性能试验。

6.3.13 变工况试验

机组按表1某一条件改变，其他条件按名义工况时的流量和温度条件，即在不同的冷凝器进水(进风、蒸发冷凝器湿球)温度(不少于3点)及不同的蒸发温度(不少于5点)下的制冷量、输入功率等值。该试验应包括表2中相应的工况温度条件点。

6.3.14 噪声试验

a) 机组安装时，在空气吸入通道和排出通道周围，不应有阻碍空气流通的物体。
b) 在接近名义工况的条件下进行测量。
c) 按JB/T 4330—1999附录C的方法进行测量。
d) 按JB/T 4330表面平均声压级的方法计算声压级，其试验结果应符合5.3.8的规定。

6.3.15 振动测量

机组按如下方法测量振动：

a) 测量仪器的频率范围应为10 Hz～500 Hz。在此频率范围内的相对灵敏度以80 Hz的相对灵敏度为基准，其他频率的相对灵敏度应在基准灵敏度的−20%～+10%的范围以内。
b) 机组安装在平台上，安装平台及其基础不应产生附加振动或引起机组共振，机组运行时安装平台的振动值应小于被测机组最大振动值的10%。

c) 机组应在输入电源的额定频率和额定电压的状态下进行测定。

d) 测点数一般为一点，该测点应在机架下部压缩机正下方分别按轴向、垂直轴向和水平面垂直轴向配置。

e) 测量时，测量仪器的传感器与测点的接触应良好，并应保证具有可靠的连结。机组的振动值系以各测点测得的最大数据为准。

f) 试验报告中应写明机组型号、测定的工况、机组制造厂名及产品编号，并应注明最大振动值的测点位置。

7 检验规则

7.1 出厂检验

每台机组均应做出厂检验，检验项目和试验方法按表 9 的规定。

7.2 抽样检验

7.2.1 机组应从出厂检验合格产品中抽样，检验项目和试验方法按表 9 的规定。

7.2.2 抽样检验的名义工况按表 2 的规定。

7.2.3 抽样方法：正常成批生产的每种型号的机组，按表 8 规定的台数进行抽样检验。如抽样检验有不合格时，应以加倍数量进行复验。如仍不合格，应将该批产品逐台检验。

表 8 抽样方法

单位为台

批　量	≤100	>100
抽验数	1	2
注：年产量不足 100 台的累计到 100 台抽 1 台。		

表 9 检验项目

<table>
<tr><th>序号</th><th>项　目</th><th>出厂检验</th><th>抽样检验</th><th>型式检验</th><th>技术要求</th><th>试验方法</th></tr>
<tr><td>1</td><td>一般规定</td><td rowspan="7">√</td><td rowspan="10">√</td><td rowspan="19">√</td><td>5.1.2～5.1.13</td><td rowspan="4">视检</td></tr>
<tr><td>2</td><td>安全标识</td><td>5.2.5</td></tr>
<tr><td>3</td><td>标志</td><td>8.1;8.5</td></tr>
<tr><td>4</td><td>包装</td><td>8.4</td></tr>
<tr><td>5</td><td>制冷系统密封性能</td><td>5.3.1</td><td>6.3.8</td></tr>
<tr><td>6</td><td>绝缘电阻</td><td>5.2.4.2</td><td>6.3.4</td></tr>
<tr><td>7</td><td>电气强度</td><td>5.2.4.3</td><td>6.3.5</td></tr>
<tr><td>8</td><td>制冷量</td><td rowspan="12">—</td><td>5.3.2</td><td>6.3.9</td></tr>
<tr><td>9</td><td>输入功率</td><td>5.3.3</td><td>6.3.10</td></tr>
<tr><td>10</td><td>性能系数(COP)</td><td>5.3.7</td><td>6.3.9;6.3.10</td></tr>
<tr><td>11</td><td>最大负荷运行</td><td rowspan="9">—</td><td>5.3.4</td><td>6.3.11</td></tr>
<tr><td>12</td><td>部分负荷性能</td><td>5.3.5</td><td>6.3.12</td></tr>
<tr><td>13</td><td>变工况性能</td><td>5.3.6</td><td>6.3.13</td></tr>
<tr><td>14</td><td>噪声</td><td>5.3.8</td><td>6.3.14</td></tr>
<tr><td>15</td><td>振动</td><td>5.3.9</td><td>6.3.15</td></tr>
<tr><td>16</td><td>电压变化</td><td>5.2.4.1</td><td>6.3.3</td></tr>
<tr><td>17</td><td>淋水绝缘</td><td>5.2.4.4</td><td>6.3.6</td></tr>
<tr><td>18</td><td>电镀件耐盐雾性</td><td>5.1.10</td><td>6.3.1</td></tr>
<tr><td>19</td><td>涂漆件涂层附着力</td><td>5.1.11</td><td>6.3.2</td></tr>
<tr><td colspan="7">注 1：“√”表示应做试验；“—”表示不做试验。
注 2：水冷式制冷量>1 200 kW 和风冷式或蒸发冷却式制冷量>360 kW 的机组，可在使用现场进行运转试验。
注 3：水冷式制冷量>1 200 kW 和风冷式或蒸发冷却式制冷量>360 kW 的机组的工业试验，可以代替本表中序号(8～17)的抽样检验和型式检验。</td></tr>
</table>

7.3 型式检验

7.3.1 新产品或定型产品做重大改进对性能有影响时，第一台产品应做型式试验，检验项目和检验方法按表9的规定。

7.3.2 型式检验时允许中途停车，以检查机组运行情况，运行时如有故障，在故障排除后应重新进行试验，前面进行的试验无效。

8 标志、包装、运输和贮存

8.1 标志

8.1.1 每台机组应在明显位置设置永久性铭牌，铭牌应符合GB/T 13306的规定，铭牌内容包括(客户有特殊要求按协议)：

a) 制造厂名称、商标；

b) 产品名称和型号；

c) 主要技术性能参数(至少应包括名义工况条件、名义制冷量、输入功率、性能系数(COP)、蒸发温度范围、制冷剂名称、电压、频率、相数、重量等)；

d) 产品出厂编号；

e) 生产日期。

8.1.2 工作标志

机组在相关部位上应有运行状态标志，如冷凝风机旋向、制冷压缩机油位、水冷冷凝器进、出水口，电气控制等标志。

8.1.3 应在相应地方(如铭牌、产品说明书等)标注产品执行标准编号。

8.2 随机文件

每台机组出厂时应随带下列技术文件。

8.2.1 产品合格证，其内容包括：

a) 产品型号及名称；

b) 产品出厂编号；

c) 制造厂名称；

d) 检验结论；

e) 检验员、检验负责人签章和日期。

8.2.2 产品说明书，其内容包括：

a) 产品型号、名称、适用范围；

b) 产品结构示意图、电路图及接线图等；

c) 主要技术性能参数；

d) 安装说明和要求；

e) 使用说明、维护保养及注意事项；

f) 机组主要部件或备件数量、目录。

8.2.3 装箱单。

8.3 防护

机组外露的不涂漆加工表面应采取防锈措施，螺纹接头用螺塞旋堵，法兰孔用盲板封盖。

8.4 包装

机组包装应符合GB/T 13384的规定。

8.5 运输和贮存

8.5.1 有关包装、储运、收发货标志应符合GB/T 191和GB/T 6388的规定。

8.5.2 出厂运输前应充入规定的制冷剂，或充入适量的干燥氮气。

8.5.3　机组在运输和贮存过程中，不应碰撞、倾斜。

8.5.4　机组包装后应贮存在库房或有遮盖的场所，场地应通风良好、干燥，周围应无腐蚀性及有害气体，根据协议露天贮存时，应注意自控、电气系统防潮。

附 录 A
（资料性附录）
容积式制冷压缩冷凝机组型号表示方法

A.1 机组型号表示方法参照以下规定：

□ □ □ □ □ □

工作温度：用 G(高)、Z(中)、D(低) 表示

主要性能：开启式机组用制冷量表示，kW；
半封闭式与全封闭式机组用配用电动机功率表示，kW

制冷剂：代号 F 表示 R134a、R22、R404A、R407C、R407E、R410A；
A 表示 R717；半封闭式与全封闭式不表示

冷却方式：代号 F 表示风冷，水冷不表示

压缩机组：B 表示半封闭式，Q 表示全封闭式，开启式不表示

压缩冷凝机组代号

A.2 型号标记示例：

a) NJBFF8G：表示风冷半封闭式压缩冷凝机组，机组电动机功率为 8 kW，制冷剂为 R22，其工作温度为 G 级；

b) NJA20Z：表示水冷开启式压缩冷凝机组，机组制冷量为 20 kW，制冷剂为 R717，其工作温度为 Z 级。

附 录 B
（规范性附录）
容积式制冷压缩冷凝机组制冷量的试验方法

机组制冷量的试验可选择下列方法之一进行：

第二制冷剂量热器法、二次流体量热器法、干式制冷剂量热器法、吸入制冷剂蒸汽流量计法、水冷冷凝器法、制冷剂液体流量计法。

B.1 第二制冷剂量热器法(图 B.1)

B.1.1 装置的构造

B.1.1.1 第二制冷剂量热器由一组直接蒸发盘管作为主蒸发器，该蒸发器被悬挂在一个隔热压力容器上部，容器的底部盛有挥发性的第二制冷剂(如 R134a)和向第二制冷剂液体加热的加热器装置。

B.1.1.2 第一制冷剂的流量由紧靠量热器安装的膨胀阀控制，膨胀阀和量热器之间的制冷剂管路应隔热。

B.1.1.3 量热器的漏热量应不大于机组的名义制冷量的 5%。

B.1.1.4 量热器应具有第二制冷剂压力的测量装置。

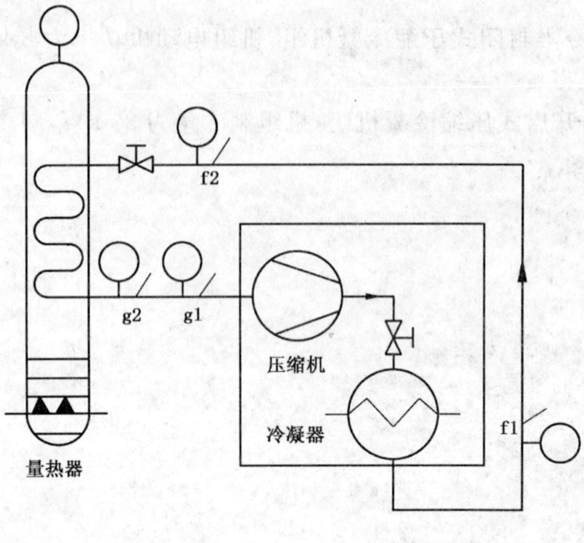

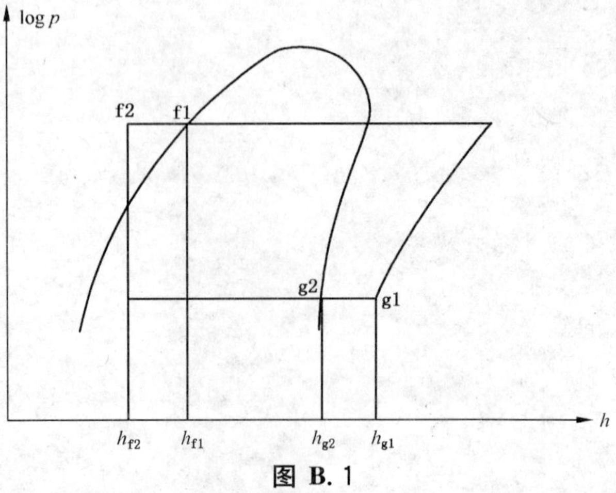

图 B.1

B.1.1.5 量热器应装有安全开关，超过额定的压力时能停止向第二制冷剂加热。

B.1.2 装置的校准

B.1.2.1 调节输入第二制冷剂的电加热量，使第二制冷剂压力所对应的饱和温度比环境温度高15℃左右，环境温度应保持在32℃以下任意温度，且其温度值波动应不超过±1℃。

B.1.2.2 向第二制冷剂输入的电加热量保持不变，每隔1 h测量一次压力，直至连续四次所对应的饱和温度值波动符合表6的规定。

B.1.2.3 漏热系数按式(B.1)计算：

$$K_L = Q_h/(t_s - t_a) \quad \cdots\cdots(B.1)$$

B.1.2.4 机组试验时的漏热量按式(B.2)计算：

$$Q_a = K_L(t_a - t_s) \quad \cdots\cdots(B.2)$$

式中：

K_L——量热器漏热系数，单位为瓦每开尔文(W/K)；

Q_h——量热器的输入热量，单位为瓦(W)；

t_s——第二制冷剂的饱和温度，单位为度(℃)；

t_a——量热器周围的平均环境温度，单位为度(℃)；

Q_a——量热器的漏热量，单位为瓦(W)。

B.1.3 试验工况的调节方法和要求

B.1.3.1 制冷剂饱和温度所对应的机组吸入压力由膨胀阀来调节。

B.1.3.2 制冷剂蒸汽的吸入温度由输入给第二制冷剂的加热量来调节。

B.1.3.3 在试验期间内，输入量热器热量的波动量应不超过机组制冷量的±1%。

B.1.3.4 试验工况确定后应记录的数据：

a) 蒸发器出口的制冷剂蒸汽压力、温度；

b) 膨胀阀进口处的液体制冷剂压力、温度；

c) 量热器的环境温度；

d) 第二制冷剂的压力；

e) 输入量热器的电加热量。

B.1.4 测量方法和要求

每15 min测量一次，试验应持续进行，直至连续四次读数均在表8规定的范围内。

B.1.5 制冷量按式(B.3)计算：

$$Q = (h_{g1} - h_{f1})/(h_{g2} - h_{f2}) \times (Q_h + Q_a) \times v_1/v_{g1} \quad \cdots\cdots(B.3)$$

式中：

Q——机组的制冷量，单位为瓦(W)；

h_{g1}——在规定工况下进入机组的制冷剂蒸汽的比焓，单位为焦尔每千克(J/kg)；

h_{g2}——量热器出口的制冷剂蒸汽的比焓，单位为焦尔每千克(J/kg)；

h_{f1}——离开机组的制冷剂液体的比焓，单位为焦尔每千克(J/kg)；

h_{f2}——膨胀阀进口处的制冷剂液体的比焓，单位为焦尔每千克(J/kg)；

v_1——进入机组制冷剂蒸汽实际比体积，单位为立方米每千克(m^3/kg)；

v_{g1}——在规定工况下进入机组制冷剂蒸汽比体积，单位为立方米每千克(m^3/kg)。

B.2 二次流体量热器法(图B.2)

B.2.1 装置的构造

B.2.1.1 量热器由两个独立的彼此进行热交换的流体回路所组成。液体制冷剂走内层回路，使其蒸发与过热。供热介质走外层回路，提供蒸发与过热所需的热量。

a) 当水蒸气、水或盐水作为供热介质时，量热器应制成同心管式；

b) 当水和盐水作为供热介质时，量热器应制成一个带有一组直接蒸发制冷剂盘管的液体冷却器，而盘管浸在一个容器内的第二流体中。

B.2.1.2 制冷剂的流量由紧靠量热器安装的膨胀阀控制。膨胀阀和量热器之间的制冷剂管路应隔热。

B.2.1.3 量热器的漏热量应不大于机组名义制冷量的5%。

B.2.2 装置的校准

B.2.2.1 量热器的漏热量是由供热介质在量热器外层回路循环流量来确定。

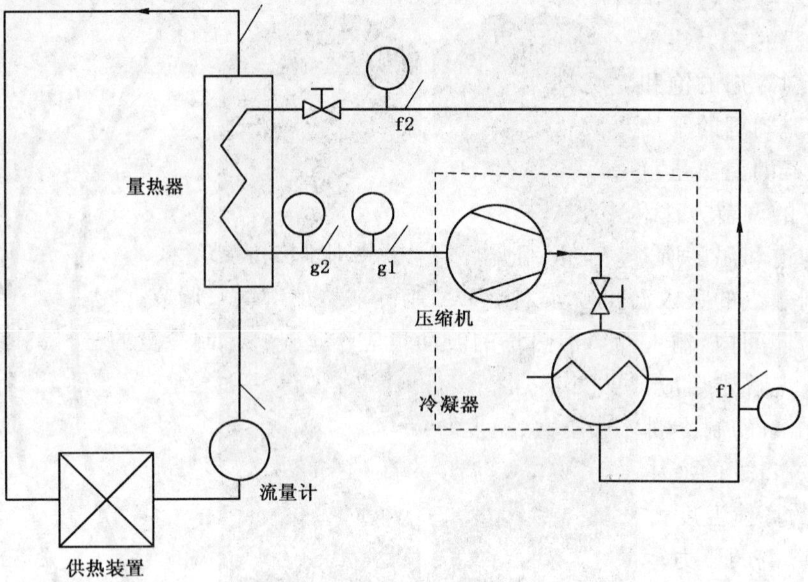

图 B.2

a) 当以水或盐水作为供热介质时，则水或盐水的进、出口温差应不小于6℃。这时，环境温度应在32℃以下的任意温度的±1℃之内。水或盐水的进口温度应比环境温度高15℃。试验应持续进行，并维持流量不变。每隔1h测量一次，直至连续四次测得量热器的水或盐水进、出口温度的波动都不大于±1℃。

b) 当以水蒸气作为供热介质时，则用从供热介质回路中收集的凝结水来确定量热器的漏热量，水蒸气压力应保持在任意值的±4 kPa之内。这时，环境温度应在32℃以下的任意温度的±1℃之内。保持进入量热器的水蒸气过热度不小于5℃，同时采用是凝结水过冷的办法，防止收集的凝结水由于蒸发而造成损失。同心管外表面的平均温度至少用10个等距分布的测温仪表来测量，试验应持续进行，每隔1h测量一次，直至连续四次凝结水量读数之差不超过±0%。

B.2.2.2 漏热系数按式(B.4)、式(B.5)计算：

a) 当使用水或盐水时：

$$K_L = m_L c(t_1 - t_2)/[0.5 \times (t_1 - t_2) - t_a] \quad \cdots\cdots(B.4)$$

b) 当使用水蒸气时：

$$K_L = (h_{s1} - h_{s2}) \times m_s / (t_c - t_a) \quad \text{(B.5)}$$

B.2.2.3 机组试验时的漏热量按式(B.6)、式(B.7)计算：

a) 当使用水或盐水时：

$$Q_a = K_L \times [0.5 \times (t_2 + t_1) - t_a] \quad \text{(B.6)}$$

b) 当使用水蒸气时：

$$Q = K_L (t_c - t_a) \quad \text{(B.7)}$$

式中：

m_L——循环水或盐水的流量，单位为千克每秒(kg/s)；

c——在20℃时水或盐水的比热容，单位为焦耳每千克开尔文[J/(kg·K)]；

t_1——量热器进口的水或盐水的温度，单位为度(℃)；

t_2——量热器出口的水或盐水的温度，单位为度(℃)；

t_c——同心管外表面平均温度，单位为度(℃)；

h_{s1}——进入量热器的水蒸气的比焓，单位为焦耳每千克(J/kg)；

h_{s2}——凝结水在出口温度时的比焓，单位为焦耳每千克(J/kg)；

m_s——凝结水的流量，单位为千克每秒(kg/s)。

B.2.3 试验工况的调节方法和要求

B.2.3.1 制冷剂饱和温度所对应的机组吸入压力由膨胀阀来调节。

B.2.3.2 制冷剂蒸汽的吸入温度由输入给二次流体电加热量来调节。

B.2.3.3 当使用水或盐水为供热介质时，量热器进、出水或盐水的温度波动值不大于±0.1℃，通过量热器的循环水或盐水的流量波动量应不大于0.5%。

B.2.3.4 当使用水蒸汽为供热介质时，进入量热器的蒸汽过热度应不小于5℃，同时要防止凝结水因蒸发而造成损失。

B.2.3.5 试验工况确定后，应记录的数据：

a) 蒸发器出口的制冷剂蒸气压力、温度；

b) 膨胀阀进口处的液体制冷剂压力、温度；

c) 量热器的环境温度；

d) 当使用水或盐水时，量热器进、出水或盐水的温度，循环水或盐水的流量；

e) 当使用水蒸气时，量热器进口水蒸气温度，量热器中的水蒸气压力，量热器出口凝结水温度、流量和蒸汽管的表面温度。

B.2.3.6 每15 min测量一次，试验应持续进行，直至连续四次读数均在表6规定范围内。

B.2.3.7 试验期间供热介质压力和温度的波动量不应大到足以使机组制冷量的变化超过±1%。

B.2.4 制冷量的计算

B.2.4.1 当使用水或盐水时，制冷量按式(B.8)计算：

$$Q = (h_{g1} - h_{f1})/(h_{g2} - h_{f2}) \times [m_L c \times (t_1 - t_2) + Q_a] \times v_1 / v_{g1} \quad \text{(B.8)}$$

B.2.4.2 当使用水蒸气时，制冷量按式(B.9)计算：

$$Q = (h_{g1} - h_{f1})/(h_{g2} - h_{f2}) \times [m_s \times (h_{s1} - h_{s2}) + Q_a] \times v_1 / v_{g1} \quad \text{(B.9)}$$

B.3　干式制冷剂量热器法(图 B.3)

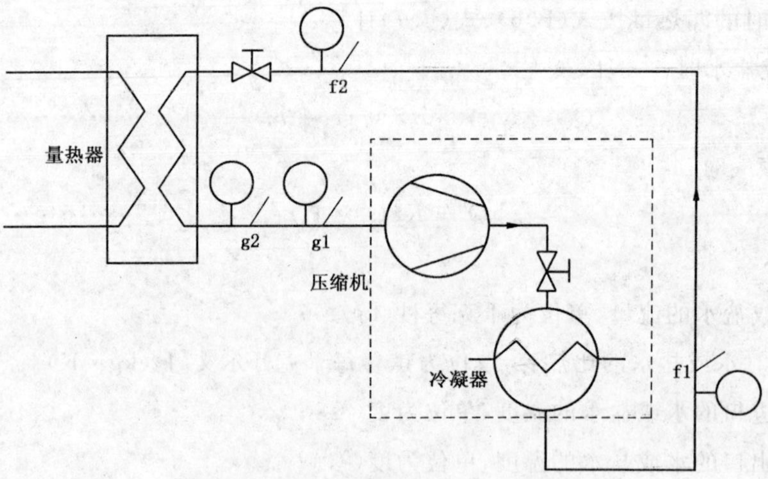

图 B.3

B.3.1　装置的构造

B.3.1.1　量热器是由一组适当长度和直径的管状密封压力容器组成,以满足试验中机组内循环的制冷剂的蒸发。管状容器应该是电绝缘的,该管式容器内装有电加热器,也可以在容器外面四周绕加热器。

B.3.1.2　制冷剂流量由紧靠量热器安装的膨胀阀控制,膨胀阀和量热器之间的制冷剂管路应隔热。

B.3.1.3　量热器的漏热量应不大于机组名义制冷量的5%。

B.3.1.4　管状压力容器外表面装有加热器时,加热器电绝缘外表面以及使用粘结材料时的粘结材料的外表面,都应至少配有10个等距分布的温度测量点来确定容器表面平均温度。

B.3.2　装置的校准

B.3.2.1　管状压力容器的加热器应提供足够热量,使蒸发器表面温度比环境温度高15℃。

B.3.2.2　当管状压力容器内装有电加热器时,蒸发器内应充满冷冻机油来进行校准,之后,把油放掉并彻底清洗干净。

B.3.2.3　试验的环境温度应保持在32℃以下任意温度的±1℃之内,每隔1 h测量一次,直至连续四次平均之差不大于±0.5℃。

B.3.2.4　漏热系数按式(B.10)计算:

$$K_L = Q_h/(t_s - t_a) \quad \cdots\cdots\cdots\cdots (B.10)$$

B.3.2.5　机组试验时的漏热量按式(B.11)计算:

$$Q_a = K_L \times (t_s - t_a) \quad \cdots\cdots\cdots\cdots (B.11)$$

式中:

t_s——管子表面平均温度(当加热器装在外面时即为加热器的表面平均温度),单位为度(℃)。

B.3.3　试验工况的调节方法和要求

B.3.3.1　制冷剂饱和温度所对应的机组吸入压力由膨胀阀来调节。

B.3.3.2　制冷剂蒸气的吸入温度由电加热器的热量来调节。

B.3.3.3　在试验期间内,输入量热器热量的波动量应不大于机组制冷量的±1%。

B.3.3.4　试验工况确定后,应记录的数据:

a)　蒸发器出口的制冷剂蒸气压力、温度;

b)　膨胀阀进口处的液体制冷剂压力、温度;

c)　量热器的环境温度;

d)　量热器的输入热量;

e) 管子表面平均温度(当加热器装在外面时即为加热器的表面平均温度)。

B.3.3.5 每 15 min 测量一次,试验应持续进行,直至连续四次读数均在表 8 规定的范围内。

B.3.4 制冷量按式(B.12)计算:

$$Q=(h_{g1}-h_{f1})/(h_{g2}-h_{f2})\times(Q_s+Q_a)\times v_1/v_{g1} \quad\cdots\cdots(B.12)$$

B.4 吸入制冷剂蒸汽流量计法(图 B.4)

B.4.1 装置的构造

B.4.1.1 吸入制冷剂蒸汽流量计是用来测量流过的制冷剂蒸汽的体积流量。

a) 节流装置前的制冷剂蒸气温度、压力;

b) 节流装置前后的压力降。

B.4.1.2 节流装置应安装在机组的吸气侧管路上,并且是在由压缩机、冷凝器等组成的一个封闭系统中。

B.4.1.3 当流过节流装置时,应保证制冷剂蒸汽过热均匀,而且完全不带液滴。

B.4.1.4 为减少或消除吸入制冷剂蒸汽流量的脉动,在吸气侧管路上应装有脉动缓冲器。

B.4.2 试验工况的调节方法和要求

B.4.2.1 制冷剂饱和温度所对应的机组吸入压力由膨胀阀来调节。

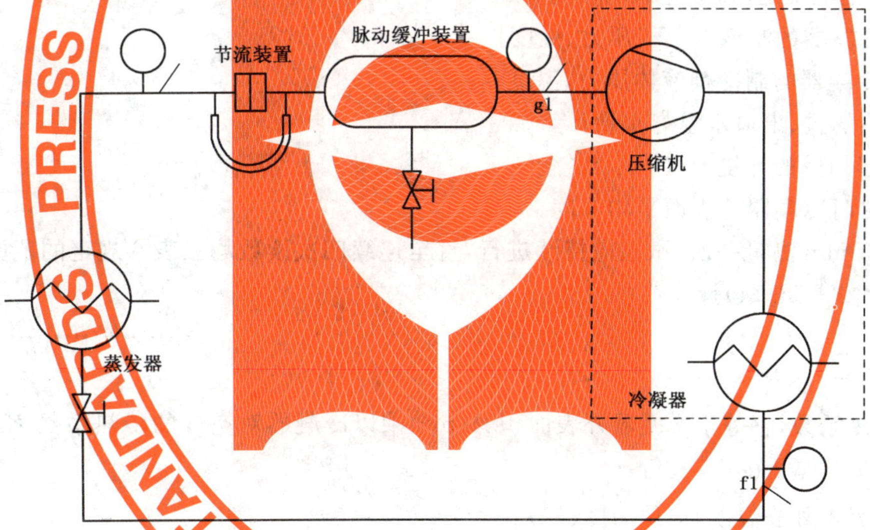

图 B.4

B.4.2.2 机组吸入温度由改变蒸发器负荷来调节。

B.4.2.3 试验工况确定后,应记录的数据:

a) 节流装置前的制冷剂蒸汽温度;

b) 节流装置前后的压力降。

B.4.2.4 每 15 min 测量一次,试验应持续进行,直至连续四次读数均在表 8 规定的范围内。

B.4.3 制冷量按式(B.13)计算:

$$Q=(h_{g1}-h_{f1})\times m_v\times v_1/v_{g1} \quad\cdots\cdots(B.13)$$

式中:

m_v——节流装置侧的制冷剂流量,单位为千克每秒(kg/s)。

B.5 水冷冷凝器法(图 B.5)

B.5.1 使用说明和要求

B.5.1.1 水冷凝器法仅适用于水冷式机组。

B.5.1.2 冷凝器的漏热量应小于机组制冷量的 2%。

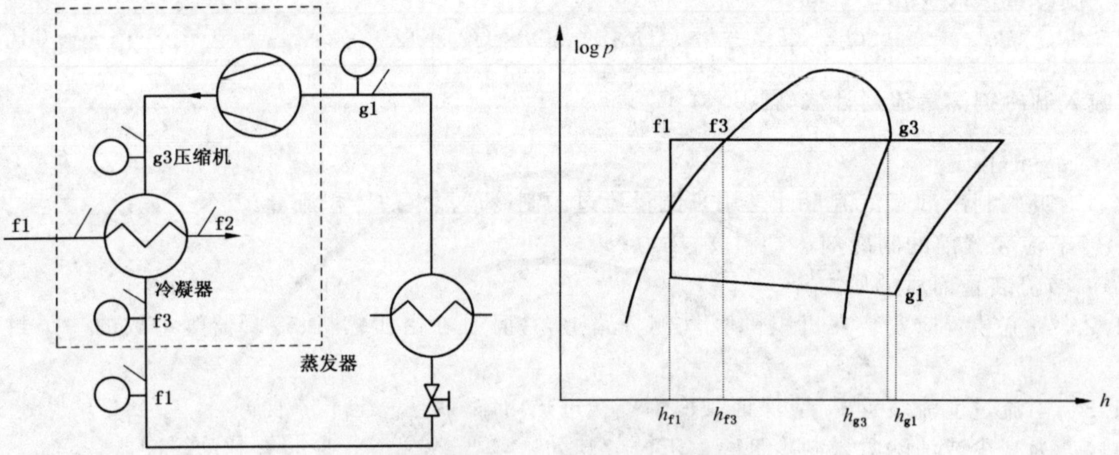

图 B.5

B.5.1.3 试验工况确定后，应记录的数据：

a) 进入冷凝器的制冷剂蒸气压力、温度；

b) 离开冷凝器的制冷剂液体压力、温度；

c) 冷凝器的进、出口水温与水量；

d) 冷凝器周围的环境温度；

e) 无隔热时冷凝器外表面平均温度。

B.5.1.4 每 15 min 测量一次，试验应持续进行，直至连续四次读数均在表 6 规定的范围内。

B.5.2 漏热量按式(B.14)计算：

$$Q_a = K_L \times (t_c - t_a) \qquad \cdots\cdots(B.14)$$

式中：

K_L——漏热系数，它等于冷凝器外表面积 A(m^2)乘以冷凝器对空气的传热系数 K，一般传热系数 K=10 W/(m^2·K)；

t_c——冷凝器外表温度，单位为度(℃)。

B.5.3 制冷量按式(B.15)计算：

$$Q = (h_{g1} - h_{f1})/(h_{g3} - h_{f3}) \times [m_c c \times (t_2 - t_1) + Q_a] \times v_1/v_{g1} \qquad \cdots\cdots(B.15)$$

式中：

h_{g3}——冷凝器进口制冷剂蒸气的比焓，单位为焦耳每千克(J/kg)；

h_{f3}——冷凝器出口制冷剂蒸气的比焓，单位为焦耳每千克(J/kg)；

m_c——冷凝器冷却水的流量，单位为千克每秒(kg/s)；

t_1——冷凝器进水温度，单位为度(℃)；

t_2——冷凝器出水温度，单位为度(℃)。

B.6 制冷剂液体流量计法(图 B.6)

B.6.1 装置的要求

B.6.1.1 流量计应安装在过冷器与膨胀阀之间的液体管道上。

B.6.1.2 流量计前、后应装视镜，以确定液体制冷剂中无气泡。

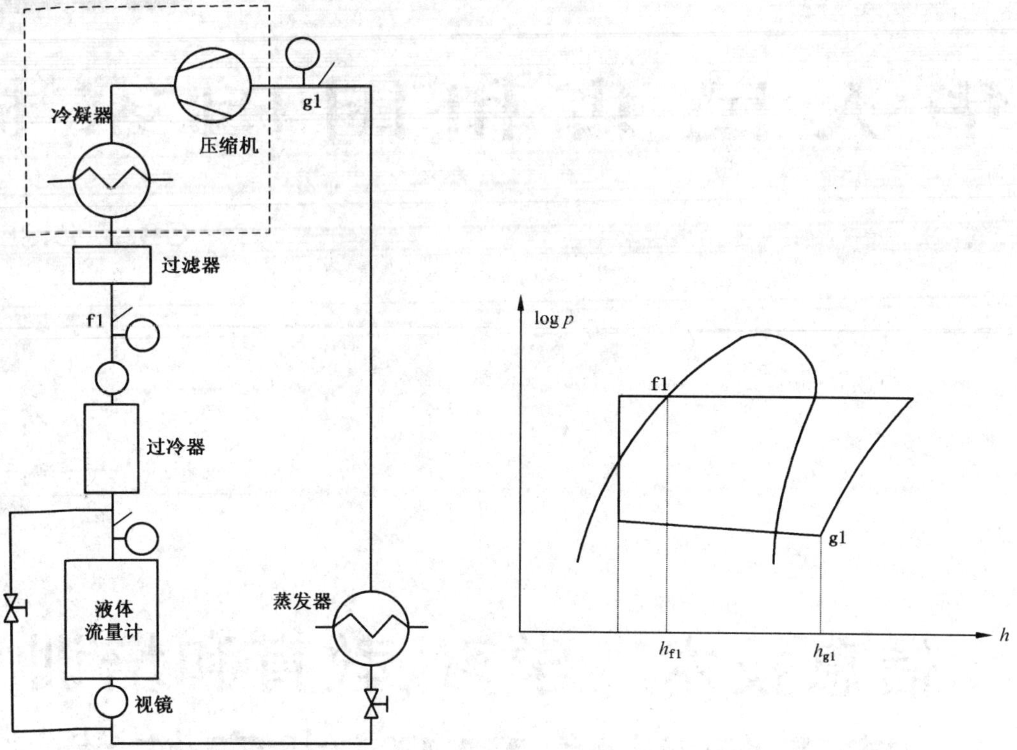

图 B.6

B.6.1.3 流量计前应装有过冷器，保证液体制冷剂充分过冷。

B.6.1.4 必须增添的附加测量仪表：

a) 在流量计进、出口端分别装上温度表、压力表。

b) 流量计还应设一旁通管路，管路上的阀和管路阻力应与流量计的阻力大致相等。除测量流量时外，旁通管路应畅通。

B.6.2 装置的校准

B.6.2.1 流量计应定期进行校准，校准时的流量为流量计刻度范围内的最小、中间、最大值等至少三点进行。

B.6.2.2 校准用的试验液体的黏度为使用制冷剂黏度的 0.5～2 倍。

B.6.3 试验要求

B.6.3.1 在试验工况确定后，流量计进口处应保证液体制冷剂过冷度不低于 3℃。

B.6.3.2 每 15 min 测量一次，试验应持续进行，直至连续四次读数在表 8 规定的范围内。

B.6.4 按 GB/T 5773—2004 的附录 A 测量制冷剂-油混合液体中的含油量。

B.6.5 制冷量按式(B.16)计算：

$$Q = q_V\rho/[1 - X \times (1 - q_V\rho)] \times [(1 - X)(h_{g1} - h_{f1})] - c_0 X \times (t_f - t_g) \times v_1/v_{g1} \quad \cdots (\mathrm{B.16})$$

式中：

q_V——制冷剂-油混合物液体的容积流量，单位为立方米每秒(m^3/s)；

ρ——制冷剂液体密度，单位为千克每立方米(kg/m^3)；

X——制冷剂-油混合物液体中的含油量，单位为千克每千克(kg/kg)；

c_0——油的比热容，单位为焦耳每千克开尔文[J/(kg・K)]；

t_f——离开机组的饱和制冷剂温度，单位为度(℃)；

t_g——进入机组的制冷剂温度，单位为度(℃)。

ICS 35.240
L 60

中华人民共和国国家标准

GB/T 21364—2008

信息技术 学习、教育和培训 基于规则的 XML 绑定技术

Information technology—Learning, education and training—Rule-based XML binding techniques

2008-01-14 发布 2008-06-01 实施

中华人民共和国国家质量监督检验检疫总局
中国国家标准化管理委员会 发布

前　言

本标准由中华人民共和国教育部提出。

本标准由全国信息技术标准化委员会归口。

本标准起草单位:清华大学。

本标准主要起草人:史元春、郑莉、沈中南、向欣、郭玲、许磊、刘银涛。

引　言

在网络教育技术标准使用的过程中，通常会存在数据绑定的问题。XML 作为一种通用的可扩展置标语言，也是学习技术标准的编码绑定的首选。本标准规定了将网络教育技术标准的信息模型做 XML 编码绑定的方法。该方法能够指导标准制定者制定网络教育技术标准的相应 XML 绑定规范和实践指南。

信息技术　学习、教育和培训 基于规则的XML绑定技术

1　范围

本标准描述了用于数据模型的基于规则的XML编码绑定技术。本标准的措词可以被包含到相关标准中，用于支持XML绑定。该措词描述了基于规则的方法，用于描述相关标准中的词汇。

2　规范性引用文件

下列文件中的条款通过本标准的引用而成为本标准的条款。凡是注日期的引用文件，其随后所有的修改单(不包括勘误的内容)或修订版均不适用于本标准，然而，鼓励根据本标准达成协议的各方研究是否可使用这些文件的最新版本。凡是不注日期的引用文件，其最新版本适用于本标准。

GB/T 1988—1998　信息技术　信息交换用七位编码字符集(eqv ISO/IEC 646:1991)

GB/T 7408—2005　数据元和交换格式　信息交换　日期和时间表示法(ISO 8601:2000,MOD)

GB 13000.1—1993　信息技术　通用多八位编码字符集(UCS)　第一部分:体系结构与基本多文种平面(idt ISO/IEC 10646-1:1993)

GB/T 15272—1994　程序设计语言C(idt ISO/IEC 9899:1990)

GB/T 15273.1—1994　信息处理　八位单字节编码图形字符集　第一部分:拉丁字母一(idt ISO 8859-1:1987)

GB/T 18221—2000　信息技术　程序设计语言、环境与系统软件接口　独立于语言的数据类型(idt ISO/IEC 11404:1996)

3　术语和定义

下列术语和定义适用于本标准。

3.1

聚集(数据类型、值)　aggregate (data type, value)

生成的数据类型或值。原则上，每个这样的数据类型或值都是由组件类型或值构成的。这种数据类型或值是通过将算法过程应用于组件数据类型或值而生成的。组件的值可以通过特征操作进行访问。聚集的特性与其组件的特性无关。

示例1：数组聚集包含的组件全部具有相同的类型。特征操作使用索引(编号)来访问各个的组件。

```
my_array:
    array (0..9) of (integer),//整数数组
my_array(4) //访问第四个元素
```

示例2：记录的聚集包含若干成分，每个成分各自有类型和标签。特征操作使用元素名(标识符)访问各个组件。

```
A: record
(
    B: integer,
    C: void,
    D: characterstring(GB 13000-1),
),
A.B //访问标签为B的元素
```

3.2

绑定　binding

从一个框架或规范到另一个框架或规范的应用或映射。

3.3

编码　coding

1）　在信息交换中，信息的格式化或结构化表示。

另见：信息编码(3.10)

2）　按某一结构表示信息的过程。

3.4

条件数据元素　conditional data element

在适当的上下文中，满足某些特定条件时，在数据结构的实例中被定义和要求的数据结构元素。

数据元素的"条件"特征是约束属性。

另见：扩展数据元素(3.11)、必备数据元素(3.19)、约束(数据元素)(3.21)、可选数据元素(3.23)。

3.5

消费(数据)　consume (data)

读数据并找到词法或编码的边界范围。

其他形式：消费数据、数据消费者、数据消费。

另见：解释(数据)(3.16)、产生(数据)(3.24)。

注：数据在解释前被消费。

示例1：在下列字符流中：

```
<R>
  <A>123.45</A>
  <B>PQR</B>
  <C X="Y">Z</C>
</R>
<R>
  <D>JKL</D>
  <E>
    <F>XXX</F>
    <G>YYY</G>
  </E>
</R>
```

数据消费者可能识别到：

——有两个记录，都用标签"R"标识。

——第一个"R"记录包含三个记录，分别用标签"A"、"B"、"C"标识。

——第二个"R"记录包含两个记录，分别用标签"D"、"E"标识。

但是，数据消费者：

——可能不知道标签的意义，如：<B>...</B>有什么意义？

——可能无法验证标签的合法性，如："<C>"可以包含属性"X"吗？

——可能无法验证记录内容的合法性，如：在记录"A"中，"123.45"是合法的值吗？

——可能限制分析的深度，如："R"仅仅深度分析一层，该层包含标签"D"和"E"，但对"E"的内容只是进行有限的分析(如：找到开始和结束标签)，标签"F"和"G"不会被分析和发现。因此，数据消费者对信息结构可能只有部分理解。

示例2：下面是一个API的例子，用以区分数据消费和数据解释，在此种情况下扩展元素被间接使用了，而实现仍是严格一致的。

```
////这个例子涉及到两个文件：头文件“std_data.h”和包含该头的严格一致的应用

////下面是被应用包含的头文件“std_data.h”的内容
struct std_data
{
        int std_element_1;      //必备元素
        void * std_element_2; //可选元素
        int ext_element_3;      //扩展元素
};

////严格一致的应用开始
//包括标准的头文件(内容如上所列)
#include "std_data.h"

struct std_data x;  //声明“x”作为标准数据

my_code()
{
        struct std_data y,z; //声明“y”和“z”

        //这是严格一致的代码,
        //然而扩展元素“ext_element_3”中的内容也被复制了
        memcpy(&y,&x,sizeof x);

        //将字符串赋给“std_element_2”
        //将长度值赋给“std_element_1”
        y.std_element_2 = "hello there";
        y.std_element_1 = strlen(y.std_element_2);

        //这还是严格一致的代码,
        //然而扩展元素“ext_element_3”中的内容也被复制了
        memcpy(&z,&y,sizeof y);
}
```

本例是严格一致的，因为实现过程中只解释或生成了来自标准集合的元素(即“std_element_1”和“std_element_2”)。在这个假设的API绑定中，memcpy(在内存中拷贝对象)操作与消费和产生操作是等价的，而直接访问元素(如：y.std_element_1)在这个假设的API绑定中是解释和生成操作。

3.6

数据实例　data instance

通过某种绑定规则呈现的数据集。

3.7

数据对象　data object

在针对实现时数据访问的概念模型中，一个数据处理的单元。

注1：数据对象可以是数据元素或实现中定义的对象。严格一致的实现中只使用或访问作为数据元素的数据对象。

注2：进一步通过语义进行定义和限制的数据对象的行为，就是一个数据结构。一个数据结构的实例是一个数据集。在某种绑定中进一步定义、限制和表示的数据集即是数据实例。

另见：数据实例(3.6)、数据集(3.8)、数据结构(3.9)

3.8

数据集　data set

在3.9中定义b)所指的数据结构,即:零个或多个数据元素聚集而成的实例。

注:数据集是独立于绑定的(与绑定无关)。

3.9

数据结构　data structure

有下列两个定义:

a)　零个或多个数据元素聚集而成的数据类型。

b)　零个或多个数据元素聚集而成的实例。

注1:在不同的上下文中,一个数据结构可能被认为是一个完整的不可分单元,即在该上下文中,一个数据结构是某更高级别数据结构中的数据元素。

注2:术语"聚集"是在GB/T 18221—2000中定义的。

示例:记录、集合、序列、列表、数组。

3.10

信息编码　encoding

信息的位或字节格式及其表示。

注:信息编码也可以简称为"编码"。

3.11

扩展数据元素　extended data element

在适当的上下文中,定义在标准之外的数据结构元素,经数据交换的参与者和实现系统允许,可以在数据结构的实例中使用。

数据元素的"扩展"属性是一种约束属性。

数据元素的"扩展"属性是一个一致性级别的特征(如:严格一致性实现和一致性实现是两个不同的级别)。

示例:必备扩展数据元素、可选扩展数据元素、条件扩展数据元素。

另见:条件数据元素(3.4)、必备数据元素(3.19)、约束(数据元素)(3.21)、可选数据元素(3.23)。

3.12

生成(数据)　generate(data)

将数据的从本来的含义转换为某种适合数据交换的形式。

示例:根据某种概念模型将数据结构序列化,但不必以某种具体的编码方式表示数据。

另见:解释(数据)(3.16)、产生(数据)(3.24)。

3.13

实现行为　implementation behavior

外部观察到的现象、对外呈现的行为或动作。

另见:实现时定义的行为值(3.14)、实现值(3.15)、未定义的行为/值(3.27)、未规定的行为/值(3.28)。

3.14

实现时定义的行为/值　implementation-defined behavior/value

未规定的行为或未规定的值,由实现时的文档说明如何对这些行为或值做出选择。

示例:以8位字节计算,允许一个编码时的最大容量。

另见:实现行为(3.13)、未定义的行为/值(3.27)、未规定的行为/值(3.28)。

3.15

实现值　implementation value

与实现相关的可计量的对象。

另见:实现行为(3.13)、实现时定义的行为/值(3.14)、未定义的行为/值(3.27)、未规定的行为/值(3.28)。

3.16

解释(数据)　interpret (data)

处理数据,在本标准规定的范围内发现数据的含义。

其他形式:解释数据、数据解释器、数据解释。

另见:生成(数据)(3.12)、消费(数据)(3.5)。

注:数据在解释前被消费。

示例:在下列字符流中:

```
<R>
  <A>123.45</A>
  <B>PQR</B>
  <C X="Y">Z</C>
</R>
<R>
  <D>JKL</D>
  <E>
    <F>XXX</F>
    <G>YYY</G>
  </E>
</R>
```

一个数据消费者能够识别:

——有两个记录,都用标签“R”标识。

——第一个“R”记录包含三个记录,分别用标签“A”、“B”、“C”标识。

——第二个“R”记录包含两个记录,分别用标签“D”、“E”标识。

因为只识别了这些标签,所以只有这些可以提供给数据解释。假设标签“E”代表一个扩展数据元素,那么一个数据解释器可能只能识别标准标签“A”、“B”、“C”和“D”。

基于翻译过程中“消费”和“解释”的分离,以及某种特殊的标准绑定(如:本例中类似 XML 的绑定)两个原因,一个应用程序可能只解释标准化的特征 A、B、C 和 D。

如上所述,一个应用程序结合了数据消费和数据解释,但只解释标准的数据元素,可以作为一个严格一致的数据阅读器。

3.17

本地特定行为　local-specific behavior

依赖于民族、文化、语言、制度等地方约定的行为,在实现中需要用文档说明。

3.18

寿命(数据元素)　longevity (data element)

数据元素规范中的一个属性,用于说明与过去、现在或将来的标准版本进行合并的意图。

另见:约束(数据元素)(3.21)、过时数据元素(3.22)、保留数据元素(3.26)。

注:寿命属性和约束属性无关。

示例 1:过时数据元素也许已包含在本标准的过去版本中,但不会包含在本标准的将来版本中。

示例 2:保留数据元素可能没有被包含在本标准的过去版本中,而可能会包括在本标准的将来版本中。

3.19

必备数据元素　mandatory data element

在适当的上下文中,在数据结构实例中定义和要求的元素。

“必备”是一种约束型属性。

另见:条件数据元素(3.4)、扩展数据元素(3.11)、约束(数据元素)(3.21)、可选数据元素(3.23)。

3.20

漫游(访问、系统)　nomadic (access,system)

a)　服务的连续性跨越不同的通信会话和地理位置的现象。

b)　间或性地从子系统或相关系统之间的通信网络上断开。

注:也称为"间或性连通"或"间或性漫游"。

3.21

约束(数据元素)　obligation (data element)

对数据元素的要求和容许,他们决定了数据结构的合法性。

另见:寿命(数据元素)(3.18)、条件数据元素(3.4)、扩展数据元素(3.11)、必备数据元素(3.19)、可选数据元素(3.23)。

示例:数据结构 X,有四个元素:A 和B 是必备的、C 是可选的、D 是条件的(如果 B 的值为真,则 D 存在)。下列是有效和无效数据结构的样例:

(A=123)　　　　　　　//无效,缺少必备元素 B
(A=123,B=false)　　　//有效
(A=123,B=true)　　　　//无效,缺少条件元素 D
(A=123,B=true,D=17)　//有效
(A=123,B=false,D=17)　//有效
(A=123,B=nil,C=345)　//有效

3.22

过时数据元素　obsolete data element

在适当的上下文中,在数据结构中定义了但不宜在数据结构的实例中使用的元素。

"过时"是一种寿命属性。

另见:寿命(数据元素)(3.18)、保留数据元素(3.26)。

注:不推荐使用过时数据元素,可能从标准的将来版本中被删除。

3.23

可选数据元素　optional data element

在适当的上下文中,在数据结构中定义并允许的、但在实例中不是必须出现的元素。

另见:条件数据元素(3.4)、扩展数据元素(3.11)、必备数据元素(3.19)、约束(数据元素)(3.21)。

3.24

产生(数据)　produce (data)

对数据进行处理,定义出词法或编码的边界,然后写出结果数据。

其他形式:产生数据、数据产生器、数据生产

另见:生成(数据)(3.12)、消费(数据)(3.5)。

注:数据被生成先于被产生。

3.25

信息仓库　repository

数据集合以及用于存储、索引、查找和提取信息的数据访问方法的汇集。

3.26

保留数据元素　reserved data element

在适当的下文中,在数据结构中未被定义且在实例中不允许使用的元素。

"保留"是一种寿命属性。

另见:寿命(数据元素)(3.18)、过时数据元素(3.22)。

3.27

未定义的行为/值　undefined behavior/value

标准未实施要求的实现行为或实现值。

另见：实现行为(3.13)、实现时定义的行为/值(3.14)、实现值(3.15)、未规定的行为/值(3.28)。

示例1：可能的未定义的行为包括(但不局限于)：

——完全忽略某种情形；

——不可预知的结果；

——以文档化式来表现的环境特征；

——终止处理。

示例2：可能的未定义的值包括无穷大、空值、非数字。

3.28

未规定的行为/值　unspecified behavior/value

实现行为或实现值，标准为之提供了两个或更多的可能性，但未要求在任何实例中选择哪一个。

另见：实现行为(3.13)、实现时定义的行为/值(3.14)、实现值(3.15)、未定义的行为/值(3.27)。

示例1：应用程序在创建对象的标识符时对算法的选择。

示例2：将过程调用参数压入调用栈的次序。

4　缩略语

API　Application Programming Interface　应用程序接口。

HTTP　Hypertext Transfer Protocol　超文本传送协议

ICS　Implementation Conformance Statement　实现一致性声明

IETF　Internet Engineering Task Force　互联网工程任务组

L10N　localization　本地化

LID　Language Independent Datatypes　独立于语言的数据类型

MDAS API　Metadata Access Service API　元数据访问服的应用程序接口

RFC　Request for Comments　请求评论

SPM　smallest permitted maximum　最低峰值

W3C　World Wide Web Consortium　万维网集团

XML　Extensible Markup Language　可扩展置标语言

5　XML编码绑定模板

5.1　生成和产生XML

5.1.1　规则

下列规则描述了×××标准的数据元素(如同本标准与GB/T 18221—2000记法所描述)到XML记录的转换。

注：本标准中出现的"×××标准"应使用包含该措词的标准名称来代替。

a)　规则1：除规则2中说明的部分以外，对于GB/T 18221—2000记法中的每个数据元素，把各标识符映射到XML标签。对称的XML标签界定了数据元素的相关值的边界。XML标签的嵌套表示了数据元素的结构。对于数组和顺序聚集：

1)　与聚集标识符名称相同的XML标签名称，表示聚集组。

2)　单个的数据元素用重复的XML标签来表示，这些XML标签基于聚集的标识符及后缀"_list"或"_bucket"，不用元素的索引值。

b)　规则2：将所有的"多语言字符串"数据类型映射到：

1)　用"多语言字符串"数据类型的"语种"元素在XML父元素中设置LANG属性。

2） 用“字符串”元素设置父标签的内容。

c） 规则 3:将下面的 XML 标签(通配记法)

×××标准_*

转换为下列 XML 标签(通配记法)：

GBT_×××标准_*

通过上述规则产生的所有数据都应该是格式正确的 XML。

5.1.2 基本原理

5.1.2.1 规则 1 的基本原理

规则 1 是指从 GB/T 18221—2000 数据类型到 XML 标签约定的主要转换。下列例子使用下列定义来说明转换：

```
A：record
(
    B：integer，
    C：record
    (
        D：integer，
        E：characterstring(GB 13000-1)，
    )，
    F_list：array (0..limit) of (integer)，
    G：sample_mlstring_list_type，
)
```

规则 1 的第 1 句:“对于 GB/T 18221—2000 记法中的每个数据元素,把各标识符映射到 XML 标签”,转换标识符,如:“x:”⇒“<x>”。

规则 1 的第 2 句:“对称的 XML 标签界定了数据元素的相关值的边界”,要求

——标签是对称的；

——数据元素的值在标签之间,如:“x : 17”⇒“<x>17</x>”。

规则 1 的第 3 句:“XML 标签的嵌套表示了数据元素的结构”,要求由聚集(记录、数组、序列或列表)所隐含的嵌套得出同样的 XML 标签的嵌套。利用上述对记录 A 的定义,元素 B、C、D 和 E 隐含了下列嵌套：

```
<A>
    <B>...</B>
    <C>
        <D>...</D>
        <E>...</E>
    </C>
    ...
</A>
```

规则 1 的第 4 句:“对于数组和顺序聚集:单个的数据元素用重复的 XML 标签来表示,这些 XML 标签基于聚集的标识符及后缀“_list”或“_bucket”,不用元素的索引值”,要求数组和序列(列表)被表示

为带有相同名称的多个标签——这是典型的 XML 约定。如：数据元素 F 表示为：

```
<! --对 F_list 的正确的 XML 绑定 -->
<A>
    ...
    <F_list>
        <F>...</F>
        <F>...</F>
        <F>...</F>
    </F_list>
    ...
</A>
```

但不能表示为：

```
<! --对 F_list 的不正确的 XML 绑定-->
<A>
    ...
    <F_list>
        <0>...</0>
        <1>...</1>
        <2>...</2>
    </F_list>
    ...
</A>
```

5.1.2.2 **规则 2 的基本原理**

×××标准的记录使用几种特定的数据类型，如多语言数据类型，用来描述在多语言和多文化上下文中必须标识的某些特征类型数据元素——这些特征通常称为国际化(I18N)和本地化(L10N)特征。下面是多语言数据类型的示例，这种多语言数据类型不与本标准其他位置所定义的其他多语言数据类型相抵触。在这个示例中，数据元素 sample_mlstring_type 表示一个字符串对：本地化字符串和本地规范(L10N 映射)。数据类型 sample_mlstring_array_type 表示一个字符串对的数组。在这个示例中，数组 example_remarks 包含四个元素，每个元素是一个字符串对。可以推测，应用可以根据所在的国家(地区)从 example_remarks 中选择适当的字符串。下面是示例的类型定义和值定义：

```
type sample_mlstring_type =
record
(
    L10N_string: characterstring(GB 13000-1),
    L10N_locale: string_type,
),

type sample_mlstring_array_type =
    array (0..limit) of (sample_mlstring_type),
```

```
value example_remarks：
    sample_mlstring_array_type ＝
(
    (
        L10N_string："abc abc abc"，
        L10N_locale："en-US"，
    )，
    (
        L10N_string："def def def"，
        L10N_map："fr-CA"，
    )，
    (
        L10N_string："ghi ghi ghi"，
        L10N_map："de-DE"，
    )，
(
        L10N_string："您好 您好 您好"，
        L10N_map："zh-CN"，
    )，

)，
```

根据规则 2 和规则 1 中的数组处理规则，这些数据元素可以被转换成下列 XML：

```
<example_remarks LANG＝"en-US">abc abc abc</example_remarks>
<example_remarks LANG＝"fr-CA">def def def</example_remarks>
<example_remarks LANG＝"de-DE">ghi ghi ghi</example_remarks>
<example_remarks LANG＝"zh-CN">您好 您好 您好</example_remarks>
```

5.1.2.3 规则 3 的基本原理

这个规则用于重写标签，以使用某些名称空间约定(namespace conventions)。该规则可以通过选择不同的名称空间约定(前缀)来规定 XML 的名称空间。

在使用规则 3 之后，实现要确保这些转换的结果是格式正确的 XML。

5.2 消费和解释 XML

5.2.1 规则

下列规则描述了通过使用本标准和 GB/T 18221—2000 的标记法，将 XML 记录转换到×××标准数据元素。

被消费的数据都应该是格式正确的 XML。

a) 规则 1：将下列 XML 标签(通配记法)：

GBT_×××标准_＊

转换成下列 XML 标签(通配记法)：

×××标准_＊

b) 规则 2:转换下列内容:

1) 用 XML 元素的 LANG 属性设置“多语言字符串”数据元素中的“语种”元素。

2) 用标签标记的元素中的内容设置“多语言字符串”数据元素中的“字符串”元素。

c) 规则 3:对于在本标准中每一个与×××标准所定义的数据元素标识符有关系的 XML 标签,需要对它对应的开、闭标签进行匹配。对于每一个 XML 标签,除了规则 2 中修改的部分,需要把该标签映射为对应的数据元素标识符。XML 标签的嵌套结构表示了数据元素的嵌套结构,如上述 5.1 中的规则 1 的逆操作即是生成和解释 XML。每个用标签标记的元素的内容被转换成相应的数据元素的值。

5.2.2 基本原理

5.2.2.1 规则 1 的基本原理

在处理前,实现要保证进行消费和解释的内容是格式正确的 XML。

此规则将根据需要剥离 XML 名称空间的前缀和后缀。在规则 1 的样例中,没有使用 XML 的名称空间,而是使用了一个名称空间的前缀“GBT_”来减少名称空间冲突的可能性。

5.2.2.2 规则 2 的基本原理

此规则做了从 LANG 属性到“多语言字符串”数据类型的逆映射。此规则仅仅转化已知的“多语言字符串”数据元素,因为所有其他的 XML LANG 属性跟本标准中的“多语言字符串”数据元素没有对应关系。

5.2.2.3 规则 3 的基本原理

此规则处理 XML 标签及其内容与数据元素之间的主要转换。

规则 3 的第 1 句:“对于在本标准中每一个与×××标准所定义的数据元素标识符有关系的 XML 标签,需要对它对应的开、闭标签进行匹配”

——忽略掉所有本标准不识别的标识符。

——正确地匹配它们。

规则 3 的第 2 句:“对于每一个 XML 标签,除了规则 2 中修改的部分,需要把该标签映射为对应的数据元素标识符”,创建与数据元素之间的联系,但并不给数据元素赋值。

规则 3 的第 3 句:“XML 标签的嵌套结构表示了数据元素的嵌套结构,如上述 5.1 中的规则 1 的逆操作即是生成和解释 XML”,在本标准所要求的范围内,确保 XML 标签的内部结构与数据元素的内部结构一致。

规则 3 的第 4 句:“每个用标签标记的元素的内容被转换成相应的数据元素的值”,将 XML 标签内的内容转换成数据元素的值,即填充数据元素。

5.3 基本数据类型的表示

5.3.1 字符和字符串

字符(character)类型的数据元素应该根据 XML 规范进行表示。

注 1:特殊字符,如:“&”、“＜”、“＞”、“;”,需要转换方法,尽可能无损。

注 2:某些编码,如:GB/T 15273.1—1994 和 GB 13000.1—1993 允许诸如“©”(版权符号)等字符的直接编码表示。其他的编码,如:GB/T 1988—1998,需要进行编码扩展,如:通过“©”来表示这些符号。

5.3.2 整数

整数(integer)类型的数据元素应根据 GB/T 15272—1994《程序设计语言 C》第 6.4.4.1 条(整型常量)来表示,但不包括“U”、“L”、“LL”后缀及它们的小写形式。整数也可以包含可选的前导符:加号(“+”)或减号(“−”),但不能同时有两者。

示例:

0

23

0x17　　//16 进制的 23

027　　//8 进制的 23

－34

＋34

5.3.3　实数

实数(real)类型的数据元素分为下列两种情况：

——如果是整数，参照 5.3.2：整数。

——如果不是整数或不表示为整数，应根据 GB/T 15272—1994《程序设计语言 C》第 6.4.4.2 条(浮点常量)来表示，但不包括“F”和“L”后缀以及它们的小写形式。实数也可以包括一个可选的前导符：加号(“＋”)或减号(“－”)，但不能同时有两者。

示例：

0

0.0

130.0

1.3E2　//130 的另一种表示方法

＋1.3E2　//130 的另一种表示方法

5.3.4　日期和时间值

时间(time)类型的数据元素的表示应遵循 GB/T 7408—2005《数据元素和交换格式　信息交换　日期和时间的表示》。

示例 1：时间点

2007-06-11　　　　　　//2007 年 6 月 11 日

2007-06-16T19：20：30＋01：00 //2007 年 6 月 16 日，下午 7 点 20 分 30 秒，与 UTC 时差为＋1 小时

示例 2：时间段

PT1H30M12.88S　　　　//1 小时 30 分 12 秒 88

P1Y1M3DT1H　　　　　//1 年 1 个月 3 天 1 小时

5.3.5　空类型

空类型(void)应该没有表示和编码。

示例：下列记录：

```
A：record
(
    B：integer，
    C：void，
    D：characterstring(GB 13000-1)，
)
```

用 XML 表示为：

```
<！--正确的 XML 表示 -->
<A>
    <B>17</B>
    <D>hello</D>
</A>
```

而不应该是：

```
<！--不正确的 XML 表示 -->
<A>
    <B>17</B>
```

```
    <C></C>
    <D>hello</D>
</A>
```

5.4 字符的编码

XML 编码技术规定了如何将字符映射为 8 位字节的方法。

遵循 XML 绑定的×××标准的数据实例应使用以下标准中的一种进行编码：GB/T 1988—1998、GB/T 15273.1—1994、GB 13000.1—1993 UTF-8 或 GB 13000.1—1993 UTF-16。

遵循 XML 绑定的×××标准的应用应该支持以下所有编码标准：GB/T 1988—1998、GB/T 15273.1—1994、GB 13000.1—1993 UTF-8 或 GB 13000.1—1993 UTF-16。

5.5 对异常和扩展的处理

5.5.1 实现时定义的行为

除了在本标准其他地方描述的内容之外，下列是实现时定义的行为。

下列是在 XML 编码的产生和消费中，实现时定义的行为：

——用 XML 编码并能够被成功处理的、严格一致的×××标准的数据实例的最大长度（以 8 位字节表示）。

——XML 记录的最大嵌套深度。

——未指定时区的时间（time）类型的数据元素的时区信息。

5.5.2 未规定的行为

除了在本标准其他地方描述的内容之外，下列是未规定的行为。

下列是在 XML 编码的生成和解释中，未规定的行为：

——数据元素的处理次序。

下列是在 XML 编码的产生和消费中，未规定的行为：

——除在数据元素值中和 XML 规范要求的以外，附加空格的使用。

5.5.3 未定义的行为

除了在本标准其他地方描述的内容之外，下列是未定义的行为。

下列是在 XML 编码的产生和消费中，未定义的行为：

——和扩展数据元素对应的 XML 标签的使用。

——和保留数据元素对应的 XML 标签的使用。

——在本 XML 绑定中未定义的 XML 标签或属性。

——对本标准所描述的字汇以外的字符的使用。

ICS 35.240.99
L 60

中华人民共和国国家标准

GB/T 21365—2008

信息技术 学习、教育和培训 学习对象元数据

Information technology—Learning, education and training—Learning object metadata

2008-01-14 发布 2008-06-01 实施

中华人民共和国国家质量监督检验检疫总局
中国国家标准化管理委员会 发布

前　言

本标准由中华人民共和国教育部提出。

本标准由全国信息技术标准化委员会归口。

本标准起草单位：清华大学。

本标准主要起草人：史元春、郑莉、沈中南、向欣、郭玲、刘银涛。

引　言

在实施网络教育的过程中，经常会涉及到对学习对象进行描述的问题。本标准规定了对学习对象的描述方法，目的是帮助学习者、教育者或自动化的软件等对学习对象进行查找、评估、获取和使用。同时在开发统一目录系统的过程中，充分考虑到学习对象及其元数据的使用情境存在文化和语言的多样性，促进学习对象的共享和互换。

通过定义一个通用的概念数据模型，本标准保证学习对象元数据的绑定之间有较高程度的语义互操作性。这样，不同绑定之间的转换就会变得简单直接。

本标准规定了一个基本的元数据模型，在此之上能建立各种不同的应用程序，如：用于存储学习资源的教育资源库、用于制作课件的著作工具和用于播放课件的教学管理平台等。

信息技术　学习、教育和培训
学习对象元数据

1　范围

本标准规定了学习对象元数据的数据元素。也规定了一个概念数据模式，用于定义关于学习对象的元数据实例结构。对于本标准，学习对象被定义为可以用于学习、教育和培训的数字或非数字的任何实体。

对于本标准，学习对象的元数据实例描述了适用于学习对象的有关特征。这些特征可以被分为9个类别：通用、生存期、元—元数据、技术、教育、权利、关系、评注和分类。

本标准所规定的概念数据模式允许学习对象和描述该学习对象的元数据实例的语言多样性。

这种概念数据模式规定了组成学习对象的元数据实例的数据元素。

本标准预期由定义数据模式的实现描述的其他标准所引用，这样，学习对象的元数据实例可以被学习技术系统用来管理、定位、评价或交换学习对象。

本标准不定义学习技术系统如何表示或使用学习对象的元数据实例。

2　规范性引用文件

下列文件中的条款通过本标准的引用而成为本标准的条款。凡是注日期的引用文件，其随后所有的修改单(不包括勘误的内容)或修订版均不适用于本标准，然而，鼓励根据本标准达成协议的各方研究是否可使用这些文件的最新版本。凡是不注日期的引用文件，其最新版本适用于本标准。

GB/T 1988—1998　信息技术　信息交换用七位编码字符集(eqv ISO/IEC 646:1991)

GB/T 2659—2000　世界各国和地区名称代码(eqv ISO 3166-1:1997)

GB/T 4880.1—2005　语种名称代码　第1部分:2字母代码(ISO 639-1: 2002,MOD)

GB/T 7408—2005　数据元和交换格式　信息交换　日期和时间表示法(ISO 8601:2000,IDT)

GB 13000.1—1993　信息技术　通用多八位编码字符集(UCS)　第一部分:体系结构与基本多文种平面(idt ISO/IEC 10646-1: 1993)

GB/T 13745—1992　学科分类与代码

GB/T 18221—2000　信息技术　程序设计语言　环境与系统软件接口　独立于语言的数据类型(idt ISO/IEC 11404:1996)

IETF RFC 1766: 1995　语言标签标识

IETF RFC 2048: 1996　多用途互联网邮件扩充协议(MIME)　第4部分:注册规程

IETF RFC 2425: 1998　目录信息的MIME内容——类型

IETF RFC 2426: 1998　vCard MIME目录结构

3　术语和定义

下列术语和定义适用于本标准。

3.1

必备数据元素　mandatory data element

在数据结构中定义，并且必须在数据结构的实例中出现的数据元素。“必备”属性属于数据元素的约束属性之一。

3.2

多语言字符串 langstring

一种能表示一个或多个字符串的数据类型(见3.9)。一个多语言字符串的值可以包含多个语义相同的字符串,这些字符串可以是不同语种的翻译或选择性的描述。

3.3

类别 catalog

相关数据元素的集合。

3.4

可选数据元素 optional data element

在数据结构中定义,但不一定要求在数据结构的实例中出现的数据元素。“可选”属性属于数据元素的约束属性。

3.5

扩展数据元素 extended data element

在相关标准之外定义并允许在数据结构的实例中出现的数据元素。“扩展”属性属于数据元素的约束属性。

3.6

LOM数据元素 LOM data element

一种数据元素,在本标准中对其定义了名称、解释、大小、排序、值空间和数据类型。

3.7

约束状态 obligation statuses

对数据元素的某种要求,用于确定一个数据结构的合法性,包括“必备的”、“有条件的”、“可选的”、“扩展的”等。

3.8

值空间 value space

某一数据类型(见3.9)的取值范围。

注:值空间一般以枚举的形式直接给出,或通过引用别的标准加以定义。

3.9

数据类型 data type

由某一类值组成的集合的一个特性,该属性描述了这些值所具有的共同特点以及所能施加的操作。

3.10

学习对象 learning object

用于学习、教育或培训的数字或非数字的任何实体。

3.11

最低峰值 smallest permitted maximum

应用程序至少能支持的列表项数或字符串长度。该最低峰值应用于具体实现,由它确定实现所必须支持的最小的最大值(见5.5)。

4 缩略语

LOM Learning Object Metadata 学习对象元数据

IETF Internet Engineering Task Force 互联网工程任务组

URI Uniform Resource Identifier 统一资源标识符

5 元数据结构概述

5.1 基本元数据结构

描述学习对象的数据元素被划分成不同的类别。LOM V1.0 基本模式(见第 7 章)由以下 9 个不同的类别组成。

——通用:组合了对学习对象进行整体描述的通用信息;
——生存期:组合了与学习对象的历史和当前状态有关的特征以及在演化期间已经影响该学习对象的那些个人和组织;
——元—元数据:组合了元数据实例本身(不是元数据实例描述的学习对象)的信息;
——技术:组合了学习对象的技术要求和技术特征;
——教育:组合了学习对象的教育和教学特征;
——权利:组合了学习对象的知识产权和使用条件;
——关系:组合了定义在学习对象与其他相关学习对象之间的相互关系的特征;
——评注:组合了对学习对象在教育使用上的一些评论,以及这些评论的作者和创作时间的信息;
——分类:描述了学习对象与某个或某些特定分类系统的关系信息。

在总体上以上九个类别组成了 LOM V1.0 基本模式。由于任何分类系统都能被引用,因此分类类别为 LOM V1.0 基本模式提供了某些扩充类型。

5.2 数据元素

5.1 规定的类别将数据元素分成组。LOM 数据模型是数据元素的分层结构,包括聚合数据元素和简单数据元素(分层结构的叶结点)。在 LOM V1.0 基本模式中,只有叶结点才有自己的值,并由与之相关联的值空间或数据类型进行定义。LOM V1.0 基本模式中的聚合数据元素没有自己的值,因此它们没有值空间或数据类型。对每个数据元素,LOM V1.0 基本模式都定义了下列内容:

——名称:数据元素的名称及对应的英文名称;
——解释:对数据元素的释义;
——约束:对数据元素约束状态的描述,包括必备数据元素,有条件的数据元素或可选数据元素;
——大小:允许的值的个数;

注:可能包含最低峰值。

——次序:值的次序是否有意义(只适用于具有列表项的数据元素,见 5.3);
——举例:一种说明的例子。

对于简单数据元素,LOM V1.0 基本模式也定义了:

——值空间:数据元素的取值范围。一般以词汇表或者引用另一个标准/规范的形式出现(见 3.8);
——数据类型:指明数据元素的值是多语言字符串(见第 8 章)、日期时间(见第 9 章)、持续时间(见第 10 章)、词汇表(见第 11 章)、字符串或未定义。

注:可能包含最低峰值。

对 LOM V1.0 基本模式的扩展应该保留 LOM V1.0 基本模式中数据元素的值空间和数据类型。对于 LOM V1.0 基本模式中的聚合数据元素,扩展不能定义数据类型或值空间。

数据元素的编号方式表示了数据元素的层次结构及其组成成分。例如,聚合数据元素“7.2:关系.资源”有两个组成部分:“7.2.1:关系.资源.标识符”和“7.2.2:关系.资源.描述”。前一个数据元素同时又是一个聚合,它包括组成部分:“7.2.1.1:关系.资源.标识符.类别”和“7.2.1.2:关系.资源.标识符.表项”(见 5.3 中对具有列表项的聚合数据元素的解释)。

所有的数据元素被分成两类:必备数据元素和可选数据元素。即一个一致的 LOM 实例必须包含恰当的数据元素(见第 6 章)。对于一个一致的 LOM 实例,如果某个聚合数据元素是“必备”的,这并不意味着聚合数据元素的每个组成部分都是“必备”的,组成部分的约束属性由其自身决定。例如,“1:通用”是必备数据元素，而“1.6：通用.覆盖区”是可选数据元素。如果某个聚合数据元素是“可选”的，但它的某个组成部分是“必备”的，这意味着如果元数据实例中出现了该聚合数据元素，那么它的组成部分对于元数据实例来说是“必备”的。例如，“3.1：元—元数据.标识符”是可选数据元素，但它的组成部分“3.1.1：元—元数据.标识符.类别”是必备数据元素；因此如果元数据实例中出现了“3.1：元—元数据.标识符”，那么组成部分“3.1.1：元—元数据.标识符.类别”必须在元数据实例中存在。

由于第7章LOM V1.0基本模式中严格规定了聚合关系，所以在一个LOM实例中，聚合数据元素的组成部分只能按照定义作为所属聚合数据元素的组成部分出现。例如，按照定义，“7.2.1：关系.资源.标识符”是“7.2：关系.资源”的组成部分，即组成部分的出现自动说明了该组成成分所属聚合数据元素的存在。

5.3 列表项

在元数据实例中，某些数据元素的值可以不是一个单一的值，而是一个列表。列表应该是下面两种类型之一。

——有序的：值的先后次序是有意义的。例如：在某一出版物的作者列表中，第一个作者可能是最重要的。又如：在层次化的分类系统中，分类路径的次序是从一般到具体。

——无序的：值的先后次序没有意义。例如：对于某个学习对象，包含三个不同语言的短文本来描述它的教学用途，那么这些文本之间没有次序关系，它们之间的次序变换并不会丢失任何信息。

如果一个聚合数据元素具有列表项，那么列表中的每一项都应该是一个聚合数据元素组成元素的多元组。例如：LOM V1.0基本模式中规定数据元素“1.1：通用.标识符”具有无序的列表项，这就是说，数据元素“1.1：通用.标识符”的值是二元组（“1.1.1：通用.标识符.类别”，“1.1.2：通用.标识符.表项”）的一个无序列表。其中每个“1.1.1：通用.标识符.类别”的值确定了对应的“1.1.2：通用.标识符.表项”的值是何种类型。

5.4 词汇表

本标准为某些数据元素定义了词汇表。词汇表是一个推荐使用的取值列表。当然，也可以使用列表中没有的值。但是，使用推荐值的元数据将具有最大程度的语义互操作性，也就是说，这些元数据将最大可能地被别的终端用户所理解。

以“词汇表”作为数据类型的数据元素的值是一个二元组（来源，值），具体见第11章。如果“来源”是“LOM V1.0”，那么取值来自于本标准定义的词汇表；

注：如果“来源”不是“LOM V1.0”，那么取值来自于用户和实现者所创建的词汇表，创建的词汇表不应该与本标准本版本定义的词汇表相冲突。

如果用户使用的词汇表与LOM V1.0的词汇表相互交叉，那么所有包含在本标准定义的词汇表中的值的来源都应该是“LOM V1.0”。这样能使本标准定义的值具有最大程度的语义互操作性。

以下给出的是数据元素“5.2：教育.学习资源类型”在不同情况下的例子。

示例1：如果该数据元素的值恰好在LOM V1.0的词汇表中，如“问卷”，那么就表示为（“LOMV1.0”，“问卷”）。如果LOMV1.0词汇表中的取值能够充分表示所要表达的意思，那么尽量使用词汇表中的值。

示例2：如果用户想要的值不在LOM V1.0的词汇表中，那么用户可以使用如下指定值：（“http://www.celtsc.edu.cn/”，“常见问题解答”）。这种方法为学习对象的索引提供了很大的灵活性，但却是以降低“语义互操作性”为代价的。由某个组织或终端用户个人指定的值不能在大范围内一致地使用。示例2中，词汇表的来源用一个URI指定，这种方法较为实用，但使用URI不是一种要求。

5.5 最低峰值

在LOM V1.0基本模式中（第7章），最低峰值的定义适用于如下两种情况。

——具有列表项的数据元素：所有处理LOM实例的应用程序至少应该能够处理最低峰值所规定的列表项数。也就是说：应用程序一般会定义所能处理列表项数的一个上限值，这个上限值不能小于最低峰值。

——数据类型为字符串或多语言字符串的数据元素：对于数据元素中的字符串（不管是直接的或者是间接包含在多语言字符串中的），所有处理 LOM 实例的应用程序至少应该能处理最低峰值所规定的字符串长度。也就是说：应用程序一般会定义所能处理字符串长度的上限值，这个上限不能小于数据元素的数据类型所规定的最低峰值。

注 1：定义最低峰值是为了能覆盖大多数情况。

注 2：上文中“处理”的含义依赖于具体的应用程序。

5.6 字符集

本标准定义了学习对象元数据的一个概念上的结构，没有规定绑定、编码和表示上的问题。LOM V1.0 基本模式没有规定字符串的编码方法（对于不受任何限制的字符串的值，本标准引用了 GB 13000.1—1993中的字汇），但是无论怎样规定表示方式，对多语言的支持是应该考虑的。

5.7 表示

对于每一个数据元素，本标准规定了取值的数据类型（如：多语言字符串、日期时间等等）。

本标准没有定义元素名称或词汇表中取值的符号表示。这些符号表示将在与本标准对应的绑定规范中定义。

在 LOM V1.0 基本模式中，类别之间的次序以及类别和子类别中数据元素的次序仅供参考。LOM V1.0 基本模式的一个实例应该保留类别与子类别之间的嵌套结构，但是不需要保持类别之间的次序以及类别或子类别中子项的次序。例如，类别“5：教育”可以出现在类别“1：通用”之前，在“通用”类别中，子项“1.3：通用.语种”可以出现在子项“1.2：通用.标题”之前。

6 一致性

6.1 元数据实例的一致性

——一个与本标准严格一致的元数据实例只能由本标准的数据元素组成。元数据实例必须包含所有的必备数据元素，可以包含可选数据元素，但不能包含扩展数据元素。

——一个与本标准一致的元数据实例必须包含所有的必备数据元素，可以包含可选数据元素，也允许包含扩展数据元素。

——一个包含了所有的必备数据元素，但每个数据元素都没有取值的 LOM 实例是一个一致的实例。

为了尽可能达到语义互操作，扩展的数据元素不能取代 LOM 结构中的任何数据元素。也就是说，任何组织不能通过引入自己定义的数据元素来取代 LOM 中的数据元素。例如：任何组织不能引入一个新的数据元素“名称”来取代“1.2：通用.标题”。

注：为了尽可能达到语义互操作，本标准的用户应该慎重地把自己的元数据信息映射到本标准中的数据元素。例如，用户不应该将描述文档字型的元素映射到数据元素“1.2：通用.标题”。

6.2 元数据的一致性

——一个与本标准严格一致的元数据应用程序必须能够支持所有的必备数据元素，可以支持可选数据元素，但不能直接支持扩展数据元素。

——一个与本标准一致的元数据应用程序必须能够支持所有的必备数据元素，可以支持可选数据元素，也允许支持扩展数据元素。

——一个与本标准一致的元数据应用程序应该能够支持包含了所有的必备数据元素，但每个数据元素都没有取值的 LOM 实例。

注：“支持”的含义依赖于具体的应用程序。

7 基本模式

表 1 定义了 LOM V1.0 基本模式结构。

表 1 LOM V1.0 基本模式

编号	名称	解释	约束	大小	次序	值空间	数据类型	举例
1	通用，general	该类别描述了学习对象的一些通用信息。	M	1	—			
1.1	标识符，identifier	学习对象的标号，该标号全球惟一。	M	*10	否			
1.1.1	类别，catalog	"1.1.2：通用.标识符.表项"所属标识方案或编目方案的名称或指示符。一种命名方案。	M	1	—	GB 13000.1—1993 的字汇	字符串 *（1000 个字符）	"ISBN" "URI" "CSRC"
1.1.2	表项，entry	在标识或编目方案中用于标识此学习对象的标识符。一个与名域相关的字符串。	M	1	—	GB 13000.1—1993 的字汇	字符串 *（1000 个字符）	"2-7342-0318" " http://www.celtsc.edu.cn/" " ISRC CN-A05-87-317-01"
1.2	标题，title	学习对象的名称。	M	1	—		多语言字符串 *（1000 个字符）	（"zh"，" 鲁迅作品集"）
1.3	语种，language	同目标用户交流时学习对象所使用的主要人类语言。 注 1：一个索引或编目工具可能提供有效的默认值。 注 2：如果学习对象不包含语言内容（如一张图片），那么该数据元素的合理取值是"none"。 注 3：本数据元素表示学习对象所使用的语言。数据元素	M	*10	否	语言 ID ＝ 语言编码［'-'子编码］* 语言编码是对不同语言的编码，由 GB/T 4880.1—2005 定义，子编码（可以出现任意多次）是对国家的编码，来自 GB/T 2659—2000 编码集。 注：本值空间也由 IETF RFC 1766：1995 定义，并与 xml：lang 属性一致。	字符串 *（100 个字符）	"en" "en-GB" "de" "fr-CA" "it" "zh " "grc" （古希腊文，至 1453） " en-US-philadelphia"
		"3.4：元—元数据.语种"表示元数据实例所使用的语言。				语言编码应该使用小写字母，国家编码（如果有）应该使用大写字母。但是取值是与大小写无关的。 "none"是一个合法的值。		
1.4	描述，description	对学习对象内容的文本描述。 注：本描述所使用的语言和表述方法不一定要适合学习对象的使用者，但应该适合那些要决定学习对象是否对学习者适用的用户。	M	*10	否		多语言字符串 *（2000 个字符）	（"zh"，"这个视频片段简要描述了鲁迅的一生以及他的主要文学作品。"）

表 1(续)

编号	名称	解　　释	约束	大小	次序	值空间	数据类型	举　　例
1.5	关键字，keyword	描述学习对象主题的关键字或短语。 本数据元素不应该用于描述别的数据元素所描述的特征。	M	*10	否		多语言字符串 *（1000个字符）	（“zh”，“朝花夕拾”）
1.6	覆盖区，coverage	学习对象所涉及的时间，文化和地理区域。 学习对象内容的范围和广度。覆盖主要包括空间位置（一个地点的名称或地理坐标），时间段（一个时期的名称、日期或日期范围）或权限（如：一个命名的管理实体）。实现时推荐从受控词汇表中取值（如：地理名称词典），并且如果可能的话，地点名称或时间段尽可能使用数字标识，如：坐标集合或日期范围。	O	*10	否		多语言字符串 *（1000个字符）	（“zh”，“新民主主义时期的中国”） 如果一个学习对象是关于新民主主义时期的五四运动，那么，它的主题可以如下描述：1.5：通用.关键字=（“zh”，“五四运动”）；1.6：通用.覆盖=（“zh”，“新民主主义时期的中国”）
1.7	结构，structure	学习对象的基本组织结构。	O	1	—	原子：不可分的对象。 集合：没有具体关联的对象的集合。 网状：相互关系没有加以规定的对象的集合。 层次：相互关系可以用树形结构表示的对象的集合。 线性：完全有序的对象的集合。如：通过“前”、“后”关系连接的对象集合。	词汇表（陈述）	注：如果一个学习对象的“结构”=“原子”，则一般来说“1.8：通用.聚合度”=1；如果一个学习对象的结构=“集合”、“线性”、“层次”或“网状”，则一般来说，“1.8：通用.聚合度”=2、3或4。
1.8	聚合度，aggregation level	学习对象在功能上的粒度。	O	1	—	1：最小程度上的聚合，即原始的媒体数据或片段。 2：聚合度为1的学习对象的集合，如一节课。 3：聚合度为2的学习对象的集合，如一门课程。 4：最大粒度的聚合，如为获得某项证书所需的所有课程的集合。	词汇表（枚举）	如果学习对象是一张数字化的图片，那么“1.7：通用.结构”=“原子”、“1.8：通用.聚合度”=1； 如果学习对象是包含数字化图片的一课时，那么“1.7：通用.结构”=“汇集”或“网络化”（因为

表 1(续)

编号	名称	解释	约束	大小	次序	值空间	数据类型	举例
						注：聚合度为 4 的对象可以包含聚合度为 3 的对象，或递归地包含聚合度为 4 的对象。		同一类型的结构可以有两种描述方法)，“1.8：通用.聚合度”＝2；如果学习对象是关于鲁迅的一门课程，并且所有的文档将被顺序阅读，那么“1.7：通用.结构”＝“线性”、“1.8：通用.聚合度”＝3；如果学习对象是来源不同的几节课，那么“1.7：通用.结构”＝“集合”、“1.8：通用.聚合度”＝3；如果学习对象是关于鲁迅所处历史背景、主要著作、作品翻译等多门课程的集合，那么“1.7：通用.结构”＝“线性”或“层次”、“1.8：通用.聚合度”＝4。 注：“聚合度”＝1 的对象一般来说“1.7：通用.结构”＝“原子”；“聚合度”＝2、3 或 4 的对象一般来说“1.7：通用.结构”＝“集合”、“线性”、“层次”或“网状”。
2	生存期，life cycle	该类别描述了学习对象的历史和当前状态以及那些对学习对象的发展过程发生作用的实体。	M	1	—			

表 1(续)

编号	名称	解　　释	约束	大小	次序	值空间	数据类型	举　　例
2.1	版本，version	学习对象的版本状态。	O	1	—		多语言字符串 *（50 个字符）	(“en”, “ 1.2alpha ”), (“zh”,“测试版 0.5”)
2.2	状态，status	学习对象所处的状态或完成情况。	O	1	—	草案 最终案 修正案 不可用 注：如果状态是“不可用”，则说明学习对象本身不能被使用。	词汇表（陈述）	
2.3	贡献，contribute	在学习对象的生存周期中为其发展做出贡献（如：创建、编辑、发行等）的实体（人或组织）。 注 1：注意该数据元素同本表“3.3：元—元数据.贡献”的区别。 注 2：这里所说的贡献应该从广义上去理解，它包括对学习对象的状态产生影响的一切行为。	M	* 30	否			
2.3.1	角色，role	贡献的类型。 注：至少应该描述学习对象的作者。	M	1	—	作者 发行商 未知 发起人 终结者 编辑 总审核人 图形设计者 技术实现者 内容提供者 技术确认者 教学确认者 脚本编写者 教学设计者 主题事宜专家 注：“终结者”是指使学习对象不能再被获取使用的实体。	词汇表（陈述）	

表 1(续)

编号	名称	解释	约束	大小	次序	值空间	数据类型	举例
2.3.2	实体,entity	对学习对象做出贡献的实体(人或组织)的标识及相关信息。相关程度越高的实体越先列出。	M	*40	是	vCard,由 IMC vCard 3.0(RFC 2425,RFC 2426)定义。	字符串 *(1000个字符)	"BEGIN: VCARD \nFN: 王明\nTEL: 01062782406\nTITLE;地区经理\n EMAIL\;TYPE=INTERN\nET: wangmin @ host.com \nEND: VCARD\n"
2.3.3	日期,date	贡献者做出贡献的日期。	M	1	—		日期时间	"2002-03-15"
3	元—元数据,meta-metadata	该类别描述了元数据实例自身(不是元数据所描述的学习对象)的信息。 该类别描述了如何标识一个元数据实例、谁创建了元数据实例、怎么创建的、什么时候创建的等信息。 注:这不是关于学习对象本身的信息。	M	1	—			
3.1	标识符,identifier	元数据实例的标号,该标号全球惟一。	O	*10	否			
3.1.1	类别,catalog	"3.1.2:元—元数据.标识符.表项"所属标识方案或编目方案的名称或指示符。一种命名方案。	M	1	—	GB 13000.1—1993 的字汇	字符串 *(1000个字符)	"URI"
3.1.2	表项,entry	在标识或编目方案中用于标识此元数据记录的标识符。一个与名域相关的字符串。	M	1	—	GB 13000.1—1993 的字汇	字符串 *(1000个字符)	"http://www.celtsc.edu.cn/des/1234"
3.2	贡献,contribute	在元数据实例的生存周期中为其发展做出贡献(如:创建、审核)的实体(人或组织)。 注:该数据元素涉及的是对元数据的贡献。数据元素"2.3:生存期.贡献"涉及的是对学习对象的贡献。	M	*10	是			
3.2.1	角色,role	贡献的类型。 该数据元素只允许存在一个"创建者"的实例。	M	1	—	创建者 审核人	词汇表(陈述)	

表 1(续)

编号	名称	解释	约束	大小	次序	值空间	数据类型	举例
3.2.2	实体,entity	对元数据实例做出贡献的实体(人或组织)的标识及相关信息。相关程度越高的实体越先列出。	M	*10	是	vCard,由 IMC vCard 3.0(RFC 2425,RFC2426)定义。	字符串*(1000个字符)	"BEGIN: VCARD\nFN: 王明\nTEL:01062782406\nTITLE:地区经理\n EMAIL\;TYPE=INTERN\nET: wangmin@host.com\nEND: VCARD\n"
3.2.3	日期,date	做出贡献的日期。	M	1	—		日期时间	"2002-03-15"
3.3	元数据方案,metadata schema	用于创建元数据实例的规范的名称和版本,该规范需经过正式认证。 注:该数据元素可由用户选择产生或系统自动生成。 如果提供多个值,那么元数据实例应该遵循多个元数据方案。	M	*10	否	GB 13000.1—1993 的字汇	字符串*(30个字符)	"LOM V1.0"
3.4	语种,language	元数据实例所使用的语言。这是元数据实例中所有多语言字符串所默认的语言。如果在元数据实例中没有给出该数据元素的值,那么多语言字符串的值没有默认语言。 注:该数据元素涉及元数据实例的语言。数据元素"1.3:通用.语种"涉及学习对象的语言。	M	1	—	见本表中"1.3:通用.语种"。 对于该数据元素,"none"不是合法值。 注:"none"不是合法值是因为元数据实例肯定使用了某种或某些人类语言。对于"1.3:通用.语种","none"是合法的,因为学习对象本身可能并不依赖于人类语言。例如对于一幅图片,"1.3:通用.语种"的值是"none";如果对图片的描述(即元数据实例)使用中文,那么"3.4:元—元数据.语种"的值是"zh"。	字符串*(100个字符)	"zh"
4	技术,technical	该类别描述了学习对象的技术要求及其相关特征。	M	1	—			

表 1(续)

编号	名称	解　释	约束	大小	次序	值空间	数据类型	举　例
4.1	格式， format	学习对象(及其所有组成成分)在技术上的数据类型。 该数据元素用于确定学习对象所需的运行软件。	M	*40	否	IANA 注册的 MIME 类型（见 RFC 2048：1996）或“non-digital”。	词汇表(陈述)	(“LOMV1.0”，“text/html”)，
4.2	大小， size	数字化学习对象的大小。用十进制数字“0”到“9”表示，单位是字节(每字节 8 位)，不是兆字节等。 该数据元素表明了学习对象的实际大小。如果学习对象经过压缩，则该数据元素的值是未压缩时的大小。	O	1	—	GB/T 1988—1998，但只包括数字‘0’～‘9’	字符串 *（30 个字符）	“4200”
4.3	位置， location	用于表明如何获取学习对象的字符串。它可能是一个位置(如：URL)，或解析出位置的一种方法(如：URI)。 最可取的位置优先列出。 注：该数据元素描述了学习对象的物理位置。	O	*10	是	GB 13000.1—1993 的字汇	字符串 *（1000 个字符）	“http://host/id”
4.4	要求， requirement	使用学习对象所需要的技术要求。 如果有多个要求，那么所有要求都必须得到满足，即它们之间的逻辑关系是“与”关系。	O	*40	否			
4.4.1	或组合， or composite	多个要求的组合。当任何一个要求被满足时整个组合的要求被满足，即它们之间的逻辑关系是“或”关系。	O	*40	否			
4.4.1.1	类型， type	使用学习对象所需要的技术，如：硬件、软件、网络等。	M	1	—	操作系统 浏览器	词汇表(陈述)	
4.4.1.2	名称， name	使用学习对象所需要的技术的名称。 注 1：该数据元素的值可以自动地从“4.1：技术.格式”获取，如：“video/mpeg”意味着“multi-os”。 注 2：词汇表包含了大多数现在比较通用的取值。	M	1	—	如果类型是“操作系统”，那么 pc-dos ms-windows macOS unix multi-os none 如果类型是“浏览器”，那么 any netscape communicator ms-internet explorer opera amaya firefox safari	词汇表(陈述)	

表 1(续)

编号	名称	解　释	约束	大小	次序	值空间	数据类型	举　例
4.4.1.3	最低版本，minimum version	使用学习对象所需技术的最低版本。	O	1	—	GB 13000.1—1993 的字汇	字符串 *（30 个字符）	"4.2"
4.4.1.4	最高版本，maximum version	使用学习对象所需技术的最高版本。	O	1	—	GB 13000.1—1993 的字汇	字符串 *（30 个字符）	"6.2"
4.5	安装描述，installation remarks	对如何安装学习对象的描述。	O	1	—		多语言字符串 *（1000 个字符）	("zh"，"解压缩 zip 文件，双击 setup.exe 进行安装。")
4.6	其他平台要求，other platform requirements	其他关于软件和硬件的需求信息。 注：该数据元素用于描述"4.4：技术.要求"所不能表示的技术要求。 在指定的速度下连续运行学习对象。	O	1	—		多语言字符串 *（1000 个字符）	("zh"，"声卡")，
4.7	持续时间，duration	所需要的时间。 注：该数据元素对声音、视频和动画等学习对象尤为有用。	O	1	—		持续时间	"PT1H30M" "PT1M45S"
5	教育，educational	该类别描述了学习对象在教育和教学方面的一些关键特征。 注：这些教学信息对那些重视学习质量的人来说是很重要的。该类别的用户包括教师、管理者、作者和学习者。	M	*100	—			
5.1	交互类型，interactivity type	学习对象所支持的互动形式。 主动式学习对象能激励学习者产生有意义的输入或其他表现。 讲解式的学习对象只向学习者展示信息，但并不鼓励学习者进行任何有意义的输入。 如果学习对象混合了主动式和讲解式交互类型，那么它的交互类型是混合式。 注：点击超链接来浏览超文本文档不能被认为是主动式行为。	O	1	—	主动式 讲解式 混合式	词汇表（陈述）	主动式文档（带有学习者的动作）： ——模拟（操作、控制、输入数据或参数）； ——问卷（选择或写下答案）； ——练习（寻求解答）； ——问题陈述（写下解答）。 讲解式文档（带有学习者的动作）：

表 1(续)

编号	名称	解　　释	约束	大小	次序	值空间	数据类型	举　　例
								——超文本文档(阅读、漫游); ——视频段(观看、倒回、启动、停止); ——图形材料(观看); ——音频材料(听、倒回、启动、停止)。 混合式文档: 带有嵌入式模拟小程序的超媒体文档。
5.2	学习资源类型, learning resource type	学习对象的具体类型。越主要的类型越先列出。	M	*10	是	媒体素材 试题 试卷 课件 文献资料 教学案例 常见问题解答 资源目录索引 网络课程	词汇表(陈述)	
5.3	交互程度, interactivity level	学习对象的交互程度。这里的交互是指学习者对学习对象的行为或其他方面所产生的影响程度。	O	1	—	很低 低 中 高 很高	词汇表(枚举)	如果学习对象"5.1:教育.交互类型"="主动式",那么它可能具有较高的交互程度(如:一个具有多种控制的模拟环境),也可能具有较低的交互程度(如:引发行为的一组指示说明)。 如果学习对象"5.1:教育.交互类型"="讲解式",那么它可能具有较低的交互程度(如:由标准编辑器产生的线性的描述性文本),也可能具有中等的交互程度(如:具有很多内部链接和视图的复杂超文本)。

表 1(续)

编号	名称	解　　释	约束	大小	次序	值空间	数据类型	举　　例
5.4	语义密度，semantic density	学习对象的简练程度。学习对象的语义密度可以通过它的大小、范围或持续时间(自身有时间限制的资源如音频或视频)来衡量。 学习对象的语义密度与它的难度无关。一个明显的例子是讲解式资源，如："举例"一栏所示。	O	1	—	很低 低 中 高 很高	词汇表(枚举)	主动式文档：一个模拟软件的用户界面。 ——低语义密度：屏幕上充满说明性文本，一张关于燃烧引擎的图片和一个标着"点击此处继续"的按钮。 ——高语义密度：屏幕上有简短的文本，一张相同的图片和三个分别标着"改变压缩比率"、"改变辛烷含量"和"改变燃点"的按钮。 讲解式文档： ——中等难度的文本文档 a) 中等语义密度："有袋类动物主要由一些相对原始的哺乳动物组成。它们具有短小的胎盘用于生育幼仔。幼仔在母亲的育婴袋中寻求庇护，并完成它所有的发育过程。" b) 高语义密度："有袋类动物是原始的哺乳动物，

表 1(续)

编号	名称	解　释	约束	大小	次序	值空间	数据类型	举　例
								具有短小的胎盘生育幼仔，幼仔在育婴袋中得到庇护并完成其发育过程。” ——简单的视频文档 a) 低语义密度：一段全程摄录长达30 min的镜头，描述两个专家谈论亚洲象与非洲象的不同。 b) 高语义密度：一段经过剪接长达5 min的专业镜头，其内容为对上例中谈话的概括。 ——较难的数学概念 a) 中等语义密度：定理的文本描述。如：对于任意一个集合 φ，总能定义另一个集合 ψ，它是 φ 的超集。 b) 很高的语义密度。如：定理的符号表示：($\forall\varphi\exists\psi:\psi\supset\varphi$)。

表 1(续)

编号	名称	解　释	约束	大小	次序	值空间	数据类型	举　例
5.5	终端用户类型，intended end user role	该学习对象的主要用户，最重要的优先列出。 注 1：“学习者”希望从学习对象中学到东西。“作者”创作或出版学习对象。“管理者”管理学习对象的传播，如：大学院校。面向管理者的文档一般是课程。 注 2：如果希望通过终端用户所掌握的技术或者他所要完成的任务来描述学习对象的使用者，则可以通过类别“9：分类”来实现。	O	*10	是	教师 作者 学习者 管理者	词汇表(陈述)	学习对象的终端用户是“作者”的一个典型例子是该学习对象为用于制作教学材料的著作工具。
5.6	语境，context	使用学习对象的主要语境。 注：建议使用值空间中的某个值的同时，使用另一个该数据元素的实例来进一步细化，如：(“LOMV1.0”、“中小学校”)和(“Thttp://www.celtsc.eud.cnT/context/voc.html”、“小学”)	O	*10	否	中小学校 高等教育 培训 其他	词汇表(陈述)	
5.7	典型年龄范围，typical age range	典型使用者的年龄范围。 注 1：学习者的年龄对于查找学习对象是很重要的，特别是对于处于学龄的学习者和他们的教师。 如果可能的话，应使用如下格式：最小年龄—最大年龄或最小年龄—。(注：这是三元素(最小年龄、最大年龄、描述)表示法和自由文本之间的一种折衷。) 注 2：如果该数据元素想要覆盖其他的方案(如使用者的阅读水平，使用者的 IQ 等)可以用“9.分类”来表示。	O	*5	否		多语言字符串 *(1000个字符)	“7-9” “0-5” “15” “18-” (“zh”,“适合 7 岁以上儿童”) (“zh”,“只用于成人”)

表 1(续)

编号	名称	解　释	约束	大小	次序	值空间	数据类型	举　例
5.8	难度，difficulty	对于典型的目标用户来说学习对象的难度。 注："典型的目标用户"可以通过如下两个数据元素来描述。 "5.6:教育.语境"与 "5.7:教育.典型年龄范围"。	O	1	—	很容易 容易 中等 难 很难	词汇表(枚举)	
5.9	典型学习时间，typical learning time	对于典型的目标用户来说，使用该学习对象一般或大约所需要的时间。 注："典型的目标用户"可以通过如下两个数据元素来描述。 "5.6:教育.语境"与 "5.7:教育.典型年龄范围"。	O	1	—		持续时间	"PT1H30M" "PT1M45S"
5.10	描述，description	对如何使用学习对象的描述。	O	*10	否		多语言字符串 *(1000个字符)	("zh","在教师指导下同教科书一起使用")
5.11	语种，language	学习对象的典型用户所使用的人类语言。	O	*10	否	见本表"1.3:通用.语种"	字符串 *(100个字符)	"en" "en-GB" "zh" "fr-CA" "it" 注：如果学习对象使用英文，而使用者是中国学生，那么"1.3:通用.语种"的值为"en"，而"5.11:教育.语种"的值为"zh"。
6	权利，rights	该类别描述了学习对象的知识产权和使用条件等信息。 注：该类别的目的是要充分利用在知识产权和电子商务方面所取得的成果。该类别现在只提供最低限度的细节信息。	O	1	—			

表 1(续)

编号	名称	解释	约束	大小	次序	值空间	数据类型	举例
6.1	费用，cost	使用学习对象是否需要付费。	O	1	—	是 否	词汇表(陈述)	
6.2	版权和限制，copyright and other Restrictions	使用学习对象是否有版权问题和其他限制条件。	O	1	—	是 否	词汇表(陈述)	
6.3	描述，description	对学习对象使用条件的描述。	O	1	—		多语言字符串 *(1000个字符)	("zh","必须在获得标准委员会书面允许的条件下才能使用该学习对象。")
7	关系，relation	该类别定义了学习对象与其他学习对象(目标学习对象)之间的关系。 定义多个关系就应该使用该类别的多个实例。如果有多个目标学习对象，那么每个目标学习对象都用一个新的关系实例来表示。	O	* 100	否			
7.1	类型，kind	学习对象(A)与"7.2:关系.资源"所确定的目标学习对象(B)之间的关系类型。	M	1	—	A是B的一部分 B是A的一部分 A是B的某个版本 B是A的某个版本 A与B有相同的格式，B先于A B与A有相同的格式，A先于B A参考引用了B B参考引用了A A基于B B基于A A需要B B需要A	词汇表(陈述)	
7.2	资源，resource	关系所引用的目标学习对象。	M	1	—			
7.2.1	标识符，identifier	目标学习对象的标识，该标识全球惟一。	M	* 10	否			

表 1(续)

编号	名称	解　　释	约束	大小	次序	值空间	数据类型	举　　例
7.2.1.1	类别，catalog	“7.2.1.2：关系.资源.标识符.表项”所属标识方案或编目方案的名称或指示符。一种命名方案。	M	1	—	GB 13000.1—1993 的字汇	字符串 *（1000 个字符）	“ISBN”，“URI”，“CSRC”
7.2.1.2	表项，entry	在标识或编目方案中用于标识目标学习对象的标识符。一个与名域相关的字符串	M	1	—	GB 13000.1—1993 的字汇	字符串 *（1000 个字符）	“2-7342-0318”，“ http://www.celtsc.edu.cn/ ” “ISRC CN-A05-87-317-01”
7.2.2	描述，description	对目标学习对象的描述。	O	*10	否		多语言字符串 *（1000 个字符）	(“zh”，“在中国文学网站上关于鲁迅生平的一段电影。”)
8	评注，annotation	该类别提供了学习对象在教学使用方面的一些评价，以及这些评论的作者和创作时间。 该类别能使教育者共享他们对学习资源的评价和使用建议等。	O	*30	否			
8.1	实体，entity	创建评注的实体（人或组织）。	O	1	—	vCard：由 IMC vCard 3.0（RFC 2425：1998、RFC 2426：1998）定义。	字符串 *（1000 个字符）	“BEGIN：VCARD \ nFN：王明 \ n TEL：01062782406\nT-ITLE：地区经理 \n EMAIL \；TYPE =INTERN\nET：wangmin @ host.com \ nEND：VCARD\n”
8.2	日期，date	创建评注的日期。	O	1	—		日期时间	“2002-03-15”
8.3	描述，description	评注的内容。	M	1	—		多语言字符串 *（1000 个字符）	(“zh”，“我和我的学生都阅读了鲁迅的这本杂文集。我们都很喜欢这部著作，它思想深刻、笔锋犀利、见解独到、论证有力。但是在阅读方面有一定的困难。”)

表 1(续)

编号	名称	解　释	约束	大小	次序	值空间	数据类型	举　例
9	分类，classification	该类别描述了学习对象在某一特定分类系统中所处的位置。 定义多个分类，需要用到该类别的多个实例。	M	* 40	否			
9.1	目的，purpose	对学习对象进行分类的目的。	M	1	—	学科 理念 先决条件 教学目标 访问限制 教育程度 技能程度 安全程度 能力	词汇表(陈述)	
9.2	分类路径，taxon path	学习对象在某一特定分类系统中的分类路径。每深入一个层次就是对高层定义的一个细化。 在同一个或不同的分类系统中，对同一特征的描述或许会有不同的路径。	M	* 15	否			
9.2.1	来源，source	分类系统的名称。 该数据元素可以使用通过认证的“官方”分类法，也可以使用用户自己定义的分类法。 注：一个索引、编目或查询工具可以为某些已经确定的分类法提供高层的条目，如国会图书馆分类法(LOC)，通用十进制分类法(UDC)，学科分类与代码(GB/T 13745—1992)等。	M	1	—	GB 13000.1—1993 的字汇	多语言字符串 *(1000个字符)	(“en”,“ACM”),(“zh”,“GB/T 13745—1992”)
9.2.2	分类单元，taxon	某一分类法中特定的一个术语。一个分类单元是一个具有确定标号或术语的节点。一个分类单元可以有自己的名称(由字母数字组成)或标识符，用于标准化的引用。ID 和条目都可以用于指定一个特定的分类单元。 分类单元的一个有序列表就	M	* 15	是			{[“12”,(“zh”,“物理学”)][“23”,(“zh”,“声学”)][“34”,(“zh”,“设备”)][“45”,(“zh”,“听诊器”)]} 同一个学习对象的第二条分类路

表 1(续)

编号	名称	解　　释	约束	大小	次序	值空间	数据类型	举　　例
		是一个分类路径，即分类阶梯。在分类系统中，这是从通用条目到具体条目的一条细化路径。						径可以是：{["56"，("zh"，"医药学")]["67"，("zh"，"诊断学")]["34"，("zh"，"设备")]["45"，("zh"，"听诊器")]}
9.2.2.1	Id	分类单元的标识，例如由分类来源所提供的数字和字母的组合。	O	1	—	GB 13000.1—1993 的字汇	字符串 *(100 个字符)	"320" "4.3.2" "BF180"
9.2.2.2	条目，entry	分类单元的文本标号。	M	1	—		多语言字符串 *(500 个字符)	("zh"，"医药学")
9.3	描述，description	描述了学习对象与特定分类系统所表述的"9.1：分类.目的"(如学科、理念、技能程度等)的关系。	O	1	—		多语言字符串 *（2000 个字符)	("zh"，"用于听的医学工具叫做听诊器。")
9.4	关键字，keyword	对学习对象与特定分类系统所表述的"9.1：分类.目的"(如学科、理念、技能程度等)的关系进行描述所使用的关键字和短语。 最相关的优先列出。	O	*40	是		多语言字符串 *（1000 个字符)	("zh"，"诊断工具")

注 1："约束"栏内 M 表示必备数据元素、O 表示可选数据元素。

注 2："大小"和"数据类型"栏内有星号标记的为最低峰值。

8　多语言字符串

表 2 定义了多语言字符串的结构。

表 2　多语言字符串

编号	名称	解　　释	约束	大小	次序	值空间	数据类型	例子
1	多语言字符串，langstring	用于表示一个或多个字符串的数据类型。一个多语言字符串的值可以包含多个语义相同的字符串，如：不同的翻译或选择性的描述。	O	*10	否			

表 2(续)

编号	名称	解　释	约束	大小	次序	值空间	数据类型	例子
1.1	语种，language	字符串所使用的人类语言。 注：索引或编目工具可以提供有效的默认值，如：用户界面所使用的语言。	O	1	—	见表 1 中"1.3：通用.语种"。 如果没有语种被指定，那么"多语言字符串.字符串"应被解释成使用表 1 中"3.4：元—元数据.语种"的字符串。 如果没有语种被指定，并且元数据实例中"3.4：元—元数据.语种"的值不存在，那么多语言字符串所使用的语种没有定义。	字符串 *（100 个字符）	"en" "en-GB" "zh" "fr-CA" "it"
1.2	字符串，string	实际的字符串。	M	1	—	GB 13000.1—1993 的字汇，不包括 NUL—字符(UCS 字符 U00000000)。	字符串	"鲁迅的一部作品"

注 1："约束"栏内 M 表示必备数据元素、O 表示可选数据元素。
注 2："大小"和"数据类型"栏内有星号标记的为最低峰值。

9　日期时间

表 3 定义了日期时间的结构。

表 3　日期时间

编号	名称	解释	约束	大小	次序	值空间	数据类型	例子
1	日期时间，date time	精度至少能达到 1 秒的时间点。	O	1	—	格式：YYYY[-MM[-DD[Thh[：mm[：ss[.s[TZD]]]]]]] 其中： ——YYYY=用 4 位数表示的年(≥0001) ——MM=用 2 位数表示的月(01 到 12，其中 01=一月，以此类推) ——DD=用 2 位数表示的日(01 到 31，取决于对应的月和年) ——hh=用 2 位数表示的小时(00 到 23，不允许使用 am/pm) ——mm=用 2 位数表示的分(00 到 59) ——ss=用 2 位数表示的秒(00 到 59) ——.s=用 1 位或多位数表示的 1 秒的十进制小数 ——TZD=时区指示符("Z"表示 UTC 或+hh：mm 或-hh：mm) 该数据元素至少要包含 4 位数的年。如果包含日期时间的其他部分，字符"-"、"T"、"："和"."属于日期时间字符表示的一部分。 如果出现时间部分，但是时区指示符没有出现，那么默认的时区是 UTC。 注 1：该值空间基于 GB/T 7408—2005。 注 2：方括号这个元字符("["、"]")表示可选	字符串 *（200 个字符）	"1999-06-11"(1999 年 6 月 11 日)， "1997-07-16T19：20：30+01：00"(1997 年 7 月 16 日，下午 7 点 20 分 30 秒，与 UTC 时差为 1 小时)

表 3(续)

编号	名称	解释	约束	大小	次序	值空间	数据类型	例子
						元素,该元素可以在日期时间的字符表示中出现 0 次或 1 次。这些元符号不在结果中出现,只有它们所描述的相关值才会出现在结果中。如:“DD”用相应的 2 位数日期进行替换。		
2	描述,description	对日期的描述。	O	1	—		多语言字符串 *(1000 个字符)	(“zh”,“大约 1300 BCE”)
注 1:“约束”栏内 M 表示必备数据元素、O 表示可选数据元素。 注 2:“大小”和“数据类型”栏内有星号标记的为最低峰值。								

10 持续时间

表 4 定义了持续时间的结构。

表 4 持续时间

编号	名称	解释	约束	大小	次序	值空间	数据类型	例子
1	持续时间,duration	精度至少能达到 1 秒的时间段。	O	1	—	格式:P[yY][mM][dD][T[hH][nM][s[.s]S]] 其中: ——y=年数(整数,>0,没有限制) ——m=月数(整数,>0,没有限制,如>12 是允许的) ——d=日数(整数,>0,没有限制,如>31 是允许的) ——h=小时数(整数,>0,没有限制,如>23 是允许的) ——n=分数(整数,>0,没有限制,如>59 是允许的) ——s=秒数(整数,>0,没有限制,如>59 是允许的) ——.s=用 1 位或多位数表示的 1 秒的十进制小数 如果对应的值非零,那么字符指示符“P”、“Y”、“M”、“D”、“T”、“H”、“M”、“S”必须出现。如果年、月、日、小时、分或秒的值为零,那么值和相应的指示符(如“M”) 可以省略,但是至少要存在一个指示符和值。指示符“P”总是出现的。如果所有的时间(小时/分/秒)都为零,指示符“T”可以省略。不支持负的时间段。 注 1:该值空间基于 GB/T 7408—2005。 注 2:持续时间的值按阳历计算。	字符串 *(200 个字符)	“PT1H30M12.88S”(1 小时 30 分 12 秒 88) “P1Y1M3DT1H”(1 年 1 个月 3 天 1 小时)

表 4(续)

编号	名称	解释	约束	大小	次序	值空间	数据类型	例子
						注 3:持续时间有时是不确定的,如:1 个月可以有 28、29、30 或 31 天。 注 4:如果只计算学习对象使用时的持续时间,而不考虑使用时暂停的时间,那么建议只使用小时和更小的时间单位。如:PT43H,PT5M35S。如果计算的是一个时间跨度,而并不关心在那段时间里学习对象是否被连续使用,那么可以使用日和更大的时间单位,如:P1Y6M,P20D。 注 5:方括号元字符("["、"]")表示可选元素,该元素可以在持续时间的字符表示中出现 0 次或 1 次。这些元字符不在结果中出现,只有它们所描述的相关值出现在结果中,如:"dD"用持续时间中相应日数进行替换,后面跟着字符指示符"D"。		
2	描述,description	对日期的描述	O	1	—		多语言字符串 *(1000 个字符)	("zh","2001 年冬季学期")
注 1:"约束"栏内 M 表示必备数据元素、O 表示可选数据元素。 注 2:"大小"和"数据类型"栏内有星号标记的为最低峰值。								

11 词汇表

表 5 定义了词汇表。

表 5 词汇表

编号	名称	解释	约束	大小	次序	值空间	数据类型	例子
1	来源,source	"LOM V1.0",或指定取值来源,如通过 URI(见表 1 中 4.4)。	O	1	—		字符串 *(1000 个字符)	"LOM V1.0","http://www.celtsc.edu.cn./OSList"
2	值,value	实际值。 如果来源是"LOM V1.0",那么数据元素的取值应该来自于 LOM V1.0 基本模式中定义的取值列表。 在 GB/T 18221—2000 的术语中,如果取值列表的值有隐含的次序关系,那么这些值被"枚举";如果没有隐含的次序关系,那么这些值被"陈述"。	M	1	—		字符串 *(1000 个字符)	"MacOS"
注 1:"约束"栏内 M 表示必备数据元素、O 表示可选数据元素。 注 2:"大小"和"数据类型"栏内有星号标记的为最低峰值。								

ICS 35.240.99
L 60

中华人民共和国国家标准

GB/T 21366—2008/ISO/IEC 24703:2004

信息技术　学习、教育和培训
参与者标识符

Information technology—Learning, education and training—Participant identifiers

(ISO/IEC 24703:2004,Information technology—Participant identifiers,IDT)

2008-01-14 发布　　2008-06-01 实施

中华人民共和国国家质量监督检验检疫总局
中国国家标准化管理委员会　发布

前　　言

本标准等同采用ISO/IEC 24703:2004《信息技术　参与者标识符》(英文版),仅有编辑性修改。

本标准由中华人民共和国教育部提出。

本标准由全国信息技术标准化委员会归口。

本标准起草单位:华南理工大学。

本标准主要起草人:奚建清、陈天、文志康、张杨、郑莉、刘银涛。

引　言

本规范定义一个标识符的数据类型，用于标识学习、教育和培训过程中的参与者。参与者可以包括系统用户、教师、代理、小组、组织、机构等。

信息技术　学习、教育和培训　参与者标识符

1　范围

本标准规定了学习、教育、培训等领域参与者标识符的数据类型。本标准不包含与使用参与者标识符相关的个人信息安全和隐私保护等内容。本标准也不包含参与者标识符的命名策略、注册和鉴别。

注：使用参与者标识符容易导致对个人隐私信息不恰当的访问和错用。实现者需要保证对参与者标识符的正确使用。

2　规范性引用文件

下列文件中的条款通过本标准的引用而成为本标准的条款。凡是注日期的引用文件，其随后所有的修改单(不包括勘误的内容)或修订版均不适用于本标准，然而，鼓励根据本标准达成协议的各方研究是否可使用这些文件的最新版本。凡是不注日期的引用文件，其最新版本适用于本标准。

GB/T 5271.1—2000　信息技术　词汇　第1部分：基本术语(eqv ISO/IEC 2382-1:1993)

GB 13000.1—1993　信息技术　通用多八位编码字符集(UCS)　第一部分：体系结构与基本多文种平面(idt ISO/IEC 10646-1:1993)

GB/T 18221—2000　信息技术　程序设计语言、环境与系统软件接口　独立于语言的数据类型(idt ISO/IEC 11404:1996)

ISO/IEC TR 10176:2003　信息技术　编程语言标准的制定指南

3　术语和定义

GB/T 5271.1—2000确立的以及下列术语和定义适用于本标准。

3.1

抽象字符　abstract character

GB 13000.1—1993字汇(UCS)中的字符，与编码无关。

3.2

绑定　binding

从一个框架或规范到另一个框架或规范的应用或映射。

3.3

数据类型　data type

由不同的值组成的集合的一个属性，该属性描述这些不同的值所具有的共同特点以及所能施加的操作。

3.4

编码　encoding

信息的位或字节格式及其表示法。

3.5

实现定义的行为　implementation-defined behaviour

未被规定的行为，这些行为需要在实现时做出选择。

3.6

参与者标识符 participant identifier

与参与者相关联的标识。

注：一个参与者可能拥有多于一个的参与者标识符——一个非单一的标识符，但本标准不定义标识符的单一性策略问题。

3.7

参与者信息 participant information

关于信息技术系统中的参与者或与之相关联的信息。

3.8

最低峰值 smallest permitted maximum;SPM

应用程序至少能支持的列表项数或字符串长度等。

例如：字段 X 的最低峰值长度应为 25。

3.9

通用多八位编码字符集 universal character set;UCS

由 GB 13000.1—1993 定义的字符集。

3.10

不确定行为 unspecified behaviour

一个标准的执行行为提供了两种或多种可能性，并且没有在任何实例中建议哪种行为会得到采用。

4 一致性

一致的参与者标识符应该符合第 5 章、第 6 章、第 7 章，同时符合第 8 章中至少一种绑定，并且符合第 9 章中规定的要求。

5 功能性

参与者标识符应该表示一个指示符。

注：一个参与者可以与一个以上的参与者标识符相关联。

参与者标识符应该是可打印的文本串，该文本串应该便于人类抄录。

示例：

长度为 10 个字符的数字字符串比混有拉丁字符的长度为 256 个字符的字符串更容易抄写。

6 概念模型

参与者标识符是由抽象字符构成的和一个参与者相关联的字符串。概念上，参与者标识符是"不透明的"，也就是说字符串本身不包含任何意义，如："35267901"没有任何特定含义。但是，某些实现者和管理者会选择能够传递某种信息的参与者标识符，如："张三"。一些参与者标识符甚至包含了更多的信息，例如"二号楼的张三"。

一个参与者标识符可以用于若干种情境，例如可以被嵌入文件名、URL 或者电子邮件地址。在一个管理参与者信息的信息技术系统中，参与者标识符可以被用于连接不同的库，来提供普通的和(或)统一的标识方法。

7 语义

7.1 参与者标识符的组成

参与者标识符由多个标识符段和分隔符组成。标识符段是由抽象字符集中的抽象字符组成。分隔符在实现时定义，建议采用"."。

7.2 数据类型

下面的数据类型用于定义参与者标识符，该数据类型来自 GB/T 18221—2000：

characterstring (GB 13000.1—1993)

参与者标识符长度的最低峰值(SPM)是 50 个抽象字符。

注：参数“GB 13000.1—1993”标识了抽象字符库，不是编码。

7.3 可用的抽象字符

参与者标识符中的抽象字符应局限于以下集合。其中的抽象字符均以 UCS 中的基本多语种平面中的 16 位十六进制名称来命名，这些抽象字符的子集是基于 ISO/IEC TR 10176:2003 标准的。

7.3.1 标识符字符集

下列是非数字，非特殊字符的抽象字符集

——拉丁文(Latin)：0041～005A、0061～007A、00AA、00BA、00C0～00D6、00D8～00F6、00F8～01F5、01FA～0217、0250～02A8、1E00～1E9B、1EA0～1EF9、207F

——希腊文(Greek)：0386、0388～038A、038C、038E～03A1、03A3～03CE、03D0～03D6、03DA、03DC、03DE、03E0、03E2～03F3、1F00～1F15、1F18～1F1D、1F20～1F45、1F48～1F4D、1F50～1F57、1F59、1F5B、1F5D、1F5F～1F7D、1F80～1FB4、1FB6～1FBC、1FC2～1FC4、1FC6～1FCC、1FD0～1FD3、1FD6～1FDB、1FE0～1FEC、1FF2～1FF4、1FF6～1FFC

——西里尔文(Cyrillic)：0401～040C、040E～044F、0451～045C、045E～0481、0490～04C4、04C7～04C8、04CB～04CC、04D0～04EB、04EE～04F5、04F8～04F9

——亚美尼亚文(Armenian)：0531～0556、0561～0587

——希伯来文(Hebrew)：05B0～05B9、05BB～05BD、05BF、05C1～05C2、05D0～05EA、05F0～05F2

——阿拉伯文(Arabic)：0621～063A、0640～0652、0670～06B7、06BA～06BE、06C0～06CE、06D0～06DC、06E5～06E8、06EA～06ED

——天成文(Devanagari)：0901～0903、0905～0939、093E～094D、0950～0952、0958～0963

——孟加拉文(Bengali)：0981～0983、0985～098C、098F～0990、0993～09A8、09AA～09B0、09B2、09B6～09B9、09BE～09C4、09C7～09C8、09CB～09CD、09DC～09DD、09DF～09E3、09F0～09F1

——锡克教文(Gurmukh)：0A02、0A05～0A0A、0A0F～0A10、0A13～0A28、0A2A～0A30、0A32～0A33、0A35～0A36、0A38～0A39、0A3E～0A42、0A47～0A48、0A4B～0A4D、0A59～0A5C、0A5E、0A74

——古吉特拉文(Gujarati)：0A81～0A83、0A85～0A8B、0A8D、0A8F～0A91、0A93～0AA8、0AAA～0AB0、0AB2～0AB3、0AB5～0AB9、0ABD～0AC5、0AC7～0AC9、0ACB～0ACD、0AD0、0AE0

——奥利雅文(Oriya)：0B01～0B03、0B05～0B0C、0B0F～0B10、0B13～0B28、0B2A～0B30、0B32～0B33、0B36～0B39、0B3E～0B43、0B47～0B48、0B4B～0B4D、0B5C～0B5D、0B5F～0B61

——泰米尔文(Tamil)：0B82～0B83、0B85～0B8A、0B8E～0B90、0B92～0B95、0B99～0B9A、0B9C、0B9E～0B9F、0BA3～0BA4、0BA8～0BAA、0BAE～0BB5、0BB7～0BB9、0BBE～0BC2、0BC6～0BC8、0BCA～0BCD

——泰卢固文(Telugu)：0C01～0C03、0C05～0C0C、0C0E～0C10、0C12～0C28、0C2A～0C33、0C35～0C39、0C3E～0C44、0C46～0C48、0C4A～0C4D、0C60～0C61

——卡纳达文(Kannada)：0C82～0C83、0C85～0C8C、0C8E～0C90、0C92～0CA8、0CAA～0CB3、0CB5～0CB9、0CBE～0CC4、0CC6～0CC8、0CCA～0CCD、0CDE、0CE0～0CE1

——德拉维族文(Malayalam)：0D02～0D03、0D05～0D0C、0D0E～0D10、0D12～0D28、0D2A～

0D39、0D3E～0D43、0D46～0D48、0D4A～0D4D、0D60～0D61

——泰文(Thai)：0E01～0E3A、0E40～0E5B

——老挝文(Lao)：0E81～0E82、0E84、0E87～0E88、0E8A、0E8D、0E94～0E97、0E99～0E9F、0EA1～0EA3、0EA5、0EA7、0EAA～0EAB、0EAD～0EAE、0EB0～0EB9、0EBB～0EBD、0EC0～0EC4、0EC6、0EC8～0ECD、0EDC～0EDD

——藏文(Tibetan)：0F00、0F18～0F19、0F35、0F37、0F39、0F3E～0F47、0F49～0F69、0F71～0F84、0F86～0F8B、0F90～0F95、0F97、0F99～0FAD、0FB1～0FB7、0FB9

——格鲁吉亚文(Georgian)：10A0～10C5、10D0～10F6

——平假名(Hiragana)：3041～3093、309B～309C

——片假名(Katakana)：30A1～30F6、30FB～30FC

——注音(Bopomofo)：3105～312C

——CJK 统一汉字(CJK Unified Ideographs)：4E00～9FA5

——韩文(Hangul)：AC00～D7A3

注："～"表示连续，如"0FB1～0FB7"说明从 0FB1 起的连续七个代码表示了七个藏文字符。

7.3.2 数字

下列是数字字符：

0030～0039、0660～0669、06F0～06F9、0966～096F、09E6～09EF、0A66～0A6F、0AE6～0AEF、0B66～0B6F、0BE7～0BEF、0C66～0C6F、0CE6～0CEF、0D66～0D6F、0E50～0E59、0ED0～0ED9、0F20～0F33

注："～"表示连续。

7.3.3 特殊字符

下列是特殊字符：

005F、00B5、00B7、02B0～02B8、02BB、02BD～02C1、02D0～02D1、02E0～02E4、037A、0559、093D、0B3D、1FBE、203F～2040、2102、2107、210A～2113、2115、2118～211D、2124、2126、2128、212A～2131、2133～2138、2160～2182、3005～3007、3021～3029

注："～"表示连续。

7.4 编码字符

下列字符定义了编码字符集：

A B C D E F G H I J K L M

N O P Q R S T U V W X Y Z

a b c d e f g h i j k l m

n o p q r s t u v w x y z

0 1 2 3 4 5 6 7 8 9 _ -

注 1：字符的选择和 IETF RFC 2396 相一致。

注 2：百分号"%"被用于参与者标识符的编码，但不是"编码字符集"的一部分。

8 绑定

8.1 数据实例

参与者标识符的实例应该被编码为八位位组的数组。

8.2 C、C++ 绑定

C/C++语言翻译系统下声明兼容的应用程序或环境应该在结构、指针、数组和函数参数中使用"char"基本类型(或相兼容的)来存储参与者标识符。

注：如果 7 位编码被用于 C/C++翻译环境，最低峰值要求隐含说明参与者标识符至少是 501 个字符长("%U"+8

个16进制数）* 50+1个空终结符。

参与者标识符应该被编码为八位字节的数组。

8.3 Java 绑定

声称与Java语言转换系统相一致的应用和环境应该在类、数组和函数参数中使用“String”类型（或相兼容的）来存储参与者标识符。

8.4 ECMA 脚本（JavaScript）绑定

声称与ECMAScript（JavaScript）语言转换系统相一致的应用和环境应该在数组和函数参数中使用“String”类型（或相兼容的）来存储参与者标识符。

9 编码

所有的绑定都应该使用本章所规定的编码。

注1：应用和用户接口可以允许使用对人来说更自然的形式录入和显示这些参与者标识符。如：一个日本用户的登录屏幕上应该只显示Kanji字符，同时，应用程序将Kanji字符和参与者标识符编码格式进行双向转换。

对每一个抽象字符进行编码时，每个参与者标识符要遵守下面对编码字符的约定中的一条。下面用符号“h”来表示任意一个16进制数字（0～9、A～F、大小写不敏感）。

——抽象字符属于编码字符集时，可以直接使用它们自己进行编码。

——某个抽象字符集在UCS中0000到00FF的范围内时，对其中的抽象字符可以采用下面的形式编码：

%hh

其中“h”表示单个十六进制字符。

——某个抽象字符集在UCS中0000到FFFF的范围内时，对其中的抽象字符可以采用下面的形式编码：

%uhhhh

其中“h”表示单个十六进制字符，“u”是小写字母。

——某个抽象字符集在UCS中00000000到FFFFFFFF的范围内时，对其中的抽象字符可以使用以下形式编码：

%Uhhhhhhhh

其中“h”表示单个十六进制字符，“U”是大写字母。

注2：这些编码的约定是与现存的C、C++、Java和IETF的标准和规范相一致的。

注3：该编码方案允许一个参与者标识符在UCS字符指令集的基础上，以7位二进制的形式进行编码。为了提高效率，不同的系统会采用不同的字符集。例如，当UCS-2用于数据交换时，Unicode字符就可以直接使用，不必转化成“%uhhhh”的形式。为了避免丢失符号“%”，在不同的实现中，会有不同的解决方法。

注4：本标准没有推荐任何一种编码方案，实现者可以选择一种和参与者标识符具体应用相关的编码方案。
